“十三五”国家重点出版物出版规划项目
卓越工程能力培养与工程教育专业认证系列规划教材（电气工程及其自动化、自动化专业）

电力系统自动化

第2版

张恒旭　石访　施啸寒　编著

机械工业出版社

本书是“十三五”国家重点出版物出版规划项目卓越工程能力培养与工程教育专业认证系列规划教材（电气工程及其自动化、自动化专业）。

本书主要内容包括同步发电机自动并列、励磁自动控制系统，电力系统频率及有功功率的自动调节，电力系统电压调节和无功功率控制技术，电力系统调度自动化、供配电自动化和安全自动装置。本书在内容上重视基本概念、原理的讲解，并附部分仿真实验和思考题，以帮助学生加深对知识点的理解。

本书可作为高等院校电气工程及其自动化专业及相关专业的本科教材，也可作为成人（函授）高等教育的参考教材。

图书在版编目（CIP）数据

电力系统自动化/张恒旭，石访，施啸寒编著．—2版．—北京：机械工业出版社，2023.12（2025.1重印）
“十三五”国家重点出版物出版规划项目　卓越工程能力培养与工程教育专业认证系列规划教材．电气工程及其自动化、自动化专业
ISBN 978-7-111-75063-5

Ⅰ．①电…　Ⅱ．①张…　②石…　③施…　Ⅲ．①电力系统自动化-高等学校-教材　Ⅳ．①TM76

中国国家版本馆CIP数据核字（2024）第029955号

机械工业出版社（北京市百万庄大街22号　邮政编码100037）
策划编辑：路乙达　责任编辑：路乙达
责任校对：张　征　封面设计：鞠　杨
责任印制：单爱军
保定市中画美凯印刷有限公司印刷
2025年1月第2版第3次印刷
184mm×260mm・20.5印张・507千字
标准书号：ISBN 978-7-111-75063-5
定价：68.00元

电话服务　　网络服务
客服电话：010-88361066　　机　工　官　网：www.cmpbook.com
010-88379833　　机　工　官　博：weibo.com/cmp1952
010-68326294　　金　书　网：www.golden-book.com
封底无防伪标均为盗版　　机工教育服务网：www.cmpedu.com

序

工程教育在我国高等教育中占有重要地位，高素质工程科技人才是支撑产业转型升级、实施国家重大发展战略的重要保障。当前，世界范围内新一轮科技革命和产业变革加速进行，以新技术、新业态、新产业、新模式为特点的新经济蓬勃发展，迫切需要培养、造就一大批多样化、创新型卓越工程科技人才。目前，我国高等工程教育规模世界第一。我国工科本科在校生约占我国本科在校生总数的1/3，近年来我国每年工科本科毕业生约占世界总数的1/3以上。如何保证和提高高等工程教育质量，如何适应国家战略需求和企业需要，一直受到教育界、工程界和社会各方面的关注。多年以来，我国一直致力于提高高等教育的质量，组织并实施了多项重大工程，包括卓越工程师教育培养计划（以下简称卓越计划）、工程教育专业认证和新工科建设等。

卓越计划的主要任务是探索建立高校与行业企业联合培养人才的新机制，创新工程教育人才培养模式，建设高水平工程教育教师队伍，扩大工程教育的对外开放。计划实施以来，各相关部门建立了协同育人机制。卓越计划要求试点专业要大力改革课程体系和教学形式，依据卓越计划培养标准，遵循工程的集成与创新特征，以强化工程实践能力、工程设计能力与工程创新能力为核心，重构课程体系和教学内容；加强跨专业、跨学科的复合型人才培养；着力推动基于问题的学习、基于项目的学习、基于案例的学习等多种研究性学习方法，加强学生创新能力训练，“真刀真枪”做毕业设计。卓越计划实施以来，培养了一批获得行业认可、具备很好的国际视野和创新能力、适应经济社会发展需要的各类型高质量人才，教育培养模式改革创新取得突破，教师队伍建设初见成效，为卓越计划的后续实施和最终目标的达成奠定了坚实基础。各高校以卓越计划为突破口，逐渐形成各具特色的人才培养模式。

2016年6月2日，我国正式成为工程教育“华盛顿协议”第18个成员，标志着我国工程教育真正融入世界工程教育，人才培养质量开始与其他成员达到了实质等效，同时，也为以后我国参加国际工程师认证奠定了基础，为我国工程师走向世界创造了条件。专业认证把以学生为中心、以产出为导向和持续改进作为三大基本理念，与传统的内容驱动、重视投入的教育形成了鲜明对比，是一种教育范式的革新。通过专业认证，把先进的教育理念引入了我国工程教育，有力地推动了我国工程教育专业教学改革，逐步引导我国高等工程教育实现从课程导向向产出导向转变、从以教师为中心向以学生为中心转变、从质量监控向持续改进转变。

在实施卓越计划和开展工程教育专业认证的过程中，许多高校的电气工程及其自动化、自动化专业结合自身的办学特色，引入先进的教育理念，在专业建设、人才培养模式、教学内容、教学方法、课程建设等方面积极开展教学改革，取得了较好的效果，建设了一大批优质课程。为了将这些优秀的教学改革经验和教学内容推广给广大高校，中国工程教育专业认证协会电子信息与电气工程类专业认证分委员会、教育部高等学校电气类专业教学指导委员会、教育部高等学校自动化类专业教学指导委员会、中国机械工业教育协会自动化学科教学委员会、中国机械工业教育协会电气工程及其自动化学科教学委员会联合组织规划了“卓越工程能力培养与工程教育专业认证系列规划教材（电气工程及其自动化、自动化专业）”。本套教材通过国家新闻出版广电总局的评审，入选了“十三五”国家重点图书。本套教材密切联系行业和市场需求，以学生工程能力培养为主线，以教育培养优秀工程师为目标，突出学生工程理念、工程思维和工程能力的培养。本套教材在广泛吸纳相关学校在“卓越工程师教育培养计划”实施和工程教育专业认证过程中的经验和成果的基础上，针对目前同类教材存在的内容滞后、与工程脱节等问题，紧密结合工程应用和行业企业需求，突出实际工程案例，强化学生工程能力的教育培养，积极进行教材内容、结构、体系和展现形式的改革。

经过全体教材编审委员会委员和编者的努力，本套教材陆续跟读者见面了。由于时间紧迫，各校相关专业教学改革推进的程度不同，本套教材还存在许多问题。希望各位老师对本套教材多提宝贵意见，以使教材内容不断完善提高。也希望通过本套教材在高校的推广使用，促进我国高等工程教育教学质量的提高，为实现高等教育的内涵式发展贡献一份力量。

卓越工程能力培养与工程教育专业认证系列规划教材
（电气工程及其自动化、自动化专业）
编审委员会

前　言

“电力系统自动化”这门课程是电力系统、控制理论、信息通信等多个领域知识的综合应用，目标是讲解电力系统生产控制自动化的基本原理。根据教学大纲，结合电力系统的实际运行水平，本书主要讲述电力系统中已广泛使用的自动装置和自动化系统，这些装置和系统对保证电能质量、提高供电可靠性和系统经济运行水平起着至关重要的作用。党的二十大报告提出“加快规划建设新型能源体系”，为新时代能源电力发展指明了方向。新型电力系统是新型能源体系的重要组成和实现“双碳”目标的关键载体，本书讨论了新能源接入对电力系统自动控制技术的影响，并录制视频对相关专题进行介绍。

作为电气工程及其自动化专业的主干课程的教材，本书力求使学生对电力系统自动化及其相关问题有一个基础性的了解。因此，在编写过程中，本书重视基本概念、基本原理的讲解，对具体的自动装置不做典型介绍，涉及原理的分析讨论时，保留部分电路。此外，书中内容注重与其他课程间的衔接关系和边界。本书所需的电力系统分析计算的基础知识在“电力系统分析”课程中讨论，所需的自动控制方面的基础知识在“自动控制理论”课程中讨论，所需的优化决策方面的基础知识在“运筹学”课程中讨论，所需的通信和数据传输方面的基础知识则在“电力系统通信原理”课程中讨论。

本书注重仿真实验和练习，在讲述发电机并列过程、励磁控制系统、频率控制系统等内容时，均增加了关于建模和数值仿真的知识。为了密切跟踪电力系统中成熟的新技术、新原理，增加了配电网故障诊断与定位等内容。本书在编写中力求从整体上介绍电力系统的构成及基本功能，而有关能量管理系统（EMS）及配电管理系统（DMS）本身的设计和开发的内容则不做详细讨论，从而使读者对电力系统有一个总体的了解，便于将来在工作中能够尽快地做到理论与实践相结合。

本书共七章，由张恒旭、石访、施啸寒编写，张恒旭统稿。其中，第一、四章由石访编写，第二、五章由施啸寒编写，绪论和第三、六、七章由张恒旭编写。在本书编写的具体工作中，得到了孙莹教授的大力支持与帮助，研究生房田郁帮助做了大量的录入和校对工作，在此一并表示衷心的感谢。

本书中存在的缺点与不足之处，望读者批评指正。

编　者

课程思政微视频

目 录

绪　论

一、电力系统及其运行特点

电力系统是将一次能源转换成电能，并将电能传输、分配给用户的工业自动化系统，其由发电厂、变电站、调度所和用电负荷等部分构成，如图0-1所示。

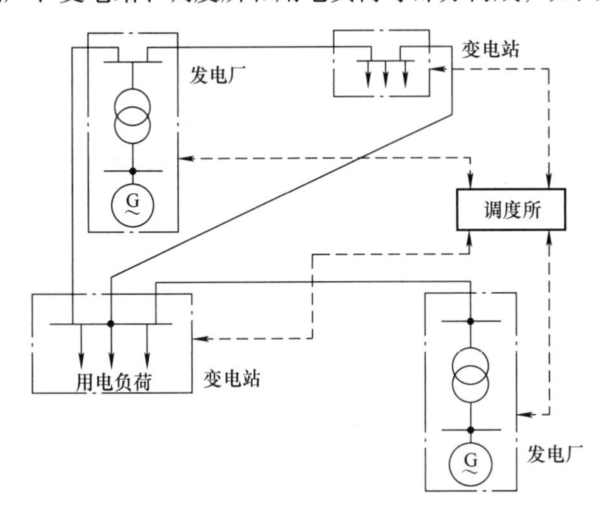

图0-1　电力系统结构示意图

新型电力系统结构的变化

现代电力系统是一个分布地域广、设备量大、信息参数多、动态过程快，由电和磁联系在一起的自动化工业生产系统。电力作为一种工业产品，具有产品的一般属性，例如存在生产、流通、销售等环节，价格在一定程度上受市场因素等影响。但是电力又是一种非常特殊的产品，具有诸多普通产品不具备的特点，这主要是由电力系统独特的运行特点决定的：

（1）产品不能大规模存储，导致生产和消费的同时性　普通产品尽管保质期长短不一，但大都易于大规模存储，因此，生产和消费之间的时间差等于物流时间。迄今为止，电能尚不能大规模高效存储，这就导致电力的生产和消费必须同时完成，每一时刻生产的总电能等于系统消费的总电能。而且还需要保障物流环节畅通无阻，即电力的传输和分配不能中断。

（2）产品质量不完全决定于生产环节　普通产品质量决定于生产环节，正常情况下物流不会改变产品质量。但电力的物流环节为电网，电力在电网中传输的物理规律决定各类用户的电压幅值并不完全相同。如果用户周边有非线性、不对称负荷，用户消费的电能质量还会受到其产生的谐波影响。因此，电能质量受物流环节以及用户环节的影响，并不完全决定于生产环节。为了将产品质量控制在允许范围内，需要在物流环节采取额外措施（安装并联电容器、电抗器、滤波器等）。

（3）生产体系易受自然环境影响　普通产品生产环节大都位于室内，可以根据气象状态暂停生产，并且具有存储环节，从而受极端气象事件的影响很小。而电力系统除了发电机组，其他主设备大都暴露于外部自然环境，特别是电力线路更易因气象事件而影响正常运行。

（4）恶性连锁事故的破坏力巨大　常规产品的生产环节、物流环节与消费环节相互解耦，没有直接物理联系，分布在各地的生产环节也不会相互影响，这就决定了整个系统中由于一个环节变化产生的影响，并不会发生快速传播并扩大受影响范围，从而整个生产过程更易于控制。电网的生产环节、物流环节与消费环节联系在一起而相互影响，任何环节发生严重变化均可能触发连锁事故而导致大范围停电。

回顾电力系统一百四十多年的发展历程，尽管新能源、材料、信息通信、控制理论、计算机等领域技术突飞猛进，促使大机组、高电压、大电网、远距离输电技术日臻成熟，但生产和消费的同时性这一最本质的属性并没有改变。这一属性是现代电力系统运行中重要问题的根源，比如暂态功角稳定性问题由机组间有功重新分配的失衡导致；频率安全稳定问题由发电和负荷间有功的失衡导致；电压问题更多是由区域性无功的失衡导致。正是因为缺乏大规模存储环节，大扰动可能在瞬间导致机组间、机组与负荷间有功功率的失衡，从而引发复杂的动态行为。

二、电力系统自动化内涵及建设目标

电力系统综合自动控制的主要内容包括三个方面：

（1）频率和有功功率综合自动控制　通过电厂的基本调频装置（发电机转速自动控制系统），维持系统频率在额定值运行，控制区域电网间联络线上的交换功率为协议限定的数值。同时在满足系统安全运行的前提下，控制参与经济运行的电厂或机组出力为最经济状态。

（2）电压和无功功率综合自动控制　通过电厂或变电站的基本调节装置，如同步发电机的自动调节励磁系统、无功补偿装置等，维持监视点电压为给定值，尽量使无功功率就地平衡，避免长距离输送较大的无功功率引起过多的电压损耗和线损，使无功旋转备用在系统各地区均匀分布，防止因局部故障造成电压崩溃。

（3）开关操作综合自动控制　根据电力系统的不同运行状态，开关操作综合自动控制可分为两类：一是正常和恢复状态开关操作自动控制，指电力系统自动并列操作（发电机与系统并列、系统两部分之间的并列），备用电源自动投入，自动重合闸操作等；二是事故紧急状态开关操作自动控制（又称安全自动控制），指自动按频率减负荷操作、低频自起动发电机操作、自动切机、自动解列及电气制动投切操作等。其主要作用为确保电力系统安全运行，避免误操作引起事故而造成重大经济损失，减轻运行人员的劳动强度等。

电力系统自动化是自动化技术在电力系统中的具体应用，采用各种对系统具有自动检测、调节和控制功能的元件装置，通过信号系统和数据传输系统对电能生产、传输和管理实现自动控制、自动调度和自动化管理。它从组织形式上来划分，主要包括发电控制自动化、电力调度自动化、安全防御自动化、配电自动化等。

电力系统自动化经历了由简单到复杂、独立装置到系统多装置协调的发展过程。20 世纪 50 年代以前，一个独立的电力系统的容量在几百万千瓦左右，单机容量一般不超过 10 万 kW，电力系统自动化多限于单项自动装置，且以安全保护和过程自动调节为主。例如，电网和发电机的各种继电保护、汽轮机的危急保安器、锅炉的安全阀、汽轮机转速和发电机电压的自动调节、并网的自动同期装置等。

20 世纪五六十年代，出现规模超千万千瓦的电力系统，单机容量超过 20 万 kW，并形成区域联网，在系统稳定、经济调度和综合自动化方面提出了新的要求。厂内自动化方面开始采用机、炉、电单元式集中控制。系统开始装设模拟式调频装置和以离线计算为基础的经济功率分配装置，并广泛采用远动通信技术。各种新型自动装置如晶体管保护装置、晶闸管励磁调节器、电气液压式调速器等得到推广使用。

20 世纪七八十年代，以计算机为主体，配有功能齐全的整套软硬件的电网数据采集与监视控制（supervisory control and data acquisition，SCADA）系统开始出现。20 万 kW 以上的大型火力发电机组开始采用实时安全监控和闭环自动起停全过程控制。水力发电站的水库调度、大坝监测和电厂综合自动化的计算机监控开始得到推广。各种自动调节装置和继电保护装置中广泛采用微型计算机。

电力系统自动化的主要目标是保证供电的电能质量（频率和电压），以安全保护与过程自动调节为主，保证系统运行的安全可靠，并提高经济效益和管理效能，具体包括如下内容：

（1）实现电力生产自动化　电力生产包括从微秒级到分钟级快慢不同的过程，又涉及供电质量、安全稳定、经济可靠等诸多方面，以自动化的形式达到上述工业生产目的是电力系统自动化的最主要功能。同时自动化系统正在由单一功能向多功能、一体化发展，例如变电站综合自动化。

（2）实现操作简单化和人性化　尽管控制对象日渐复杂，但操作简单化、人性化是电力系统自动化追求的目标之一。操作简单化有助于提高人性化，虽然使得电力系统的复杂程度增大，但是操作人员依然可以依靠几个简单的流程对其进行操控。目前，大规模电力系统存在着数据信息量大、结构复杂、区域协调难度大等挑战，如何对整个系统进行归纳、整合，使运行人员更加容易掌控整个系统，是电力系统自动化发展的迫切需求。

（3）实现控制远程化、装置小型化和数字化　传统的电力系统远程终端控制系统为工业控制计算机，这种系统应用方式成本高且结构固定，不利于未来智能化电网的建设。且随着电力系统智能化的发展，电力系统终端远程化、小型化已经成为未来的发展目标。

（4）实现分析和控制智能化　随着电网形态的改变，电力系统分析和控制面对的对象属性也在发生着变化，规模逐步增加，电力系统分析和控制的智能化已经成为未来电力系统发展的必然要求。在科研、技术人员的共同努力下，电力系统的运行状况也获得了不断的调整优化，系统故障的容错性能随之提高。智能化目标的实现，不仅能保证电力系统运行的安全性以及可靠性，更能大大推动社会生产的进步。

三、复杂系统的控制体系结构

电力系统运行的基本要求可以概括为“安全、可靠、优质、经济”，具体分为五个方面：保证供电可靠性、保证电能质量的良好性、保证电力系统运行的稳定性、保证运行人员和电气设备的安全性、保证电力系统运行的经济性。

现代电力系统已经发展成为包括几千台同步发电机、几万台风力发电机、十几万个计算节点的超大规模系统。保证如此复杂的电力系统安全、可靠、优质、经济运行，必须依靠现代自动化系统。自动化是指机器设备、系统或过程（生产、管理过程）在没有人或较少人的直接参与下，按照人的要求，经过自动检测、信息处理、分析判断、操纵控制，实现预期目标的过程。自动化技术广泛用于工业、农业、军事、科学研究、交通运输、商业、医疗、服务和家庭等方面。电力系统是迄今为止最复杂的人造工业系统，需要在不同环节设置相应的信息采集与控制系统，对电力生产过程进行测量、调节、控制、保护、通信以及调度。

复杂自动化系统通常采用分层控制体系，如图0-2所示。第一层是直接控制器，其直接获取被控设备的运行状态，并按给定值或给定规则给出控制指令，达到直接控制生产过程的目的。直接控制器是复杂控制系统的基础设施，其结构可靠、动作迅速、效果直接且明显，是数量最多、普遍应用的一类自动装置。在复杂系统的自动控制体系中，只要条件许可，一般都尽量采用直接作用的控制装置。第二层是监督功能层，执行控制系统对被控设备的监督功能，包括越限报警、越限紧急停车、阻止越限运行及紧急启动等。监督功能一般由设在直接控制器中的专门部件执行，其整定值则根据制造厂或上级技术管理机构的规定来确定。第三层是寻优功能层，实现自寻稳态最优解的功能。稳态最优解一般在多个设备并行工作时出现，最优解的结果一般作为直接控制器的给定值。第四层是协调功能层，在全系统范围内进行协调。根据其工作条件与要求，复杂系统内的应控设备分别采用直接控制及监督与寻优的分层处理后，剩下的就是要在全系统内进行协调处理的内容，线索较为清晰，需要协调的内容也大为减少，使协调功能能够实时地进行，协调的结果是寻优功能的依据。第五层为经营管理层，它把全系统的技术运行状态与经营依据，如市场、原料、人员及其素质、计划安排等进行综合分析，用以指导系统的协调功能。

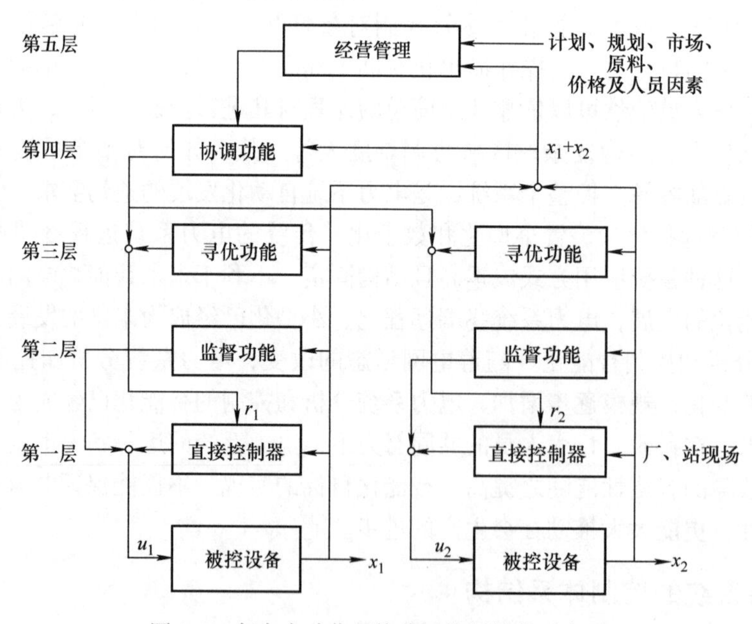

图0-2　复杂自动化系统分层控制结构示意图

四、本书的主要内容

本书共七章。第一章为同步发电机自动并列，讲述并列的方法、条件、要求，整步电压的特点及自动准同期并列装置的工作原理，这是发电机投入运行的重要操作。第二章为同步发电机励磁自动控制系统，以大机组励磁系统为例，讲述同步发电机典型自动调节励磁系统的构成、自动调节励磁装置的作用及工作原理。第三章为电力系统频率及有功功率的自动调节，讲述调速系统的基本构成、模型和特征，从系统层面讲述电力系统的频率特性、调频的基本原理、低频减负荷的基本原理等。第四章为电力系统电压调节和无功功率控制技术，从系统层面讲述电压与无功功率控制的意义、电压与无功功率的关系、电压控制的原理和措施。第五章为电力系统调度自动化，讲述调度自动化系统的功能、体系结构以及 SCADA 系统、自动发电控制、发电计划等基本原理。第六章为电力系统供配电自动化，讲述配电和用电的运行、管理自动化系统、变电站综合自动化系统、故障诊断与定位技术。第七章为电力系统安全自动装置，介绍自动重合闸、自动解列装置、故障录波装置等。

思　考　题

1. 电力系统运行有哪些特点？
2. 电力系统自动化包括哪几方面？
3. 电力系统自动化的建设目标是什么？
4. 复杂系统的分层控制体系结构是什么？

第一章　同步发电机自动并列

第一节　概　　述

一、并列操作的意义

交流电力系统运行中，任一母线电压瞬时值可表示为

$$u = U_{m}\sin(\omega t + \phi) \tag{1-1}$$

式中　U_m——电压幅值；

ω——电压的角速度，$\omega = 2\pi f$；

ϕ——初相位。

式（1-1）反映了电网运行中该母线电压的幅值、频率和相位，这三个重要参数常被指定为母线电压运行的状态量。电网的电压也常用相量 $\dot{U}$ 来表示。

如图 1-1a 所示，一台发电机组在未投入系统运行之前，它的机端电压 $\dot{U}_G$ 与母线电压 $\dot{U}_x$ 的状态量往往不相等，可能单独存在电压幅值差（$U_s = U_G - U_x$）、频率差或角频率差（$f_s = f_G - f_x$ 或 $\omega_s = \omega_G - \omega_x$）、相位差（$\delta_e = \delta_G - \delta_x$），也可能同时存在。必须对待并发电机组进行适当的操作，使之符合并列条件后才允许断路器 QF 合闸作并网运行。这一系列操作称为并列操作或同期操作，有时也称为并车、并网等。

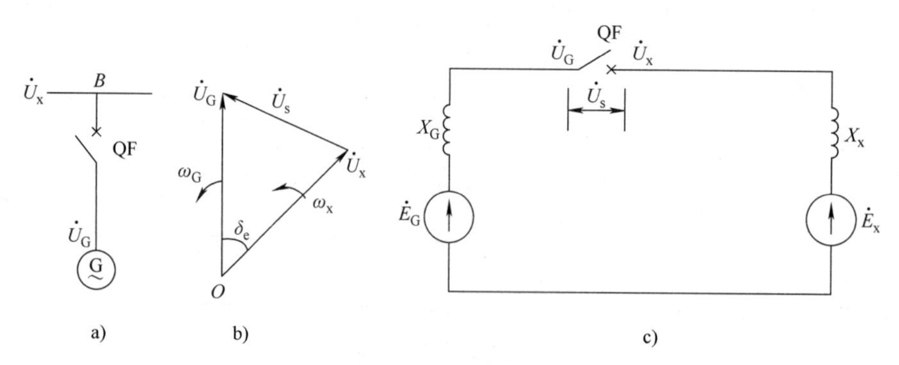

图 1-1　准同期并列

a）电路示意图　b）相量图　c）等效电路图

随着负荷的波动，电力系统中运行的发电机组台数也经常变动，发电机退出后重新投入运行是常规操作。另外，当系统发生某些事故时，也常要求将备用发电机组迅速投入电网运

行。可见，在电力系统运行中并列操作较为频繁，发电机组并列是发电厂的一项重要操作。

电力系统的容量在不断增大，同步发电机的单机容量也越来越大，大型机组不恰当的并列操作将导致严重后果。因此，对同步发电机的并列操作进行分析，提高并列操作的可靠性，对于发电厂和电力系统安全可靠运行具有重要现实意义。

同步发电机组并列时遵循如下原则：

1）断路器合闸时，冲击电流应尽可能小，其瞬时最大值一般为 1 ~2 倍的额定电流。

2）发电机组并入电网后，应能迅速进入同步运行状态，其暂态过程要短，以减少对电力系统的扰动。

同步发电机的并列方法可分为准同期并列和自同期并列两种。在电力系统正常运行的情况下，一般采用准同期并列方法将发电机组投入运行，这也是本书主要介绍的内容。自同期并列方法已很少采用，只有当电力系统发生事故时，为了快速地投入水轮发电机组，过去曾采用自同期并列方法。随着自动控制技术的进步，现在也可用准同期并列的方法快速投入水轮发电机组。因此，对自同期并列方法，本书只介绍它的一般原理。

二、准同期并列

准同期并列设待并发电机组已经加上了励磁电流，调节待并发电机的电压 $\dot{U}_G$，使之符合并列条件的操作。如图 1-1a 所示，QF 为并列断路器，其一侧为待并发电机，另一侧为电网（母线电压为 $\dot{U}_x$）。并列断路器合闸之前，其两侧电压的状态量一般不相等，须对发电机进行控制使它符合并列条件，然后发出断路器合闸信号。这里需要说明的是，发电机三相电压与电网系统三相电压的相序要相同，这在新投运机组的并列操作时特别重要。

由于 QF 两侧电压的状态量不相等，QF 主触头间具有电压差 $\dot{U}_s$，其值可由图 1-1b 所示的电压相量图求得。

设发电机端电压 $\dot{U}_G$ 的角频率为 ω_G，电网侧母线电压 $\dot{U}_x$ 的角频率为 ω_x，它们间的相量差 $\dot{U}_G—\dot{U}_x$ 为 $\dot{U}_s$。计算并列冲击电流的等效电路如图 1-1c 所示。当电网参数一定时，冲击电流的大小取决于合闸瞬间 $\dot{U}_s$ 的值。要求合闸瞬间的 $\dot{U}_s$ 应尽可能小，其最大值应使冲击电流不超过允许值。最理想的情况是 $\dot{U}_s$ 为零，这时合闸冲击电流也就等于零；并且希望并列后能顺利进入同步运行状态，对电网无任何扰动。

综上所述，发电机并列的理想条件为断路器两侧电压的三个状态量全部相等，即图 1-1b中的 $\dot{U}_G$ 和 $\dot{U}_x$ 两个相量完全重合并且同步旋转，所以并列的理想条件可表达为

$$\begin{cases} f_G = f_x \text{ 或 } \omega_G = \omega_x \\ U_G = U_x \\ \delta_G = \delta_x \end{cases} \tag{1-2}$$

这时并列合闸的冲击电流等于零，并且并列后发电机组与电网立即进入同步运行，不发生任何扰动现象。可以设想，如果待并发电机的调速器和调压器能按式（1-2）进行调节，实现理想的并列操作，则可极大地简化并列过程。

但是，实际运行中这三个条件很难同时满足，也没有这样苛求的必要。因为并列合闸时只要冲击电流较小，并列操作就不会危及电气设备，合闸后发电机组就能迅速进入同步运行，对待并发电机组和电网运行的影响较小，不会引起任何不良后果。因此，待并发电机组

的调节系统并不按式（1-2）的理想条件调节，而是稍微有些偏差，其偏离的允许范围则需经过分析确定。下面分析如果同步发电机并列时，偏离理想条件产生的影响。

（一）电压幅值不相等

设发电机并列时的电压相量如图1-2a所示，即并列时电网频率差 $f_s=0$，相位差 $\delta_e=0$，电压幅值差 $U_s\neq0$，则冲击电流的最大瞬时值为

$$i''_{h\cdot\max}=\frac{1.8\sqrt{2}(U_G-U_x)}{X''_d}=\frac{2.55U_s}{X''_d} \tag{1-3}$$

式中　U_G、U_x——发电机端电压、电网电压有效值；

X''_d——发电机直轴次暂态电抗。

构网型新能源如何并网

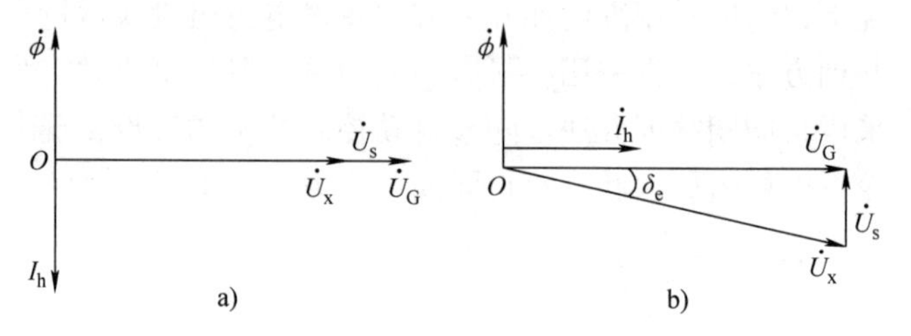

图1-2　准同期条件分析

由图1-2a可见，当 δ_e 很小时，可认为冲击电流 $\dot{I}_h$ 与 $\dot{U}_G$ 夹角为90°，所以，由电压幅值差产生的 $\dot{I}_h$ 主要为无功冲击电流。冲击电流的电动力对发电机绕组产生影响，由于定子绕组端部的机械强度最弱，所以须特别注意对它所造成的危害。由于并列操作为正常运行操作，冲击电流最大瞬时值限制在1～2倍额定电流以下为宜。为了保证机组的安全，我国曾规定电压差并列冲击电流不允许超过机端短路电流的1/20到1/10。据此，得到准同期并列的一个条件为：电压差 U_s 不能超过额定电压的5%～10%。现在一些大型发电机组甚至规定在0.1%以下，即希望尽量避免无功冲击电流。

（二）合闸相位不相等

设并列合闸时，断路器两侧电压相量如图1-2b所示：①发电机频率等于电网频率；②两侧电压幅值相等；③合闸瞬间存在相位差，即 $\delta_e\neq0$。

这时发电机为空负荷情况，电动势即为机端电压，与电网电压相等，冲击电流的最大瞬时值为

$$i''_{h\cdot\max}=\frac{2.55U_x}{X''_q}\cdot2\sin\frac{\delta_e}{2} \tag{1-4}$$

式中　X''_q——发电机交轴次暂态电抗。

由图1-2b可见，当 δ_e 很小时，可认为 $\dot{I}_h$ 与 $\dot{U}_G$ 夹角为0°，所以由相位差产生的冲击电流 $\dot{I}_h$ 主要为有功冲击电流。

当相位差较小时，冲击电流主要为有功电流分量，说明合闸后发电机与电网间立刻交换有功功率，使机组联轴受到突然冲击，这对机组和电网运行都是不利的。为了保证机组安全运行，一般将有功冲击电流限制在较小数值。

若并列时既存在幅值差，又存在相位差，这时并列所产生的冲击电流可综合以上两种典型情况进行分析。

（三）频率不相等

1. 频差、滑差角频率、滑差周期

设待并发电机的电压相量如图 1-3 所示，且有 $U_G = U_x$，即电压幅值相等；$f_G \neq f_x$，即频率不相等（或 $\omega_G \neq \omega_x$，即角速度不相等）。两者的频率差是一项很重要的参数，用频差 f_s 表示，即 $f_s = f_G - f_x$。

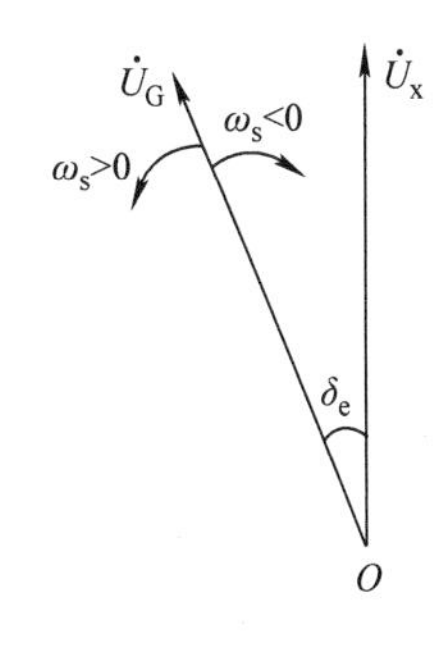

图 1-3　滑差电压原理图

当两个交流电压的频率不相等（但较接近）时，一般可用两个有相对旋转速度的相量来表示它们，如图 1-3 所示。两个交流电压相量间的瞬时相位差 δ_e 就是图中两个相量间的夹角；两个交流电压相量同方向旋转，一快一慢，两者间的角频率之差称为滑差角频率，简称滑差，用 ω_s 表示，于是得 $\omega_s = \omega_G - \omega_x$。很显然，$\omega_s$ 是有正负值的，其方向与规定的参考相量有关。以电网电压 $\dot{U}_x$ 为参考相量，当 $\omega_G > \omega_x$ 时，$\omega_s > 0$；当 $\omega_G < \omega_x$ 时，$\omega_s < 0$。反之，若以 $\dot{U}_G$ 为参考相量，则 ω_s 的方向恰好相反。

滑差周期为 $T_s = \dfrac{2\pi}{|\omega_s|} = \dfrac{1}{|f_s|}$。可见频差 f_s、滑差 ω_s 与滑差周期 T_s 是可以相互转换的，它们都是描述两电压相量相对运动快慢的一组数据。

频差 f_s、滑差 ω_s 和滑差周期 T_s 都可以用来表示待并发电机与电网之间频差的大小。滑差大，则滑差周期短；滑差小，则滑差周期长。在有滑差的情况下，将机组投入电网，需要经过一段加速或减速的过程，才能使机组与电网在频率上同步。加速或减速力矩会对机组造成冲击。显然，滑差越大，滑差周期越短，并列时的冲击就越大，因而应该严格限制并列时的允许滑差或滑差周期。我国在发电厂进行正常人工手动发电机组并列操作时，一般取滑差周期在 10～16s 之间。

2. 频率不相等对并列的影响

图 1-4 为待并发电机进入同步运行的暂态过程示意图。

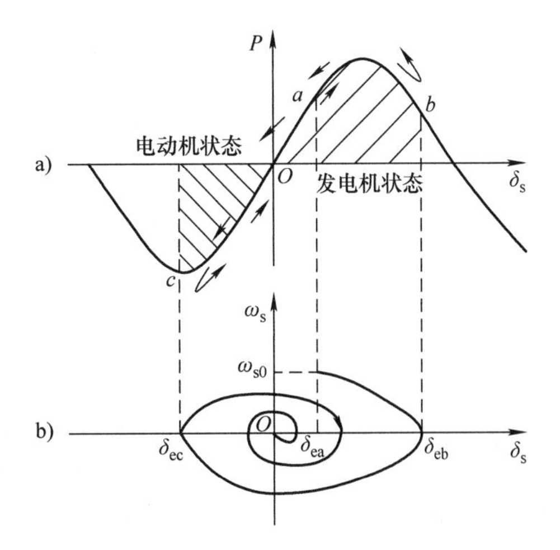

图 1-4　待并发电机进入同步运行的暂态过程

众所周知，当发电机组与电网间进行有功功率交换时，如果发电机的电压 $\dot{U}_G$ 超前电网电压 $\dot{U}_x$，发电机发出功率，则发电机将制动而减速。反之，当 $\dot{U}_G$ 滞后 $\dot{U}_x$ 时，发电机吸收功率，则发电机将加速。所以交换功率的方向与相位差 δ_e 的正负有关。

发电机发出功率定义为发电机状态，发电机吸收功率定义为电动机状态。现设原动机的输入功率恒定不变，且 $\omega_G > \omega_x$，合闸时的相位差为 δ_{e0}，此时的滑差为 ω_{s0}（对应图 1-4a 中 a 点），并为超前情况。可见合闸后发电机处于发电机状态而受到制动。发出功率沿功角特性到达 b 点时，$\omega_G = \omega_x$，但这时 δ_e 达到最大，即为 δ_{eb}；由于发电机仍处于发电机状态，所以 ω_G 继续减小，δ_e 也逐渐减小，发电机功率沿特性曲线往回摆动到达坐标原点时，$\dot{U}_G$ 与 $\dot{U}_x$ 电压相量重合（回顾图 1-3），相位差此时为零，且 $\omega_G < \omega_x$；过原点后，相位差为变负，交换功率为负，发电机处于电动机状态，重新加速，即 ω_G 又开始增加；交换功率沿特性曲线变动，直到 $\omega_G = \omega_x$（对应图 1-4a 中的 c 点），相位差反方向增大。重复上述来回摆动过程，摆动幅度受阻尼等因素影响逐渐减小，直到进入同步运行时为止。

显然，进入同步状态的暂态过程与合闸时滑差 ω_{s0} 的大小有关。当 ω_{s0} 较小时，到达最大相位 b 点时的 δ_{eb} 也较小，可以很快进入同步运行。当 ω_{s0} 较大时，则需经历较长时间振荡才能进入同步运行（如果 ω_{s0} 很大，到达 b 点时的 δ_{eb} 超出 180°，则将导致失步）。所以滑差大，暂态过程长；滑差小，暂态过程短。

三、自同期并列

自同期并列操作是将一台未加励磁电流的发电机组升速到接近于电网频率，滑差 ω_s 不超过允许值，且机组的加速度小于某一给定值的条件下，首先合上并列断路器 QF，接着立刻合上励磁开关，给转子加上励磁电流，在发电机电动势逐渐增长的过程中，由电力系统将并列的发电机组拉入同步运行。

自同期并列最突出优点是控制操作非常简单，限于早期的控制技术水平，在电力系统发生事故、频率波动较大的情况下，应用自同期并列可以迅速把备用机组投入电网运行，所以曾一度广泛应用于水轮发电机组，作为处理系统事故的重要措施之一。

自同期并列方法不能用于两个系统间的并列操作，同时易看出当发电机以自同期并列方法投入电网时，在投入瞬间，未经励磁的发电机接入电网，相当于电网经发电机次暂态电抗 X''_d 短路，因而不可避免地要引起冲击电流。

当机组一定时，自同期并列的冲击电流主要决定于电网的情况，即决定于电网电压 U_x 和电网电抗 X_x。自同期并列时，冲击电流与发电机的电压 U_G 成正比。

另外须指出，发电机母线电压瞬时下降对其他用电设备的正常工作将产生影响，为此也需受到限制，所以自同期并列方法现已很少采用。

第二节　准同期并列的基本原理

如前所述，在满足并列条件的情况下，采用准同期并列方法将待并发电机组投入电网运行，只要控制得当就可使冲击电流很小且对电网扰动甚微。因此，准同期并列是电力系统运行中的主要并列方法。

并列断路器主触头闭合瞬间出现的冲击电流值以及进入同步运行的暂态过程，决定于合闸时的脉动电压和滑差。因此，准同期并列主要对脉动电压和滑差进行检测和控制，并选择合适的时间发出合闸信号，使合闸瞬间的脉动电压值在允许值范围内。检测的信息也就取自并列断路器两侧的电压，而且主要是对脉动电压进行检测并提取信息。现对脉动电压的变化规律进行分析。

一、脉动电压

（一）$\dot{U}_G$ 与 $\dot{U}_x$ 两电压的幅值相等

为便于分析问题，设待并发电机端电压 $\dot{U}_G$ 与电网电压 $\dot{U}_x$ 的幅值相等，而 ω_G 与 ω_x 不相等，因此 $\dot{U}_G$ 与 $\dot{U}_x$ 是做相对运动的两个电压相量。这时，并列断路器两侧间电压差 u_s 为

$$u_s = U_G\sin(\omega_G t + \phi_1) - U_x\sin(\omega_x t + \phi_2) \tag{1-5}$$

设初相位 $\phi_1 = \phi_2 = 0$，并应用和差化积公式得

$$u_s = 2U_G\sin\left(\frac{\omega_G - \omega_x}{2}t\right)\cos\left(\frac{\omega_G + \omega_x}{2}t\right) \tag{1-6}$$

令 $U_s = 2U_G\sin\left(\frac{\omega_G - \omega_x}{2}t\right)$ 为电压 u_s 的幅值，则

$$u_s = U_s\cos\left(\frac{\omega_G + \omega_x}{2}t\right) \tag{1-7}$$

由式（1-7）可知，u_s 的波形可以看成是幅值为 U_s、频率接近于工频的交流电压波形。又因为滑差 $\omega_s = \omega_G - \omega_x$，则两电压相量间的相位差为

$$\delta_s = \omega_s t \tag{1-8}$$

于是

$$U_s = 2U_G\sin\frac{\omega_s t}{2} = 2U_G\sin\frac{\delta_e}{2} = 2U_x\sin\frac{\delta_e}{2} \tag{1-9}$$

由此可见，u_s 的波形为正弦脉动波，所以 u_s 又称为脉动电压，其最大幅值为 $2U_G$（或 $2U_x$）。

u_s 的相量图及其瞬时值波形如图 1-5 所示。如用相量分析，则可设想电网电压 $\dot{U}_x$ 固定，而待并发电机的电压 $\dot{U}_G$ 以滑差 ω_s 向 $\dot{U}_x$ 转动。当相位差 δ_e 从 0 到 π 变化时，$\dot{U}_s$ 的幅值相应地从 0 变到最大值 $2U_G$；当 δ_e 从 π 到 2π（重合）变化时，$\dot{U}_s$ 的幅值又从最大值回到 0。转动一圈的时间为脉动周期 T_s，$\dot{U}_s$ 幅值变化情况如图 1-6 所示。

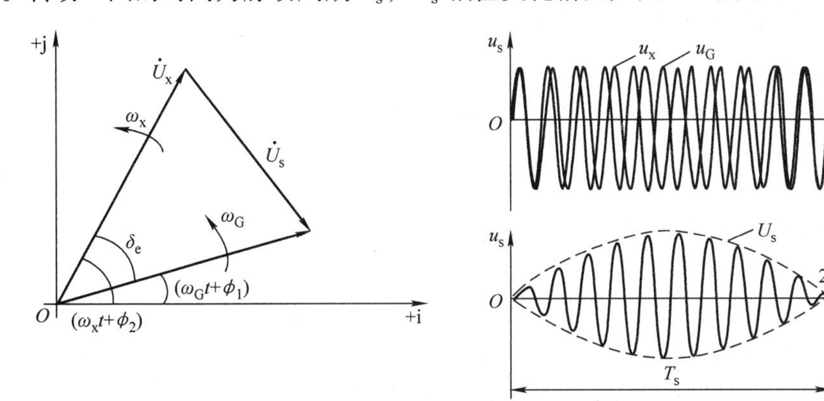

图 1-5　脉动电压 u_s 的相量图及其瞬时值波形

a）相量图　b）波形图

（二）$\dot{U}_G$ 与 $\dot{U}_x$ 两电压的幅值不相等

如果并列断路器两侧的电压幅值不相等，如图 1-1b 所示的相量图，应用三角公式可求

得 U_s 的值为

$$U_s = \sqrt{U_x^2 + U_G^2 - 2U_x U_G \cos\omega_s t} \tag{1-10}$$

当 $\omega_s t = 0$ 时，$U_s = U_G - U_x$ 为两电压幅值差；

当 $\omega_s t = \pi$ 时，$U_s = U_G + U_x$ 为两电压幅值和。

两电压幅值相等时，U_s 的波形如图 1-6 所示，由于脉动周期 T_s 只与 ω_s 有关，所以，图 1-7 描述的两电压幅值不相等时的脉动电压周期 T_s 与图 1-6 相同。

（三）利用脉动电压检测准同期并列的条件

图 1-6 和图 1-7 表明，在脉动电压 u_s 的波形中存在准同期并列所需检测的所有信息：电压幅值差、频差以及相位差随时间的变化规律。因此，可以利用它为自动并列装置提供并列条件的信息，以及选择合适的合闸信号发出时间。脉动电压 u_s 有时也称为滑差电压。

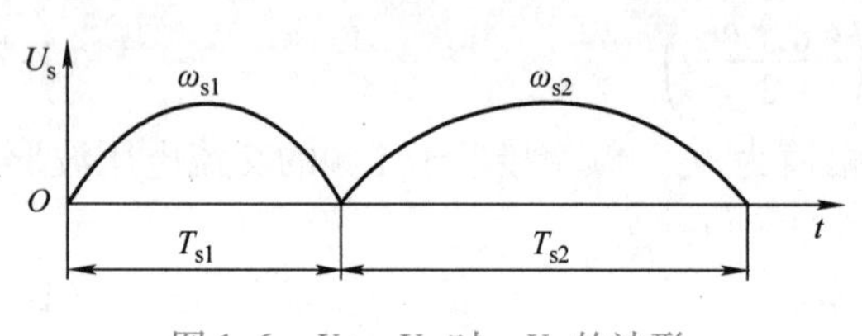

图 1-6 $U_G = U_x$ 时，U_s 的波形

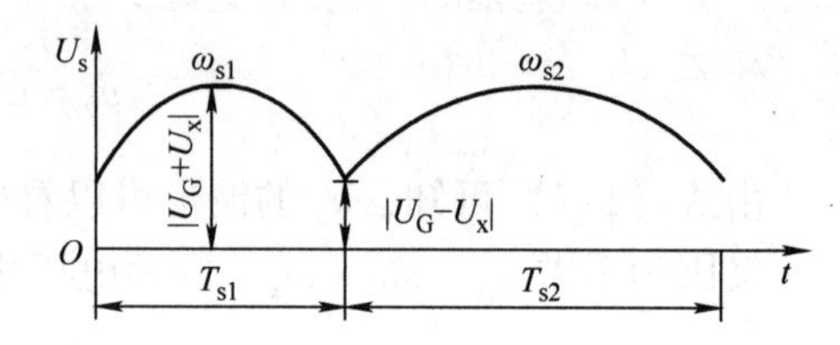

图 1-7 $U_G \neq U_x$ 时，U_s 的波形

1. 电压幅值差的控制

电压幅值差 $|U_G - U_x|$ 对应脉动电压 $\dot{U}_s$ 波形的最小幅值，由图 1-7 得

$$U_{s \cdot \min} = |U_G - U_x| \tag{1-11}$$

通过对 $U_{s \cdot \min}$ 的测量，可判断 U_G 与 U_x 的电压幅值差是否超出允许值。

2. 频差的控制

U_G 与 U_x 的频差就是脉动电压 U_s 的频率 f_s，它与滑差 ω_s 的关系为

$$\omega_s = 2\pi f_s \tag{1-12}$$

可见，ω_s 反映了频差 f_s 的大小。要求 ω_s 小于某一允许值，就相当于要求脉动电压周期 T_s 大于某一个给定值。

例如，设滑差的允许值 ω_{sy} 最大为滑差的 0.2%，即

$$\omega_{sy} \leqslant 0.2 \times \frac{2\pi f_0}{100} \leqslant 0.2\pi \quad \text{rad/s} \tag{1-13}$$

对应的脉动电压周期 T_s 的值为

$$T_s \geqslant \frac{2\pi}{\omega_{sy}} = 10\text{s} \tag{1-14}$$

所以，U_s 的脉动周期 $T_s > 10\text{s}$ 才满足 $\omega_{sy} < 0.2\% \omega_s$ 的要求。这就是说，测量 T_s 的值可以检测待并发电机组与电网间的滑差 ω_s 的大小，即频差的大小。

3. 合闸相位差的控制

前面已经提及，最理想的合闸瞬间是在 $\dot{U}_G$ 与 $\dot{U}_x$ 两电压相量重合的瞬间。考虑到断路器操作机构和合闸回路控制电器的固有动作时间，必须在两电压相量重合之前发出合闸信号，从发出合闸信号到合闸瞬间这一段时间一般称为越前时间。由于该越前时间只需按断路器的

合闸时间（准同期并列装置的动作时间可忽略）进行整定，整定值和滑差及电压差无关，故称其为恒定越前时间。

二、准同期并列合闸信号的控制

在准同期并列操作中，合闸信号控制单元是准同期并列装置的核心部件，所以，准同期并列装置的原理也往往是指该控制单元的原理。其控制原则是当频率和电压都满足并列条件的情况下，在$\dot{U}_G$与$\dot{U}_x$要重合之前发出合闸信号。在两电压相量重合之前发出的信号称为提前量信号。

1. 恒定越前时间 t_{YJ}

恒定越前时间t_{YJ}采用的提前量信号为恒定时间信号，即在脉动电压U_s到达两电压相量重合（$\delta_e=0$）之前t_{YJ}时发出合闸信号，一般取t_{YJ}等于并列断路器的合闸时间和自动准同期并列装置的动作时间之和。因此，采用恒定越前时间的准同期并列装置理论上可以使合闸相位差$\delta_s=0$。如上所述，令

$$t_{YJ}=t_c+t_{QF} \tag{1-15}$$

式中　t_c——自动准同期并列装置的动作时间；

t_{QF}——并列断路器的合闸时间。

应当指出，t_{YJ}主要决定于t_{QF}，其值因断路器的类型不同而不同。所以，装置中的t_{YJ}应便于整定，以适应不同断路器的需要。

2. 允许滑差

在$\delta_e=0$之前的恒定越前时间t_{YJ}发出合闸信号，它对应的越前相位δ_{YJ}的值是随ω_s而变化的，其变化规律如图1-8所示。

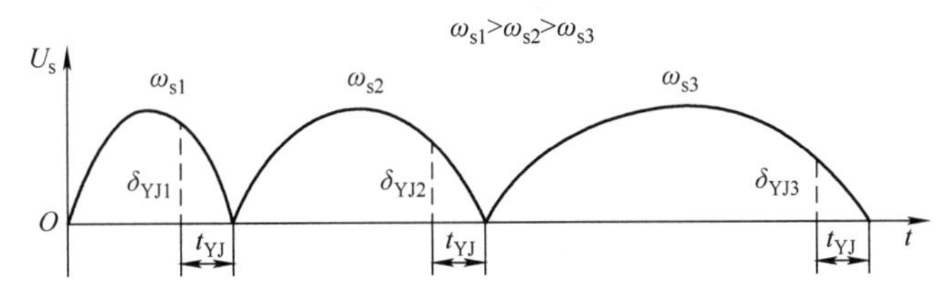

图1-8　恒定越前时间原理

由于$\delta_{YJ}=\omega_s t_{YJ}$，当$t_{YJ}$为定值时，发出合闸信号时的越前相位与$\omega_s$成正比。由于$\omega_{s1}>\omega_{s2}>\omega_{s3}$，所以$\delta_{YJ1}>\delta_{YJ2}>\delta_{YJ3}$。

虽然从理论上讲，按恒定越前时间原理工作的自动准同期并列装置可以使合闸相位差δ_e等于零，但实际上由于装置的越前时间、出口继电器的动作时间以及断路器的合闸时间t_{QF}存在着分散性，因而并列时仍难免具有合闸相位误差，这就使并列时的允许滑差ω_{sy}受到限制。

设δ_{ey}为发电机的允许合闸相位，最大允许滑差ω_{sy}为

$$\omega_{sy}=\frac{\delta_{ey}}{|\Delta t_c|+|\Delta t_{QF}|} \tag{1-16}$$

式中　$|\Delta t_c|$、$|\Delta t_{QF}|$——准同期并列装置的动作误差时间、断路器的合闸误差时间。

δ_{ey}取决于发电机允许的最大冲击电流$i''_{h\cdot max}$，当给定$i''_{h\cdot max}$后，可得

$$\delta_{ey}=2\arcsin\frac{i''_{h\cdot max}(X''_q+X_x)}{2\times1.8\sqrt{2}E''_q} \tag{1-17}$$

将δ_{sy}值代入式（1-16），即可求得最大允许滑差ω_{sy}。

【例1-1】 某发电机采用自动准同期并列方法与电网系统进行并列，系统的参数已归算到以发电机额定容量为基准的标幺值。一次系统的参数为：发电机交轴次暂态电抗X''_q为0.125；系统等效机组的交轴次暂态电抗与线路电抗为0.25；断路器的合闸时间$t_{QF}=0.5s$，它的最大可能误差时间为±20%；自动准同期并列装置的最大误差时间为±0.05s；待并发电机允许的冲击电流$i''_{h\cdot max}=\sqrt{2}I_{Ge}$，$I_{Ge}$为发电机额定电流。

试计算允许合闸误差角δ_{ey}、允许滑差ω_{sy}和相应的脉动电压周期。

解：（1）允许合闸误差角

$$\delta_{ey}=2\arcsin\frac{\sqrt{2}\times1\times(0.125+0.25)}{\sqrt{2}\times1.8\times2\times1.05}\text{rad}=2\arcsin0.0992\text{rad}=0.199\text{rad}=11.4°$$

其中，考虑并列时电压可能超过额定电压值的5%，故按$E''_q=1.05$计算。

（2）允许滑差

断路器的合闸误差时间$\Delta t_{QF}=0.5\times0.2s=0.1s$

自动准同期并列装置的误差时间$\Delta t_c=0$

所以，允许滑差$\omega_{sy}=\frac{0.199}{0.15}\text{rad/s}=1.33\text{rad/s}$

如果滑差采用标幺值表示，则

$$\omega_{sy*}=\frac{\omega_{sy}}{2\pi f_e}=\frac{1.33}{2\pi\times50}=0.42\times10^{-2}$$

（3）脉动电压周期

$$T_s=\frac{2\pi}{\omega_{sy}}=\frac{2\pi}{1.33}s=4.7s$$

第三节 恒定越前时间并列装置

前已提及，脉动电压含有同期合闸所需要的所有信息：电压幅值差、频差和合闸相位差。但是，在实际装置中，却不能利用它检测并列条件。原因是，它的幅值与发电机端电压和电网电压有关，这就使得利用脉动电压检测并列条件的越前时间信号和频率检测引入了受电压影响的因素，造成越前时间信号的时间误差不准，从而成为合闸误差的原因之一。

一、线性整步电压

在滑差存在的情况下，母线电压与发电机端电压之间的相位差δ_e不是常数，而是时间t的函数，即$\delta_e(t)=\omega_s t$，随着t的变化，δ_e从0到2π做周期性变化。

线性整步电压是指其幅值在一个周期内与相位差δ_e分段按比例变化的电压，波形一般呈三角形。如图1-9所示，其特点为：当$\delta_e=\delta_G-\delta_x$在$0\sim\pi$区间时，线性整步电压$U_{sl}$与相位差$\delta_e$成反比，线性整步电压的大小随$\delta_e$的增加而减小，当$\delta_e=0$时，线性整步电压为最大值$U_{slm}$；当$\delta_e$在$-\pi\sim0$区间时，线性整步电压$U_{sl}$与相位差$\delta_e$成正比，线性整步电压

的大小随 δ_e 的增加而增加。

由此可见，线性整步电压与相位差 δ_e 之间是分段的线性关系，而与同期电压 $\dot{U}_x$、$\dot{U}_G$ 的幅值无关。线性整步电压的数学描述可用两个线性方程表示：

$$\begin{cases} U_{sl} = \dfrac{U_{slm}}{\pi}(\pi + \delta_e) & -\pi \leqslant \delta_e \leqslant 0 \\ U_{sl} = \dfrac{U_{slm}}{\pi}(\pi - \delta_e) & 0 \leqslant \delta_e \leqslant \pi \end{cases} \tag{1-18}$$

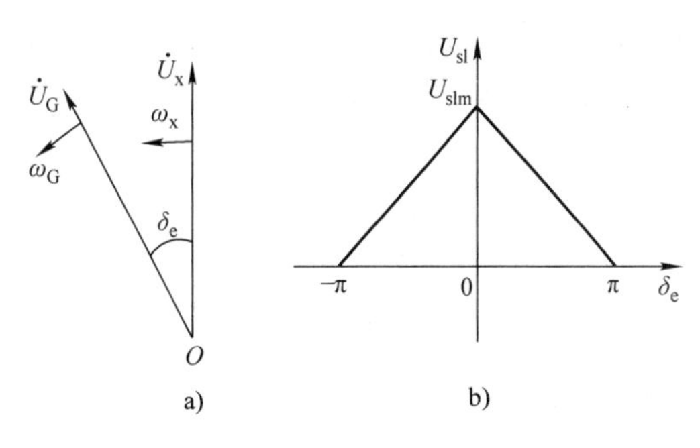

图 1-9　线性整步电压与 δ_e 的关系示意图

线性整步电压形成电路是由整形电路、相敏电路、滤波电路三部分组成。

1）整形电路是将 U_G 和 U_x 的正弦波转换成与之频率和相位相同的一系列方波，方波的幅值与 U_G、U_x 的幅值无关。如图 1-10a、b、c 所示。

2）相敏电路是在两个输入信号的电平相同时，输出为高电平“1”，两者不同时，则输出为低电平“0”，如图 1-10d 所示。

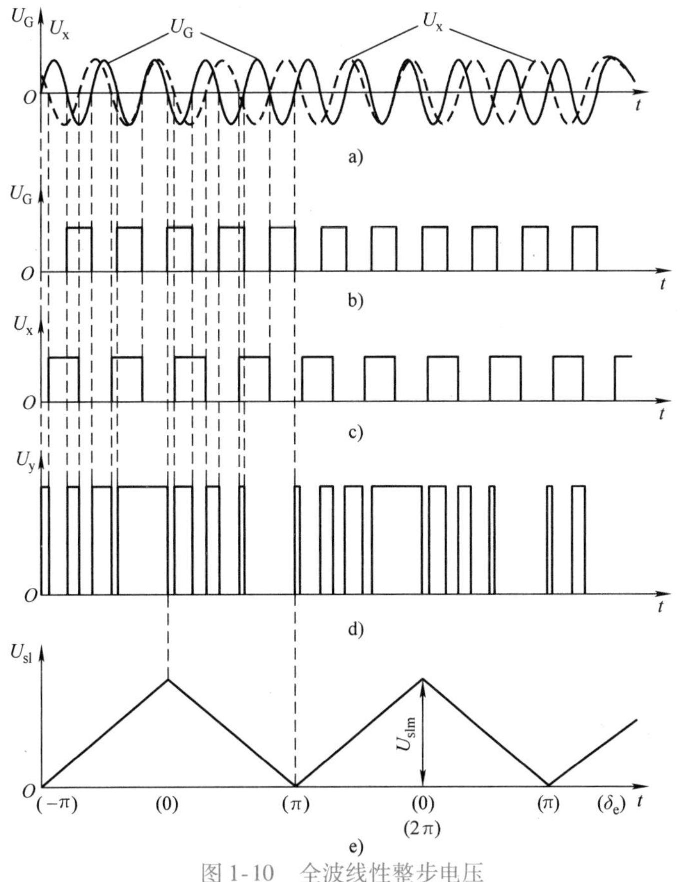

图 1-10　全波线性整步电压

a)、b)、c）整形电路输出波形　d）相敏电路输出波形　e）滤波电路输出波形

3）滤波电路是由低通滤波器和射极跟随器组成。为了获得线性整步电压 U_{sl} 与相位差

δ_e 的线性关系，采用 LC 滤波器平滑波形，其特性如图 1-10e 所示。为了提高整步电压信号的负荷能力，采用射极跟随器输出。

二、恒定越前时间

恒定越前时间部分是由 R、C 组成的比例微分回路和电平检测器构成，如图 1-11 所示。

当线性整步电压加至比例微分回路后，在电阻 R_2 上的输出电压 U_{R2} 可以利用叠加原理来求出，如图 1-12 所示。U_{R2} 为图 1-12b、c 输出电压 U'_{R2} 与 U''_{R2} 的叠加。

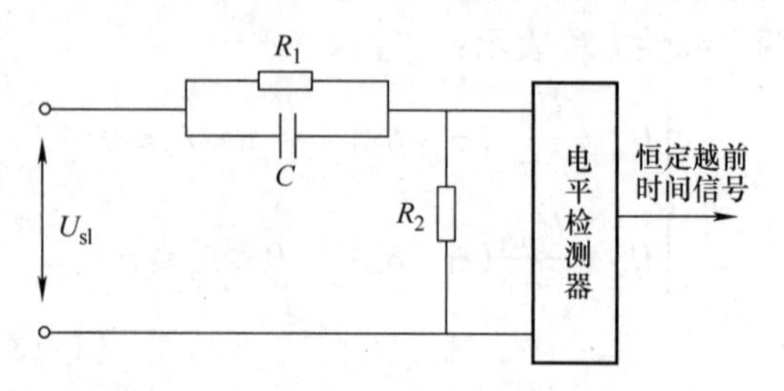

图 1-11 恒定越前时间

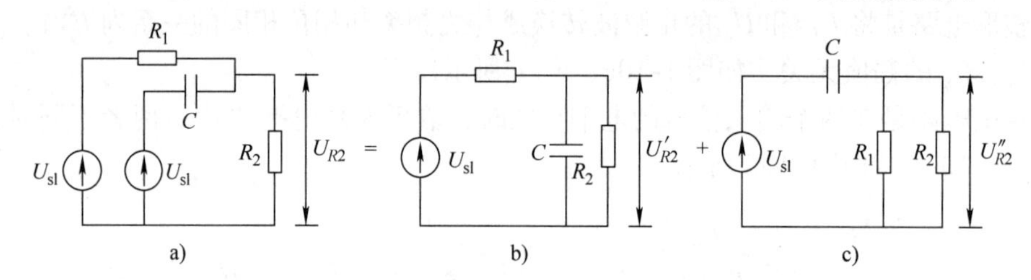

图 1-12 利用叠加原理求 U_{R2} 的示意图

在图 1-12b 中，由于电容 C 很小，容抗很大，其作用可以忽略，故

$$U'_{R2}=\frac{R_2}{R_1+R_2}U_{sl}=\frac{R_2}{R_1+R_2}\frac{U_{slm}}{\pi}(\pi+\omega_s t)\quad(-\pi<\omega_s t<0) \tag{1-19}$$

在图 1-12c 中，若 $T_s \gg \frac{R_1R_2}{R_1+R_2}C$，则

$$U''_{R2}=I_C\frac{R_1R_2}{R_1+R_2}=C\frac{\mathrm{d}U_{sl}}{\mathrm{d}t}\frac{R_1R_2}{R_1+R_2}=\frac{U_{slm}\omega_s}{\pi}\frac{R_1R_2}{R_1+R_2}C\quad(-\pi<\omega_s t<0) \tag{1-20}$$

现讨论在 $-\pi<\omega_s t<0$ 区间，若电平检测器的翻转电平为 $\frac{R_2}{R_1+R_2}U_{slm}$，翻转时间为 t_{YJ}，则动作的临界条件为

$$U'_{R2}+U''_{R2}=\frac{R_2}{R_1+R_2}U_{slm} \tag{1-21}$$

则

$$\frac{R_2}{R_1+R_2}\frac{U_{slm}}{\pi}(\pi+\omega_s t_{YJ})+\frac{U_{slm}\omega_s}{\pi}\frac{R_1R_2}{R_1+R_2}C=\frac{R_2}{R_1+R_2}U_{slm} \tag{1-22}$$

$$1+\frac{\omega_s t_{YJ}}{\pi}+\frac{\omega_s R_1 C}{\pi}=1 \tag{1-23}$$

$$\omega_s t_{YJ}+\omega_s R_1 C=0 \tag{1-24}$$

$$t_{YJ}=-R_1 C \tag{1-25}$$

式（1-25）表明，电平检测器翻转瞬间的 t_{YJ} 值与 ω_s 无关，而是仅与 R_1 及 C 的值有关的常量。等号右侧的负号表示与所取时间标尺的方向相反，即为越前时间，故 t_{YJ} 为恒定越

前时间。图 1-13 所示为在不同的滑差周期下，越前时间能够恒定的示意图。U'_{R2}为比例部分，U''_{R2}为微分部分，因而在细虚线表示的电平检测器翻转瞬间，能够获得恒定的越前时间t_{YJ}。当开关的合闸时间不同时，可以分别调整 R_1 与 C 的值，以获得相应的越前时间，使并列瞬间相位差为零。

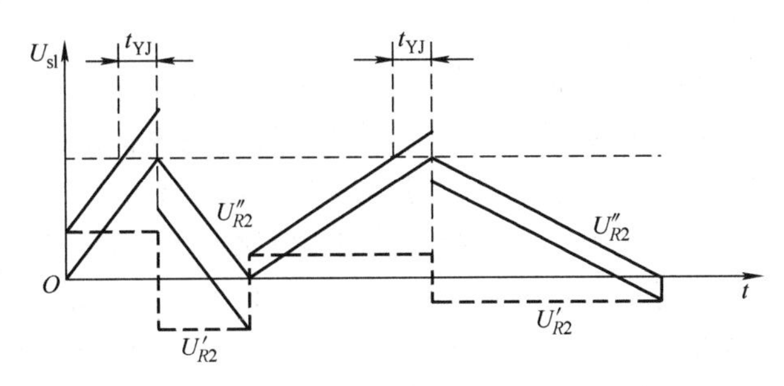

图 1-13　恒定越前时间电平检测器原理示意图

三、滑差检测

利用比较恒定越前时间电平检测器和恒定越前相位电平检测器的动作次序来实现滑差检测，如图 1-14 所示。恒定越前相位电平检测器输入线性整步电压 U_{sl}，当输入电压等于或大于整定电平 U_{slk}时，电平检测器动作，输出低电平，随着滑差的不断减小，即 $T_{s1}<T_{s2}$，恒定越前相位检测器的动作时间 t_{A1}、t_{A2}不断加大。如果将图中 U_{slk}按允许滑差 ω_{sy}下，恒定越前时间 t_{YJ}的相应相位差 δ_{YJ}进行整定，则有如下关系：

$$\omega_{sy}t_{YJ}=\omega_{s}t_{A} \tag{1-26}$$

即

$$t_{A}=\frac{\omega_{sy}}{\omega_{s}}t_{YJ} \tag{1-27}$$

当 $\omega_s>\omega_{sy}$时，$|t_A|<|t_{YJ}|$；当 $\omega_s=\omega_{sy}$时，$|t_A|=|t_{YJ}|$；当 $\omega_s<\omega_{sy}$时，$|t_A|>|t_{YJ}|$。

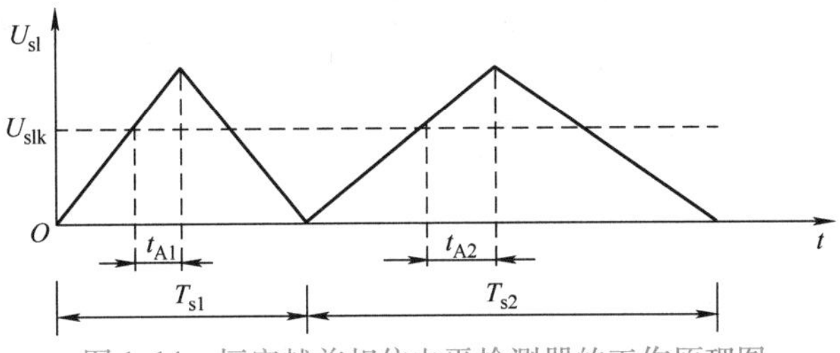

图 1-14　恒定越前相位电平检测器的工作原理图

只有当$|t_A|>|t_{YJ}|$，即恒定越前相位电平检测器先于恒定越前时间电平检测器动作时，才表明这时的 ω_s 小于允许滑差 ω_{sy}，从而做出频差符合并列条件的判断。反之，如果 t_{YJ}信号到来时尚未获得恒定越前相位电平检测器的翻转信号，就可做出频差不符合并列条件的判断。

四、电压差检测

由于线性整步电压不载有并列点两侧电压幅值的信息，所以它就无法检测电压差。电压差检测可直接用$\dot{U}_G$和$\dot{U}_x$的幅值进行比较，两个电压分别经变压器、整流桥和一个电压平衡电路后，检测电压差的绝对值。当此电压差小于允许值时，发出“电压差合格，允许合闸”的信号。

五、合闸信号控制逻辑

并列装置的合闸信号控制逻辑框图如图 1-15 所示。它的工作是当并列条件检测元件测得的信号均符合并列条件时，即频差、电压差都在允许范围内，在越前时间信号测得的瞬间，发出合闸信号；当不符合并列条件时，即频差或电压差超出允许范围，发出闭锁信号，即阻止合闸信号发出，不允许并列。频差检测采用相位比较法。图 1-15 中与门 Y_2 是四端输入的负逻辑与门，是合闸信号的输出电路。可见，合闸信号是否发出，决定于与门 Y_2 条件是否满足。前已述及，如果频差或电压差不符合条件，相位差 δ_e 在 $-\pi \sim 0$ 区间，与门 Y_2 相应的输入端（$\Delta\omega_s$ 或 ΔU 输入端）即出现高电平，闭锁信号发出。当频差、电压差均符合并列条件时，与门 Y_2 输入端中的双稳记忆元件 SZ 的输出和 $U_{\Delta U}$ 均为低电平，一旦越前时间信号 U_{tYJ} 出现低电平，则与门 Y_2 输入端全为低电平，即允许越前时间信号通过，发出合闸信号，进行并列。

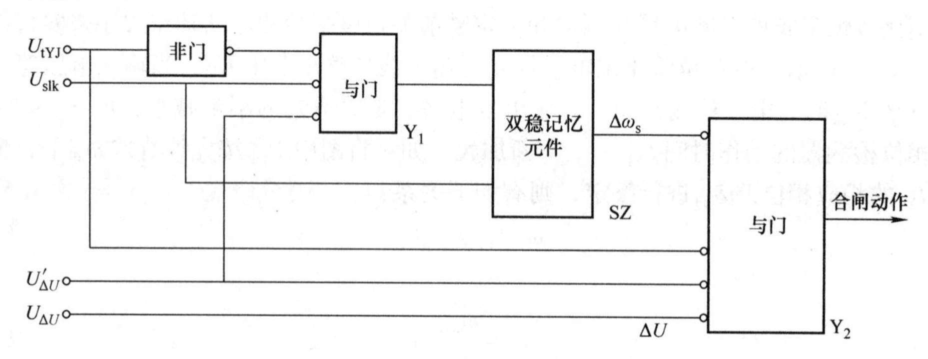

图 1-15 合闸信号控制逻辑框图

为了防止并列装置投入瞬间，与门 Y_1、Y_2 输入端电平的随机性可能误发合闸信号，因此从可靠性考虑，加一瞬时高电平 $U'_{\Delta U}$，闭锁与门工作，待投入一定时间后，待并列装置检测元件进入正常工作状态，解除$U'_{\Delta U}$的闭锁作用，也就是说正常工作时，$U'_{\Delta U}$恒为低电平，不影响并列装置的工作。

六、频差控制

频差控制单元的任务是将待并发电机的频率调整到接近电网频率，使频差趋向并列条件允许的范围，以促成并列的实现。如果待并发电机的频率低于电网频率，则要求发电机升速，发升速脉冲，反之，应发减速脉冲。当频差较大时，发出的调节量相应大些。当频差较小时，发出的调节量也就小些，以配合并列操作。

根据上述要求，频差控制单元可由滑差方向检测和频率调整执行两部分组成。前者判断 u_G 和 u_x 频率的高低，将其作为发升速脉冲或减速脉冲的依据；后者按比例调节的要求，调整发电机组的转速。

（一）滑差方向检测原理

如图1-16a所示，当$f_G>f_x$，$\omega_s>0$时，在相位差$|\delta_e|$自0运动到π的过程中，$\dot{U}_G$始终超前$\dot{U}_x$；反之，在$f_G<f_x$，$\omega_s<0$时，在$|\delta_e|$自0运动到π的过程中，$\dot{U}_x$始终超前$\dot{U}_G$。因此，要判断ω_s的方向，只需在$|\delta_e|$自0运动到π的过程中的任一时间，看$\dot{U}_G$和$\dot{U}_x$谁超前、谁滞后就可以了。如果此时$\dot{U}_G$超前$\dot{U}_x$，则$f_G>f_x$，发电机应立刻减速；反之，如果此时$\dot{U}_x$超前$\dot{U}_G$，则$f_G<f_x$，发电机应立刻增速。这个原理是通过越前鉴别与区间鉴别两个措施来实现的。越前鉴别就是判定$\dot{U}_G$和$\dot{U}_x$谁是越前电压；区间鉴别就是判定$|\delta_e|$正处在0～π区间。从图1-16b所示的整步电压图可以看出，U_{sl}轴的右侧是要求的鉴别区间，这区间的任一点都可用来进行越前鉴别。

（二）频差调整执行

1. 区间鉴别

区间鉴别只在$\delta_e=50°$时发一个宽度恒定的脉冲，使与门Y_5、Y_6开放一段时间，发出调速脉冲。其余时间Y_5、Y_6被闭锁，不发调速脉冲，如图1-17所示。选择$\delta_e=50°$发调速脉冲是为了与合闸脉冲的发出时间隔开，合闸脉冲的发出时间是在$\delta_e=0°$之前发出的，对应图1-16b中U_{sl}轴的左侧。

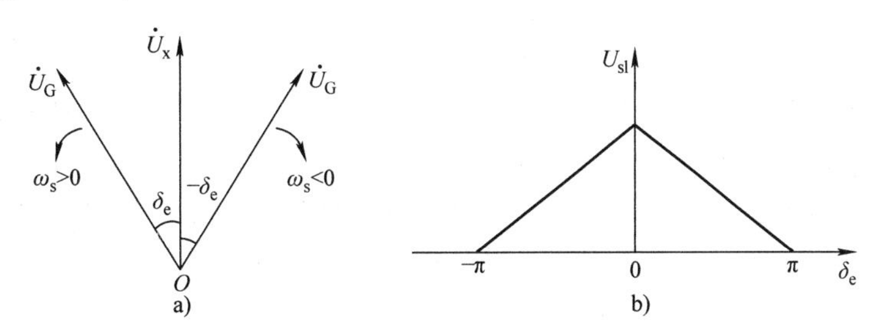

图1-16　滑差方向检测原理图

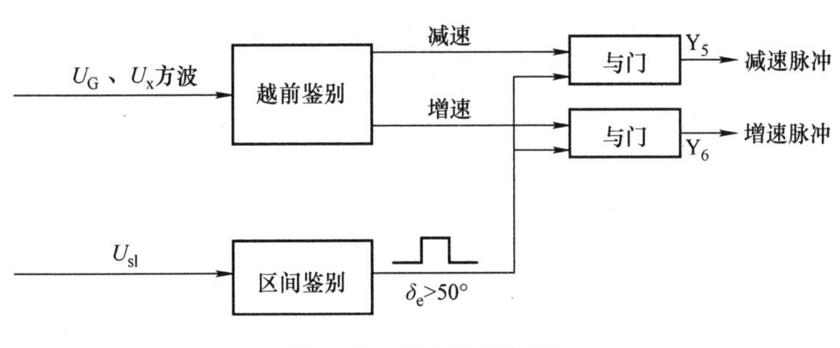

图1-17　频差控制框图

2. 越前鉴别

越前鉴别判定$\dot{U}_G$和$\dot{U}_x$谁是越前电压。越前鉴别的输入信号为$\dot{U}_G$和$\dot{U}_x$的方波。从图1-18中可以看出，当越前相位差$|\delta_e|$在0～π区间，$f_G<f_x$，电网方波由高电平变为低电平时，发电机仍为高电平，因此越前鉴别的增速脉冲回路输出一系列正脉冲，而减速脉冲回路无输出，表示电网频率高；反之，若$f_G>f_x$，则越前鉴别的减速脉冲回路输出一系列正脉冲，增速脉冲回路无输出，表示发电机频率高。因此，可以判断出滑差的方向。

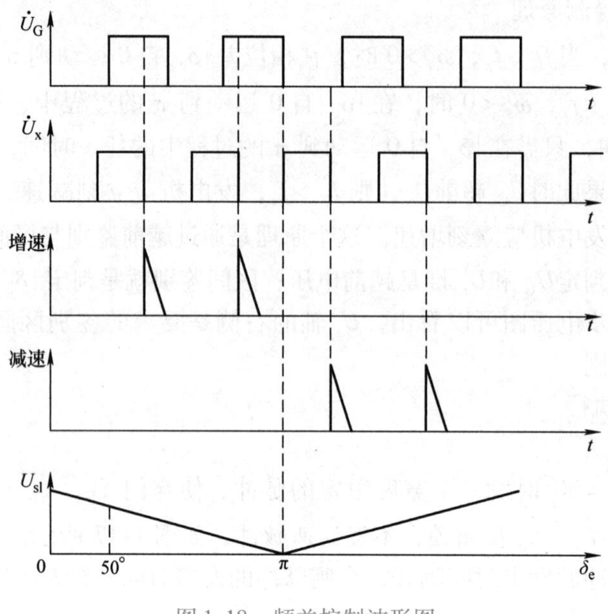

图1-18 频差控制波形图

3. 比例调节

在每一个滑差周期内发一次宽度恒定的增速或减速脉冲，均频脉冲时间的占用率与频差成正比，称为比例脉冲调节制。它能在频差大时，使均频脉冲的次数较多，进入汽轮机的动力元素在单位时间内的改变量较大，以迅速弥补频率的差别；在频差小时，使均频脉冲的次数较少，进入汽轮机的动力元素在单位时间内的改变也较小，从而避免过调。所以，比例调节脉冲可以使均频过程迅速而平稳地进行。

七、电压差控制

电压差控制单元的任务是在并列操作过程中，自动调节待并发电机的电压，使电压差符合并列的要求。它的构成框图与频差控制相似，由电压差方向检测和脉冲展宽电路组成。

第四节 数字式并列装置

一、概述

为了使待并发电机组满足并列条件，自动准同期并列装置设置了三个控制单元，其组成如图1-19所示。

（1）频差控制单元 它的任务是检测$\dot{U}_G$与$\dot{U}_x$间的滑差ω_s，并调节发电机转速，使发电机频率接近于电网频率。

（2）电压差控制单元 它的功能是检测$\dot{U}_G$与$\dot{U}_x$间的电压差，并调节发电机端电压$\dot{U}_G$，使它与$\dot{U}_x$间的电压差小于规定的允许值，达到并列条件。

（3）合闸信号控制单元 检查并列条件，当待并机组的频率和电压都满足并列条件时，合闸控制单元就会选择合适的时间，即在相位差$\delta_e=0$的时刻，提前一个恒定越前时间，发

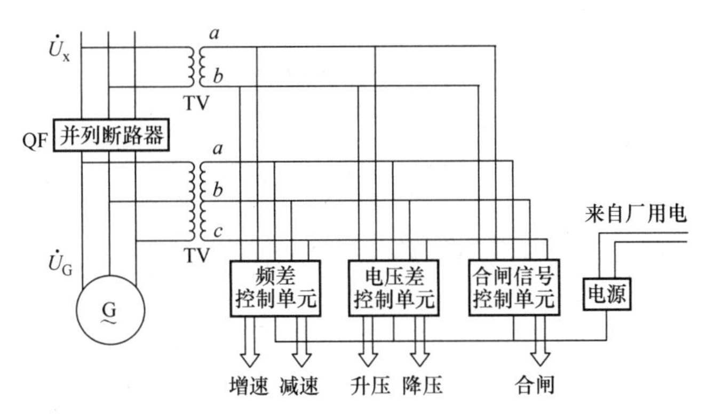

图 1-19　自动准同期并列装置的组成

出合闸信号，如图 1-20 所示。

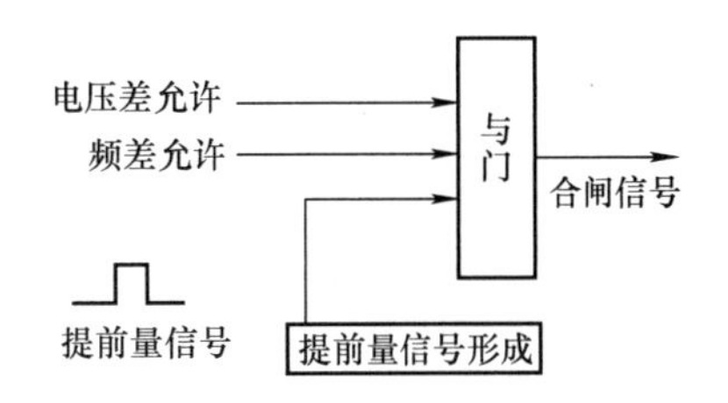

图 1-20　准同期并列合闸信号控制的框图

同步发电机的准同期并列装置按自动化程度分为：

（1）半自动准同期并列装置　这种并列装置没有频差控制单元和电压差控制单元，只有合闸信号控制单元。并列时，待并发电机的频率和电压由运行人员监视和调整，当频率和电压都满足并列条件时，并列装置就会在合适的时间发出合闸信号。它与手动并列的区别仅仅是合闸信号由该装置经判断后自动发出，而不是由运行人员手动发出。

（2）自动准同期并列装置　它设置了频差控制单元、电压差控制单元和合闸信号控制单元。当同步发电机并列时，发电机的频率和电压都由并列装置自动调节，使其与电网的频率和电压的差值减小。当满足并列条件时，自动选择合适的时间发出合闸信号。

用大规模集成电路微处理器（CPU）等器件构成的数字式并列装置，由于硬件简单，编程方便灵活，运行可靠，且技术已日趋成熟，成为当前自动并列装置发展的主流。微处理器（CPU）具有高速运算和逻辑判断能力，它的指令周期以微秒计，这对于发电机频率为 50Hz、周期为 20ms 的信号来说，可以使其具有足够充裕的时间进行相位差 δ_e 和滑差 ω_s 近似瞬时值的运算，并按照频差的大小和方向、电压差的大小和方向，确定相应的调节量，对机组进行调节，以达到较满意的并列控制效果。一般模拟式并列装置为了简化电路，在一个滑差周期 T_s 的时间内，把 ω_s 假设为恒定。而数字式并列装置可以克服这一假设的局限性，采用较为精确的公式，考虑相位差 δ_e 可能具有加速运动等问题，能按照 δ_e 当时的变化规律，选择最佳的越前时间发出合闸信号，缩短了并列操作的过程，提高了自动并列装置的技术性能和运行可靠性。并列装置引入了计算机技术后，可以较方便地应用检测和诊断技术对装置进行自检，提高了装置的维护水平。

数字式并列装置由硬件和软件组成，下面将分别进行介绍。

二、硬件

以微处理器为核心的数字式并列装置，就是一台专用计算机的控制系统。因此，按照计算机控制系统的组成原则，硬件的基本配置由主机，输入、输出接口电路和输入、输出通道等部件组成。它的框图如图1-21所示。

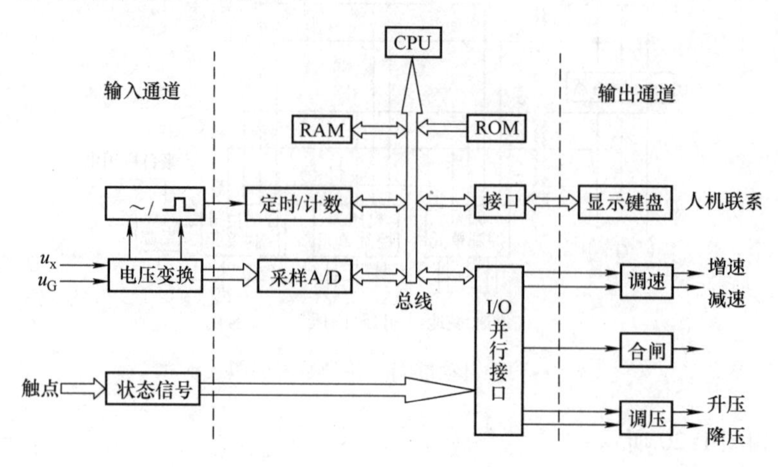

图1-21 数字式并列装置硬件框图

(一) 主机

微处理器是控制系统的核心。它和存储器（RAM、ROM）一起，又称为主机。控制对象运行变量的采样输入存放在可读写的RAM（随机存储器）内，固定的系数和设定值以及编写的程序，则存放在ROM（只读存储器）内。为了既能固定存储、又便于设置和整定值的修改，自动并列装置的重要参数，如断路器合闸时间、频差和电压差允许并列的阀值、滑差角加速度计算系数、频率和电压控制调节的脉冲宽度等，可存放在EEPROM内。

控制程序按照人们事先选用的控制规律（数学模型）进行信息处理（分析和计算），从而做出相应的调节控制决策，以数码形式通过接口电路、输出通道作用于控制对象，编写的程序通常也存放在EEPROM内。

(二) 输入、输出接口电路

在计算机控制系统中，输入、输出通道的信息不能直接与主机的总线相连，必须由接口电路来完成信息传递的任务。现在，各种型号的CPU芯片都有相应的通用接口芯片供选用，包括有串行接口、并行接口、管理接口（定时/计数、中断管理等）、模拟量和数字量间转换（A/D、D/A）等电路。有关这些通用接口电路的介绍，可参阅微机原理等教材。

(三) 输入、输出通道

为了实现发电机自动并列操作，须将电网和待并发电机的电压、频率等状态量按要求送到接口电路，从而进入主机。计算机要利用调节量、合闸信号等输出控制待并机组，就需要把计算机接口电路输出信号变换为适合对待并机组进行调节或合闸的操作信号。可见，在计算机接口电路和并列操作控制对象的过程之间必须设置信息的传递和变换设备，通常人们称之为输入、输出通道。它是接口电路和控制对象之间传递信号的媒介，所以必须按控制对象的要求，选择与之匹配的通道。

1. 输入通道

按发电机的并列条件，分别从发电机和母线电压互感器二次侧交流电压信号中提取电压幅值、频率和相位差δ_e三种信息，作为并列操作的依据。

(1) 交流电压幅值测量　这里有两种方法可供选择，一种是最简单的办法，采用变送器把交流电压转换成直流电压，然后由 A/D 接口电路进入主机，其原理图如图 1-22a 所示。CPU 读得 U_G 和 U_x 的有效值后，由软件做出是否符合并列条件的判断。

另一种方法是对交流电压信号直接采样，然后通过计算求得它的有效值，这势必加重 CPU 的负担，增加软件的工作量，目前常用的主机是能胜任的。

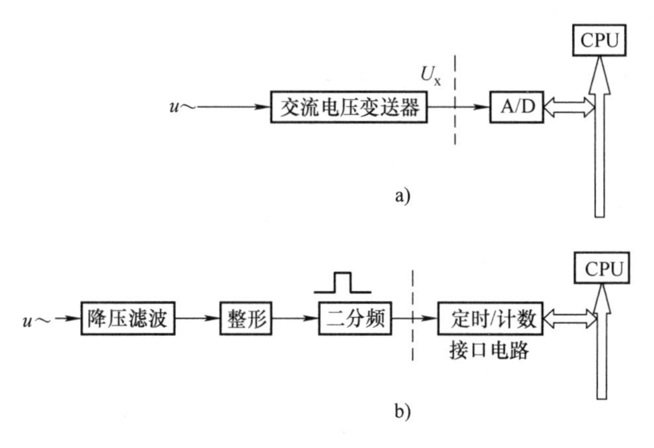

图 1-22　电压和频率的测量
a）电压测量　b）频率测量

（2）频率测量　数字电路测量频率的基本方法是测量交流信号波形的周期 T，图 1-22b 为频率测量的方法之一。把交流电压正弦信号转换为方波，经二分频后，它的半波时间即为交流电压的周期 T。具体的实施可利用正半周高电平作为可编程定时计数器开始计数的控制信号，其下降沿即停止计数并作为中断申请信号，由 CPU 读取其中计数值 N，并使计数器复位，以便为下一个周期计数做好准备。

令可编程定时计数器的计时脉冲频率为 f_c，则交流电压的周期 T 为

$$T=\frac{1}{f_c}N \tag{1-28}$$

则交流电压的频率为

$$f=\frac{f_c}{N} \tag{1-29}$$

（3）相位差测量　测量 δ_e 的方法之一，如图 1-23 所示，把电压互感器二次侧的交流电压信号转换成同频、同相的方波。U_G、U_x 的两个方波信号输入到异或门，当两个方波输入电平不同时，异或门的输出为高电平，用于控制可编程定时计数器的计数时间，其计数值 N 与两波形间的相位差 δ_e 相对应。

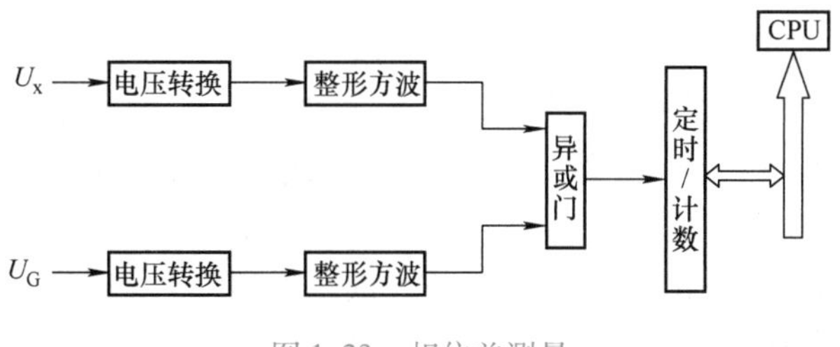

图 1-23　相位差测量

2. 输出通道

自动并列装置的输出控制信号有：①调节发电机转速的增速、减速信号；②调节发电机电压的升压、降压信号；③断路器合闸脉冲控制信号。这些控制信号可由并行接口电路输出，经放大后驱动继电器用触点控制相应的电路。

（四）人机联系

这是计算机控制系统必备的设备，属常规外部设备。其配置由具体情况而定。自动并列装置主要用于程序调试、设置或修改参数。装置运行时，用于显示发电机并列过程中主要变量，如相位差、频差、电压差的大小和方向，以及调速、调压的情况。总之，应为操作人员监视装置的运行提供方便。

人机联系常用的设备有：

1）键盘——用于输入程序和数据。

2）按钮——供操作人员使用。

3）显示器——生产厂调试程序时需要。

4）数码和发光二极管显示指示——为操作人员提供直观的显示方式，便于对并列过程的监控。

三、软件

数字式自动并列装置借助于微处理器高速处理信息的能力，利用编写的程序，在硬件的配合下实现发电机并列操作。下面介绍并列条件的检测与合闸信号控制程序所采用的算法。

（一）电压检测

交流电压变送器输出的直流电压与输入的交流电压成正比。CPU 从 A/D 转换接口读取的电压量 D_x、D_G 分别表示 U_x 和 U_G 的有效值。设机组并列时，设定的允许电压偏差阈值为 ΔU_{sy}，装置内对应的设定值为 $D_{\Delta U}$。当 $|D_x - D_G| > D_{\Delta U}$ 时，不允许合闸信号输出；当 $|D_x - D_G| \leqslant D_{\Delta U}$ 时，允许合闸信号输出。当 $D_x > D_G$ 时，并行口输出升压信号，输出调节信号的宽度与其差值成比例；反之，则输出降压信号。

（二）频率检测

发电机端电压和电网电压分别由可编程定时计数器计数，主机读取计数脉冲值 N_x 和 N_{GO}。由式（1-29）求得 f_x 和 f_G。与上述电压检测采用的算法相似，把频差的绝对值与设定的允许频率偏差阈值比较，做出是否允许并列的判断。按发电机频率 f_G 高于或低于电网频率 f_x 来输出减速或增速信号。选择 δ_e 在 $0 \sim \pi$ 之间，调节量按 Δf 的差值比例进行调节。

（三）越前时间检测

如前所述，线性整步电压与相位差 δ_e 之间的关系是从宽度不等的矩形波求得，即矩形波的宽度与相位差 δ_e 有关。同理，如图 1-23 所示，U_G 和 U_x 的方波输入异或门后，在异或门的输出端输出一系列宽度不等的矩形波，表示了相位差 δ_e 的变化。通过定时计数器 CPU 读取矩形波的宽度，求得两电压相位差 δ_e 的变化轨迹。为了叙述方便，设电网频率额定值为 50Hz，待并发电机的频率低于 50Hz。电压互感器二次侧的电压波形如图 1-24a 所示，经削波限幅后得到图 1-24b 所示的方波，两方波异或后得到图 1-24c 所示的一系列宽度不等的矩形波。显然，这一系列矩形波的宽度 τ_i 与相位差 δ_i 相对应。

电网电压方波的宽度 τ_x 已知，$\tau_x = \pi$（或 180°），因此 δ_i 可由下式求得：

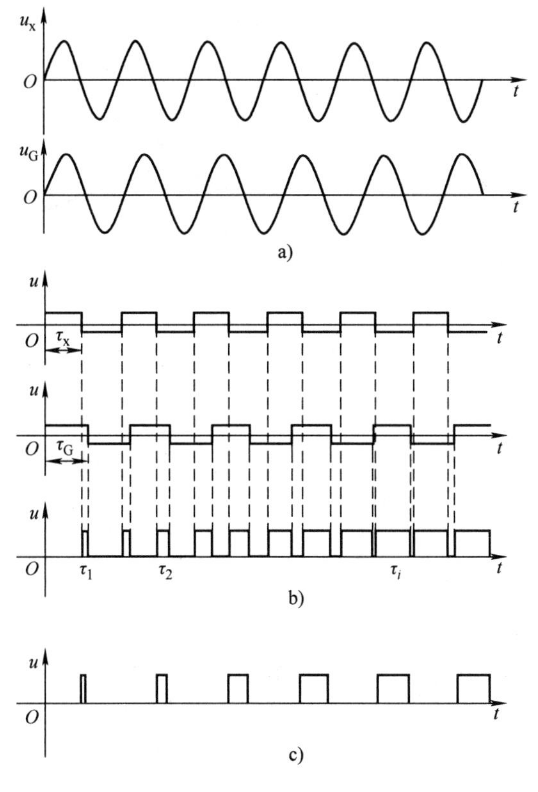

图 1-24　相位差 δ_e 测量波形分析

a）电压互感器二次侧的电压波形　b）经削波限幅后的电压波形　c）异或后所得的矩形波

$$\begin{cases} \delta_i = \dfrac{\tau_i}{\tau_x}\pi & (\tau_i \geqslant \tau_{i-1}) \\ \delta_i = \left(2\pi - \dfrac{\tau_i}{\tau_x}\pi\right) = \left(2 - \dfrac{\tau_i}{\tau_x}\right)\pi & (\tau_i < \tau_{i-1}) \end{cases} \tag{1-30}$$

式（1-30）中 τ_x 和 τ_i 的值，CPU 可以从定时计数器读入求得。如果每一个工频周期（约 20ms）做一次计算，主机可记录下 $\delta_e(t)$ 的轨迹，如图 1-25 所示。数字式准同期并列装置可按下式计算理想的合闸导前角 δ_{YJ}，它可以计及 δ_e 含有加速度的情况：

$$\delta_{YJ} = \omega_{si} t_{DC} + \frac{1}{2}\frac{\Delta\omega_{si}}{\Delta t} t_{DC}^2 \tag{1-31}$$

$$\omega_{si} = \frac{\Delta\delta_i}{\Delta t} = \frac{\delta_i - \delta_{i-1}}{2\tau_x} \tag{1-32}$$

式中　ω_{si}——计算点的滑差；

δ_i、δ_{i-1}——本计算点、上一个计算点的相位；

$2\tau_x$——两计算点之间的时间；

t_{DC}——微处理器发出合闸信号到主触头闭合时需要经历的时间。

设 t_c 为出口继电器动作时间，则

$$t_{DC} = t_{QF} + t_c \tag{1-33}$$

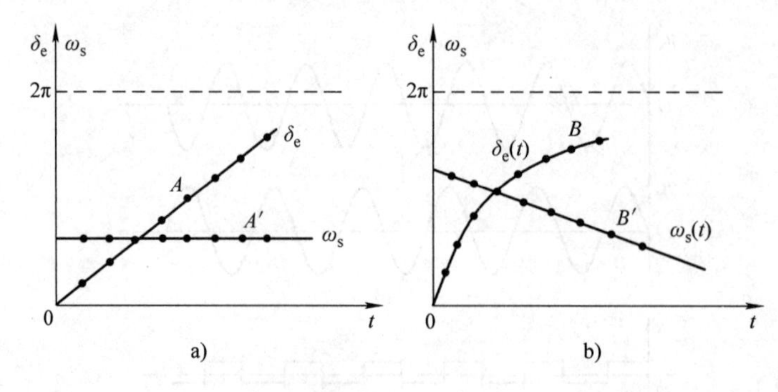

图 1-25　$\delta_e(t)$计算轨迹

a）$\Delta\omega_{si}=0$　b）ω_s 按等速变化

由于两相邻计算点间的 ω_s 变化甚微，因此 $\Delta\omega_{si}$一般可以经若干计算点后才计算一次，所以，式（1-31）中的 $\Delta\omega_{si}$可表示为

$$\frac{\Delta\omega_{si}}{\Delta t}=\frac{\omega_{si}-\omega_{si-n}}{2\tau_x n} \tag{1-34}$$

式中　ω_{si-n}——前 n 个计算点的滑差。

由式（1-31）可以求出最佳的合闸越前相位 δ_{YJ}，该相位与计算点的相位 δ_i 按下式进行比较（ε 为计算允许误差）：

$$|(2\pi-\delta_i)-\delta_{YJ}|\leqslant\varepsilon \tag{1-35}$$

若式（1-35）成立，则立刻发出合闸信号。

如果

$$|(2\pi-\delta_i)-\delta_{YJ}|>\varepsilon \tag{1-36}$$

并且

$$2\pi-\delta_i>\delta_{YJ} \tag{1-37}$$

则继续进行下一计算点的计算，直到 δ_i 逐渐逼近 δ_{YJ}并符合式（1-35）为止。

设在计算中，一个滑差周期的 $\delta_e(t)$曲线如图 1-25a 中直线 A 所示，它所对应的 ω_s 为常数（对应直线 A'），这时 $\Delta\omega_{si}=0$，与常规准同期并列检测越前时间的公式相似。如果 $\delta_e(t)$的曲线如图 1-25b 中曲线 B 所示，与它对应的 $\omega_s(t)$为直线 B'（ω_s 按等速变化），这相当于待并机组按恒定加速度升速，发电机频率与电网频率逐渐接近。这时式（1-31）为计及发电机加速度后求出的最佳合闸导前角。可见，微处理器准同期并列装置可以方便地考虑频差的不同变化规律，并不需要增加硬件，这是它最突出的优点。最佳的合闸导前角 δ_{YJ}与计算点的 δ_i 比较也有可能出现下式情况，即

$$(2\pi-\delta_i)<\delta_{YJ} \tag{1-38}$$

如图 1-26 所示，为错过合闸时机的情况。设待并发电机转速恒定，计算点 a 对应的 δ_i 已接近 δ_{YJ}，不满足式（1-35），但满足式（1-36）和式（1-37）；可是下一个计算点 b，还是不符合式（1-35），却满足式（1-36）和式（1-38），这就错过了合闸时机。

为了避免上述情况，在进行计算点 δ_i 的计算时，同时对下一个计算点的 δ_{i+1}进行预测。估计最佳合闸导前角 δ_{YJ}是否介于计算点与下一个计算点 δ_{i+1}之间，以便及时采取措施，推算出 $\delta_i\sim\delta_{YJ}$所需的时间。这样可以准确地在越前相位 δ_{YJ}瞬间发出合闸信号。因此，一旦待

并发电机的电压、频率符合允许并列条件，在一个滑差周期内就可以捕捉到最佳合闸导前角 δ_{YJ}，及时发出合闸信号。

由于断路器的合闸时间具有一定的分散性，在给定允许合闸误差角的条件下，并列时的允许滑差及角加速度需通过计算确定。

从 U_G、U_x 的电压波形中采集两并列电源间的相位差 δ_e、频差 Δf 等信息，数字式准同期并列装置充分发挥了微处理器高速运算的能力且性能稳定，因而具有显著优点。

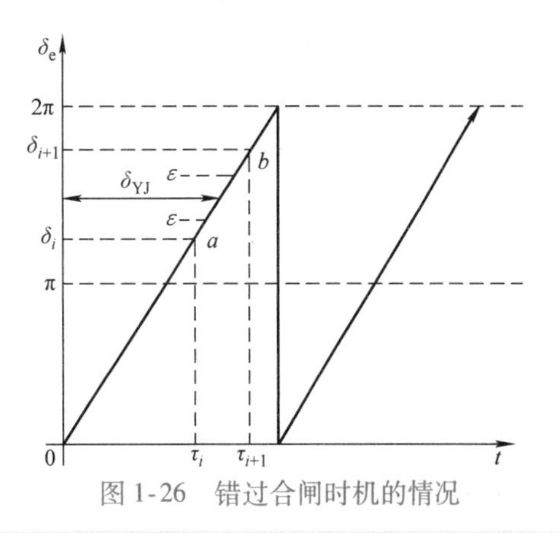

图 1-26　错过合闸时机的情况

第五节　并列过程数值仿真

一、并列过程虚拟实验功能需求

随着电力系统的不断发展，电网的复杂性也大大增加。传统的电力系统自动化实验平台的开放性以及灵活性不足，而虚拟实验借助于多媒体、仿真和虚拟现实等技术在计算机上营造可辅助、部分替代甚至全部替代传统实验各操作环节的相关软硬件操作环境，使实验者可以像在真实的环境中一样完成各种实验项目，良好地解决了高校教学过程中实验设备不足，实验时间、地点受限的问题，对于提升高校学生实验动手能力具有重要意义。

发电机自动并列实验模块的功能主要分为以下三部分，如图 1-27 所示。

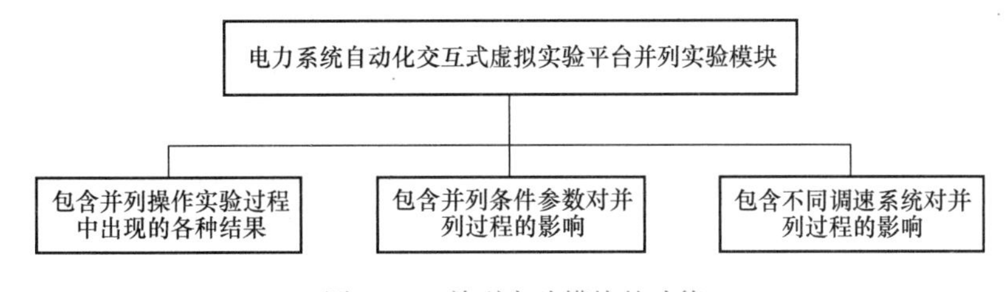

图 1-27　并列实验模块的功能

（1）包含并列操作实验过程中出现的各种结果　并列实验模块可以根据调整允许进行并列的最大电压差、频差和相位差来显示发电机自动并列过程中的参数变化，并得到最终的并列结果。

（2）包含并列条件参数对并列过程的影响　不同的并列条件参数会影响并列时系统和待并列发电机的电压差、频差和相位差，从而间接影响冲击电流的大小以及并列系统的暂态稳定性过程。可以输入允许进行并列操作的最大电压差、频差和相位差，观察结果输出模块中并列时刻、最大冲击电流以及不同条件下输出图像的差异，得出不同并列条件参数对并列过程的影响。

（3）包含不同调速系统对并列过程的影响　发电机并列实验模块建立的调速系统模型会对实验结果产生一定影响，水轮机调度灵活，并网时间短；汽轮机振荡缓慢，到达同步状态时间长。因此，在调速系统选择模块选择汽轮机或水轮机调速系统时，输入相同的并列条件参数，对调速系统的并列过程进行仿真，通过输出结果就能够体现不同调速系统对并列系统暂态稳定性的影响。

二、准同期并列仿真算法设计

由并列条件改变导致的并列动态过程仿真，可以在电力系统机电暂态仿真的框架内实现。图1-28为采用隐式梯形积分法的总体流程图，其实质为微分代数方程组的求解过程。图1-29为具体并列过程仿真的内部处理流程图。

1）系统在设定的初始条件下，在由隐式梯形积分法建立的单机空负荷系统中运行，手动设定电压差、频差和相位差的允许并列条件，参考电磁参数的影响，向设定的并列临界条件逼近，等待合闸时机。

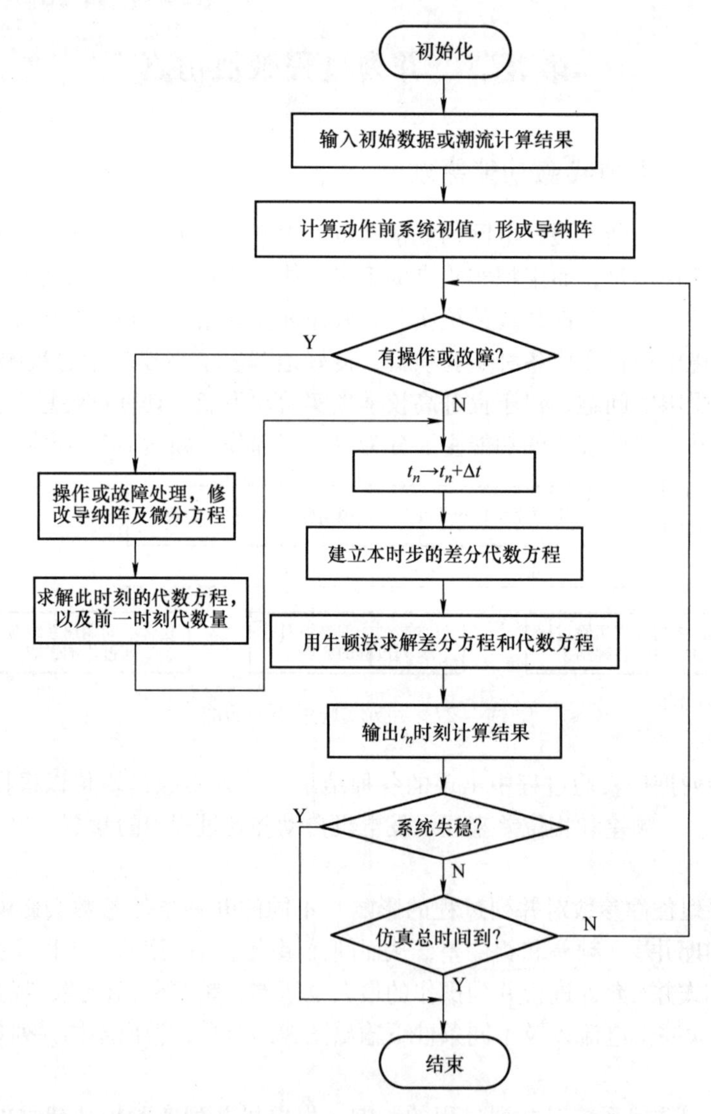

图1-28　采用隐式梯形积分法的总体流程图

2）在电压差、频差满足条件右，当相位差满足条件时，对同步发电机和无穷大系统进

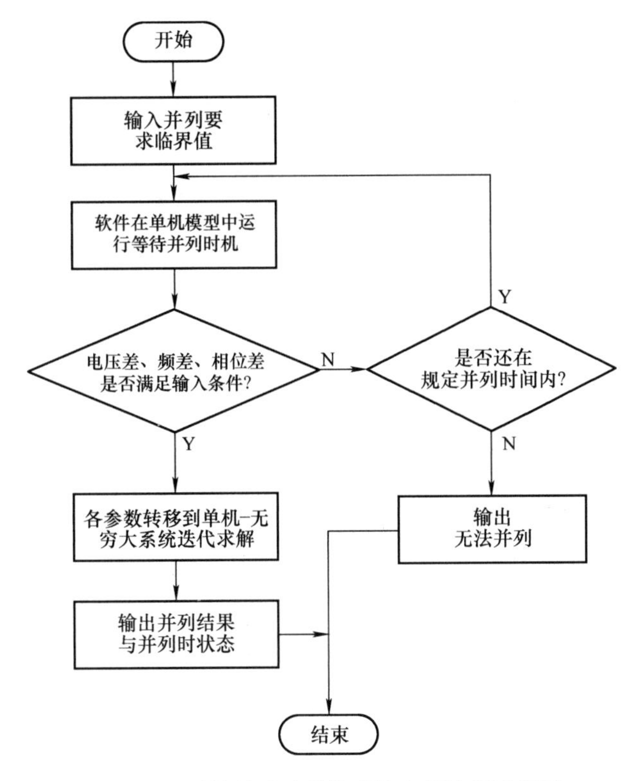

图 1-29　具体并列过程仿真的内部处理流程图

行合闸。

3）合闸的同时切换网络系统模型，将同步发电机单机空负荷运行模型切换至单机 - 无穷大系统模型，同时将空负荷运行时的发电机的各类运行参数，包括电压、电流、各类功率和转速等，传递给单机 - 无穷大系统模型。

思　考　题

1. 简述限制同步发电机自动准同期并列的原理。
2. 什么是滑差和滑差周期？与 u_G 以及 u_x 的相位差有什么关系？
3. 当进行准同期并列时，同步发电机为何会产生冲击电流？为什么要检查并列合闸的滑差？
4. 线性整步电压不为零时，是否会对越前时间产生影响？
5. 如何利用线性整步电压检查同期的原理获得恒定越前时间？
6. 自动准同期并列装置在进行设计时应注意的问题有哪些？
7. 简述数字式并列装置的运行原理。

第二章　同步发电机励磁自动控制系统

第一节　概　　述

同步发电机的运行特性与它的空负荷电动势$\dot{E}_q$ 的大小有关，而$\dot{E}_q$ 是发电机励磁电流I_{EF}的函数，改变励磁电流就可影响同步发电机在电力系统中的运行特性。因此，对同步发电机的励磁进行控制，是对发电机的运行进行控制的重要内容之一。

电力系统在正常运行时，发电机励磁电流的变化主要影响电网的电压水平和并联运行机组间无功功率的分配。当发生某些故障时，发电机端电压降低将导致电力系统稳定性下降。因此，当系统发生故障时，要求发电机迅速增大励磁电流，以维持电网的电压水平及稳定性。可见，同步发电机励磁的自动控制在保证电能质量，无功功率的合理分配和提高电力系统运行的可靠性方面都起着十分重要的作用。

同步发电机的励磁系统一般由励磁功率单元和励磁调节器两个部分组成，如图 2-1 所示。励磁功率单元向同步发电机的转子提供直流电流，即励磁电流；励磁调节器根据输入信号和给定的调节准则控制励磁功率单元的输出。整个励磁自动控制系统是由励磁调节器、励磁功率单元和发电机构成的一个反馈控制系统。

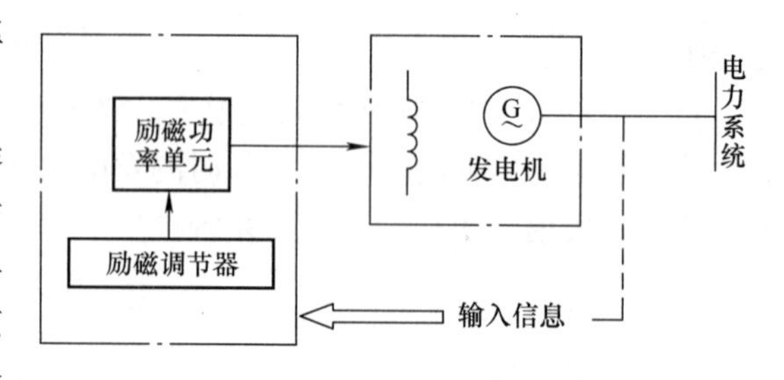

图 2-1　励磁自动控制系统构成框图

一、同步发电机励磁自动控制系统的任务

在电力系统正常运行或事故发生中，同步发电机的励磁自动控制系统起着重要的作用。好的励磁自动控制系统不仅可以保证发电机可靠运行，提供合格的电能，还可以有效地提高系统的技术指标。根据运行方面的要求，励磁自动控制系统应该承担如下的任务：

（一）控制电压

电力系统在正常运行时，负荷总是经常波动的，同步发电机的功率也就相应的变化。随着负荷的波动，需要对励磁电流进行调节以维持机端或系统中某一点的电压为指定水平。励磁自动控制系统担负了维持电压水平的任务。为了阐明它的基本概念，可用最简单的单机运行系统来进行分析。

图 2-2a 是同步发电机运行原理图，图中转子线圈 GEW 是励磁绕组，机端电压为$\dot{U}_G$，

电流为 $\dot{I}_G$。在正常的情况下，流经转子线圈 GEW 的励磁电流为 I_{EF}，由它所建立的磁场使定子产生的空负荷感应电动势为$\dot{E}_q$，改变 I_{EF}的大小，$\dot{E}_q$ 值就相应的改变。$\dot{E}_q$ 和$\dot{U}_G$ 之间的关系可用等效电路图 2-2b 来表示，它们的关系式为

$$\dot{U}_G + j\dot{I}_G X_d = \dot{E}_q \tag{2-1}$$

式中　X_d——发电机直轴同步电抗。

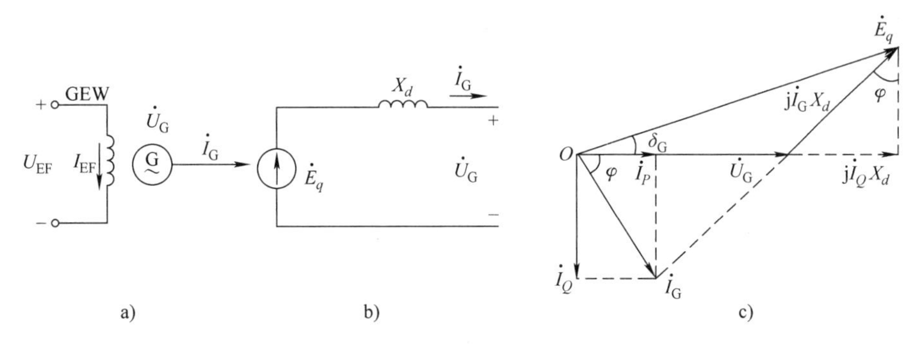

图 2-2　同步发电机的感应电动势和励磁电流的关系

a）同步发电机运行原理　b）等效电路　c）相量图

隐极发电机的相量图如图 2-2c 所示。$\dot{E}_q$ 与$\dot{U}_G$ 的幅值关系为

$$E_q\cos\delta_G = U_G + I_Q X_d \tag{2-2}$$

式中　δ_G——$\dot{E}_q$ 与$\dot{U}_G$ 之间的相位，即发电机的功率角；

$\dot{I}_Q$——发电机的无功电流。

一般 δ_G 很小，可近似认为 $\cos\delta_G \approx 1$，于是，式（2-2）简化为

$$E_q \approx U_G + I_Q X_d \tag{2-3}$$

由式（2-3）可知，负荷的无功电流是造成$\dot{E}_q$ 与$\dot{U}_G$ 幅值差的主要原因，发电机的无功电流越大，两者之间的差值也越大。

式（2-3）是式（2-1）的简化，目的是为了突出它们之间最基本的关系。由式（2-3）可以看出同步发电机的外特性必然是下降的。当励磁电流 I_{EF}一定时，发电机端电压 U_G 随无功负荷增大而下降。图 2-3 说明，当无功电流为 I_{Q1}时，发电机端电压为额定值$\dot{U}_{Ge}$，励磁电流为 I_{EF1}；当无功电流增大到 I_{Q2}时，如果励磁电流不增加，则机端电压降至 U_{G2}，可能满足不了运行的要求，必须将励磁电流增大到 I_{EF2}才能维持机端电压为额定值。同理，无功电流减小时，U_G 会上升，必须减小励磁电流。同步发电机的励磁自动控制系统就是通过不断地调节励磁电流来维持机端电压为指定水平的。

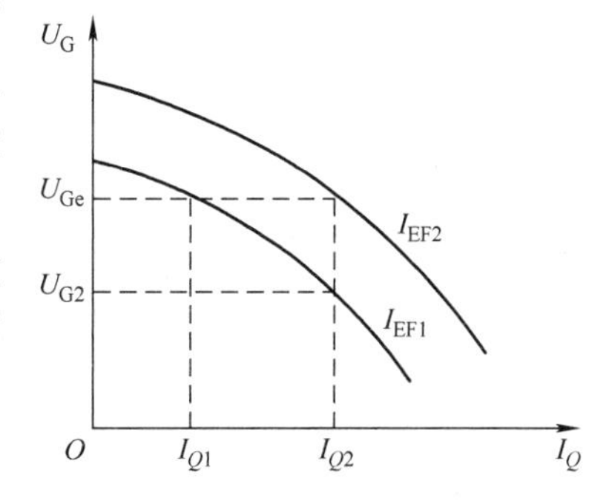

图 2-3　同步发电机的外特性

（二）控制无功功率的分配

1. 同步发电机与无穷大系统母线并联运行的有关问题

为了使分析简单，设同步发电机与无穷大母线并联运行，即发电机端电压不随负荷大小而变化，是一个恒定值，如图 2-4a 所示，图 2-4b 是它的相量图。

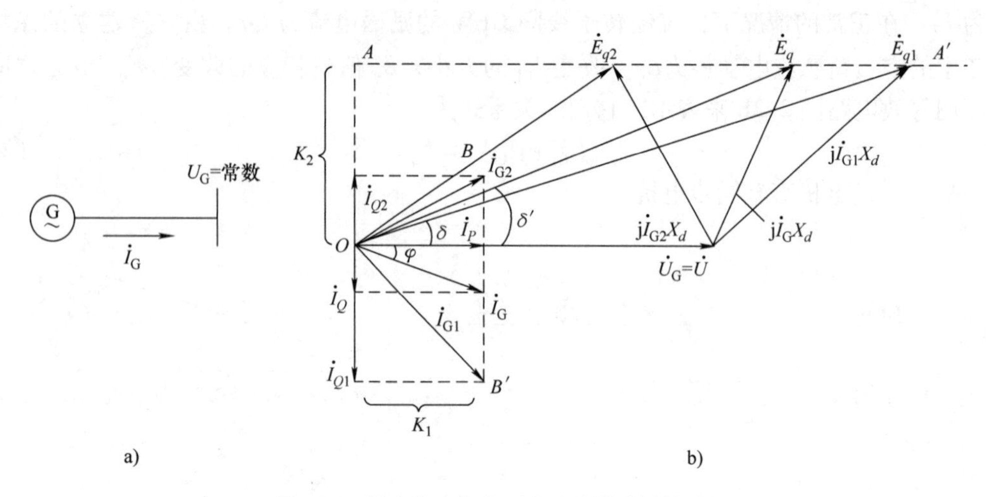

图 2-4 同步发电机与无穷大母线并联运行
a）接线图 b）相量图

由于发电机发出的有功功率只受调速器控制，与励磁电流的大小无关。故无论励磁电流如何变化，发电机的有功功率 P_G 均为常数，即

$$P_G = U_G I_G \cos\varphi = 常数 \tag{2-4}$$

式中 φ——发电机的功率因数角。

当不考虑定子电阻和凸极效应时，发电机功率又可表示为

$$P_G = \frac{E_q U_G}{X_d}\sin\delta = 常数 \tag{2-5}$$

式中 δ——发电机的功率角。

以上两式分别说明当励磁电流改变时，$I_G\cos\varphi$ 和 $E_q\sin\delta$ 的值均保持恒定，即

$$I_G\cos\varphi = K_1 \tag{2-6}$$

$$E_q\sin\delta = K_2 \tag{2-7}$$

由图 2-4b 中的相量关系可以看出，这时感应电动势 $\dot{E}_q$ 的端点只能沿着虚线 AA' 变化，而发电机电流 $\dot{I}_G$ 的端点则沿着虚线 BB' 变化。因为发电机端电压 $\dot{U}_G$ 为定值，所以发电机励磁电流的变化只是改变了机组的无功功率和功率角 δ 的大小。

由此可见，与无穷大母线并联运行的机组，调节它的励磁电流可以改变发电机的无功功率。

在实际运行中，与发电机并联运行的母线并不是无穷大母线，即系统等值阻抗并不等于零，母线电压将随着负荷波动而改变。电厂输出的无功电流与它的母线电压有关，改变其中一台发电机的励磁电流不但影响发电机电压和无功功率，而且也将影响与之并联运行机组的无功功率，其影响程度与系统情况有关。因此，同步发电机的励磁自动控制系统还担负着并联运行机组间无功功率合理分配的任务。

2. 并联运行的各发电机间无功功率的分配

当两台以上的同步发电机并联运行时，线性化后外特性如图 2-5 所示，发电机 G_1 和 G_2 的电压都等于母线电压 U_M，它们发出的无功电流 I_{Q1} 和 I_{Q2} 之和必须等于母线总负荷电流的

无功分量 I_Q，即

$$I_Q = I_{Q1} + I_{Q2} \tag{2-8}$$

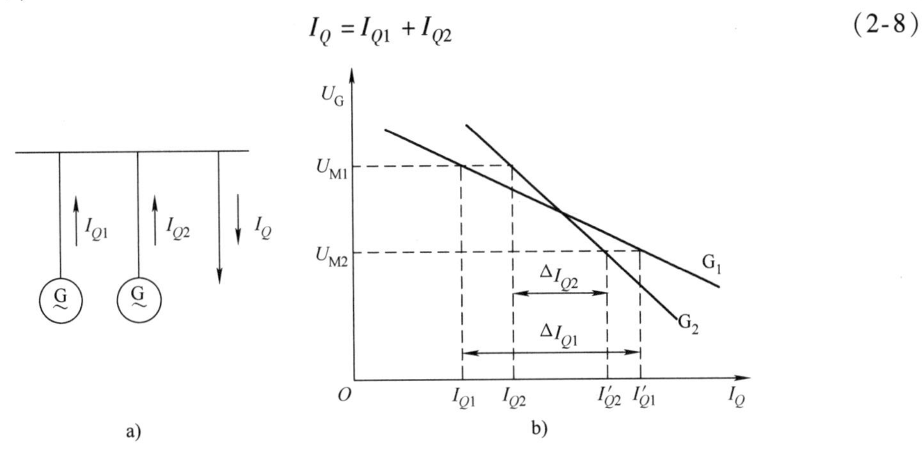

图 2-5　并联运行的发电机间无功功率的分配

各并联发电机间无功电流的分配取决于各发电机的外特性，而上倾和水平的外特性都不能起到稳定分配无功电流的作用，这点就不再分析了。图 2-5b 中画出了发电机 G_1 和 G_2 不同的外特性曲线，它们都是稍有下倾的。当母线电压为 U_{M1} 时，G_1 发出的无功电流为 I_{Q1}，G_2 发出的无功电流为 I_{Q2}。假定电网需要的无功负荷增加了，则要求发电机发出的无功电流也相应地增加；由于 G_1 和 G_2 都有下倾的外特性，所以母线电压必须相应地降低。假定母线电压由 U_{M1} 降到 U_{M2}，电网无功功率的发送与消耗重新得到了平衡，此时 $I_{Q1} < I_{Q2}$，G_1 的无功电流增至 I'_{Q1}，G_2 的无功电流增至 I'_{Q2}。由图 2-5 可知，$I'_{Q1} > I'_{Q2}$。在电网负荷的这一变动下，发电机 G_1 的无功电流的变化为 ΔI_{Q1}，而发电机 G_2 无功电流的变化为 ΔI_{Q2}，显然 $\Delta I_{Q1} > \Delta I_{Q2}$，改变了负荷增加前两个机组无功电流的分配比例。可见，并联运行的发电机间的无功负荷分配取决于机组的外特性曲线。曲线越平坦的机组，无功电流的增量就越大，在图 2-5b中，G_1 的外特性曲线比 G_2 平坦，故 $\Delta I_{Q1} > \Delta I_{Q2}$。

解释发电机间无功负荷的分配规律，目的是应用其改善并联运行的发电机间无功负荷分配的不合理状况。发电机间无功电流应当根据机组的容量大小按比例分配，大容量的机组担负的无功增量应该大，小容量机组的增量应该小。只要并联机组的“$U_G - I_{Q*}$”特性完全一致（I_{Q*} 为机组无功电流与其无功电流额定值的比值），就能使得无功负荷在并联机组间进行均匀的分配。要做到这一点，如果单纯地把并联运行的大小发电机都做成相同的“$U_G - I_{Q*}$”特性是很难实现的，甚至是不可能的，但是自动调压器却可以相当容易地做到这一点，所以自动调压器㊀不但能维持各发电机端电压基本不变，而且能对其“$U_G - I_{Q*}$”外特性曲线的斜度任意进行调整，以达到机组间无功负荷合理分配的目的。

（三）提高同步发电机并联运行的稳定性

保持同步发电机稳定运行是保证电力系统可靠供电的首要条件。电力系统在运行中随时都可能受到各种干扰，在各种扰动后，发电机组够恢复到原来的运行状态或者过渡到另一个新的运行状态，则称系统是稳定的。其主要标志是在暂态过程结束后，同步发电机能维持或

㊀ 我国在 1953 年以前把调整同步发电机励磁电流的自动装置称为自动调压器，1953 年以后又改称为自动励磁调节器，现在又有重称为自动调压器的趋势。

恢复同步运行。

为了便于研究，将电力系统的稳定分为静态稳定和暂态稳定两类。

电力系统的静态稳定与自动控制中的稳定概念一样，是指电力系统在正常运行状态下，受到微小扰动后不发生非周期性失步，恢复到原来运行状态的能力。电力系统的暂态稳定是指电力系统在某一正常运行方式下突然受到大扰动后，能否过渡到一个新的稳定运行状态，或者恢复到原来运行状态的能力。这里，大的扰动是指电力系统发生某种事故，如高压电网发生短路或发电机被切除等。电力系统受到小的或大的干扰后，计及自动调节和控制装置作用的长过程的运行稳定问题称为动态稳定。

在分析电力系统稳定性问题时，不论静态稳定还是暂态稳定，在数学模型表达式中总含有发电机空负荷电动势$\dot{E}_q$，而$\dot{E}_q$与励磁电流有关。可见，励磁自动控制系统是通过改变励磁电流来改变$\dot{E}_q$，从而改善系统稳定性的。

下面分别分析励磁对静态稳定和暂态稳定的影响。

1. *励磁对静态稳定的影响*

图2-6a为一个简单的电力系统接线图，其中发电机经升压变压器、输电线和降压变压器接到受端系统。设受端母线电压U恒定不变，系统等效网络和相量图如图2-6b、c所示。

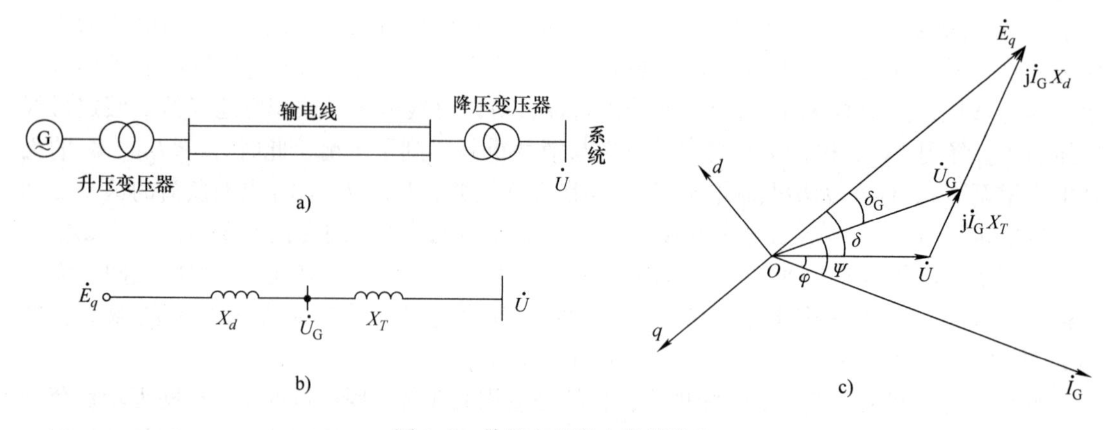

图2-6 单机向无穷大母线送电

a）接线图 b）等效网络 c）相量图

发电机的输出功率按式（2-5）可以写成

$$P_G = \frac{E_q U}{X_\Sigma}\sin\delta \tag{2-9}$$

式中 X_Σ——系统总电抗，一般为发电机、变压器和输电线的电抗之和；

δ——发电机空负荷电动势$\dot{E}_q$和机端电压$\dot{U}$间的相位。

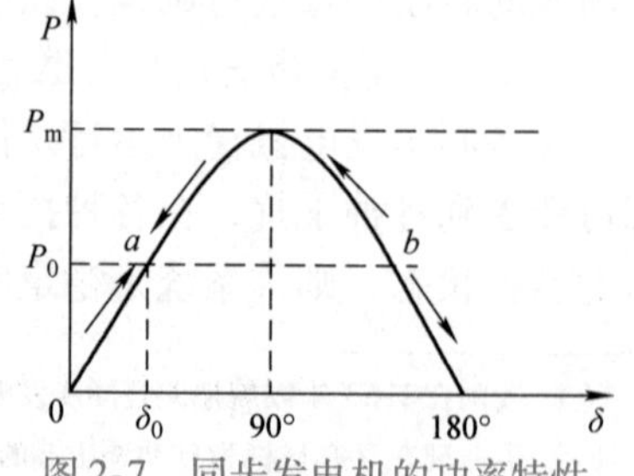

图2-7 同步发电机的功率特性

对应某一固定空负荷电动势$\dot{E}_q$，发电机输出功率P_G是功率角的正弦函数，如图2-7所示，称为同步发电机的功率特性或功角特性。

当δ小于90°时（如图2-7中a点），发电机是静态稳定的；当δ大于90°时（如图2-7中b点），发电机不能稳

定运行；当 $\delta=90°$时，发电机为稳定的极限情况。若输出功率的最大极限为 $P_{\max}$，则有

$$P_{\max}=\frac{E_qU}{X_\Sigma} \tag{2-10}$$

实际运行时，为了可靠，留有一定裕度，运行点总是低于对应的功率极限值。

上述分析表明，静态稳定极限功率 $P_{\max}$ 与发电机空负荷电动势$\dot{E}_q$ 的幅值成正比，而$\dot{E}_q$ 的幅值与励磁电流有关。若无自动调节励磁，因励磁电流恒定，E_q 为常数，此时的功角特性称为内功率特性；若有灵敏和快速的励磁调节器，则可视为保持发电机端电压为恒定，即 U_G 为常数。由不同的$\dot{E}_q$ 对应的功角特性求得的曲线 B 称为外功角特性（见图 2-8），最大值出现在 U_G 与 U 之间功率角为 $\delta'=90°$时，即 $P_m=\frac{E_qU}{X'_\Sigma}\sin\delta'$（$X'_\Sigma=X_T$ 时，$\delta'>90°$）。对于按电压偏差比例调节的励磁自动控制系统，则近似按$\dot{E}'_q=$常数求得的功角特性曲线 C 工作（$\delta>90°$），显然，它使发电机能在大于 90°范围的人工稳定区运行，即可提高发电机输出功率的极限或提高系统的稳定储备。

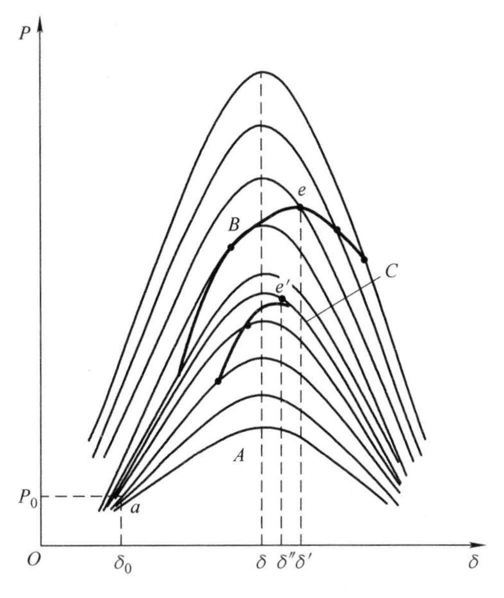

图 2-8　发电机的几条代表性功率特性曲线

由于励磁调节装置能有效地提高系统静态稳定的功率极限，因而要求所有运行的发电机组都要装设励磁调节器。

2. *励磁对暂态稳定的影响*

提高励磁系统的强励能力，即提高电压强励倍数和电压上升速度，被认为是提供电力系统暂态稳定性最经济、最有效的手段之一。随着继电保护和断路器动作速度的提高，强励作用的时间缩短，强励对暂态稳定的作用有所减小。但强励对远距离输电的发电机仍然十分重要。

现以图 2-9a 所示的单机经双回线到无穷大系统为例，说明发电机对故障状态响应的典型特性。设在正常运行情况下，发电机初始运行状态为 a 点（见图 2-9b），当一回线接地后，发电机输出功率急剧减小，系统运行点突然变到曲线Ⅱ的 b 点，由于动力输入部分存在惯性，则输入功率不变，于是发电机轴出现过剩转矩使转子加速，系统运行点由 b 点沿曲线Ⅱ向 c 点移动，功角不断增大。当故障切除后，即一回线断开后，功率恢复到功角特性曲线Ⅲ上 d 点对应的水平。

功角特性曲线Ⅰ对应故障前的双回线运行；功角特性曲线Ⅱ对应故障期间的运行状况；功角特性曲线Ⅲ对应故障切除后的一回线运行。故障切除后，发电机输出的功率大于汽轮机输入的功率，使机组减速，如果故障切除后有足够的减速转矩，去抵消故障期间的加速转矩，那么发电机就是第一次摇摆稳定，即加速面积 $abce$ 能够等于减速面积 $defg$，则系统是暂态稳定的。否则，加速面积若大于减速面积，系统就是暂态不稳定的。

故障期间和故障切除后，励磁系统施加的作用是力图促使发电机的内电动势$\dot{E}_q$ 上升而

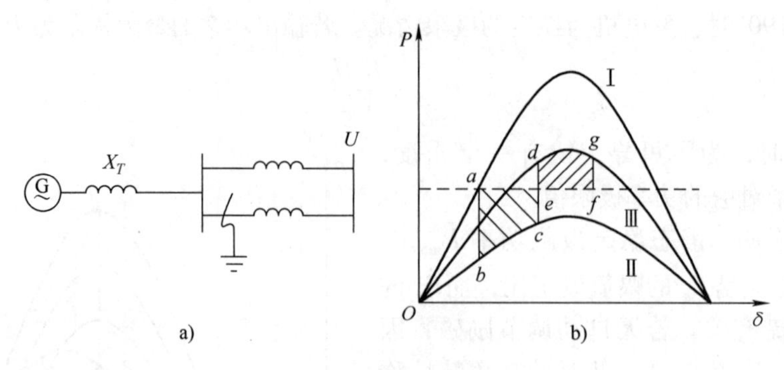

图 2-9 发电机暂态的功角特性曲线

a）接线图 b）功角特性曲线

增加功率输出，使 P_{max} 增加，功角特性曲线Ⅱ和Ⅲ幅值增加，既减小了加速面积，又同时增加了减速面积。

然而，由于发电机励磁系统时间常数等因素，要使它在短暂过程中完成符合要求的控制也很不容易，这要求励磁系统首先必须具备快速响应的能力。为此，一方面缩小励磁系统的时间常数，另一方面尽可能提高强行励磁的倍数。

（四）改善电力系统的运行条件

当电力系统由于种种原因，出现短时低电压时，励磁自动控制系统可以发挥其调节功能，即大幅度地增加励磁以提高系统电压，从而改善系统的运行条件。

1. 改善异步电动机的自起动条件

短路切除后可以加速系统电压的恢复过程，改善异步电动机的自起动条件。电网发生短路等故障时，电网电压降低，使大多数用户的电动机处于制动状态；故障切除后，由于电动机自起动时要吸收大量无功功率，以致延缓了电网电压的恢复过程。发电机强行励磁提供额外无功功率，有效改善了电动机的运行条件，加速了电网电压的恢复。

2. 为发电机异步运行创造条件

同步发电机失去励磁时，需要从系统中吸收大量无功功率，造成系统电压大幅度下降，严重时危及系统的安全运行。在此情况下，如果系统中其他发电机组能提供足够的无功功率以维持系统电压水平，则失磁的发电机还可以在一定时间内以异步运行方式维持运行，这不但可以确保系统安全运行，而且有利于机组热力设备的运行。

3. 提高继电保护装置工作的正确性

当系统处于低负荷运行状态时，发电机的励磁电流不大，若系统此时发生短路故障，其短路电流较小，且随时间衰减，导致带时限的继电保护装置不能正确工作。励磁自动控制系统可以通过调节发电机励磁以增大短路电流，有助于继电保护装置的正确工作。

由此可见，发电机励磁自动控制系统在改善电力系统运行方面起着十分重要的作用。

（五）水轮发电机组要求实现强行减磁

当水轮发电机组发生故障突然跳闸时，由于它的调速系统具有较大的惯性，不能迅速关闭导水叶，因而会使转速急剧上升。如果不采取措施迅速降低发电机的励磁电流，则发电机电压有可能升高到危及定子绝缘的程度。在这种情况下，要求励磁自动控制系统能实现强行减磁。

二、对励磁自动控制系统的基本要求

前面已经分析了同步发电机励磁自动控制系统的主要任务，这些任务主要由励磁系统来实现。励磁系统是由励磁功率单元和励磁调节器两部分组成的，为了充分发挥它们的作用，完成发电机励磁自动控制系统的各项任务，对励磁功率单元和励磁调节器性能分别提出如下的要求。

（一）对励磁调节器的要求

励磁调节器的主要任务是检测和综合系统运行状态的信息，产生相应的控制信号，经放大后控制励磁功率单元，从而得到要求的发电机励磁电流。对它的要求如下：

1）具有较小的时间常数，能迅速响应输入信息的变化。

2）系统正常运行时，励磁调节器应能反映发电机电压的高低，以维持发电机电压在给定水平。在调差装置不投入的情况下，励磁自动控制系统的自然调差系数一般在1%以内。

3）励磁调节器应能合理分配机组的无功功率。为此，励磁调节器应保证同步发电机端电压的调差系数可以在±10%以内进行调整。

4）对远距离输电的发电机组，为了能在人工稳定区域运行，要求励磁调节器没有失灵区。

5）励磁调节器应能迅速反应系统故障，具备强行励磁等控制功能，从而提高暂态稳定并改善系统运行条件。

（二）对励磁功率单元的要求

发电机励磁功率单元向同步发电机提供直流电流，除自并励励磁方式外，一般由励磁机担当。励磁功率单元受励磁调节器控制，对它的要求如下：

1）要求励磁功率单元有足够的可靠性，并具有一定的调节容量。在电力系统运行中，发电机依靠励磁电流的变化进行系统电压和自身无功功率的控制。因此，励磁功率单元应具备足够的调节容量，以适应电力系统中各种运行工况的要求。

2）具有足够的励磁顶值电压和电压上升速度。前面已经提到，从改善电力系统运行条件和提高电力系统暂态稳定性来说，希望励磁功率单元具有较大的强励能力和快速的响应能力。因此，在励磁系统中，励磁顶值电压和电压上升速度是两项重要的技术指标。

励磁顶值电压 $U_{\mathrm{EF}q}$ 是励磁功率单元在强行励磁时，可能提供的最高输出电压，该值与额定工况下励磁电压 $U_{\mathrm{EF}N}$ 之比称为强励倍数，其值的大小，涉及制造和成本等因素，一般取1.6~2.0。

第二节　同步发电机励磁系统

同步发电机的励磁电源实质上是一个可控的直流电源。为了满足正常运行的要求，发电机励磁电源必须具备足够的调节容量，并且要有一定的强励倍数和励磁电压响应速度。在设计励磁系统方案时，首先应考虑它的可靠性。为了防止系统电网故障对它的影响，励磁功率单元往往作为发电机的专用电源。另外，它的起励方式也应力求简单方便。

在电力系统发展初期，同步发电机的容量不大，励磁电流由与发电机组同轴的直流发电机供给，即直流励磁机励磁系统。随着发电机容量的提高，所需励磁电流也相应增大，机械换向器在换相方面遇到了困难，而大功率半导体整流元件制造工艺却日益成熟，于是，大容量机组的励磁功率单元就采用了交流发电机和半导体整流元件组成的交流励磁机励磁系统。

不论是直流励磁机励磁系统还是交流励磁机励磁系统，一般都是与主机同轴旋转，为了缩短主轴长度、降低造价、减少环节，又出现用发电机自身作为励磁电源的方法，即将接于发电机出口的变压器作为励磁电源，经硅整流后供给发电机励磁，这种励磁方式称为发电机自并励系统，又称为静止励磁系统。还有一种无刷励磁系统，交流励磁机与发电机励磁绕组间不需要集电环和电刷等接触元件。

下面介绍几种常用的励磁系统。由于在励磁系统中励磁功率单元往往起主导作用，因此下面着重分析励磁功率单元。

一、直流励磁机励磁系统

直流励磁机励磁系统是过去常用的一种励磁方式。由于它是靠机械换向器换向整流的，当励磁电流过大时，换向就很困难，这种方式一般只在 10 万 kW 以下中小容量机组中采用。直流励磁机大多与发电机同轴，它是靠剩磁来建立电压的，按励磁机励磁绕组供电方式的不同，又可分为自励式和他励式两种。

（一）自励直流励磁机励磁系统

自励直流励磁机励磁系统中发电机转子绕组由专用的直流励磁机供电，调整励磁机磁场电阻，可改变励磁机励磁电流，从而达到人工调整发电机转子电流的目的，实现对发电机励磁的手动调节。

（二）他励直流励磁机励磁系统

他励直流励磁机的励磁绕组是由副励磁机供电的，副励磁机与励磁机都与发电机同轴。

自励与他励的区别在于励磁机的励磁方式不同，他励比自励多用了一台副励磁机。由于他励方式取消了励磁机的自并励，励磁单元的时间常数就是励磁机励磁绕组的时间常数，与自励方式相比，时间常数减小了，即提高了励磁系统的电压增长速率（将在本章第三节讨论）。他励直流励磁机励磁系统一般用于水轮发电机组。

直流励磁机有电刷、换向器等转动接触元件，运行维护繁杂，从可靠性来说，它是励磁系统中的薄弱环节。

二、交流励磁机励磁系统

近代，300MW、600MW 及更大容量的机组相继出现，这些大型机组在电力系统中担任了重要的角色，其励磁系统的可靠性与快速响应能力更加受到重视。因直流励磁机有整流子，是安全运行的薄弱环节，容量不能制造得很大，故近代 100MW 以上的发电机组都改用交流励磁机励磁系统。

交流励磁机励磁系统的核心设备是交流励磁机。由于励磁机的容量相对较小，只占同步发电机容量的 0.3% ~0.5%，但要求其响应速度很快，所以现在用作大型机组的交流励磁机励磁系统一般都采用他励的方式，有交流主励磁机，也有交流副励磁机，其频率都大于 50Hz，一般主励磁机为 100Hz 或更高，有试验用 300Hz 以上的，也有自励的交流励磁系统，在此不做具体介绍。

（一）他励交流励磁机励磁系统

他励交流励磁机励磁系统的主副励磁机的频率都大于 50Hz，主励磁机的频率为 100Hz，副励磁机的频率一般为 500Hz，以组成快速的励磁系统。

在图 2-10 的他励交流励磁机励磁系统中，副励磁机是一个 500Hz 的中频发电机。它是自励交流发电机，为保持其电压的恒定，有自励恒压单元（一个简单的自动调节器）调节其励磁电流，其励磁绕组由本机电压经晶闸管整流后供电，由于晶闸管的可靠起励电压偏高，所以在起动时，必须外加一个直流起励电压，直到副励磁机的交流电压值足以使晶闸管导通时，副励磁机才能可靠工作，起励电源才可退出。

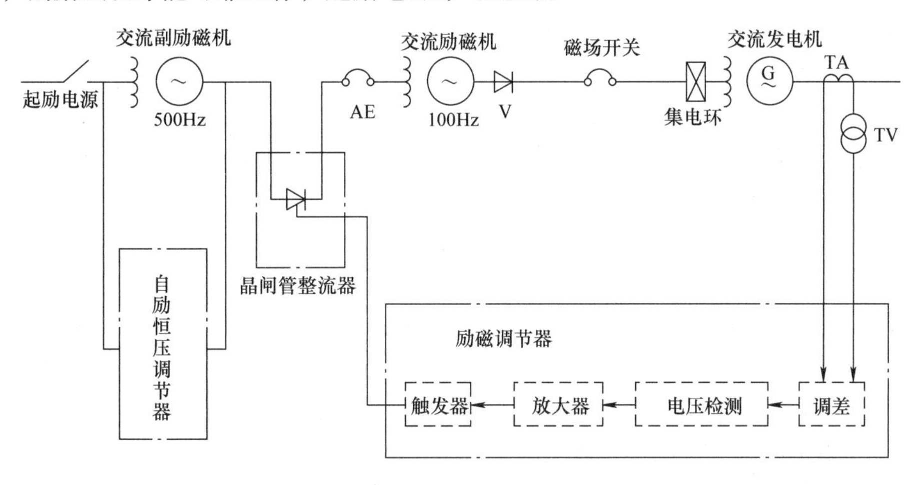

图 2-10　他励交流励磁机励磁系统接线原理图

（二）无刷励磁系统

他励交流励磁机励磁系统是国内运行经验最丰富的一种系统。它有一个薄弱环节——集电环。集电环是一种滑动接触元件，随着发电机容量的增大，转子电流也相应增大，给集电环的正常运行和维护带来了困难。为了提高励磁系统的可靠性，必须设法取消集电环，使整个励磁系统都无滑动接触元件，这样的系统称为无刷励磁系统。图 2-11 所示为无刷励磁系统的接线原理图。它的副励磁机是永磁发电机，其磁极是旋转的，电枢是静止的，而交流励磁机正好相反。交流励磁机电枢、硅整流元件、发电机的励磁绕组都在同一根轴上旋转，所以它们之间不需要任何集电环与电刷等接触元件，这就实现了无刷励磁。无刷励磁系统没有集电环与电刷等滑动接触元件，转子电流不再受接触元件技术条件的限制，因此特别适合大容量发电机组。此种励磁系统的性能和特点为：

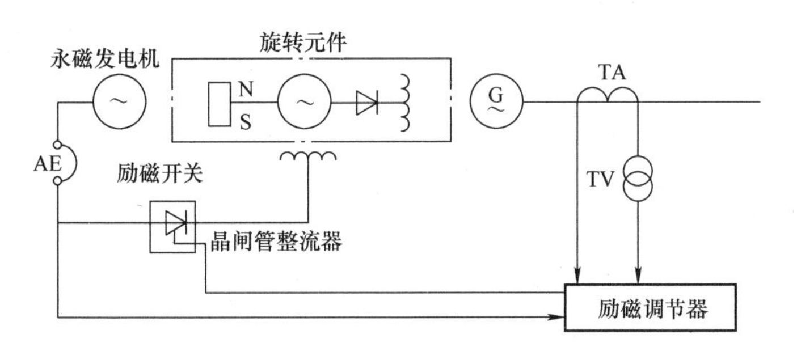

图 2-11　无刷励磁系统接线原理图

风力发电励磁控制系统有何异同

1）无电刷和集电环，维护工作量可大大减少。

2）发电机励磁由励磁机独立供电，供电可靠性高。并且由于无刷，整个励磁系统可靠性更高。

3）发电机励磁控制是通过调节交流励磁机的励磁实现的，因而励磁系统的响应速度较慢。为提高其响应速度，除前述的励磁机转子采用叠片结构外，还采用减小绕组电感、取消极面阻尼绕组等措施。另外，在发电机励磁控制策略上还采取相应措施——增加励磁机励磁绕组顶值电压，引入转子电压深度负反馈以减小励磁机的等值时间常数。

4）发电机转子及其励磁电路都随轴旋转，因此在转子回路中不能接入灭磁设备，发电机转子回路无法实现直接灭磁，也无法实现对励磁系统的常规检测（如转子电流、电压，转子绝缘，熔断器熔断信号等），必须采用特殊的测试方法。

5）要求旋转整流器和快速熔断器等具有良好的机械性能，能承受高速旋转的离心力。

6）因为没有接触部件的磨损，所以也就没有炭粉和铜沫引起的对发电机绕组的污染，故发电机的绝缘寿命较长。

三、静止励磁系统（发电机自并励系统）

300MW 及更大容量机组的励磁系统用得最多的是无刷励磁和自并励两种方式。

静止励磁系统（发电机自并励系统）中发电机的励磁电源不用励磁机，而由机端励磁变压器供给整流装置。这类励磁系统采用大功率晶闸管元件，没有转动部分，故称静止励磁系统。由于励磁电源是发电机本身提供的，故又称发电机自并励系统。

静止励磁系统如图 2-12 所示。它由机端励磁变压器供电给整流器电源，经三相全控整流桥直接控制发电机的励磁。它具有明显的优点，被推荐用于大型发电机组，特别是水轮发电机组。国外某些公司把这种励磁方式列为大型机组的定型励磁方式。我国已在一些机组包括引进的一些大型机组上，采用静止励磁方式。

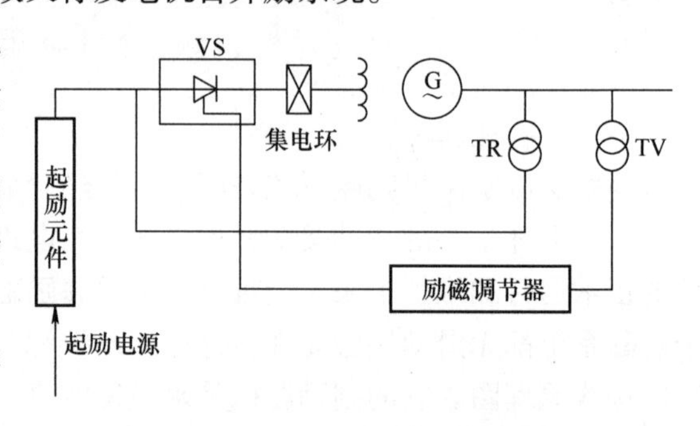

图 2-12　静止励磁系统接线原理图

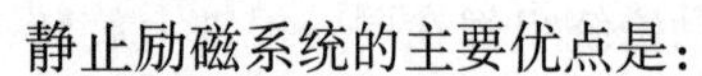

静止励磁系统的主要优点是：

1）励磁系统的接线和设备比较简单，无转动部分，维护费用低，可靠性高。

2）不需要同轴励磁机，可缩短主轴长度，这样可减小基建投资。

3）直接用晶闸管控制转子电压，可获得很快的励磁电压响应速度，可近似认为具有阶跃函数那样的响应速度。

4）由发电机机端取得励磁能量。机端电压与机组转速的一次方成正比，故静止励磁系统输出的励磁电压与机组转速的一次方成比例。而同轴励磁机励磁系统输出的励磁电压与转速的二次方成正比。这样，当机组甩负荷时静态励磁系统机组的过电压就低。

对于静止励磁系统，人们曾有过两点疑惑：

1）静止励磁系统的顶值电压受发电机端和系统侧故障的影响，在发电机近端三相短路而切除时间又较长的情况下，不能及时提供足够的励磁，以致影响电力系统的暂态稳定。

2）由于短路电流的迅速衰减，带时限的继电保护是否能正确的动作。

分析研究和试验表明，静止励磁系统的缺点并非原先设想的那么严重。对于大、中容量的机组，由于其转子时间常数较大，转子电流要在短路0.5s后才会显著衰减。因此，在短路刚开始的0.5s之内，静态励磁方式和他励方式的励磁电流是很接近的，只是在短路0.5s后，才有明显的差别。考虑到高压电网中重要设备的主保护动作时间都在0.1s内，且都设双重保护，因此没有必要担心。至于接在地区网络上的发电机，由于短路电流衰减快，继电保护的配合较为复杂，要采取一定的技术措施以保证其正确动作。

静态励磁系统特别适用于发电机与系统间有升压变压器的单元接线中。由于发电机引出线采用封闭母线，机端电压引出故障的可能性极小，设计时只需考虑在变压器高压侧三相短路时，励磁系统有足够的电压即可。

第三节　励磁系统中转子磁场的建立和灭磁

事故发生时，系统母线电压大幅度降低，这说明电力系统无功功率的缺额很大，为了使系统迅速恢复正常，就要求相关的发电机转子磁场能够迅速增强，达到尽可能高的数值，以弥补系统无功功率的缺额。因此，在事故发生时，转子励磁电压的最大值和磁场建立的速度（也可以说是响应速度），是两个非常重要的指标，一般称之为强励顶值和响应比。强励顶值一般为额定励磁电压的1.8~2.0倍。当机端电压降低为额定电压的80%~85%时，强励装置动作，使励磁系统实行强行励磁。要使发电机强励的效果能够及时发挥，还必须考虑两个因素：一是励磁机的响应速度要快，即励磁机的时间常数要小；其次，是发电机转子磁场的建立速度要快，一般用励磁电压响应比来表示转子磁场建立的快慢。

当转子磁场建立起来之后，如果由于某种原因（如发电机绕组内部故障等）需强迫发电机立即退出工作，在断开发电机断路器的同时，必须使转子磁场尽快消失，否则发电机会因为励磁而产生过电压，或使定子绕组内部的故障继续扩大。如何能在很短的时间内，使转子磁场内存储的大量能量迅速消释，而不致于在发电机内产生危险的过电压，这也是一个很重要的问题，一般称为灭磁问题。下面就讨论这两方面的问题。

一、时间常数

（一）他励直流励磁机时间常数

图2-13a是典型的他励直流励磁机的时间常数计算原理图，图2-13c是励磁回路电路图，外加励磁电动势E可以认为是常数，由回路定律可得。

发电机的残余电动势

$$E = I_{EE}R_{EE} + L_{EE}\frac{dI_{EE}}{dt} \tag{2-11}$$

式中　R_{EE}、L_{EE}——励磁机励磁绕组的电阻、电感。

式（2-11）表明I_{EE}是按指数曲线增大的，其时间常数为

$$T_t = \frac{L_{EE}}{R_{EE}} \tag{2-12}$$

由于励磁机电动势U_{EF}与I_{EE}有关，所以它也是按指数曲线增大的。

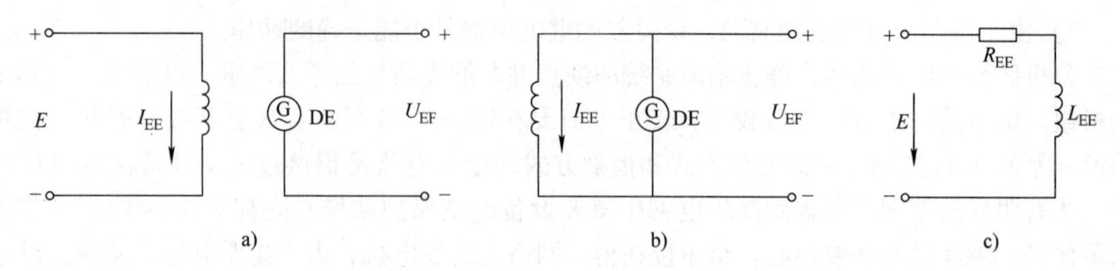

图 2-13 他励与自励直流励磁机的时间常数计算原理图

a）典型的他励直流励磁机的时间常数计算原理图 b）典型的自励直流励磁机的时间常数计算原理图 c）励磁回路电路图

（二）自励直流励磁机时间常数

图 2-13b 是典型的自励直流励磁机的时间常数计算原理图。图 2-14 为自励直流发电机的等值特性图，曲线与实直线的交点 1 表示自励直流发电机的电压建立条件与过程，为简化描述，用虚线表示励磁线圈的磁化曲线，在这条虚线上任一点的励磁机电动势为

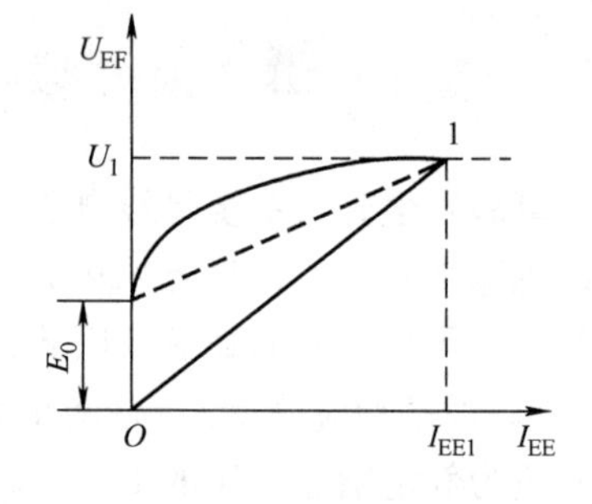

图 2-14 自励直流发电机的等值特性图

$$U_{EF}=E_0+\frac{U_1-E_0}{I_{EE1}}I_{EE}=E_0+kI_{EE} \tag{2-13}$$

式中 E_0——自励直流发电机的残余电动势；

U_1——自励直流励磁机的工作电压；

I_{EE1}——自励直流励磁机的工作电流；

k——比例常数。

对自励直流励磁机的电动势 U_{EF}，也有

$$U_{EF}=I_{EE}R_{EE}+L_{EE}\frac{dI_{EE}}{dt} \tag{2-14}$$

将式（2-13）代入，得

$$U_{EF}=I_{EE}R_{EE}+L_{EE}\frac{dI_{EE}}{dt}=E_0+kI_{EE} \tag{2-15}$$

整理得

$$(R_{EE}-k)I_{EE}+L_{EE}\frac{dI_{EE}}{dt}=E_0 \tag{2-16}$$

由此得，自励直流励磁机的时间常数为

$$T_c=\frac{L_{EE}}{R_{EE}-k} \tag{2-17}$$

（三）自励系统时间常数 T_c 与他励系统时间常数 T_t 的比较

比较式（2-12）与式（2-17），由于 k 值比较接近于 R_{EE}，可以看出他励系统的时间常数 T_t 远小于自励系统时间常数 T_c，其原因是他励系统电压 U_{EF} 的建立过程与 U_{EF} 本身无关，完全是由于外加电动势 E 的作用，即只与励磁线圈时间常数有关，而自励系统 U_{EF} 的建立过程却是 U_{EF} 与 I_{EE} 相互作用的结果。图 2-14 可说明，对于自励系统而言，固定电动势只是 E_0，起励之后，虽然 I_{EE} 的增加能促使 U_{EF} 加大，但 I_{EE} 本身的增大，又依靠 U_{EF} 的增大，它

们相互促进，最后稳定在 1 点。由于 I_{EE} 的增大要依赖于 U_{EF} 的增大，所以，它的上升过程就延长了，其等值时间常数就大为增加。

自励系统的时间常数比他励系统的大，电压变化过程的惯性比较大，这个结论不仅对直流励磁机适用，一般对其他的自励系统与他励系统也适用。

常规励磁系统一般指直流励磁机系统。快速励磁系统则是由高频交流励磁机组成的，由于其频率较高，达到同样励磁电压需要磁通量可以大为减少，因此励磁机的时间常数也大为减小。

二、电压响应比

电压响应比是由电机制造厂提供的说明发电机转子磁场建立过程的粗略参数，反映了励磁机磁场建立速度的快慢。

一般地说，在暂态稳定过程中，发电机功率摇摆到第一个周期最大值的时间为 0.4 ~ 0.7s，所以，通常将励磁电压在最初的 0.5s 内上升的平均速率定义为励磁电压响应比，如图 2-15 所示。

发电机的励磁绕组是一个电感性负荷，为了分析简单，在忽略发电机转子电阻和定子回路对它影响的条件下，把发电机绕组简化为图 2-16所示电路，即把发电机看成定子开路时的转子电路。这样，发电机磁场方程可简化为

$$u_{EF}(t)=K\frac{d\phi_G}{dt} \tag{2-18}$$

$$\Delta\phi_G=\frac{1}{K}\int_0^{\Delta t}u_{EF}(t)\,dt \tag{2-19}$$

式中　$u_{EF}(t)$——发电机励磁电压，为上升曲线；

$\Delta\phi_G$——发电机转子回路的磁通增量；

K——与转子线圈匝数及转子尺寸有关的常数。

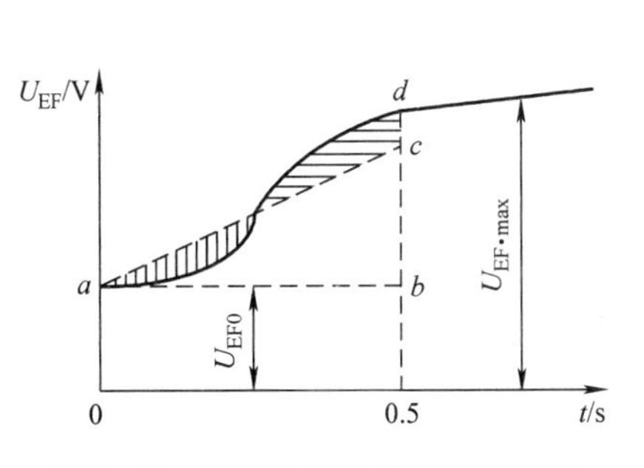

图 2-15　励磁电压上升速度的确定

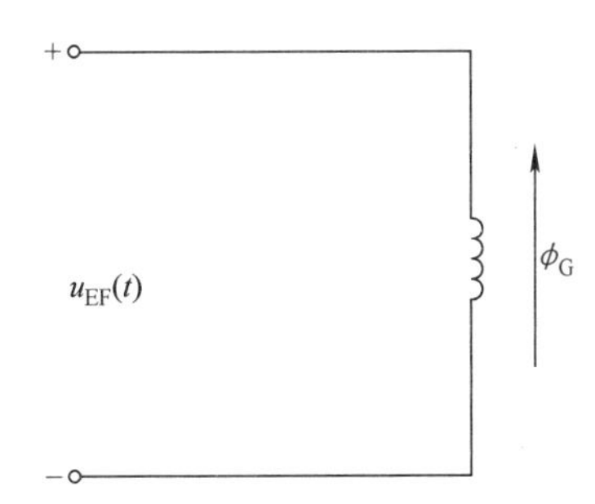

图 2-16　励磁绕组等值电路图

在暂态过程中，励磁功率单元对发电机运行产生实际影响的最主要的物理量是转子磁通增量 $\Delta\phi_G$，它的值如式（2-19）所示，正比于励磁电压伏秒曲线下的面积增量。在图 2-15 中，从起始电压处画一水平线 ab，再画一斜线 ac，使斜线 ac 在最初的 0.5s 覆盖的面积等于电压伏秒曲线 ad 在同一时间覆盖的面积。换句话说，使图中画阴影的两部分面积相等，则它们表示的量值相同。图中 U_{EF0} 为强行励磁初始值，令其等于额定工况下的励磁电压值，于是励磁电压响应比可以定义为

$$R_R=\left(\frac{U_c-U_b}{U_a}\right)\Big/0.5=2\Delta U_{bc*} \tag{2-20}$$

式中　ΔU_{bc*}——图中 bc 段电压的标幺值；

U_a——一般为额定工况下的励磁电压，则$\frac{U_{EF\cdot max}}{U_a}$为强励倍数。

另外，现在一般大容量机组往往采用快速励磁系统，把响应时间作为动态性能评定指标。励磁系统电压响应时间，指在发电机励磁电压为额定励磁电压时，从施加阶跃信号到励磁电压达到顶值电压的95%所需的时间，如图2-17所示。如果励磁系统电压的响应时间为0.1s或者更短，这样的励磁系统称为高初始响应励磁系统。

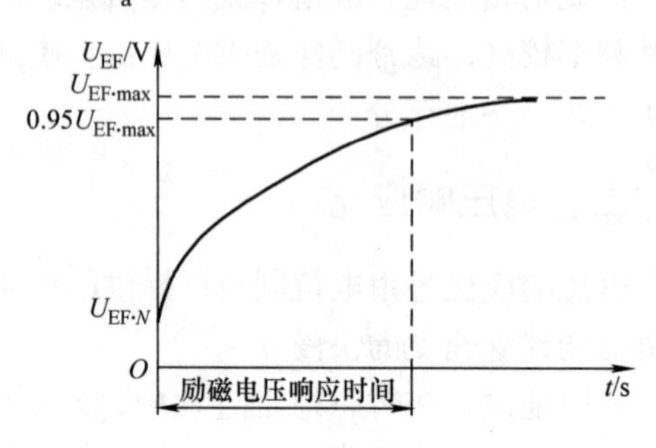

图2-17　励磁系统电压响应时间

三、励磁绕组对恒定电阻放电灭磁

灭磁就是将发电机转子励磁绕组的磁场尽快减弱到最低程度。当然，最快的方式是将励磁回路断开，但由于励磁绕组是一个大电感，突然断开，必将产生很高的过电压，危及转子绕组绝缘。所以，用断开转子回路的方法来灭磁是不恰当的。但是，将转子励磁绕组自动接到放电电阻灭磁的方法是可行的。

很显然，对灭磁提出的第一个要求是灭磁时间要短，这是评价灭磁装置的重要技术指标，其次是灭磁过程中转子电压不应超过允许值，通常取额定励磁电压的4~5倍。

灭磁控制电路如图2-18所示。灭磁时，先给发电机转子绕组GEW并联一个灭磁电阻R_m，然后再断开励磁回路。有了R_m后，转子绕组GEW的电流就按照指数曲线衰减，并将转子绕组内的磁场能量几乎全部转变为热能，消耗在R_m上，因此使灭磁开关MK断开触头的负担大大减轻。

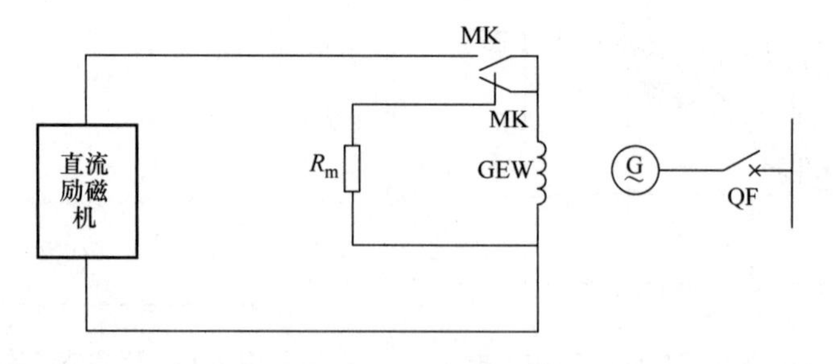

图2-18　灭磁控制电路

由于GEW－R_m回路的电流是按指数衰减的，如图2-19所示，在灭磁过程中，转子绕组GEW的端电压始终与R_m两端的电压e_m相等，即

$$e_{GEW}=e_m=iR_m \tag{2-21}$$

式中　i——灭磁回路的瞬时电流。

e_{GEW}的最大值为$e_{GEW0}=i_0R_m$。这样在灭磁过程中，e_{GEW}就是可控的，其最大值与R_m成正比。R_m越大，e_{GEW0}就越大，图2-19所示的曲线衰减就越快，灭磁过程就越快；R_m越

小，e_{GEW0}就越小，转子绕组比较安全，但灭磁过程就慢些。手册规定 R_m 的值一般为转子绕组热状态阻值的 4 ~5 倍，灭磁时间为 5 ~7s。

四、理想的灭磁过程

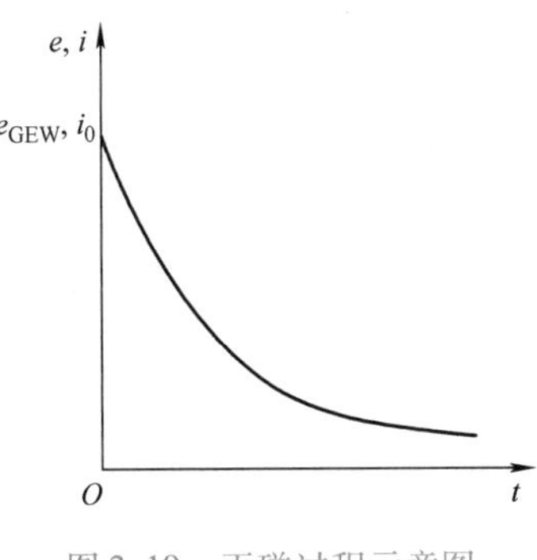

图 2-19　灭磁过程示意图

图 2-19 表示的灭磁过程，虽然限制了转子绕组 GEW 的最高电压（e_{GEW0}），保证了转子绕组的安全，但是它并没有自始至终地充分利用这一条件，即在灭磁过程中转子绕组 GEW 的电压始终保持为最大允许值，而是随着灭磁过程的进行，e_{GEW}逐渐减小，因而灭磁的过程就减慢了。

理想的灭磁过程，就是整个灭磁过程中转子绕组 GEW 的电压始终保持为最大允许值，直至励磁回路断开为止。由于

$$e_{GEW} = L_{GEW}\frac{di}{dt} \tag{2-22}$$

式中　L_{GEW}——转子回路的电感。

使 e_{GEW}不变，就是使$\frac{di}{dt}$= 常数。这就是说，在灭磁过程中，转子回路的电流始终以等速度减小（而不是再按指数曲线减小），直至为 0。比如，在转子电压最大允许值下（用 R_{GEW}表示转子回路电阻；$e_{GEW \cdot N}$表示转子电压的额定值），即在如下条件下：

$$R_m = (4 \sim 5)R_{GEW} \tag{2-23}$$

$$e_{GEW0} = i_0 R_m = (4 \sim 5)e_{GEW \cdot N} \tag{2-24}$$

图 2-20 所示的灭磁过程是按曲线 1 进行的，其灭磁速度越来越慢。磁场电流衰减的时间常数为

$$\tau = \frac{t_{GEW}}{5 \sim 6} = (0.167 \sim 0.2)t_{GEW} \tag{2-25}$$

式中　t_{GEW}——转子本身的时间常数。

而理想的灭磁过程则应按直线 2 进行，i_{GEW}一直按等速减小，在到达 τ 时，即经（0.167 ~ 0.2）t_{GEW}，降为零，而在这个过程中，转子绕组的电压始终保持为 $e_{GEW \cdot N}$。

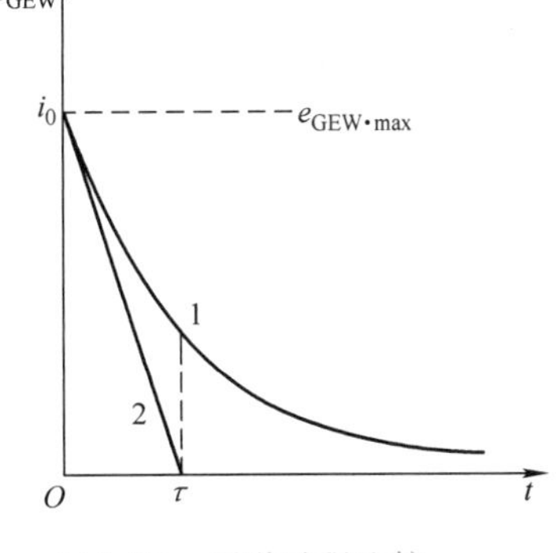

图 2-20　灭磁过程比较

五、交流励磁机系统的逆变灭磁

在交流励磁系统中（不管有无励磁机），如果采用了晶闸管整流桥向转子供应励磁电流，就可以考虑应用晶闸管的有源逆变特性来进行转子回路的快速灭磁。虽然对晶闸管的投资增加了，但其优点是在主回路不增添设备就可进行快速灭磁。

要保证逆变过程不会“颠覆”，逆变角 β 一般取为 40°，即 α = 140°。其次，逆变过程中，交流电源的电压不能消失。在这方面，外加电源为交流励磁机时，由于在逆变灭磁过程中，励磁机的电压不变，所以灭磁过程就快，这样的逆变过程是一个理想的逆变过程。而当励磁电压取自发电机端电压时，则随着灭磁过程的进行，发电机端电压也随之降低，灭磁速

度也随之减慢，总过程不如交流励磁机系统快。

对于逆变灭磁，当逆变进行到发电机励磁绕组中的剩余磁场能量不能再维持逆变时，逆变结束。通常将剩余的能量向并联的电阻放电，此时磁场电流已很小，直到转子励磁电流衰减到零，灭磁结束。因此在这种灭磁方式下，在发电机励磁回路中还装设有容量小、阻值较大的灭磁电阻。

第四节　励磁调节器

一、励磁调节器的功能和基本框图

励磁调节单元（即自动调压器）的最基本部分是一个闭环比例调节器。它的输入量是发电机端电压 U_G，输出量是励磁机的励磁电流或发电机转子电流，统称为 I_{AVR}。它的主要功能有：一是保持发电机端电压不变；其次是保持并联机组间无功电流的合理分配。同其他的自动调节装置一样，也可以把自动励磁调节系统理解为人工对“调节励磁电流的长期操作经验进行了集中总结”的产物。

图 2-21 所示的某励磁系统中，在没有自动励磁调节装置之前，发电机依靠人工调整 R_c 的大小，以达到维持发电机端电压不变的目的。当运行人员发现发电机端电压偏高时，增大 R_c，使 I_{EE}（即 I_{EF}）减小，使电压恢复到额定值附近；反之，发现电压偏低，人工减小 R_c，使 I_{EE}增大，使电压恢复到额定值附近。这样，人工操作直接参与了发电机的正常运行。通过长期的实践和认识，最后把人工调节的过程归结为以下内容。

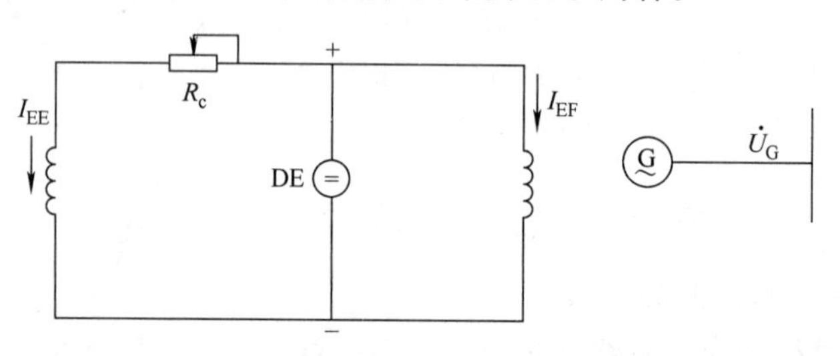

图 2-21　某励磁系统

人工操作在调压过程中的作用可以用图 2-22 中的线段 ab 来表示。线段 ab 说明：当发电机端电压 U_G 升高时，人工操作使 I_{EF}减小；反之，U_G 降低时，人工操作使 I_{EF}增大。图中 $U_{Gb}\sim U_{Ga}$是发电机正常运行时允许的电压变动范围，这个范围很小，一般不超过 5%。$I_{EFb}\sim I_{EFa}$代表励磁系统必须具备的调整容量的最低值。

在人工调压的过程中，可以说人与发电机形成了一个“封闭回路”。人通过测量仪对发电机端电压进行了测量，然后按图 2-22 所示的规律做出判断，从而进行操作，改变转子电流 I_{EF}，达到调压的目的。

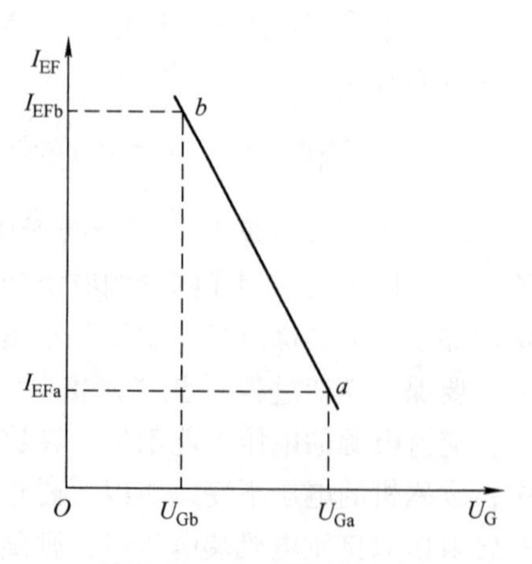

图 2-22　人工调压的作用

具有图 2-22 所示线段特性的自动励磁调节器，其基本原理如图 2-23 所示。图中每个环节的具体电路及工作特性，随所采用的元件、材料不同而有相当大的差异，但其基本原理则如图所示。将测得的发电机端电压与基准电压进行比较，用其差值作为前置级至功率放大级的输入信息，最后在功率放大级的末端输出一个与此差值反方向的励磁调整电流，使调压器的输入量 U_G 与输出量 I_{EF}之间达到图 2-22 中线段 ab 表示的比例关系。当 U_G 下降时，I_{EF}就大为增加，发电机的感应电动势 E_q 随即增大，使 U_G 重新回到基准电压附近；反之，当 U_G 升高时，I_{EF}就大为减少，又使 U_G 重新回到基准电压附近。这就是闭环比例调节的工作原理。

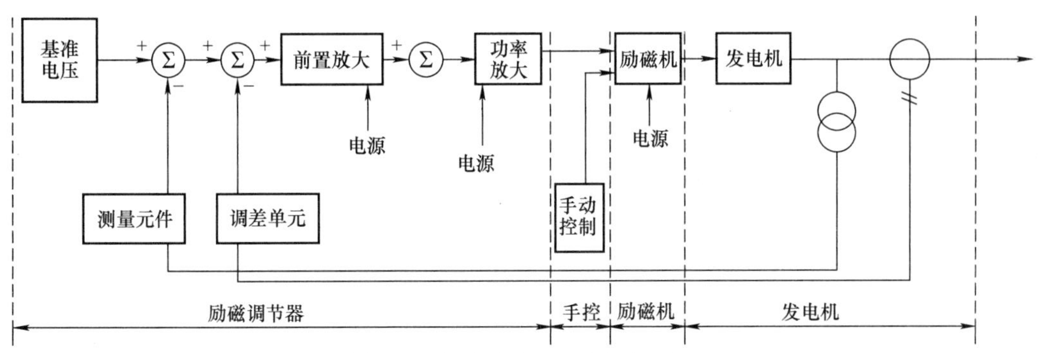

图 2-23　自动励磁系统基本原理框图

由于晶闸管的放大系数很高，所以很适合作为自动调压装置的功率放大元件。这个功率放大单元就是电力电子器件晶闸管整流。晶闸管工作时需要有脉冲触发，脉冲触发与晶闸管功率电源之间又有同步问题。典型的晶闸管自动励磁调节器的框图如图 2-24 所示。图中的测量、放大、同步、触发则是构成一个晶闸管调压器的基本环节，实现电压调节和无功功率分配等最基本的调节功能。而辅助控制是为满足发电机不同工况，改善电力系统稳定性，改善励磁控制系统动态特性而设置的单元。当自动励磁调节器退出后，由自动切换装置将手控单元投入。

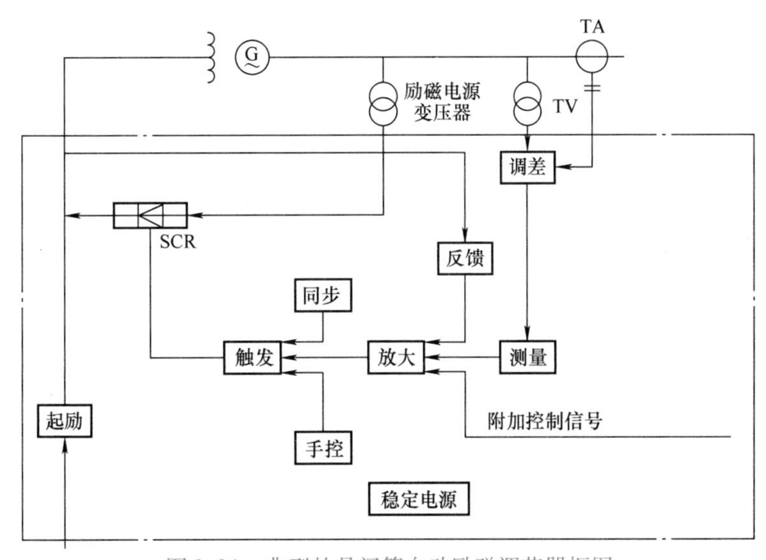

图 2-24　典型的晶闸管自动励磁调节器框图

二、励磁调节器原理

构成励磁调节器的形式很多，但自动控制系统的核心部分却很相似。基本的控制由测量比较、综合放大、移相触发单元组成。

（一）测量比较单元

测量比较单元的作用是测量发电机端电压并将其转换为直流电压，与给定的基准电压比较，得出电压的偏差信号。测量比较单元由电压测量、比较整定电路组成。

1. 电压测量

电压测量是将机端三相电压降压、整流、滤波后转换成一个较小波纹的直流电压。如图2-25所示，三相电压由端子8、10、12输入，两个单相变压器T_1和T_2接成V形，对三相电压降压和隔离。降压后的三相电压分别经R_1、R_2、R_3三个相位平衡调节电位器，送至三相桥式整流器整流成直流电压，再经RC滤波器滤波之后，得到正比于机端电压的直流电压信号U_{se}。

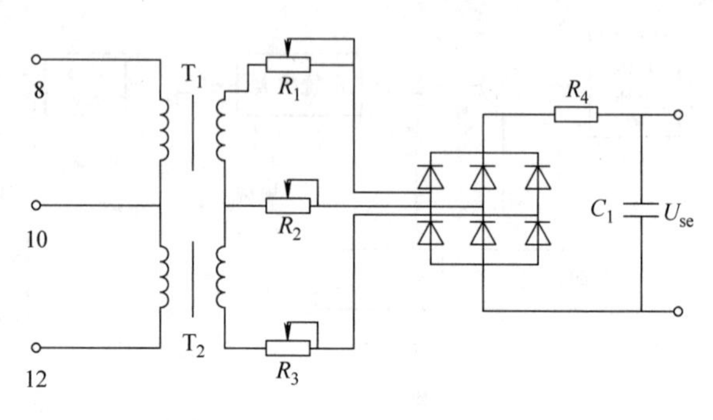

图2-25　电压测量环节原理图

电位器R_1、R_2、R_3主要用作相位平衡调整，通过改变其大小，使进入三相整流桥的三相电压趋于对称，从而使整流后的直流电压对称，减小波纹，有利于滤波和减小时延。同时，这些电位器对电压调节范围的上下限及电压偏差检测器的增益均有影响，因此，调定后不应随意改变。

2. 比较整定电路

经电压测量环节输出的正比于机端电压的直流电压U_{se}，通过运算放大器与来自电压整定器R_p的给定电压进行比较，取得偏差电压，送到综合放大单元。在这里，运算放大器输出即为电压偏差信号U_{de}，如图2-26a所示。

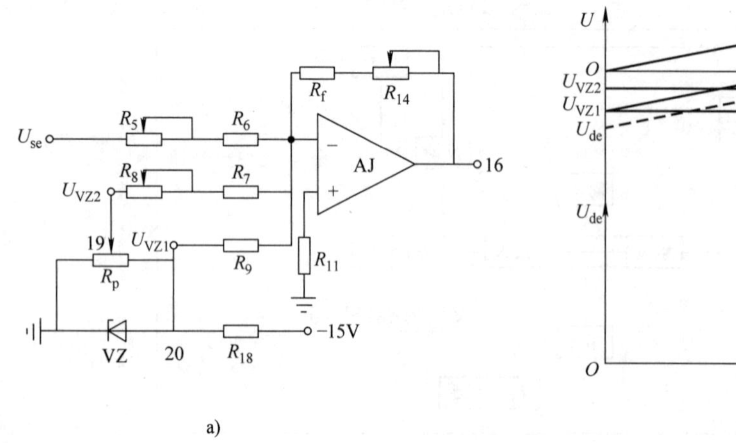

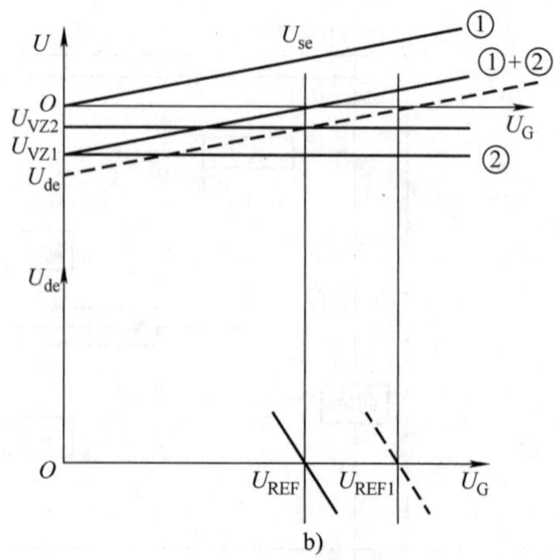

图2-26　比较整定电路

从测量整流电路来的电压 U_{se} 正比于发电机端电压 U_G，是加法器的一个输入量，加法器的另外两个输入量是比较整定电路的整定电压，其中 U_{VZ1} 是取自稳压二极管 VZ 的恒定负电压，U_{VZ2} 是可变的整定电压。先考虑前两个输入量（即设 $U_{VZ2}=0$），若该两路运放的闭环放大倍数分别为 K_{c1}、K_{c2} [$K_{c1}=-R_f/(R_6+R_5)$，$K_{c2}=-R_f/R_9$]，则比较整定电路的输出电压为

$$U_{de}=K_{c1}U_{se}-K_{c2}|U_{VZ1}| \tag{2-26}$$

其中第一项 $K_{c1}U_{se}$ 为随发电机端电压而变化的量，第二项 $-K_{c2}|U_{VZ1}|$ 是一恒定量。两者叠加可得图 2-26b 中①+②所示的特性。计及第三个输入量后，测量单元特性向右平移，如图中虚线所示。因此，调节电位器 R_p 具有改变发电机整定电压的作用。此时

$$U_{de}=K_{c1}U_{se}-K_{c2}|U_{VZ1}|-K_{c3}|U_{VZ2}| \tag{2-27}$$

其中

$$K_{c3}=-\frac{R_f}{R_7+R_8} \tag{2-28}$$

将各通道增益进行归算

$$U_{de}=K_{c1}\left(U_{se}-\frac{K_{c2}}{K_{c1}}|U_{VZ1}|-\frac{K_{c3}}{K_{c1}}|U_{VZ2}|\right)=K_{c1}(U_{se}-U_{REF}) \tag{2-29}$$

$$U_{REF}=\frac{K_{c2}}{K_{c1}}|U_{VZ1}|+\frac{K_{c3}}{K_{c1}}|U_{VZ2}| \tag{2-30}$$

由此可见，整定电压 U_{REF} 随 U_{VZ2} 变化。

（二）综合放大单元

综合放大单元是沟通测量比较单元及调差单元与移相单元的一个中间单元。来自测量比较单元及调差单元的电压信号，在综合放大单元与励磁限制、稳定控制及反馈补偿等其他辅助调节信号被综合放大，用来得到满足移相触发单元相位控制所需的控制电压。

综合放大单元输入信号中，除基本控制部分的电压偏差信号 U_{de} 外，为适应发电机各种工况的工作，还需要多种辅助控制信号，如最大、最小励磁限制信号，为改善励磁控制系统动态性能的微分反馈信号（即励磁系统稳定信号）及提高电力系统稳定性的（电力系统稳定器）信号等，如图 2-27 所示。

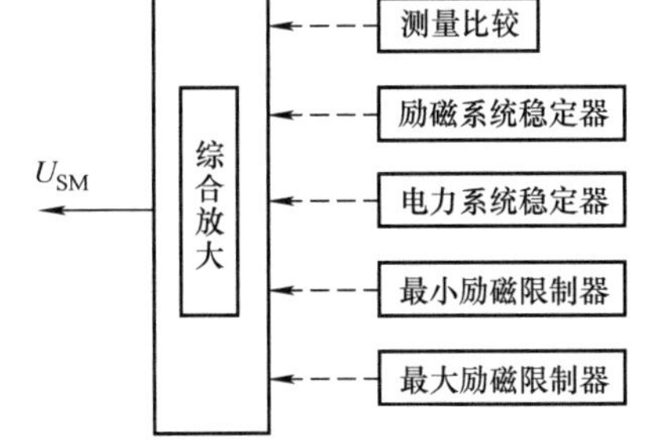

图 2-27　综合放大单元的输入信号

各输入控制信号按其性质可分为三种类型，即被调量控制量（基本控制量）、反馈控制量（为改善控制系统动态性能的辅助控制量）、限制控制量（按发电机运行工况要求的特殊限制量）。前两种是在正常情况按预定规律调节，实现对励磁系统的控制，而后一种限制控制量在正常工况下不参与作用，在异常情况需要时（危及发电机或系统运行）才进行限制控制。为此，综合放大单元必须有信号运算限制控制功能。

图 2-28 是控制信号综合放大单元接线原理图，它由正竞比电路、负竞比电路、信号综合放大电路和互补输出电路组成。

（1）正竞比电路　如图 2-28 中前级电路所示。它由 VT_1、VD_1、VD_2、$R_{11}\sim R_{13}$ 组成。VT_1 是一恒流管，有固定正偏置，处于恒流状态。它由两个输入：测量比较电路的输出信号

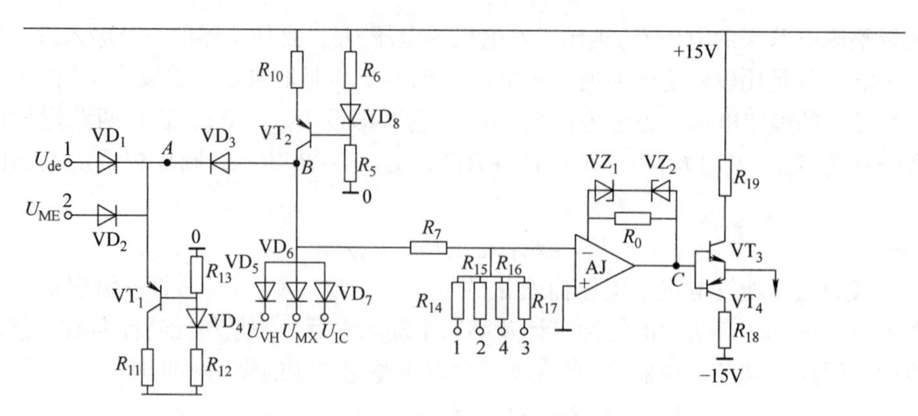

图2-28　控制信号综合放大单元的接线原理图

U_{de}，由 VD_1 输入；低励限制信号（最小励磁限制）U_{ME}，由 VD_2 输入，在正常情况下低励限制信号为负，即 $U_{ME}<0$。U_{de}为正，VD_1 导通，A 点电位 $U_A=U_{de}-0.6V$（管压降）。若发电机由于某种原因，励磁电流小于最小励磁限制单元启动值时，U_{ME}由小于零变为大于零，且 $U_{ME}>U_{de}$，这时 VD_2 导通，VD_1 受反向电压而阻断，将 U_{de}信号闭锁，励磁控制由 U_{ME}决定，使发电机在低励限制信号的作用下进行励磁调节，保证与系统并列运行的稳定性。正竞比门工作区别于一般逻辑门，电路受输入信号中最高电平信号控制，即正值竞比，且 A 点电位反映输入信号的大小。

（2）负竞比电路　如图2-28中第二级电路所示，由 VT_2、VD_3、VD_8、$VD_5\sim VD_7$、R_5、R_6、R_{10}组成，其中 VT_2 是恒流管。负竞比门的输入信号均应为负电平，即进行负值竞比，输入信号中最低者准予通过。负竞比门的输入信号都属限制信号，其中有：最大励磁限制信号 U_{MX}，由 VD_6 输入；瞬时过电流限制信号 U_{IC}，由 VD_7 输入；电压/频率限制器信号 U_{VH}，由 VD_5 输入。有关这些限制信号的工作原理后面还要讨论。限制信号的作用均为减小励磁电流，把励磁电流分别限制在相应允许范围之内。正常情况下，这些限制信号都处于正电平，均为 +10V 左右，VD_5、VD_6、VD_7 均阻断。只要其中有一个限制信号动作，由正电平变为负电平，相应的二极管导通，就使 B 点电位变负，正竞比门输出就被封锁，即 VD_3 受反压阻断，使正竞比门所有输入信号都被闭锁住。此时励磁调节器只能在负竞比门限制信号作用下进行限制控制，显然，负竞比门所有限制信号的级别高于正竞比门的控制信号。

（3）信号综合（运算）放大电路　如图2-28中第三级电路所示，由对正、负竞比电路讨论可知，若正竞比电路工作，负竞比电路不工作，B 点电位为正电平，如 A 点电位 $U_A=U_{de}-0.6V$，因 VD_3 导通，故 $U_B=U_{de}$，经运算放大器输出 $U_C=-\dfrac{R_0}{R_7}U_{de}$（设运算放大器的其他输入为零时），若取 $R_0=R_7$，则 $U_C=-U_{de}$。经输入电阻 $R_{14}\sim R_{17}$输入有关励磁系统稳定的辅助控制信号，因机组的励磁系统类型而异，如励磁（系统稳定器）信号、电力系统稳定器信号、其他补偿和校正信号等。它们的综合比例可通过适当选择输入电阻数值来取得，一般情况下其增益为1。在运算放大器的输出端有

$$U_C=-(U_{de}+U_{aux1}+U_{aux2}+U_{aux3}+U_{aux4}) \tag{2-31}$$

式中　$U_{aux1}\sim U_{aux4}$——辅助控制信号。

图2-28中 VZ_1 和 VZ_2 是对运放输出双向限幅，当运放输出电压 $U_C=U_{VZ1}$时，VZ_1 击

穿，输出正向被限幅。同理，当 $U_C \leqslant -U_{VZ2}$ 时，VZ_2 被击穿，使输出负向被限幅。

（4）互补输出电路　如图 2-28 中最后一级所示，由 VT_3、VT_4、R_{18} 和 R_{19} 组成互补推挽射极跟随器，提高与下一级负荷阻抗的匹配能力。R_{18} 和 R_{19} 为限流电阻。射极跟随器输出的电压 U_{SM} 是下一级移相触发电路的控制电压。综合运放的输出特性如图 2-29 所示。

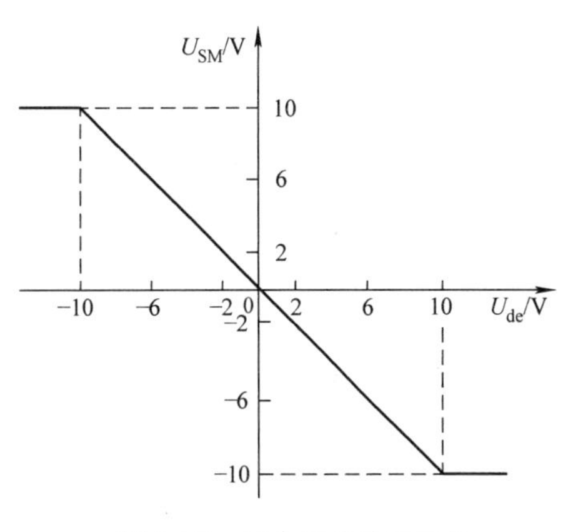

图 2-29　综合运放输出特性

（三）移相触发单元

移相触发单元是励磁调节器的输出单元，它根据综合放大单元送来的综合控制信号 U_{SM} 的变化，产生触发脉冲，用以触发功率整流单元的晶闸管，从而改变可控整流环节的输出，达到调节发电机励磁的目的。移相触发单元的构成原理框图如图 2-30 所示。它主要由同步变压器、同步移相器、脉冲发生器和脉冲给定基准器组成。

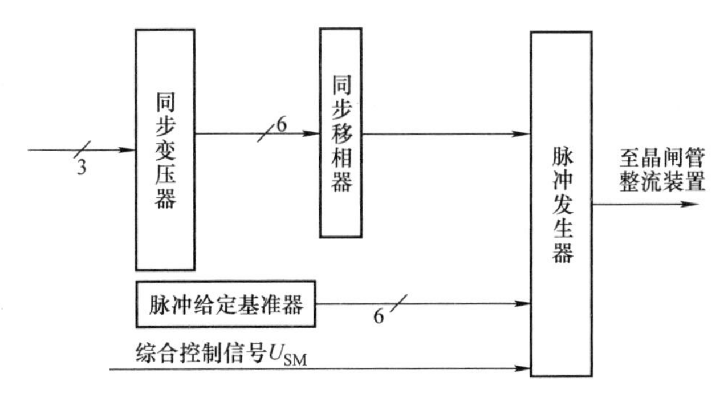

图 2-30　移相触发单元原理框图

同步信号取自晶闸管整流装置的主回路，以保证在晶闸管每次承受正向阳极电压时，向其控制极发出脉冲，使晶闸管可靠导通。触发脉冲与主回路之间的这种相位配合关系称为同步。同步变压器和同步移相器主要用来作为同步信号发生器，以提供具有合适幅值和相位的交流同步信号。脉冲发生器则根据综合放大单元送来的综合控制信号与同步信号比较，产生与主回路同步且相位可控的触发脉冲，并加以放大，最后输出具有合适电压幅值、合适脉冲宽度和足够驱动能力的触发脉冲，送至晶闸管整流装置，以触发晶闸管整流桥。脉冲给定基准器用来平移综合控制电压 U_{SM} 与触发延迟角 α 的关系（即移相特性），使运行中的控制电压 U_{SM} 在合适的范围内，而不致于产生饱和失控。

在不计交流回路感抗存在时，认为换流是在瞬时完成的。余弦波移相处触发单元（具体电路从略）的输入电压 U_{SM} 与触发延迟角 α 就会有下述关系

$$\alpha = \arccos \frac{U_{SM}}{U_{sym}} \tag{2-32}$$

在电力电子技术课程的学习中，我们知道全控整流桥输出的直流电压的高低是随触发延迟角的变化而变化的，其表达式为

$$U_d = 1.35E_1 \cos\alpha \tag{2-33}$$

式中 E_1——全控整流桥输入线电压。

将式（2-32）代入式（2-33），得到全控输出电压平均值为

$$U_d = U_{AVR} = 1.35E_1 \frac{U_{SM}}{U_{sym}} \tag{2-34}$$

式（2-34）说明整流电路的输入量和输出量之间呈线性关系，其特性如图2-31所示，图中实线表示整流器特性，虚线表示逆变器特性。

（四）自动－手动的自动切换

励磁调节器由自动励磁（AC）调节器和手动励磁（DC）调节器组成，为双通道结构。AC调节器是主励磁调节器，按发电机端电压对给定值的偏差量大小自动调节发电机励磁，以维持机端电压稳定。正常运行时，AC调节器工作，DC调节器为AC调节器的备用。当AC调节器故障时，由AC－DC自动切换装置控制，将DC调节器投入运行，可保证发电机的正常运行。为了防止AC调节器向DC调节器切换引起冲击，在励磁调节器中还设有DC调节器自动跟踪AC调节器的自动跟随器，可确保切换冲击最小。

当采用手控方式（DC）时，装置中只有测量、放大单元退出工作，而脉冲触发单元继续工作。即用手控方式给出的控制信号相当于自动控制（AC）时综合放大单元输出的控制信号。当自动控制（AC）电压 U_{SM} 与手动控制电压 U'_{SM} 相等时，两种方式的切换才能平稳地进行。在励磁调节器里，设有专门的平衡指示电路，以保证励磁调节方式平稳地进行切换。

平衡电压 U' 为 U_{SM} 与 U'_{SM} 之差，如图2-32所示。

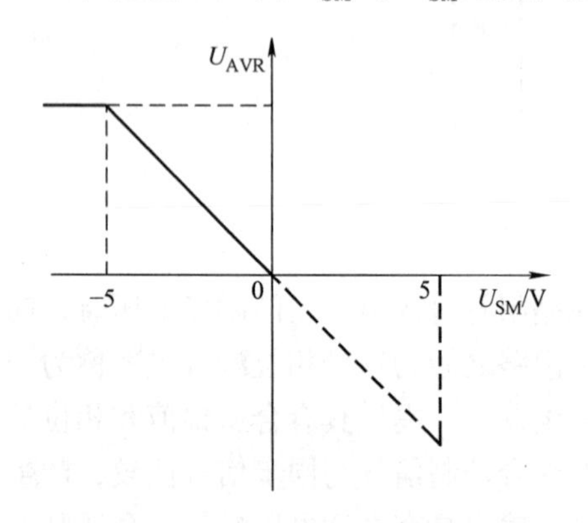

图2-31 可控整流电路输入－输出特性

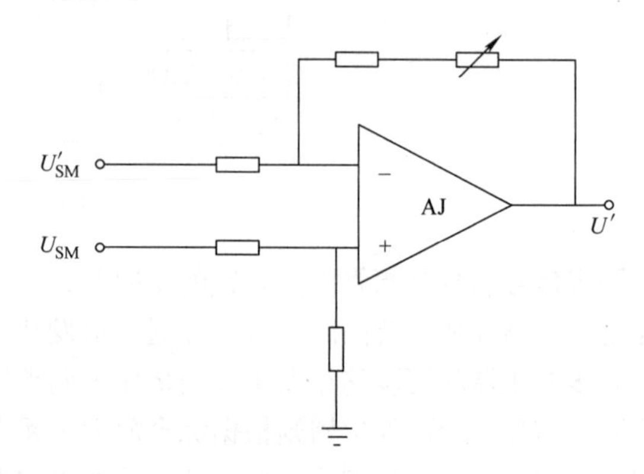

图2-32 U_{SM}、U'_{SM} 平衡电路

放大器AJ输出反映DC和AC两调节器的控制电压之差，即平衡电压。这一电压经滤波器后接平衡电压表，供手动切换时观测平衡电压用。

手动调节器是如何手动控制电压 U'_{SM} 以及 U'_{SM} 的，是如何随时保持与运行的自动调节器输出 U_{SM} 一致的，即自动跟踪 U_{SM} 的问题，在此就不详细介绍了。

三、励磁调节器的静态工作特性

（一）静态工作特性的合成

我们已经分析了励磁调节器各单元的工作原理，并得到了它们的工作特性，将这些单元的特性进行合成，就不难得到整个励磁调节器的工作特性。

励磁调节器的简化框图如图 2-33 所示，图中 K_1、K_2、K_3、K_4 分别表示各单元的放大倍数，各自输入量、输出量的符号如图所示。

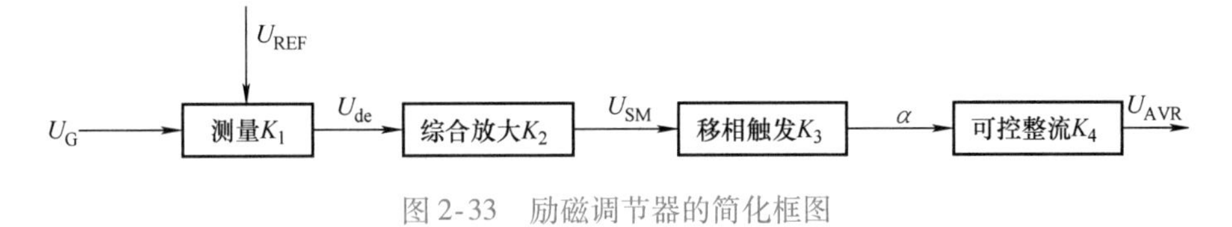

图 2-33　励磁调节器的简化框图

测量单元的工作特性示如图 2-34a 所示，它的输出电压 U_{de}和发电机端电压 U_G 之间的关系为

$$U_{de}=K_1(U_G-U_{REF}) \tag{2-35}$$

式中　K_1——测量单元的放大倍数；

U_{REF}——发电机端电压的整定值。

综合放大单元内是线性元件，在其工作范围内有

$$U_{SM}=K_2U_{de} \tag{2-36}$$

式中　K_2——综合放大单元的放大倍数。

综合放大单元的工作特性示如图 2-34b 所示。

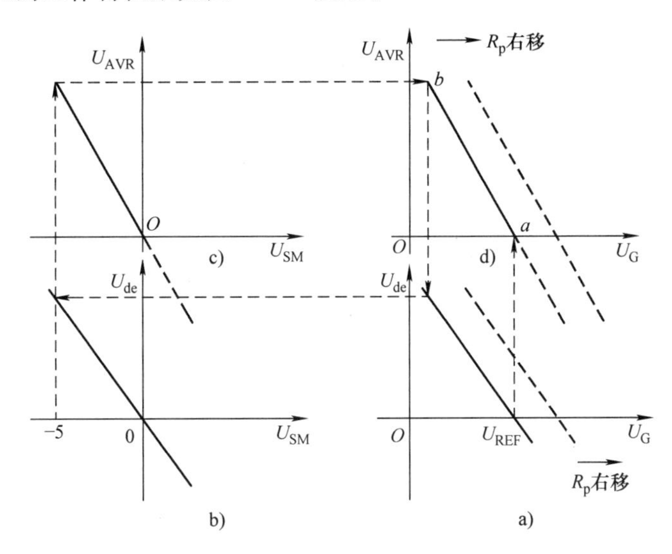

图 2-34　励磁调节器的静态工作特性

a）测量单元的工作特性　b）放大单元的工作特性

c）输入－输出特性　d）励磁调节器静态工作特性的组合过程

采用余弦波触发器的三相桥式全控整流电路具有线性特性，因此 $U_{AVR}=K_3K_4U_{SM}$，K_3、K_4 为移相触发和可控整流单元的放大倍数。图 2-34c 是其输入－输出特性，令它与测量比较单元、综合放大单元特性相配合，就可方便地求出励磁调节器的静态工作特性。

图 2-34d 所示为励磁调节器静态工作特性的组合过程，在励磁调节器工作范围内，U_G 升高，U_{REF}就急剧减小；U_G 降低，U_{REF}就急剧增加。其中线段 ab 为励磁调节器的工作区。工作区 ab 内发电机电压变化极小，可达到维持发电机端电压水平的目的。

图2-34a所示的测量单元工作特性对应于励磁调节器的电压整定为某一定值，当整定电位器 R_p 滑动端移向负电源时，特性曲线将右移，如图2-34b所示；反之，特性曲线将左移。因此，励磁调节器的静态工作特性曲线将随 R_p 的变化而移动。

励磁调节器的特性曲线在工作区内的陡度，是励磁调节器性能的主要指标之一，即

$$K=\frac{\Delta U_{AVR}}{U_G-U_{REF}} \tag{2-37}$$

式中 K——励磁调节器的放大倍数。

励磁调节器的放大倍数与组成励磁调节器的各单元增益的关系为

$$K=\frac{\Delta U_{AVR}}{U_G-U_{REF}}=\frac{\Delta U_{de}}{U_G-U_{REF}}\frac{\Delta U_{SM}}{\Delta U_{de}}\frac{\Delta\alpha}{\Delta U_{SM}}\frac{\Delta U_{AVR}}{\Delta\alpha}=K_1K_2K_3K_4 \tag{2-38}$$

可见，励磁调节器总的放大倍数等于各组成单元放大倍数的乘积。

（二）发电机励磁控制系统静态特性

发电机励磁自动控制系统是由励磁系统和被控对象发电机组成。励磁系统种类很多，现以图2-10所示的他励交流励磁机励磁系统为例，说明励磁控制系统调节特性的形成。

发电机的调节特性是发电机转子电流 I_{EF} 与无功负荷电流 I_Q 的关系。由于在励磁调节器的作用下，发电机端电压在额定值附近变化，因此图2-35a仅表示发电机额定电压附近的调节特性。在一般情况下，励磁机的工作特性是接近线性的，即励磁机定子电流（发电机转子电流 I_{EF}）和励磁机的励磁电流 I_{EE} 之间近似呈线性关系。这样，发电机转子电流 I_{EF} 就可以直接用励磁机的励磁电流 I_{EE} 表示。图2-35b是利用作图法画出的发电机无功调节特性曲线 $U_G=f(I_Q)$，图上用虚线表示出工作段 a、b 两点的作图过程。

图2-35b所示的 $U_G=f(I_Q)$ 曲线说明，发电机带自动励磁调节器后，无功电流 I_Q 变动时，电压 U_G 基本保持不变。调节特性稍有下倾，下倾的程度是表征发电机励磁控制系统运行特性的一个重要参数——**调差系数**。

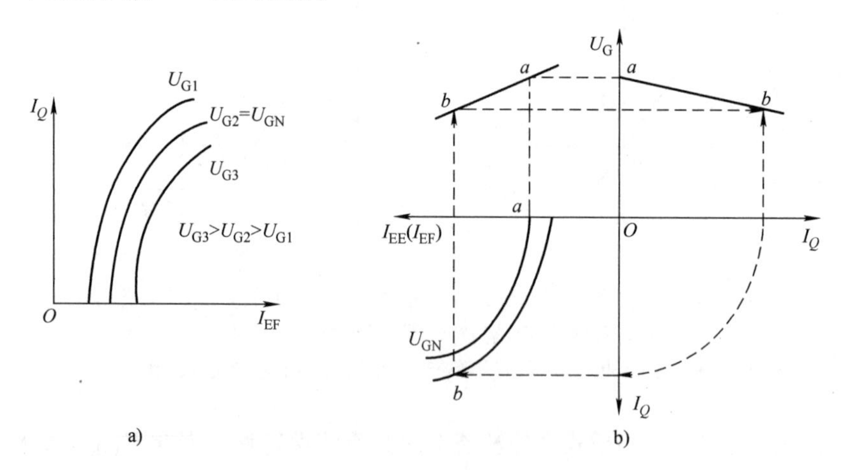

图2-35 发电机无功调节特性的形成

调差系数用 δ 表示，其定义为

$$\delta=\frac{U_{G1}-U_{G2}}{U_{GN}}=U_{G1*}-U_{G2*}=\Delta U_{G*} \tag{2-39}$$

式中　U_{GN}——发电机的额定电压；

U_{G1}、U_{G2}——空负荷运行、带额定无功电流时的发电机端电压（见图 2-36），一般取 $U_{G2}=U_{GN}$。

调差系数也可用百分数表示，即

$$\delta\%=\frac{U_{G1}-U_{G2}}{U_{GN}}\times100\% \tag{2-40}$$

调差系数表示无功电流从零增加到额定值时，发电机端电压的相对变化。调差系数越小，无功电流变化时发电机端电压变化越小。所以，调差系数 δ 表征励磁控制系统维持发电机端电压的能力。

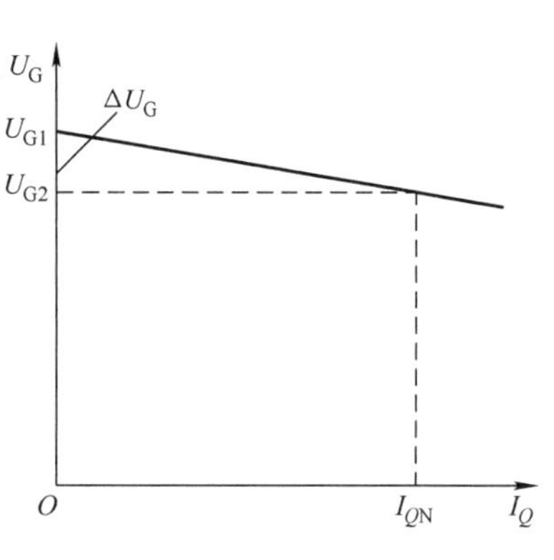

图 2-36　无功调节特性

由图 2-35 可见，励磁调节器总的放大倍数 K 越大，直线 ab 越平缓，调差系数就越小。但不能由此得出结论，认为要改变调差系数 δ 只能通过改变 K 的大小来实现。例如要使 $\delta=0$，则 $K\to\infty$，这显然是不现实的。调差系数的调整问题将在下节讨论。

四、励磁调节器静态特性的调整

对自动励磁调节器工作特性进行调整，主要是为了满足运行方面的要求。这些要求是：①保证并列运行的发电机组间无功电流的合理分配，即改变调差系数；②保证发电机能平稳地投入和退出工作，平稳地改变无功负荷，而不发生无功功率的冲击现象，即上下平移无功调节特性。

（一）调差系数的调整

由式（2-38）可知，发电机的调差系数决定于自动励磁调节系统总的放大倍数。实际上，一般自动励磁调节系统总的放大倍数足够大，因而发电机带有励磁调节器时，调差系数一般都小于 1%，近似为无差调节。这种特性不利于发电机组在并列运行时无功负荷的稳定分配，因此发电机调差系数要根据运行需要，人为地加以调整，使调差系数加大到 3%～5%。

当调差系数 $\delta>0$，即为正调差系数时，表示发电机外特性下倾，即发电机无功电流增加，电压降低；当 $\delta<0$，即为负调差系数时，表示发电机外特性上翘，即发电机无功电流增加，电压上升；当 $\delta=0$ 时，即为无差调节。图 2-37表明了上述三种情况。

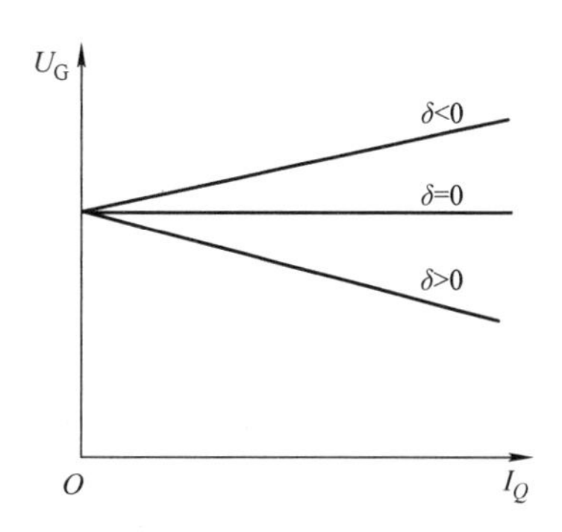

图 2-37　发电机调差系数与外特性

在实际运行中，发电机一般采用正调差系数，因为它具有系统电压下降而发电机的无功电流增加的特性，这对维持稳定运行是十分必要的。至于负调差系数，一般只能在大型发电机－变压器组单元接线时采用，这时发电机外特性具有负调差系数，但考虑变压器阻抗压降以后，在变压器高压侧母线上看，仍具有正调差系数。因此，负调差系数主要用来补偿变压器阻抗上的压降，使发电机－变压器组的外特性下倾度得不致于太厉害，这对于大型机组是必要的。

正、负调差系数可以通过改变调差接线极性来获得，调差系数一般在 ±5% 以内。调差系数的调整原理如下。

在不改变调压器内部元件结构的条件下，在测量元件的输入量中（有时改在放大元件的输入量中），除 U_G 外，再增加一个与无功电流 I_Q 成正比的分量，就达到了调整调差系数的效果，如图 2-38 所示。

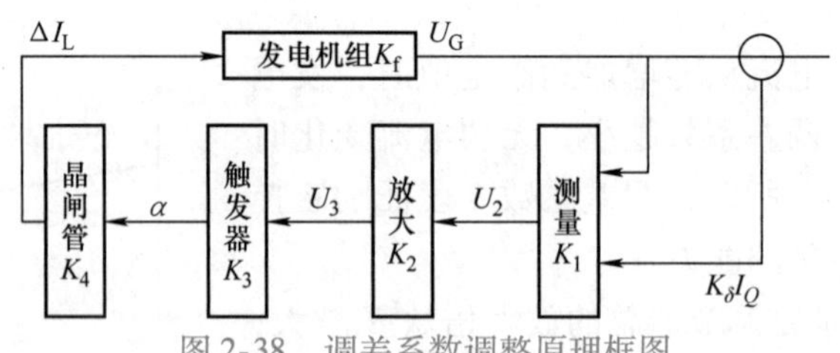

图 2-38 调差系数调整原理框图

在图 2-38 中，测量单元的内部结构并未改变，其放大倍数仍为 K_1，只是将输入量改为 $U_G \pm K_\delta I_Q$，于是测量输入变为

$$U_{REF} - (U_G \pm K_\delta I_Q) = \Delta U_G \mp K_\delta I_Q \tag{2-41}$$

由于测量单元的放大倍数 K_1 并未变化，所以可以适当选择系数 K_δ，就可以改变调差系数 δ 的大小。

下面以两相式正调差接线为例，说明调差环节的工作原理，其接线如图 2-39 所示。

在发电机电压互感器的二次侧，A、C 两相中分别串入电阻 R_a 和 R_c，并且 R_a 和 R_c 是同轴调节的，在 R_a 上引入 C 相电流 $\dot{I}_c$，在 R_c 上引入 A 相电流 $\dot{I}_a$。这些电流在电阻上产生的压降与电压互感器二次侧三相电压按相位组合后，送入测量单元的测量变压器。

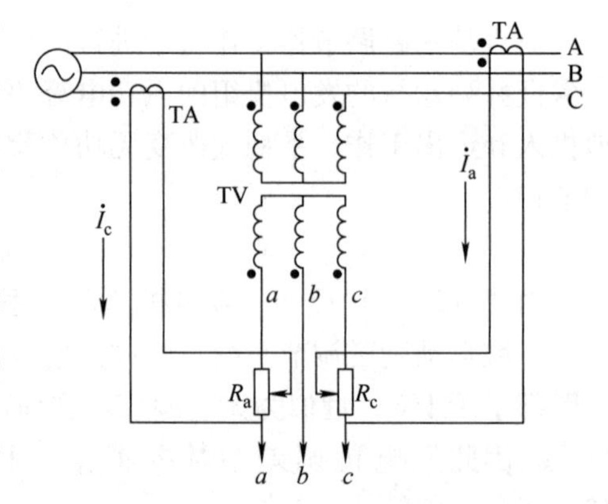

图 2-39 两相式正调差接线

在正调差接线时，其接线极性为 $\dot{U}_a + \dot{I}_c R_a$ 和 $\dot{U}_c - \dot{I}_a R_c$。

由图 2-40a 可知，当 $\cos\phi = 0$ 时，即发电机只带无功负荷时，测量变压器的输入电压为电压 $\dot{U}'_a$、$\dot{U}'_b$、$\dot{U}'_c$，显然比电压互感器二次电压 $\dot{U}_a$、$\dot{U}_b$、$\dot{U}_c$ 的值大，而且 U'_a、U_b、U'_c 随着无功电流的增大而增大，根据励磁调节器装置的工作特性，测量单元输入电压上升，励磁电流将减小，迫使发电机端电压下降，其外特性 U_G-I_Q 的下倾度增大。

当 $\cos\phi = 1$ 时，由图 2-40b 可知，电压 $\dot{U}'_a$、$\dot{U}'_b$、$\dot{U}'_c$，虽然与电压 $\dot{U}_a$、$\dot{U}_b$、$\dot{U}_c$ 相比有变化，但幅值相差不多，故可以近似地认为调差装置不反映有功电流的变化。

当 $0 < \cos\phi < 1$ 时，发电机电流均可以分解为有功分量和无功分量。测量变压器一次电压可以看成是图 2-40a 和 b 叠加的结果，由于可以忽略有功分量对调差的影响，因此只要计算无功电流的影响即可。

对于负调差接线，其接线极性为 $\dot{U}_a - \dot{I}_c R_a$ 和 $\dot{U}_c + \dot{I}_a R_c$。

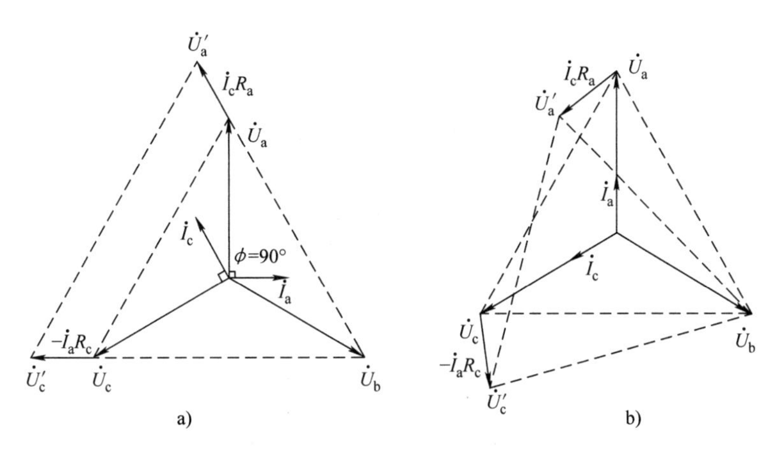

图 2-40　正调差接线相量图

负调差接线及相量图的画法及分析方法与正调差接线大致相同，可以仿照正调差接线的方法画出，由此可见，改变 R_a 和 R_c 可以改变调差系数 δ，正负调差系数可以通过改变调差接线极性获得。

（二）发电机调节特性的平移

发电机投入或退出电网运行时，要求能平稳转移负荷，不要引起对电网的冲击。假设某一台发电机带有励磁调节器，与无穷大容量母线并联运行，如图 2-41 所示，发电机无功电流从 I_{Q2}减小到 I_{Q1}，只需将调节特性从 1 平移到 2 的位置。如果调节特性继续向下移动到 3 的位置，则发电机的无功电流将减小到接近零。这样，发电机就可退出运行，不会发生无功功率的突变。

同理，发电机投入运行时，只要令它的调节特性处于 3 的位置，待发电机并入电网后再进行上移特性的操作，便可使无功电流逐渐增加到运行的要求值。移动发电机调节特性的操作是通过改变励磁调节器的整定值来实现的。

图 2-42 表示了调节器工作特性的合成过程。由图可见，当整定电位器 R_p 的 19 点（见图 2-26a）右移时，整定值增加，调节器的测量特性将右移。在图 2-42 中与此对应的发电机无功调节特性也随之上移。反之，当 19 点左移时，整定值减小，无功调节特性下移。因此，现场运行人员只要调节发电机的励磁调节器中的整定电位器 R_p 就可以控制无功功率特性上下平移，实现无功功率的转移。

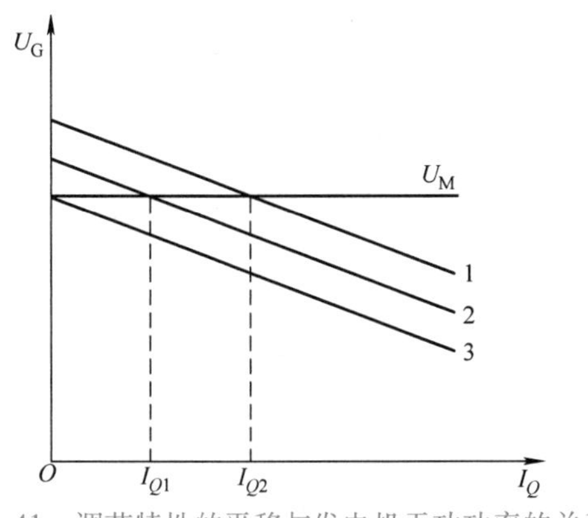

图 2-41　调节特性的平移与发电机无功功率的关系

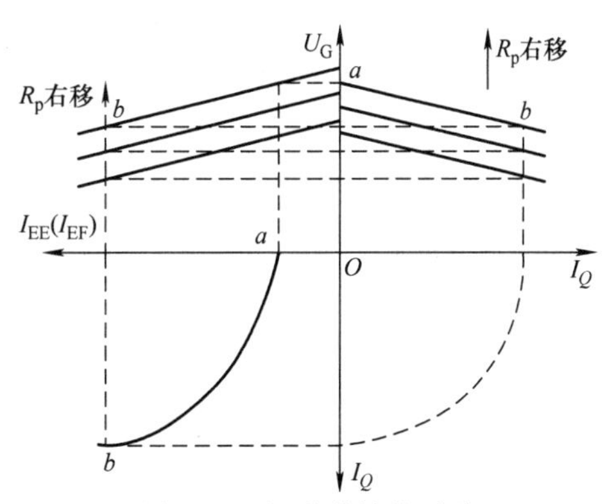

图 2-42　调节特性的平移

五、自动励磁调节器的辅助控制

随着电力系统的发展，发电机的容量不断增大。大容量发电机组对励磁控制提出了更高的要求，例如，在超高压电力系统中，输电线的电压等级很高，此时输电线的电容电流也相应增加。因此，当线路输送功率较小时，线路的容性电流引起的剩余无功功率会使系统电压升高，甚至超过允许的电压范围。使发电机进相运行吸收剩余无功功率是一个比较经济的办法，但发电机进相运行时，允许吸收的无功功率和发出的有功功率有关，此时发电机最小励磁电流应限制在发电机静态稳定极限及发电机定子端部发热允许的范围内。为此，在自动励磁调节器中设置了最小励磁限制。又如，由于系统稳定的要求，对大容量发电机组的励磁系统应具有高起始响应特性，这对于带有交流励磁机的无刷励磁系统而言，必须采取相应措施才能达到高起始响应特性。其中一种措施是提高晶闸管整流装置的电压，使发电机励磁顶值电压大大超过其允许值。励磁电流过大，且超过规定的强励顶值电流，就会危及发电机的安全，为此，在调节器中必须设置瞬时电流限制器以限制强励顶值电流。对励磁调节器这些新功能的要求，由调节器的辅助控制去完成。

辅助调节控制与励磁调节器正常情况下的自动控制的区别是，辅助控制不参与正常情况下的自动控制，仅在发生非正常运行工况，需要励磁调节器具有某些特有的限制功能时，通过信号综合放大电路中的竞比电路，闭锁正常的电压控制，使相应的限制器起控制作用。

励磁调节器中的辅助控制对提高励磁系统的响应速度、电力系统的稳定性及保护发电机、变压器、励磁机等的安全运行有极重要的作用。下面将简述自动励磁调节器中常用的几种励磁限制功能。

（一）最小励磁限制（也称欠励磁限制）

发电机欠励磁运行时，发电机吸收系统的无功功率，这种运行状态称为进相运行。发电机进相运行时受静态稳定极限的限制，这里以单机－无穷大容量系统为例讨论电力系统静态稳定极限的问题。

发电机输出功率为

$$P_{\mathrm{G}}=U_{\mathrm{G}}I_{\mathrm{G}}\cos(\psi-\delta_{\mathrm{G}})=U_{\mathrm{G}}I_{\mathrm{G}}(\cos\psi\cos\delta_{\mathrm{G}}+\sin\psi\sin\delta_{\mathrm{G}}) \tag{2-42}$$

$$Q_{\mathrm{G}}=U_{\mathrm{G}}I_{\mathrm{G}}\sin(\psi-\delta_{\mathrm{G}})=U_{\mathrm{G}}I_{\mathrm{G}}(\sin\psi\cos\delta_{\mathrm{G}}-\cos\psi\sin\delta_{\mathrm{G}}) \tag{2-43}$$

因为$I_{\mathrm{G}}\sin\psi=I_d=(U_{\mathrm{G}}\cos\delta_{\mathrm{G}}-U\cos\delta)/X_\Sigma$，且$I_{\mathrm{G}}\cos\psi=I_q=U_{\mathrm{G}}\sin\delta_{\mathrm{G}}/X_d$，把此关系式代入式（2-42）和式（2-43）中，经整理可以得到

$$P_{\mathrm{G}}=\frac{U_{\mathrm{G}}^2}{2}\left(\frac{1}{X_\Sigma}+\frac{1}{X_d}\right)\sin2\delta_{\mathrm{G}}-\frac{U_{\mathrm{G}}U}{X_\Sigma}\cos\delta\sin\delta_{\mathrm{G}} \tag{2-44}$$

$$Q_{\mathrm{G}}=\frac{U_{\mathrm{G}}^2}{2}\left(\frac{1}{X_\Sigma}-\frac{1}{X_d}\right)+\frac{U_{\mathrm{G}}^2}{2}\left(\frac{1}{X_\Sigma}+\frac{1}{X_d}\right)\cos2\delta_{\mathrm{G}}-\frac{U_{\mathrm{G}}U}{X_\Sigma}\cos\delta\cos\delta_{\mathrm{G}} \tag{2-45}$$

由式（2-44）和式（2-45）可知，P_{G}、Q_{G}是δ和δ_{G}的函数。将静态稳定极限$\delta=90°$代入以上两式，得

$$\begin{aligned}P_{\mathrm{m}}&=\frac{U_{\mathrm{G}}^2}{2}\left(\frac{1}{X_\Sigma}+\frac{1}{X_d}\right)\sin2\delta_{\mathrm{G}}\\Q_{\mathrm{m}}&=\frac{U_{\mathrm{G}}^2}{2}\left(\frac{1}{X_\Sigma}-\frac{1}{X_d}\right)+\frac{U_{\mathrm{G}}^2}{2}\left(\frac{1}{X_\Sigma}+\frac{1}{X_d}\right)\cos2\delta_{\mathrm{G}}\end{aligned} \tag{2-46}$$

消去式（2-46）中的δ_G，得

$$P_m^2+\left[Q_m-\frac{U_G^2}{2}\left(\frac{1}{X_\Sigma}-\frac{1}{X_d}\right)\right]^2=\left[\frac{U_G^2}{2}\left(\frac{1}{X_\Sigma}+\frac{1}{X_d}\right)\right]^2 \tag{2-47}$$

式（2-47）表示在静态稳定极限情况下，有功功率极限P_m和无功功率极限Q_m之间的函数关系。发电机进相运行必须满足静态稳定条件。由式（2-47）可知，P_m和Q_m的关系是圆轨迹方程。此圆圆心在Q轴上，即$\left[0, \frac{U_G^2}{2}\left(\frac{1}{X_\Sigma}-\frac{1}{X_d}\right)\right]$，半径$R=\frac{U_G^2}{2}\left(\frac{1}{X_\Sigma}+\frac{1}{X_d}\right)$，如图2-43中的曲线$B$。曲线$B$上的各点坐标都是静态稳定功率极限（$P_m$，$Q_m$），且满足式（2-47）。曲线$B$外侧属于不稳定区，而圆内任一点属于稳定区。

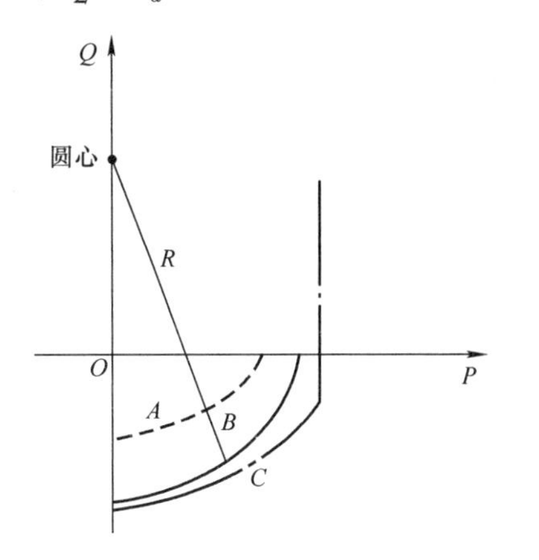

图2-43　最小励磁限制线

最小励磁限制的另一个目的是，限制发电机在允许进相容量曲线之上，从而防止发电机定子端部过热。在相同的视在功率和端部冷却条件下，发电机随着功率因数由滞相向进相转移，发电机定子端部漏磁通密度相应增高，这将引起定子端部元件的损耗发热也趋向严重。因此，随着发电机进相程度的增大，要维持发电机端部元件的温度不超过允许值，其输出功率便要相应降低。显然，防止定子端部过热，是发电机进相运行深度的一个限制因素。

在$P-Q$平面上，绘制出发电机运行容量曲线和临界失步曲线，再在两曲线围定的公共区域内留有适当的裕度，整定一条最小励磁限制线，如图2-43所示，其中，A为低励限制曲线，B为静态稳定曲线，C为发电机进相运行容量曲线。欠励限制器的任务就是确保在任何情况下，将发电机的功率运行点（P，Q）限制在这条最小励磁限制线之上。

最小励磁限制器的输出接到综合放大单元的正竞比端。最小励磁限制器首先检测发电机的现行功率运行点，并与最小励磁限制线比较，若现行功率运行点高于最小励磁限制线，则输出一个负值电压，其电位低于综合信号放大器正竞比门的其他输入，最小励磁限制器的输出被封锁，不起作用；若现行功率运行点低于最小励磁限制线，则输出正电压，其电位高于综合信号放大器正竞比门的其他输入，欠励限制信号起作用，迫使功率运行点上移或不再下移。在最小励磁限制起作用期间，最小励磁限制器承担了调节励磁的任务。

（二）瞬时电流限制

由于电力系统稳定的要求，大容量发电机组的励磁系统必须具有高起始响应的性能。交流励磁机－旋转整流器励磁系统（无刷励磁），在通常情况下很难满足这一要求。只有采用高励磁顶值的方法才能提高励磁输出电

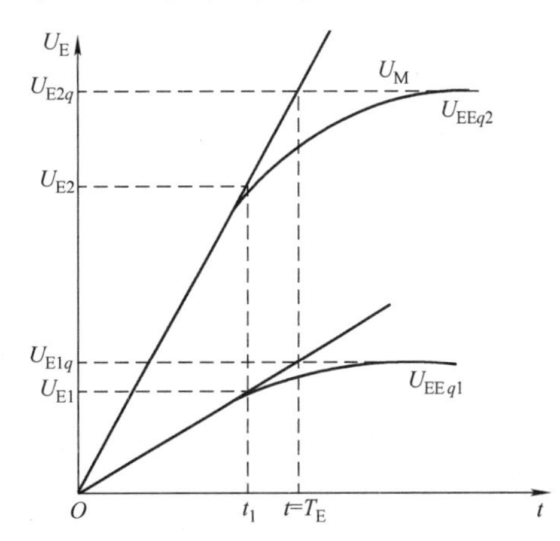

图2-44　励磁机励磁电压对励磁机电压响应的影响

压的起始增长速度，如图 2-44 所示，当加在励磁机励磁绕组上的励磁顶值电压 $U_{EEq2} > U_{EEq1}$时，对同一时间 t_1 而言，$U_{E2} > U_{E1}$，即 U_{EEq}越高，励磁机输出电压 U_E 的起始增长速度越快。因此，励磁系统的响应速度得到了改善。但是，高励磁顶值电压会危及励磁机和发电机的安全，为此，当励磁机电压达到发电机允许的励磁顶值电压倍数时，应立即对励磁机的励磁电流加以限制，防止其危及发电机的安全运行。

励磁调节器内设置的瞬时电流限制器用来检测励磁机的励磁电流，一旦该值超过发电机允许的强励顶值，限制器的输出立即由正变负。通过信号综合放大器的负竞比门闭锁正常的电压控制，由负竞比门控制励磁，即瞬时电流限制器与信号综合放大器构成调节器，使励磁即强励顶值电流自动限制在发电机允许的范围内。图 2-45 是瞬时电流限制控制框图。

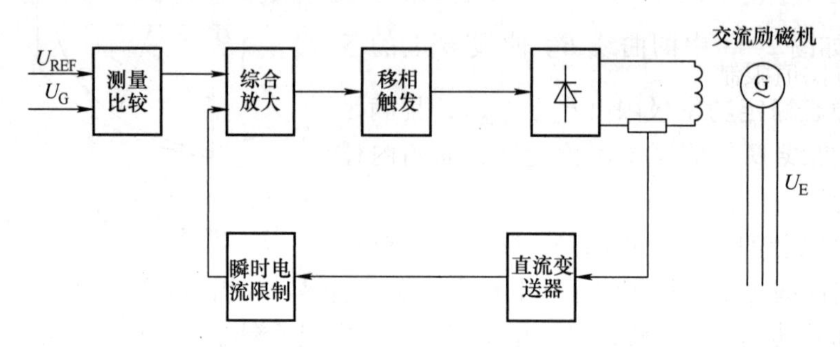

图 2-45　瞬时电流限制控制框图

由于瞬时电流限制器的工作与发电机、励磁机的安全密切相关，因此其工作可靠性非常重要。因此，瞬时电流限制器必须设置为多级，一般分为三级，其限制定值分别为 1.0、1.05、1.1 倍顶值电流，来确保发电机、励磁机的运行安全。

（三）最大励磁限制

最大励磁限制是为了防止发电机转子绕组长时间过励磁而采取的安全措施。按规程要求，当发电机电压下降至 80% ~85% 的额定电压时，发电机励磁应迅速强励到顶值电流，一般为 1.6 ~2.0 倍额定励磁电流。由于受发电机转子绕组发热的限制，强励时间不允许超过规定值。制造厂给出的发电机转子绕组在不同的励磁电压时的允许时间见表 2-1。

表 2-1　不同励磁电压时的允许时间

转子电压标幺值	允许时间/s	转子电压标幺值	允许时间/s
1.12	120	1.46	30
1.25	60	2.08	10

为使发电机安全运行，对过励磁应按允许发热时间运行。若超过允许时间，励磁电流仍不能自动降下来，则应由最大励磁限制器执行限制功能。励磁电流具有反时限特性，如图 2-46所示。

另外，定时限限制器可以与反时限限制器配合使用，它实际上是一个延时继电器。当反时限限制器动作后，转子电流在规定时间（如 3 ~5s）内未能恢复到反时限限制器的启动值（如 1.1 倍的额定励磁电流）以下，定时限限制器动作，跳开发电机出口开关。定时限限制器作为反时限限制器的后备保护。

（四）V/Hz（伏/赫）限制器

V/Hz（伏/赫）限制器用于防止发电机的电压与频率的比值过高，避免与发电机相连的主变压器铁心饱和而引起的过热。

发电机解列运行时，其电压可能较高，频率可能较低，例如发电机起动期间，频率较低，甩负荷时，电压较高。如果其机端电压与频率的比值过高，则与同步发电机相连的主变压器的铁心就会饱和，使空负荷励磁电流加大，造成铁心过热。V/Hz（伏/赫）限制器的任务就是保证在任何情况下，将比值限制在允许的安全数值以下。

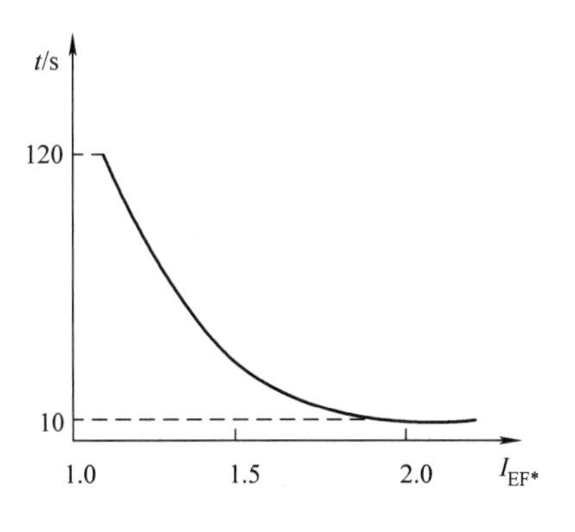

图 2-46　最大励磁限制器反时限特性

第五节　励磁系统稳定器

励磁自动控制系统动态特性，是指在较小或随机的干扰下，励磁自动控制系统的时间响应特性。它可以用线性方程组来描述，分析这些问题的方法有经典的传递函数法和现代的状态变量法两种。

对于励磁自动控制系统来说，它必须保证发电机电压的稳态值基本不变，因此 ΔU_G 是它的基本输入量。它输出至发电机的控制量也只有一个，即发电机的励磁电流 ΔI_{EF}，所以我们选择用传递函数的经典分析方法。

一、励磁自动控制系统响应曲线的一般讨论

励磁自动控制系统的动态方程是一个三阶以上的方程式。因此，励磁自动控制系统有稳定问题，也有过程的质量问题。与对其他多阶系统的处理方式一样，励磁系统的动态响应特性一般可用其中起主导作用的二阶系统特性作为整个系统的基本并合理的响应曲线。这只是一种近似关系，但是这种近似关系往往是人工有意造成的，通过设计、试验并反复修改之后，有意识地使一个多阶系统的传递函数趋向于出现两个“最小阻尼”极点。对励磁系统一般也采用同样的处理方式，所以，它基本上是一个二阶系统的时域特性曲线（见图 2-47），也可作为励磁系统动态特性的基本表达形式。一般用下述三个工程术语来描述图 2-47的响应曲线：

1）过调量 a_1（标幺值），是响应曲线超过稳态响应的最大值。

2）上升时间 t_r，是响应曲线从 10% 的稳态响应值上升到 90% 的稳态响应值所需的时间。

3）稳定时间 t_s，对应一个阶跃函数的响应时间，在此之后，响应曲线的值始终保持在最终值的百分数为 a_2 的范围内，而阻尼比则是在下述闭环系统传递函数中的 ξ 值，则有

$$\frac{C(s)}{R(s)} = \frac{K}{s^2 + 2\xi\omega_n s + \omega_n^2}$$

阻尼比 ξ 与两个相继的过调量 a_1 和 a_2 有关。当 $\xi = 0$ 时，系统是振荡的，励磁系统是不稳定的；当 $\xi = 0.7$ 时，只有很小的过调量（约 5%）；当 $\xi = 1.0$ 时，可以说是临界阻尼。

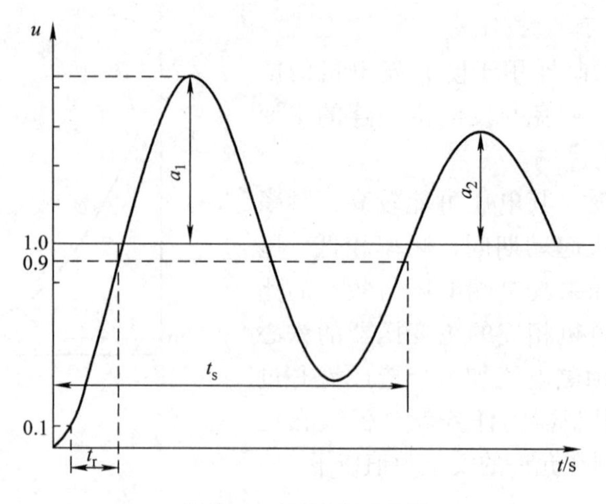

图 2-47 时域特性曲线

从图 2-47 来看，评价励磁自动控制系统动态特性的优劣是比较简单的问题，如稳定时间 t_s 应该短，过调量 a_1 应该小，上升时间 t_r 应该短。t_s 的长短、a_1 的大小、t_r 的长短过去统称为调节过程的质量指标。但实际评价励磁自动控制系统的动态特性，要比单纯比较这些指标复杂，原因之一是由于励磁自动控制系统中某些限制，如电压、电流极限值的限制，结构上的困难或制造成本的限制等，使得上述某些指标之间会发生矛盾。如果上升时间 t_r 短，则可能导致系统振荡大，过调量 a_2 与稳定时间 t_s 都加大；如果过调量 a_1 小，稳定时间 t_s 短，甚至根本不振荡时，则可能导致上升时间 t_r 加大。

当进行继电强行励磁时，励磁系统的响应曲线则常常是过阻尼的，即 $\xi>1$。在这种情况下，电压升高的速度是较为缓慢的，如图 2-48 所示。此时过调量为零，稳定时间为 t_s（即在此以后，响应曲线与最终值的偏离始终不大于 K），上升时间为 t_r。强励时，励磁系统的响应时间可以通过试验来确定，取此响应曲线 0.5s 内的面积，即可得到响应比，电机制造企业一般把它作为该励磁系统磁场建立速度的指标。

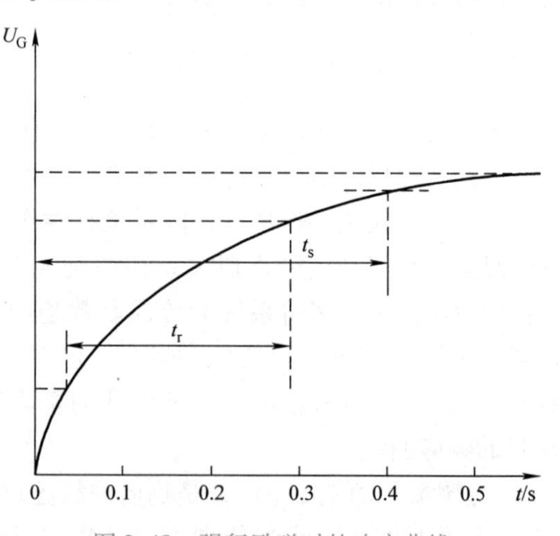

图 2-48 强行励磁时的响应曲线

二、励磁控制系统的传递函数

在本章第二节中讨论了同步发电机的励磁系统，励磁方式多种多样，这里只分析比较简单的他励直流励磁机励磁系统。

（一）他励直流励磁机的传递函数

如图 2-49 所示，图中 u_E、u_{EE} 分别为励磁机输出电压和他励绕组的输入电压。他励绕组的电压平衡方程式为

$$u_{EE}=R_E i_{EE}+L_{EE}\frac{d\varphi_E}{dt} \tag{2-48}$$

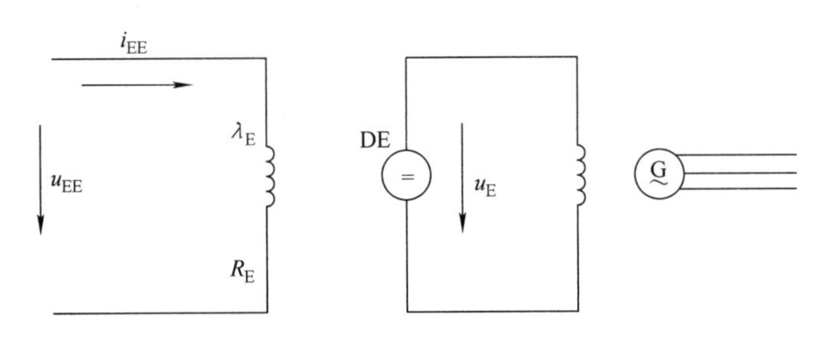

图 2-49　他励直流励磁机

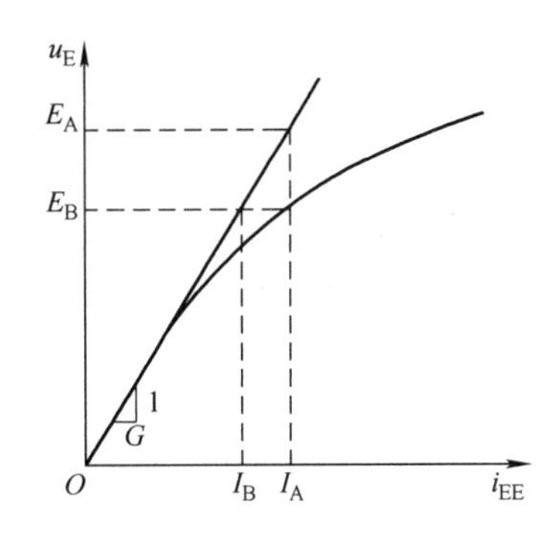

图 2-50　励磁机的饱和曲线

当不计转速变化时，励磁机的内电动势与磁链 φ_E 成正比，近似地认为励磁机电压 u_E 正比于 φ_E。他励电流 i_{EE}和 u_E 的关系取决于励磁机的饱和特性曲线，如图 2-50 所示，不计饱和时两者关系为一条曲线。根据上述情况，有

$$u_E=K\varphi_E \tag{2-49}$$

不计饱和时

$$u_E=Ki_{EE}L_{EE}=\frac{1}{G}i_{EE} \tag{2-50}$$

式中　$\frac{1}{G}$——图 2-50 中直线的斜率。

将式（2-49）、式（2-50）代入式（2-48），得传递函数为

$$G(s)=\frac{u_E(s)}{u_{EE}(s)}=\frac{1}{1+T_E s} \tag{2-51}$$

其中，$T_E=L_{EE}/GR_E$，式（2-51）即为励磁系统不计饱和时的传递函数。

计及饱和时，定义饱和函数为

$$S_E=\frac{I_A-I_B}{I_B} \tag{2-52}$$

则传递函数为

$$G(s)=\frac{u_E(s)}{u_{EE}(s)}=\frac{1}{T_E s+K_E+S'_E} \tag{2-53}$$

$$K_E=R_E G \quad S'_E=R_E G S_E \tag{2-54}$$

所以，他励直流励磁机的传递函数框图如 2-51a 所示。图 2-51 考虑了励磁机电压与对应的同步发电机的励磁电动势的换算关系。图 2-51b 是其规格化后的框图。

（二）励磁调节器各单元的传递函数

励磁调节器主要由电压测量比较、综合放大及功率放大等单元组成。

电压测量比较单元由测量变压器、整流滤波电路及测量比较电路组成。其时间常数 T_R 主要取决于滤波电路的参数，数值通常在 0.02 ~0.06s 之间。

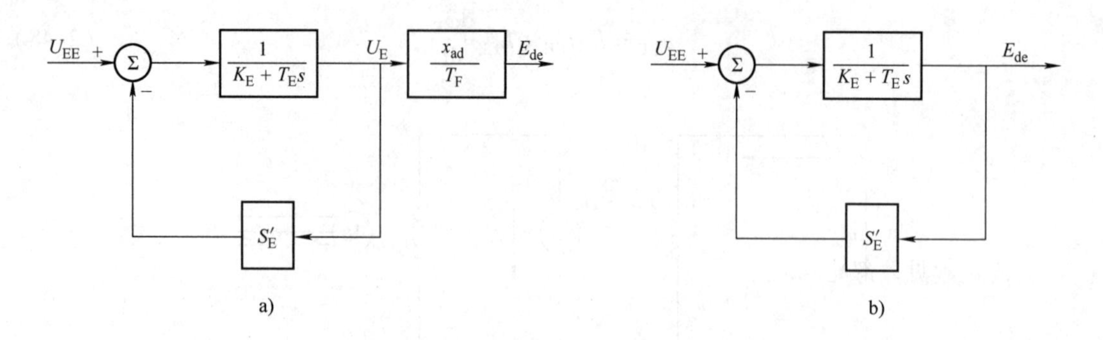

图 2-51 他励直流励磁机的传递函数

a）他励直流励磁机的传递函数框图 b）他励直流励磁机的规格化框图

测量比较电路的传递函数可表示为

$$G_R(s)=\frac{U_{de}(s)}{U_G(s)}=\frac{K_R}{1+T_Rs} \tag{2-55}$$

式中 K_R——电压比例系数。

综合放大单元、移相触发单元可以合并，并且近似地当作一个惯性环节，放大倍数为 K_A，时间常数为 T_A。它们的合成传递函数是

$$G_A(s)=\frac{K_A}{1+T_As} \tag{2-56}$$

励磁调节器中的功率放大单元是晶闸管整流器。晶闸管整流元件工作是断续的，这就有可能造成输出平均电压滞后于触发器控制电压信号，滞后时间为 T_z。

在分析中，这样一个延迟环节可近似当作一个惯性环节，有

$$G_z(s)=\frac{K_z}{1+T_zs} \tag{2-57}$$

（三）同步发电机的传递函数

要详细分析同步发电机的传递函数是相当复杂的，但如果只研究发电机空负荷时励磁控制系统的有关性能，则可对发电机的数学描述进行简化。简单来说，发电机端电压的稳态幅值被认为与其转子励磁电压成正比。这是因为在运行区域内，发电机端电压不会经历大的变化，而可以不考虑它的饱和特性；其次，认为发电机的动态响应可以简化为用一阶惯性元件的特性来表示。其空负荷时间常数为 T'_{d0}，用 K_G 表示发电机的放大系数，则同步发电机的传递函数为

$$G_G(s)=\frac{K_G}{1+T'_{d0}s} \tag{2-58}$$

（四）励磁控制系统的传递函数

求得励磁控制系统各单元的传递函数后，组成励磁控制系统的传递函数框图，如图 2-52 所示。如果用 $G_R(s)$表示前向传递函数，$H(s)$表示反馈传递函数，则该系统的传递函数为

$$G_R(s)=\frac{U_G(s)}{U_{REF}(s)}=\frac{G(s)}{1+G(s)H(s)} \tag{2-59}$$

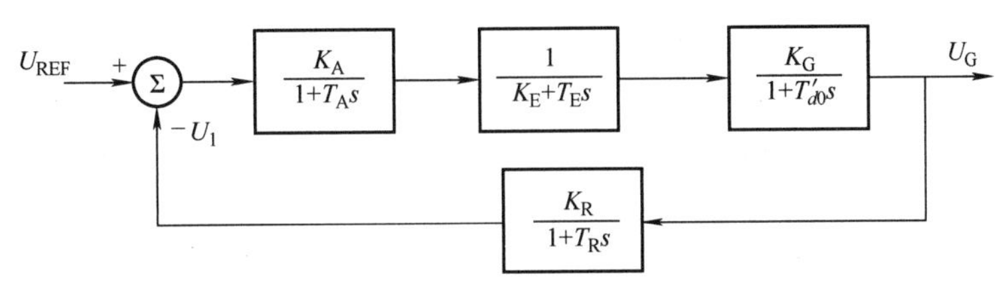

图 2-52　励磁控制系统的传递函数框图

为简化起见，忽略励磁机的饱和特性和放大器的饱和限制，则由图 2-52 可得

$$G(s)=\frac{K_A K_G}{(1+T_A s)(K_E+T_E s)(1+T'_{d0} s)} \tag{2-60}$$

$$H(s)=\frac{K_R}{1+T_R s} \tag{2-61}$$

所以

$$\frac{U_G(s)}{U_{REF}(s)}=\frac{K_A K_G(1+T_R s)}{(1+T_A s)(K_E+T_E s)(1+T'_{d0} s)(1+T_R s)+K_A K_G K_R} \tag{2-62}$$

式（2-62）即为同步发电机励磁控制系统的闭环传递函数。

三、励磁自动控制系统的稳定性

对任一线性自动控制系统，求得其传递函数后，可以利用其特征方程式，按照稳定判据来判断该系统是否稳定。发现该系统稳定性不够好时，最好是能找出影响系统稳定性最有效的参数，采取适当的补偿措施，以改善系统的稳定性。在这一方面，根轨迹法是很有用的方法，因为它指明了开环传递函数极点与零点应当怎样变化，才能使系统的动态特性满足技术的要求。这种方法特别适合快速获得近似结果的情况。

（一）典型励磁控制系统的稳定计算

设某励磁控制系统的参数如下

$$T_A=0\text{s},\ T'_{d0}=2\text{s},\ T_E=0.69\text{s},\ T_R=0.04\text{s},\ K_E=1,\ K_G=1$$

由图 2-52 可求得系统的开环传递函数为

$$G(s)H(s)=\frac{18.125K_A K_G K_R}{(s+0.5)(s+1.45)(s+25)}=\frac{K}{(s+0.5)(s+1.45)(s+25)}$$

其中，$K=18.125K_A K_G K_R$，开环极点为 $s=-0.5$，$s=-1.45$，$s=-25$，它们是根轨迹的起始点。

为确定根轨迹的形式，需进行下列计算。

（1）根轨迹渐近线与实轴的交点及倾角

$$\sigma_a=\frac{\sum_{j=1}^{n}p_j-\sum_{i=1}^{m}z_i}{n-m}=-8.98$$

$$\beta=\frac{(2k+1)\pi}{n-m}\quad k=0,1,2$$

$$\beta_1=\frac{\pi}{3},\beta_2=\pi,\beta_3=\frac{5\pi}{3}$$

（2）根轨迹在实轴上的分离点　闭环特征方程为

$$(1+T_A s)(K_E+T_E s)(1+T'_{d0} s)(1+T_R s)+K_A K_G K_R=0$$

用给定值代入，得

$$K=-(s^3+26.95s^2+49.475s+18.125)$$

由$\frac{dK}{ds}=0$及$K>0$，解得$s=-0.97$，这就是根轨迹在实轴上的分离点。

（3）在jω轴交叉点的放大系数　闭环特征方程为

$$\Phi(s)=s^3+26.95s^2+49.475s+K+18.125$$

运用劳斯判据，可解得$K<1315$，即$K_AK_R<73$。由s^2项的辅助多项式可计算根轨迹与虚轴的交点为+j7.03和-j7.03。由此可画出该励磁控制系统的根轨迹，如图2-53所示。

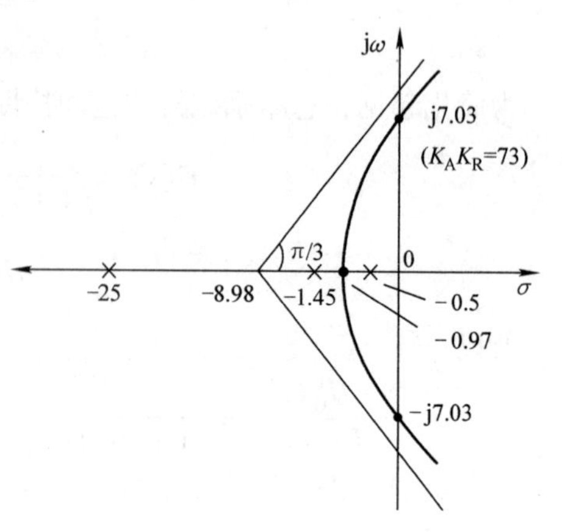

图2-53　某励磁系统的根轨迹图

（二）励磁控制系统空负荷稳定性的改善

1. 速度反馈

图2-53的根轨迹说明，要想改善励磁控制系统的稳定性，必须改变发电机极点与励磁机极点间根轨迹的射出角，也就是要改变根轨迹的渐近线，使之只处于虚轴的左半平面。为此必须增加开环传递函数的零点，使渐近线平行于虚轴并处于左半平面。这可以在发电机转子电压u_E处增加一条电压速率负反馈回路，同样将其换算到E_{de}处后，其传递函数为$K_Fs/(1+T_Fs)$，典型补偿系统的框图如图2-54所示。

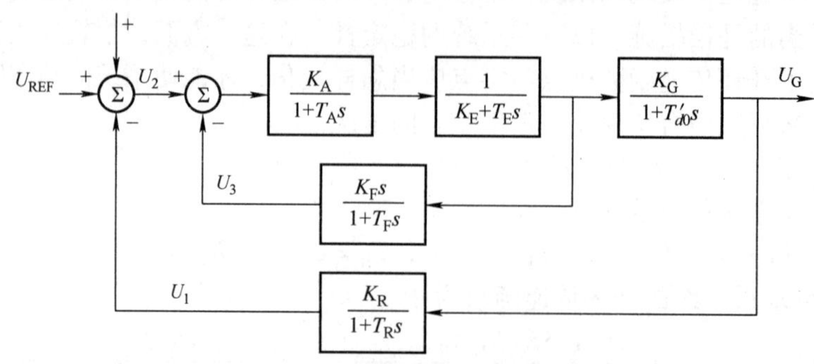

图2-54　典型补偿系统框图

为了分析转子电压速率反馈对励磁控制系统根轨迹的影响，可以对图2-54所示框图进行简化，简化过程如图2-55所示。

由图2-55得，增加转子电压速率反馈后（$T_A=0$s），励磁控制系统的等值前向传递函数为

$$G(s)=\frac{K_AK_G}{T_ET'_{d0}}\frac{1}{\left(s+\frac{K_E}{T_E}\right)\left(s+\frac{1}{T'_{d0}}\right)} \tag{2-63}$$

反馈传递函数为

$$H(s)=\frac{T'_{d0}K_F}{K_GT_F}\frac{s\left(s+\frac{1}{T'_{d0}}\right)\left(s+\frac{1}{T_R}\right)+\frac{K_R}{T_R}\left(s+\frac{1}{T_F}\right)\frac{K_GT_F}{K_FT'_{d0}}}{\left(s+\frac{1}{T_F}\right)\left(s+\frac{1}{T_R}\right)} \tag{2-64}$$

于是，得到励磁控制系统的开环传递函数为

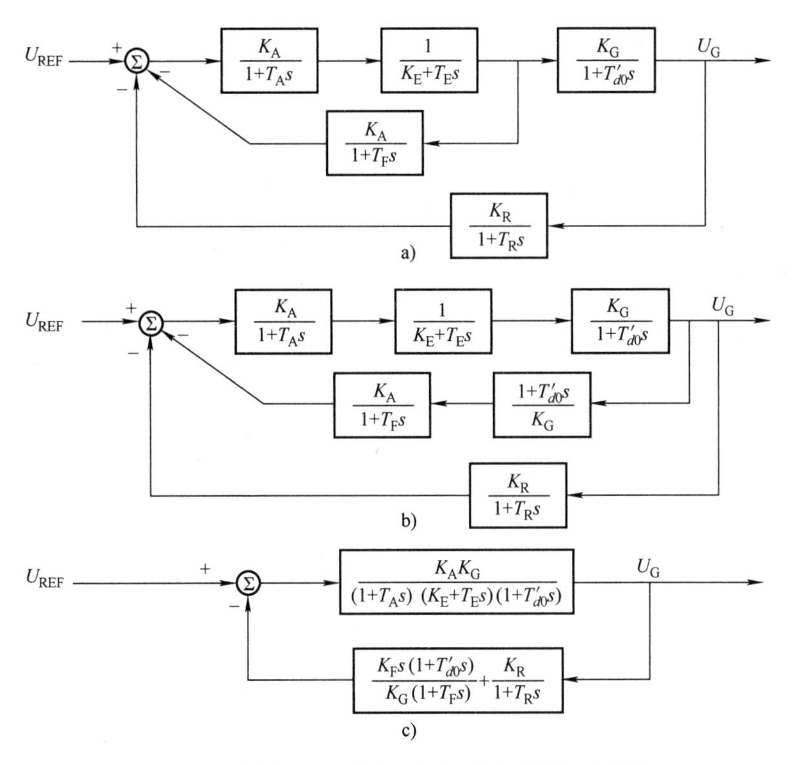

图 2-55　具有转子电压速率反馈的励磁系统框图的简化

$$G(s)H(s)=\frac{K_AK_F}{T_ET_F}\frac{s\left(s+\frac{1}{T'_{d0}}\right)\left(s+\frac{1}{T_R}\right)+\frac{K_RK_GT_F}{K_FT_RT'_{d0}}\left(s+\frac{1}{T_F}\right)}{\left(s+\frac{1}{T'_{d0}}\right)\left(s+\frac{K_E}{T_E}\right)\left(s+\frac{1}{T_F}\right)\left(s+\frac{1}{T_R}\right)} \tag{2-65}$$

将前面已知的数据以及 $K_R=1$ 代入式（2-65），得

$$G(s)H(s)=1.45\frac{K_AK_F}{T_F}\frac{s(s+0.5)(s+25)+12.5\frac{T_F}{K_F}(s+\frac{1}{T_F})}{(s+0.5)(s+1.45)(s+25)(s+\frac{1}{T_F})} \tag{2-66}$$

式（2-66）说明，增加了电压速率反馈环节之后，系统就有 4 个极点、3 个零点。当 T_F 值给定后，所有极点就确定了。轨迹的形状还与零点的位置有关。为求式（2-66）的零点，方程可以写为

$$s(s+0.5)(s+25)+12.5\frac{T_F}{K_F}(s+\frac{1}{T_F})=0 \tag{2-67}$$

可见，零点位置随着 T_F、K_F 而变，为了探求最佳的零点位置，需要绘制其变化轨迹，因此把式（2-67）转化为

$$1+\frac{K(s+\frac{1}{T_F})}{s(s+0.5)(s+25)}=0 \tag{2-68}$$

其中，$K=12.5T_F/K_F$，式（2-68）与某一控制系统的闭环特征方程相似，可将其视为一个

开环传递函数的闭环系统特征方程。该开环传递函数为

$$G_0(s)H_0(s)=\frac{K\left(s+\dfrac{1}{T_F}\right)}{s(s+0.5)(s+25)} \tag{2-69}$$

做出 $G_0(s)H_0(s)$ 的根轨迹，根轨迹上的每一点都是式（2-68）的根，也就是式（2-68）的零点。当 $0.5<\dfrac{1}{T_F}<25$ 时，$G_0(s)H_0(s)$ 的根轨迹形状如图 2-56 所示，其渐近线与实轴交点的横坐标为 m，m 的范围为 $-12.5<m<-0.25$。当 K 值给定后，即可确定式（2-66）的零点，其位置如图 2-57 中 z_1、z_2、z_3。这样，引入电压速率反馈后，励磁控制系统的根轨迹图就如图 2-57 所示。可见，引入电压速率反馈后，由于新增加了一对零点，把励磁系统的根轨迹引向左半平面，从而使控制系统的稳定性大为改善。

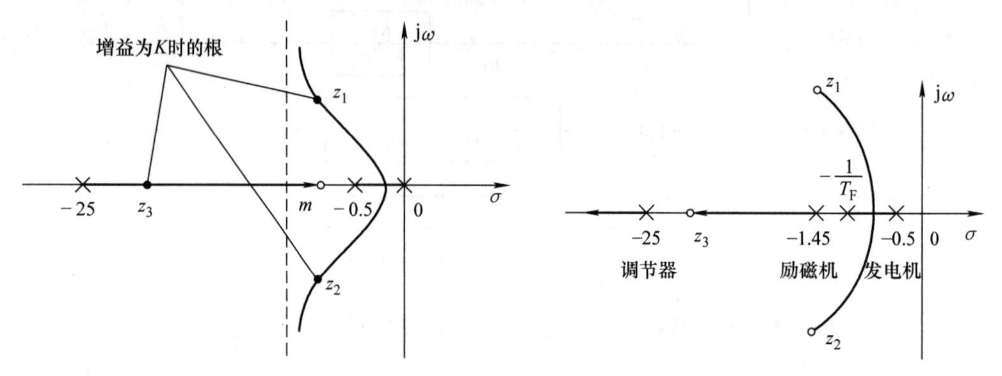

图 2-56　式（2-68）开环传递函数的根轨迹　　　　图 2-57　式（2-66）的根轨迹

因此，在发电机的励磁控制系统中，一般都附有励磁控制系统稳定器，作为改善发电机空负荷运行稳定性的重要部件。这种方法是将发电机转子电压（或励磁机励磁电流）微分再反馈到综合放大单元的输入端参与调节。这种并联校正的转子电压负反馈网络称为励磁稳定器，由于它有增加阻尼、抑制超调和消除振荡的作用，故又称为阻尼器。

2. PID 控制器

最普通的控制器之一是已经商用化的 PID（proportional integral derivative）控制器。PID 控制器用来改进响应的动态特性，并减少或消除稳态误差。微分控制器在开环控制传递函数中添加一个零点，改善暂态响应；积分控制器在原点处增加一个极点，系统增加一阶，将阶跃响应的稳态误差减小到零。PID 控制的传递函数是

$$G_C(s)=K_P+\frac{K_I}{s}+K_Ds \tag{2-70}$$

带 PID 控制器补偿的 AVR（自动电压控制）框图如图 2-58 所示。

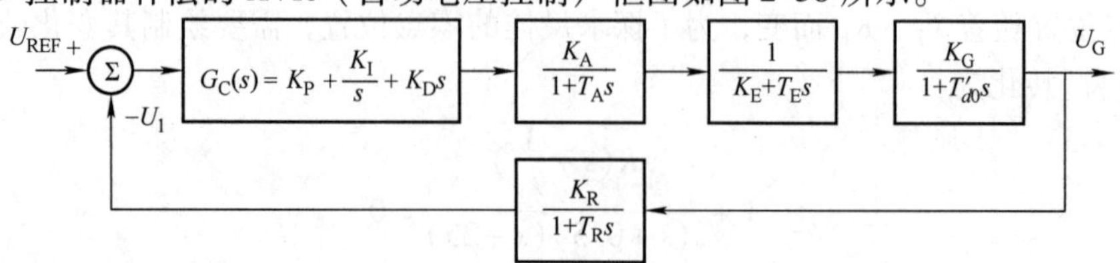

图 2-58　含有 PID 控制器的 AVR 框图

第六节 电力系统稳定器

电力系统运行的稳定问题与同步发电机受到干扰之后的特性有关。一个稳定的电力系统受到干扰时，系统内的同步发电机经过一段动态过程之后，回到原始运行状态或逐渐达到一个新的运行状态，而不至于失去同步。

所有互联的同步发电机保持同步运行，指的是它们的转子都以相同的转速并联旋转(指经过电气连接的并联旋转)，因此它们的转子之间的旋转角差是一定的数值。在同步发电机受到干扰后的动态过程中，转子间的角差是一个振荡性质的过程。如果转子角差的振荡过程是衰减的，则电力系统是稳定的；如果转子角差的振荡过程不衰减，甚至振荡幅值不断增大，则电力系统是不稳定的。

电力系统稳定一般专指有转子角差的振荡过程中的稳定问题。电力系统中也有不包含转子角差的振荡过程，如第五节讨论的励磁自动控制系统的稳定问题，它只有电压幅值的振荡。凡是不包括转子角差振荡的，一般都不属于电力系统稳定的范畴。

电力系统稳定分为暂态稳定和动态稳定。暂态稳定是由突然巨大的冲击引起的，这时发电机可能失去同步。这种大冲击出现的概率是有限的，因而系统设计应承受得住那些冲击，必须在事前按规程进行选择。所以，暂态稳定的分析是一件十分具体的工作，工程人员可据此给出在给定的系统情况和冲击下，同步发电机是否能保持同步的结论。动态稳定则是由较小和经常的随机冲击如负荷的随机变化引起的。按照电力系统原来设计的容量，应付这些冲击是足够的。但是系统从一个运行点进到另一个运行点的动态过程，却不只是由系统容量决定的，而是与系统的动态特性密切相关，所以动态稳定趋向于说明系统运行状态的一种特性。

从20世纪50年代初以来，人们逐渐注意到励磁系统的性能。常规励磁或快速励磁，它的控制与调节对电力系统的稳定有很大的影响，特别是励磁与电力系统动态稳定的关系更是密切。励磁调节器的参数选择不当，会影响电力系统的动态稳定，而增加适当的补偿后却又大大有助于系统动态过程的稳定。运行经验与研究结果都说明，高放大倍数、高起始响应的励磁调节器在某些条件下，容易产生负阻尼，使系统的动态性能变坏，系统可能发生阻尼低的低频振荡。而利用电力系统稳定器（PSS）产生正阻尼以抵消励磁控制系统引起的负阻尼转矩，是一个有效的办法。

因此，励磁调节器的任务除了维持发电机电压为恒定外，另一个发展趋势是要改善电力系统的稳定性。这是电力系统自动化工作者不能不注意的问题。励磁调节器为什么可能产生负阻尼呢？怎样控制励磁才能克服负阻尼而提高系统的稳定性呢？

一、同步发电机的动态方程组

以一台同步发电机经外接电抗 X_e 接于无穷大容量母线为典型例子，说明励磁控制系统对电力系统稳定性的影响。图2-59所示的框图为进行小扰动分析的同步发电机的数学模型。

$$\Delta E_q' = \frac{K_3}{1 + K_3 T_{d0}' s}\Delta E_{de} - \frac{K_3 K_4}{1 + K_3 T_{d0}' s}\Delta\delta$$

$$\Delta M_e = K_1 \Delta\delta + K_2 \Delta E_q'$$

$$\Delta U_{\mathrm{G}} = K_5 \Delta\delta + K_6 \Delta E_q'$$

$$\Delta\omega = \frac{\Delta M_{\mathrm{m}} - \Delta M_{\mathrm{e}}}{T_j s}$$

$$\Delta\delta = \frac{\omega_0}{s}\Delta\omega \tag{2-71}$$

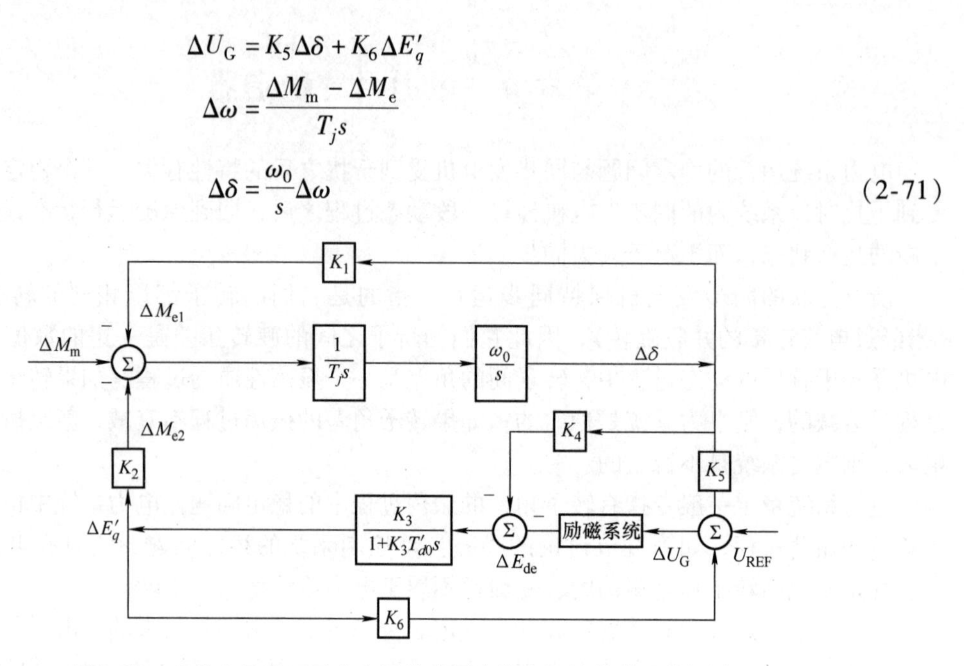

图 2-59　经外电抗接于无穷大母线的同步发电机的传递函数框图

上述模型是在忽略同步发电机定子电阻、定子电流的直流分量（即认为$\frac{\mathrm{d}\lambda_d}{\mathrm{d}t}=0$和$\frac{\mathrm{d}\lambda_q}{\mathrm{d}t}=0$）以及阻尼绕组的作用，并认为小扰动过程中发电机转速变化很小，$\Delta M_{\mathrm{m}}=0$的情况下得到的。这时，发电机端电压的相量图如图 2-60 所示。

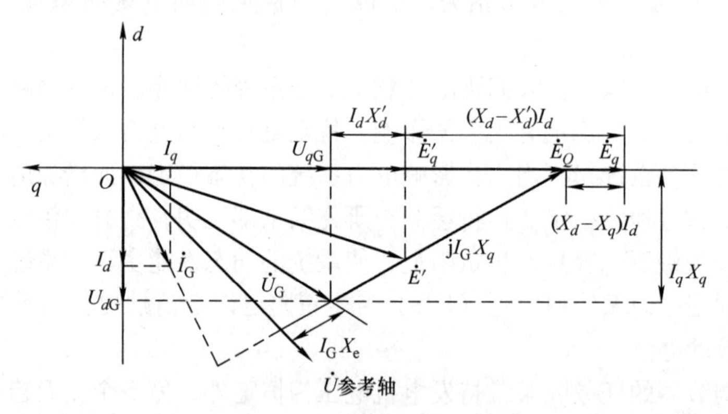

图 2-60　进行小扰动分析的同步发电机模型中发电机电压的相量图

根据电力系统暂态分析课程中的分析，E_q'是转子合成磁链λ_{EF}在定子侧的等值电动势的标幺值。同时，E_q是转子电流I_{EF}产生的总磁链在定子侧的等值电动势的标幺值。E_{de}是转子端电压U_{F}在定子侧的等值电动势的标幺值。

在图 2-59 中，$K_1 \sim K_6$是与发电机和网络参数以及发电机运行点有关的参数，为一定条件下两个偏差之比，即

$$K_1 = \left.\frac{\partial M_{\mathrm{e}}}{\partial\delta}\right|_{E_q'=E_{q0}'} = \frac{X_q - X_d'}{X_d' + X_{\mathrm{e}}} I_{q0} U \sin\delta_0 + \frac{UE_{Q0}}{X_q' + X_{\mathrm{e}}}\cos\delta_0 \tag{2-72}$$

$$K_2 = \frac{\partial M_e}{\partial E'_q}\bigg|_{\delta=\delta_0} = \frac{X_q + X_e}{X'_d + X_e} I_{q0} \tag{2-73}$$

$$K_3 = \frac{X'_d + X_e}{X_d + X_e} \tag{2-74}$$

$$K_4 = \frac{1}{K_3}\frac{\Delta E'_q}{\Delta\delta}\bigg|_{\Delta E_{de}=0} = \frac{X_d - X'_d}{X'_d - X_e} U\sin\delta_0 \tag{2-75}$$

$$K_5 = \frac{\Delta U_G}{\Delta\delta}\bigg|_{E'_q=E'_{q0}} = \frac{U_{dG0}}{U_{G0}}\frac{X_q}{X_q + X_e} U\cos\delta_0 + \frac{U_{qG0}}{U_{G0}}\frac{X'_d}{X'_d + X_e} U\sin\delta_0 \tag{2-76}$$

$$K_6 = \frac{\Delta U_G}{\Delta E'_q}\bigg|_{\delta=\delta_0} = \frac{U_{qG0}}{U_{G0}}\frac{X'_e}{X'_d + X_e} \tag{2-77}$$

二、励磁调节器与电力系统稳定问题

励磁调节器的重要作用是随着发电机电压的不断变化而不断调整发电机的励磁水平，反映在图2-59中的下半部分框图，励磁调节的作用是影响电磁转矩分量 $\Delta M_{e2} = K_2\Delta E'_q$。而 $\Delta E'_q$ 的变化一部分是由 $\Delta\delta$ 经过 K_4 支路后引起的，这是电枢反应去磁效应部分；另一部分是由 $\Delta\delta$ 的变化经励磁调节器起作用的。由式（2-71）可知 $\Delta U_G = K_5\Delta\delta + K_6\Delta E'_q$。当线路较长或者输送较重的负载时，$K_5 < 0$，也就是说，电压偏差中的一个分量与角度偏差的相位是相反的（差180°）。如果认为在振荡过程中各偏差量可用相量来表示，则得到如图2-61所示的电压与转矩关系图。因为励磁调节器是按电压偏差负值去调整励磁的，即端电压升高降低励磁（或者相反），所以 $-\Delta U_G$ 与 $\Delta\delta$ 同相位。但是电压偏差信号要经过励磁调节器、励磁机和发电机磁场才能产生附加的电磁转矩 ΔM_{e2}，这中间有一个相位滞后 φ_1，改变励磁后产生的附加转矩 ΔM_{e2} 有两个分量 ΔM_s 和 ΔM_D，与 $\Delta\delta$ 同相位的转矩分量称为同步转矩分量，与 $\Delta\omega$ 同相位的转矩分量称为阻尼转矩（制动转矩）分量。如图2-61所示，ΔM_D 与 $\Delta\omega$ 反向，称为负阻尼。这就是说当转速增加时（$\Delta\delta$ 增大），本应该增大转矩以减小振幅，可是由于上述励磁系统的相位滞后，励磁控制产生了减小制动转矩的相反作用，使得振幅增大。如果上述阻尼大于发电机的自然阻尼和电枢反应去磁效应产生的正阻尼作用，则发电机就会产生等幅或持续增长的振荡。

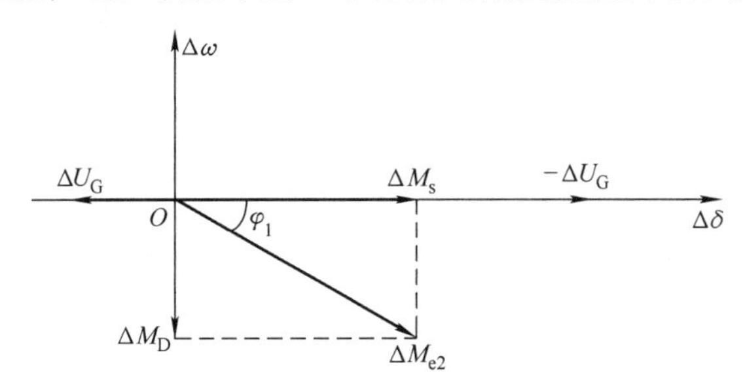

图2-61　发电机电压与转矩关系

综上所述，励磁调节器可能产生负阻尼是由于 $\Delta\delta$ 的变化引起的反馈电压 $-\Delta U_G$ 变化，因为发电机磁场等的惯性，使发电机内电动势 $\Delta E'_q$ 的变化（也就是电磁转矩 ΔM_{e2}）滞后于 $-\Delta U_G$ 的变化，因而产生了负阻尼转矩分量。

研究还表明，在上述条件下，励磁调节器作用越强就越容易出现振荡。这就是说要保证系统不出现这种振荡，励磁调节器的放大倍数应当有一个限值，如图2-62所示。

励磁调节器产生负阻尼的一个直接证明就是电力系统遭受动态振荡（低频振荡）时，只要把励磁调节器从自动控制切换到手动控制，振荡就被平息了。通常人们把快速励磁调节器的放大倍数整定在较小的数值，就是担心会引起动态振荡不稳定。当然，我们既不愿意让调节器退出工作，也不希望用低的放大倍数，因为这样就失去了励磁调节器有益的特性，例如，较大的放大倍数对系统的暂态稳定和扰动后电压的恢复是有利的。

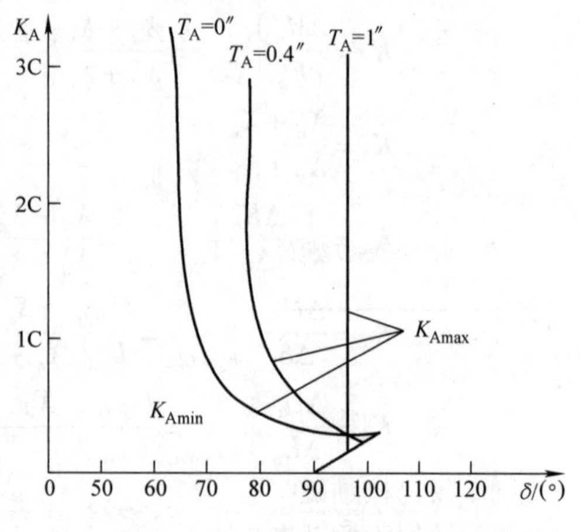

图 2-62　励磁调节器允许的放大倍数

有没有办法既用高倍数的励磁调节器，又能避免产生负阻尼呢？同样一个可能引起负阻尼的励磁调节器，在其中注入某些附加控制信号后，便可提供正阻尼，平息振荡。能提供这种控制信号的装置就是电力系统稳定器（PSS）。

因为检测电压的励磁调节器可能产生负阻尼，所以可以通过检测另外某个量给励磁调节器作为附加信号，它不仅可以补偿单纯以电压为信号的励磁调节器产生的负阻尼，而且可以增加正阻尼，使发电机可以在静态稳定极限之外运行（$\delta > 90°$），这就是电力系统稳定器（PSS）的最基本想法。PSS 的输入一般为发电机的电气转速增量 $\Delta\omega$，其输出信号为 ΔU_{PSS}，带 PSS 装置的发电机框图如图 2-63 所示。

如图 2-64 所示，PSS 产生的一个附加电压信号 ΔU_{PSS} 领先 $\Delta\omega$ 轴 ϕ_1，则经过励磁调节器和发电机磁场后，ΔU_{PSS} 产生的电磁转矩 ΔM_{PSS} 刚好落在速度轴 $\Delta\omega$ 上，如果 ΔM_{PSS} 足够大，则它和端电压为信号的励磁调节器产生的转矩 $\Delta M'_{e2}$ 综合，合成转矩 ΔM_{e2} 就在第一象限，产生的同步转矩和阻尼转矩就是正的，可以平息振荡。

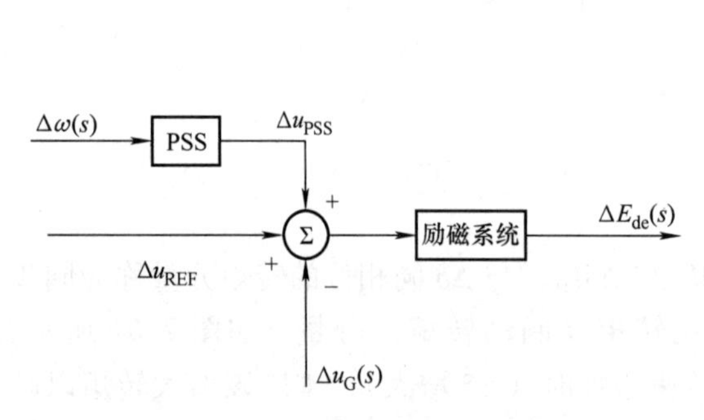

图 2-63　带 PSS 装置的发电机框图

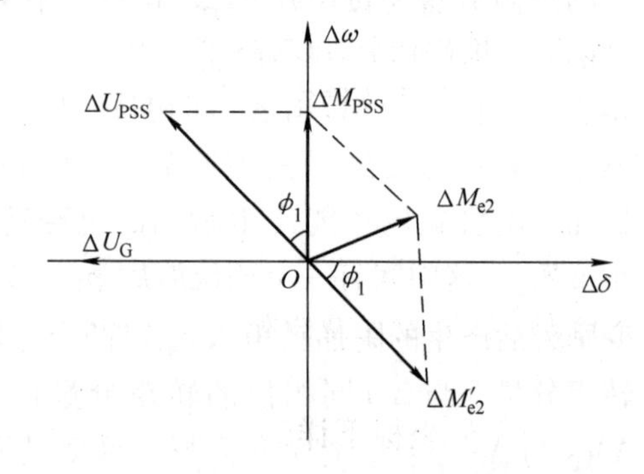

图 2-64　PSS 作用原理

第七节　励磁控制系统仿真

一、实验平台实现的功能

同步发电机励磁实验模块选用单机无穷大系统，如图 2-65 所示，其实现的功能主要有三个部分：包含电力系统物理量的动态特性；包含励磁系统参数对系统稳定性的影响；包含同步发电机强励以及自动励磁系统在提高系统暂态稳定性上的区别。

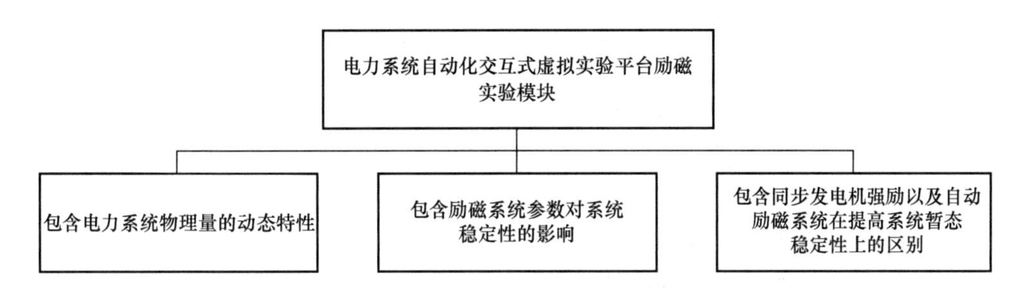

图 2-65　励磁实验模块实现的功能

（一）包含电力系统物理量的动态特性

同步发电机励磁实验模块包含主要物理量在同步发电机起动、准同期并网、电力系统短路故障等过程中的动态特性。因为同步发电机起动过程较为复杂，所以仿真模块建立的模型在一定程度上进行了简化。仿真电力系统发生的故障默认为三相接地短路故障，可以在任意母线上设置故障以观察同步发电机励磁系统的动态特性。同理，当一特定母线上发生故障时，可以选择切除故障观察系统的状态变化。

（二）包含励磁系统参数对系统稳定性的影响

励磁系统参数的选择会对励磁系统特性和暂态稳定性产生一定程度的影响。励磁系统的参数主要有：电压调节器（K_{A}、T_{A}）、励磁机（K_{L}、T_{L}、K_1、K_2）和励磁系统稳定器（K_{F}、T_{F}）。改变以上几组参数就能得到励磁系统参数对系统暂态稳定性的影响。

（三）包含同步发电机强励及自动励磁系统在提高系统暂态稳定性上的区别

同步发电机强励是指系统发生故障后的暂态过程中，强行使同步发电机在一定时间段内一直处于强励状态，以提高系统稳定性的措施。通过发电机励磁实验模块可以体现同步发电机强励对提高系统稳定性的作用以及它与自动励磁的区别。

二、模型建立

实验台励磁控制仿真模块采用的 4 节点单机无穷大系统模型如图 2-66 所示。

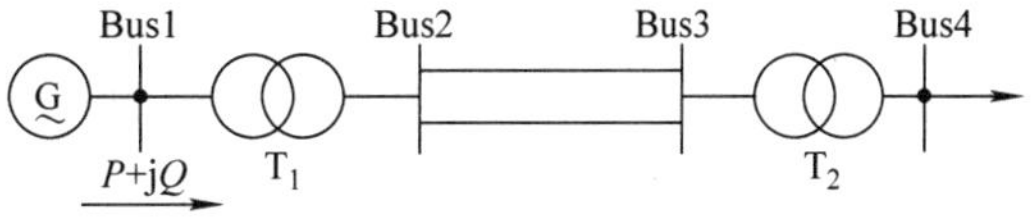

图 2-66　单机无穷大系统模型

（一）同步发电机模型

采用 dq 坐标下详细的同步发电机五阶模型，忽略定子绕组暂态过程（$p\varphi_d = p\varphi_q = 0$），计及阻尼绕组 f、D、Q 以及转子运动的暂态过程后，可得

$$\begin{cases} U_d = E''_d + X''_q I_q - R_{\mathrm{a}} I_d \\ U_q = E''_q - X''_d I_d - R_{\mathrm{a}} I_q \\ T'_{d0} p E'_q \approx E_{\mathrm{f}} - E'_q - (X_d - X'_d) I_d \\ T''_{d0} p E''_q \approx -E''_q + E'_q - (X'_d - X''_d) I_d \\ T''_{q0} p E''_d \approx -E''_d + (X_q - X''_q) I_q \\ T_{\mathrm{J}} \dfrac{\mathrm{d}\omega}{\mathrm{d}t} = P_{\mathrm{m}} - P_{\mathrm{e}} - D(\omega - 1) \\ \dfrac{\mathrm{d}\delta}{\mathrm{d}t} = \omega - 1 \end{cases} \tag{2-78}$$

式中 E''_d——发电机 d 轴超瞬变电动势；

E'_q、E''_q——发电机 q 轴瞬变电动势、超瞬变电动势；

I_d、I_q——发电机定子直、交轴电流分量；

E_f——定子励磁电动势；

R_a——定子绕组电阻；

P_m、P_e——原动机的机械功率、电磁功率；

T'_{d0}——d 轴开路暂态、次暂态时间常数；

T_J——转子机械惯性时间常数；

D——阻尼系数；

ω——发电机同步转速，$\omega_n = 314\text{rad/s}$。

（二）励磁系统模型

发电机励磁系统结构基本一致，图 2-67 为典型的励磁系统结构。

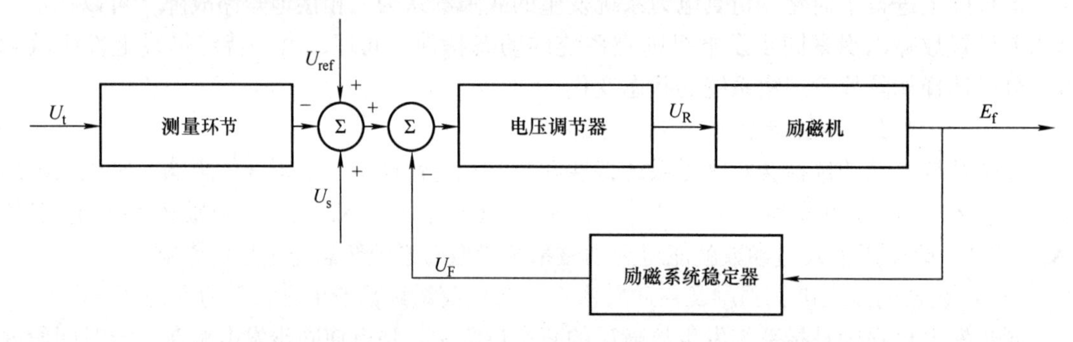

图 2-67 典型的励磁系统结构框图

发电机电压 U_t 经测量环节后与 U_{ref} 比较，其差值经电压调节器放大，再经励磁机输出为发电机转子的励磁电压 E_f。同时，引入励磁系统稳定器进行负反馈调节。在实际应用时，测量环节的时间常数可以与电压调节器的时间常数进行合并，整个系统可以简化为一个三阶系统，如图 2-68 所示。

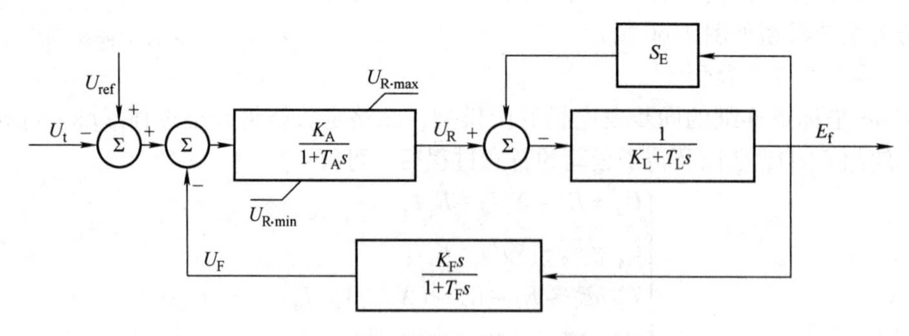

图 2-68 励磁系统的传递函数框图

励磁机饱和系数 S_E 与发电机励磁电压 E_f 有关，可分段线性化，在某一时刻有

$$S_E E_f = K_1 E_f - K_2 \tag{2-79}$$

其中，K_1 和 K_2 可根据励磁机饱和特性获得。不考虑电压调节器中的限幅环节时，励磁系统的微分方程为

$$
\begin{cases}
pU_{\mathrm{R}}=\dfrac{1}{T_{\mathrm{A}}}[-U_{\mathrm{R}}+K_{\mathrm{A}}(U_{\mathrm{ref}}-U_{\mathrm{t}}-U_{\mathrm{F}})]\\
T_{\mathrm{L}}pE_{\mathrm{f}}=-K_{\mathrm{L}}E_{\mathrm{f}}+U_{\mathrm{R}}-(K_1E_{\mathrm{f}}-K_2)\\
T_{\mathrm{F}}pU_{\mathrm{F}}-K_{\mathrm{F}}pE_{\mathrm{f}}=-U_{\mathrm{F}}
\end{cases}
\tag{2-80}
$$

（三）原动机与调速器模型

励磁控制仿真模块采用的是典型的原动机与调速器模型，其结构如图 2-69 所示。

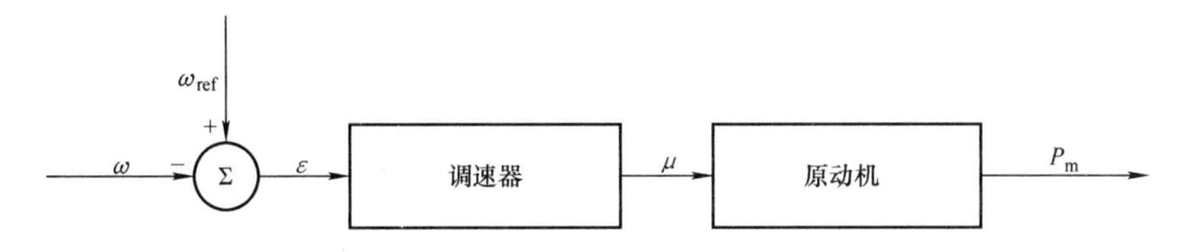

图 2-69　原动机与调速器模型

因为原动机结构基本一致，以汽轮机为例，原动机模型只考虑高压蒸汽容积效应下的一阶汽轮机，同时利用电液调速器模型以及 PID 调节器来克服中间再热蒸汽的容积效应引起的影响。图 2-70 所示为电液调速器 – 原动机模型的原理框图。

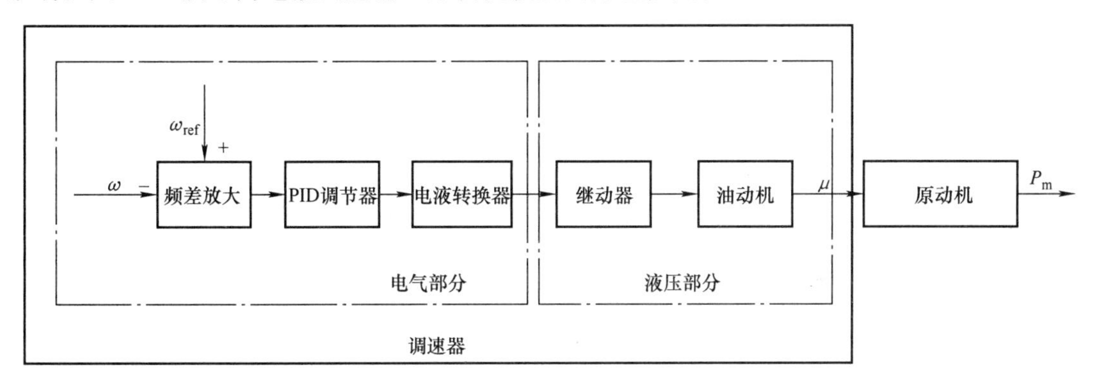

图 2-70　电液调速器 – 原动机模型的原理框图

PID 调节器将发电机转子转速与给定值的差值进行综合校正放大，再经电液转换器转化为电信号，经继动器与油动机组成的液压部分后控制汽门的大小，从而控制输入到原动机的机械功率，从而控制发电机的转速。其传递函数如图 2-71 所示，其中的 PID 调节器放大倍数为 K_{P}，微分时间常数为 T_{D}，积分时间常数为 T_{I}；电液转换器用一阶惯性环节表示，时间常数为 T_{e}；继动器和油动机可用一阶惯性环节和积分环节来表示，时间常数分别为 T_1 和 T_{s}；T_{CH}是高压蒸汽容积的时间常数。

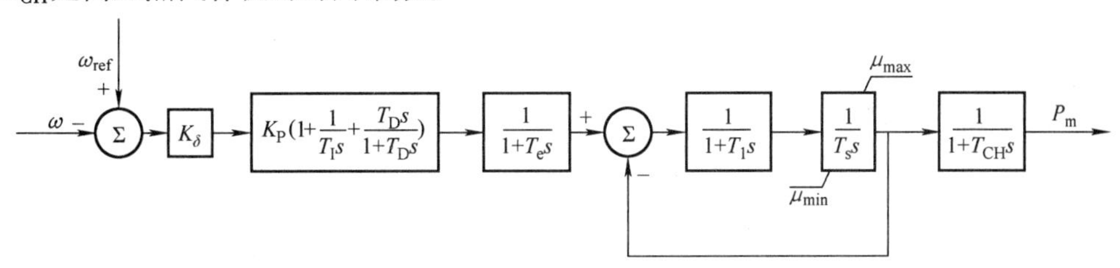

图 2-71　电液调速器 – 原动机传递函数模型

三、励磁仿真算法设计

（一）发电机转子方程

转子运动方程为

$$\begin{cases} T_{\mathrm{J}}\dfrac{\mathrm{d}\omega}{\mathrm{d}t}=P_{\mathrm{m}}-P_{\mathrm{e}}-D(\omega-1) \\ \dfrac{\mathrm{d}\delta}{\mathrm{d}t}=\omega-1 \end{cases} \tag{2-81}$$

由隐式梯形积分法可得其在 $t_n \sim t_{n+1}$ 上的差分方程

$$\begin{cases} \omega_{n+1}=\omega_n+\dfrac{\Delta t}{2T_{\mathrm{J}}}\{[P_{\mathrm{m},n+1}-P_{\mathrm{e},n+1}-D(\omega_{n+1}-1)]+[P_{\mathrm{m},n}-P_{\mathrm{e},n}-D(\omega_n-1)]\} \\ \qquad =a_\omega(P_{\mathrm{m},n+1}-P_{\mathrm{e},n+1})+b_\omega \\ \delta_{n+1}=\delta_n+\dfrac{\Delta t}{2}[(\omega_{n+1}-1)+(\omega_n-1)]=a_\delta(\omega_{n+1}-1)+b_\delta \end{cases} \tag{2-82}$$

其中

$$\begin{cases} a_\omega=\dfrac{\Delta t}{2T_{\mathrm{J}}+\Delta tD}, b_\omega=a_\omega[P_{\mathrm{m},n}-P_{\mathrm{e},n}-2D(\omega_n-1)]+(\omega_n-1) \\ a_\delta=\dfrac{\Delta t}{2}, b_\delta=a_\delta(\omega_n-1)+\delta_n \end{cases}$$

由于 Δt 已经给定，则 a_ω 与 a_δ 为定常数，而 b_ω 与 b_δ 随时间变化。

作用于转子上的电磁功率为

$$P_{\mathrm{e},n+1}=[E''_dI_d+E''_qI_q-(X''_d-X''_q)I_dI_q]\big|_{t_{n+1}} \tag{2-83}$$

（二）发电机转子绕组暂态方程

在发电机五阶模型中，转子绕组的暂态方程为

$$\begin{cases} T'_{d0}pE'_q\approx E_{\mathrm{f}}-E'_q-(X_d-X'_d)I_d \\ T''_{d0}pE''_q\approx -E''_q+E'_q-(X'_d-X''_d)I_d \\ T''_{q0}pE''_d\approx -E''_d+(X_q-X''_q)I_q \end{cases} \tag{2-84}$$

可将式（2-84）进行差分化，并整理得

$$\begin{cases} E'_{q,n+1}=a'_q[E_{\mathrm{f},n+1}-(X_d-X'_d)I_{d,n+1}]+b'_q \\ E''_{q,n+1}=a''_q[E'_{q,n+1}-(X'_d-X''_d)I_{d,n+1}]+b''_q \\ E''_{d,n+1}=a''_d(X_q-X''_q)I_{q,n+1}+b''_d \end{cases} \tag{2-85}$$

其中

$$\begin{cases} a'_q=\dfrac{\Delta t}{2T'_{d0}+h}, b'_q=a'_q[E_{\mathrm{f},n}-2E'_{q,n}-(X_d-X'_d)I_{d,n}]+E'_{q,n} \\ a''_q=\dfrac{\Delta t}{2T''_{d0}+h}, b''_q=a''_q[-2E''_{q,n}+E'_{q,n}-(X'_d-X''_d)I_{d,n}]+E''_{q,n} \\ a''_d=\dfrac{\Delta t}{2T''_{q0}+h}, b''_d=a''_d[-2E''_{d,n}-(X_q-X''_q)I_{q,n}]E''_{d,n} \end{cases}$$

可对差分式（2-85）进一步整理，消去 $E'_{q,n+1}$，可得

$$\begin{cases}E''_{q,n+1}=a_{q1}E_{f,n+1}+a_{q2}I_{d,n+1}+b_q\\E''_{d,n+1}=a_dI_{q,n+1}+b_d\end{cases}\tag{2-86}$$

其中

$$\begin{cases}a_{q1}=a'_qa''_q,a_{q2}=-a''_q[a'_q(X_d-X'_d)+(X'_d-X''_d)],b_q=a''_qb'_q+b''_q\\a_d=a''_d(X_q-X''_q),b_d=b''_d\end{cases}$$

（三）励磁系统微分方程

对励磁系统的研究，先忽略限幅环节的作用，可有微分方程

$$\begin{cases}pU_{\mathrm{R}}=\dfrac{1}{T_{\mathrm{A}}}[-U_{\mathrm{R}}+K_{\mathrm{A}}(U_{\mathrm{ref}}-U_{\mathrm{t}}-U_{\mathrm{F}})]\\T_{\mathrm{L}}pE_{\mathrm{f}}=-K_{\mathrm{L}}E_{\mathrm{f}}+U_{\mathrm{R}}-(K_1E_{\mathrm{f}}-K_2)\\T_{\mathrm{F}}pU_{\mathrm{F}}-K_{\mathrm{F}}pE_{\mathrm{f}}=-U_{\mathrm{F}}\end{cases}\tag{2-87}$$

将式（2-87）进行差分化，并整理得

$$\begin{cases}U_{\mathrm{R},n+1}=a_{\mathrm{UR}}K_{\mathrm{A}}(-U_{\mathrm{t},n+1}-U_{\mathrm{F},n+1})+b_{\mathrm{UR}}\\E_{\mathrm{f},n+1}=a_{\mathrm{Ef}}U_{\mathrm{R},n+1}+b_{\mathrm{Ef}}\\U_{\mathrm{F},n+1}=2a_{\mathrm{UF}}K_{\mathrm{F}}E_{\mathrm{f},n+1}+b_{\mathrm{UF}}\end{cases}\tag{2-88}$$

其中

$$\begin{cases}a_{\mathrm{UR}}=\dfrac{\Delta t}{2T_{\mathrm{A}}+\Delta t},b_{\mathrm{UR}}=a_{\mathrm{UR}}K_{\mathrm{A}}(2U_{\mathrm{ref}}-U_{\mathrm{t},n}-U_{\mathrm{F},n})+(1-2a_{\mathrm{UR}})U_{\mathrm{R},n}\\a_{\mathrm{Ef}}=\dfrac{\Delta t}{2T_{\mathrm{L}}+\Delta t(K_{\mathrm{L}}+K_1)},b_{\mathrm{Ef}}=a_{\mathrm{Ef}}[2K_2-2(K_{\mathrm{L}}+K_1)E_{\mathrm{f},n}+U_{\mathrm{R},n}]+E_{\mathrm{f},n}\\a_{\mathrm{UF}}=\dfrac{\Delta t}{2T_{\mathrm{F}}+\Delta t},b_{\mathrm{UF}}=a_{\mathrm{UF}}(-2K_{\mathrm{F}}E_{\mathrm{f},n}-2\Delta tU_{\mathrm{F},n})+U_{\mathrm{F},n}\end{cases}$$

在对励磁系统的限幅环节进行处理时，可在每次求解后判断该值是否越限，若已经越限，则将限值赋予该值。

励磁仿真模块选用牛顿法求解非线性方程组，进行电力系统励磁实验可视化仿真的系统模型如图 2-72 所示。

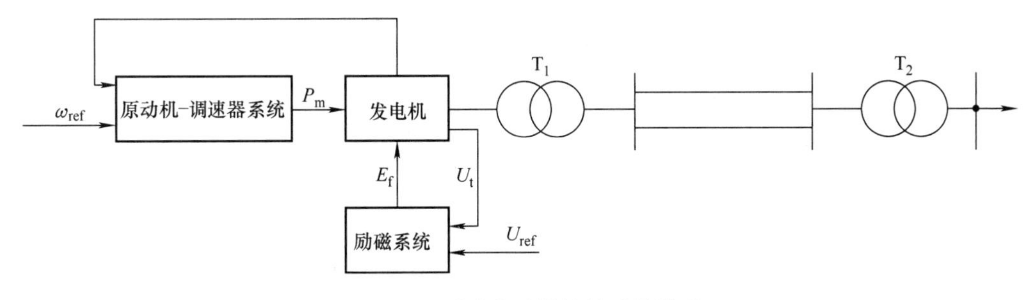

图 2-72　励磁实验模块的系统模型

系统中除了微分方程组之外，还包括发电机定子绕组电压方程，即

$$\begin{cases}U_d=E''_d+X''_qI_q-R_{\mathrm{a}}I_d\\U_q=E''_q-X''_dI_d-R_{\mathrm{a}}I_q\end{cases}\tag{2-89}$$

忽略系统的电阻和对地支路，可得单机无穷大系统的网络方程为

$$\begin{cases}U_x - U_{\rm sys} + I_y X = 0\\ U_y - I_x X = 0\end{cases} \tag{2-90}$$

式中 $U_{\rm sys}$——无穷大系统的幅值（相位为0）；

X——发电机出口处与无穷大系统之间等效电抗。

dq 坐标系与 xy 坐标系的转换方程为

$$\begin{cases}A_x = A_d\sin\delta + A_q\cos\delta\\ A_y = -A_d\cos\delta + A_q\sin\delta\end{cases} \tag{2-91}$$

其中，A 为发电机出口处电压或者发电机流出的电流。

综上所述，可以得到励磁仿真模块由微分方程组和代数方程组成的方程组，经过部分简化，最终得到9个方程组，为

$$\begin{cases}E''_q - a_{q1}E_{\rm f} - b_q = 0\\ E''_d - b_d = 0\\ \omega - a_\omega P_{\rm m} - b_\omega = 0\\ \delta - a_\delta(\omega - 1) - b_\delta = 0\\ U_d - E''_d = 0\\ U_q - E''_q = 0\\ U_{\rm R} - a_{\rm UR}K_{\rm A}(-\sqrt{U_d^2 + U_q^2} - U_{\rm F}) - b_{\rm UR} = 0\\ E_{\rm f} - a_{\rm Ef}U_{\rm R} - b_{\rm Ef} = 0\\ fU_{\rm F} - 2a_{\rm UF}K_{\rm F}E_{\rm f} - b_{\rm UF} = 0\end{cases} \tag{2-92}$$

运用牛顿法对式（2-92）的非线性方程组进行求解，算法适应能力强且收敛性好、累积误差少。最后再利用时域仿真法对微分方程和代数方程联立求解，图2-73为运用时域仿真法求解电力系统暂态过程的流程。

四、MATLAB 分析

【例2-1】 一个发电单元的简化线性AVR系统如图2-74所示。

（1）利用劳斯判据，求使控制系统稳定的 $K_{\rm A}$ 的取值范围。

（2）用MATLAB中rlocus函数求出根轨迹。

（3）设放大器增益为 $K_{\rm A}=40$。求系统的闭环传递函数，并用MATLAB求阶跃响应。

（4）在Simulink中建立仿真框图，求出阶跃响应。

解：AVR系统的开环传递函数为

$$\begin{aligned}KG(s)H(s) &= \frac{0.8K_{\rm A}}{(1+0.05s)(1+0.5s)(1+s)}\\ &= \frac{32K_{\rm A}}{(s+20)(s+2)(s+1)}\\ &= \frac{32K_{\rm A}}{s^3+23s^2+62s+40}\end{aligned}$$

（1）特征方程为

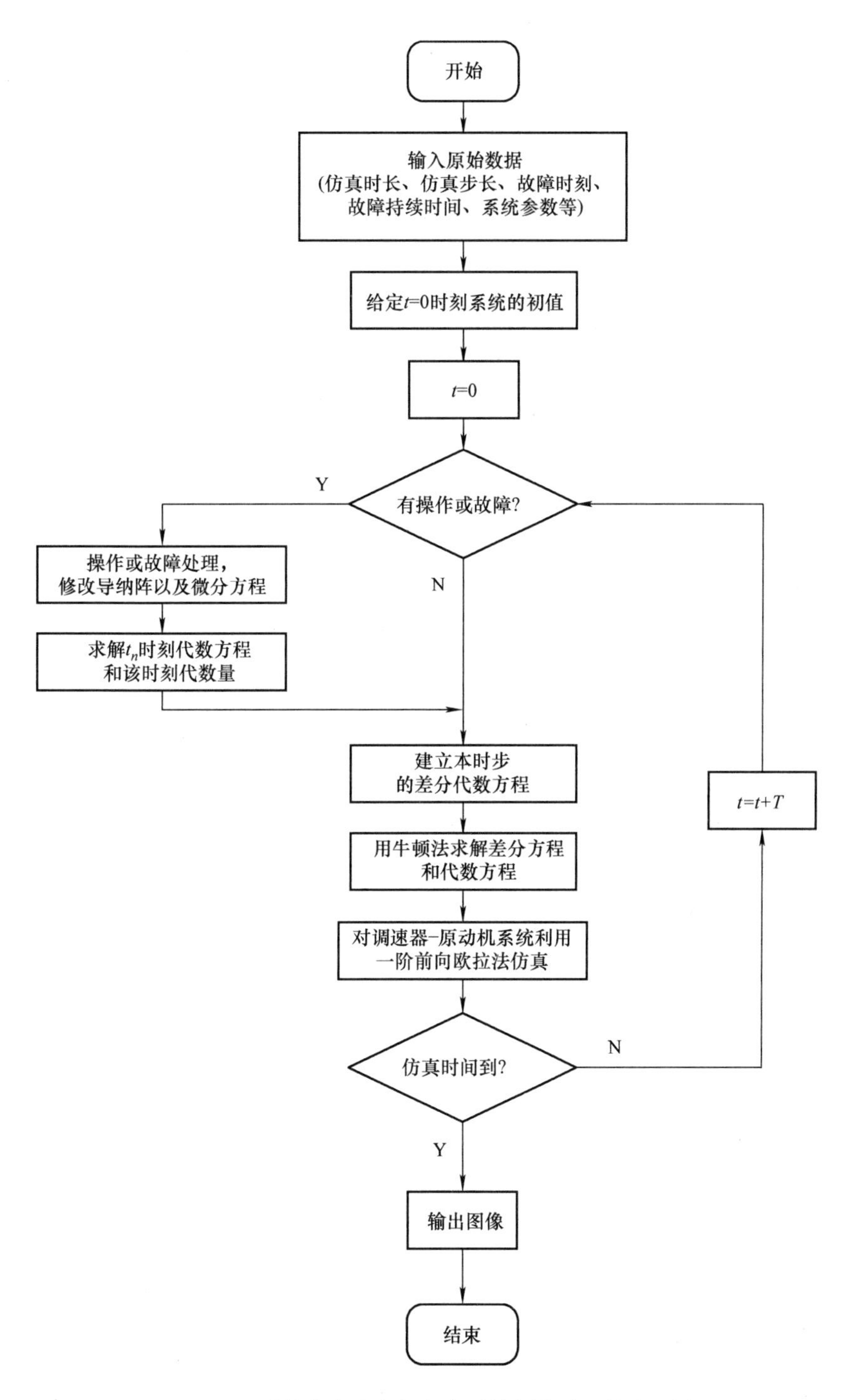

图 2-73　时域仿真法求解电力系统暂态过程的流程图

$$1 + KG(s)H(s) = 1 + \frac{32K_A}{s^3 + 23s^2 + 62s + 40} = 0$$

特征多项式为 $s^3 + 23s^2 + 62s + 40 + 21K_A = 0$，该特征多项式的劳斯表为

$$
\begin{array}{c|ll}
s^3 & 1 & 62 \\
s^2 & 23 & 40+32K_A \\
s^1 & \dfrac{1386-32K_A}{23} & 0 \\
s^0 & 40+32K_A &
\end{array}
$$

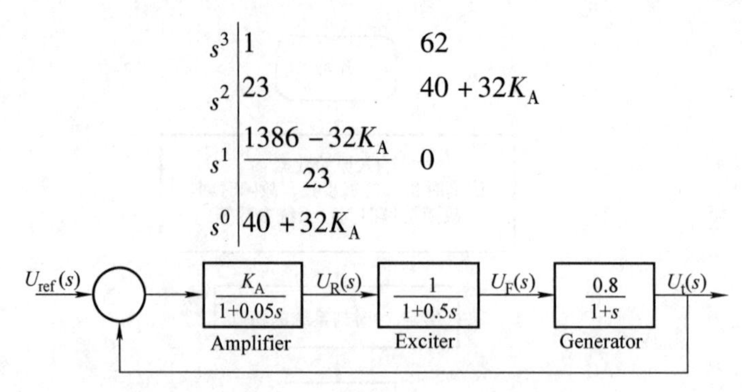

图 2-74 AVR 系统传递函数框图

从 s^1 行可以看出，若控制系统稳定，K_A 必须小于 43.3125；从 s^0 行可以看出，若系统稳定，K_A 必须大于 -1.25。因此，当系统稳定时，放大器增益的取值范围为 $0 < K_A < 43.3125$。

（2）用下面的命令画出根轨迹曲线

```
num =32;
den = [1  23  62  40];
figure (1), rlocus(num, den);
```

根轨迹如图 2-75 所示。

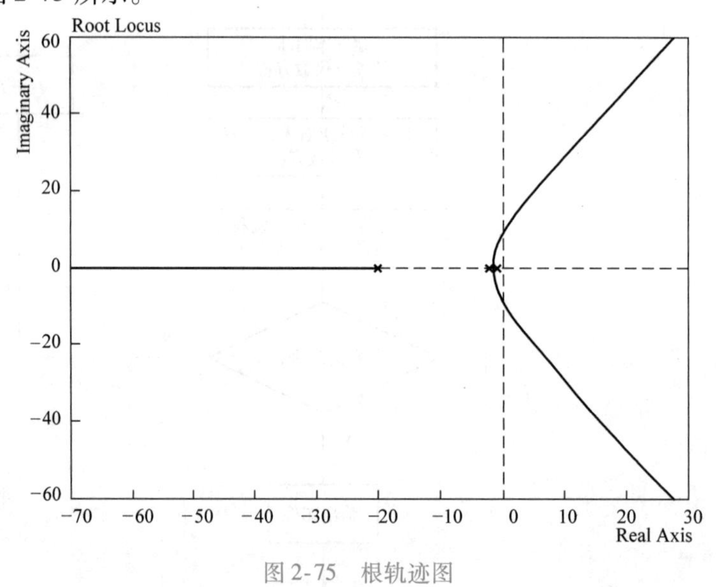

图 2-75 根轨迹图

（Root Locus—根轨迹，Imaginary Axis—虚轴，Real Axis—实轴）

（3）当 $K_A=40$ 时，系统闭环传递函数为

$$
\frac{V_t(s)}{V_{ref}(s)}=\frac{1280}{s^3+23s^2+62s+1320}
$$

用下面的命令求阶跃响应。

```
numc =1280;
denc = [1 23 62 1320];
t =0:0.05:20;
```

```
step(numc,denc,t);
xlabel('t(s)'), grid
```

阶跃响应如图 2-76 所示。

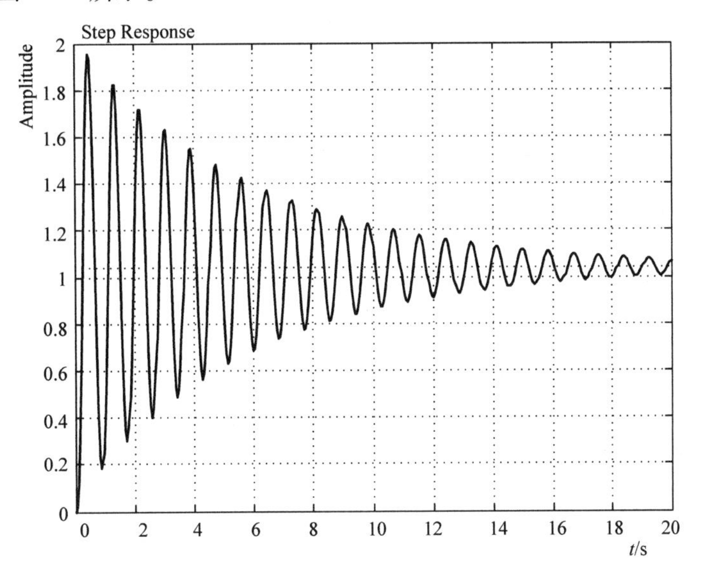

图 2-76　阶跃响应曲线

（Step Response—阶跃响应，Amplitude—幅值，t—时间）

（4）建立 Simulink 仿真框图，如图 2-77 所示，运行可得阶跃响应。

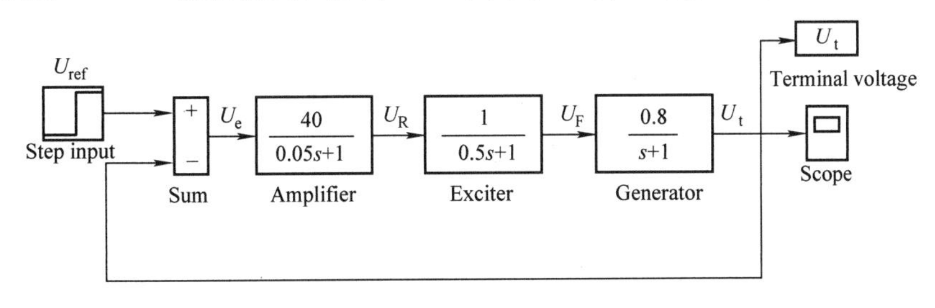

图 2-77　例 2-1 的仿真框图

（Amplifier—放大器　Exciter—励磁机　Generator—发电机）

【例 2-2】　把一个速度反馈稳定器增加到例 2-1 的 AVR 系统中，如图 2-78 所示。稳定器时间常数为 $\tau_F=0.04$s，微分增益调整到 $K_F=0.1$。

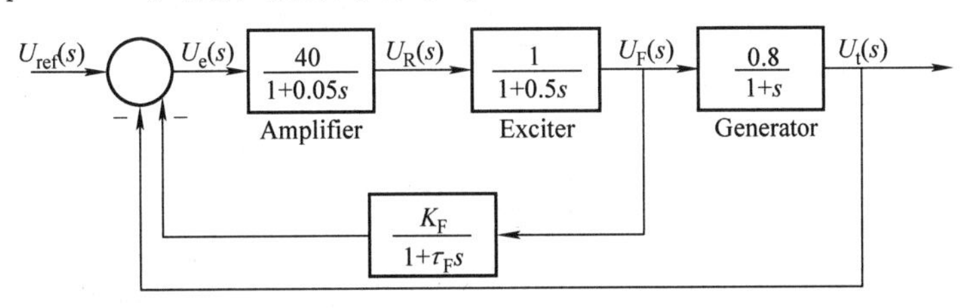

图 2-78　具有速度反馈的 AVR 系统

（1）求系统的闭环传递函数并用 MATLAB 求阶跃响应。

（2）建立 Simulink 仿真模型，并求阶跃响应。

解：（1）系统闭环传递函数为

$$\frac{V_{\rm t}(s)}{V_{\rm ref}(s)}=\frac{\dfrac{32}{(1+0.5s)(1+0.5s)(1+s)}}{1+\dfrac{4}{(1+0.5s)(1+0.5s)(1+0.04s)}+\dfrac{32}{(1+0.5s)(1+0.5s)(1+s)}}$$

$$=\frac{1280(s+25)}{s^4+48s^3+637s^2+6870s+37000}$$

用下面的命令求阶跃响应。

```
numc  =1280 * [1 25];
denc  = [1 48 637 6870 37000];
t =0: 0. 02: 3;
step(numc,denc,t),grid;
xlabel('t(s)'),title('Terminal voltage step response')
```

阶跃响应如图 2-79 所示。

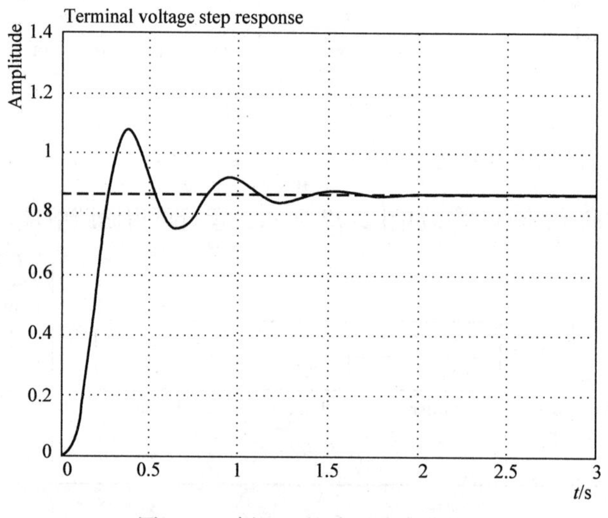

图 2-79　例 2-2 的阶跃响应曲线

（2）建立 Simulink 仿真框图，如图 2-80 所示，运行可得阶跃响应。

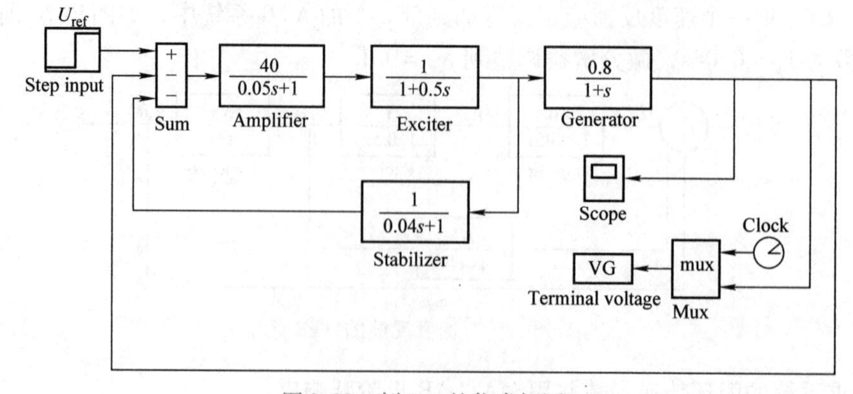

图 2-80　例 2-2 的仿真框图

【例 2-3】　在例 2-1 的 AVR 系统前行通路中加入 PID 控制器，如图 2-81 所示。试在 Simulink 中建立仿真框图。设比例增益 $K_P = 2.0$，调整 K_I 和 K_D，以获得具有最小超调量和较小的稳定时间的阶跃响应（建议值 $K_P = 1$，$K_I = 0.15$，$K_D = 0.17$）。

（1）求系统的闭环传递函数并用 MATLAB 求阶跃响应。

（2）建立 Simulink 仿真模型，并求阶跃响应。

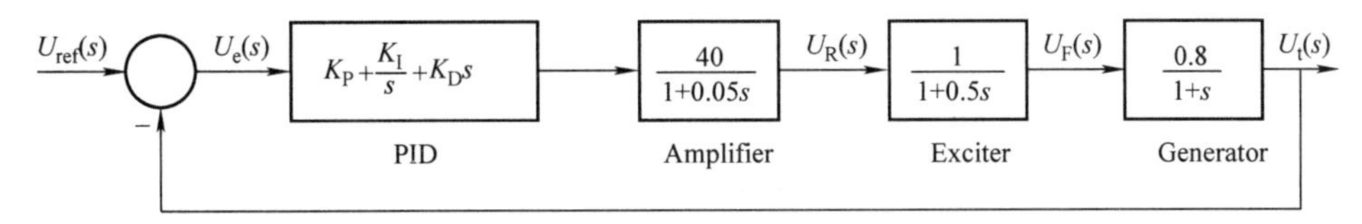

图 2-81　具有 PID 控制器的 AVR 系统

解：（1）闭环传递函数为

$$\Phi(s) = \frac{G(s)}{1+G(s)H(s)}$$

$$= \frac{\left(1+\frac{0.15}{s}+0.17s\right)\left(\frac{40}{0.05s+1}\right)\left(\frac{1}{0.5s+1}\right)\left(\frac{0.8}{s+1}\right)}{1+\left(1+\frac{0.15}{s}+0.17s\right)\left(\frac{40}{0.05s+1}\right)\left(\frac{1}{0.5s+1}\right)\left(\frac{0.8}{s+1}\right)}$$

$$= \frac{1280(0.17s^2+s+0.15)}{s^3+240.6s^2+1342s+232}$$

用下面的命令求阶跃响应，其阶跃响应曲线如图 2-82 所示。

```
numc = 1280 * [0.17 1 0.15];
denc = [1 240.6 1342 232];
t = 0:0.01:10;
step(numc, denc,t), grid;
xlabel('t(s)'),title('Terminal voltage step response')
```

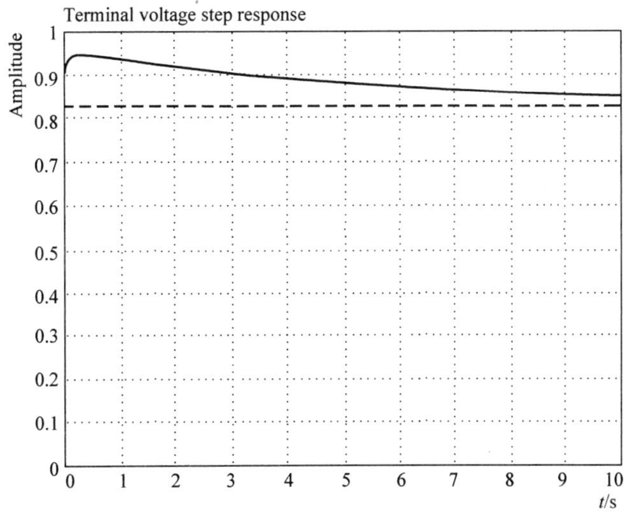

图 2-82　例 2-3 的阶跃响应曲线

（2）建立 Simulink 仿真框图，如图 2-83 所示，调整 $K_P=1$，$K_I=0.15$，$K_D=0.17$，运行可得阶跃响应。

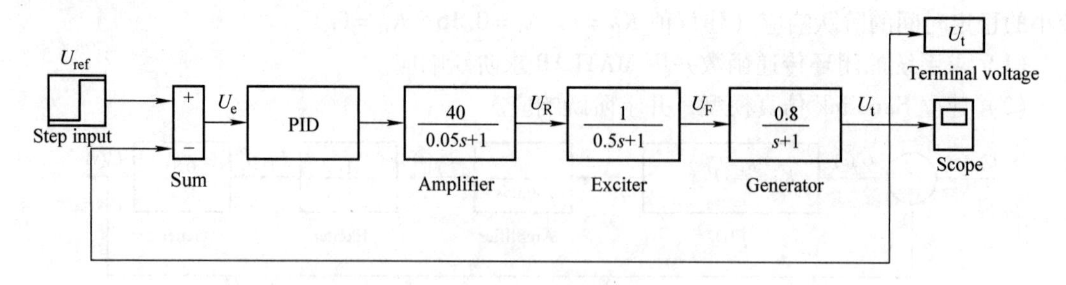

图 2-83　例 2-3 的仿真框图

思　考　题

1. 励磁系统的概念及定义是什么？其作用又是什么？
2. 同步发电机励磁控制的主要任务有哪些？
3. 对同步发电机励磁控制系统的基本要求有哪些？
4. 简述交流、直流励磁机励磁系统的基本构成、特点以及使用范围。
5. 励磁调节器由哪几部分组成？其作用是什么？
6. 什么是同步发电机励磁控制系统的静态工作特性？
7. 强励、过励和欠励的作用分别是什么？
8. PID 控制器的含义及作用是什么？

第三章　电力系统频率及有功功率的自动调节

电力系统频率的自动控制系统由就地控制和中心控制两个部分组成。就地控制部分是指发电机的调速装置，装在汽轮发电机上；中心控制部分在调度中心，调度中心的能量管理系统有自动发电控制（automatic generation control，AGC）和经济调度控制（economic dispatch control，EDC）功能，负责给就地控制部分发出控制命令，两个部分配合工作，控制整个电力系统的频率为额定值，控制各发电机的有功出力符合经济负荷分配的要求。发电机的调速装置控制着蒸汽的阀门开度，当设定功率增加或减小时，阀门开度就相应的开大或开小。这个设定功率是由调度中心指定的，是调度中心的计算机直接给发电机发出的控制命令。要计算这个设定功率，调度中心需要监视系统频率以及各发电机的输出功率。如果是区域电网互联的多区域系统，还需要监视区域电网之间联络线潮流。调度中心计算每一台发电机的设定功率，目的是维持系统频率在额定值，各发电机的有功出力符合经济负荷分配要求的同时，保持互联系统联络线功率为计划值。

发电机的运行成本是不一样的，一般地说，大型发电机组效率高，运行成本低。EDC按照等微增率法则，分配发电计划，使整个系统的运行费用为最小。EDC配合AGC，使发电机的设定功率既能满足经济负荷分配的要求，又能满足频率控制及联络线功率为计划值的要求。最优潮流（optimal power flow，OPF）不仅满足经济负荷分配、频率和联络线功率的要求，并且考虑了输电线路的传输能力。

第一节　电力系统的频率特性

一、概述

电力系统的频率是电力系统中同步发电机产生的交流正弦电压的频率，它是电力系统运行参数中最重要的参数之一。在稳态运行条件下，所有发电机同步运行，整个电力系统的频率是相等的。并列运行的每一台发电机组的转速与系统频率的关系为

$$f=\frac{pn}{60} \tag{3-1}$$

式中　p——发电机组转子极对数；

n——发电机组转速（r/min）；

f——电力系统频率（Hz）。

大规模新能源接入对系统频率特性的影响

电力系统的频率控制实际上就是调节发电机组的转速，频率同

发电机的转速有着严格的对应关系。

频率是电能质量的重要指标之一，在稳态条件下，电力系统的频率是一个全系统一致的运行参数。在稳态电力系统中，机组发出的功率与整个系统的负荷功率和系统总损耗之和是相等的。由于系统负荷功率增加而出现功率缺额时，机组的转速下降，整个系统的频率降低。

可见，系统频率的变化是由于发电机的负荷功率与原动机输入功率之间失去平衡所致，因此调频与有功功率调节是密不可分的。

电力系统开始形成以来，调频就是一个要由整个系统来统筹调度与协调的问题，不允许任何电厂有一丁点“各自为政”的趋向。此外，调频与运行费用的关系也十分密切。因为调频就是通过调节各机组的出力来达到系统有功平衡的措施，机组的出力一旦改变，所消耗的燃料及费用就随之改变，直接关系着运行费用的经济性，所以要力求使系统负荷在发电机组之间实现经济分配。

电力系统负荷不断变化，而原动机输入功率的变化则较为缓慢，因此系统中频率的波动是难免的。图 3-1 是电力系统负荷变动情况的示意图。从图中可以看出，负荷的变动情况可以分成几种不同的分量：一是变化周期一般小于 10s 的随机分量；二是变化周期在 10s ~ 3min 之间的脉动分量，其变化幅度比随机分量要大些，如压延机、电炉和电气机车等；三是变化十分缓慢的持续分量，并带有周期规律的负荷，大都是由于工厂的作息制度、人们的生活习惯和气象条件的变化等原因造成的，这是负荷变化中的主体，负荷预测中主要就是预报这一部分。

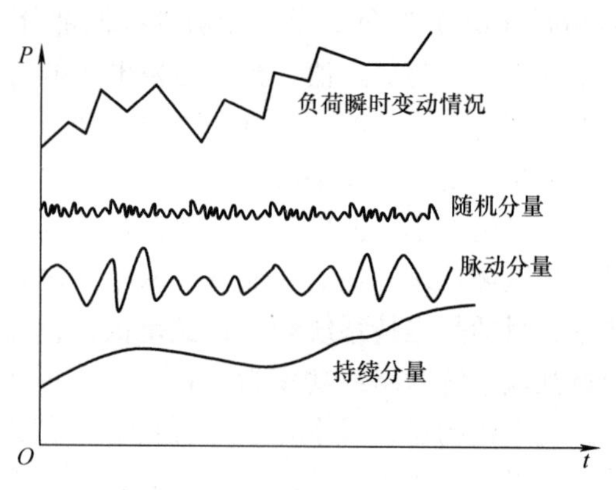

图 3-1 电力系统负荷变动情况

第一种负荷变化引起的频率偏移，一般利用发电机组上装设的调速器来控制和调节原动机的输入功率，以维持系统的频率水平，这称为频率的一次调节。第二种负荷变化引起的频率偏移较大，仅仅靠调速器的控制作用往往不能将频率偏移限制在允许范围之内，这时必须由调频器参与控制和调节，这称为频率的二次调节。第三种负荷变化可根据负荷预测结果提前安排开停机计划来应对。调度部门预先编制的系统日负荷曲线主要反映这部分负荷的变化规律，这部分负荷要求在满足系统有功功率平衡的条件下，按照经济分配原则在各发电厂间进行分配。

二、负荷的调节效应

当系统频率变化时，整个系统的有功负荷也要随之改变，这种有功负荷随频率而改变的特性叫作负荷的功率－频率特性，是负荷的静态频率特性，也称为负荷的调节效应。

电力系统的负荷由各种用电设备组成。电阻性负荷，比如电灯和加热设备，消耗的电能与频率无关。电机负荷对频率的变化比较敏感，其敏感程度取决于驱动设备的功率－频率特性的总和。综合负荷的功率－频率特性近似表示为

$$P_{\mathrm{L}} = P_{\mathrm{LN}}(a_0 + a_1 f_{\mathrm{N}}^1 + a_2 f_{\mathrm{N}}^2 + a_3 f_{\mathrm{N}}^3) \tag{3-2}$$

式中　　P_{LN}——额定频率时负荷功率；

a_0、a_1、a_2、a_3——与频率的0、1、2、3次方成正比的负荷占比，$a_0+a_1+a_2+a_3=1$；

P_L——系统综合负荷。

负荷功率与频率的关系曲线如图3-2所示。频率上升时，负荷需求功率随之增加，阻止频率的上升；频率下降时，负荷需求功率跟着降低，抑制频率的下降。负荷的频率效应起到减轻系统能量不平衡的作用，其可用负荷曲线斜率δ进行描述，称为负荷的频率调节效应系数。电力系统运行频率变化的范围很小，可以用基准功率处的斜率表示负荷的静态频率特性。

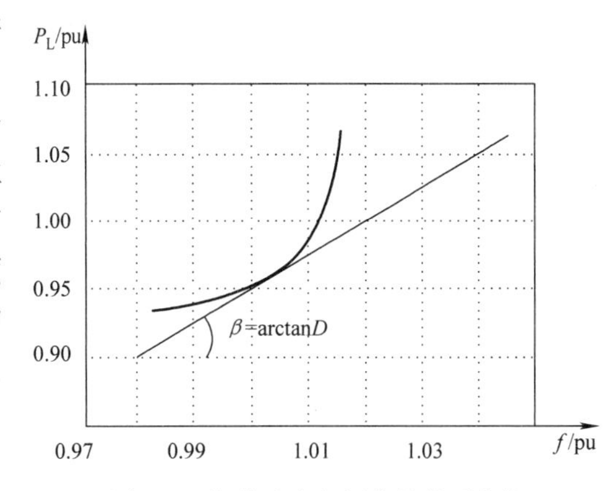

图3-2　负荷功率与频率的关系曲线

三、发电机组的功率－频率特性

（一）调差系数

发电机组转速的调节是由原动机的调速系统来实现的。因此，发电机组的功率－频率特性取决于调速系统的特性。当系统的负荷变化引起频率改变时，发电机组的调速系统工作，改变原动机进汽量（或进水量），调节发电机组的输入功率以适应负荷的需要。通常把由于频率变化而引起发电机组输出功率变化的关系称为发电机组的功率－频率特性或调节特性。

老式机组采用机械式调速器，现代机组采用电传信号通过电动机控制汽门开度。机械式调速器的工作原理可由图3-3表明。当机组因负荷增加而转速下降时，测量元件Ⅰ的两个重锤因离心力减小而减小了彼此间的开度，杠杆AC的A点因而降至A'点；此时C点尚未移动，故B点随之降至B'点。D点代表由伺服电动机控制的功率设定元件，它不会因转速而变动，于是DEF杠杆的E、F两点均因B'而下降至E'、F'。F点的下移打开了控制器Ⅱ的下活门，高压油就经Ⅱ的下活门进入接力器Ⅲ（放大元件）的下半部，将活塞提升，接力器上半部的高压油可从控制器的上活门获得循环通路。活塞提升时，汽门也随之提升，单位时间进汽量增多，机组的出力就增大了。随着机组出力的增大，转速就会回升。转速上升时，Ⅰ的重锤开度也不断增大，A、B、E、F各点也随之不断改变，这个过程要到C点升到某一位置（如C''），即汽门开大到某一位置时，机组的转速通过重锤的开度使杠杆DEF重新回到使Ⅱ的活门完全关闭的位置才会结束，这时B点就回到原来的位置。由于C''上升了，所以A''必定低于A。这说明调速

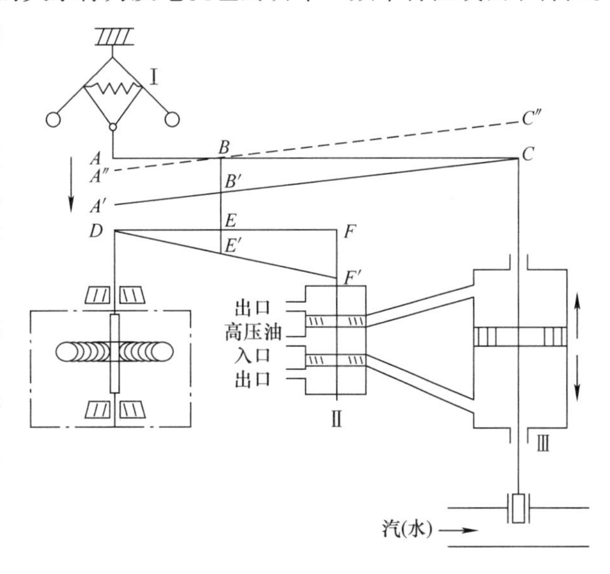

图3-3　机械式调速器原理图

过程结束时，出力增大，转速稍有降低。调速器是一种有差调节器，其工作特性如图3-4所示。通过伺服电动机改变D点的位置，就可以达到将调速器特性上下平移的目的。例如，D点位置上升，就向上平移了调速器特性，在图3-4中由实线平移到虚线的位置。

D点位置不动时，阀门开度就在一个相对固定的位置，这对应着发电机组的一个设定功率P_{ref}。调速器检测频率的微小变化，微小的改变阀门的开度。

图3-4中实线为设定功率为标幺值功率0.625时的调节特性曲线，此时伺服电动机D点的位置规定了功率的设定值为0.625。当D点位置不动时，这个调节特性曲线就是由调速器的特性决定的。

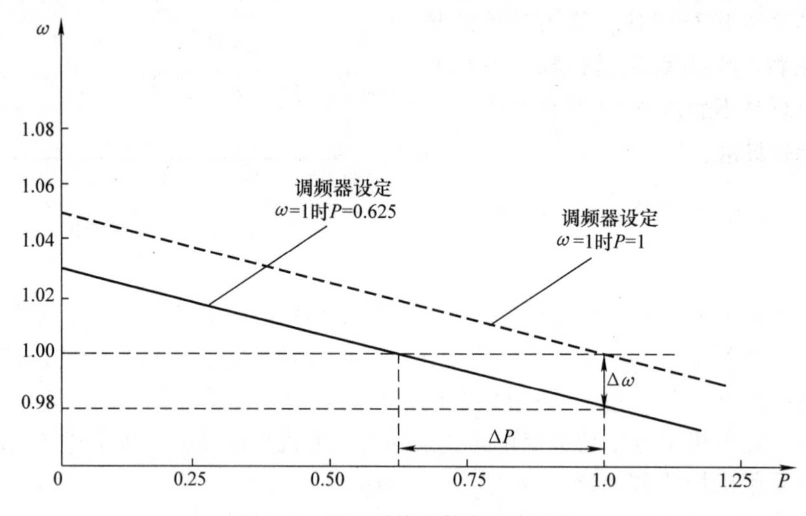

图3-4 调速系统的静态频率特性

曲线的斜率代表调差系数R，定义为

$$R=-\frac{\Delta\omega}{\Delta P} \tag{3-3}$$

从空负荷到满负荷调速系统一般有5%~6%的调差系数。

在计算功率与频率的关系时，常常采用调差系数的倒数，即单位调节功率。

当设定功率改变时，例如设定功率为标幺值功率1时，对应的特性曲线为图3-4中虚线所示，这时伺服电动机D点的位置改变了，这条特性曲线向上平移了。可以看出，特性曲线被平移后，发电机组输出功率增加了，频率依然维持在额定频率。

（二）调差特性与机组间有功功率分配的关系

调差特性与机组间有功功率分配的关系，可用图3-5来说明。图中表示了两台发电机并联运行时的情况，曲线①代表1号发电机组的调节特性，曲线②代表2号发电机组的调节特性。假设此时系统总负荷为$\sum P_L$，如线段CB的长度所示，系统频率为f_N，1号发电机组承担的负荷为P_1，2号发电机组承担的负荷为P_2，于是有

$$P_1+P_2=\sum P_L \tag{3-4}$$

当系统负荷增加，经过调速器的调节后，系统频率稳定在f_1，这时1号发电机组的负荷为P_1'，增加了ΔP_1；2号发电机组的负荷为P_2'，增加了ΔP_2，两台发电机组增量之和等于ΔP_L。

根据式（3-3），可得

$$\frac{\Delta P_1}{\Delta P_2}=\frac{R_2}{R_1} \tag{3-5}$$

式（3-5）表明，发电机组间的功率分配与调差系数成反比。调差系数小的机组承担的负荷增量大，而调差系数大的机组承担的负荷增量小。

电力系统中，如果多台机组调差系数等于零是不能并联运行的。如果其中一台机组的调差系数等于零，其余机组均为有差调节，这样虽然可以运行，但是由于目前系统容量很大，一台机组的调节容量已远远不能适应系统负荷波动的要求，因此也是不现实的。所以，在电力系统中，所有机组的调速器都为有差调节，由它们共同承担负荷的波动。

（三）调节特性的失灵区

以上讨论中，都是假定机组的调节特性是一条理想的直线。但是实际上，由于测量元件的不灵敏性，对微小的转速变化没有反应，特别是机械式调速器尤为明显。这就是说，调速器具有一定的失灵区，因而调节特性实际上是一条具有一定宽度的带状区，如图 3-6 所示。

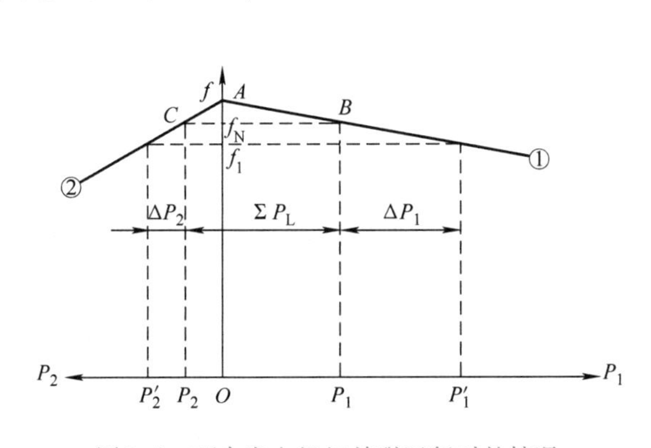

图 3-5　两台发电机组并联运行时的情况

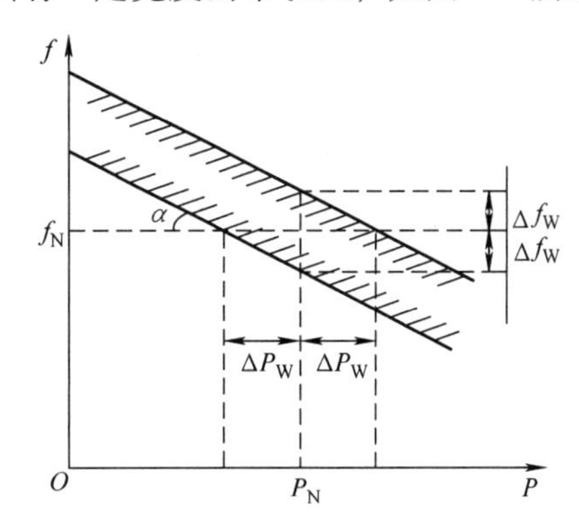

图 3-6　调速器的调节特性

失灵区的宽度可以用失灵度 ε 来描述，即

$$\varepsilon=\frac{\Delta f_W}{f_N} \tag{3-6}$$

式中　Δf_W——调速器的最大频率呆滞。

由于调速器的频率调节特性是带状区，因此导致并联运行的发电机组间有功功率分配产生误差。由失灵区产生的分配功率上的误差为

$$\Delta P_W=\frac{\varepsilon}{R} \tag{3-7}$$

由式（3-7）可知，ΔP_W 与失灵度 ε 成正比，与调差系数 R 成反比。过小的调差系数将会引起较大的功率分配误差，所以 R 不能太小。

还必须指出，失灵区的存在虽然会引起一定的功率误差或频率误差，但是，如果失灵区太小或完全没有，那么当系统频率发生微小波动时，调速器也要调节，这样会使阀门的调节过分频繁，因而在一些非常灵敏的电液调速器中，通常要采用外加措施，形成一个人为的失灵区。

通常，汽轮发电机组调速器的失灵区为基准频率的 0.1% ~0.5%，水轮发电机组调速器的失灵区为基准频率的 0.1% ~0.7%。

四、电力系统的频率特性

在稳态频率下，发电机组的功率—频率特性曲线与负荷的功率—频率特性曲线的交点就是电力系统频率的稳定运行点，例如图3-7中的a点。这时负荷为P_{L1}，发电功率为$P_1=P_{L1}$，对应负荷的静态频率特性为直线P_{L1}。如果系统中的负荷增加为P_{L2}，则负荷的静态频率特性变为P_{L2}，假设此时系统内的所有机组输出功率均不变，则系统频率将明显下降，负荷所取用的有功功率也相应减小。依靠负荷调节效应，系统达到新的平衡，稳定运行点移到图中b点，系统负荷所取用的有功功率仍然为原来的P_{L1}值。但是，实际上各发电机组都装有调速器，当系统负荷增加，频率开始下降后，调速器即起作用，增加机组的输入功率。经过一段时间后，运行点稳定在c点，此时的频率偏差要比无调速器时小得多。由此可见，调速器对频率的调节作用是很明显的，调速器的这种调节作用通常称为一次调节。此时发电机组增发功率$\frac{\Delta\omega}{R}$，负荷的调节效应使得负荷在频率偏差为$\Delta\omega$时少取用功率$\delta\Delta\omega$，两项之和应该是负荷的功率变动$P_{L2}-P_{L1}$。

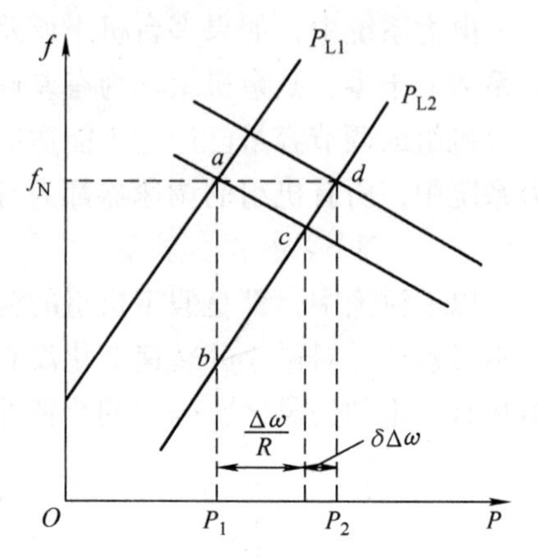

图3-7　电力系统频率特性

在图3-7中，运行点c并没有满足负荷增加的需要，这表明负荷功率虽然增加了一部分，但仍不能使频率恢复到额定值。因此，需要调节调频器的整定机构，使发电机组的静态频率特性曲线向上平移，直至系统发电机组的输入功率能符合负荷增长的需要，即运行点移到d点，频率恢复到额定值，此时$P_2=P_{L2}$。这种移动频率特性曲线使频率恢复到额定值的动作，称为二次调节，调频器的调节即是二次调节。

电力系统中所有并列运行的发电机组都装有调速器，当系统负荷变化时，有可调容量的发电机组均按各自的频率调节特性参加频率的一次控制调节。而频率的二次控制调节只有部分发电厂（或发电机组）承担。电力系统中将所有发电厂分为调频厂和非调频厂。调频厂承担电力系统频率的二次调节任务，而非调频厂只承担频率的一次控制调节任务，或只按调度中心预先安排的负荷曲线运行，不参加频率的二次控制调节。

【例3-1】　两个发电单元的额定功率分别为250MW和400MW，调差系数分别为6.0%和6.4%，两个发电单元并行向500MW负荷供电。假定调速器以各自的调差系数运行，求各自承担的负荷。

解：将每个发电单元的调速器调差系数转化为同一基准容量下的值（基准容量为1000MV·A），则

$$R_1=\frac{1000}{250}\times0.06=0.24,\quad R_2=\frac{1000}{400}\times0.064=0.16$$

由于两个发电单元都运行在同一频率下，由式（3-5）得

$$P_2=\frac{R_1}{R_2}P_1=\frac{0.24}{0.16}P_1=1.5P_1$$

由 $P_1+P_2=P_L$ 得

$$P_1+1.5P_1=\frac{500}{1000}=0.5$$

则

$$P_1=\frac{0.5}{2.5}=0.2,\ P_2=1.5P_1=0.3$$

因此，单元1承担负荷200MW，单元2承担负荷300MW。

【例3-2】　一个区域有两个发电单元，见表3-1。

表3-1　两台发电机组的信息

单元号	额定容量	调差系数
1	400MV·A	4%
2	800MV·A	5%

这两个单元为并联运行，在额定频率下提供700MW的功率，其中单元1提供200MW，单元2提供500MW，现增加负荷130MW。系统初始频率 $f_0=60\text{Hz}$。

（1）假定没有频率敏感型负荷，即 $\delta=0$，试求稳态频率偏差和每个发电单元新的发电量。

（2）频率变化为1%时，负荷变化率为0.804%，即 $\delta=0.804$。试求稳态频率偏差和每个发电单元新的发电量。

解：将每个发电单元的调速器调差系数转化为同一基准容量下的值（基准容量为1000MV·A）

$$R_1=\frac{1000}{400}\times0.04=0.1,\ R_2=\frac{1000}{800}\times0.05=0.0625$$

负荷变化量为

$$\Delta P_L=\frac{130}{1000}=0.13$$

（1）由于 $\delta=0$，稳态频率偏差标幺值为

$$\Delta\omega_{ss}=\frac{-\Delta P_L}{\frac{1}{R_1}+\frac{1}{R_2}}=\frac{-0.13}{10+16}=-0.005$$

因此，稳态频率偏差值为

$$\Delta f=-0.005\times60\text{Hz}=-0.30\text{Hz}$$

新的频率为

$$f=f_0+\Delta f=(60-0.30)\text{Hz}=59.70\text{Hz}$$

两个单元的发电变化量分别为

$$\Delta P_1=-\frac{\Delta\omega}{R_1}=-\frac{-0.005}{0.10}=0.05$$

$$\Delta P_2=-\frac{\Delta\omega}{R_2}=-\frac{-0.005}{0.0625}=0.08$$

因此，单元1发电250MW，单元2发电580MW，新的运行频率为59.70Hz。用MATLAB指令可以画出两个调速器的速度特征，如图3-8所示。从图中可以看出，最初，在频率

为1.0时，两个发电单元的输出功率分别为0.2和0.5；当增加负荷0.13时，频率降到0.995，两个发电单元的新的发电功率分别为0.25和0.58。

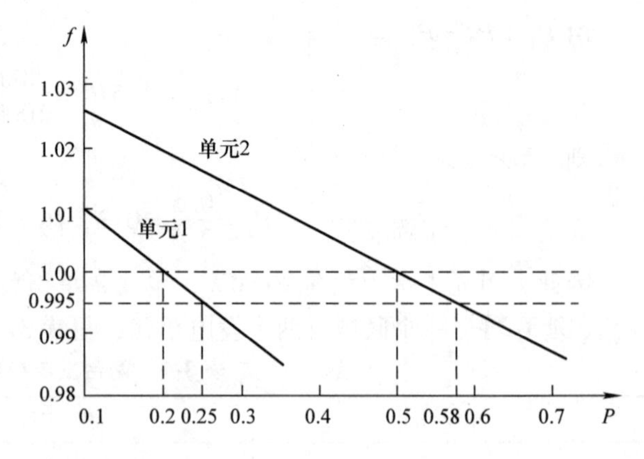

图3-8 两个发电单元的负荷分配

（2）当$\delta=0.804$时，稳态频率偏差标幺值为

$$\Delta\omega_{ss}=\frac{-\Delta P_L}{\frac{1}{R_1}+\frac{1}{R_2}+\delta}=\frac{-0.13}{10+16+0.804}$$
$$=-0.00485$$

因此，稳态频率偏差值为

$\Delta f=-0.00485\times60=-0.291\text{Hz}$

新的频率为

$$f=f_0+\Delta f=(60-0.291)\text{Hz}=59.709\text{Hz}$$

每个单元的发电变化量为

$$\Delta P_1=-\frac{\Delta\omega}{R_1}=-\frac{-0.00485}{0.1}=0.0485$$

$$\Delta P_2=-\frac{\Delta\omega}{R_2}=-\frac{-0.00485}{0.0625}=0.0776$$

因此，单元1发电248.5MW，单元2发电577.6MW，新的运行频率为59.709Hz。总的发电变化量为126.1MW，比130MW的负荷变化量少3.9MW，这是因为频率的降低导致了负荷功率的变化，负荷功率变化了$\Delta\omega\delta=-0.00485\times0.804=-0.0039$，即$-3.9$MW。

第二节 调频与调频方程式

调频就是改变发电机组功率的设定值，功率的设定值用P_{ref}表示。前面已经提到，调频是二次调节，就是通过上下平移调速器调节特性的方法，改变发电机组的输出功率，并且使频率恢复到额定值。调速器的控制电动机，即图3-3中改变D点位置的伺服电动机，称为同步器或调频器。功率设定值P_{ref}改变了，调频器就改变D点位置，调速器的调节特性就被上下平移了。只有在输入信号的$\Delta P_{ref}=0$，即设定值没有变动时，调频器才不转动，停止调节。

调频的一个目的是调节系统频率为额定值。如果调节结束后，频率仍然存在偏差Δf，就称这样的调频为有差调频法；如果调节结束后，频率偏差$\Delta f=0$，就称这样的调频为无差调频法。调频的另一个目的是保持联络线功率为计划值。互联区域之间的交换功率是一个计划功率，区域内负荷的变动，要由本区域的机组完成频率调节，不能影响到其他互联区域的频率和联络线的功率。这样的调频任务是由自动发电控制，即AGC来完成的。

控制调频器的信号有比例、积分、微分三种基本形式。

（1）比例调节 按频率偏移的大小，控制调频器按比例地增、减机组功率，即$\Delta P_{ref}\propto\Delta f$。这种调频方式只能减小而不能消除系统频率偏移。

（2）积分调节　按频率偏移对时间的积分来控制调频器，即 $\Delta P_{ref} \propto \int \Delta f \mathrm{d}t$。这种方式可以实现无差调节，但负荷变动的最初阶段，因控制信号不大而会延缓调节过程。

（3）微分调节　按频率偏移对时间的微分来控制调频器，即 $\Delta P_{ref} \propto \frac{\mathrm{d}\Delta f}{\mathrm{d}t}$。在负荷变动的最初阶段，增、减调节较快，但随着时间推移，Δf 趋于稳定时，调节量也就趋于零，在稳态时不起作用。

上述三种形式各有优缺点，应取长补短，综合利用。将综合后的信号作为调频器控制信号，改变功率设定值增量 ΔP_{ref}，直到控制信号为零时为止。电力系统中实现频率和有功功率自动调节的方法大致有以下几种。

一、有差调频法

有差调频法指用有差调频器并联运行，达到系统调频的目的的方法。有差调频器的稳态工作特性可以用下式表示：

$$\Delta f + R\Delta P_{ref} = 0 \left(\Delta f = f - f_N \right) \tag{3-8}$$

式中　Δf——调频过程结束时系统频率的增量；

ΔP_{ref}——调频机组有功功率设定值的增量；

R——有差调频器的调差系数。

应该明确，只有稳态方程式（3-8）得到满足时，调频器才结束其调节过程。调频器的调节是向着满足式（3-8）的方向进行的，下面根据式（3-8）来分析装有有差调频器的发电机组的工作情况。先假定发电机组工作在图 3-9 的点 1，其对应的系统频率为 f_1，发电机组功率为 P_{ref1}。这时满足式（3-8），即 $\Delta f_1 + R\Delta P_{ref1} = 0$（$\Delta f_1 < 0$，$\Delta P_{ref1} > 0$）。现在系统负荷增加了，则系统频率低于 f_1，式（3-8）左端出现了负值，破坏了原有的平衡状态，于是调频器就向满足式（3-8）的方向进行调节，使 ΔP_{ref} 获得新的正值，即增加进入机组的动力元素，直至式（3-8）重新得到满足时，调节过程才能结束。由图 3-9 调频特性可知，发电机组必稳定在新的稳态工作点 2，该点的系统频率为 f_2（$< f_1$），发电机组的功率为 P_{ref2}（$> P_{ref1}$），$\Delta f_2 + R\Delta P_{ref2} = 0$，式（3-8）又重新得到了满足。由以上分析还可以看出，式（3-8）可以准确地描述调频过程及有差调频器的最终特性，所以它又称为调频方程式或调节方程式。

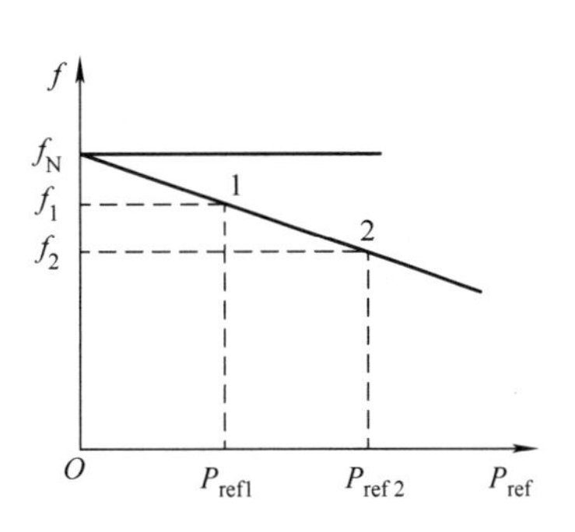

图 3-9　有差调频器调频特性

不涉及调频器的具体电路，而用调频方程式来分析各种调频方法的特性与优缺点是本章所采用的基本方法。下面就用调频方程式（3-8）来分析有差调频机组并联调频时的优缺点。

当系统中有 n 台机组参加调频，每台机组各配有一套式（3-8）表示的有差调频器时，全系统的调频方程式可用下面的联立方程组来表示：

$$\begin{cases}\Delta f + R_1 \Delta P_{\text{ref1}} = 0 \\ \Delta f + R_2 \Delta P_{\text{ref2}} = 0 \\ \quad \vdots \\ \Delta f + R_n \Delta P_{\text{ref}n} = 0\end{cases} \tag{3-9}$$

式中 Δf——系统的频率增量；

R_i——第 i 台机组调频器的调差系数；

$\Delta P_{\text{ref}i}$——第 i 台机组的有功功率增量（调频功率）。

设系统的负荷增量（即计划外的负荷）为 ΔP_{L}，则调节过程结束时，必有

$$\Delta P_{\text{L}} = \Delta P_{\text{ref1}} + \Delta P_{\text{ref2}} + \cdots + \Delta P_{\text{ref}n} = -\Delta f\left(\frac{1}{R_1} + \frac{1}{R_2} + \cdots + \frac{1}{R_n}\right) = -\frac{\Delta f}{R_{\text{x}}} \tag{3-10}$$

其中 $R_{\text{x}} = \dfrac{1}{\dfrac{1}{R_1} + \dfrac{1}{R_2} + \cdots + \dfrac{1}{R_n}}$，是系统的等值调差系数。

式（3-9）也可以写为

$$\Delta f + R_{\text{x}} \Delta P_{\text{ref}} = 0 \tag{3-11}$$

将式（3-10）代入式（3-9），可以求得每台调频机组所承担的计划外负荷为

$$\Delta P_{\text{ref}i} = \frac{R_{\text{x}}}{R_i}\Delta P_{\text{L}} = \frac{\Delta P_{\text{L}}}{R_i\left(\dfrac{1}{R_1} + \dfrac{1}{R_2} + \cdots + \dfrac{1}{R_n}\right)} \quad i = 1, 2, 3, \cdots, n \tag{3-12}$$

式（3-8）、式（3-9）、式（3-12）说明有差调频器具有下述优缺点：

（1）各调频机组同时参加调频，没有先后之分　式（3-9）说明，当系统出现新的频率差值时，各调频器方程式的原有平衡状态被同时打破，因此各调频器都向着同一个满足方程式的方向进行调节，同时发出改变有功出力增量 ΔP_{ref} 的命令。调频器动作的同时，可以在机组间均衡地分担计划外负荷，有利于充分利用调频容量。

（2）计划外负荷在调频机组间按一定比例分配　式（3-12）说明各调频器机组最终负担的计划外负荷 $\Delta P_{\text{ref}i}$ 与其调差系数 R 成反比。要改变各机组间调频容量的分配比例，可以通过改变调差系数来实现。负荷的分配是可以控制的，这是有差调频器固有的优点。

（3）频率稳定值的偏差较大　式（3-8）说明有差调频器不能使频率稳定在额定值，负荷增量越大，频率的偏差值也就越大，这是有差调频器固有的缺点。例如系统的等值调差系数 $R_{\text{x}} = 3\%$，当计划外负荷 $\Delta P_{\text{L}} = 20\%$ 时，频率稳定值的偏差值 $\Delta f = 0.6\%$，即 0.3Hz，大大超过自动调频的允许范围。

二、主导发电机法

为了克服有差调频的缺点，很自然地会想到运用无差调频器。无差调频器的调节方程式为

$$\Delta f = 0 \tag{3-13}$$

无差调频器虽具有频率偏差值为零的优点，但无差调频器不能并联运行。为此，只可在一台主要的调频机组上使用无差调频器，而在其余的调频机组上均只安装功率分配器，这样的调频方法称为主导发电机法，其调节方程组为

$$\begin{cases}\Delta f=0(\text{发电机 }1,\text{主导发电机})\\ \Delta P_{\text{ref2}}=K_1\Delta P_{\text{ref1}}(\text{发电机 }2)\\ \vdots\\ \Delta P_{\text{ref}n}=K_{n-1}\Delta P_{\text{ref1}}(\text{发电机 }n)\end{cases} \tag{3-14}$$

式中　$\Delta P_{\text{ref}i}$——第 i 个调频发电机组的有功增量；

K_i——功率分配系数。

图 3-10 为无差调频系统的原理示意图，其调频过程如下。

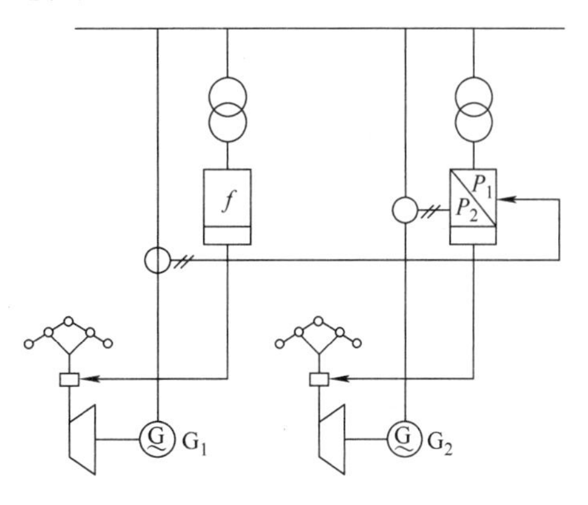

图 3-10　无差调频系统原理示意图

设系统负荷有了新的增量 ΔP_L，在调频器动作前，频率必然出现新的差值，即 $\Delta f\neq0$，这时，式（3-14）中主导发电机组调频器的调节方程式的原有平衡状态被首先打破，无差调频器向着满足其调节方程式的方向对机组的有功出力进行调节，随之出现了新的 ΔP_{ref1} 值，于是式（3-14）中其余 $n-1$ 个调频机组的功率分配方程式的原有平衡状态跟着均被打破，它们都会向着满足其功率分配方程式的方向对各自机组的有功出力进行调节，即出现了“成组调频”的状态。调频过程一直要到 ΔP_{ref1} 不再出现新值时才结束，此时必有

$$\begin{cases}\Delta P_L=\sum\limits_{i=1}^{n}\Delta P_{\text{ref}i}=(1+K_1+K_2+\cdots+K_{n-1})\Delta P_{\text{ref1}}\\ \Delta f=0\end{cases} \tag{3-15}$$

而各调频机组分担的功率为

$$\Delta P_{\text{ref}i}=\frac{K_{i-1}}{1+K_1+K_2+\cdots+K_{n-1}}\cdot\Delta P_L=\frac{K_{i-1}}{K_x}\Delta P_L \tag{3-16}$$

式中　$K_x=1+K_1+\cdots+K_{n-1}$。

式（3-16）说明各调频机组间的出力也是按照一定比例分配的。

无差调频器为主导调频器的主要缺点是各机组在调频过程中的作用有先有后，缺乏同时性，这必然导致调频容量不能充分利用，而且使整个调频过程变得较为缓慢。所以其稳定特性虽然比较好，但动态特性不够理想。

三、积差调频法（同步时间法）

积差调频法是一种现在用得比较普遍的调频方法，它兼有无差调频法和有差调频法的优点，即不但能够做到无差，并且能够做到调频没有先后之分。

积差调频法（或称同步时间法）是根据系统频率偏差的累积值进行工作的。为了对积差调频法获得一个明确的概念，可先研究一台发电机组积差调节的工作过程。一台发电机组积差调节的工作方程式为

$$\int\Delta f\mathrm{d}t+K\Delta P_{\text{ref}}=0(\Delta f=f-f_N) \tag{3-17}$$

式中　K——调频功率比例系数。

图3-11说明了积差调频的过程。假定 $t=0$ 时，$f=f_N$，$\int\Delta f \mathrm{d}t=0$，$\Delta P_{ref}=0$，满足式(3-17)；在 t_1 时刻，由于负荷增大，系统频率开始下降，出现了 $\Delta f<0$，于是 $\int\Delta f\mathrm{d}t$ 不断增加其负值，使该式的原有平衡状态遭到破坏。调频器向着满足式（3-17）的方向进行调节，即增加机组的输出功率设定值 ΔP_{ref}，只要 $\Delta f\neq 0$，不论 Δf 多么小，$\int\Delta f\mathrm{d}t$ 都会不断地累积出新值，调节过程就不会终止，直到系统频率恢复到额定值，即 $\Delta f=0$，也就是图3-11中的 t_A 点，这时 $f=f_N$，$\int\Delta f\mathrm{d}t=A=$ 常数，式（3-17）

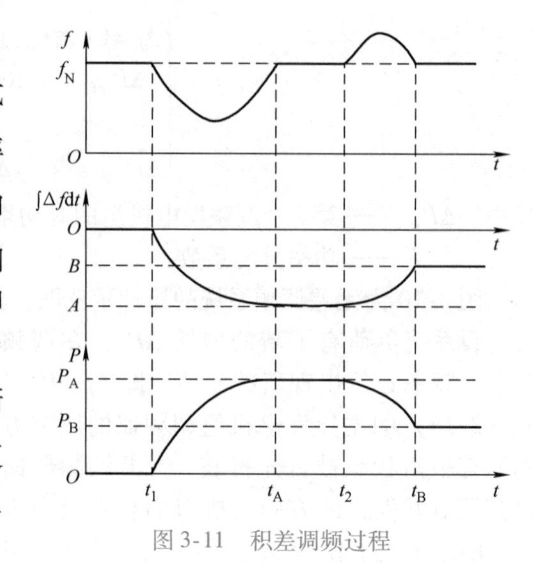

图3-11　积差调频过程

才能得到满足，调节过程才会结束；此时 $\Delta P_{ref}=\Delta P_{refA}=-\dfrac{A}{K}$保持不变。

到 t_2 时刻，由于负荷减小，系统频率又开始升高，$\Delta f>0$，$\int\Delta f\mathrm{d}t$ 就向正方向积累，使其负值减小，于是平衡状态又被破坏，调频器动作，减小功率设定值 ΔP_{ref}，直到机组输出功率与负荷消耗功率重新相等，频率又恢复到 f_N，即达到图3-11中的 t_B 点时，调节过程结束，这时又有 $\Delta f=0$，$\int\Delta f\mathrm{d}t=B=$ 常数，发电机组的出力为 $\Delta P_{ref}=P_{refB}=-\dfrac{B}{K}<P_{refA}$。

由此可见，积差调频法的特点是调节过程只能在 $\Delta f=0$ 时结束，当 $\Delta f\neq 0$ 时，$\int\Delta f\mathrm{d}t$ 就不断积累，其值就不断变化，式（3-17）就不能平衡，调节过程就要继续下去。当调节过程结束时，$\Delta f=0$，而 $\int\Delta f\mathrm{d}t=-K\Delta P_{ref}=$ 常数，此常数与计划外负荷成正比，计划外负荷越大频率累积误差也越大。这个频率累积误差是个有限值，日用电钟的计时误差与此累积值有关。为了保证电钟的正确性，可以在夜间低负荷时进行补偿。

在电力系统中，多台机组用积差法实现调频时，可采用集中制、分散制两种方式，其示意图分别如图3-12和图3-13所示，其调频方程组如下：

$$\begin{cases}\int\Delta f\mathrm{d}t+K_1\Delta P_{ref1}=0\\ \int\Delta f\mathrm{d}t+K_2\Delta P_{ref2}=0\\ \quad\vdots\\ \int\Delta f\mathrm{d}t+K_n\Delta P_{refn}=0\end{cases}\tag{3-18}$$

由于系统中各点的频率是相同的，所以各机组的 $\int\Delta f\mathrm{d}t$ 也可以认为是相等的，各机组是同时进行调频的。系统的调频方程式为

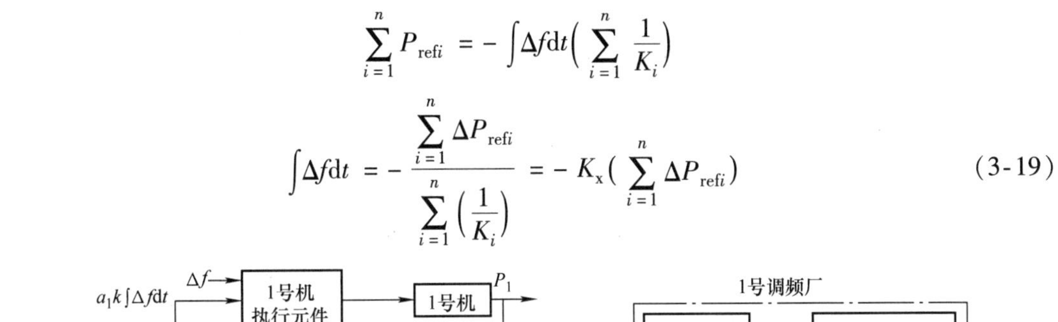

$$\sum_{i=1}^{n} P_{\mathrm{ref}i} = -\int \Delta f \mathrm{d}t \left(\sum_{i=1}^{n} \frac{1}{K_i} \right)$$

$$\int \Delta f \mathrm{d}t = -\frac{\sum_{i=1}^{n} \Delta P_{\mathrm{ref}i}}{\sum_{i=1}^{n} \left(\frac{1}{K_i} \right)} = -K_{\mathrm{x}} \left(\sum_{i=1}^{n} \Delta P_{\mathrm{ref}i} \right) \tag{3-19}$$

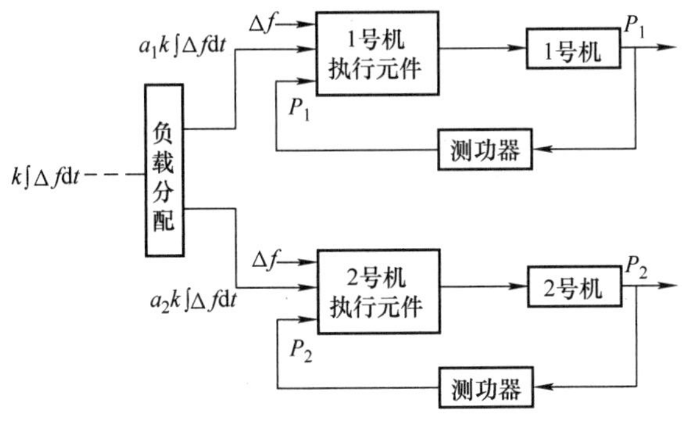

图 3-12　集中制调频示意图

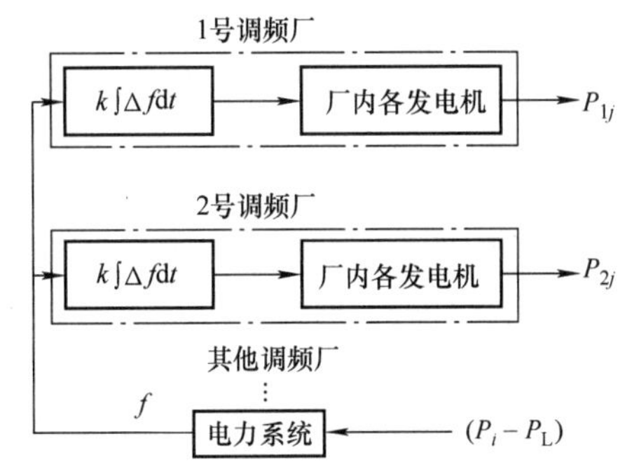

图 3-13　分散制调频示意图

其中 $K_{\mathrm{x}} = \dfrac{1}{\sum_{i=1}^{n} \left(\frac{1}{K_i} \right)}$。

每台调频机组分担的计划外负荷为

$$\Delta P_{\mathrm{ref}i} = \frac{K_{\mathrm{x}}}{K_i} \left(\sum_{i=1}^{n} \Delta P_{\mathrm{ref}i} \right) \tag{3-20}$$

式（3-20）说明，按积差调频法实现调频时，各机组的出力也是按照一定比例自动进行分配的。

频率积差调频法的优点是能使系统频率维持额定，计划外的负荷能在所有参加调频的机组间按一定的比例进行分配。其缺点是频率积差信号滞后于频率瞬时值的变化，因此调节过程缓慢。

四、改进积差调频法

当频率偏差较大时，调节速度就应该快些，为此，在频率积差调节的基础上增加频率瞬时偏差的信息，这样就得到了改进的频率积差调节方程式，即

$$\Delta f + R\left(\Delta P_{\mathrm{ref}} + \int K \Delta f \Delta \mathrm{d}t \right) = 0 \tag{3-21}$$

式中　ΔP_{ref}——发电机组功率设定值；

R——调差系数；

K——功率频率换算系数。

在式（3-21）中，可认为 $\int K\Delta f \mathrm{d}t$ 代表了系统计划外负荷的数值（K 是一个换算系数）。上述概念也有利于说明积差调节过程中调速器与调频器的关系，当系统频率变化时，按 Δf

启动的调速器会比按积差工作的调频器先进行大幅度的调节，但远不会达到额定频率，到频差积累到一定值时，调频器会取代调速器的工作特性，使其按照积差调频的方程式进行调节。因此，一般称调速器的作用为一次调频，积差调频器的作用为二次调频。

改进的积差调频方法，是按照一定比例分配计划外负荷的。调频过程按下式进行：

$$\Delta f+R_i\left(\Delta P_{\mathrm{ref}i}+\alpha_i\int K\Delta f\mathrm{d}t\right)=0\quad i=1,2,\cdots,n \tag{3-22}$$

对于图3-12所示的集中制调频，调度中心把频差积分信号 $K\int\Delta f\mathrm{d}t$ 通过远动通道送到各调频电厂，厂内配置一台负荷分配器和各机组执行单元，用于控制全厂调频机组的功率设定值增量 ΔP_{ref}，它的输入信息除了调度送来的频差积分信号外，还有当地产生的频差 Δf，和厂内各调频机组的输出功率 P_1、P_2、…。按照满足式（3-22）的方程给出输出信号 ΔP_{ref} 接到相应机组的控制电动机，调节它们的功率设定值。集中制调频的主要优点是各机组的功率分配是有比例的，即式中的 α_i 是按照经济分配的原则给出的。α_i 的确定将在下一节中详细介绍。

图3-13所示的分散制调频的主要缺点是各调频装置的误差会带来系统内无休止地无谓的功率交换。实际上各厂调频器内的标准信号 $f_{\mathrm{N}i}$ 是不会完全相等的，即

$$f_{\mathrm{N1}}\neq f_{\mathrm{N2}}\neq\cdots\neq f_{\mathrm{N}n} \tag{3-23}$$

虽然系统的频率各点都相同，但各厂的 Δf_i 却不能同时为零。$i-1$ 厂的调频器努力要将系统的频率稳定在 $f_{\mathrm{N}(i-1)}$ 上，而 i 厂又要将频率稳定在 $f_{\mathrm{N}i}$ 上，它们各不相让，没有一个能中止。虽然可以将各厂的标准信号 $f_{\mathrm{N}i}$ 的误差减至很小，但积差调频器又将这些小误差不断地进行累积，以改变各厂的出力，致使系统中产生无谓的功率交换，这显然是十分有害的。由于 $f_{\mathrm{N}i}$ 分布在各厂，较难统一地进行纠正，这是推广分散制调频的主要障碍之一。

五、分区调频

（一）分区控制误差 ACE

当多个省级或区域电网联合成一个大的电力系统时，为了配合分区调度的管理制度，也为了避免集中调频的范围过大而产生的技术困难，在联合系统中一般均采用分区调频的方法。分区调频法的特点是区内负荷的非计划负荷的变动主要由本区内的调频厂来负担，其他区的调频厂不参与调频，因此区域间联络线上的功率应该维持计划值不变。所以，分区调频方程式必须能判断负荷的变动是否发生在本区之内。若在本区，如何调频，即如何调节功率的设定值；若不在本区，就不要有任何功率设定值的变动。

现以图3-14所示的联合电力系统为例，先说明负荷变动是否发生在本区之内的判别原理。设经联络线由A端流向B端的功率为 $P_{\mathrm{tie}\cdot\mathrm{A}}$，由B端流向A端的功率为 $P_{\mathrm{tie}\cdot\mathrm{B}}$，则必然有 $P_{\mathrm{tie}\cdot\mathrm{A}}+P_{\mathrm{tie}\cdot\mathrm{B}}=0$，当B区负荷突然增长，A区负荷不变时，整个系统的频率都会下降，即有 $\Delta f<0$。A、B两区内的调速器随即动作，增加各机组的出力，联络线上就会出现由A端流向B端的功率增量，即 $\Delta P_{\mathrm{tie}\cdot\mathrm{A}}>0$（还应该说明，即使不考虑调速器的动作，此时也仍有 $\Delta P_{\mathrm{tie}\cdot\mathrm{A}}>0$），与 Δf 异号；同时在另

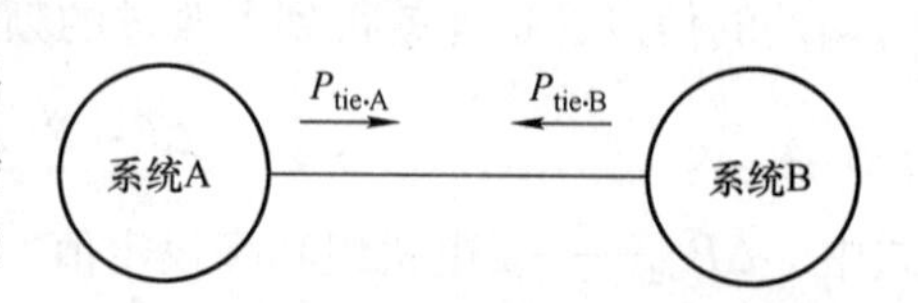

图3-14 联合电力系统示意图

一端必有 $\Delta P_{tie\cdot B}<0$，与 Δf 同号。这说明在联合系统中可以用流出某区功率增量的正或负与系统频率增量的符号进行比较，来判断负荷变动是否发生在该区之内。若 A 区负荷突增或突减，上述判断方法同样适用，不再赘述。

其次要使非负荷变化区内的调频发电机在系统调频过程中尽可能少输出调频功率，这当然也要利用该区流出功率增量与频差异号的关系；在调频过程中，非负荷变化区的 Δf 与联络线功率变化 ΔP_{tie}之间关系不但是非线性的，而且是随时间变化的，它取决于系统的一次调频特性、二次调频特性及负荷的组成等因素。虽然如此，但还是可以找到某个常数，如在上例 A 区是 K_A，使 $K_A\Delta f+\Delta P_{tie\cdot A}$在整个调频过程中取值虽不为零，但也不大，于是就可以运用如下的 A 区调频方程式：

$$K_A\Delta f+\Delta P_{tie\cdot A}+\Delta P_A=0 \tag{3-24}$$

其中 P_A 为 A 区机组输出的调频功率，可为正，也可为负。仍以图 3-14 的系统为例，当 B 区负荷增加时，$\Delta f<0$，$\Delta P_{tie\cdot A}>0$。由于有适当因子 K_A，致 $K_A\Delta f+\Delta P_{tie\cdot A}\approx 0$，于是调频器向满足调频方程式的方向进行，必有 $\Delta P_A\approx 0$，最终结果是 A 区机组基本不向 B 区输出调频功率。而当 A 区负荷增加时，Δf 与 $\Delta P_{tie\cdot A}$都为负，于是调频器向增大 P_A 的方向进行调节，这样就可以达到分区调频的目的。由此可见，$K_i\Delta f+\Delta P_{tie\cdot i}$是实现分区调频的重要因子，一般称为分区控制误差（area control error，ACE），即

$$ACE=K\Delta f+\Delta P_{tie} \tag{3-25}$$

（二）分区调频方程式

实际最普遍使用的是 ACE 积差调节法，其分区调频方程式为

$$\int(K_i\Delta f_i+P_{tie\cdot i\cdot a}-P_{tie\cdot i\cdot s})dt+\Delta P_{ref\cdot i}=0 \tag{3-26}$$

式中　Δf_i——系统频率的偏差，$\Delta f_i=f_i-f_N$；

$P_{tie\cdot i\cdot a}$——i 区联络线功率和的实际值，以该区输出的联络线功率为正，输入该区的联络线功率为负；

$P_{tie\cdot i\cdot s}$——i 区联络线功率和的计划值，功率的正负方向与 $P_{tie\cdot i\cdot a}$相同；

$\Delta P_{ref\cdot i}$——i 区调频机组的功率设定值增量。

一般将式（3-26）写为

$$\int(K_i\Delta f_i+\Delta P_{tie\cdot i})dt+\Delta P_{ref\cdot i}=0 \tag{3-27}$$

式中　$\Delta P_{tie\cdot i}$——i 区联络线功率对计划值的偏差，联络线功率的正负方向与式（3-26）相同。

由于式（3-27）中包含了积差项，在调频过程结束时，必有

$$ACE=K_i\Delta f_i+\Delta P_{tie\cdot i}=0 \tag{3-28}$$

式（3-28）一般称为联络线调频方程式。分区调频过程结束时，分区控制误差 ACE = 0，并使系统频率恢复到额定值。

仍以图 3-14 系统为例，说明频率恢复为额定值的原理。系统分区调频方程组为

$$\begin{cases}\int(K_A\Delta f_A+\Delta P_{tie\cdot A})dt+\Delta P_{ref\cdot A}=0\\ \int(K_B\Delta f_B+\Delta P_{tie\cdot B})dt+\Delta P_{ref\cdot B}=0\end{cases} \tag{3-29}$$

各区的调频系统都向满足式（3-29）的方向进行调节，按照积差调节的法则，到分区调频结束时，各区的控制误差（ACE）都等于零，任何调频机组都不再出现新的功率增量，即有

$$\begin{cases} ACE_A = K_A \Delta f_A + (P_{tie \cdot A \cdot a} - P_{tie \cdot A \cdot s}) = 0 \\ ACE_B = K_B \Delta f_B + (P_{tie \cdot B \cdot a} - P_{tie \cdot B \cdot s}) = 0 \end{cases} \tag{3-30}$$

由于 $P_{tie \cdot A \cdot a} + P_{tie \cdot B \cdot a} = 0$，对于 n 个分区的调频方程式，如果各区调频中心都没有装置误差，即

$$\begin{cases} f_{N1} = f_{N2} = \cdots = f_{Nn} = f_N \\ \sum_{i=1}^{n} P_{tie \cdot i \cdot s} = 0 \end{cases} \tag{3-31}$$

则按式（3-29）进行分区调频的结果，系统频率必维持在额定值 f_N，并有 $\Delta P_{tie \cdot i} = 0$。

第三节　电力系统的经济负荷分配

电力系统的频率调节涉及系统中有功功率平衡和潮流分布。在保证频率质量和系统安全运行的前提下，如何使电力系统运行具有良好的经济性，这就是 EDC 的任务。它是联合自动调频的重要目标之一，因此也有人把 EDC 列为 AGC 功能的一部分，称之为 AGC/EDC 功能。可见，EDC 是按数学模型编制的程序，调用时需一定的时间开销，但它可以较长时间起动一次（一般在 5min 以上）。有人称 EDC 为三次经济调节。

一、等微增率分配负荷的基本概念

在一个大型互联电力系统中，目标是找到发电机组有功出力和无功出力的分配方案，使整个系统在保证安全稳定的情况下运行费用最小。通常，根据发电机容量和无功补偿容量，在保持整个系统良好运行的状态下，取一个目标函数的最小值。目标函数，又称成本函数，可表示经济成本、系统安全性或者其他目标。完善的无功功率计划兼顾经济运行和安全运行两项指标。这里主要讨论有功功率的经济分配。

影响发电厂成本的因素有发电机组的运行参数、燃料成本、传输损耗等。系统中发电效率高的发电厂成本不一定最小，因为它可能建在燃料费用高的地区。并且，如果发电厂建在离负荷中心较远的地方，传输损耗将很大，也降低了发电厂的经济性。因此，我们的任务是确定不同发电厂的发电机组的发电量，使整个电网的发电成本最低。发电厂的运行成本在系统经济负荷分配中起重要的作用。

一个简化的输入输出曲线如图 3-15a 所示，称为热率曲线，纵坐标为燃料输入量。把纵坐标由燃料输入量转换为成本费用，曲线就转化成燃料成本曲线，如图 3-15b 所示。实际情况中，发电燃料成本可以表示成有功功率的二次函数，即

$$C_i = \alpha_i + \beta_i P_i + \gamma_i P_i^2 \tag{3-32}$$

其中，α_i、β_i、γ_i 分别为第 i 台火电机组的燃料成本的常数项、一次项系数和二次项系数，其取值可从调度中心获取。

燃料成本曲线上某一点切线的斜率称为燃料成本微增率 λ，有

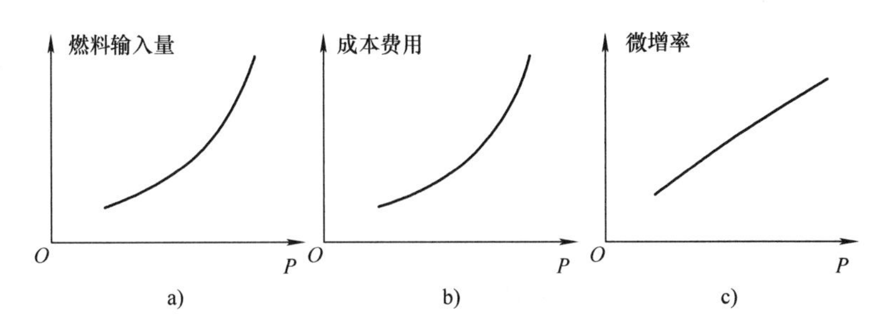

图 3-15　电力系统的相关曲线
a）热率曲线　b）燃料成本曲线　c）微增率曲线

$$\frac{\mathrm{d}C_i}{\mathrm{d}P_i}=2\gamma_i P_i+\beta_i \tag{3-33}$$

燃料成本微增率可用来测量输出一定增量的功率需要增加多少费用。总的成本包括燃料成本、劳动力成本、供给成本和储存成本等。这些成本假定是燃料成本的一个百分数，一般包括在燃料成本微增率曲线中，如图 3-15c 所示。

等燃料成本微增率法则，就是运行的发电机组按微增率相等的原则来分配负荷，这样就可使系统总的燃料消耗（或费用）为最小，从而是最经济的方式。

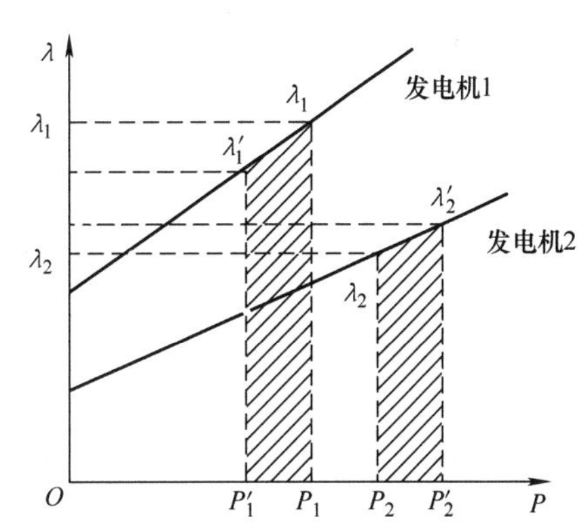

图 3-16　机组负荷与耗量微增率关系

为了说明等微增率法则，以最简单的两台机组并联运行为例。图 3-16 给出了两台发电机组，原来所带的负荷，机组 1 为 P_1，微增率为 λ_1；机组 2 为 P_2，微增率为 λ_2，而且 $\lambda_1>\lambda_2$。如果使机组 1 的功率减小 ΔP，即功率变为 P_1'，相应的微增率减小到 λ_1'。而机组 2 功率增加相同的 ΔP，变为 P_2'，微增率增至 λ_2'，此时总的负荷不变。由图可知，机组 1 减小的燃料消耗（图中 P_1、λ_1、λ_1'、P_1' 所围的面积）大于机组 2 增加的燃料消耗（图中 P_2、λ_2、λ_2'、P_2' 所围的面积）。这两个面积的差即为减少（或增加）的燃料消耗量，如果上述过程是使总的燃料消耗减小，则这样的转移负荷过程就会继续下去，总的燃料消耗将继续减小，直至两台机组的微增率相等时为止，即 $\lambda_1=\lambda_2$ 时，总的燃料消耗为最小。

当然，等微增率法则的严格证明应由数学推导来获得。

二、不考虑网损时负荷的经济分配

忽略线路损耗，总的负荷需求 P_D 等于总的发电机有功出力。C_i 是每一个发电厂的成本函数，并且是已知的。问题就转化成求每一个发电厂的有功功率，使目标函数

$$C_\mathrm{t}=\sum_{i=1}^{n_\mathrm{g}}C_i=\sum_{i=1}^{n_\mathrm{g}}\alpha_i+\beta_i P_i+\gamma_i P_i^2 \tag{3-34}$$

式中　C_t——总的发电成本；

C_i——第 i 个发电厂的发电成本；

P_i——第 i 个发电厂的有功出力；

n_g——发电厂的总数量。

最小，目标约束函数为

$$\sum_{i=1}^{n_g} P_i = P_D \tag{3-35}$$

式中　P_D——总的负荷需求。

构造拉格朗日函数，把约束条件增加到目标函数中，有

$$L = C_t + \lambda(P_D - \sum_{i=1}^{n_g} P_i) \tag{3-36}$$

取极值的条件为偏导数为零，即

$$\frac{\partial L}{\partial P_i} = 0 \tag{3-37}$$

$$\frac{\partial L}{\partial \lambda} = 0 \tag{3-38}$$

首先，由式（3-37）得

$$\frac{\partial C_t}{\partial P_i} + \lambda(0-1) = 0 \tag{3-39}$$

由于 $C_t = C_1 + C_2 + \cdots + C_{n_g}$，所以有

$$\frac{\partial C_t}{\partial P_i} = \frac{dC_i}{dP_i} = \lambda \tag{3-40}$$

因此，最优分配的条件变为

$$\frac{dC_i}{dP_i} = \lambda \quad i = 1, \cdots, n_g \tag{3-41}$$

或者

$$\beta_i + 2\gamma_i P_i = \lambda \tag{3-42}$$

再由式（3-38）得

$$\sum_{i=1}^{n_g} P_i = P_D \tag{3-43}$$

式（3-43）是最初的等式约束条件。总的来说，当忽略线路损耗并且无发电机组出力限制的情况下，为使总费用最小，应按相等的燃料成本微增率在发电设备或发电厂之间分配负荷。

【例 3-3】 三个发电厂的燃料成本函数为：$C_1 = 500 + 5.3P_1 + 0.004P_1^2$，$C_2 = 400 + 5.5P_2 + 0.006P_2^2$，$C_3 = 200 + 5.8P_3 + 0.009P_3^2$，其中 P_1、P_2、P_3 单位都是 MW，总负荷 P_D 为 800MW。忽略线路损耗和发电机组出力限制，求最优分配和总成本（元/h）。

解：由式（3-41）可得最优分配的必要条件

$$\frac{dC_1}{dP_1} = 5.3 + 0.008P_1 = \lambda$$

$$\frac{dC_2}{dP_2} = 5.5 + 0.012P_2 = \lambda$$

$$\frac{\mathrm{d}C_3}{\mathrm{d}P_3}=5.8+0.018P_3=\lambda$$

又因为 $P_1+P_2+P_3=P_D$，得最优分配为 $P_1=400\mathrm{MW}$，$P_2=250\mathrm{MW}$，$P_3=150\mathrm{MW}$，微增率为 $\hat{\lambda}=8.5$ 元/(MW·h)。

为说明最优分配下等燃料成本的微增率法则，用 MATLAB 中的 plot 指令在同一个坐标图中画出每个发电厂的增量成本曲线，如图 3-17 所示。选取不同的 λ 值，满足 $\sum P_i=P_D$。如果 $\sum P_i<P_D$，就把 λ 的值增大；否则，就减小 λ 的值。因此，图中的水平虚线将上下移动，直到找到一个最优分配的点，使 λ 满足 $\sum P_i=P_D$ 为止。在例 3-3 中，$P_D=800\mathrm{MW}$，可求得最优分配是 $P_1=400\mathrm{MW}$，$P_2=250\mathrm{MW}$，$P_3=150\mathrm{MW}$，在点 $\lambda=8.5$ 元/(MW·h)处。

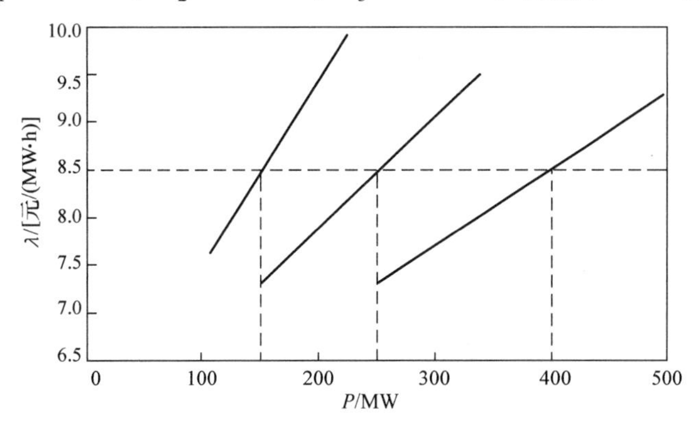

图 3-17　等成本微增率概念说明

三、考虑网损时负荷的经济分配

在一个大的互联电力系统中，由于传输距离较长并且负荷密度较小，这时传输损耗是影响发电机组的最优分配的一个主要因素，在考虑最优分配问题时不能忽略线路损耗。经济分配问题目的是为了使总的发电成本 C_i 最小，为

$$C_t=\sum_{i=1}^{n_g}C_i=\sum_{i=1}^{n_g}a_i+b_iP_i+g_iP_i^2 \tag{3-44}$$

式（3-44）的约束条件为发电出力，等于负荷与损耗的和

$$\sum_{i=1}^{n_g}P_i=P_D+P_L \tag{3-45}$$

构造拉格朗日函数为

$$L=C_t+l(P_D+P_L-\sum_{i=1}^{n_g}P_i) \tag{3-46}$$

最小值可由其偏导数为 0 时得到，即

$$\frac{\partial L}{\partial P_i}=0,\ \frac{\partial L}{\partial \lambda}=0 \tag{3-47}$$

由式 $\frac{\partial L}{\partial \lambda}=0$ 得第二个条件为

$$\sum_{i=1}^{n_g} P_i = P_D + P_L \tag{3-48}$$

式（3-48）即为上面给出的等式约束条件。

由式$\frac{\partial L}{\partial P_i}=0$得第一个条件为

$$\frac{\partial C_t}{\partial P_i}+\lambda\left(0+\frac{\partial P_L}{\partial P_i}-1\right)=0 \tag{3-49}$$

由于

$$C_t = C_1 + C_2 + \cdots + C_{n_g} \tag{3-50}$$

所以有

$$\frac{\partial C_t}{\partial P_i}=\frac{dC_i}{dP_i} \tag{3-51}$$

因此，最优分配条件是

$$\frac{dC_i}{dP_i}+\lambda\frac{\partial P_L}{\partial P_i}=\lambda \quad i=1,\cdots,n_g \tag{3-52}$$

其中，$\frac{\partial P_L}{\partial P_i}$是网损微增率。

一般情况下，式（3-52）可以写成下面的形式：

$$\frac{1}{1-\frac{\partial P_L}{\partial P_i}}\frac{dC_i}{dP_i}=\lambda \quad i=1,\cdots,n_g \tag{3-53}$$

或

$$L_i\frac{dC_i}{dP_i}=\lambda \quad i=1,\ \cdots,\ n_g \tag{3-54}$$

其中，L_i是发电厂i的惩罚因子，计算式为

$$L_i=\frac{1}{1-\frac{\partial P_L}{\partial P_i}} \tag{3-55}$$

为了估计线路损耗，这里引入了一个惩罚因子，其值取决于发电厂的位置。式（3-54）表明获得最小成本的条件是，各个发电厂增量成本与其惩罚因子的积相等。

经济负荷分配没有考虑输电线路和变压器等设备的传输限制。但由于输电线路有发热，电压和传输稳定性问题，就不能不考虑输电线路的传输极限。一般来说，在经济负荷分配的功率情况下，输电线路的设计传输功率是完全满足要求的，不应该有任何过负荷的问题。最优潮流就是优化发电计划。它在考虑经济负荷分配的同时，也考虑潮流限制问题。

四、自动发电控制（AGC/EDC 功能）的实现

（一）概述

由调速器实现调频以控制发电机组的输出功率，其响应速度较快，可适应小负荷、短时间的波动，对周期在 10～180s 而幅度变化较大的负荷，已经不能由调速器本身的调频特性来进行调节控制，就需要由电力系统控制中心，根据系统的频率以及与其他地区相连的输电

线上的功率的偏移程度，启动 AGC 来进行负荷控制。对于周期在 3min 以上的负荷波动，可以根据以往实测的负荷变化情况（即负荷曲线）和预测几分钟后总负荷的变化趋势，由计算机算出发电机组最经济的输出功率，然后发出控制命令到各发电厂进行调节，即按经济调度（EDC）实现负荷的分配控制。

AGC 是以控制调节发电机组的输出功率来适应负荷波动的反馈控制。电力系统中功率的不平衡将导致频率的偏移，所以电网的频率可以作为控制发电机组输出功率的一个信息。发电机组上的调速器能根据电力系统的频率变化自动地调节发电机组的输出功率，所以从某种意义上讲，它具有自动发电控制的功能，但通常不称为自动发电控制。这里的 AGC 是指一种控制性能比较完善且作用较好的发电机组输出功率的自动控制。它利用计算机来实现控制功能，是一个小型的闭环控制系统，有时也称为 AGC 系统。

（二）自动发电控制的基本原理

最简单的 AGC 系统的结构如图 3-18 所示，它是具有一台发电机组和联络线的 AGC 系统。图中 P_{set} 为输电线路功率的整定值，f_{set} 为系统频率整定值，P 为输电线路功率的实际值，f 为系统频率的实际值，B 为频率偏差因子（$B=\frac{1}{R}+D$，即考虑发电机组调差系数 R 和负荷调节效应 D 的情况下，频率变化 1% 对应的功率变化的百分数），$K(s)$ 为外部控制回路，用来根据电力系统频率偏差和输电线路上的功率偏差来确定输出控制信号，P_{ref} 为系统要求调节的控制信号，$N(s)$ 为内部控制回路，用来控制和调节调速器的阀门开度，以达到需要的输出功率。

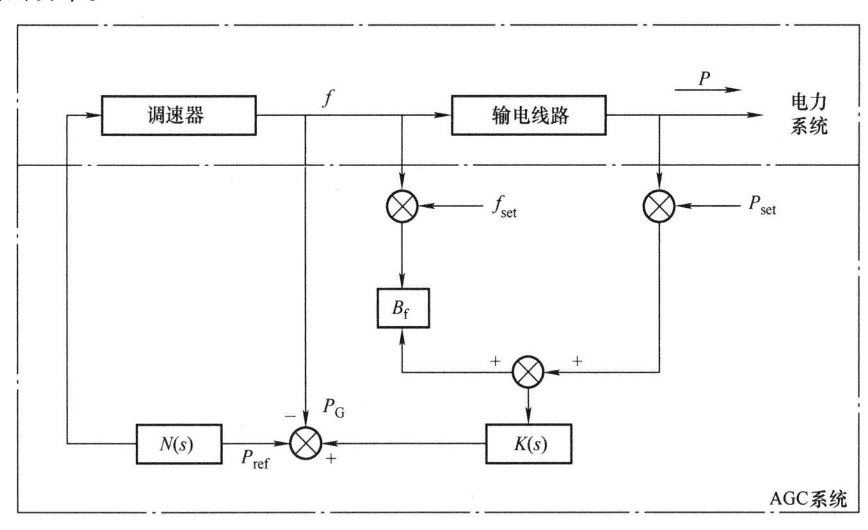

图 3-18 单台发电机组的 AGC 系统

对于具有多个联络点和发电机的实际电力系统，AGC 将变为包含许多并联发电机组控制回路的形式，如图 3-19 所示，其内部控制回路和外部控制回路的基本结构并未改变。G_1、G_2、G_3 为发电机组，ACE 称为误差信号信息，用来根据系统频率偏差以及输电线路功率偏差来确定输出控制信号，负荷分配器根据输入的控制信号大小和等微增率准则或其他原则来控制各台发电机组输出功率的大小。

AGC 系统具有 4 个基本任务和目标：

1）使全系统的发电机组输出功率和总负荷功率相匹配；

2）将电力系统的频率偏差调节到零，保持系统频率为额定值；

3）控制区域间联络线的交换功率与计划值相等，以实现各个区域内有功功率和负荷功率的平衡；

4）在区域网内各发电厂之间进行负荷的经济分配。

AGC 系统包括两大部分：

（1）负荷分配器　根据电力系统频率和其他有关的测量信号，按照一定的调节控制准则确定各发电机组的最佳设定输出功率。

（2）发电机组控制器　根据负荷分配器确定的各发电机组的最佳输出功率，控制调速器的调节特性，使发电机组在电力系统额定频率下发出的实际功率与设定的输出功率一致。

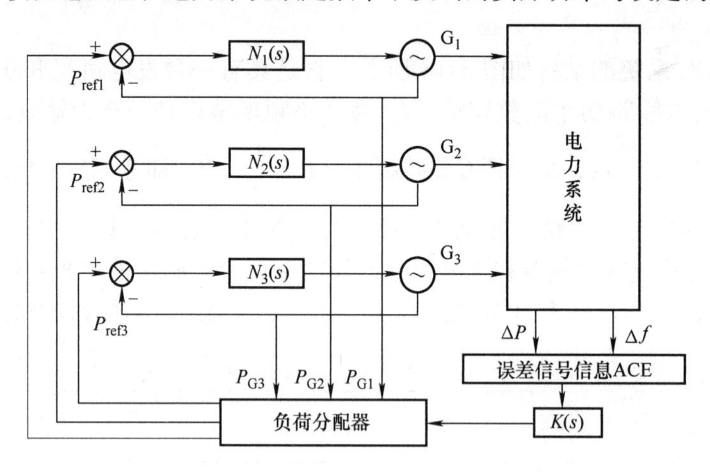

图 3-19　具有多台发电机组的 AGC 系统

AGC 系统中的负荷分配器是根据所测量的发电机组的实际输出功率和频率偏差等信号，按照一定的准则分配各台发电机组的输出功率。决定各台发电机组设定功率 P_{ref} 的负荷分配器，目前广泛采用以基点经济功率 P_{bi} 和分配系数 α_i 来表示每台发电机组的输出功率的方法，即各台发电机组的设定调节功率按以下公式分配：

$$P_{refi} = P_{bi} + \alpha_i\left(\sum_{i=1}^{n} P_{Gi} + \mathrm{ACE} - \sum_{i=1}^{n} P_{bi}\right) \tag{3-56}$$

式中　P_{refi}——第 i 台发电机组的设定调节功率；

P_{bi}——第 i 台发电机组的基点经济功率；

P_{Gi}——第 i 台发电机组的实际输出功率；

α_i——分配系数。

也就是说，系统各台发电机组的设定功率，取决于系统发电机组总的实际输出功率 P_{Gi} 和每台发电机组的基点经济功率 P_{bi}，以及系统频率偏差和功率偏差（ACE）。偏差越大，各发电机组的设定调节功率的变动就越大。当频率偏差和功率偏差趋于零时，AGC 系统发电机组总的设定调节功率就与发电机组总的实际输出功率相等。分配到每台发电机组的设定功率值则由分配系数 α_i 来决定，这种方法把自动调频与经济功率分配联系起来了，其中 P_{bi} 和 α_i 的值可以在每次经济分配计算时加以修正。

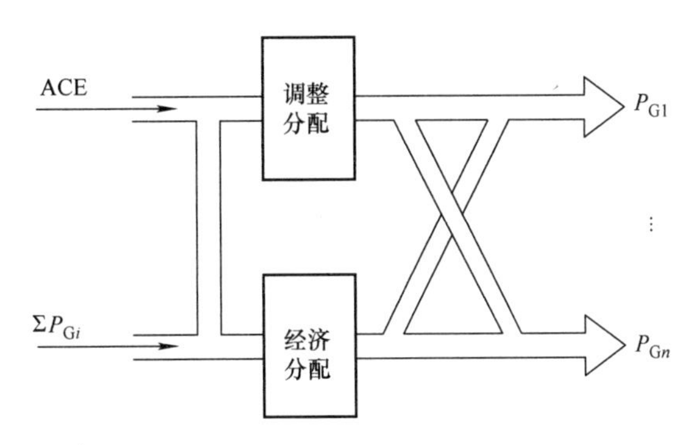

图 3-20　具有一个并联附加分配回路的 AGC 系统示意图

负荷分配方式每隔 5min 修改一次 P_{bi} 和 α_i 的值，以适应经济调度的要求。有时为了增大加到发电机组上的误差信号信息，可以使用一个或者多个附加的负荷分配回路，如图 3-20所示。这样的附加分配回路可以用一个分配系数 β_i 来表示，但它与按经济调度调节负荷的“分配系数 α_i”不同，它不受经济调度的约束，所以称为调节分配。

自动发电功率的分配方式为

$$P_{\text{ref}i} = P_{bi} + \alpha_i\left(\sum_{i=1}^{n} P_{Gi} + \text{ACE} - \sum_{i=1}^{n} P_{bi}\right) + \beta_i\text{ACE} \tag{3-57}$$

或

$$P_{\text{ref}i} = P_{bi} + \alpha_i\left(\sum_{i=1}^{n} P_{Gi} - \sum_{i=1}^{n} P_{bi}\right) + (\alpha_i + \beta_i)\text{ACE} \tag{3-58}$$

当 ACE 信息为零时，系统负荷完全按经济调度的要求进行分配。例如，系统中由于负荷变化时功率平衡遭到破坏，将产生 ACE 信息，并且按 $\alpha_i+\beta_i$ 的系数来分配，而当系统功率恢复平衡时，ACE 信息消失，这时总的发电功率仍然以经济调度为原则进行分配。所以，它是一种比较理想的分配方式。

早期的 AGC 系统多采用模拟式的控制设备，近几年来由于数字系统的灵活性和可靠性使模拟式的 AGC 系统逐渐被数字系统取代，在设备上采用了数字遥控装置和计算机。将发电机组控制回路和负荷分配回路的数据都设置在集中调度用的计算机中，因而所需要的数据在计算机的存储器中都可以直接得到。采用计算机的数字遥测遥控形式的发电机组控制系统如图 3-21 所示。

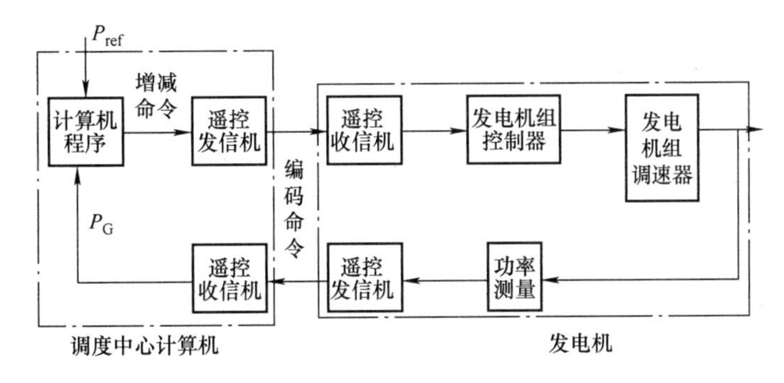

图 3-21　计算机数字遥测遥控发电机组控制系统

在现代数字电力系统中，AGC 的执行要求每隔 2 ~4s 测量一次联络线功率、系统频率和发电功率等数据，并通过遥测装置送到 AGC 的发电机组控制回路和负荷分配回路，使这两个回路的程序计算开始工作，然后计算出需要增加或减少发电量的信息，再由遥控装置将此信息发送到发电机组以完成对发电机组功率的控制和调节。

AGC 系统的任务是针对变化周期为 10 ~180s 的负荷进行调节。控制调节可以全部由计算机来承担，一台负责经济运行计算，另一台负责将计算结果以及控制信号送至各被控制发电厂。由于要解决周期为 10s 的负荷波动，因此 AGC 发出的指令循环周期必须小于 10s，对计算机的运算速度提出了较高的要求。

AGC 的任务不仅要维持电力系统的频率在额定值上，而且要维持和控制地区电网联络线上的交换功率在一定的范围内，如图 3-22 所示。

图中包括一个较小的系统 N（称为子系统）和三个地区电力网 A、B、C。N 通过联络线与 A、B、C 相连，P_A、P_B、P_C 为联络线上的净交换功率。N 除满足地区间规定的净交换功率 $P_A+P_B+P_C$ 之外，还要保持本系统的频率为额定值。在联合电力系统中的每个子系统都有类似的发电控制要求。而按联络线上进行交换功率所围成的各个子系统称为控制区域，图中子系统 N 就是一个控制区域。

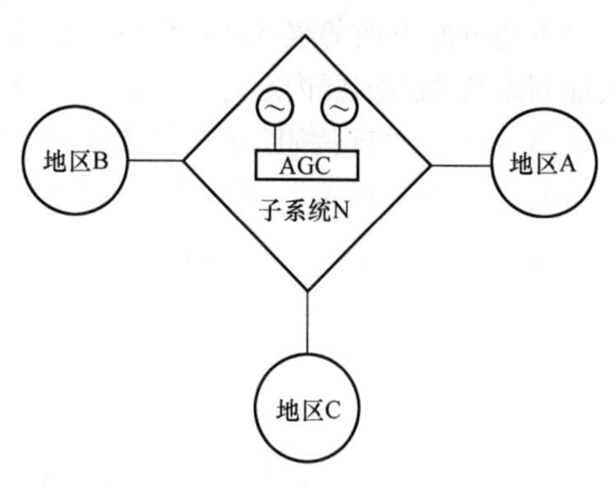

图 3-22　互联电力系统的 AGC

在控制区域内没有 AGC 时，区域内任何负荷的变化或扰动，都将使联合电力系统经联络线向该控制区域供给所需要的功率，这将使净交换功率偏离其预定的数值。而有 AGC 时，区域内负荷的变动将由 AGC 来控制调节、由控制区域内部的发电机组输出功率来适应，并可以保持交换功率及频率不变。

第四节　电力系统低频减负荷

一、概述

通常电力系统均具有热备用容量，正常运行时，如系统产生正常的有功缺额，可以通过对有功功率的调节来保持系统频率在额定值附近。但是在事故情况下，系统可能产生严重的有功缺额，因而导致系统频率大幅度下降。这是因为所缺功率已经大大超过系统热备用容量，系统已无可调出力以资利用，因此只能在系统频率降到某值以下时，采取切除相应用户的办法来减少系统的有功缺额，使系统频率保持在事故允许的限额之内，这种办法称为低频减负荷（under frequency load shedding，UFLS）。

二、系统频率的事故限额

电力系统的频率是反映其有功功率是否平衡的质量指标。当系统的有功功率有盈余时，频率就会上升并超过额定频率 f_N；当发送的有功功率有缺额时，频率就会下降至低于额定频率；当电力系统因事故而出现严重的有功功率缺额时，其频率也会随之急剧下降。频率降低较大对电力系统的运行是很不利的，有时甚至是十分有害的，主要表现在以下几个方面。

1）系统频率降低使厂用机械的出力大为下降。厂用机械出力的下降，必然使系统所有发电机组的有功出力进一步降低，有时可能形成恶性循环，直至频率雪崩。例如当频率降至47Hz时，给水泵、凝结水泵、送风机、吸风机的生产率就显著下降，这样使系统频率下降更快，从而发生频率崩溃现象。

2）系统频率降低使励磁机等的转速也相应降低。当励磁电流一定时，发送的无功功率会随着频率的降低而减少，运行经验说明，当频率降至45Hz时，系统的电压水平就会受到严重影响，可能造成系统稳定的破坏，使系统濒临崩溃。这种有功功率的严重缺额可能是由于一台或某几台起关键作用的发电机组因故退出工作而导致的。这说明发生在局部的或某个厂的有功电源方面的事故可能演变成整个电力系统的灾难，所以有功功率的平衡问题始终是系统调度工作的重要内容。

3）电力系统频率变化对用户的不利影响主要表现在以下几个方面：①频率变化将引起异步电动机转速的变化，这些电动机驱动的纺织、造纸等机械产品的质量将受到影响，甚至出现残次品；②系统频率降低将使电动机的转速和功率降低，导致传动机械的出力降低；③国防部门和工业使用的测量、控制等电子设备将因为频率的波动而影响准确性和工作性能，频率过低时甚至无法工作。《电力工业技术管理法规》中规定的频率偏差范围为±0.2～±0.5Hz。

4）汽轮机对频率的限制。频率下降会危及汽轮机叶片的安全，因此一般汽轮机叶片的设计都要求其自然频率躲开它的额定转速及其倍率值。系统频率下降时，因机械共振造成过大的振动应力有可能使叶片损伤。容量在300MW以上的大型汽轮发电机组对频率的变化尤为敏感。例如我国进口的某350MW发电机组，频率为48.5Hz时，要求发瞬时信号；频率为47.5Hz时，要求30s跳闸；频率为47Hz时，要求0s跳闸。而进口的某600MW发电机组，当频率降至47.5Hz时，要求9s跳闸。

5）频率升高对大发电机组的影响。电力系统因故障被解列成几个部分时，有的区域因有功功率严重缺额而造成频率下降，但有的区域却因有功功率过剩而造成频率升高，从而危及大机组的安全运行。例如，美国1978年的一个电网解列，其中1个区域频率升高时，6个电厂中的14台大机组跳闸。我国进口的某600MW机组，当频率升至52Hz时，要求小于0.3s跳闸。

6）频率降低对核能电厂的影响。核能电厂的反应堆冷却介质泵对供电频率有严格要求，如果不能满足，这些泵将自动断开，使反应堆停止运行。

综上所述，运行规程要求电力系统的频率不能长时间地运行在49Hz以下；事故情况下不能较长时间地停留在47Hz以下，瞬时值则不能低于45Hz。所以在电力系统发生有功功率缺额的事故时，必须迅速断开相应的用户，使频率维持在运行人员可以从容处理事故的水平上，然后再逐步恢复到正常值。综上，UFLS是电力系统一种有力的反事故措施。

三、系统频率的动态特性

电力系统由于有功功率平衡遭到破坏而引起系统频率发生变化，频率从正常状态过渡到另一个稳定值的过程，称为电力系统的动态频率特性。当系统中出现功率缺额时，系统中旋转机组的动能都为支持电网的能耗做出贡献，频率随时间变化的过程主要决定于有功功率缺额的大小与系统中所有转动部分的机械惯性，其中包括汽轮机、同步发电机、同步补偿机、电动机及电动机拖动的机械设备。电力系统出现功率缺额时，系统的稳定频率f_∞必然低于额定频率f_N，系统频率从f_N变化到f_∞的过程就反映出电力系统的动态频率特性，如图3-23所示。可以看出，系统频率的变化不是瞬间完成的，而是按指数规律变化，其表示式为

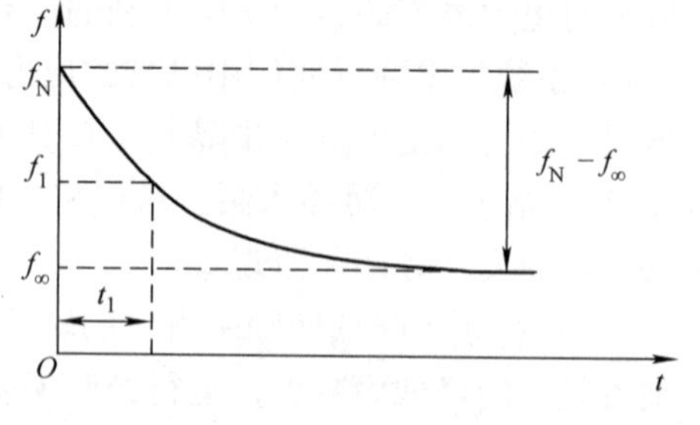

图3-23　系统的动态频率特性

$$f=f_\infty+(f_N-f_\infty)e^{-\frac{1}{T_f}} \qquad (3\text{-}59)$$

式中　f_∞——由功率缺额引起的另一个稳定运行频率；

T_f——系统频率变化的时间常数。

T_f与系统等值机组惯性常数以及负荷调节效应系数K_{L*}有关，一般在4～10s。大系统的T_f较大，小系统的T_f较小。

四、自动低频减载的工作原理

如图3-24所示，在系统频率的下降过程中，按照频率数值的顺序安排了几个计算点f_1、f_2、…、f_n，这些计算点就是低频减负荷装置的“轮”。故障发生前，系统频率稳定在额定值f_N。假定系统在点1发生了大量的有功功率缺额，系统频率随之急剧下降。当频率下降到f_1（图3-24中点2）时，第一轮频率继电器起动，经一定时间Δt_1（包括装置的动作时间和断路器的跳闸时间）后，断开一部分用户（图3-24中点3），这就是第一次对功率缺额进行的计算。如果功率缺额比较大，第一次计算并不能求得系统有功功率缺额的数值，那么频率还会继续下降，很显然由于切除了一部分负荷，功率缺额的数值已经减小，所有频率将按曲线3－4而不是按曲线3－3′继续下降。当频率下降到f_2（图3-24中点4）时，UFLS的第二轮频率继电器启动，经一定时间Δt_2后，又断开了接于第二轮频率继电器上的用户(图3-24中点5)，进行第二次计算，再看看系统有功功率缺额能不能得到补偿。当第二轮断开其所接的用户以后，频率开始沿曲线5－6回升，最后稳定在$f_{\infty(2)}$，也就是说，前两次计算得出了功率缺额的大致范围。如果第二轮动作后，断开的用户功率依然不是系统缺额功率的数值，那么，频率还会继续下降，并通过f_3、f_4等的实际断开，进行一次又一次的计算，一直到找到系统功率缺额的数值（同时也断开了相应的用户），即系统频率重新稳定下来或出现回升时，这个过程才会结束。由此看来，低频减负荷装置实质上是应用了逐次逼近的计算方法，迅速及时地计算出系统的功率缺额，并断开相应的用户，以达到系统频率的稳定，值班人员可以从容处理的目的。

五、最大功率缺额的确定

按上述原理工作的自动减负荷装置，必须保证在系统发生可能的最大功率缺额时，也能断开相应的用户，避免系统的瓦解，使频率趋于稳定。因此，确定最大功率缺额是减负荷装置正确动作的必要条件。

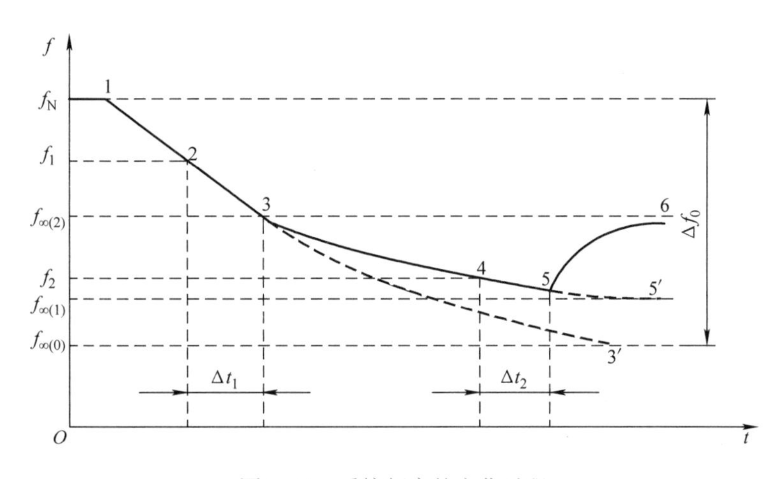

图 3-24　系统频率的变化过程

对系统中可能发生的最大功率缺额应作具体分析，有的按系统中断开最大容量的机组来考虑，有的要按断开发电厂高压母线来考虑，等等。如果系统有可能解列成几部分运行时，还必须考虑解列后各部分可能发生的最大功率缺额，这时整个系统的最大功率缺额应按各部分最大功率缺额之和来考虑，所以这是一项要从系统调度角度进行协调处理的任务。

系统功率最大缺额确定以后，就可以考虑接在减负荷装置上的负荷的总数。因为在自动减载动作后，并不希望系统频率完全恢复到额定频率f_N，而是恢复到低于额定频率的某一频率数值f_{hf}，考虑负荷调节效应后，接在减负荷装置上的负荷总功率P_{JH}可以比最大缺额功率P_{qe}小些。根据负荷调节效应系数公式

$$\delta=\frac{(P_{f\text{hf}}-P_{f\text{he}})/P_{f\text{he}}}{(f-f_N)/f_N}=\frac{P_{f\text{hf}*}}{\Delta f_*}=\frac{\Delta P_{f\text{hf}}\%}{\Delta f\%} \tag{3-60}$$

式中　$P_{f\text{he}}$、$P_{f\text{hf}}$——导致功率缺额事件发生前和发生后的系统总功率；

f——事件发生后不采取任何控制措施时的系统稳态频率；

$P_{f\text{hf}*}$、Δf_*——事件发生前后系统功率和频率的标幺值变化量；

$\Delta P_{f\text{hf}}\%$、$\Delta f\%$——系统功率和频率变化量的百分比数值。

低频减负荷装置动作前后，假定系统的负荷调节效应系数不变，则由式（3-60）可以得到

$$\frac{P_{qe}-P_{JH}}{P_x-P_{JH}}=\delta\frac{f_N-f_{hf}}{f_N}=\delta\Delta f_{hf*} \tag{3-61}$$

或

$$P_{JH}=\frac{P_{qe}-\delta P_x\Delta f_{hf*}}{1-\delta\Delta f_{hf*}} \tag{3-62}$$

式中　Δf_{hf*}——恢复频率偏差的相对值，$\Delta f_{hf*}=\dfrac{f_N-f_{hf}}{f_N}$；

P_x——减负荷前系统用户的总功率。

式（3-62）中所有功率都是额定频率下的数值。

【例 3-4】　某系统的用户总功率为$P_x=2800\text{MW}$，系统最大的功率缺额$P_{qe}=900\text{MW}$，负荷调节效应系数$\delta=2$，自动减负荷动作后，希望恢复频率值$f_{hf}=48\text{Hz}$，求接入减负荷装

置的负荷总功率 P_{JH}。

解：减负荷动作后，残留的频率偏差相对值

$$\Delta f_{hf*}=\frac{50-48}{50}=0.04$$

由式（3-62）得

$$P_{JH}=\frac{900-2\times0.04\times2800}{1-2\times0.04}\text{MW}=734\text{MW}$$

六、各轮动作频率的选择

一般第一轮动作频率选择要高一些，减负荷控制装置的效果就好一些。但是这样又可能在系统备用容量还未来得及发挥作用，而使系统频率暂时下降时，不必要地断开部分用户。一般的一轮动作频率整定在49Hz左右。

对高温高压火电厂，在频率低于46Hz时，厂用电已不能正常工作。在频率低于45Hz时，电压可能大量降低，严重时，可能使电力网瓦解。因此，自动减负荷装置最后一轮的动作频率最好不低于46Hz。但是，对于备用容量充裕的火电系统和以水电为主的系统，如果必要，频率也允许稍低一些，但不应低于45Hz。

在现代电力系统中，减负荷装置最后一轮动作后，系统频率不应低到使大机组跳闸的程度，以保证大机组的运行。关于最后一轮动作频率，我国尚未统一规定，但由于大机组的要求，最后一轮动作频率应大于或等于48Hz。

在一个实际的减负荷控制装置中，前后两级动作的时间间隔是受频率测量元件的动作误差和开关固有跳闸时间限制的。最严重的情况是前一轮频率继电器具有最大的负误差，后一轮频率继电器具有最大的正误差。考虑选择性（前一轮切除负荷后，如果频率不继续下降，则下一轮就不切除负荷）的最小频率误差为

$$\Delta f=2\Delta f_{\sigma}+\Delta f_{t}+\Delta f_{y} \tag{3-63}$$

式中　Δf_{σ}——频率继电器的最大误差；

Δf_{t}——Δt 时间内的频率变化，一般可取0.15Hz；

Δf_{y}——两级间留有的频率裕度，一般可取0.05Hz。

由于电力系统的规模越来越大，接线越来越复杂，所以事先难以预见事故的发展变化。在此情况下，采用级数不多的低频减负荷控制措施，往往难以达到恢复系统频率的要求。有时可能减负荷过多，使频率上升过高，有时又可能减负荷不足，造成频率下降过低。为此，可采用增加级数和缩小各级之间级差的方法来解决。

七、各轮最佳断开功率的计算

UFLS装置动作后，系统频率应恢复到较高的水平，以防止事故的扩大。如果无论系统功率缺额的大小和各次动作的轮数多少，系统频率总是准确地恢复到同一数值 $f_{hf\cdot lx}$，这样的UFLS装置的选择性是最理想的，但是实际上，这样高度准确的装置是不存在的。目前在UFLS装置的第 i 轮动作后，只能做到系统频率的最后稳定值在 $f_{hf\cdot lx}$ 值的上下某一个范围内，即在最大恢复频率 $f_{hf.\max\cdot i}$ 与最小恢复频率 $f_{hf\cdot\min\cdot i}$ 之间，可以认为（$f_{hf\cdot\max\cdot i}-f_{hf\cdot\min\cdot i}$）是正比于UFLS第 i 次的计算误差。要消灭这个误差是不可能的，但应使整个

UFLS 装置的误差（$f_{hf \cdot max} - f_{hf \cdot min}$）最小。当 UFLS 动作后，可能出现的最大误差最小时，UFLS 就具有最高的选择性。

现在的 UFLS 装置都设置有特殊轮（其作用在后面讨论），$f_{hf \cdot min}$事实上等于特殊轮的动作频率$f_{op \cdot ts}$。所以在研究 UFLS 的选择性时，可以只研究各轮恢复频率的最大值$f_{hf \cdot max \cdot i}$。一般情况下，各轮的$f_{hf \cdot max \cdot i}$是不同的，而 UFLS 的最终计算误差则应按其中最大者计算。根据极值原理，显而易见，要使 UFLS 装置的误差为最小的条件是

$$f_{hf \cdot max \cdot 1} = f_{hf \cdot max \cdot 2} = \cdots = f_{hf \cdot max \cdot n} = f_{hf0} \tag{3-64}$$

这就是说当各轮恢复频率的最大值相等（令其值为f_{hf0}）时，则 UFLS 装置的选择性最高。

各轮恢复频率的最大值f_{hf0}可考虑如下：当系统频率缓慢下降，并正好稳定在第 i 轮继电器的动作频率f_{opi}时，第 i 轮继电器动作，并断开了相应的用户功率 ΔP_i，于是频率回升到这一轮的最大恢复频率$f_{hf \cdot max \cdot i}$。

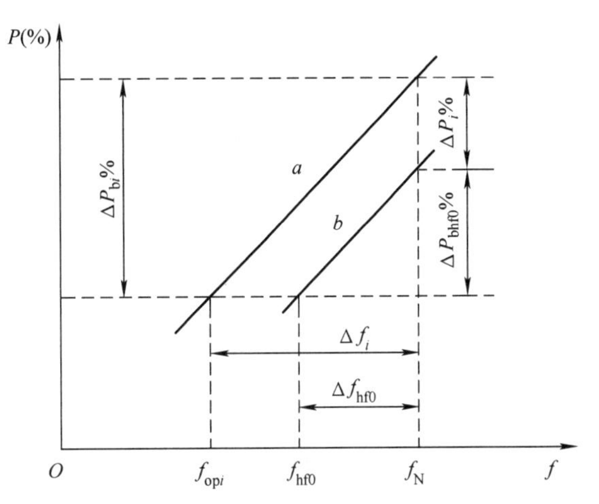

图 3-25　第 i 轮动作前后系统频率稳定值与功率平衡的关系

图 3-25 说明了第 i 轮动作前后，系统频率稳定值与功率平衡的关系。特性 a 表示第 i 轮动作前的系统负荷调节特性，特性 b 表示第 i 轮动作后的系统负荷调节特性。按上述假定，第 i 轮动作前频率正好稳定在f_{opi}，图中表示此时负荷调节效应的补偿功率为 ΔP_{bi}，根据负荷调节效应系数公式，有

$$\frac{\Delta P_{bi}}{P_x - \sum_{k=1}^{i-1} \Delta P_k} = \frac{\delta \Delta f_i}{f_N} \tag{3-65}$$

式中　$\sum_{k=1}^{i-1} \Delta P_k$——UFLS 装置前 $i-1$ 轮断开的总负荷功率。

为了简化起见，把所有功率都以 UFLS 装置动作前的系统总负荷 P_x 的百分值来表示，则

$$\Delta P_{bi}\% = (100 - \sum_{k=1}^{i-1} \Delta P_k\%) \delta \Delta f_i / f_N \tag{3-66}$$

如果此时第 i 轮动作了，频率就会回升到f_{hf0}，负荷调节效应的补偿功率 $\Delta P_{bhf0}\%$ 相应为

$$\Delta P_{bhf0}\% = (100 - \sum_{k=1}^{i} \Delta P_k\%) \delta \Delta f_{hf0} / f_N \tag{3-67}$$

由于 $\Delta P_{bi}\% = \Delta P_{bhf}\% + \Delta P_i\%$，所以

$$\Delta P_i\% = (100 - \sum_{k=1}^{i-1} \Delta P_k\%) \left[\frac{\delta (f_{hf0} - f_{opi})}{f_N - \delta (f_N - f_{hf0})} \right] \tag{3-68}$$

利用式（3-68）将各轮断开功率整理见表 3-2。

表 3-2　各轮断开功率

轮次	动作频率	断开功率
1	f_{op1}	$\Delta P_1\% = \left[\dfrac{\delta\ (f_{hf0}-f_{op1})}{f_N-\delta\ (f_N-f_{hf0})}\right]$
2	f_{op2}	$\Delta P_2\% = (100-\Delta P_1\%)\left[\dfrac{\delta\ (f_{hf0}-f_{op2})}{f_N-\delta\ (f_N-f_{hf0})}\right]$
3	f_{op3}	$\Delta P_3\% = (100-\sum_{k=1}^{2}\Delta P_k\%)\left[\dfrac{\delta(f_{hf0}-f_{op3})}{f_N-\delta(f_N-f_{hf0})}\right]$
⋮	⋮	⋮
n	f_{opn}	$\Delta P_n\% = (100-\sum_{k=1}^{n-1}\Delta P_k\%)\left[\dfrac{\delta(f_{hf0}-f_{opn})}{f_N-\delta(f_N-f_{hf0})}\right]$

UFLS 装置各轮断开功率之和 $\sum_{i=1}^{n}\Delta P_i\%$ 应等于 UFLS 装置总的减负荷功率 $P_{JH}\%$，由式（3-62）可得，UFLS 装置总的减负荷功率用系统全部负荷 P_x 的百分值表示时，为

$$P_{JH}\% = \frac{P_{qe}\% - \delta\Delta f_{hf0*}}{1-\delta\Delta f_{hf0*}} = \sum_{i=1}^{n}\Delta P_i\% \tag{3-69}$$

联立表 3-2 中断开功率的公式及式（3-69）可解出 f_{hf0}，然后再按表 3-2 逐轮求出应断开的功率。由于满足条件式（3-64），故 UFLS 装置选择性最高的各轮断开功率的地点应经系统协调后统一安排。

图 3-26 是用图解法求 f_{hf0} 的例子，对应于 $K=2$ 选择性级差为 0.5Hz，UFLS 装置共 7 轮，各轮的动作频率在 45～48Hz 间均匀分布。图中曲线 Ⅰ 是由表 3-2 在假定不同的 f_{hf0} 下求得的 $\sum_{i=1}^{n}\Delta P_i\%$；曲线组 Ⅱ 是在不同的缺额功率 $P_{qe}\%$ 时，根据式（3-69）画出的。

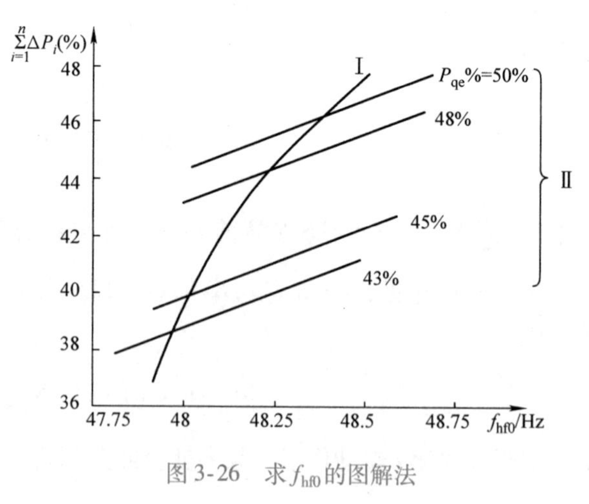

图 3-26　求 f_{hf0} 的图解法

曲线 Ⅰ 和曲线组 Ⅱ 交点的横坐标就是所求的 f_{hf0}。为保证第一轮继电器的动作，应有 $f_{hf0}>f_{dz1}$，所以只有在 $P_{qe}\%>43\%$ 的系统（$K=2$）中，用 0.5Hz 级差时，才采用 7 轮。当系统最大功率缺额小于 43% 时，可以将 UFLS 装置的轮数减少到 6 轮或 5 轮；或设法减少级差频率，增多动作轮数，这对提高整个系统动作选择性是有利的。

八、特殊轮的功用与断开功率的选择

在自动减负荷装置动作的过程中，可能出现这样的情况：第 i 轮动作后，系统频率稳定

在低于恢复频率的下限$f_{hf \cdot min \cdot i}$，但又不足以使$i+1$轮减负荷装置动作。

前已指出系统频率长期低于47Hz是不允许的，为了使系统频率恢复到$f_{hf \cdot min}$（一般可取47Hz）以上，可采用带时限的特殊轮。特殊轮的动作频率$f_{opts}=f_{hf \cdot min}$，它是在系统频率已比较稳定时动作的，因此其动作时限可以取系统频率时间常数T_f的2～3倍，一般为15～25s。特殊轮断开功率可按以下两个极限条件来选择：

1）当倒数第二轮即$n-1$轮动作后，系统频率不回升，反而降到最后一轮，即第n轮动作频率f_{opn}附近，但又不足以使第n轮动作时，则在特殊轮动作断开其所接用户功率后，系统频率应恢复到$f_{hf \cdot min}$以上，因此特殊轮应断开的用户功率为

$$\Delta P_{ts}\% \geqslant \left(100-\sum_{k=1}^{n-1}\Delta P_k\%\right)\frac{\delta(f_{hf\cdot min}-f_{opn})}{f_N-\delta(f_N-f_{hf\cdot min})} \tag{3-70}$$

2）当系统频率在第i轮动作后稳定在稍低于特殊轮的动作频率f_{opts}时，特殊轮动作并断开其用户后，系统频率不应高于f_{hf0}，因此

$$\Delta P_{ts}\% = \left(100-\sum_{k=1}^{i}\Delta P_k\%\right)\frac{\delta(f_{hf0}-f_{opts})}{f_N-\delta(f_N-f_{hf0})} \tag{3-71}$$

只有按式（3-71）算出的$\Delta P_{ts}\%$小于式（3-70）的数值时才按后者选择$\Delta P_{ts}\%$。

九、自动减负荷装置的时限

为了防止在系统发生振荡或系统电压短时间下降时自动减负荷装置的误动作，要求装置能带有一些时限，但时限太长将导致系统发生严重事故，频率会降低到临界值以下。因此，时限一般可以取为0.2～0.3s。

参加自动减负荷的一部分负荷允许带稍长一些的时限，例如带5s时限，但是这部分负荷功率的数量必须控制在一定范围内，即其余部分动作以后，保证系统频率不低于临界频率45Hz。

以上所述对自动减负荷装置的一些计算方法不是绝对的，各个系统结合具体情况可以有不同的处理方法，例如有的系统减少自动减负荷的轮数，每轮带大量的用户功率，同一轮中不同用户用时限加以区别。有的大容量系统不考虑很严格的自动减负荷的频率选择性，各轮的动作频率相差很小，把自动减载的轮数分得很多，各轮的断开功率也选得较小等，这样实现起来比较简单，对大容量系统并不会带来其他矛盾。

我国东北、华北、华东、西北电网的低频减负荷方案见表3-3。其中西北电网轮数最少，只有3轮，东北和华北电网有6轮。第一轮动作频率在48～49Hz，最后一轮动作频率在47.5～48Hz。特殊轮最多为3轮，恢复频率应该在48.2～49Hz。总切除负荷功率大约为全网总容量的35%。

表3-3　低频减负荷配置整定情况表

低频减负荷级别		东北电网	华北电网	华东电网	西北电网
基本级	级数	6	6	5	3
	第一轮动作频率/Hz	49.0	49.0	49.0	48.5
	最后一轮动作频率/Hz	48.0	47.75	48.0	47.5
	级差/Hz	0.2	0.25	0.25	0.5
	动作时间/s	0.1～30.5	0.2	0.5	0.5

（续）

低频减负荷级别		东北电网	华北电网	华东电网	西北电网
基本级	个别地区附加最低级动作频率/Hz	—	47.5	47.5	47.0
特殊级	级数	3	1	1	2
	动作频率/Hz	49.0，48.6，48.2	49.0	49.0	48.5
	动作时间/s	20，15，15	26	20	9.18
总切除容量/MW		4000	3740	4270	1500～1600
占全网百分数（%）		36	37	36	32～35

第五节　电力系统频率控制技术体系

一、概述

为了能够使频率维持在目标值，需要对产生或者消耗的有功功率进行控制，以保障负荷和发电的平衡，正频率控制可以使有功功率备用补偿频率下降，负频率控制备用有助于降低频率。

使用三级频率控制来维持负荷和发电的平衡，一次调频是进行局部自动控制，调整有功功率的产生和消耗，进而在短时间内恢复负荷和发电的平衡，并抵消频率的变化。一次调频适用于严重的发电停运以及负荷停运后的调频控制，是促进电力系统频率稳定的最经济有效的方式，所有配置调速器的发电机均需要投入一次调频。需求侧也通过感应电机的频率敏感负荷的自动调节作用，或者给定频率阈值断开或连接负荷的频率继电器的动作，参与一次调频。

二次调频是集中式的自动控制，调节有功功率的产生以使系统频率能在扰动之后恢复到目标值。可以说，一次调频阻止了频率的持续下降，而二次调频则将频率恢复到目标值。理想情况下，仅需要处于扰动发生区域的发电机参与二次调频，负荷不参与二次调频。不同于一次调频，二次调频不是必需的。因此，在仅应用一次调频以及三次调频的系统中，不需要进行二次调频。然而，由于手动控制维持联络线口子的效率较低，二次调频用于所有大型互联电力系统。

三次调频包括发电机组调度以及机组组合的手动调节。三次调频主要用来恢复一次和二次调频控制备用，管理输电网阻塞，负责在二次调频失败时将频率恢复到目标值。三次调频控制的某些方面涉及目标平衡的能源交易。

在一个大型的互联电力系统中，大扰动频率的恢复需要通过发电机组以及互联电力系统频率控制体系中的各组成部分来协调控制完成。除了电网三级调频手段之外，作为电网事故下的控制手段还有发电机频率异常保护以及电网第三道防线低频减负荷装置。

在满足电网频率控制目标的前提下，经过固定的控制策略规划，前面小节所述的电网频率调节手段就可以按照一定的动作流程构成完整的电力系统频率控制体系。因此，频率控制技术的具体实现主要体现为正常情况下的频率控制以及异常情况下的频率恢复，即交流互联电网的联络线偏差控制、机组一次调频、二次调频、事故情况下的发电机频率保护以及低频减负荷装置等。

二、电网频率控制体系控制目标

（一）确定频率指标以及控制要求需考虑的因素

为了满足发电厂设备、用户设备以及电力系统正常运行的需要，需根据电力系统的运行特点提出频率指标以及控制要求，如准稳态频率、低频减负荷动作值、一次调频与二次调频的协调控制、频率偏差范围、事故响应要求等。为此需要考虑的问题有：

1. 基准频率和频率的正常范围

基准频率由设计决定，在各个电力系统中，所有的发电机以及用电设备都需要按在基准频率下运行效率最高的原则来设计。电力系统绝大部分时间运行在频率的正常控制范围之内。因此，确定频率的正常控制范围对电力系统的正常运行十分重要，如果放宽范围要求，则会降低对维持正常频率的辅助服务的要求，但是增加了电力系统发生故障时将频率维持在频率允许范围内的难度。

2. 确定频率的正常控制范围应当考虑三个因素

① 对发电、用电设备的影响；②对于故障状态下频率允许范围的影响，电力系统发生故障时，频率不应当越出相应故障状态允许的范围；③对安全性和经济性的综合分析。

3. 故障状态下的频率允许范围

故障状态下的频率允许范围需要考虑的因素有：①不能影响发电、用电设备的正常运行；②不能影响发电、用电设备的安全性；③不能影响电力系统运行的安全性，即不能因为频率异常造成整个系统的解列。

4. 故障越限的允许时间

规定频率越限之后恢复到正常允许范围内的允许时间需要考虑的因素有：①频率越限的延续时间对旋转设备寿命的影响；②在频率越限故障处理期间发生第二次事件的危险性。如果发生第二次事件，可能会导致系统频率越出相应故障状态下的频率允许范围，从而产生切负荷装置动作等严重后果。

（二）厂网协调频率控制策略

2006 年西欧大停电事故发生时，西部电网失去了从东部电网输入的 950MW 电力，若干小容量机组跳闸，其中风电机组占 40%，热电联供的机组占 30%。除此之外，西班牙电网有 700MW 的常规机组跳闸，西部电网跳闸机组总容量有 17000MW，自动装置切除负荷的容量占 17000MW，西部电网频率几秒内跌至 49Hz。自动装置的动作避免了电网进一步崩溃，由此可见厂网频率的协调控制十分必要，以防止机组频率保护整定值不适当引起的机组频率保护与系统低频减负荷定值的配合。

1. 一次调频

如前文所述，一次调频率是局部自动控制，调整有功功率的产生和消耗，从而快速恢复负荷和发电的平衡并抵消频率的变化。一次调频适用于严重的发电停运以及负荷停运后的频率稳定，因此它是电力系统频率稳定控制所需的手段。机组一次调频的参数设置会引起频率稳定控制作用的不同。当系统发生功率缺额时，系统频率将会降低。快速一次调频备用对于电网的频率稳定意义重大，机组的不同参数设定对于一次调频的效果有显著影响。因为互联的电力系统共享一次调频，因此，互联电网统一机组的一次调频参数设置十分重要。

2. 低频减负荷控制

低频减负荷装置是电网安全运行的第三道防线，其主要作用是在发生特大事故引起有功功率的严重缺额，普通调频都不能发生作用时，能在系统频率崩溃之前，迅速按照之前定好的控制策略，切除部分负荷。确保系统的安全经济运行以及用户的不间断供电，使系统恢复有功功率的平衡，避免事故的进一步扩大。

3. 发电机频率保护

汽轮发电机的低频保护应当能记录并指示频率异常的累计运行时间，每个频率分别进行累计。按照相关规定，当频率异常保护需要动作于发电机解列的时候，其低频段的动作频率以及延时应当注意与低频减负荷装置间的协调配合。一般情况下，应当能通过低频减负荷装置减少负荷，使得系统频率及时恢复。发电机仅在低频减负荷装置不起作用的情况下进行机组解列。因此，要求在进行低频减负荷的过程中不应低频解列，以防止出现频率的连锁恶化。核电厂的汽轮发电机以及水电厂的水轮机也都应满足以上要求。

（三）第三道防线控制体系的实施要求

1. 合理设置负荷分区

电源以及负荷严重不平衡的地区，在大负荷的情况下，该地区即使有大量的低频/低压减负荷装置，也只能保留住小部分负荷；在小负荷的情况下，也会造成过切问题。合理分配负荷的供电分区，改善电力系统的网络拓扑结构，使可能形成孤网的区域内发电量和负荷量基本持平，对于提高低频减负荷装置的效率具有重要意义。

划分负荷分区时应当遵循以下原则：

1）在对负荷分区进行规划时，尽可能保证出现孤网运行时，其最大有功功率缺额不超过总负荷量的60%。超过此额定值时，很可能造成小负荷情况下的过切问题，导致稳态频率过高，可能引起发电机切机保护动作。而且，当切负荷的比例超过一定量之后，过切问题造成的损失将超过低频减负荷动作的价值。

2）低频减负荷的首轮切负荷量应控制在20%以下，否则容易造成过切问题，但是可以根据系统具体情况的不同进行调整。

合理配置负荷供电分区对于孤网的频率以及电压安全都具有重要意义，需要对有孤网频率问题的区域进行具体分析。在充分考虑经济性、地域性、可靠性等因素的前提下，可以在尽可能小的范围内对网络的拓扑结构进行改变。

2. 合理配置协调孤网系统中的低频/低压减负荷装置

孤网系统往往需要同时配置低频减负荷系统和低压减负荷系统，因此如何在电网运行中优化低频减负荷和低压减负荷装置，改善控制策略，以最少的切负荷量带来最好的恢复效果具有重要意义。它应当在综合考虑暂态安全性以及长期动态可靠性的基础上进行的考虑。

目前的决策方法是在确定运行方式、系统参数以及典型故障的基础上，依靠积分试探以及工程经验进行的。为了保证控制效果，往往采用保守的过量控制方法。国内外提出的各种低频减负荷动作方案均假设动态过程中的母线频率相同，在简化的单机单负荷系统以及暂态过程模型，或者采用中长期动态模型忽略暂态过程。基于单机模型整定的方法有传统法、半适应法和自适应法等。单机模型的频率动态过程简单直观，但是忽略了机群的振荡以及动态过程中电压的影响。相对于长输电线路较多的大型电力系统来说，这种模型误差较大，且不能够直观反映不同用户的电能质量要求。基于多机系统的设计可以采用试凑法、非线性规划法、智能优化法以及基于实际受扰轨迹的优化方法。

关于低频减负荷和低压减负荷装置的优化控制策略应当考虑装置的布点、优先动作地点、轮次参数以及切负荷量的整定等。其中，布点的优化是整个策略的考虑前提。电网受到扰动后电压以及频率的摆动跌落都有复杂的分布特性。因此，只有在确定了每个装置布点的前提下，对其他参数的优化才有意义。由于系统在不同工况以及扰动下的切负荷控制性能不同，需要考虑不同情景出现的概率。反馈控制的策略是多轮次的，每轮的动作参数中都包含信号的自启动值、延时和切负荷值。通过每一轮不同的参数整定可以尽量满足装置动作的选择性、经济性、可靠性和快速性要求。低频减负荷装置的启动信号分为实际频率值和频率变化率两种；低压减负荷装置的启动信号有电压、电压变化率和间接反映电压稳定性的信号等。通过切负荷信号的启动值以及延时的配合来达到多轮次减负荷的要求。如果某一轮的切负荷量过小，会影响电力系统的恢复过程，不能保证系统的安全运行，过大则会造成过切问题，引发负效应。

若地区发生严重的有功功率缺额且无功不足，则在发生暂态频率跌落的同时也会发生电压跌落，引起低频减负荷装置与低压减负荷装置同时动作，此时需要协调两者的动作时间、切负荷量以及闭锁条件等。

三、控制策略

负荷频率的控制技术体系是电力系统实时有功功率调整的重要措施，其控制策略正随着控制方法的发展而发展，从经典控制、现代控制到大系统以及智能控制理论，即从理想简化模型、简单小规模、单个系统发展到客观存在的真实具体模型、复杂大规模、众多系统从低可靠性、局部性、低精度发展到高可靠性、全局性、高精度，并且在当今世界已经逐步走向成熟。在负荷频率的控制研究过程中，国外学者早在 20 世纪 70 年代左右就开始着手进行研究了，控制方式主要由最初只考虑的负荷频率控制，到后来又考虑区域间交换功率的电网负荷频率稳定控制，控制的模型对象也由单个发电机变为整个电厂区域，由单区域的系统发展到多区域互联电力系统。自 Elgerd 和 Fosha 于 20 世纪 70 年代首次提出电力系统负荷频率的稳定控制问题以来，针对负荷频率控制这一问题已经有各类解决方法。总的来说，经典控制策略、自适应控制策略、鲁棒控制策略、滑模变结构控制策略、预测控制策略以及人工智能控制策略这些都是电力系统负荷频率控制系统的控制方式。

（一）经典控制策略

经典控制策略主要研究系统运动的稳定性，时间域和频率域中系统的运动特性（见过渡过程、频率响应），控制系统的设计原理和校正方法（见控制系统校正方法）。

在涉及负荷频率控制的研究中，传统的控制策略为比例积分微分（proportion integral derivative，PID）控制策略。20 世纪 50 年代就已经创建了基于传递函数原理的互联网电力系统负荷频率控制模型，同时对比例积分控制也进行了一定探索。PID 控制策略作为最传统的控制策略之一，算法设计简洁，鲁棒性强且算法可靠性高的特点使其具有很高的实际应用价值。但是整个系统的动态性能的好坏在一定程度上取决于 PID 参数的优化和整定。例如，积分增益增大将导致超调量过大，调节时间相对来说较长，难以满足系统的动态性能指标。目前，可以优化PID控制器参数的算法主要有：基于模糊集合理论的模糊优化算法、基于内模控制算法的PID参数优化方法、基于进化算法的遗传算法优化（genetic algorithm，GA）、粒子群算法（particle swarm optimization algorithm，PSOA）以及细菌觅食算法（bacteria foraging optimization algorithm，BFOA）等，这些优化的技术理论不仅促进了智能控制算法水平的提高，也通过优化智能PID控制器的学习和适应能力扩大了其适用范围。这些控制方法可以使电力系统获得较好的动态响应，但是被控系统对控制性能有明确规定和要求时，上述整定优化算法常常难以同时考虑被控系统快速性、稳定性以及鲁棒性等。

（二）自适应控制策略

对于更加复杂的互联电力系统，系统模型的阶次和需要调节的控制器参数个数大幅增长，因为高阶复杂的电力系统在建立模型时，系统模型以及参数近似是不可缺少的。因而，处理模型的不确定性、内外干扰的鲁棒性适应性是控制器设计中的重要问题。在实际工程应用中，被控对象或者过程的数学模型事先难以只用简单的数学模型来确定，条件改变之后，模型的动态参数甚至结构都会发生变化。针对拥有已知变化规律的简化电力系统模型，需要一种能够自动补偿模型阶次、参数以及输入信号变化的特殊控制。因此，近年来自适应控制策略被引入电力系统负荷频率控制中来解决此类问题。自适应控制系统，指的是根据控制对象本身参数或周围环境的变化，自动调整控制器参数以获得满意性能的自动控制系统。

自适应控制研究的电力系统通常是具有不确定性的系统，其中包含一些未知因素和随机因素。导致这些未知因素和随机因素的根源是简化包含全部可能因素的大型随机控制系统的非线性微分方程组式，形成只针对主要矛盾、次要矛盾等因素，而不考虑可完全忽略不计矛盾等建立数学模型。如果一个电力系统在结构参数和初始条件发生变化或目标函数的极值点发生变化时，能够自动调节并维持在最优工作状态，该自适应控制系统需要具备3个主要功能：决定控制应按何种法则进行修改；在线调整控制器的可变参数；在线测量性能指标或辨识对象的动态特性。

用于电力系统频率控制的自适应控制策略有三个显著特点：①控制器可调：与常规反馈控制策略的固定结构和参数不同，自适应控制策略使用的控制器在控制过程中根据自适应规则不断进行更改调整；②增加自适应回路：自适应控制系统在常规的系统基础上增加了自适应回路（又称自适应外环），用于根据系统的运行情况，自动调整以适应对象特征变化；③适用对象：自适应控制策略适用于被控对象特性不明确或者扰动变化过大的情况，同时要求经常保持高性能指标的电力系统，不需要完全确定被控对象的数学模型即可应用。

自适应控制策略可以使负荷频率控制系统的动态性能优良，但是其设计起来比较复杂，难以在实际工业中大范围推广。现阶段应用较多的是简单的比例积分（PI）自适应控制器，能够根据模型的状态和输出信息进行设计，将负荷频率控制在较小的范围内，具有良好的鲁棒性和抗干扰性。

（三）鲁棒控制策略

鲁棒控制（robust control）方面的研究始于20世纪50年代。在过去的20年中，鲁棒控制一直是国际自控界的研究热点。所谓“鲁棒性”是指控制系统在一定（结构、大小）的参数摄动下，维持某些性能的特性。根据对性能的不同定义，可分为稳定鲁棒性和性能鲁棒性。以闭环系统的鲁棒性作为目标设计得到的固定控制器称为鲁棒控制器。

鲁棒控制的早期研究，主要针对单变量系统的在微小摄动下的不确定性，然而，实际工业过程中故障导致系统中参数的变化，这种变化是有界摄动而不是无穷小摄动，因此产生了以讨论参数在有界摄动下系统性能保持和控制为内容的现代鲁棒控制。现代鲁棒控制是一个着重控制算法可靠性研究的控制器设计方法，其设计目标是找到在实际环境中为保证安全要求，控制系统最小必须满足的要求。一旦设计好这个控制器，它的参数不能改变而且控制性能能够保证。

鲁棒控制方法适用于以稳定性和可靠性作为首要目标的应用，同时过程的动态特性已知且不确定因素的变化范围可以预估。飞机和空间飞行器的控制是这类系统的例子。

鲁棒控制策略考虑多区域互联电力系统较大的模型不确定性下的鲁棒性以及整个系统的全局稳定性。一般鲁棒控制策略是以一些最差的情况为基础，因此一般情况下电力系统并不工作在最优状态。

虽然上述控制策略可以使负荷频率控制系统取得较好的动态响应，但是系统的鲁棒性达不到系统要求并且控制器设计过于复杂，不易于工业应用。同时，鲁棒控制系统的设计要由高级专家完成。一旦设计成功，就不需太多的人工干预。另一方面，如果要升级或进行重大调整，系统就要重新设计。因此，研究一种控制算法设计简单又不完全依赖被控对象的模型、抗扰动性和鲁棒性强的控制策略，对于提高现有负荷频率控制系统的工程自动化水平以及促进控制理论的发展都有着十分重要的意义。

（四）滑模变结构控制策略

滑模变结构控制也叫变结构控制，本质上是一类特殊的非线性控制，且非线性表现为控制的不连续性。这种控制策略与其他控制的不同之处在于系统的结构并不固定，而是可以在动态过程中，根据系统当前的状态（如偏差及其各阶导数等）有目的地不断变化，迫使系统按照预定“滑动模态”的状态轨迹运动。由于滑动模态可以进行设计且与对象参数及扰动无关，这就使得滑模变结构控制具有快速响应、对应参数变化及扰动不灵敏、无须系统在线辨识、物理实现简单等优点。

滑模变结构控制涉及多个研究问题，并随着计算机、大型电子器件、大型电机和机器人技术的飞速发展，被广泛应用于大型电磁控制器设计、导弹制导律设计、智能电网设计及机器人控制等领域中。

滑模变结构控制在系统设计时，由于其滑动模态与受控对象参数扰动和系统内部参数摄动无关，使得滑模变结构控制有鲁棒性强、响应迅速、无须在线辨识以及物理建模简单等特性。近年来，这种设计策略在自动发电技术中广泛应用，主要通过在频率控制系统中应用变结构控制技术来解决系统负荷频率控制中的暂态响应问题，但这些控制方法现在还停留在单区域或者两区域系统中，缺乏对多区域的互联系统的考虑，并且控制器设计起来比较复杂。

（五）人工智能控制策略

本来客观存在着一个受控系统及其相关系统的数学模型，如果建立非线性数学模型，涉及不同的学科领域，不同的概念以及原理等，工作量和计算量巨大。而简化的非线性数学模型则会有大量的不确定性、随机性以及未知因素。因此，从 1965 年以来，人工智能的直觉推理规则方法直接用于为控制系统寻找理想的控制规律，从而产生了智能控制的概念。

其中，以人工神经网络（artificial neural network，ANN）和模糊控制（fuzzy control，FC）为代表的人工智能技术在近些年得到了迅猛发展，并逐渐开始广泛应用于电力系统。

人工神经网络具有逼近任何非线性函数的能力，运算速度快、容错性高、多输入多输出，利用具有多种变量的系统进行控制，能够自适应学习；可系统模拟动物脑进行信息处理、学习、联想、模式识别、记忆等功能。人工神经网络作为数学工具而用于控制律设计，该基于神经网络的控制技术能够解决非线性、不确定性、未知复杂系统的控制问题。人工神经网络可以与控制理论交叉形成混合控制算法，例如基于遗传算法的神经网络控制、自适应的神经网络控制、神经网络模糊控制、基于 Hopfield 神经网络结构的 PID 控制等，对于不同的频率控制系统都有良好的交叉效果，有效增强了电力系统的稳定性。

模糊控制是指根据经验进行设计的方法，以计算机模糊集合论、模糊语言变量以及模糊逻辑推理作为基础，以人的经验为依据制定系统的控制律，其控制律与运动状态以“对”“错”这种模糊变量作为判断结果，没有量化的标准。模糊控制系统的核心是模糊控制器的结构（包括模糊规则、合成推理算法以及模糊决策方法等因素），能够解决很多无法精确建模的系统控制问题。

在设计控制系统时，模糊控制不需要知道受控对象的精确模型，只需要建立相关操作人员的经验知识以及相关数据。其容错能力与鲁棒性较强，将数字变量转化为直观的文字信息。模糊控制策略能够高度模拟人类思维，借助人类的工程经验进行大致推理。

近年来，模糊控制得到了广泛发展，针对模型不确定的控制对象也能够满足系统复杂的非线性任务要求。现在，模糊控制正在形成以下的控制算法：模糊 - PID 复合控制、变结构模糊控制器、模糊 H 控制器、自适应模糊控制器、与神经网络相结合的模糊控制。近年来，模糊控制在电力系统中的应用越来越广泛，比较常见的是将模糊控制与 PI 控制相结合，得到的模糊 PI 控制器应用于电力系统频率控制体系。

四、电力系统稳定控制装置

电力系统发生事故时，突然造成了系统有功功率的不平衡，引起系统频率的剧烈变化，会破坏系统运行的稳定性。

负荷和电源之间有功功率的不平衡，会造成系统频率的急剧变化，威胁系统的安全运行。系统调度人员需要监视系统频率的变化并及时进行调度指挥。系统频率过高时，及时切除部分电源可以防止频率继续下降；系统频率过低时，可能会造成系统的崩溃，需要在保证尽可能多的用户供电的情况下尽量防止频率下降。在这种情况下，一方面要增加旋转备用容量的发电机的有功功率；另一方面，引入特殊的稳定控制装置，对故障切除时间进行加速，保证系统的暂态稳定性。也就是说，既要保证功率平衡使送端机组不至于加速而与系统失步，又要保证受端系统不至于功率缺额而导致电压、频率崩溃等恶性事故的发生。

电网的稳定控制系统经历了从普通继电器、微机型，到现在可以根据调度端能量管理系统（EMS）的信息识别运行方式，选取对应的匹配策略表并将其远传至厂站端的稳定控制装置的微机型稳定控制系统的发展过程。

（一）常规稳定装置

常规的稳定装置原理简单，主要包括保护装置的出口跳闸点、相应二次回路、收发信通道以及重动中间继电器等。20 世纪 80 年代，因为网络结构薄弱、电网稳定性不强，电网基本依靠常规的稳定装置维持电网的安全稳定运行。常规的稳定装置主要分为以下几种：

（1）低频自起动发电机装置　水轮机的辅助设备较为简单，机组控制自动化水平更高，一般都设有低频自起动装置。对于处在低频自起动备用状态的水轮发电机，在系统频率下降到低频起动的整定值时，低频起动装置会自动起动发电机，并以自同期方式并入电力系统，这个过程可以在几十秒内将水轮发电机的转速上升到额定值，并接入负荷。燃气发电机也能够在几分钟内起动并投入电力系统。

（2）低频调相改发电装置　水轮发电机可以根据系统需要调相运行，此时的发电机不会产生有功功率。当系统的频率下降时，可以通过低频继电器起动这个装置，使处于调相运行的发电机迅速转为发电运行，此装置实际上是水轮发电机控制回路的一部分。

（3）低频降低电压装置　系统频率降低到一定程度上时，低频降低电压装置起动并调节变压器分接头，降低用户侧电压。负荷吸收的有功功率随之减小，可以借助负荷的调节作用缓解有功功率的供求不平衡，抑制系统频率下降。

（4）低频抽水改发电装置　在抽水蓄能水电厂，当系统的频率下降时，由于抽水蓄能发电机都是可逆的，发电机能够利用继电器从抽水运行方式变为发电运行方式。

（5）自动低频减负荷装置　自动低频减负荷装置是维持系统运行的最后一道防线，失灵就会造成系统的崩溃。为了保证厂用电，在发电机中设置低频自动解列装置，使一些发电机在系统频率下降到某个定值的时候自动和系统解列，专门带厂用电负荷以及部分重要负荷。

（6）高频切机装置　系统频率超过某一定值时，利用高频继电器起动，将部分运行的发电机退出运行，防止系统频率过高。

（7）高频减出力装置　系统频率超过某一定值时，暂时减小汽轮机主汽门或者水轮机导水叶的开放程度以减小发电机出力，故障切除之后可以再恢复出力。由此看出，高频减出力装置在灵活性上要优于高频切机装置。

（二）微机稳定装置

随着电力工业的发展，单机容量不断增大，超高压、特高压输电线路相继推广，电力系统结构日益复杂，常规稳定装置难以满足电力系统安全控制的要求。常规稳定装置仅能够检测就地异常信息，缺乏装置间的协调配合以及全网的信息采集，其利用频率下降作为重要的起动条件，往往会因为发电机的机电惯性造成控制效果的延时。除此之外，常规稳定装置只能够按照固定的逻辑算法进行整定，此时就需要引入微机稳定装置。

微机稳定装置是一种能够根据电力系统实际运行状态进行快速控制的具有自动识别事故能力的自动化系统。其包括信息采集以及系统运行方式计算、事故对策计算、事故识别以及决策执行的环节。控制方式包括周期性的实时采样以及计算与随机性事故识别决策相结合的方式。

（1）信息采集以及系统运行方式计算　目前主要根据从配电 SCADA 系统或者 EMS 中获得的电网实时数据，包括各发电厂的出力、抽水蓄能负荷、全网负荷、线路潮流以及网络结构信息等，得出系统的实时潮流分布。

（2）事故对策计算　事故对策计算在潮流分布的基础上设想各类事故，选择减负荷的对象以及数值并进行整定。

（3）事故识别以及决策执行　系统根据事故跳闸信号，查阅事故对策表或进行计算，找到相应的控制对象并发出命令。

因为这种控制采用的是查阅对策表或计算的方式，所以能够在发生故障之后立即发出控制指令，无需拖延到系统的安全稳定被破坏之后。这种控制对各类事故来说可以根据具体的情况分别对待，而且迅速起动有效防止了系统的失稳。

控制策略表的生成对系统能否快速精准动作至关重要。控制策略表可以分为“实时计算、实时控制”“离线决策、实时匹配”“在线决策、实时匹配”等方案。

随着电网的发展，系统的稳定控制越发复杂，目前在线稳定控制的研究已经取得了一定的成果。基于EMS获取电网的实时状态数据，进行在线决策，监测当前的运行状态并匹配相应的运行策略表，运行策略表选定之后将发送至各区域稳定控制系统，各区域稳定控制系统可以根据最优策略表和实际的故障情况确定本区域的稳定措施并向各就地执行装置发出命令，从而构成分层决策、分区控制的全网在线稳定控制系统。

微机稳定装置的特点有：①抗干扰能力强，不会因为通道干扰而误动作；②能够自动识别故障类型，避免单相故障造成的误切；③能根据实时系统的信息判断其故障的区域、性质、严重程度并采取对应措施；④能根据稳定措施自动执行，无须人工干预。

第六节 频率控制系统虚拟实验与仿真

一、实验平台的功能实现

在互联系统中，每一台发电机上都安装了负荷频率控制（LFC）和自动电压调整（AVR），基本的发电控制环如图3-27所示。负荷频率控制器设置了一个频率的设定值，它检测频率和发电机有功功率的微小变化，调整汽轮机阀门开度，保持发电机的频率在一个允许的范围内。自动电压调整控制器设置了一个电压的设定值，它检测机端电压和无功功率的微小变化，调整发电机励磁电流，保持发电机的机端电压在一个允许的范围内。励磁系统时间常数比原动机时间常数要小很多，因而它的暂态衰减要快得多，且不会影响LFC的动态特性，因此LFC控制环和AVR控制环可以看成是互不影响的两个控制环，可以将它们分开来分析。

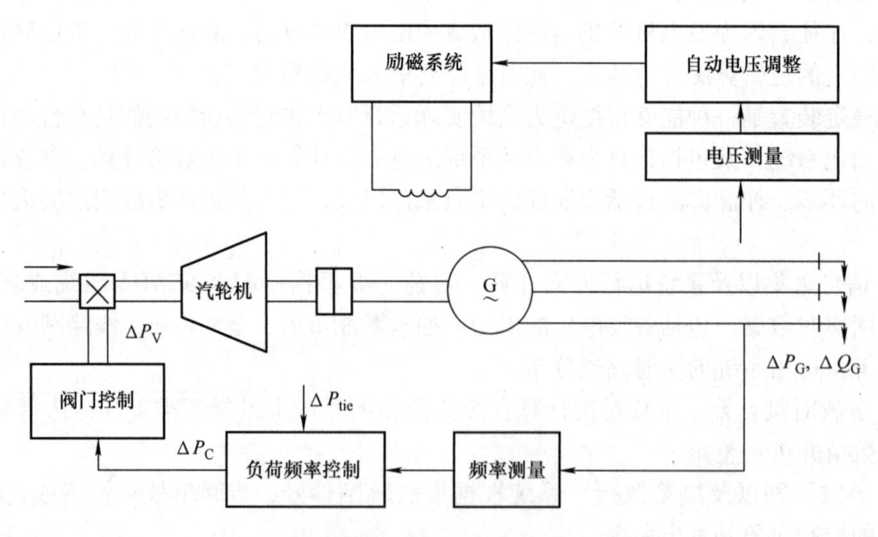

图3-27 同步发电机LFC和AVR的示意图

低频减负荷实验模块旨在通过实验仿真，展示低频减负荷过程中系统各主要参数的变化过程、关键时间节点的具体数据以及低频减负荷装置的动作情况等，说明低频减负荷装置的工作原理以及电力系统低频减负荷过程的参数特性。

低频减负荷实验模块的功能实现如图 3-28 所示。该模块分为单机系统和多机系统两部分，其中多机系统功能实现是单机系统的叠加。单机系统部分可以针对特定系统的运行过程进行仿真，考虑了基本轮和特殊轮的动作情况，体现低频减负荷过程中模型、整定算法对系统频率特性的影响；也可以设置参数不同的另一系统来对比两个系统的动作过程，以表现参数变化对系统频率特性的影响，进而表现低频减负荷系统中不同参数设置以及动作方案对频率恢复的影响。

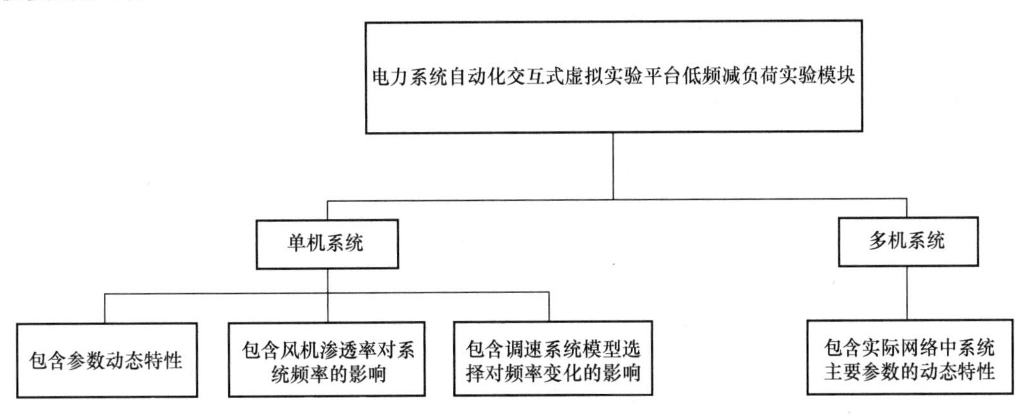

图 3-28　电力系统自动化交互式虚拟实验平台低频减负荷实验模块的功能实现

（一）包含参数动态特性

低频减负荷的动态特性主要是基于采用单机带分布负荷模型下的单机模式实现，这种模型可以直观表现负荷切除的选择性以及切除不同负荷对系统频率动态特性的影响。除此之外，系统参数的不同以及动作方案的选择会导致其特性曲线的变化速率、频率最低值、振荡幅度以及恢复时间的差异，这些参数主要包括发电机的类型和规格、负荷的种类、负荷切除顺序以及切除负荷量等。

（二）包含调速系统模型选择对频率变化的影响

调速系统的选择也会影响其动态特性，特别是选用忽略无功、电压的简化静态负荷模型时，影响最为明显。可供选择的低频减负荷实验模块的调速系统模型主要分为经典模型、IEEEG1 汽轮机模型和 IEEEG3 水轮机模型。经典模型结构简单，适用范围广，但忽略了很多惯性调节环节，频率振荡幅度较大；水轮机模型系统频率变化的惯性较大，因此频率下降的最低值较低，稳定较慢；汽轮机模型稳定特性较好，且精度较高。

（三）包含风机渗透率对系统频率的影响

新能源与分布式电源迅速发展，风机、光伏等新兴能源的接入对电力系统的影响逐渐增大，因此在低频减负荷实验模块的设计中加入了风机渗透率对系统频率变化过程的影响。对实验模块采用的风机模型进行了简化，不考虑其频率控制策略，双馈风机采用 PWM 控制策略实现转子转速与电网频率的解耦控制，其转子转速也不受频率变化的影响。在进行实验时，只需要确定是否选择风机并网即可，其余的动作部分与单机系统模式完全相同。

二、模型的建立与解析

实验平台低频减负荷模块的模型主要分为单机系统模型和多机系统模型，下面分别进行讲解。

（一）单机系统模型

对于简单的孤立系统，如果发电区域和负荷区域分布均匀，发电机联系紧密，线路与网络的影响不计，或系统内发电机联系不够紧密但各区域系统与扰动之间的距离相等且参数相同，可以认为全系统是刚性连接的，因此可以用单机等值模型分析系统惯性中心频率的动态过程，并得到该单机等值系统模型的方程组，即

$$\begin{cases} T_S \dfrac{d\Delta f_*}{dt} = P_{G*} - P_{L*} \\ T_G \dfrac{d\Delta P_{G*}}{dt} = -\Delta P_{G*} - K_{G*}\Delta f_* \\ P_{G*} - P_{L*} = (P_{G0*} + \Delta P_{G*}) - (P_{L0*} + \Delta P_{L*}) + \Delta P_{d*} = \Delta P_{G*} - \Delta P_{L*} + \Delta P_{d*} \\ \Delta P_{L*} = K_{L*}\Delta f_* \end{cases} \tag{3-72}$$

式中　T_S、T_G——系统、调速器的惯性时间常数；

P_{G*}、P_{L*}——标幺值下发电机输出的有功功率、负荷的有功功率；

ΔP_{d*}——系统扰动产生的有功功率缺额。

在上式中，我们认为初始时刻的有功功率平衡，即 $P_{G0*} = P_{L0*}$。当产生的扰动使发电机输出的有功功率减少时，$\Delta P_{d*} < 0$，当产生的扰动使负荷的有功功率增加时，$\Delta P_{d*} > 0$；ΔP_{G*}是发电机调速系统所产生的有功功率增量；ΔP_{L*}是负荷频率静态特性作用下有功功率的增量。结合式（3-72）中体现的关系，可以得出单机系统模型框图如图3-29所示。

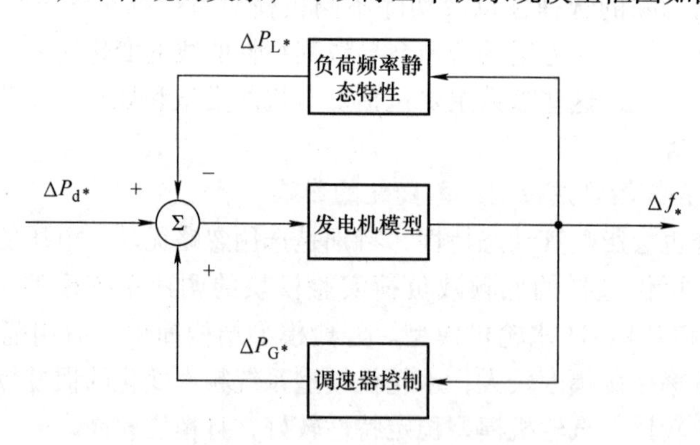

图3-29　单机系统模型框图

若考虑到低频减负荷模块的动作情况，图3-30为计及低频减负荷过程的单机等值扩展模型框图，包括发电机转子模块、负荷模块、原动机－调速器模块以及低频减负荷（UFLS）动作模块。

1. 发电机经典模型

发电机经典模型包括式（3-72）中的第二式——发电机调速系统的简化模型以及发电机二阶模型中的

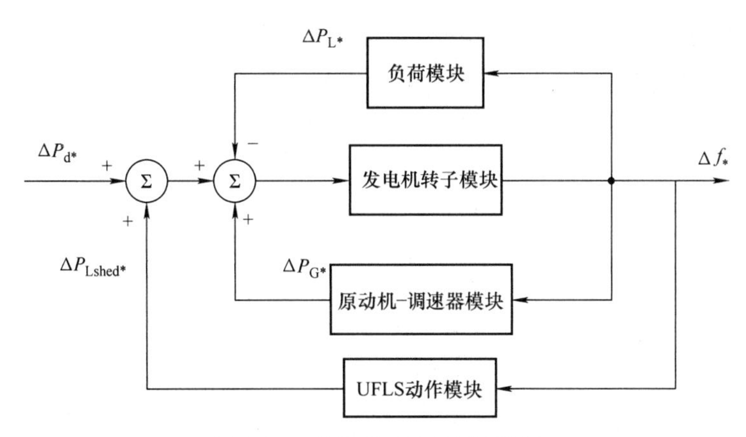

图 3-30　单机等值扩展模型框图

$$2H\frac{d\omega}{dt}=P_m-P_e \tag{3-73}$$

式中　H——系统惯性时间常数，且 $2H=T_S$。

并且由于$\frac{d\omega_*}{dt}=\frac{d(2\pi f/2\pi f_N)}{dt}=\frac{d(f/f_N)}{dt}=\frac{df_*}{dt}=\frac{d\Delta f_*}{dt}$，因此式（3-73）可以表示为

$$2H\frac{d\Delta f_*}{dt}=P_{m*}-P_{e*} \tag{3-74}$$

假设在单机系统中忽略线路上有功功率的损耗，则 $P_{e*}=P_{L*}$。因此，式（3-74）可写为

$$T_S\frac{d\Delta f_*}{dt}=P_{G*}-P_{L*} \tag{3-75}$$

式（3-75）也就是单机等值系统模型方程组中的第一式。上述的发电机经典模型，结合图3-30以及低频减负荷过程，可以得到单机带集中负荷系统的低频减负荷模型框图，如图3-31和图3-32所示。其中，ΔP_{d*}、ΔP_{G*}、ΔP_{L*}、Δf_*参数的含义和设定与图3-30中相同；ΔP_{Lshed*}表示UFLS切除的负荷，且$\Delta P_{Lshed*}>0$；K_{L*}是集中负荷的等效调节效应系数。

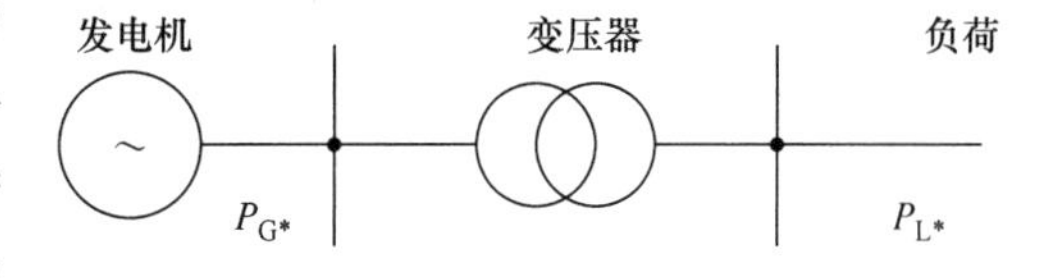

图 3-31　单机带集中负荷模型

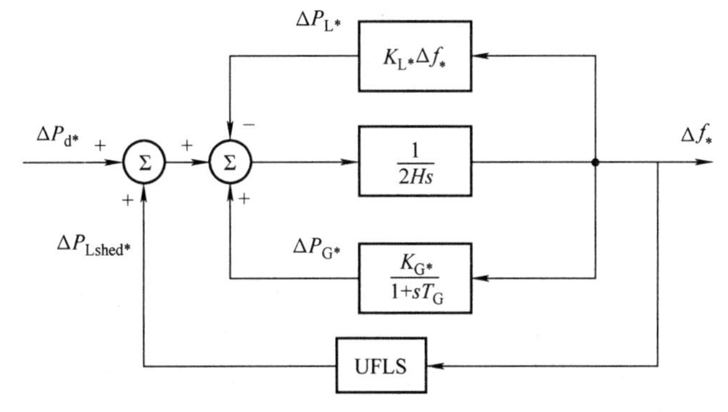

图 3-32　基于发电机经典模型的单机带集中负荷系统的 UFLS 模型框图

单机带集中负荷模型将所有负荷等效集中为一个负荷，模型搭建方便，程序设计简单，

但它不能反映切除负荷的选择性，以及切除不同负荷对系统频率产生的影响。为了解决这一问题，本实验平台的低频减负荷仿真模块选择搭建一种单机带分布负荷（single - machine distributed load，SMDL）的模型作为单机系统低频减负荷实验的仿真模型，如图 3-33 所示。

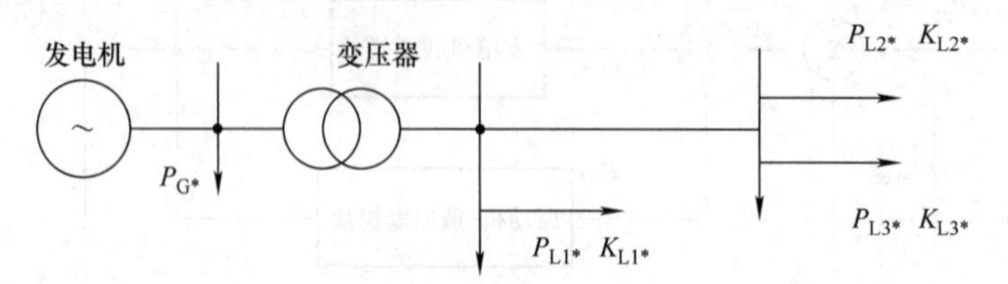

图 3-33 单机带分布负荷（SMDL）模型

在图 3-33 的单机系统中有 3 个负荷，额定负荷的大小（标幺值）分别为 P_{L1*}、P_{L2*}、P_{L3*}，且 $P_{L*}=P_{L1*}+P_{L2*}+P_{L3*}$；各个负荷的调节效应系数分别为 K_{L1*}、K_{L2*}、K_{L3*}。当系统频率偏移量为 Δf_* 时，考虑负荷的静态特性，负荷有功功率的变化量为

$$\begin{aligned}\Delta P_{L*} &= K_{L1*}\Delta f_*\frac{P_{L1}}{S_B}+K_{L2*}\Delta f_*\frac{P_{L2}}{S_B}+K_{L3*}\Delta f_*\frac{P_{L3}}{S_B}\\ &=(K_{L1*}P_{L1*}+K_{L2*}P_{L2*}+K_{L3*}P_{L3*})\Delta f_*\\ &=\Delta f_*\sum_{i=1}^{3}K_{Li*}P_{Li*}\end{aligned}\tag{3-76}$$

所以，该分布负荷模型中等效的调节效应系数为 $K_{L*}=\sum_{i=1}^{3}K_{Li*}P_{Li*}$，将该式代入到图 3-32中，即为基于发电机经典模型的单机带分布负荷系统的 UFLS 模型框图，如图 3-34 所示。

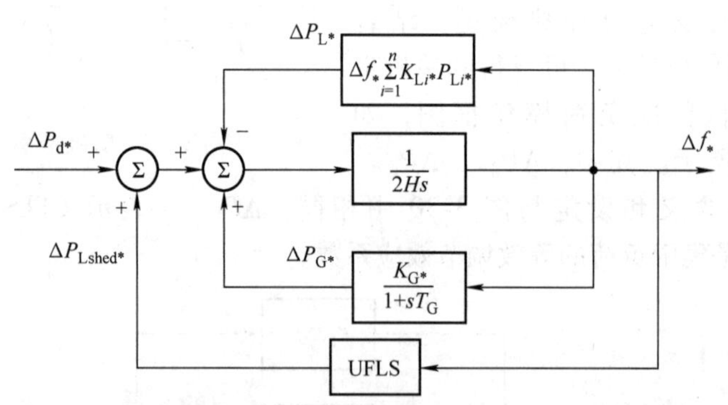

图 3-34 基于发电机经典模型的 SMDL 系统的 UFLS 模型框图

2. 汽轮机及水轮机调速系统模型

基于发电机经典模型的单机系统模型仅考虑了调速器的一次调频效应，但实际中，汽轮机的气缸结构、蒸汽容积效应，水轮机的机械特性、水锤效应等均会影响系统的低频减负荷动作过程，因此对 PSS/E 中的 IEEEG1 汽轮机模型和 IEEEG3 水轮机模型进行改进，在模拟发电机调速系统时会有更好的准确性。

图 3-35 和图 3-36 分别是 IEEEG1 和 IEEEG3 调速系统模型框图。其中，$\Delta\omega$ 即为 Δf；IEEEG1 模型中的 K、T_5 和 IEEEG3 模型中的 $1/\sigma$ 和 T_R 分别表示发电机经典模型框图 3-32

中的 K_{G*} 和 T_G。

在 IEEEG1 模型中，对部分影响较小的参数进行简化：令 T_1、T_2、T_6、T_7、K_2、K_4、K_5、K_6、K_7、$K_8=0$，化简后的 IEEEG1 模型如图 3-37 所示。

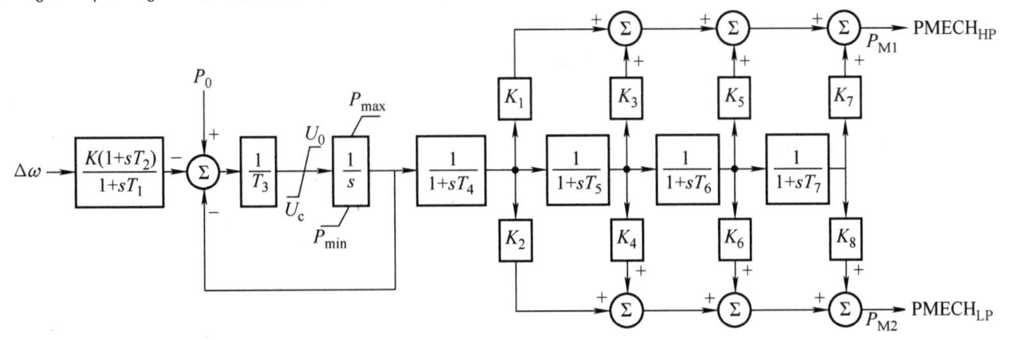

图 3-35　IEEEG1 汽轮机调速系统模型框图

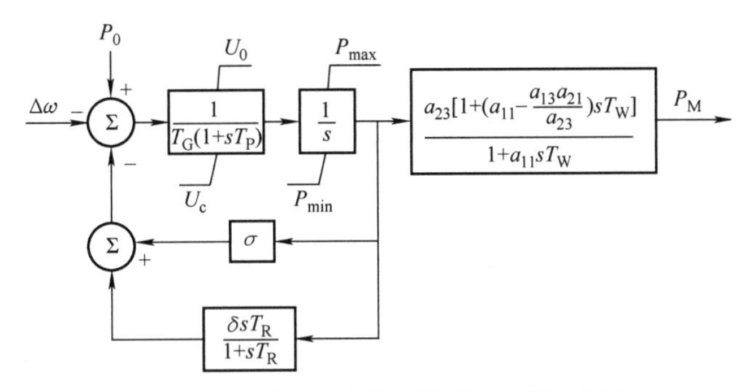

图 3-36　IEEEG3 水轮机调速系统模型框图

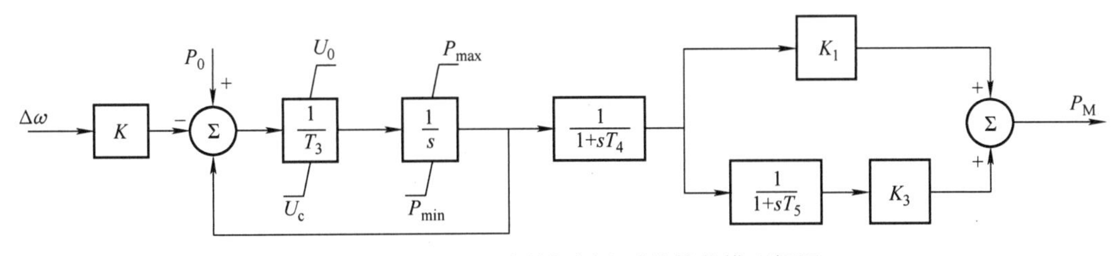

图 3-37　IEEEG1 汽轮机调速系统简化模型框图

3. 考虑风机渗透率的单机系统模型

伴随着风力技术的发展，风电装机容量在电力系统中的渗透率逐渐增大，风机并网相关的问题也越来越多地受到关注。因此，在虚拟实验平台的低频减负荷实验仿真模块中引入风机渗透率这一参数，考虑无频率控制策略情况下风机并网对电力系统低频减负荷的影响。

在一个电力系统中，假设有 n 台发电机，那么系统总的惯性时间常数 H 和发电机静态特性系数 K_{G*} 满足以下关系：

$$H=\frac{\sum_{i=1}^{n}H_iS_i}{\sum_{i=1}^{n}S_i} \tag{3-77}$$

$$K_{G*}=\frac{\sum_{i=1}^{n}K_{Gi*}S_i}{\sum_{i=1}^{n}S_i} \tag{3-78}$$

式中，H_i——第 i 台发电机的惯性时间常数；

K_{Gi*}——第 i 台发电机的静态特性系数；

S_i——第 i 台发电机的装机容量。

若上述系统中，常规发电机的装机容量为 S_T，风机的装机容量为 S_W，系统总的装机容量为 S_S，那么有

$$S_S=S_T+S_W \tag{3-79}$$

风机渗透率的计算公式为

$$\eta=\frac{S_W}{S_W+S_T}=\frac{S_W}{S_S} \tag{3-80}$$

由于风机不参与调频，且系统频率的变化对风机转子的转速不会产生影响，则风机的惯性时间常数 H_{Wi} 和频率静态特性系数 K_{GWi*} 都为0。将代入式（3-77）和式（3-78）得到该系统的总的等效惯性时间常数 H_S 和频率静态特性系数 K_{GS*} 为

$$H_S=(1-\eta)H_T \tag{3-81}$$

$$K_{GS*}=(1-\eta)K_{GT*} \tag{3-82}$$

式中 H_T——只包含常规发电机的总的等效惯性时间常数；

K_{GT*}——频率静态特性系数。

因此，考虑风机渗透率下的基于发电机经典模型和PSS/E汽轮机IEEEG1调速模型的SMDL系统框图如图3-38和图3-39所示。

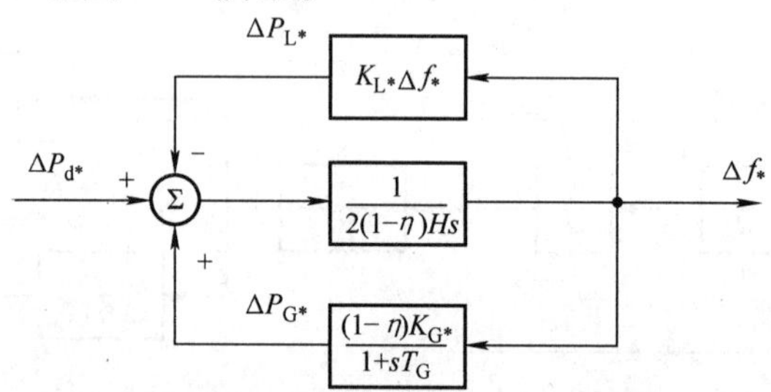

图3-38 考虑风机渗透率下的基于发电机经典模型的SMDL系统框图

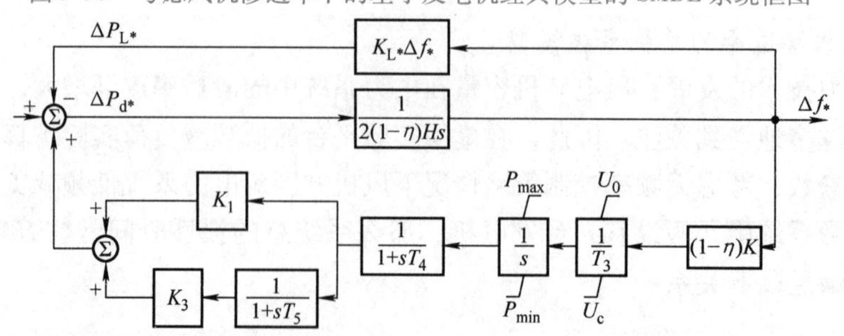

图3-39 考虑风机渗透率下的基于PSS/E汽轮机IEEEG1调速模型的SMDL系统框图

（二）多机系统模型

单机系统模型适用于负荷集中且分布均匀的情况下，但是随着电网覆盖区域的扩大，网

络结构逐渐复杂，需要对复杂的系统构建新的算法模型。实验平台低频减负荷仿真模块采用基于平均系统频率（average system frequency，ASF）的多机系统仿真模型来解决这一问题。

相对于能够全面反映系统动态过程、计算量大的全时域仿真这一电力系统稳定分析的基本方法，ASF 模型重点在于研究频率响应的统一性和频率稳定的独立性，忽略了电压、无功和网络的影响，在保证仿真精度的同时大大减少了计算量和仿真时间，对实现电力系统频率的在线预测和自动发电控制具有重要意义。

在 ASF 模型中，整个系统的频率响应是统一变化的，每台发电机在有功控制过程中独立，其结构如图 3-40 所示。其中，ΔP_{di*} 是系统初始时刻对发电机 i 的扰动有功功率；ΔP_{ei*} 是发电机 i 电磁有功功率的变化量；ΔP_{mi*} 是发电机 i 产生的机械功率的变化量；Δf_{i*} 是发电机 i 产生的频率偏移量；Δf_{ave*} 是系统的平均频率偏差。

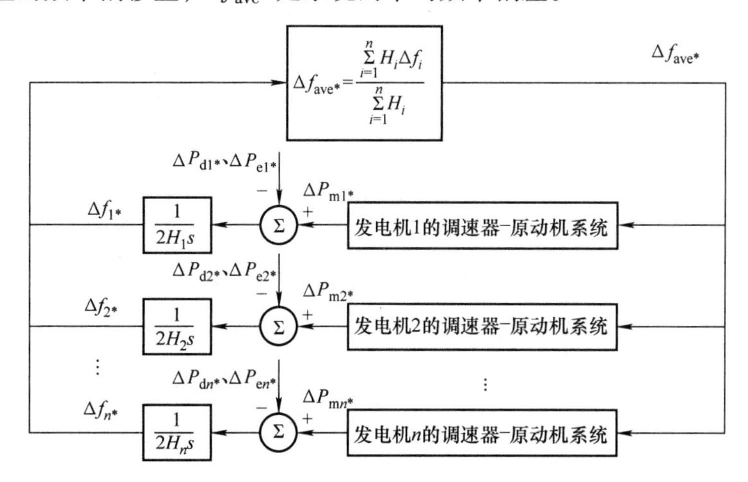

图 3-40　多机系统 ASF 模型结构框图

图 3-40 中部分参数之间的关系可以写作如下表达式：

$$
\begin{aligned}
2H_1\frac{\mathrm{d}\Delta f_{1*}}{\mathrm{d}t}&=\Delta P_{m1*}-\Delta P_{e1*}-\Delta P_{d1*}\\
2H_2\frac{\mathrm{d}\Delta f_{2*}}{\mathrm{d}t}&=\Delta P_{m2*}-\Delta P_{e2*}-\Delta P_{d2*}\\
&\vdots\\
2H_n\frac{\mathrm{d}\Delta f_{n*}}{\mathrm{d}t}&=\Delta P_{mn*}-\Delta P_{en*}-\Delta P_{dn*}
\end{aligned}
\tag{3-83}
$$

各式相加可得

$$
\begin{aligned}
2\left(H_1\frac{\mathrm{d}\Delta f_{1*}}{\mathrm{d}t}+H_2\frac{\mathrm{d}\Delta f_{2*}}{\mathrm{d}t}+\cdots+H_n\frac{\mathrm{d}\Delta f_{n*}}{\mathrm{d}t}\right)&=2\frac{\mathrm{d}\sum_{i=1}^{n}H_i\Delta f_{i*}}{\mathrm{d}t}\\
&=2\sum_{i=1}^{n}H_i\frac{\mathrm{d}\Delta f_{ave*}}{\mathrm{d}t}\\
&=\sum_{i=1}^{n}\Delta P_{mi*}-\sum_{i=1}^{n}\Delta P_{ei*}-\sum_{i=1}^{n}\Delta P_{di*}
\end{aligned}
\tag{3-84}
$$

因此，ASF 模型可以表示为图 3-41 所示形式。

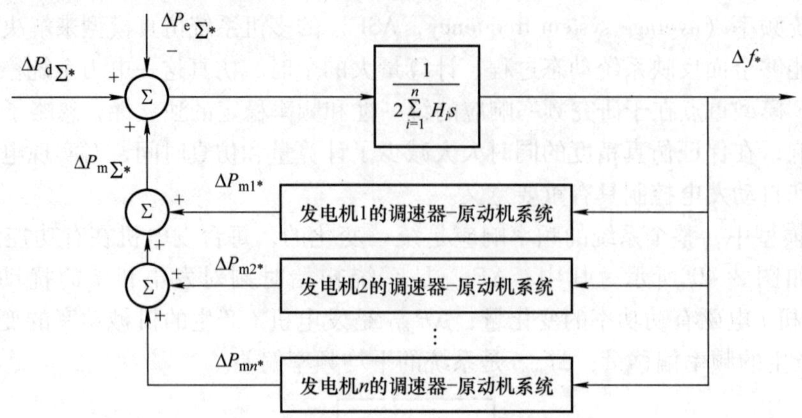

图 3-41　简化后的多机系统 ASF 模型结构框图

三、低频减负荷仿真模型求解

由于忽略了网络参数的影响，对模型的求解主要就是对微分方程组的求解。下面主要对基于单机系统的低频减负荷仿真模块进行介绍，多机系统可以视为几个单机系统的叠加。先期主要实现将低频减负荷运行的主要参数以文本读入的方式进行设置，程序运行之后以文本和图像的方式对运行结果进行展示。

（一）经典发电机模型微分方程组的建立及求解

在基于经典发电机模型的单机模型中，进行低频减负荷过程频率的暂态稳定分析过程时，需要对前面建立的微分方程组采用逐步积分法进行求解。逐步积分法指在一定的初值条件下，求微分方程的数值解，即对于离散的时间序列 t_0，t_1，t_2，…，t_n，逐步求出相应的系统状态矢量值 y_0，y_1，y_2，…，y_n。

若对于微分方程

$$\frac{dy}{dt}=f(y,\ t) \tag{3-85}$$

设初值为$y|_{t=t_0}=y(t_0)$，若取计算步长为 h，则 t_1 时刻的 y 的精确值 $y(t_1)$应为

$$y(t_1)=y(t_0)+\int_{t_0}^{t_1}f(y,t)\,dt \tag{3-86}$$

实际计算时，对积分项作近似计算，形成了各种不同的数值解法。

采用改进欧拉法对式（3-85）和式（3-86）进行逐步迭代。改进欧拉法 $t_n \sim t_{n-1}$时步的数值积分是分预测和校正两步进行的，预测时为

$$y_{n+1}^{(0)}=y_n+f(y_n,t_n)h \tag{3-87}$$

校正时为

$$y_{n+1}^{(1)}=y_n+\frac{1}{2}[f(y_n,t_n)+f(y_{n+1}^{(0)},t_{n+1})]h \tag{3-88}$$

将微分方程组整理为如下形式：

$$\begin{aligned} T_S\frac{d\Delta f_*}{dt}&=\Delta P_{G*}-K_{L*}\Delta f_*+\Delta P_{d*}\\ T_G\frac{d\Delta P_{G*}}{dt}&=-\Delta P_{G*}-K_{G*}\Delta f_* \end{aligned} \tag{3-89}$$

根据改进欧拉法迭代公式可得式（3-89）的迭代方程：

$$
\begin{aligned}
&\Delta f_*^{(0)} = \Delta f_* + \Delta t(\Delta P_{G*} - K_{L*}\Delta f_* + \Delta P_{d*})/T_S \\
&\Delta P_{G*}^{(0)} = \Delta P_{G*} + \Delta t(-\Delta P_{G*} - K_{G*}\Delta f_*)/T_G \\
&\Delta f_*^{(1)} = \Delta f_* + \frac{\Delta t}{2}[(\Delta P_{G*} - K_{L*}\Delta f_* + \Delta P_{d*}) + (\Delta P_{G*}^{(0)} - K_{L*}\Delta f_*^{(0)} + \Delta P_{d*})]/T_S \\
&\Delta P_{G*}^{(1)} = \Delta P_{G*} + \frac{\Delta t}{2}[(-\Delta P_{G*} - K_{G*}\Delta f_*) + (-\Delta P_{G*}^{(0)} - K_{G*}\Delta f_*^{(0)})]/T_G
\end{aligned}
\tag{3-90}
$$

（二）IEEEG1 汽轮机和 IEEEG3 水轮机调速模型微分方程组的建立及求解

对 IEEEG1 汽轮机和 IEEEG3 水轮机调速模型分别进行调整并建立相应的微分方程组，其模型如图 3-42 以及图 3-43 所示。

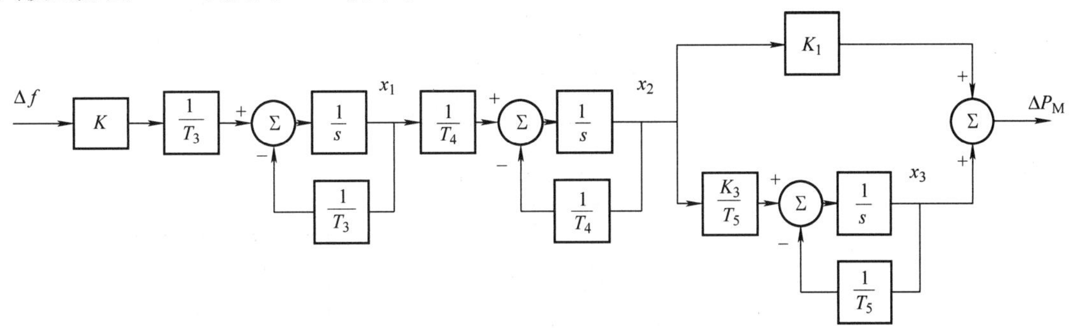

图 3-42　IEEEG1 汽轮机调速系统模型

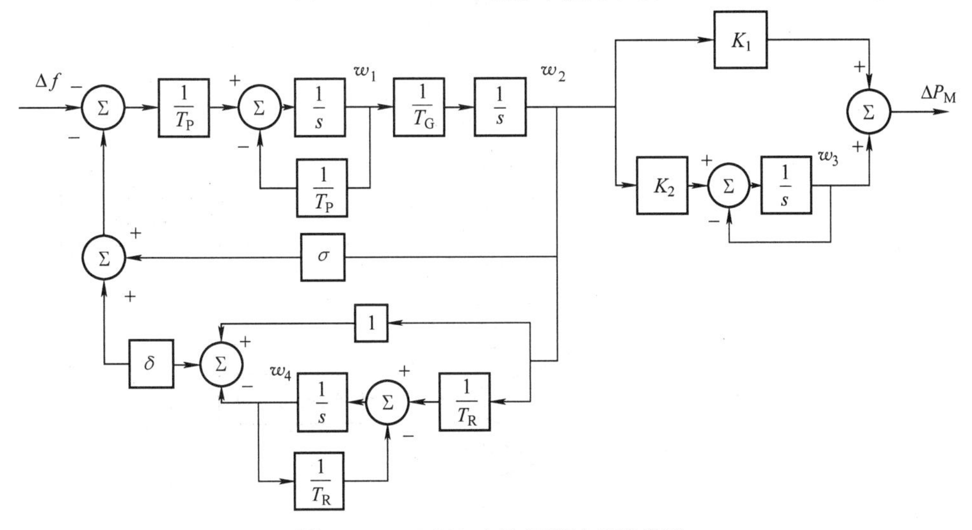

图 3-43　IEEEG3 水轮机调速系统模型

IEEEG1 汽轮机调速系统模型的微分方程组如下：

$$
\begin{aligned}
&\dot{x}_1 = (-x_1 - K\Delta f)/T_3 \\
&\dot{x}_2 = (x_1 - x_2)/T_4 \\
&\dot{x}_3 = (K_3 x_2 - x_3)/T_5 \\
&\Delta P_M = K_1 x_2 + x_3
\end{aligned}
\tag{3-91}
$$

IEEEG3 水轮机调速系统模型的微分方程组如下：

$$
\begin{aligned}
\dot{w}_1 &= \{-\Delta f - [w_2\sigma + (w_2 - w_4)\delta] - w_1\}/T_{\mathrm{P}} \\
\dot{w}_2 &= w_1/T_{\mathrm{G}} \\
\dot{w}_3 &= 3w_2 - w_3 \\
\dot{w}_4 &= (w_2 - w_4)/T_{\mathrm{R}} \\
\Delta P_{\mathrm{M}} &= K_1 w_2 + w_3
\end{aligned}
\tag{3-92}
$$

上述的微分方程组采用改进欧拉法进行迭代。

（三）程序流程

图3-44为低频减负荷实验模块程序主体部分的运算流程。选择工作模式以及仿真模型并读取相应参数，其中f表示系统当前的频率，$f_{\mathrm{op}i}$表示基本轮中第i轮的动作频率，k表示

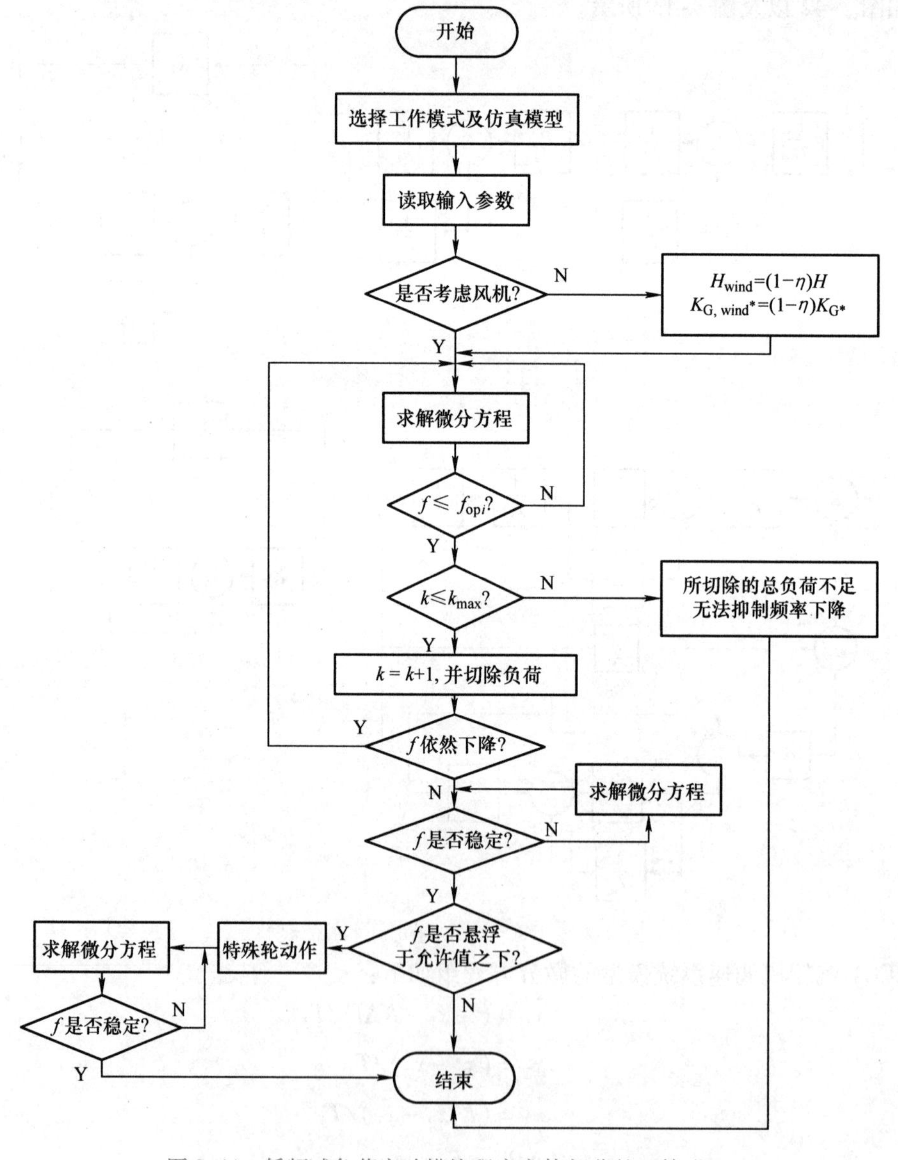

图3-44　低频减负荷实验模块程序主体部分的运算流程

基本轮已经动作的轮数，k_{max}表示基本轮总的动作轮数。在该流程中，假设特殊轮参与低频减负荷过程（在实际的电力系统中，为了防止频率悬浮于允许值以下，特殊轮是一定会存在的。但为了说明低频减负荷的基本过程，低频减负荷仿真实验模块增加“是否考虑特殊轮”选项，避免因为特殊轮的参与影响对低频减负荷过程频率动态特性的观察）。

思考题

1. 电力系统有功功率的平衡对频率有何影响?
2. 什么是电力系统负荷的有功功率－频率静态特性? 什么是有功功率负荷的频率调节效应，它和哪些因素有关?
3. 什么是发电机组的功率－频率特性? 发电机的单位调节功率是什么?
4. 什么是电力系统的调差系数? 它与发电机单位调节功率的标幺值有什么关系?
5. 电力系统频率的一次调节是什么? 是否能够做到无差调节?
6. 电力系统频率的二次调节是什么? 是否能够做到无差调节? 如何做到?
7. 我国规定的频率额定值为多少? 允许偏移值为多少? 系统低频运行有什么危害?
8. 简述自动低频减负荷的工作原理。

第四章　电力系统电压调节和无功功率控制技术

电力系统中的有功功率电源是集中在各类发电厂中的发电机，而无功功率电源除发电机外，还有调相机、电容器和静止补偿器等，它们分散安装在各个变电站。一旦无功功率电源设置好，就可以随时使用而无须像有功功率电源那样消耗能源。由于电网中的线路以及变压器等设备均以感性元件为主，因此系统中无功功率损耗远远大于有功功率损耗。电力系统正常稳定运行时，全系统频率相同。频率调节集中在发电厂，调频控制手段只有调节原动机功率一种。而电压水平在全系统各点不同，并且电压控制可分散进行，调节控制电压的手段也多种多样。所以，电力系统的无功功率和电压控制调节与有功功率和频率控制调节有很大的不同。

第一节　电力系统电压控制的意义

电力系统的电压和频率一样，都是电能质量的重要指标。保证供给用户的电压与额定电压值的偏移不超过规定的数值，是电力系统运行调节的基本任务之一。

各种用电设备是按照额定电压来设计制造的，只有在额定电压下运行才能取得最佳的工作效率。当电压偏离额定值较大时，会对负荷的运行带来不良影响。影响产品的质量和产量，损坏设备，甚至引起电力系统的电压崩溃，造成大面积停电。现分别简述电压偏移带来的影响。

1）电力系统电压降低时，发电机的定子电流将因其功率角的增大而增大。如果发电机定子电流已达到额定值，系统电压的降低，使发电机输出电流超过其额定值。为了使发电机定子绕组不致于过热，不得不减少发电机所发的有功功率。类似的，电力系统电压降低后，也不得不减少变压器所带的有功负荷。

2）电力系统电压降低时，各类负荷中占比重最大的异步电动机的转差率将增大。因而，电动机各绕组中的电流也将增大，温升将增加，效率将降低，寿命会缩短。而且，某些电动机驱动的生产机械的机械转矩与转速的高次方成正比，所以当转差增大、转速下降时，其输出功率将迅速减少。而电厂厂用电动机输出功率的减少又将反过来影响锅炉、汽轮机的工作，最终影响发电厂发出的功率。更为严重的是，电力系统电压降低后，电动机的起动过程将大为增加，电动机可能在起动过程中因温度过高而烧毁。而当电压偏高运行时，将加速电气设备的绝缘老化，影响电动机的使用寿命。

3）电炉等电热设备的发热量与电压的二次方成正比，电压降低将大大降低发热量，使效率降低。照明负荷，尤其是白炽灯，对电压变化的反应最灵敏。电压过高，白炽灯的寿命将大为缩短；电压过低，亮度和发光效率要大幅度下降。对荧光灯来说还会产生无法起动的现象，影响人们的视力和工作。

4）电压质量对电力系统本身也有影响。电压降低时，会使电网中的有功功率损耗和能量损耗增加，过低还会危及电力系统运行的稳定性；而电压过高，各种电气设备的绝缘会受到损坏，在超高压输电线路中还将增加电晕损耗。

因此，无论是作为负荷用电设备还是电力系统本身，都要求能在一定的额定电压水平下工作。从技术和经济上综合考虑，规定各类用户允许的电压偏移是完全必要的。我国规定在正常运行情况下各类用户允许的电压偏移为：

10kV 及以下电压供电的负荷	±7%	
35kV 及以上电压供电的负荷	±5%	
低压照明负荷	+5%	-10%
农村电网（正常）	+7.5%	-10%
（事故）	+10%	-15%

在事故后运行状态下，由于电力系统部分设备退出运行，电压损耗比正常时大。考虑故障时间较短，电压偏移允许比正常值再多5%，但电压的正偏移不应超过10%。

第二节　电力系统的无功功率平衡与电压的关系

一、电力系统无功电源特性

在电力系统中，大量的负荷需要一定的无功功率，同时电力网中各种输电设备也会引起无功功率损耗。因此，电源发出的无功功率必须满足它们的需要，这就是系统中无功功率的平衡。对于运行中的所有设备，要求系统无功功率电源发出的无功功率与无功功率负荷及无功功率损耗相平衡，即

$$\sum Q_{\mathrm{G}} = \sum Q_{\mathrm{D}} + \sum Q_{\mathrm{L}} \tag{4-1}$$

电源供应的无功功率 Q_{G} 由发电机供应的无功功率 $Q_{\mathrm{G}i}$ 和无功补偿设备供应的无功功率 $Q_{\mathrm{C}i}$ 两部分组成，而无功补偿设备所供应的无功功率又可分为调相机所供应的 Q_{C1}、并联电容器供应的 Q_{C2} 和静止补偿器供应的 Q_{C3} 三部分。因此，$\sum Q_{\mathrm{G}}$ 可以分解为

$$\sum Q_{\mathrm{G}} = \sum Q_{\mathrm{G}i} + \sum Q_{\mathrm{C1}} + \sum Q_{\mathrm{C2}} + \sum Q_{\mathrm{C3}} \tag{4-2}$$

式（4-1）中的无功功率损耗 Q_{L} 包括三部分：变压器中的无功功率损耗 ΔQ_{T}、线路电抗中的无功功率损耗 ΔQ_{X}、线路电纳中的无功功率损耗 ΔQ_{B}（属容性）。所以，$\sum Q_{\mathrm{L}}$ 可以表示为

$$\sum Q_{\mathrm{L}} = \Delta Q_{\mathrm{T}} + \Delta Q_{\mathrm{X}} - \Delta Q_{\mathrm{B}} \tag{4-3}$$

式（4-1）中，负荷损耗的无功功率 Q_{D} 可以按负荷的功率因数来计算。

电力系统无功功率的平衡与电压水平有着密切的关系，如图 4-1 所示。

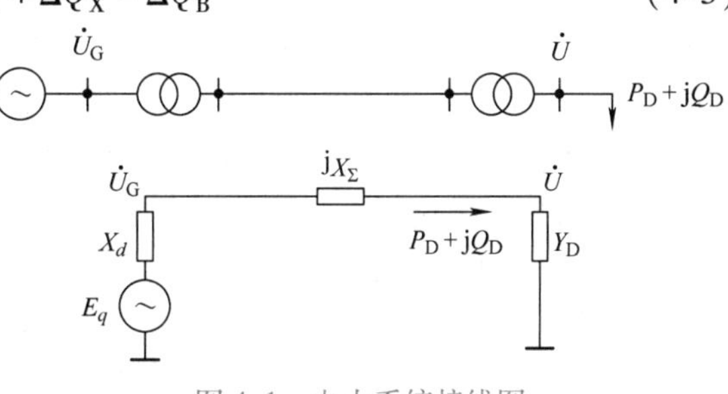

图 4-1　电力系统接线图

设电源电压为 $\dot{U}_{\mathrm{G}}$，负荷端的电压为 $\dot{U}$，负荷以等值导纳 $Y_{\mathrm{D}} = P_{\mathrm{D}} + \mathrm{j}Q_{\mathrm{D}}$（$Q_{\mathrm{D}}$ 为感性负荷）来表示，用 X_{Σ} 表示线路、变压器以

及发电机等值电抗的总和，E_q 表示发电机电势。由图 4-1 可知，负荷处的电压 U 取决于发电机电源电压 U_G 和电网总的电压损耗 ΔU 两个量。U_G 的大小可以通过改变发电机的励磁电流，即改变发电机发出的无功功率来控制，但受设备限制，ΔU 的大小取决于网络参数及无功功率（$\Delta U = \frac{Q_D X_\Sigma}{U_N}$）。

如果在起始的正常运行状态下，电力系统已达到无功功率平衡，即 $Q_G = Q_D + Q_L$，U 保持在额定电压水平 U_N 上。Q_G 代表发电机发出的无功功率，Q_L 代表电力系统总的无功功率损耗。现由于某种原因使负荷的无功功率 Q_D 增加，则 ΔU 随之增加，此时如果增加发电机的励磁，使 U_G 增加，其增加量 ΔU_G 正好补足电网总的电压损耗 ΔU，将使 U 维持在原有的电压水平 U_N 上。这样，由于系统的无功功率负荷增加，使发电机的无功功率输出增加，它们会在新的状态下达到平衡：$Q'_G = Q'_D + Q'_L$，此时的电压水平，可以维持在原有的额定电压 U_N 下。

如果发电机输出电压增量 ΔU_G 大于 ΔU 的增量，将会使 U 升高并且超过 U_N，负荷在 $U_H > U_N$ 下运行，电力系统所需要的无功功率也在增加，此时整个电力系统在新的电压水平下达到新的无功功率平衡：$Q_{GH} = Q_{DH} + Q_{LH}$。反之，如果因为发电机励磁的限制，U_G 不能增加足够的量以补偿 ΔU 的增加，则负荷端电压将下降，低于 U_N，此时负荷在低水平电压 U_L 下运行，所需的系统无功功率将减小，因此整个电力系统又会在新的电压水平下达到新的无功功率平衡：$Q_{GL} = Q_{DL} + Q_{LL}$。

因此，无功功率总是要保持平衡状态，当电力系统无功功率电源充足，可调节容量大时，电力系统可在较高电压水平上保持平衡；当电力系统无功功率电源不足，可调容量小甚至没有时，电力系统只能在较低电压水平上保证平衡。可以用电力系统和负荷的无功功率电压静态特性来进一步说明它们的关系，如图 4-2 所示。

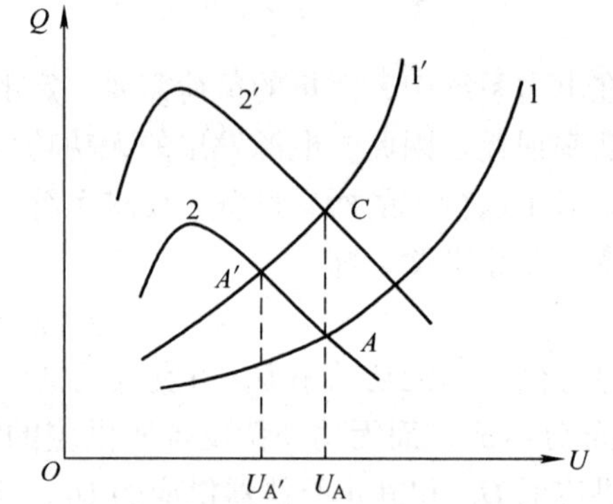

图 4-2　电力系统和负荷的无功功率电压静态特性

无功功率负荷主要是由异步电动机组成，其所需的无功功率由励磁无功功率和漏抗所需的无功功率两部分组成。励磁无功功率与所供给的电压二次方成正比。当电动机负荷不变时，由于电压降低，使滑差增大，电流增大，漏抗所需的无功功率也会增大。这样，负荷的无功功率 - 电压特性可以用二次曲线来表示，如图 4-2 中曲线 1 所示。当系统负荷增加时，曲线向上方移动（即曲线 1′）。

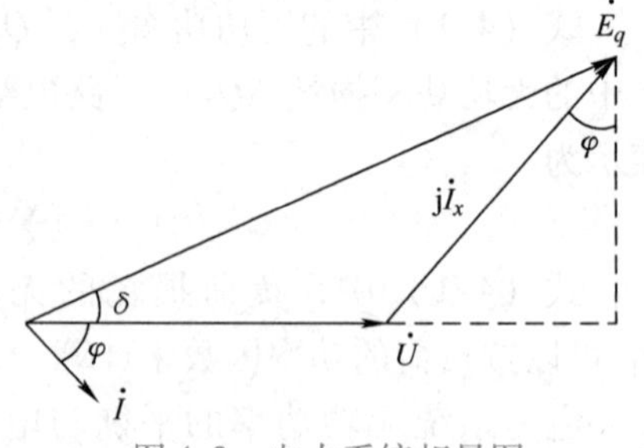

图 4-3　电力系统相量图

由电力系统送至负荷无功功率的无功电压特性曲线可以由如下方法获得。根据图 4-1 画出其相应的相量图，如图 4-3 所示。由图 4-3 可知

$$P = UI\cos\varphi = U\frac{IX\cos\varphi}{X} = U\frac{E_q\sin\delta}{X} \tag{4-4}$$

所以

$$P = \frac{UE_q}{X}\sin\delta \tag{4-5}$$

而

$$Q = UI\sin\varphi = U\frac{LX\ \sin\varphi}{X} = U\frac{E_q\cos\delta - U}{X} \tag{4-6}$$

即

$$Q = \frac{U}{X}(E_q\cos\delta - U) \tag{4-7}$$

由于δ较小，可以近似认为$\cos\delta = 1$，因此电力系统送至负荷的无功功率的无功电压特性也近似为二次曲线，如图4-2中曲线2所示。如果增加E_q，则将使曲线向上移动（即曲线2′）。

曲线1与2的交点A就确定了负荷节点的电压值$U = U_A$，电力系统在此电压水平下可以达到无功功率的平衡。

当无功功率负荷增加时，由曲线1移至曲线1′，如果此时电力系统的无功功率电源能相应的增加E_q，使曲线2移至曲线2′位置，则表明电力系统在新的无功功率平衡状态下保持负荷处于电压水平U_A（C点）。如果由于某种原因，电力系统的无功功率电源不能随之增加，曲线2将保持不变，其与曲线1′线的交点为A'，则意味着电力系统降低了供给负荷功率，使负荷处的电压U'_A在一个新的水平上达到了无功功率平衡。如果此时仍然需要维持电压在原有的水平上，则必须采取其他增发无功功率的相应控制措施。一般情况下，由于负荷的功率因数（约为0.7）低于同步发电机的功率因数（0.8～0.9），电力网中的无功功率损耗大于有功功率损耗，因此电力系统都要进行一定的无功功率补偿。考虑到无功功率的输送将引起电力网中的有功功率损耗及电压损耗的增加，一般不能远距离输送，因此一般无功功率补偿设置在负荷中心地区。也就是说，为了维持电力系统应有的电压水平，除了整个电力系统需要达到相应的无功功率平衡外，在负荷地区也要基本上达到无功功率平衡，以避免无功功率在电网中的大量传输。

电力系统的无功功率电源有：

（1）同步发电机　同步发电机是目前电力系统中唯一的有功功率电源，也是基本的无功功率电源。它供给电力系统的无功功率与同时输出的有功功率有一定的关系，由同步发电机的$P-Q$曲线决定。图4-4给出了某发电机的$P-Q$曲线。

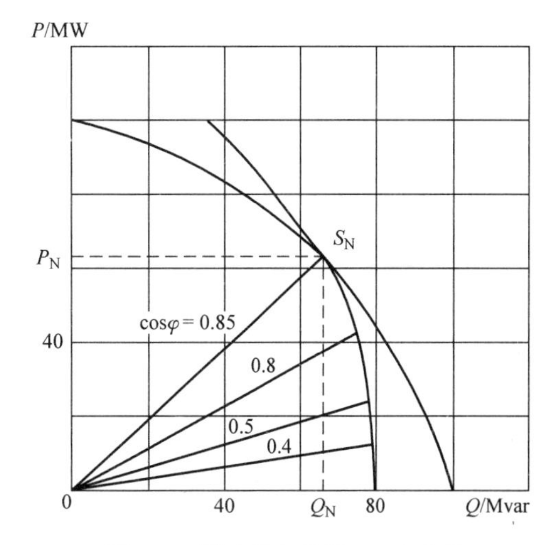

图4-4　同步发电机的$P-Q$曲线

同步发电机低于额定功率因数运行时，发电机的输出视在功率受制于励磁电流不超过额定值的条件，从而将低于额定视在功率S_N。同步发电机高于额定功率因数运行时，励磁电流的大小不再是限制的条件，而原动机输出功率P_N成了它的限制条件。因此，同步发电机只有在额定电压、额定电流、额定功率因数下运行时，视在功率才能达到额定值，发电机容量才能得到最充分的利用。

同步发电机以超前功率因数运行时，定子电流和励磁电流大小都不再是限制条件，而此时并联运行的稳定性或定子端部铁心等的发热成了限制条件。由图4-4可知，当电力系统中有一定备用有功电源时，可以将离负荷中心近的发电机低于额定功率因数运行，适当降低有功功率输出而多发一些无功功率，有利于提高电力系统的电压水平。

（2）同步调相机及同步电动机　同步调相机是特殊运行状态下的同步电动机，可视为不带有功负荷的同步发电机或不带机械负荷的同步电动机。当过激运行时，它向电力系统提供感性无功功率，欠激运行时，从电力系统中吸收感性无功功率。因此，改变同步调相机的励磁，可以平滑地改变它的无功功率的大小及方向，从而平滑地调节所在地区的电压。但是在欠激状态下运行时，其输出功率为过激运行时输出功率的50%～60%。同步调相机在运行时要产生有功功率损耗，一般在满负荷运行时，有功功率的损耗为额定容量的1.5%～5%，容量越小，有功损耗所占的比重越大。在轻负荷运行时，有功功率损耗也要增大。同步调相机的电压调节效应一般为正值，即它输出的无功功率电源随其端电压的下降而增加，这是其优点。

另外，过激运行状态下的同步电动机能够向电力系统提供感性无功功率。因此，充分发挥用户所拥有的同步电动机的作用，使其过激运行，对提高电力系统的电压水平也是有利的。

（3）静电电容器　静电电容器从电力系统中吸收容性的无功功率，也就是说可以向电力系统提供感性的无功功率，因此可视为无功功率电源。它可根据实际需要由许多电容器连接组成。因此，容量可大可小，既可集中使用，又可分散使用，并且可以分相补偿，随时投入、切除部分或全部电容器组，运行灵活。电容器的有功损耗小（占额定容量的0.3%～0.5%），投资也节省。电容器所输出的无功功率 Q_C 与其端电压的二次方成正比，即

$$Q_C=\frac{U^2}{X_C}=U^2\omega C \tag{4-8}$$

式中　X_C——电容器的容抗；

ω——交流电的角频率；

C——电容器的电容。

由式（4-8）可知，当电容器安装处节点电压下降时，其供给电力系统的无功功率也将减少，而此时正是电力系统需要无功功率电源的时候，这是其不足之处。

（4）静止无功功率补偿器（SVC）　静止无功功率补偿器（static var compensator，SVC）是一种发展很快的无功功率补偿装置，其工作原理如图4-5所示。

图4-5a为SVC的简单原理系统图，它由电抗值可变的饱和电抗与并联电容组成。图4-5b中，直线①为电容的电压-电流特性，曲线②是饱和电抗的电压-电流特性，其合成电压-电流特性如图4-5c所示。在正常额定电压 U_N 情况下，$\dot{I}_L+\dot{I}_C=0$，当负荷功率突然增加时，电压会突然下降，此时 $\dot{I}_L+\dot{I}_C$ 相位超前 $\dot{U}$，电压 $\dot{U}$ 的下降受到抑止。SVC可以根据负荷的变化，自动调整所吸收的电流，使端电压维持不变。假如母线上的无功功率负荷为 Q_D，SVC所吸收的无功功率由感性无功功率 Q_L 与容性无功功率 Q_C 两部分组成，则由电力系统送来的无功功率 Q_i 为

$$Q_i=Q_D+Q_L+Q_C \tag{4-9}$$

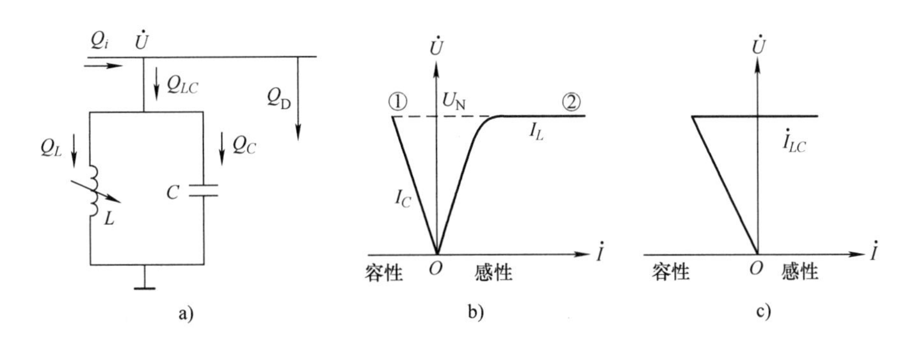

图 4-5　静止无功功率补偿器的工作原理

a）原理系统图　b）合成前电压－电流特性　c）合成电压－电流特性

当负荷发生 ΔQ_{D} 的变动时，将引起各无功功率变量的变化，即

$$\Delta Q_i = \Delta Q_{\mathrm{D}} + \Delta Q_L + \Delta Q_C \tag{4-10}$$

如果负荷变化量 ΔQ_{D} 能够由静止补偿器的功率增量补偿，即 $\Delta Q_{\mathrm{D}} - (\Delta Q_L + \Delta Q_C) = 0$。那么，由电力系统供给的无功功率 Q_i 以及因输送 Q_i 而引起的电压损耗不变，从而可以保持电压 U 为恒定值。

SVC 能快速、平滑地调节无功功率的大小和方向，以满足动态无功功率的补偿要求，尤其是对冲击性负荷的适应性较好。与同步调相机相比，SVC 运行维护简单，功率损耗较小，能够做到分相补偿以适应不平衡的负荷变化。其缺点是最大无功补偿量正比于端电压的二次方，在电压很低时，无功补偿量将大大降低。

（5）高压输电线路的充电功率　高压输电线的充电功率可以由下式求出：

$$Q_{\mathrm{L}} = U^2 B_{\mathrm{L}} \tag{4-11}$$

式中　B_{L}——输电线路对地的总电纳；

U——输电线路的实际运行电压。

高压输电线路，特别是分裂导线，其充电功率相当可观，是电力系统固有的无功功率电源。

二、发电机控制调压

控制同步发电机的励磁电流，可以改变发电机的电压。发电机允许在电压偏离额定值不超过 ±5% 的范围内运行。对于由发电机直接供电的小系统，供电线路不长，输电线路上的电压损耗不大时，可以采用发电机直接控制电压方式，以满足负荷电压要求。它不需要增加额外的设备，因此是最经济合理的控制电压的措施，应该优先考虑。

但是输电线路较长、多电压等级的网络并且有地方负荷的情况下，仅仅依靠发电机控制调压已不能满足负荷电压质量的要求。另外，在由多台发电机供电系统情况下，控制并联发电机母线电压会引起无功功率的重新分配，与发电机的无功功率经济分配发生矛盾，在大型电力系统中仅仅作为一种辅助性的控制措施。

三、控制变压器电压比调压

一般电力变压器都有可以控制调整的分接头，调整分接头的位置可以控制变压器的电压比。通常分接头设在高压绕组（双绕组变压器）或中压、高压绕组（三绕组变压器）。在高压电网中，各个节点的电压与无功功率的分布有着密切的关系，通过控制变压器电压比来改变负荷节点电压，实质上是改变了无功功率的分布。变压器本身并不是无功功率电源，因此从整个电力系统来看，控制变压器电压比调压是以全电力系统无功功率电源充足为基本条件的，当电力系统无功功率电源不足时，仅仅依靠改变变压器电压比是不能达到控制电压效果的。

双绕组变压器的高压绕组上设有若干个分接头以供选择，其中对应额定电压 U_N 的抽头称为主抽头。容量为6300kV·A 及以下的变压器，高压侧有 3 个分接头，分别为 $1.05U_N$、U_N、$0.95U_N$。容量为 8000kV·A 及以上的变压器，高压侧有 5 个分接头，分别 $1.05U_N$、$1.025U_N$、U_N、$0.975U_N$、$0.95U_N$。变压器低压绕组不设分接头。

控制变压器的电压比调压实际上就是根据调压要求适当选择变压器的分接头。图 4-6 所示为一个降压变压器。

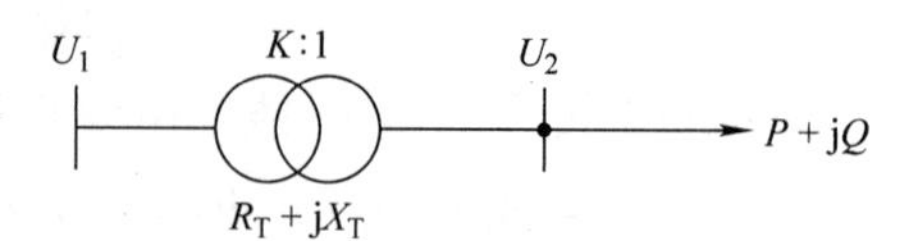

图 4-6 降压变压器系统图

若通过的功率为 $P+jQ$，高压侧实际电压为 U_1，归算到高压侧的变压器阻抗为 R_T+jX_T，归算到高压侧的变压器电压损耗为 ΔU_T，低压侧要求得到的电压为 U_2，则有

$$\begin{aligned} \Delta U_T &= (PR_T + QX_T)/U_1 \\ U_2 &= (U_1 - \Delta U_T)/K \end{aligned} \tag{4-12}$$

式中 K——变压器的电压比，即高压绕组分接头的电压 U_{1t} 和低压绕组的额定电压 U_{2N} 之比。

将 K 代入式（4-12），可以得到高压侧分接头的电压为

$$U_{1t} = \frac{U_1 - \Delta U_T}{U_2} U_{2N} \tag{4-13}$$

当变压器通过不同的功率时，高压侧的电压 U_1、电压损耗 ΔU_T 以及低压侧所要求的电压 U_2 都要发生变化。通过计算可以求出在不同的负荷情况下，为满足低压侧调压要求应该选择的高压侧电压分接头。

普通双绕组变压器的分接头只能在停电的情况下改变。在正常的运行中，无论负荷如何变化，只能使用一个固定的分接头。这时，可以分别算出最大负荷和最小负荷下所要求的分接头电压为

$$\begin{cases} U_{1\text{tmax}} = (U_{1\max} - \Delta U_{\text{Tmax}}) U_{2N}/U_{2\max} \\ U_{1\text{tmin}} = (U_{1\min} - \Delta U_{\text{Tmin}}) U_{2N}/U_{2\min} \end{cases} \tag{4-14}$$

然后取它们的算术平均值，即

$$U_{1\text{tav}} = (U_{1\max} + U_{1\min})/2 \tag{4-15}$$

可以根据 $U_{1\text{tav}}$ 来选择一个与它最接近的分接头，然后再根据所选取的分接头校验最大负荷和最小负荷时，低压母线上的实际电压是否符合用户的要求。

【例 4-1】 图 4-7 所示为降压变压器，变压器参数及负荷、分接头已标明，高压侧最大

负荷时的电压为110V，最小负荷时的电压为113V，相应的负荷低压母线允许电压范围为6～6.6kV，试选择变压器分接头。

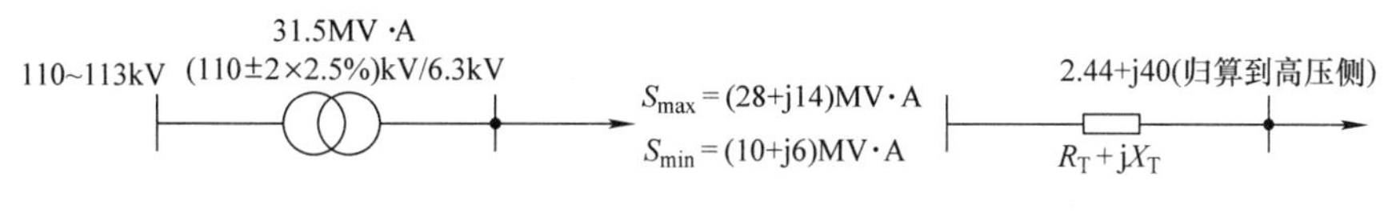

图4-7　降压变压器及其等效电路

解：首先计算最大负荷和最小负荷时变压器的电压损耗，则

$$\Delta U_{\mathrm{Tmax}}=\frac{28\times2.44+14\times40}{110}\mathrm{kV}=5.71\mathrm{kV}$$

$$\Delta U_{\mathrm{Tmin}}=\frac{10\times2.44+6\times40}{113}\mathrm{kV}=2.34\mathrm{kV}$$

假定变压器在最大负荷和最小负荷运行时，低压侧的电压分别为 $\Delta U_{2\max}=6\mathrm{kV}$ 和 $\Delta U_{2\min}=6.6\mathrm{kV}$，则

$$U_{1\mathrm{tmax}}=(110-5.71)\times\frac{6.3}{6}\mathrm{kV}=109.5\mathrm{kV}$$

$$U_{1\mathrm{tmin}}=(113-2.34)\times\frac{6.3}{6.6}\mathrm{kV}=105.6\mathrm{kV}$$

取算术平均值，有

$$U_{1\mathrm{tav}}=[(109.5+105.6)/2]\mathrm{kV}=107.6\mathrm{kV}$$

可以选择最接近的分接头 $U_{1\mathrm{t}}=107.25\mathrm{kV}$，然后按所选的分接头校验是否满足低压负荷母线的实际电压。

$$\Delta U_{2\max}=(110-5.71)\times\frac{6.3}{107.25}\mathrm{kV}=6.13\mathrm{kV}>6\mathrm{kV}$$

$$\Delta U_{2\min}=(113-2.34)\times\frac{6.3}{107.25}\mathrm{kV}=6.5\mathrm{kV}<6.6\mathrm{kV}$$

可见所选择的高压分接头是能够满足电压控制要求的。

三绕组变压器分接头的选择可以按如下方法来考虑：三绕组变压器一般在高压、中压侧有分接头可供选择，而低压侧是没有分接头的。一般可先按高压、低压侧的电压要求来确定高压侧的分接头；再由所选定的高压侧分接头，来考虑中压侧的电压要求，最后选择中压侧的分接头。

四、利用无功功率补偿设备调压

无功功率的产生基本上是不消耗能源的，但是无功功率沿输电线路传输却要引起无功功率的损耗和电压的损耗。合理的配置无功功率补偿设备和容量以改变电力网络中的无功功率分布，可以减少网络中的有功功率损耗和电压损耗，从而改善负荷用户的电压质量。

并联补偿设备有调相机、静止补偿器、电容器，它们的作用都是在重负荷时发出感性无功功率，补偿负荷的需要，减少由于输送这些感性无功功率而在输电线路上产生的电压降落，升高负荷端的输电电压。

补偿控制设备的容量计算方法如下。

具有并联补偿控制设备的简单电力系统如图4-8所示。发电机输出电压 U_1 和负荷功率 $P+\mathrm{j}Q$ 给定，电力线路对地电容和变压器的励磁功率可以不考虑。当变电站低压侧没有设置无功功率补偿控制设备时，发电机输出电压可以表示为

$$U_1=U_2'+\frac{PR+QX}{U_2'} \tag{4-16}$$

其中，U_2' 为归算到高压侧的变电站低压母线电压。

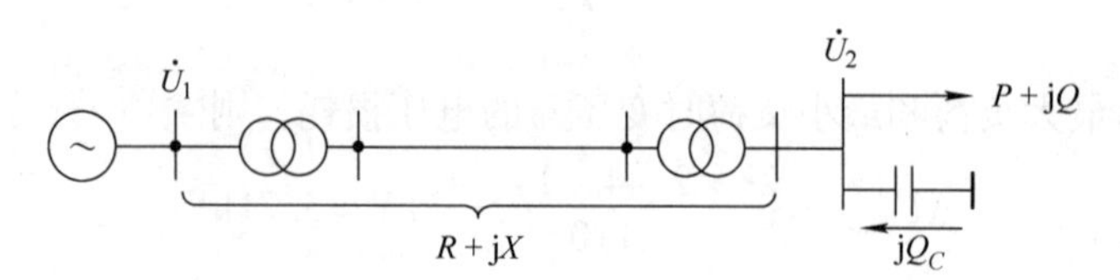

图4-8 具有并联补偿控制设备的简单电力系统

当变电站低压侧设置容量为 Q_C 的无功功率补偿设备后，电力网络供给负荷的无功功率为 $Q-Q_C$，此时，归算到高压侧的变电站低压母线电压变为 U'_{2C}，发电机输出电压可以表示为

$$U_1=U_{2C}'+\frac{PR+(Q-Q_C)X}{U_{2C}'} \tag{4-17}$$

如果补偿前后发电机输出电压 U_1 保持不变，则有

$$U_2'+\frac{PR+QX}{U_2'}=U_{2C}'+\frac{PR+(Q-Q_C)X}{U_{2C}'} \tag{4-18}$$

由此可以解出 U_{2C}'变为 U_2' 时所需的无功功率补偿容量为

$$Q_C=\frac{U_{2C}'}{X}\left[(U_{2C}'-U_2')+\left(\frac{PR+QX}{U_{2C}'}-\frac{PR+QX}{U_2'}\right)\right] \tag{4-19}$$

式中方括号内的第二部分一般较小，可以略去，因此式（4-19）可以改写成

$$Q_C=\frac{U_{2C}'}{X}(U_{2C}'-U_2') \tag{4-20}$$

如果变压器电压比为 K，经无功功率补偿后变电站低压侧要求保持的实际电压为 U_{2C}，则 $U_{2C}'=KU_{2C}$。代入上式，有

$$Q_C=\frac{U_{2C}}{X}\left(U_{2C}-\frac{U_2'}{K}\right)K^2 \tag{4-21}$$

可见，无功功率补偿容量与被控电压要求和降压变压器的电压比选择有关。

考虑到无功功率补偿设备不同，有调相机、电容器等，所以选择电压比的条件也不一样。

（1）补偿设备为电容器的容量计算　电容器只能发出感性无功功率，以升高电网电压，而不能吸收感性无功功率，以降低电网电压。变电站会在重负荷的条件下发生电压偏低，轻负荷条件下发生电压偏高现象。因此，为了充分利用无功功率补偿容量，电容器只需要在重负荷时投入，轻负荷时全部退出。也就是说，变压器的电压比应该按照最小负荷且电容器组全部退出运行的情况来选择。

假设 $U_{2\min}'$ 为最小负荷时归算到高压侧的低压母线电压，$U_{2\min}$ 为最小负荷时低压母线的

实际电压，有

$$U'_{2\min}/U_{2\min}=U_{t}/U_{2N} \tag{4-22}$$

所以，变压器高压侧的分接头电压为

$$U_{t}=\frac{U'_{2\min}}{U_{2\min}}U_{2N} \tag{4-23}$$

在变压器高压侧选定与 U_1 最靠近的分接头 U_{1t}，并由此可以确定出变压器的电压比为

$$K=U_{1t}/U_{2N} \tag{4-24}$$

变压器电压比选定以后，再按最大负荷时变压器低压母线要求的电压确定应该设置的电容器组容量，这样可以充分利用电容器的设备容量，能够在满足负荷控制电压要求的前提下，设置的电容器最少。

$$Q_{C}=\frac{U_{2C\max}}{X}\left(U_{2C\max}-\frac{U'_{2\max}}{K}\right)K^{2} \tag{4-25}$$

式中 $U'_{2\max}$——补偿前最大负荷时归算到高压侧的低压母线电压；

$U_{2C\max}$——补偿后最大负荷时低压母线电压要求保持的电压值。

最后根据求出的无功功率补偿容量，从产品目录中选择合适的电容器设备。

（2）补偿设备为同步调相机的容量计算　调相机既能够过激运行，发出感性无功功率使电网电压升高，又能够欠激运行，吸收感性无功功率使电网电压降低。当调相机在最大负荷时按额定容量过激运行，在最小负荷时按额定容量0.5的欠激运行，那么，调相机容量可以得到最佳的利用率。所以，最大负荷时，有

$$Q_{C}=\frac{U_{2C\max}}{X}\left(U_{2C\max}-\frac{U'_{2\max}}{K}\right)K^{2} \tag{4-26}$$

最小负荷时，有

$$-\frac{1}{2}Q_{C}=\frac{U_{2C\min}}{X}\left(U_{2C\min}-\frac{U'_{2\min}}{K}\right)K^{2} \tag{4-27}$$

两式相除，得

$$-2=\frac{U_{2C\max}(KU_{2C\max}-U'_{2\max})}{U_{2C\min}(KU_{2C\min}-U'_{2\min})} \tag{4-28}$$

解出 K 为

$$K=\frac{U_{2C\max}U'_{2\max}+2U_{2C\min}U'_{2\min}}{U^{2}_{2C\max}+2U^{2}_{2C\min}} \tag{4-29}$$

按式（4-29）求出 K 值后，在变压器高压侧选择出最接近的分接头电压 U_{1t}，并以此来确定降压变压器的实际电压比 $K=U_{1t}/U_{2N}$，最后将电压比代入式（4-26），可以求出所需的同步调相机的补偿容量。

【例4-2】 输电系统如图4-9所示，降压变压器电压比为110(1±2×2.5%)kV/11kV，变压器励磁支路和输电线路对地电容均被忽略，节点1归算到高压侧的电压为118kV，且维持不变，负荷端低压母线电压要求保持为10.5kV，试确定受端装设如下的无功功率补偿设备的容量：（1）电容器；（2）同步调相机。

解：由于发电机首端电压已知，因此可按末端功率来计算输电线路的电压损耗，即

$$\Delta S_{\max}=\frac{20^{2}+15^{2}}{110^{2}}\times(26+\mathrm{j}130)\,\mathrm{MV\cdot A}=(1.34+\mathrm{j}6.72)\,\mathrm{MV\cdot A}$$

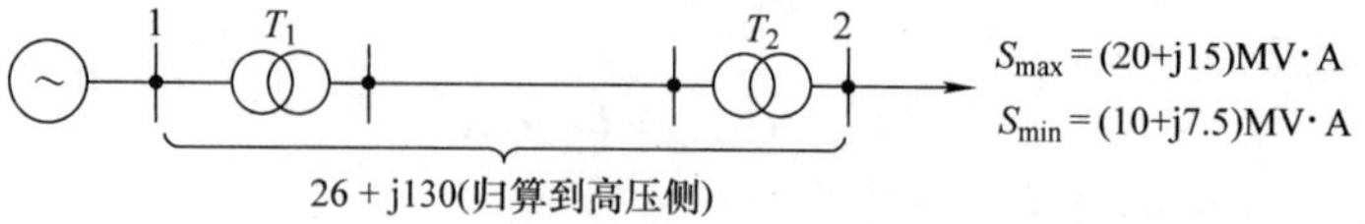

1　T_1　T_2　2

$S_{max}=(20+j15)MV\cdot A$

$S_{min}=(10+j7.5)MV\cdot A$

26 + j130(归算到高压侧)

图 4-9　输电系统

$$\Delta S_{max}=\frac{10^2+7.5^2}{110^2}\times(26+j130)MV\cdot A=(0.34+j1.68)MV\cdot A$$

所以

$$S_{1max}=S_{max}+\Delta S_{max}=(20+j15+1.34+j6.72)MV\cdot A=(21.34+j21.72)MV\cdot A$$

$$S_{1min}=S_{min}+\Delta S_{min}=(10+j7.5+0.34+j1.68)MV\cdot A=(10.34+j9.18)MV\cdot A$$

利用首端功率求得最大负荷时降压变压器归算到高压侧的低压母线电压为

$$U'_{2max}=U_1-\frac{P_{1max}R+Q_{1max}X}{U_1}=\left(118-\frac{21.34\times26+21.72\times130}{118}\right)kV=89.37kV$$

利用首端功率求得最小负荷时降压变压器归算到高压侧的低压母线电压为

$$U'_{2min}=U_1-\frac{P_{1min}R+Q_{1min}X}{U_1}=\left(118-\frac{10.34\times26+9.18\times130}{118}\right)kV=105.61kV$$

（1）按最小负荷时电容器全部退出运行来选择降压变压器电压比：

$$U_t=\frac{U'_{2min}}{U_{2min}}U_{2N}=\frac{11}{10.5}\times105.61kV=110.69kV$$

规格化后，取 110(1 +0%)分接头，即 $K=\frac{110}{11}=10$。

（2）按最大负荷求电容器补偿容量 Q_C 为

$$Q_C=\frac{U_{2Cmax}}{X}\left(U_{2Cmax}-\frac{U'_{2max}}{K}\right)K^2$$

由式（4-29）可得到

$$K=\frac{10.5\times89.37+2\times10.5\times105.61}{10.5^2+2\times10.5^2}=9.54$$

规格化后取 110(1 −2 ×2.5%)kV/11kV，即 $K=9.5$，由式（4-26）确定调相机容量为

$$Q_C=\frac{U_{2Cmax}}{X}\left(U_{2Cmax}-\frac{U'_{2max}}{K}\right)K^2$$

$$=\frac{10.5}{130}\left(10.5-\frac{89.3}{9.5}\right)\times9.5^2MV\cdot A=8.02MV\cdot A$$

求出 Q_C 后，从产品目录中选择合适规格的设备，再校验经过无功功率补偿后负荷电压是否满足质量要求。

五、利用串联电容器调压

在输电线路上串联接入电容器，利用电容器上的容抗补偿输电线路中的感抗，使电压损耗公式中的$\frac{QX}{U}$分量减小，从而升高输电线路末端的电压，如图 4-10 所示。

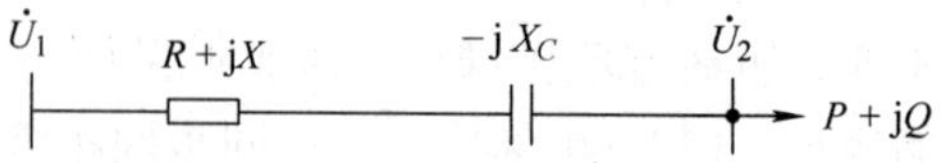

$\dot{U}_1$　$R+jX$　$-jX_C$　$\dot{U}_2$　$P+jQ$

图 4-10　串联电容器控制调压

未接入串联电容器补偿前有

$$U_1 = U_2 + \frac{PR + QX}{U_2} \tag{4-30}$$

电路串联电容器补偿后有

$$U_1 = U_{2C} + \frac{PR + Q(X - X_C)}{U_{2C}} \tag{4-31}$$

假如补偿前后输电线路首端电压维持不变，即

$$U_1 = U_1'$$

则有

$$U_2 + \frac{PR + QX}{U_2} = U_{2C} + \frac{PR + Q(X - X_C)}{U_{2C}} \tag{4-32}$$

经过整理可以得到

$$X_C = \frac{U_{2C}}{Q}\left[(U_{2C} - U_2) + \left(\frac{PR + QX}{U_{2C}} - \frac{PR + QX}{U_2}\right)\right] \tag{4-33}$$

式（4-33）方括号中的第二项的数值一般很小，可以略去，则有

$$X_C = \frac{U_{2C}}{Q}(U_{2C} - U_2) \tag{4-34}$$

如果近似认为 U_{2C} 接近输电线路额定电压 U_{N}，则有

$$X_C = \frac{U_{\mathrm{N}}}{Q}\Delta U \tag{4-35}$$

式（4-35）中，ΔU 为经串联电容器补偿后，输电线路末端电压需要升高的电压增量。所以，可以根据输电线路末端需要升高的电压值来确定出串联电容器补偿的电抗值。

经确定得出的电容器容量需要由多个电容器串联、并联组成，如图 4-11 所示。

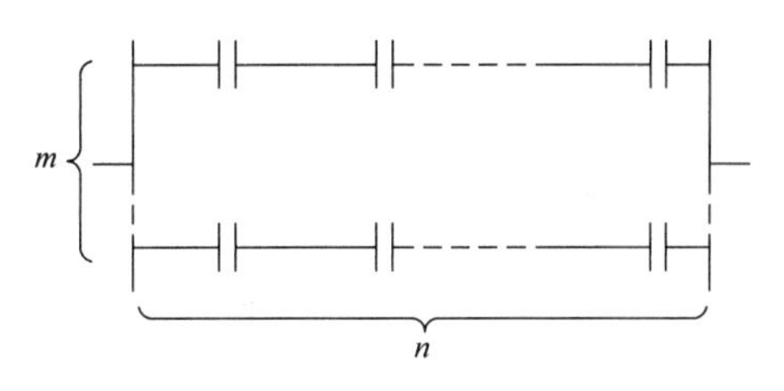

图 4-11　电容器的串联、并联

假如每个电容器的额定电流为 I_{NC}，额定电压为 U_{NC}，即可以根据输电线路通过的最大负荷电流 I_{M} 和所需要补偿的容抗值 X_C 来计算出电容器串联、并联的数量 N、M，它们应该满足

$$\begin{cases} MI_{\mathrm{NC}} \geqslant I_{\mathrm{M}} \\ NU_{\mathrm{NC}} \geqslant I_{\mathrm{M}} X_C \end{cases} \tag{4-36}$$

三相电容器的总容量为

$$Q_C 3MNQ_{\mathrm{NC}} = 3MNU_{\mathrm{NC}} I_{\mathrm{NC}} \tag{4-37}$$

由式（4-35）可知，串联电容器升高的末端电压 $\Delta U = QX_C/U_{\mathrm{N}}$，即调压效果随无功功率负荷 Q 变化。无功功率负荷增大时，所升高的末端电压将增大，无功功率负荷减小时，所升高的末端电压也将减小。而无功功率负荷增大将导致末端电压下降，此时也正是需要升高末端电压。串联电容器调压方式与调压要求恰好一致，这是串联电容器补偿调压的一个显著优点。但是对于负荷功率因数高或者输电线路导线截面小的线路，线路电抗对电压损耗影响较小，故串联电容器补偿控制调压效果小。因此，利用串联电容器补偿调压一般用于供电

电压为35kV或10kV、负荷波动大而频繁、功率因数又很低的输配电线路。

补偿所需要的容抗 X_C 和被补偿输电线路原有感抗 X_L 之比称为补偿度，用 K_C 来表示：

$$K_C=\frac{X_C}{X_L} \tag{4-38}$$

在输配电线路中以调压为目的的串联电容器补偿，其补偿度常接近于1或大于1，一般在1~4之间。

对于超高压输电线，串联电容器补偿主要用于增大输电线路的输电容量和提高电力系统运行的稳定性。

【例4-3】　某35kV的输电线路，阻抗为（10+j10）Ω，由电力系统输入的功率为(7+j6)MV·A，线路首端电压为35kV，要想使线路末端电压不低于33kV，试确定串联补偿电容器的容量。设电容器是额定电压为 $U_{NC}=0.6kV$，容量为 $Q_{NC}=20kvar$ 的单相油浸纸质电容器。

解：补偿前输电线路末端电压为

$$U_2=\left(35-\frac{7\times10+6\times10}{35}\right)kV=31.29kV$$

补偿后输电线路末端电压为33kV，电压升高 $\Delta U=(33-31.29)kV=1.71kV$。由式（4-35)可以得到

$$X_C=\frac{35}{6}\times1.71\Omega=9.98\Omega$$

线路通过的最大电流为

$$I_M=\frac{\sqrt{7^2+6^2}}{\sqrt{3}\times35}\times10^3A=152.3A$$

每个电容器的额定电流为

$$I_{NC}=\frac{Q_{NC}}{U_{NC}}=\frac{20}{0.6}A=33.3A$$

每个电容器的容抗为

$$X_{NC}=\frac{U_{NC}}{I_{NC}}=\frac{0.6\times10^3}{33.33}\Omega=18\Omega$$

因此，共需要并联电容器的组数为

$$m\geqslant\frac{I_M}{I_{NC}}=\frac{152.3}{33.33}=4.57，取5$$

每组需要串联的电容器个数为

$$n\geqslant\frac{I_MX_C}{U_{NC}}=\frac{152.3\times9.98}{0.6\times10^3}=2.53，取3$$

总的补偿容量为

$$Q_C=3mnQ_{NC}=3\times5\times3\times20kvar=900kvar$$

实际补偿的容抗为

$$X_C'=\frac{2X_{NC}}{5}=\frac{3\times18}{5}\Omega=10.8\Omega$$

补偿度为

$$K_C = \frac{X_C'}{X_L} = \frac{10.8}{10} = 1.08$$

补偿后的输电线路末端电压为

$$U_{2C} = \left[35 - \frac{7 \times 10 + 6(10 - 10.8)}{35}\right]\text{kV} = 33.14\text{kV} > 33\text{kV}$$

因此符合要求。

并联电容器补偿和串联电容器补偿都可以升高输电线路末端电压并减小输电线路中的有功功率损耗，但是它们的补偿效果是不一样的。串联电容器补偿可以直接减少输电线路的电压损耗，以提高输电线路末端电压的水平；而并联电容器补偿则是通过减少输电线路上流通的无功功率而减小线路电压损耗，以提高线路末端的电压水平，它的效果不如前者。一般为了减少同一电压损耗，串联电容器容量仅为并联电容器容量的 15% ~25%。并联电容器补偿能够直接减少输电线路中的有功功率损耗，而串联电容器补偿是依靠提高末端电压水平而减少输电线路有功功率损耗的。

六、电力系统电压控制措施的比较

在各种电压控制措施中，首先应该考虑发电机调压，用这种措施不需要增加附加设备，从而不需要附加任何投资。对无功功率电源供应较为充裕的系统，采用变压器有负荷调压既灵活又方便，尤其是电力系统中个别负荷的变化规律相差悬殊时，不采取有负荷调压变压器调压几乎无法满足负荷对电压质量的要求。对无功功率电源不足的电力系统，首先应该解决的问题是增加无功功率电源，因此以采用并联电容器、调相机或静止补偿器为宜。同时，并联电容器或调相机还可以降低电力网中功率传输中的有功功率损耗。

第三节　自动电压控制

自动电压控制（automatic voltage control，AVC）是指以电网调度自动化系统中的 SCADA 系统为基础，以对电网发电机无功功率、并联补偿设备和变压器有负荷分接头等无功电压调节设备进行自动调节，实现电压和无功功率分布满足电网安全、稳定、经济运行为目标的电网调度自动化系统的应用模块或独立子系统，也简称为 AVQC，即自动电压无功控制。

电力系统自动电压控制是电力系统安全经济运行的一个重要组成部分。AVC 的全局控制分为三个层次：一级电压控制、二级电压控制和三级电压控制。一级电压控制为单元控制，控制器为励磁调节器，控制时间常数一般为毫秒级。二级电压控制为本地控制，控制器为发电厂侧电压无功自动调控装置，即 AVC 子站系统，时间常数为秒~分钟级，控制的主要目的是协调本地的一级控制器，保证母线电压或全厂总无功等于设定值，如果控制目标产生偏差，二级电压控制器则按照预定的控制规律改变一级控制器的设定值。三级电压控制为全局控制，时间常数为分钟至小时级，是 AVC 主站系统，它以全系统的网损最小、电压合格为优化目标，给出各厂站的优化结果，并下达给二级控制器，作为二级控制器的跟踪目标。

采用上述分级电压控制策略实现系统内无功的合理分配、电压的有效调节是电网经济和可靠运行的有效控制方式。目前，大多数电力公司通过 SCADA 或 EMS 来监控全系统范围内的电压，调度中心利用这些信息做出决策来设定电压控制节点的参考整定值或投入电压无功控制设备，它作为电压控制的实现手段在电厂侧主要由本区域内控制发电机的自动电压调节器（AVR）来完成。

其控制目标是：在运行条件改变时，维持电压和电流在允许范围内；在正常条件下，改善全系统的电压分布，从而使网损最小；在紧急情况下，通过电压控制和其他措施避免系统崩溃。

AVC 子站主要是针对负荷波动造成的高压母线电压变化动作来控制调节各个发电机励磁，实现发电厂侧的一级电压控制。AVC 子站实时接收调度中心 AVC 主站下发的母线电压指令，并与当前母线电压比较，计算出发电厂高压母线的目标输出无功，并综合考虑系统及设备故障以及各种限制、闭锁条件后，给出当前运行方式下在发电机能力范围内的调节方案，各个机组的执行控制器控制励磁调节器进行励磁调节，最终实现全厂多台机组的电压无功自动控制。

电厂侧 AVC 装置是针对电厂而开发生产的专门装置，由上位机和下位机组成，目前的 AVC 系统结构如图 4-12 所示。作为电网无功电压优化系统中电厂电压控制的实现手段，它针对负荷波动和偶然事故造成的电压变化动作来控制调节发电机励磁实现电厂侧的电压控制，保证向电网输送合格的电压和满足系统需求的无功。以预设电厂当地电压曲线设定电压数据，可接收来自省调度通信中心的上级控制命令设定电压值，通过无功电压优化算法计算并输出以控制发电机一次调节器的整定点来实现系统节点的无功电压控制。

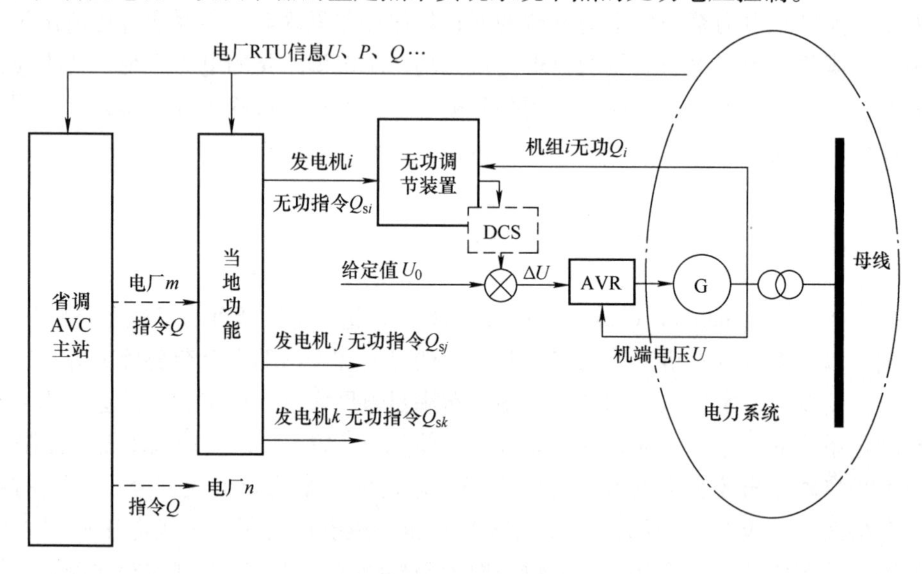

图 4-12 AVC 系统结构

AVC 子站系统由 AVC 工作站、协调控制器（上位机）和多个执行控制器（下位机）组成。为了方便就地监控，配置了平板计算机作为就地的操作面板。

整个发电厂只需要配置 1 台 AVC 工作站、1 台协调控制器，而每台发电机都需要配置 1 台执行控制器，它们之间通过通信网络进行数据交互。协调控制器通过通信的方式和远动 RTU 及调度端的 AVC 主站进行数据交互。

第四节　电力系统电压的综合控制

由于不同的电压控制措施各有其优缺点，所以可以将它们组合起来进行综合控制以获得最优的控制方式。所以，在这里需要分析负荷变化和各类电压控制措施同时存在的综合效果。现以图 4-13 所示的电力系统为例来分析各种电压控制的特点。电压控制设备包括：发电机 G_1 和 G_2，有负荷调压变压器 T，可以切换的并联电容器组 C。

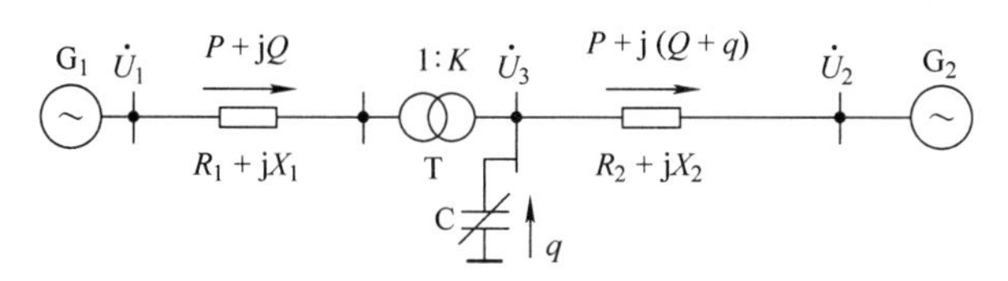

图 4-13　电力系统电压的综合控制

分布式光伏发电对电压控制产生的影响

发电机 G_1 和 G_2 具有励磁调节自动装置，可以使母线电压 U_1、U_2 发生改变；T 为有负荷调压变压器，电压比 K 可以调节；C 代表无功功率补偿设备，它可以是静电电容器、同步调相机和静止功率无功补偿器。现分析 G_1 和 G_2 控制的电压 U_1 和 U_2、变压器电压比 K、补偿容量 q 控制措施对节点 3 的母线电压 U_3 的影响。由于电压与无功功率分布密切相关，所以改变电压的同时也会对无功功率 Q 产生影响。将节点 3 的电压 U_3、无功功率 Q 定义为状态变量，发电机母线电压 U_1、U_2 以及变压器电压比 K 和无功补偿容量 q 定义为控制变量。根据图 4-13，有

$$\begin{aligned}\Delta U_1-\Delta U+\Delta K&=X_1\Delta Q\\ \Delta U-\Delta U_2&=X_2(\Delta Q+\Delta q)\end{aligned}\tag{4-39}$$

由此可以解得

$$\Delta U=\frac{X_2}{X_1+X_2}\Delta U_1+\frac{X_1}{X_1+X_2}\Delta U_2+\frac{X_2}{X_1+X_2}\Delta K+\frac{X_1X_2}{X_1+X_2}\Delta q\tag{4-40}$$

$$\Delta Q=\frac{1}{X_1+X_2}\Delta U_1-\frac{1}{X_1+X_2}\Delta U_2+\frac{1}{X_1+X_2}\Delta K-\frac{X_2}{X_1+X_2}\Delta q\tag{4-41}$$

由此可以分析各种电压控制措施对节点 3 的电压 U_3 和无功功率 Q 的影响，以及各种控制措施配合的效果。通过式（4-40）、式（4-41）可以获得如下结论：

1）改变变压器电压比 K 和改变发电机 G_1 的母线电压 U_1 对节点 3 的电压控制效果相同，并且可以使无功功率 Q 增加，而且参数比值 X_1/X_2 越小，电压控制效果越显著。

2）发电机 G_2 的母线电压 U_2 的改变对节点 3 的母线电压 U_3 的影响与参数比值 X_2/X_1 有关，比值越小，影响越显著。

3）当 X_2 越大，即 G_2 离节点 3 的距离相对较远时，发电机 G_1 的母线电压 U_1 的改变对节点 3 的电压影响较大，会使无功功率 Q 增加。反之，当 X_1 越大，即 G_1 离节点 3 的距离相对较远时，发电机 G_2 的电压 U_2 的改变对节点 3 的电压影响较大，会使无功功率 Q 减小。

4）控制节点 3 的无功补偿容量 q 的效果与等效电抗 $\frac{X_1X_2}{X_1+X_2}$ 有关，等效电抗越大，控制

电压 U_3 的效果越好。

5）节点3的无功补偿容量 q 按与输电线路电抗成反比的关系向两侧流动，其结果使无功功率 Q 减少。

总之，控制靠近所需要控制的中枢点母线电压的调压，可以获得较好的控制效果。因此，一般控制调压设备实行分散布置，进行分散调节，在此基础上由电力系统实行集中控制。

对于更复杂的电力系统，也可以列出类似的关系式，如

$$\Delta U_i = \sum A_{Uij}\Delta U_j + \sum A_{Kij}\Delta K_j + \sum A_{qij}\Delta q_j$$

$$\Delta U_L = \sum B_{Uij}\Delta U_j + \sum B_{Kij}\Delta K_j + \sum B_{qij}\Delta q_j \tag{4-42}$$

$$A_{Xij} = \frac{\partial U_i}{\partial X_j}, b_{Xij} = \frac{\partial Q_L}{\partial X_j}$$

其中，X 分别代表 U、K、q。这些偏导数表示某一控制量对被控制量的作用，它们的数值越大，控制量对被控制量的作用越大，即控制效果越好。

上述各种控制电压措施的具体应用，采用各地区自动控制调节电压和电力系统集中自动控制调节电压相结合的模式进行。各区域负责本区域电网电压的控制调节，并就地解决无功功率的平衡；电力系统调度中心负责控制主干电网中主干输电线和环网的无功功率的分布，以及给定主要中枢点（发电厂母线、枢纽变电站母线）的电压设定值，以便加以监视和控制并协调各地区的电压水平。

第五节 电力系统无功功率电源的最优控制

电力系统中无功功率平衡是保证电力系统电压质量的基本前提，而无功功率电源在电力系统中的合理分布是充分利用无功电源、改善电压质量和减少网损的重要条件。无功功率在电网中输送会产生有功功率损耗。无功功率电源的最优控制目的在于控制各无功电源之间的分配，使有功功率网损达到最小。

电力网中的有功功率网损可以表示为所有节点注入功率的函数，即

$$\Delta P_{\Sigma} = \Delta P_{\Sigma}(P_{G1}, P_{G2}, \cdots, P_{Gn}, Q_{G1}, Q_{G2}, \cdots, Q_{Gn}) \tag{4-43}$$

则无功功率电源在满足式（4-44）时

$$\sum Q_{Gi} - \sum Q_{Di} - \sum Q_{\Sigma} = 0 \tag{4-44}$$

ΔP_{Σ} 达到最小，其中 $\sum Q_{\Sigma}$ 是电力网中的无功功率损耗，$\sum Q_{Di}$ 是电力网中的无功负荷。应用拉格朗日乘数法，构造拉格朗日函数

$$L = \Delta P_{\Sigma} - \lambda\left(\sum Q_{Gi} - \sum Q_{Di} - \sum Q_{\Sigma}\right) \tag{4-45}$$

将 L 分别对 Q_{Gi} 和 λ 取偏导数并令其等于零，有

$$\frac{\partial L}{\partial Q_{Gi}} = \frac{\partial \Delta P_{\Sigma}}{\partial Q_{Gi}} - \lambda\left(1 - \frac{\partial \Delta Q_{\Sigma}}{\partial Q_{Gi}}\right) = 0 \quad i = 1, 2, \cdots, m \tag{4-46}$$

$$\frac{\partial L}{\partial \lambda} = -\left(\sum Q_{Gi} - \sum Q_{Di} - \sum Q_{\Sigma}\right) = 0 \tag{4-47}$$

于是，可以得到无功功率电源最优控制的条件为

$$\frac{\partial \Delta P_{\Sigma}}{\partial Q_{Gi}} \frac{1}{1-\frac{\partial \Delta Q_{\Sigma}}{\partial Q_{Gi}}}=\lambda \tag{4-48}$$

式中　$\partial \Delta P_{\Sigma}/\partial Q_{Gi}$——有功功率网耗对第 i 个无功功率电源的微增率；

$\partial \Delta Q_{\Sigma}/\partial Q_{Gi}$——无功功率网损对第 i 个无功功率电源的微增率。

式（4-48）的意义：使有功功率网损最小的条件是各节点无功功率网损微增率相等。在无功电源配备充足、布局合理的条件下，无功功率电源最优控制方法如下：

1）根据有功负荷经济分配的结果进行功率分布的计算。

2）利用以上结果，可以求出各个无功电源节点的 λ 值。如果某个电源节点的 $\lambda<0$，表示增加该电源的无功出力就可以降低有功功率网损；如果 $\lambda>0$，表示增加该电源的无功出力将导致有功功率网损的增加。因此，为了减少网损，凡是 $\lambda<0$ 的电源节点都应该增加无功功率的输出，而 $\lambda>0$ 的电源节点则应该减少无功功率的输出。按此原则控制无功功率电源，调整时应该增加 λ 有最小值的电源的无功功率输出，减小 λ 有最大值的电源的无功功率输出，经过一次调整后，再重新计算功率的分布。

3）经过又一次的功率分布计算，可以算出总的有功功率网损，网损的变化实际上都反映在平衡发电机（已知节点电压和功率角，而输出有功、无功功率待定，功率分布计算时至少应该选择一个平衡机）的功率变化上。因此，如果控制无功功率电源的分配，还能够使平衡机的输出功率继续减少，那么这种控制就应该继续下去，直到平衡机输出功率不能再减少为止。

上述无功功率电源的控制原则也可以用于无功补偿设备的配置。其差别是：现有的无功功率电源之间的分配不需要支付费用，而无功补偿设备配置则需要增加费用支出。由于设置无功补偿装置一方面能够节约有功功率网损，另一方面又会增加设备投资费用，因此无功补偿容量合理配置的目标应该是使总的经济效益最优。

在电力系统中，某节点 i 设置无功功率补偿设备的前提条件是：一旦设置补偿设备，所节约的有功功率网损费用应该大于为设置补偿设备而投资的费用，数学表达式可以表示为

$$F_{e}(Q_{Ci})-F_{C}(Q_{Ci})>0 \tag{4-49}$$

式中　$F_{e}(Q_{Ci})$——由于设置了补偿设备 Q_{Ci} 而节约的有功功率网损的费用；

$F_{C}(Q_{Ci})$——为了设置补偿设备 Q_{Ci} 而需要投资的费用。

所以，确定节点 i 的最优补偿容量的条件是

$$F=F_{e}(Q_{Ci})-F_{C}(Q_{Ci}) \tag{4-50}$$

具有最大值。

设置补偿设备而节约的费用 F_{e} 就是因设置补偿设备每年可减少的有功功率损耗费用，其值为

$$F_{e}(Q_{Ci})=\beta(\Delta P_{\Sigma 0}-\Delta P_{\Sigma})\tau_{max} \tag{4-51}$$

式中　β——单位电能损耗价格，单位为元/(kvar·h)；

$\Delta P_{\Sigma 0}$、ΔP_{Σ}——设置补偿设备前、后电网最大负荷下的有功功率损耗，单位为 var；

τ_{max}——电网最大负荷损耗的时间，单位为 h。

为设置补偿设备 Q_{Ci} 而需要投资的费用包括两部分：一部分为补偿设备的折旧维修费，

另一部分为补偿设备投资的回收费，其值都与补偿设备的投资成正比，即

$$F_{C}(Q_{Ci})=(\alpha+\gamma)K_{C}Q_{Ci} \tag{4-52}$$

式中 α、γ——折旧维修率、投资回收率；

K_C——单位容量补偿设备投资，单位为元/kvar。

将式（4-51）和式（4-52）代入式（4-50），可以得到

$$F=\beta(\Delta P_{\Sigma 0}-\Delta P_{\Sigma})\tau_{\max}-(\alpha+\gamma)K_{C}Q_{Ci} \tag{4-53}$$

对式（4-53）中的 Q_{Ci} 求偏导并令其偏导等于零，可以解出

$$\frac{\partial \Delta P_{\Sigma}}{\partial Q_{Ci}}=-\frac{(\alpha+\gamma)K_{C}}{\beta\tau_{\max}} \tag{4-54}$$

式（5-54）表明，对各补偿点配置补偿容量时，应该使每一个补偿点在装设最后一个单位的补偿容量时，网损的减少都等于$(\alpha+\gamma)K_{C}/\beta\tau_{\max}$，按这一原则配置，将会取得最大的经济效益。

思 考 题

1. 为什么要对电力系统进行电压控制？
2. 电力系统中的无功负荷以及无功损耗是什么？
3. 电力系统中无功功率平衡与电压水平有什么关系？
4. 什么叫电压中枢点？如何选择电压中枢点？电压中枢点的调压方式有哪些？
5. 电力系统的电压控制措施有哪些？
6. 当某系统无功功率不足时，为什么不能用改变变压器分接头的方式进行调压？
7. 某一汽轮发电机的参数为 $P_N=600\text{MW}$、$\cos\varphi_N=0.85$、$U_N=22\text{kV}$、$x_d=2.0$，汽轮机的最大输出机械功率为600MW，技术最小出力为400MW，以发电机额定参数为基准的系统电抗标幺值为0.5，系统电压标幺值为0.98。系统不允许进相运行，其无功调节范围是多少？
8. 某降压变压器SFL7－31500，额定电压比为110(1±2×2.5%)kV/10.5kV，负荷损耗为148kW，短路电压百分数为10.5。已知在最大、最小负荷时，通过变压器的功率分别为30000kV·A和16000kV·A，功率因数为0.8。高压母线电压维持为110kV不变。当低压母线电压在10～11kV范围变化时，选择变压器的分接头。
9. 简单电力系统如图4-14所示，保持线路首端电压为113kV不变，归算到高压侧的网络参数以及变压器额定电压如图所示，变压器二次侧的电压要求保持为10.5kV，确定并联电容器的容量。

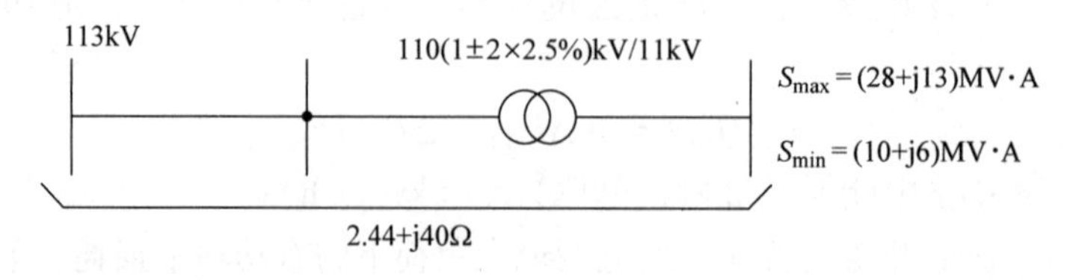

图4-14 电力系统图

10. 110kV 输电系统如图 4-15 所示，降压变压器的电压比为 110(1 ±2 ×2.5%) kV/10.5kV。线路和变压器归算到高压侧的阻抗分别为(16 + j40) Ω 和(3.15 + j63.5) Ω。10kV 侧最大、最小负荷分别为(16 + j12) MV·A 和(6 + j5) MV·A，如果供电点电压恒定维持为 117kV，负荷点低压母线维持为 10.5kV。考虑配合变压器的分接头选择，分别计算采用静电电容器以及调相机进行无功功率补偿的容量。

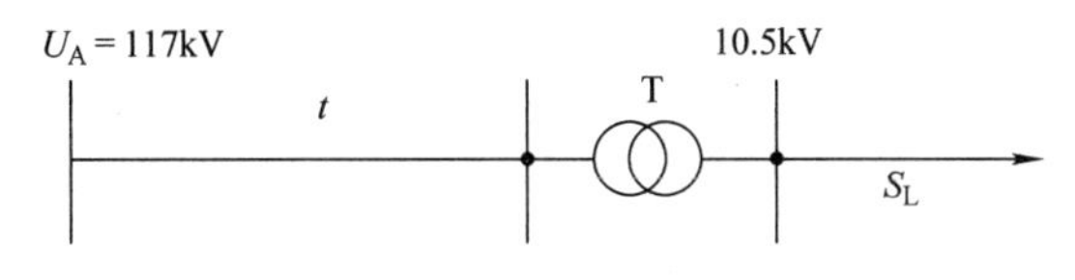

图 4-15　110kV 输电系统图

第五章　电力系统调度自动化

第一节　概　　述

一、电力系统调度的主要任务

电力系统调度的任务，简单说来，就是控制整个电力系统的运行方式，使之无论在正常情况或事故情况下，都能符合安全、经济及高质量供电的要求。电力系统调度的具体任务主要有以下几点。

（一）保证供电的质量优良

电力系统首先应该尽可能地满足用户的用电要求，即其发送的有功功率与无功功率应该满足

$$\begin{cases} \sum_i P_{g\cdot i} - \sum_j P_{fh\cdot j} = 0 \\ \sum_i Q_{g\cdot i} - \sum_j Q_{fh\cdot j} = 0 \end{cases} \tag{5-1}$$

式中　$P_{g\cdot i}$、$P_{fh\cdot j}$——电厂 i 发送的有功功率、用户 j 或线路消耗的有功功率；

$Q_{g\cdot i}$、$Q_{fh\cdot j}$——电厂 i 发送的无功功率、用户 j 或线路消耗的无功功率。

这样就使系统的频率与各母线的电压都保持在额定值附近，即保证了用户得到了质量优良的电能。为保证用户得到优质电能，系统的运行方式应该合理，此外还需要对系统的发电机、线路及其他设备的检修计划做出合理的安排。在有水电厂的系统中，还应考虑枯水期与旺水期的差别，但这方面的任务接近于管理职能，它的工作周期较长，一般不算调度自动化计算机的实时功能。

（二）保证系统运行的经济性

电力系统运行的经济性与电力系统的设计有很大关系，因为电厂厂址的选择与布局、燃料的种类与运输途径、输电线路的长度与电压等级等都是设计阶段的任务，而这些都是与系统运行的经济性有关的问题。对于一个已经投入运行的系统，其发供电的经济性取决于系统的调度方案。一般说来，大机组比小机组效率高，新机组比旧机组效率高，高压输电比低压输电经济。但调度时首先要考虑系统的全局，要保证必要的安全水平，所以要合理安排备用容量的分布，确定主要机组的出力范围等。由于电力系统的负荷是经常变动的，发送的功率也必须随之变动。因此，电力系统的经济调度是一项实时性很强的工作，在使用调度自动化系统以后，这项任务大部分依靠计算机来完成。

（三）保证较高的安全水平——选用具有足够的承受事故冲击能力的运行方式

电力系统发生事故既有外因也有内因。外因是自然环境、雷雨、风暴、鸟栖等自然灾害；内因则是设备的内部隐患与人员的操作运行水平欠佳。一般说来，完全由于误操作和过低的检修质量而产生的事故也是有的。事故多半是由外因引起，通过内部的薄弱环节而暴发。世界各国的运行经验证明，事故是难免的，但是一个系统承受事故冲击的能力却与调度水平密切相关。事故发生的时间、地点都是无法事先断言的，要衡量系统承受事故冲击的能力，无论在设计工作中，还是在运行调度中，都是采用预想事故的方法，即对一个正在运行的系统，必须根据规定预想几个事故，然后进行分析、计算，如果事故后果严重，就应选择其他的运行方式，以减轻可能发生的后果，或使事故只对系统的局部范围产生影响，而系统的主要部分可免遭破坏，这就提高了整个系统承受事故冲击的能力，也提高了系统的安全水平。由于系统的数据与信息的数量很大，负荷又经常变动，要对系统进行预想事故的实时分析，也只在电子数字计算机应用于调度工作后，才有了实现的可能。

（四）保证提供强有力的事故处理措施

事故发生后，面对受到损伤严重或遭到破坏的电力系统，调度人员的任务是及时采取强有力的事故处理措施，调度整个系统，使对用户的供电能够尽快地恢复，把事故造成的损失减少到最小，把一些设备超限运行的危险性及早排除。对电力系统中只造成局部停电的小事故，或某些设备的过限运行，调度人员一般可以从容处理。大事故则往往造成频率下降，系统振荡甚至系统稳定破坏，系统被解列成几部分，造成大面积停电，此时要求调度人员必须采用强有力的措施使系统尽快恢复正常运行。

从目前情况来看，调度计算机还没有正式涉及事故处理方面的功能，仍是自动按频率减负荷、自动重合闸、自动解列、自动制动、自动快关汽门、自动加大直流输电负荷等，由当地直接控制，不由调度进行起动的一些“常规”自动装置在事故处理方面发挥着强有力的作用。在恢复正常运行方面，目前还主要靠人工处理，计算机只能提供一些事故后的实时信息，加快恢复正常运行的过程。由此可见，电力系统调度自动化的任务仍是十分艰巨的。

二、电力系统的分区、分级调度

为完成上述的调度任务，根据电力系统在结构与分布上的特点，一直采用分级调度的制度，即一般将整个电力系统按输出线路与变电站的电压等级分属不同的调度单位进行电能生产的日常管理与控制。例如220kV以上的网络及有关的主要电厂由中心调度管辖，220kV以下的网络及有关的电厂由省级调度管辖，城市用电则归供电局管辖等。如图5-1所示，图中□为中心调度，它担负着全系统性的调度任务，并有直接归它调度的重要电厂；○为省级调度中心，担负着省级电网所属地区网络的调度工作，•为地区调度所或供电局，管辖某些企业的备用电厂。在分级调度中，下一级除完成上一级调度分配给它的任务外，还接受上级调度的指导与制约。

我国的大电力系统一般分三级调度，隶属结构如图5-2所示。

电力系统的分级调度虽然与行政隶属关系的结构类似，但却是电能生产过程的内部特点所决定的。一般来说，高压网络传输的功率大，影响着该系统的全局，如果高压网络发生了事故，有关的低压网络肯定会受到很大的影响，致使正常的供电过程遇到障碍；反过来则不一样，如果事故只是发生在低压网络，高压网络则受影响较小，不会影响系统的全局，这就是分级调度较为合理的技术原因。从网络结构上看，低压网络，特别是城市供电网络，往往线路繁多，构图复杂，而高压网络则线路较少，但是调度电力系统却总是对高压网络运行状态的分析与控制倍加注意，对其运行数据与信息的收集与处理、运行方式的分析与监视等十分严谨，就是基于上述的原因。因此，中心调度是电力系统实时调度及调度自动化的典型例子。

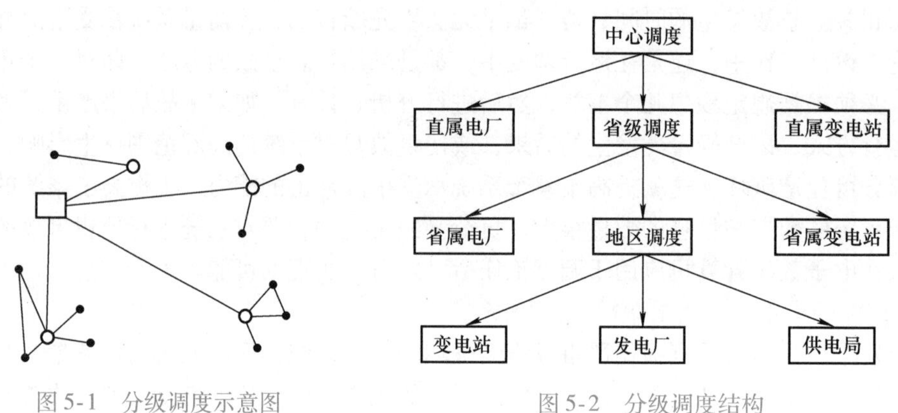

图 5-1　分级调度示意图　　　　图 5-2　分级调度结构

三、电力系统调度自动化系统的功能概述

从自动控制系统理论的角度看，电力系统属于复杂系统，又称大系统，而且是大面积分布的复杂系统。复杂系统的控制问题之一是要寻求对全系统的最优解，所以电力系统运行的经济性是指对全系统进行统一控制后的经济运行。此外，安全水平是电力系统调度的首要问题，对一些会使整个系统受到严重危害的局部故障，必须从调度方案的角度进行预防处理，从而确定当时的运行方式。由此可见，电力系统是必须进行统一调度的。但是，现代电力系统的一个特点是分布十分辽阔，大的达千余公里，小的也有上百公里；对象多而分散，在其周围千余公里内，布满了发电厂与变电站；输电线路多得形成网络。要对这样复杂而辽阔的系统进行统一调度，就不能平等地对待它的每一个装置或对象，所以分层结构正是电力系统统一调度的具体实施。图 5-2 中的每个箭头表示实现统一调度时的必要信息的双向交换。这些信息包括电压、电流、有功功率等的测量读值，开关与重要保护的状态信号，调节器的整定值，开关状态改变以及其他控制信息。

测量读值与运行状态信号这类的信息一般由下层往上层传输，而控制信息是由调度中心发出，控制所管辖范围内电厂、变电站内的设备。这类控制信息大都是全系统运行的安全水平与经济性所必需的。

由此可见，在电力系统调度自动化的控制系统中，调度中心计算机必须具有两个功能，其一是与所属电厂及省级调度等进行测量读值、状态信息及控制信号的远距离的可靠性高的双向交换，简称为电力系统监控（supervisory control and data acquisition，SCADA）系统；另一个是本身应具有的协调功能。具有这两种功能的电力系统调度自动化系统称为能量管理系统（energy management system，EMS）。这种协调功能包括安全监控及其他调度管理与计划等。图 5-3 是调度中心 EMS 的功能组合示意图，其中 SCADA 子系统直接对所属厂、网进行实时数据的收集，以形成调度中心对全系统运行状态的实时监视功能；同时又向执行协调功能的子系统提供数据，形成数据库，必要时还可人工输入有关资料，以便计算与分析，形成协调功能。协调后的控制信息，再经由 SCADA 系统发送至有关网、厂，形成对具体设备的协调控制。图 5-3 表示了 EMS 信息流程的主线。

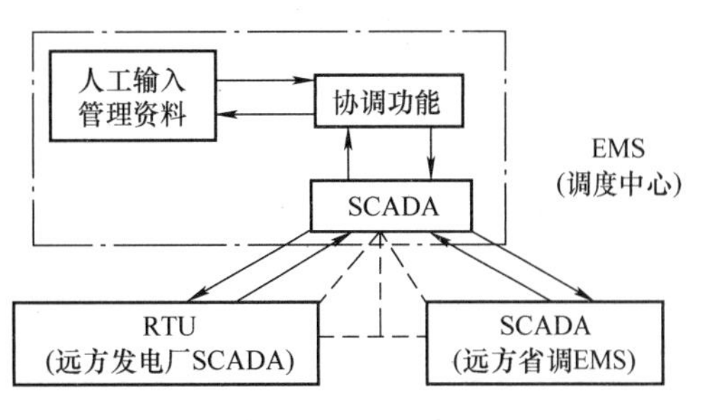

图 5-3　EMS 功能组合示意图

此外，图 5-3 还给出了远方省级调度及远方发电厂与调度中心进行信息交换的功能示意图。在电力系统的分层控制中，省级调度也有对其所属电厂与网络在一定范围内进行调度的任务，所以它也配有自己的 EMS，不过规模较调度中心的小，其中部分的 SCADA 子系统通过远动通道，专门与调度中心进行信息交流。远方厂站所需的功能及其实施情况，较调度单位有所不同，它不再需要系统意义上的协调功能，主要是将所属设备的运行状态，测量读值等信息传输给有关的调度所；又能接受调度所发来的控制信息，并可靠地实施，所以只需具备 SCADA 功能。一个以微机为核心的厂站 SCADA 系统，又称为远方终端装置（或远动终端）（remote terminal unit，RTU），它将输入的模拟量的测量读值与开关量的设备状态信号等，按约定的规则，全部转换成数字信息，所以由 RTU 经通道输出（或输入）的各类信息都是统一规范并能自动检错的数字信息，向调度所提供该厂站的实时运行状况。RTU 的内容及其信息的编码规则等都将在电力系统远动课程中讨论。

四、电力系统调度自动化系统的发展历程

电力系统调度自动化经历了几个发展阶段。在最初形成电力系统的时候，系统调度员没有办法及时地了解和监视各个电厂或线路的运行情况，更谈不上对各电厂和输电网络进行直接控制。线路的潮流、各节点电压、各厂中各机组的出力以及出力的分配是否合理等情况，调度员都不能及时掌握。调度员和系统内各厂站的唯一联系就是电话。每天各厂站值班人员要定时打电话向系统调度员报告本厂站的各种运行数据，调度员需根据情况汇总、分析，花费很长的时间也只能掌握电力系统运行状态的有限信息。严格说来，这些信息已经属于“历史”了。调度员只能根据事前通过大量人工手算得到的各种系统的运行方式，结合这些有限的历史性信息，加上个人的经验，选择一种运行方式，再用电话通知各厂站值班人员进行调整控制。一旦发生事故，也只能通过电话了解哪些断路器断开，哪些线路断开，事故现场及事故损失的情况，然后凭经验进行事故处理，这就需要较长的时间才能使系统恢复正常运行。显然，这种落后的状态与电力系统在国民经济发展中所占的重要地位是很不相称的，必须用现代化的先进设备装备调度中心，以适应经济发展的需要。

1. 电网调度自动化的初级阶段

电网调度自动化的初级阶段，是布线逻辑式远动技术的采用。远动技术的主要内容是“四遥”——遥测（YC）、遥信（YX）、遥控（YK）和遥调（YT）。安装于各厂站的远动装置，采集各机组出力、各线路潮流和各母线电压等实时数据，以及各断路器等开关的实时状态，然后通过远动通道传给调度中心并直接显示在调度台的仪表和系统模拟屏上。调度员可以随时看到这些运行参数和系统运行方式，还可以立刻发现断路器的事故跳闸（模拟屏上相应的图形闪光）。遥测、遥信方式的采用等于给调度中心安装了千里眼，可以有效地对电力系统的运行状态进行实时监视。远动技术还提供了遥控、遥调的手段，采用这些手段，

可以在调度中心直接对某些开关进行合闸和断开的操作，对发电机的出力进行调节。远动装置已经成了调度中心非常重要的工具，是电力系统调度自动化的重要基础。

2. 电网调度自动化的第二阶段

电网调度自动化的第二阶段，是计算机在电力系统调度工作中的应用。虽然远动技术使电力系统的实时信息直接进入了调度中心，调度员可以及时掌握系统的运行状态，及时发现电力系统的事故，为调度计划和运行控制提供了科学的依据，减少了调度指挥的盲目性和失误，但是现代电力系统的结构和运行方式越来越复杂，现代工业和人民生活对电能质量及供电可靠性的要求越来越高。由于能源紧张，人们对系统运行的经济性也越来越重视。全面解决这些问题，就需要对大量数据进行复杂的计算。还有，调度人员面对大量不断变动的实时数据，可能反而会手足无措，特别在发生紧急事故的情况下。这些情况表明，调度中心还需要装备类似人的大脑的设备，这就是计算机。

从20世纪60年代开始，计算机首先用来实现电力系统的经济调度，并取得了显著的效果。但是，在20世纪60年代中期，美国、加拿大和其他一些国家的电力系统相继发生了大面积停电事故，在全世界引起了很大震动。人们开始认识到，安全问题比经济调度更重要，一次大面积停电事故给国民经济造成的损失，远远超过许多年的节煤效益。因此，计算机系统应首先参与电力系统的安全监视和控制。这样，就出现了SCADA系统，出现了AGC/EDC以及电力系统安全分析等许多功能，调度中心装备了大型计算机或超级小型机系统，配置了彩色屏幕显示器等人机联系手段，在厂站端则配备了基于微机的RTU，使调度中心得到的信息的数量和质量（可靠度和精度）都大大超过了旧式布线逻辑式远动装置。在SCADA系统基础上，又发展为包括许多高级功能的能量管理系统EMS，并研制出可以模拟电力系统各种事故状态，用以培训调度员的调度员仿真培训系统。

3. 电网调度自动化系统的快速发展阶段

近年来，随着计算机技术、通信技术和网络技术的飞速发展，SCADA/EMS技术进入了一个快速发展阶段。用户已经遍及国内各省市地区，功能也越来越丰富，系统结构和配置发生了很大的变化，在短短数年间就经历了从集中式到分布式，再到开放分布式的三代推进。

第一代为主机－前置机－RTU终端方式的集中式结构。我国20世纪80年代引进并投入运行的四大网调度自动化系统为其代表。第二代电网调度自动化系统通常采用客户－服务器（Client/Server）分布式网络结构。第三代电网调度自动化系统（SCADA/EMS）是一种开放型的分布式系统。

新的开放系统结构应采用面向对象的技术，将各种应用按组件接口规范进行封装，形成可以在不同软、硬件系统上即插即用的组件。实现软件的即插即用，这是软件发展的理想目标。

五、SCADA系统/EMS的子系统划分

1. 支撑平台子系统

支撑平台是整个系统的最重要基础，有一个好的支撑平台，才能真正地实现全系统统一平台，数据共享。支撑平台子系统包括数据库管理、网络管理、图形管理、报表管理、系统运行管理等。

2. SCADA子系统

它包括数据采集、数据传输及处理、计算与控制、人机界面及告警处理等。

3. 高级应用软件（power system application software，PSAS）子系统

它包括网络建模、网络拓扑、状态估计、在线潮流、静态安全分析、无功优化、故障分

析及短期负荷预报等一系列高级应用软件。

4. 调度员仿真培训系统（dispatcher training system，DTS）

它包括电网仿真、SCADA 系统/EMS 仿真和教员控制机三部分。DTS 与实时 SCADA 系统/EMS 共处于一个局域网中，DTS 本身由两台工作站组成，一台充当电网仿真和教员机，另一台用来仿真 SCADA/EMS 并兼做学员机。

5. AGC/EDC 子系统

自动发电控制（AGC）和在线经济调度控制（EDC）是对发电机出力的闭环自动控制系统，不仅能够保证系统频率合格，还能保证系统间联络线的功率符合合同规定范围，同时还能使全系统发电成本最低。

6. 调度管理信息系统（dispatcher management information system，DMIS）

调度管理信息系统属于办公自动化的一种业务管理系统，一般并不属于 SCADA 系统/EMS 的范围。它与具体电力公司的生产过程、工作方式、管理模式有非常密切的联系，因此总是与某一特定的电力公司合作开发，为其服务。当然，其中的设计思路和实现手段应当是相同的。

六、电力系统调度自动化系统的设备构成

电网调度自动化系统的设备可以统称为硬件，这是相对于各种功能程序（软件）而言的。它的核心是计算机系统，其典型的系统构成如图 5-4 和图 5-5 所示。

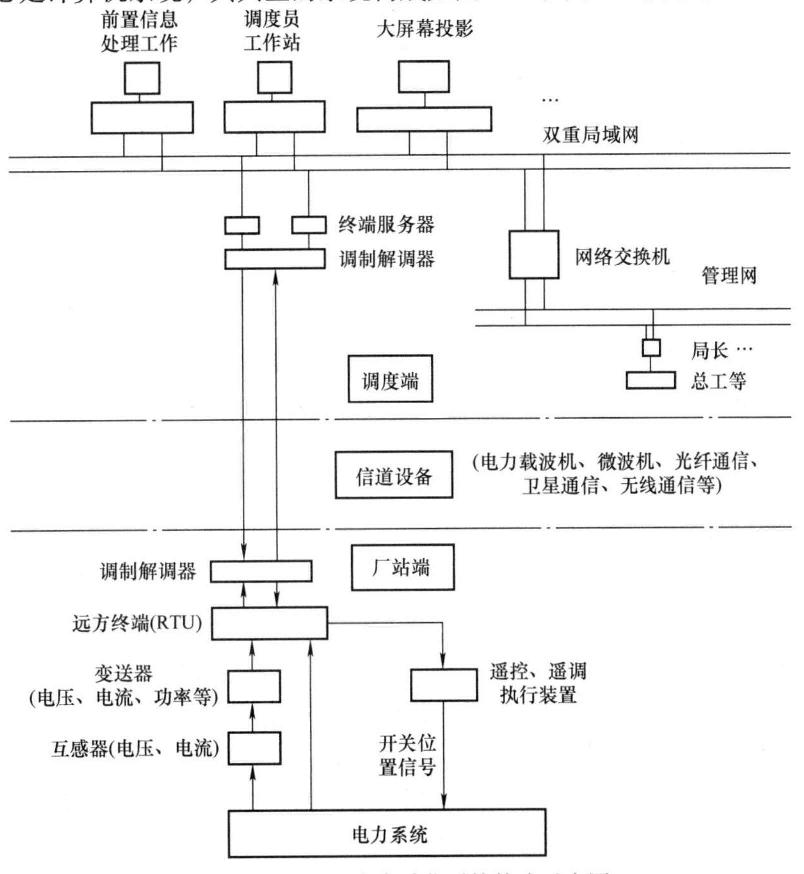

图 5-4 电网调度自动化系统构成示意图

图 5-4 所示的电网调度自动化系统由三部分构成：调度端、信道设备和厂站端，其详细内容会在本书后面的章节中介绍。图 5-5 所示为我国国家电力调度（国调）中心的计算机系统配置。国调中心与各大区电网调度中心由远程计算机数据通信网联系起来，相互交换信息。国调中心的系统并不与各厂站端的 RTU 直接联系。

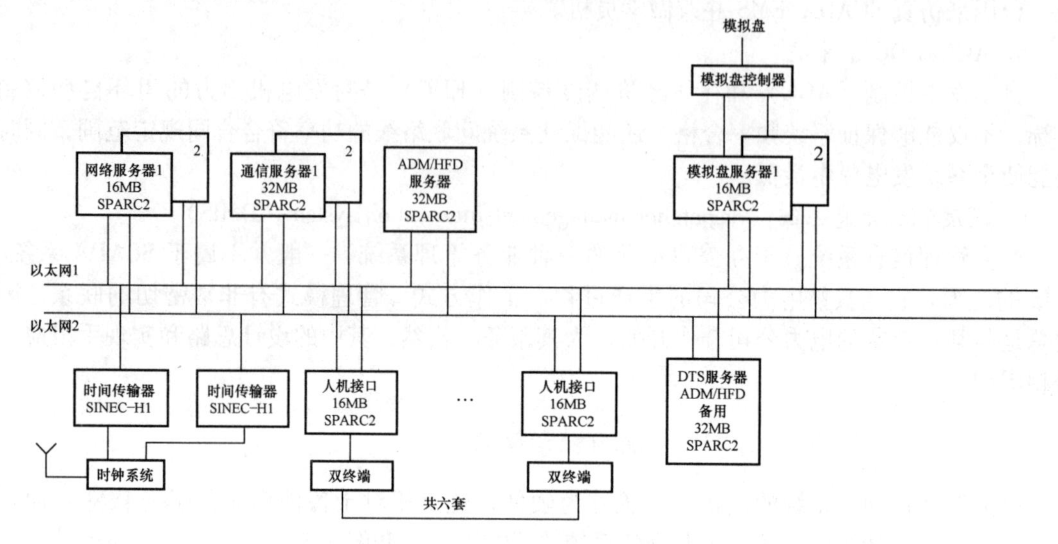

图 5-5 国家电力调度中心的计算机系统配置

ADM—管理机（administrator） HFD—历史和未来数据（historical and future data）

DTS—调度员仿真培训系统（dispatcher training system）

第二节 远方终端

一、远方终端的任务

远方终端（RTU，也常称为远动终端）是电网调度自动化系统的基础设备，它们安装于各变电站或发电厂内，是电网调度自动化系统在基层的“耳目”和“手脚”。其具体任务包括以下各项：

1. 数据采集

模拟量：如采集电网重要测点的 P、Q、U、I 等运行参数，这称为遥测（YC）。

开关量：如断路器开或关的状态，自动装置或继电保护的工作状态等，这称为遥信（YX）。

数字量：如水电厂坝前水位、坝后水位等（由数字式水位计输入，也属于 YC）。

脉冲量：如脉冲电能表的输出脉冲（电能计量，也属 YC）等。

2. 数据通信

按预定通信规约的规定，自动循环（或按调度端要求）地向调度端发送所采集的本厂站数据，并接收调度端下达的各种命令。

3. 执行命令

根据接收到的调度命令，完成对指定对象的遥控（YK）、遥调（YT）等操作。

4. 其他功能

当地功能：对有人值班的较大站点，如果配有 CRT、打印机等，可完成显示、打印功能；越限告警功能；事件顺序记录功能等。

自诊断功能：程序出轨死机时自行恢复功能；自动监视主、备通信信道及切换功能；个别插件损坏诊断报告等功能。

二、RTU 的结构

图 5-6 所示框图以功能划分模块：除主 CPU 模块外，其他各主要模块如模入模块、开入模块等，也都配有自己的 CPU。这类智能模块可用常规芯片，也可用单片机构成。主 CPU 模块统筹全局，与各模块采用并行或串行的方式进行通信。公共总线（包括数据总线、地址总线和控制总线）由主 CPU 控制，通过地址总线来选择各模块，只有被选中的模块才可以接收控制信号并存取数据。主 CPU 可用命令来定义各模块，设置工作参数，并对其定时扫描。遥信模块也可采用中断方式通知主 CPU 取数，使遥信变位等故障信息尽早被处理。这种模块结构配置灵活，功能扩展十分方便，也减轻了主 CPU 的负担，提高了数据采集和处理速度。

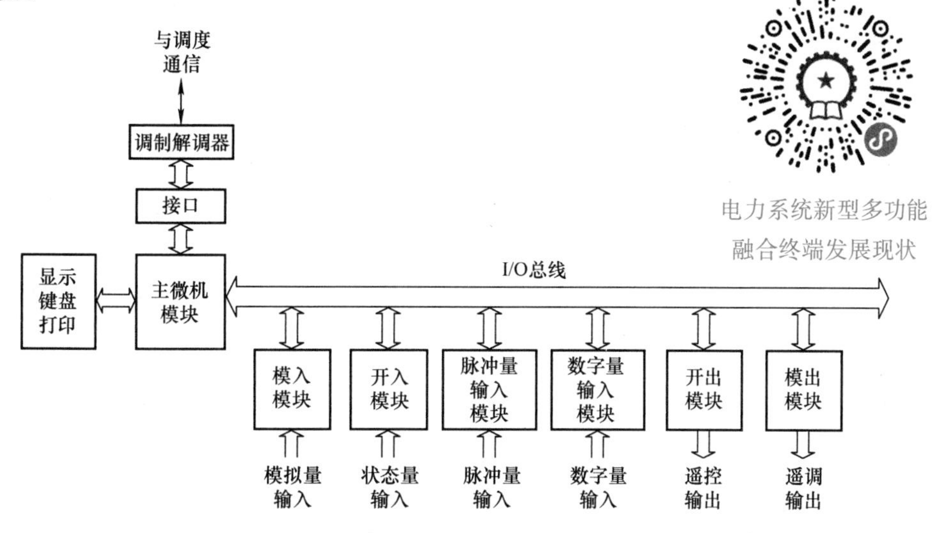

图 5-6 多 CPU 的 RTU 基本结构框图

三、模拟量输入通道

（一）基于逐次逼近式 A/D 转换的模拟量输入电路

典型的模拟量输入电路的结构框图如图 5-7 所示，主要包括电压形成回路、低通滤波电路、采样保持器、多路转换开关及 A/D 转换芯片五部分。下面分别介绍这五部分的工作原理及作用。

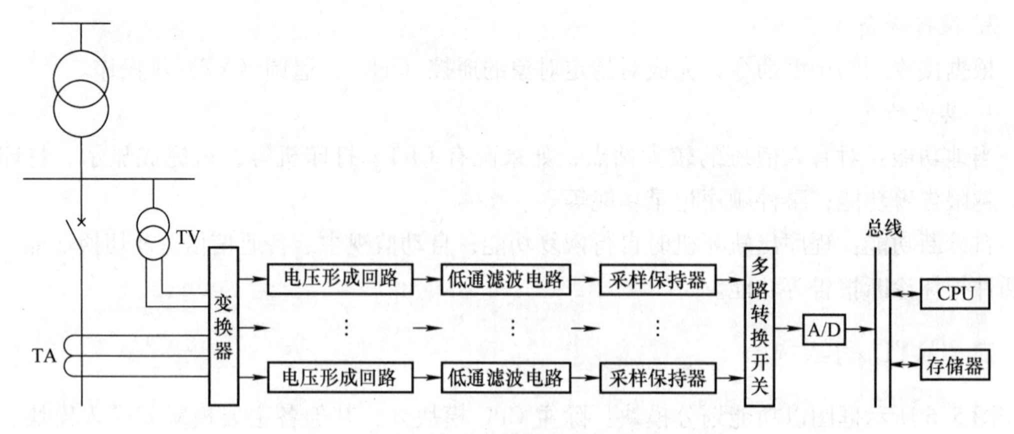

图 5-7 逐次逼近式模拟量输入电路框图

1. 电压形成回路

RTU 要从电流互感器（TA）和电压互感器（TV）取得信息，但这些互感器的二次电流或电压值不能适应 A/D 转换器的输入范围要求，故需对它们进行转换。其典型原理图如图 5-8 所示。

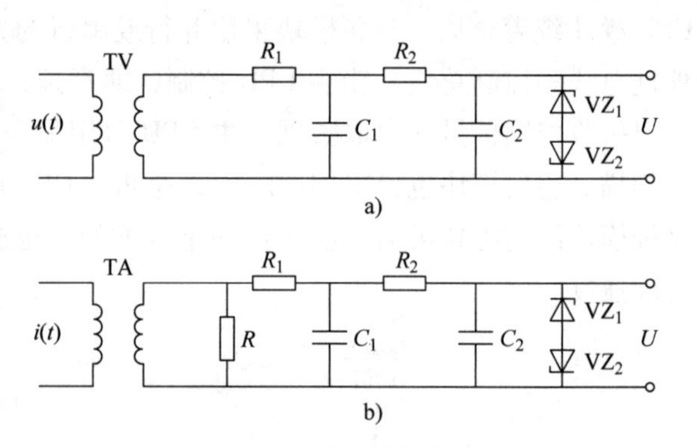

图 5-8 模拟量输入电压转换原理图
a）电压接口原理图 b）电流接口原理图

电压变换器将由电压互感器二次侧引来的电压进一步降低。电流变换器将电流互感器二次侧引来的电流转换成电压信号，并进一步降低电压。一般模数转换芯片要求输入信号电压为 ±5V 或 ±10V。由此可以决定上述电压变换器、电流变换器的电压/电流比。

电压形成回路除了起电量转换作用外，另一个重要作用是将一次设备的电流互感器 TA、电压互感器 TV 的二次回路与微机 A/D 转换系统完全隔离，提高抗干扰能力。图 5-8 电路中的稳压管组成双向限幅，使电路后面环节的采样保持器、A/D 转换芯片的输入电压限制在峰值 ±10V（或 ±5V）以内。

2. 低通滤波电路

为了使信号被采样后不失真，采样频率必须不小于 2 倍的输入信号的最高频率，这是采样定理的要求。电力系统在故障的暂态期间，电压和电流含有较高的频率成分。如果要对所有的高次谐波成分均不失真的采样，那么其采样频率就要取得很高，这就对硬件速度提出很高的要求，从而使成本增高，这是不现实的。实际上，大多数的模拟量输入回路都在采集之前将最高信号频率分量限制在一定频带以内，即限制输入信号的最高频率，以降低采样频率。这样，只需要在采样前用一个模拟低通滤波器（ALF）将高频分量滤去即可。

3. 采样保持器（S/H）

采样保持器（S/H）的基本原理：A/D 转换器完成一次完整的转换需要一段时间（例如 AD574A 需 25μs），在这段时间里，模拟量不能变化，否则就不准确了，必须引入采样/

保持电路，将瞬间采集的模拟量样本“冻结”一段时间，以保证 A/D 转换的精度。

图 5-9 所示为采样保持器的采样 - 保持波形。

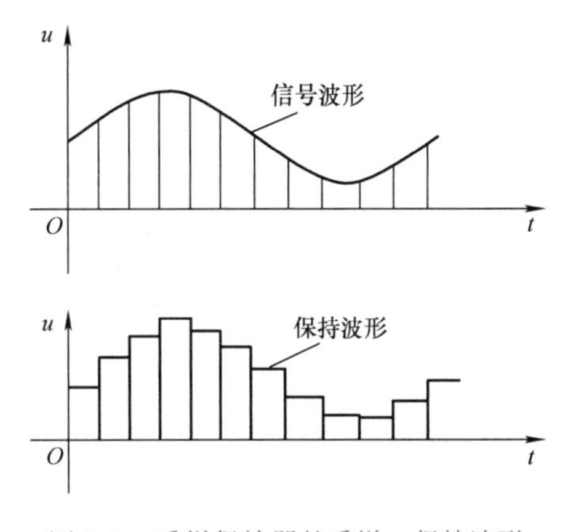

图 5-9　采样保持器的采样 - 保持波形

4. 多路转换开关（MUX）

多路转换开关也称采样切换器，是一种受 CPU 控制的高速电子切换开关。由采样保持器送来的多路模拟量共用一套 A/D 转换器，只有被选中的一路才可以通过多路开关进入 A/D 转换器，其余各量则需等候下一次的选择。

5. A/D 转换器

A/D 转换器的基本原理是：在各种模/数转换方法中，应用最广泛的是逐次逼近法。这种方法模拟天平称重方法，在一个电压比较器中，将采样得到的模拟电压样本，先用最高电压砝码与之比较，若不足，再依次添加下一位电压砝码，直到平衡。添加的电压砝码总和，就是未知电压的值。当然，这些电压砝码都是二进制的。

（二）基于 V/F 转换的模拟量输入回路

通过了解逐次逼近式 A/D 转换原理可知，这种 A/D 转换过程中，CPU 要使采样保持器、多路转换开关及 A/D 转换器三个芯片之间协调好，因此接口电路很复杂，而且 ADC 芯片结构较复杂，成本高。目前，许多微机应用系统采用电压/频率转换技术进行 A/D 转换。

电压/频率转换技术（VFC）的原理是将输入的电压模拟量 u_i 线性地转换为数字脉冲式的频率 f，使产生的脉冲频率正比于输入电压，然后在固定的时间内用计数器对脉冲数目进行计数，供 CPU 读入，其原理图如图 5-10 所示。CPU 读取计数器的脉冲计数值后，根据比例关系算出输入电压 u_{in}对应的数字量，从而完成了模/数转换。

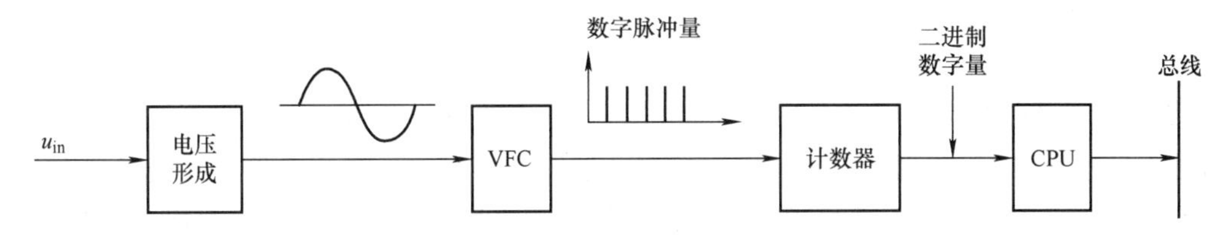

图 5-10　VFC 型 A/D 转换原理框图

VFC 型的 A/D 转换方式及其与 CPU 的接口，要比 ADC 型转换方式简单得多，CPU 几乎不需对 VFC 芯片进行控制。保护装置采用 VFC 型的 A/D 转换，建立了一种新的转换方式，为微机系统带来很多好处。

四、模拟量输出通道

如图 5-11 所示，模拟量输出电路的作用是把微机系统输出的数字量转换成模拟量输出，这个任务主要由 D/A 转换器完成。由于 D/A 转换器需要一定的转换时间，在转换期间，输入待转换的数字量应该保持不变，而微机系统输出的数据在数据总线上稳定的时间很短，因此在微机系统与 D/A 转换器间必须用锁存器来保持数字量的稳定。经过 D/A 转换器得到的模拟信号，一般要经过低通滤波器，使其输出波形平滑，同时为了能驱动受控设备，可以采用功率放大器作为模拟量输出的驱动电路。

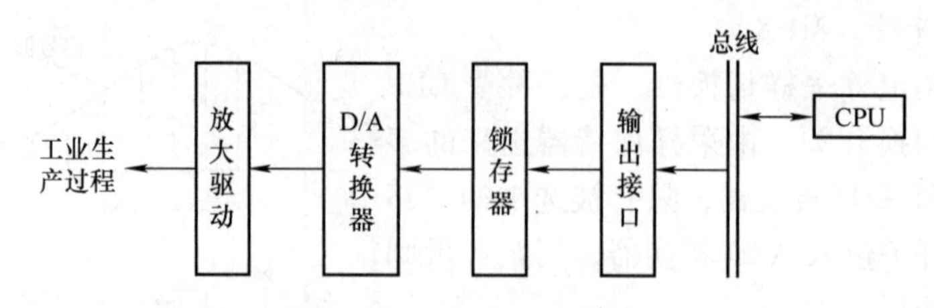

图 5-11 模拟量输出通道结构框图

D/A 转换器的作用是将二进制的数字量转换为相应的模拟量。

五、开关量输入输出通道

电力系统运行中，断路器的合闸或跳闸直接改变了电力网络结构和相应的数学模型，也改变了系统的运行方式和潮流分布，这对调度和运行人员来说是极为重要的信息。此外，重要的隔离开关的位置状态、继电保护和自动装置的工作状态等也都是比较重要的信息。采集这些开关量信息也被称为遥信。这些信息有着共同的特点：可以用二进制码元“1”来表示闭合或动作，用“0”来表示断开或未动作。这种仅有两个状态的信息通常被称为开关量。其实开关量也属于数字量，但仅有 1 位。

开关量信息输入微机系统的电路称为开关量输入通道（简称开入），开关量信息自微机系统输出去遥控远方的开关状态，则称为开出。断路器和隔离开关的位置信号取自它们的辅助触点。为防止因触点接触不良而造成差错，回路中所加电压应较高，如直流 24V、48V 等。这些辅助触点位于高压配电装置现场，连接导线很长，现场电磁场很强，为避免这些连线将干扰引入微机系统，除设置 RC 滤波电路消除高频干扰外，还应采取可靠的隔离措施。

（一）开关量输入通道

最常用的是利用光电耦合器作为开关量输入计算机的隔离器件，其简单接线原理图如图 5-12所示。当有输入信号时，开关 S 闭合，二极管导通，发出光束，使光电晶体管饱和导通，于是输出端 U_{01} 表现低电位。在光电耦合器中，信息的传递媒介为光，但输入和输出都是电信号，由于信息的传递和转换的过程都是在密闭环境下进行的，没有电的直接联系，不受电磁信号干扰，所以隔离效果比较好。

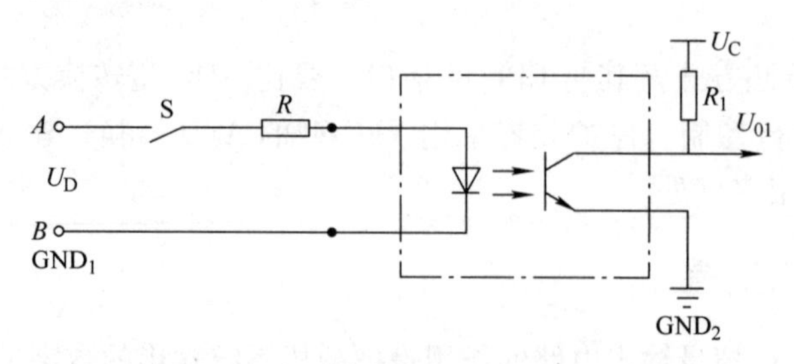

图 5-12 光电耦合器接线原理图

（二）开关量输出通道

为了提高抗干扰能力，开关量输出通道最好也经过一级光电隔离，如图 5-13 所示。

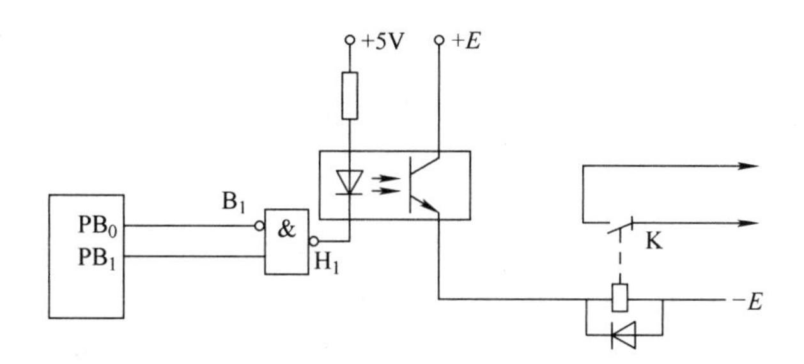

图 5-13　装置开关输出通道的接线图

只要通过软件使并行口的 PB_0 输出“0”，PB_1 输出“1”，便可使与非门 H_1 输出低电平，光电晶体管导通，继电器 K 被吸合。

在初始化和需要继电器 K 返回时，应使 PB_0 输出“1”，PB_1 输出“0”。

设置反相器 B_1 及与非门 H_1 而不将发光二极管直接同并行口相连，一方面是因为并行口带负荷能力有限，不足以驱动发光二极管，另一方面因为采用与非门后要满足两个条件才能使 K 动作，增加了抗干扰能力。

第三节　数据通信的通信规约

在电网调度自动化系统中，数据通信是一个极为重要的环节。它将远方厂站的 RTU 与调度中心计算机连接起来，在它们之间进行大量的信息交换。在介绍调度自动化系统的数据通信之前，首先介绍有关数据通信的一些基本概念。

一、并行传输与串行传输

1. 并行传输

前面讲过通常以 8 位二进制数为 1B，可代表一组信息。如果用 8 根线（另有 1 根公共线）将数字通信双方连接起来，每根线传一位码元将这组信息传送过去，这种方式就称为并行传输，也可以用 16 线、32 线或更多线进行并行传输。其优点是传输信息速度快，有时可高达每秒传送几百兆字节，并且并行传输的软件及通信规约都较简单。其缺点是需要的信号线较多，成本较高，因此常用于传输距离短（通常不超过 10m）且要求高速传输的场合，如图 5-14a 所示。

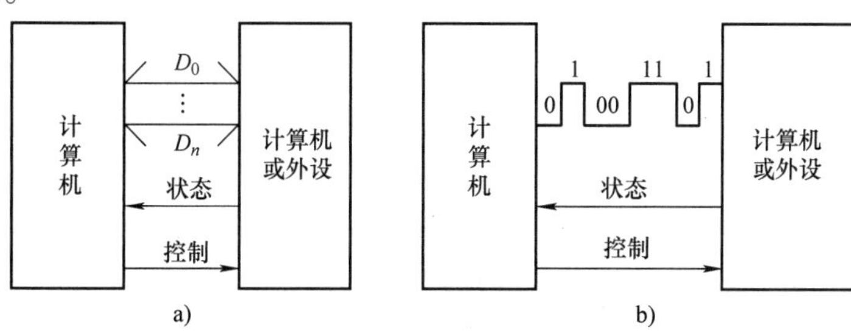

图 5-14　并行传输和串行传输
a）并行传输　b）串行传输

2. 串行传输

串行传输仅需要一回传输线（2 根），根据一个字节中各码元的顺序一位一位地传过去，如图 5-14b 所示。接收端逐位收齐 8 位后，CPU 会将这个字节一次取走。显然串行传输速度较慢，并且通信软件也复杂一些。但其最大优点是节约了传输线，成本低，因此适合于远距离的数据通信。目前电网调度自动化系统中各厂站到调度中心的通信都是串行通信（上行信息用 2 根线，下行信息也用 2 根线，共 4 根线）。

3. 串行数据发送和接收

图 5-15 是串行数据发送和接收过程的原理图，左边为发送器，右边为接收器，它们是数据通信设备不可缺少的基本部件。发送器由一个发送缓冲器和并串转换移位寄存器组成。

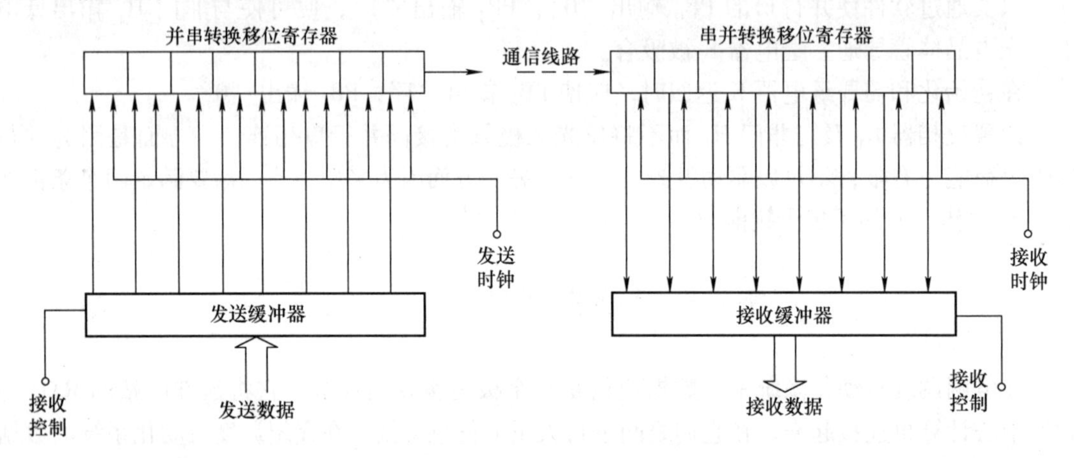

图 5-15 串行数据发送和接收过程的原理图

发送的数据以并行的方式送入并暂存于发送缓冲器中。如果移位寄存器空，接收控制脉冲将发送缓冲器中的内容并行送入移位寄存器中。此时发送缓冲器变空，准备接收下次要发送的数据。发送时，在发送时钟的控制下，移位寄存器中的内容，逐位被送到通信线路上，传输给对方。显然，送到线路上的数据速率取决于发送时钟频率。

接收器的原理与发送器相似，只是数据发送和转换的方向相反。从信道上传来的数据，在接收时钟的控制下，被逐位地送入移位寄存器。当移位寄存器的数据占满后，控制脉冲就把这些数据移位，并行地移到接收缓冲器中。要正确地接收，必须使接收时钟与发送时钟同步。

二、数据通信中的传输速率和误码率

（1）码元 数据通信中，传输的是一个个离散脉冲信号，故把每个信号脉冲称为一个码元。通常在一个数据中，每个码元所占时间是相同的。在不同的传输媒质中，码元可以用不同的形式来表示“1”或“0”。比如在短距离传输时，用逻辑高电平表示“1”，低电平表示“0”，在稍长距离传输中可以用正负电平表示等。

（2）数码率 每秒传输的码元数，以 Bd（波特）为单位。

（3）信息速率 系统每秒传输的信息量。信息量以比特（bit）为单位，信息速率的单位就是 bit/s（比特每秒）。在信息用二进制表示时，每个码携带 1bit 信息量，这时的数码率与信息速率是相同的。

传输速率可以用上述两种速率表示。通信终端设备一般均可适应多种速率的收发，限制传输率的往往是通信线路。

（4）误码率　数据经传输后发生错误的码元数与总传输码元数之比，称为误码率。在电网远动通信中，一般要求误码率应小于 10^{-5} 数量级。在计算机通信中，一般要求误码率达 10^{-6} 数量级。误码率与线路质量、干扰大小等因素有关，为了减小误码率，要采用各种检错、纠错的措施加以保护。

（5）差错控制　信息传输过程中常会出现各种干扰，使所传输的信号码元发生差错，如某位 1 变成了 0，或 0 变成了 1。这样，接收到的就是错误信号。在一个实用的通信系统中一定要能发现（检测）这种差错，并采取纠正措施，把差错控制在所能允许的尽可能小的范围内，这就是差错控制。

最简单和最常用的检错方法是奇偶校验。如果采用偶校验传输 7 位二进制信息，则在传输的 7 个信息位后加上一个偶校验位，如果前 7 位中 1 的个数是偶数，则第 8 位加 0；如果前 7 位中 1 的个数是奇数，则第 8 位加 1。这样使整个字符代码（共 8 位）中 1 的个数恒为偶数。接收端检测到某字符代码中“1”的个数不是偶数，即可判断为错码而不予接收。奇校验也采用同样的理。

奇校验：有效信息为 1011001，附加奇校验位为“1”，合成发送码字为 1011001 [1]（5 个“1”）。接收端若收到的码字为 10100011，发现码元“1”的个数为 4（非奇数），即判为出错。

偶校验：有效信息为 1011001，附加偶校验位为“0”，合成发送码字为 1011001 [0]（4 个“1”）。接收端若收到的码字为 10110011，发现码元“1”的个数为 5（非偶数），即判为出错。

三、数据通信系统的工作方式

按照信息传送的方向和时间，数据通信系统有单工方式、半双工方式和全双工方式三种，如图 5-16 所示。

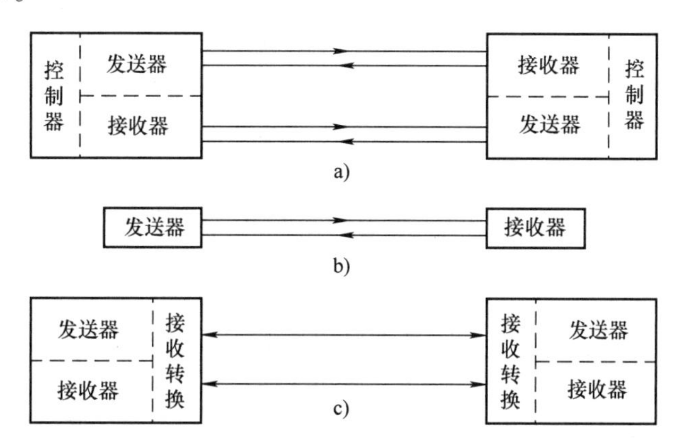

图 5-16　数据通信的三种工作方式

a）四线全双工通信　b）单工通信　c）半双工通信

单工方式只能向一个方向传输数据。最简单的终端在采集数据后按既定程序自动地传输给调度中心，而不能接收调度端的指令，就属于单工方式。串行传输时单工方式只需要一回传输线（2 根）。

半双工方式也只需一回传输线，但可以互为发、收端，采用切换方式分时交替进行。全双工方式则需两回传输线（4 根），双方均可同时发送和接收数据。

四、异步传输和同步传输

在串行传输中，信息是以帧为单位传输的，每一帧包含若干位码元，具体格式又分为异步传输和同步传输两种。

1. 异步通信格式

异步通信格式如图 5-17 所示。每帧以起始位（低电平）开头，接着传输信息码元，最后附加一位奇偶校验位和停止位（高电平）。不传输信息时用“空闭位”（高电平）填充，直到下一帧的“起始位”到来。当然，也可以无空闲位而直接发送第 2 帧。

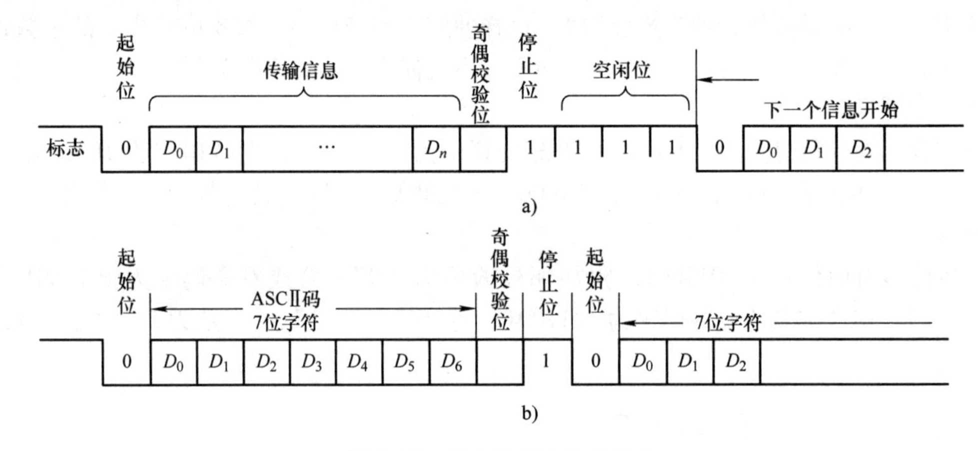

图 5-17　异步数据传输的格式

a）一般信息帧　b）ASCII 码帧

异步传输方式实质上仅是一个字符的较短时段内保持着收、发两端时序的同步，而在空闲时段内可以是异步的。这样对两端时钟的精度和稳定性要求稍宽。但异步传输时，发送每个字符都加了起始位和终止位，使有效信息位比例降低了。

2. 同步通信格式

同步通信格式如图 5-18 所示。同步通信格式的发、收必须时刻保持同步，这与异步方式不同。

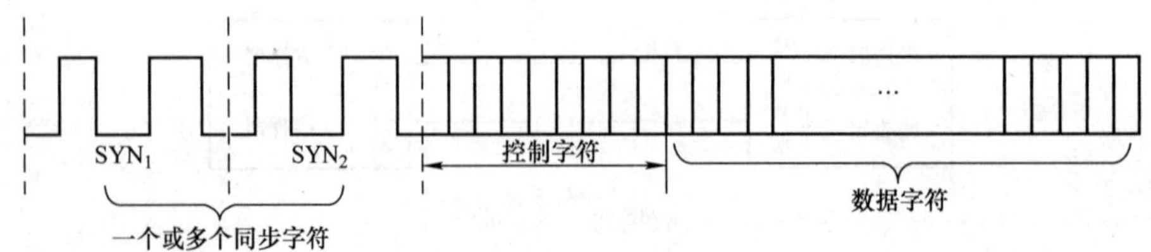

图 5-18　同步数据传输的格式

同步格式以同步字（SYN）为一帧的开头。同步字是一种很特别的码元组合。帧内后续信息序列极难和同步字序列雷同，所以同步字可以成为识别一帧开始的明确标志。

同步字后面是控制字，对本帧长度、发送地址、目的地址、信息类别等加以说明。再后面就是信息字。同步字虽然也占了时间，但因一帧信息很长，一帧中有效信息所占比例仍比异步传输时大，因此提高了传输效率。

五、远距离数据通信的基本模型

远距离数据通信系统归纳起来由以下几部分构成，如图 5-19 所示。

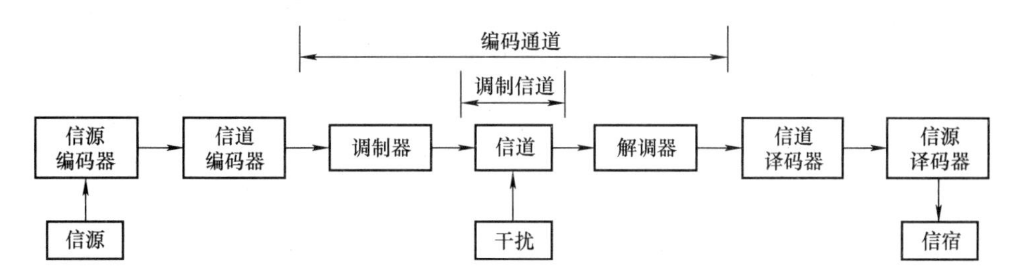

图 5-19　远距离数据通信的基本模型

（1）信源　它是电网中的各种信息源，如电压 U、电流 I、有功功率 P、频率 f、电能脉冲量等，经过有关器件处理后转换成易于计算机接口元件处理的电平或其他量。另外还有各种指令、开关信号等。

（2）信源编码器　它是把各种信源转换成易于数字传输的器件，例如 A/D 转换器等。

（3）信道编码器　其作用是为了保护所传输的信息内容，增加保护码元。

（4）调制器　信道编码器输出的信号都是二进制的脉冲序列，即基带数字信号。这种信号传输距离较近，在远距离传输时往往因电平干扰和衰减而失真。为了增加传输距离，将基带信号进行调制传输，这样即可减弱干扰信号。

（5）信道　它是信号远距离传输的载体，如专用电缆、架空线、光纤电缆、微波空间等。

（6）解调器　它是调制器的逆过程，以恢复基带信号。

（7）信道译码器　它是信道编码器的逆过程，除去保护码元，获得发送侧的二进制数字序列。

（8）信源译码器　它是将二进制信号恢复到模拟信号的过程，例如 D/A 转换器。

（9）信宿　它是信息的接收地或接收人员能观察的设备，如电网调度自动化系统中的模拟屏、CRT 显示器等。

六、数字信号的调制与解调

数字信号在电路上的表达为一系列高低电平脉冲序列（方波），称为基带数字信号。这种波形所包含的谐波成分很多，占用的频带较宽。而电话线等传输线路是为传送语言等模拟信号而设计的，频带较窄，直接在这种线路上传输基带数字信号，距离很短尚可，距离长时波形就会发生很大畸变，使接收端不能正确判读，从而造成通信失败。

因此，引入了调制解调器（MODEM）这样一种设备。图 5-20 为调制与解调的示意图。

图中先把基带数字信号用调制器（modulator）转换成携带其信息的模拟信号（某种正弦波），在远距离传输线上传输的是这种模拟信号。到了接收端，再用解调器（demodulator）将其携带的数字信息解调出来，恢复成原来的基带数字信号。

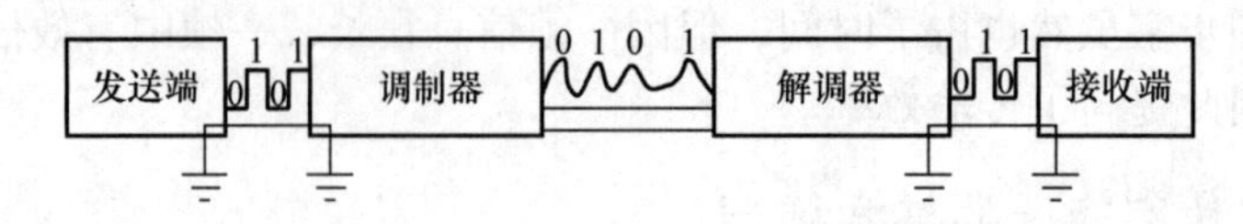

图 5-20　调制与解调示意图

正弦波是最适宜在模拟线路上远距离传输的波形。作为正弦波特征值的是振幅、频率和初相位。相应地，调制方法也有三种。图 5-21 为基带数字信号及对其进行调制的各种方式波形。

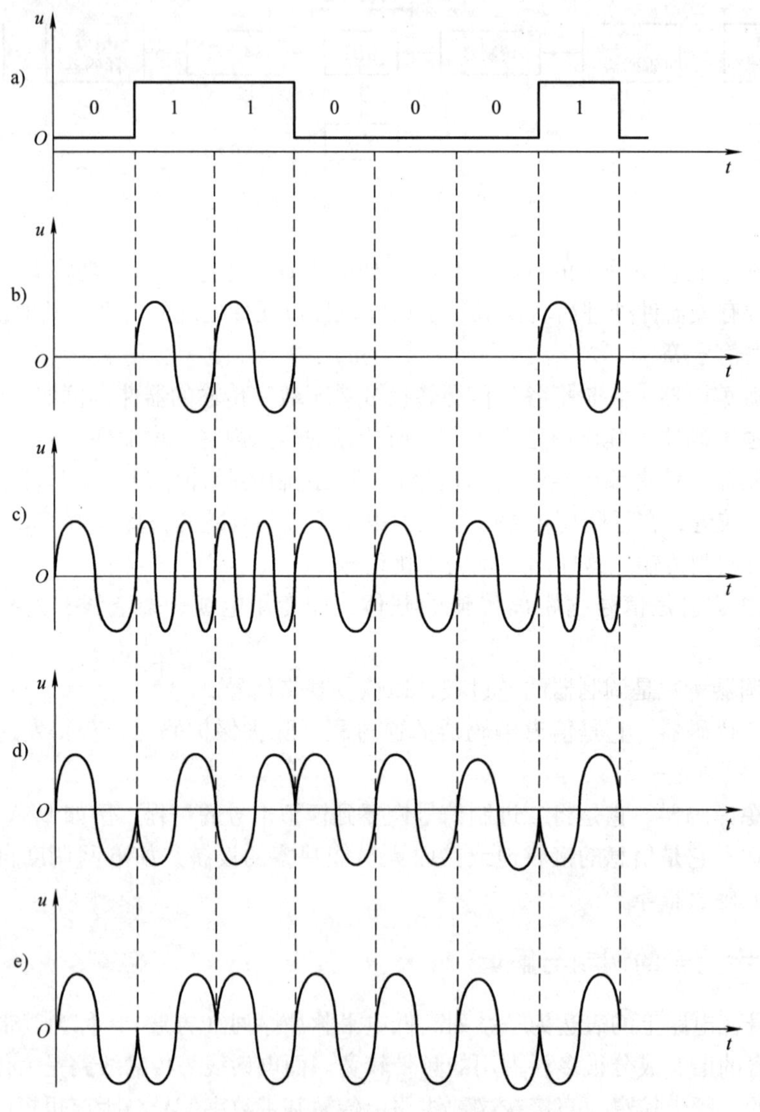

图 5-21　基带数字信号及对其调制的各种方式波形

a）基带信号码元波形　b）调幅波　c）调频波　d）二元绝对调相波　e）二元相对调相波

1. 数字调幅

数字调幅又称振幅键控（ASK），它是用正弦波的不同振幅来代表“1”和“0”两个码元。例如，可用振幅为0来代表“0”，用有一定振幅来代表“1”，如图5-21b所示。数字调幅最简单，但抗干扰性能不好。

2. 数字调频

数字调频又称移频键控（FSK），它是用不同频率来代表“1”和“0”，而其振幅和相位相同。例如，用较高频率$f_1=f_0+\Delta f$表示“1”，用较低频率$f_2=f_0-\Delta f$表示“0”，如图5-21c所示。数字调频在电网调度自动化系统中应用较广，抗干扰性能较好。

3. 数字调相

数字调相又称移相键控（PSK），分为二元绝对调相和二元相对调相两种方式。

（1）二元绝对调相　图5-21d波形中初相位为0代表“0”，而初相位为π代表“1”。

（2）二元相对调相　图5-21e波形中后一周波的相位与前一周波相同，代表码元“0”；而后一周波相位与前一周波相位相反则代表码元“1”。

数字调相抗干扰性能最好，但硬、软件均比较复杂。

七、局域网及其应用

局部网络（local network）是一种在较小区域内使各种数据通信设备互连在一起的通信网络。局部网络又分两种类型：①局部区域网络（local area network），简称局域网（LAN）；②计算机交换机（CBX）。局域网能为分布式的自动化系统提供通信媒介、传输控制和通信功能的良好服务，应用十分广泛。

1. 令牌环（token ring）

这种环形结构采用令牌（token）方式进行访问控制。图5-22中P_1、P_2、P_3、P_4和P_5是环形接口机（中继器），一般采用8位单板机或I/O机来处理，其功能是接收上游接口机发来的信息，并向下游接口机转发。它本身有缓冲器，用来存储、转发信息。

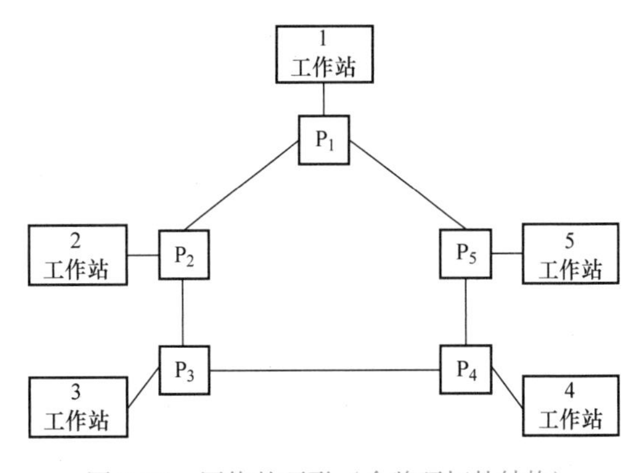

图5-22　网络的环形（令牌环拓扑结构）

各工作站可以是一台微机或带多个终端的系统，或者是一台打印机。每个站都有自己的站址编号。各站之间的通信过程如下：

设工作站1发信息给工作站3，首先将终点地址和信息交给本站中环形接口机P_1，由P_1组织成帧，如开始标志（8位）、终点地址（8位）、源地址（8位）、信息（任意长）、检验位（16位）、状态位（2位）、结束位（8位）。然后等待时机，当空令牌信号（如8位的11111110）从环的上游传到本节点时，P_1将空令牌翻成忙令牌（如8位11111111），并随之将已成帧的信息一并发向下游节点P_2。P_2接收后查阅终点地址不是本站，则立即转发给其下游节点P_3，P_3查阅终点地址为本站，即接收信息，并在状态位中注明，随后又将此帧信息发给下游P_4、P_5，P_4、P_5发现忙令牌开头且已有接收标志，马上转送，最后又转给P_1，P_1查阅状态位已变化，知道信息已被接收，故将此帧信息撤销，并将空令牌信息传给P_2，

P_2 若无信息要发，则马上将空令牌传给 P_3…令牌信息只有一个，在环路上循环传递，各接口机只有得到令牌后才能向总线发送自己的信息。若一次不成功，可等下次再进行。这种方式的缺点是环中一个节点发生故障会导致全网瘫痪，令牌的管理也比较复杂。

2. 以太网（Ethernet）

以太网采用总线结构，总线每段长度不超过500m，必要时可经中继器再增加一段或几段，通常在1～10km中等规模的范围内使用，属单一组织或一个单位内的非公用网。以太网的传输媒介可以是双绞线、同轴电缆或光纤。传输速率达10Mbit/s，误码率为 10^{-11}～10^{-8}，具有高度的扩充灵活性和互连性，建设费用低，图5-23a为以太网拓扑结构。

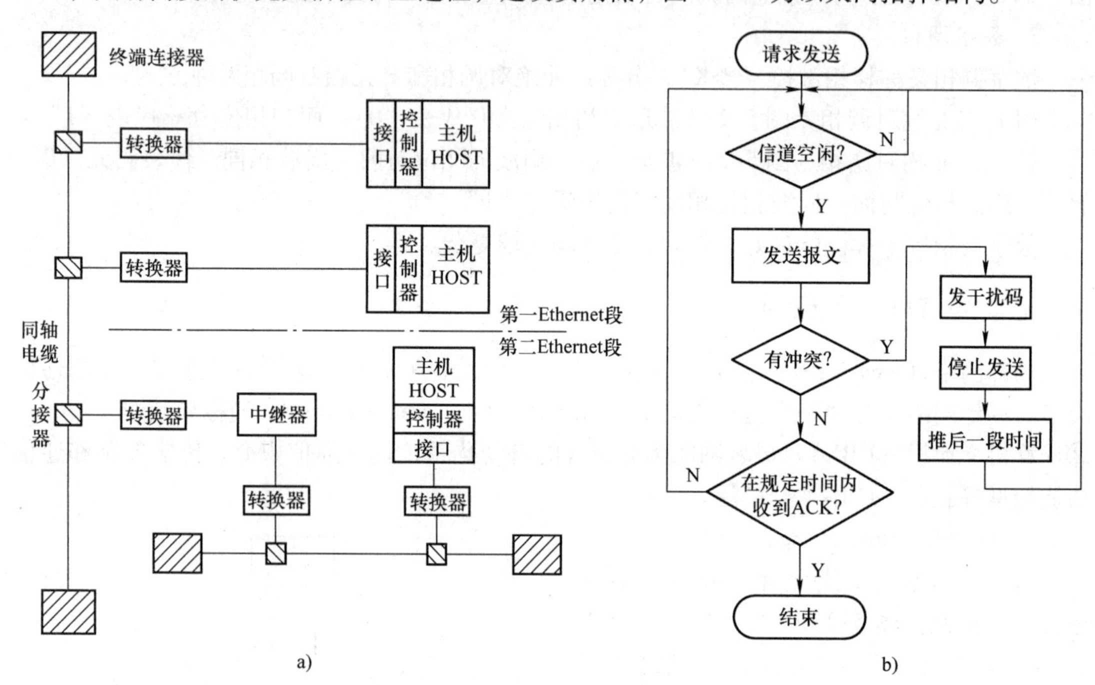

图5-23 以太网拓扑结构及发送报文工作流程
a）拓扑结构 b）发送报文工作流程

各主机（host）发出的报文分组，所有站点均可收到，但只有目的地址所指明的终端才可以接收，不需要路径选择，控制是完全分散的，没有中央计算机来进行网络控制，当网络中某个站发生故障，不会影响整个系统的运行。

以太网采用载波监听多重访问/冲突检测方式（CSMA/CD）共享信道，不支持带优先级的实时访问。CSMA/CD是一种各节点竞争抢占总线发送信息的随机方法。抢到总线节点就占用总线发送信息，其他节点就不能同时发送信息了。为了克服几个节点都有信息要发，同时抢总线的冲突，采用了先听后发（Listen before talk）的方法，即先监听总线上是否空闲，若空闲，在稍等一下后立即发出自己的信息。若监听到总线正忙，就一直监听，直到总线空闲后再抢占。不仅如此，已开始发送信息的节点还要边发送边监听（Listen while talk），验证总线上发送的信息是否与本站发送的信息一致，如一致，说明发送成功；否则，说明有冲突，应立即停止发送，退让一个随机控制时间后，重新抢占总线。

图5-23b为以太网发送的工作流程框图。当发送信息时监听到有冲突，就发一个简短的

干扰码以加强冲突。同时停止发送，推迟一段随机延时继续监听信道。发送报文如无冲突，并在规定的时间内收到了对方的肯定性回答 ACK，就结束这次通信，否则继续监听，重复发送过程。

多路存取是指某一个站发送信息，所有网络节点均可收听总线信息，但只有发送目的地址是本站地址时才抄录接收和处理。如果信息目的地址是“广播地址”，则所有节点站都要将该信息收录到自己的缓存区中。这种方式的主要缺点是不能保证紧急信息优先发送。

八、现场总线

在现场设备之间的通信中，各功能模块间大多使用 RS-422/RS-485 通信接口相连，实现状态信息和数据相互交换。

然而采用 RS-422/RS-485 通信接口，虽然可实现多个节点（设备）间的互连，但连接的节点数一般不超过 32 个，在变电站规模稍大时，便满足不了综合自动化系统的要求；其次，采用 RS-422/RS-485 通信接口，其通信方式多为查询方式，即由主计算机询问，保护单元或自控装置应答，通信效率低，难以满足较高的实时性要求；再者，使用 RS-422/RS-485 通信接口，整个通信网上只能有一个主节点对通信进行管理和控制，其余皆为从节点，受主节点管理和控制，这样主节点便成为系统的瓶颈，一旦主节点出现故障，整个系统的通信便无法进行；另外对 RS-422/RS-485 接口的通信规约缺乏统一标准，使不同厂家生产的设备很难互连，给用户带来不便。

基于上述原因，国际上在 20 世纪 80 年代中期就提出了现场总线，并制定了相应的标准。

现场总线是应用在生产现场，在微机化测量控制设备之间实现双向串行多节点数字通信的系统，也被称为开放式、数字化、多点通信的底层控制网络。它在制造业、流程工业、特别在变电站的分层分布式综合自动化系统中具有广泛的应用前景。

现场总线技术将专用微处理器置入传统的测量控制仪表，使它们各自都具有了数字计算和数字通信能力，采用可进行简单连接的双绞线等作为总线，把多个测量控制设备之间以及现场设备与远程计算机之间，实现数据传输与信息交换，形成各种适应实际需要的自动控制系统。简而言之，它把单个分散的测量控制设备变成网络节点，以现场总线为纽带，把它们连接成可以相互沟通信息、共同完成自控任务的网络系统与控制系统。它给自动化领域带来的变化，正如众多分散的计算机被网络连接在一起，使计算机的功能、作用发生变化，现场总线则使自控系统和设备具有了通信能力，把它们连接成网络系统，加入到信息网络的行列。因此，把现场总线技术说成是一个控制技术新时代的开端并不过分。

九、循环式规约（CDT）和问答式规约（polling）

（一）通信规约

在通信网中，为了保证通信双方能正确、有效、可靠地进行数据传输，在通信的发送和接收的过程中有一系列的规定，以约束双方进行正确、协调的工作，将这些规定称为数据传输控制规程，简称为通信规约。当主站和各个远程终端之间进行通信时，通信规约明确规范以下几个问题：

1）要有共同的语言。它必须使对方理解所用语言的准确含义。这是任何一种通信方式的基础，它是事先给计算机规定的一种统一的，彼此都能理解的语言。

2）要有一致的操作步骤，即控制步骤。这是给计算机通信规定好的操作步骤，先做什么，后做什么，否则即使有共同的语言，也会因彼此动作不协调而产生误解。

3）要规定检查错误以及出现异常情况时计算机的应对方法。通信系统往往因各种干扰及其他原因会偶然出现信息错误，这是正常的，但也应有相应的办法检查出这些错误来，否则降低了可靠性；或者一旦出现异常现象，计算机不会处理，就将导致整个系统的瘫痪。

图5-24形象地说明了在两个数据终端（计算机终端）之间交换数据时，它们应有的简单规约。

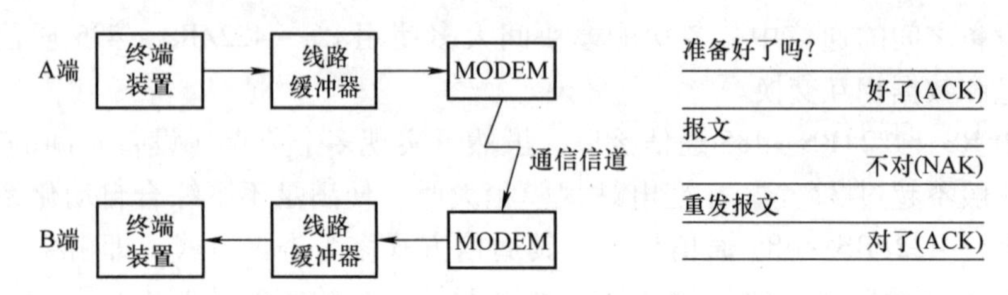

图5-24 通信规约的含义

一个通信规约包括的主要内容有：代码（数据编码）、传输控制字符、传输报文格式、呼叫和应答方式、差错控制步骤、通信方式（指单工、半双工、全双工通信方式）、同步方式及传输速率等。

（二）循环式通信规约

按循环式工作时，厂站RTU享有发送信息的主动权。每个RTU都要独占一条到调度中心的信道（称点对点方式），调度中心与各RTU皆由放射式线路相连。发送端与接收端保持严格的同步，信息按事先约定的先后次序排列，并一次循环发送。规约中对通信信息流的帧结构及信息字结构做出了统一规定。为保证可靠性，还要有主、备两种信道，因此信道投资较大。各RTU将采集并编码的遥测信息（如P、Q、U、I等）和遥信信息（如断路器状态等）一遍接一遍循环不息地传输给调度中心（称为上行信息）。调度中心若发现有错就丢弃不用，等待下一循环该项的新数据传来。

对上行信息也可视实时性要求的不同而进行分级，例如事故时，断路器在继电保护作用下自动跳闸，这样的信息必须尽早地上报到调度中心，因此规定遥信变位属于最高的优先级，可以在循环传输中插入优先传送。对重要遥测量，每2s扫查并传输一次；对次要遥测量，可每5s扫查并传输一次；对一般遥测量，20s才扫查并传输一次。

由调度中心发给RTU的各种遥控、遥调或其他命令，由下行通道随时传输（全双工通道上、下行通信可同时进行），不是循环传输的。

（三）问答式通信规约

问答式通信由主站掌握遥测、遥信通信的主动权。主站轮流询问各RTU，而各RTU只有在接到主站询问后才可以回答（报送数据）。平时各RTU也与循环式通信一样采集各项数据。不同之处在于这些数据不马上发送，而是存储起来，当主站轮询到本站时才组装发送出去。

至于遥控、遥调，无论循环式还是问答式，都是由主站掌握通信的主动权。

子站的远动数据种类不一，可按其特性和重要程度加以分类，对于重要、变化快的数据，应勤加监视，采样扫描周期应短一些。对于不重要、变化缓慢的数据，采样扫描周期可以长一些。各种远动数据可以选择相应的扫描周期。RTU 可提供几种类别的扫描周期，例如 8 种，这样也就把远动数据按扫描周期分为 8 个类别。划分类别后，主站在需要时可以向子站查询某些类别的数据。

为了提高效率，遥信通常采用变位传输，遥测采用越阈值（即越死区）传输，因此对遥测需要规定其死区范围。遥测配有数字滤波，因而还要规定滤波系数。扫描周期、死区范围和滤波系数等参数应事先确定，使用时由主站给子站初始化时设定。

问答式通信规约中主站与子站的通信项目可按功能来划分。

主站向子站发送的命令大致可分为：

1）初始化设置参数类，有设置扫描周期、死区数值及滤波系数等。

2）查询类，询问各种类别的远动数据情况等。

3）管理控制类，控制 RTU 的投入或退出工作等。

4）其他类，如电源合闸确认以及遥控、诊断报文等。

子站对主站的响应主要有两类。一类是对主站命令的简短响应，即肯定性确认或否定性确认。肯定性确认表示已正确收到主站发来的命令，或主站询问中的数据无变化；否定性确认表示未能正确收到主站发来的命令。另一类是遵照主站命令回答相应的具体数据。

问答式通信规约的特点是：

1）RTU 有问必答，当 RTU 收到主机查询命令后，必须在规定的时间内应答，否则视为本次通信失败。

2）RTU 无问不答，当 RTU 未收到主机查询命令时，绝对不允许主动上报信息。

问答式通信规约的优点有：

1）问答式通信规约允许多台 RTU 以共线的方式共用一个通道，这样有助于节省通道，提高通道占用率，对于区域工作站和数量众多的 RTU 通信情形，这种方式很适合。

2）问答式通信规约采用变化信息传输策略，从而大大压缩了数据块的长度，提高了数据的传输速度。

3）问答式通信规约既可以采用全双工通道，也可以采用半双工通道，即可以采用点对点方式，又可以采用一点多址或环形结构，因此通道适应性强。

无论采用哪种类型的通信规约，报文格式基本相同。例如，可以这样组织上行报文：以起始码（标志一个新报文的开始）开始报文，然后依次是厂站码、报文类型码、数据长度、具体数据，最后是校验码。

校验码一般为 1 ~4B 宽度，是用以识别报文传输过程中错误的一种技术。报文校验有多种方法，使用最为广泛的是循环冗余多项式校验方法，计算较为复杂，一般用硬件实现；另一种是和校验或异或校验，即将报文的各字节相加或进行异或运算，结果放在报文最后一起发送，接收端进行同样的运算，如果运算结果同校验字符不同，即表明发生了传输错误。

十、通信信道

（一）电力线载波通信

电力线载波通信是利用一载波频率经现有电力线去传输信息，利用架空电力线的某相导线作为信息传输的媒介。电力线载波通信是电力系统特有的一种通信方式，可靠性高，经济性好，不需单独架设和维护线路。它是电力系统的基本通信方式之一。

变电站采用电力线载波通信主要传输话音的模拟信息及远动、线路保护、数据等模拟或数字信号。根据不同的要求，可以采用话音、远动、系统保护的复用设备，但远动和数据一般采用单一功能的专用设备。远动和数据的通信速率为300~1200bit/s。

电力线载波是将送端的远动和数据信号通过调制（调频、调幅或调相）转换成适合电力线传输的高频信号，经高频电缆、结合滤波器和耦合电容器送至电力线上，并沿电力线传输到受端。在受端，再经耦合电容器、结合滤波器、高频电缆进入电力线载波终端设备，再由相应频带的收信滤波器取出高频信号，通过解调还原为送端的远动和数据信号。采用电力线载波传送远动和数据信号的通道构成如图5-25所示。

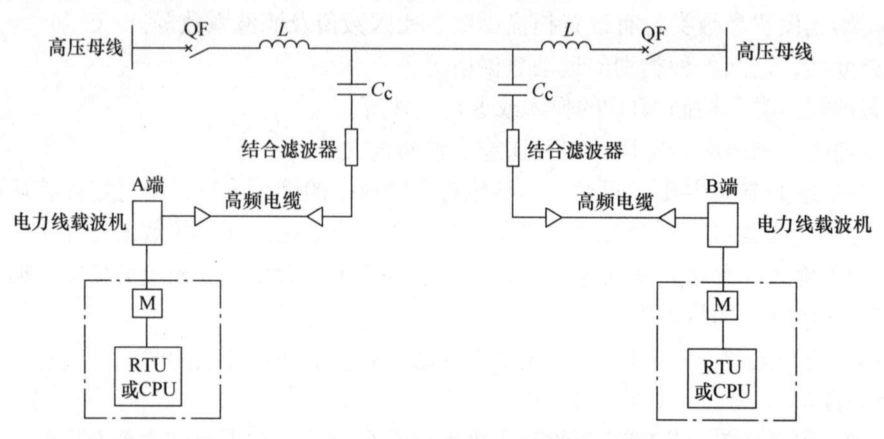

图5-25 电力线载波传送远动和数据信号通道构成示意图

QF—高压断路器 L—阻波器 M—调制解调器 RTU—远方终端装置 C_c—耦合电容器

电力线载波通信两端（A端和B端）均具有远动和数据信号发送和接收功能。图5-25中M是远动装置或数据传输装置的外接调制解调器，它是将数字信号调制成音频信号，然后再经电力线载波终端设备调制成高频信号。调制的过程也是先将电力线上的高频信号经电力线载波终端设备反调制成音频信号后，经M解调为数字信号送给远动或数据传输装置。

耦合电容器和结合滤波器共同构成高频信号的通路，并将电力线上的工频高电压和大电流与通信设备隔开，以保证人身和设备的安全。耦合电容器额定电容的大小，直接影响电力线载波通带的宽窄；同时，也影响耦合电容器造价的高低。所以，在选择耦合电容器的时候，必须考虑这两方面的因素。

结合滤波器主要用来抵消耦合电容器的高频容抗，减小高频电流在结合滤波器通带内的衰减；另外，还对高频电流起阻抗转换作用，使高频电流与电力线的阻抗得到良好的匹配。

高频电缆主要来连接载波终端机与结合滤波器，对它的基本技术要求是要衰减小，阻抗匹配、频率响应好。

线路阻波器主要来阻止高频信号进入电力设备。因为它既具有工频特性，又具有高频特性，所以，在选择线路阻波器时要兼顾这两方面的情况。

（二）光纤通信

光纤通信就是以光波为载体、光导纤维作为传输媒质，将信号从一处传输到另一处的一种通信手段。随着光纤通信技术的发展，光纤通信在变电站作为一种主要的通信方式已越来越得到广泛的应用。其特点有：①光纤通信优于其他通信系统的一个显著特点是它具有很好的抗电磁干扰能力；②光纤的通信容量大、功能价格比高；③安装维护简单；④光纤是非导体，可以很容易地与导线捆在一起敷设于地下管道内，也可以固定在不导电的导体上，如电力线架空地线复合光纤（OPGW），还可以采用与电力线同杆架设的自承式光缆（ADSS）。

光纤通信用光导纤维作为传输媒介，形式上是采用有线通信方式，而实质上它的通信系统是采用光波的通信方式，波长为纳米级。目前，光纤通信系统是采用简单的直接检波系统，即在发送端直接把信号调制在光波上（将信号的变化转变为光频强度的变化）通过光纤传输到接收端。接收端直接用光电检波管将光频强度的变化转变为电信号的变化。

光纤通信系统主要由电端机、光端机和光导纤维组成，图 5-26 所示为一个单方向通道的光纤通信系统。

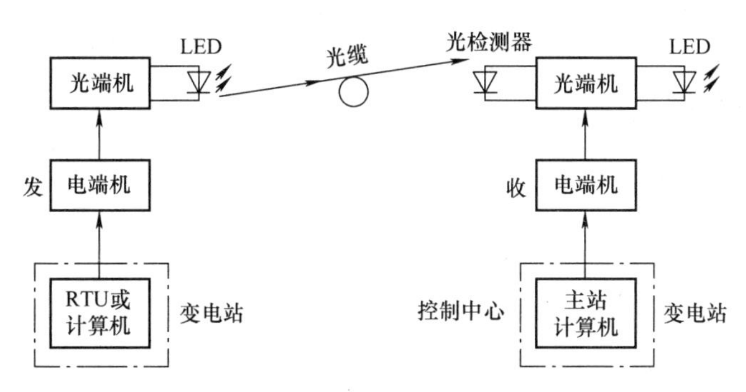

图 5-26　光纤通信构成示意图

发送端的电端机对来自信源的模拟信号进行 A/D 转换，将各种低速率数字信号复接成一个高速率的电信号，进入光端机的发送端。光纤通信的光发射机俗称光端机，实质上是一个电光调制器，它用脉冲编码调制（PCM）电端机发数字脉冲信号驱动电源（如图 5-26 中发光二极管 LED），发出被 PCM 电信号调制的光信号脉冲，并把该信号耦合进光纤送至对方。远方的光接收机，也称光端机，装有检测器（一般是半导体雪崩二极管或光电二极管），把光信号转换为电信号，经放大和整形处理后再送至 PCM 电端机，还原成发送端信号。远动和数据信号通过光纤通信进行传输是将远动装置或计算机系统输出的数字信号送入 PCM 终端机。因此，PCM 终端机实际上是光纤通信系统与 RTU 或计算机的外部接口。

光纤通信的设计内容主要包括光纤线路和光缆的选择、调制方式、线路码型的选择、光纤路由的选择、光源和光检测器的选择以及系统接口。

（三）微波中继通信与卫星通信

波长为 0.001～1.0m，频率为 300MHz～300GHz 的无线电波称为微波。微波基本上沿直线传播。由于地球表面是个球面，所以每 40～50km 就要设置一个中继站，按接力的方式将信号一站站地传输下去。微波传递信号的这种方式称为微波中继通信。

微波中继通信的优点是：微波频段的频带很宽，可以容纳数量很多的无线电频道且不会互相干扰；微波收发信机的通频带可以做得很宽，用一套设备可作多路通信；不易受工业干扰，通信稳定；方向性强，保密性好；每公里话路成本比有线通信低。因此适合做电力系统通信网的主干线通信。但微波中继通信的设备比较复杂，技术水平要求较高。

微波中继站分为有源站和无源站两种。由于路径有时被高山阻隔，不能视通，常常采用无源中继方式，在高山处安装反射板加以解决。

图5-27表示微波中继通信系统的构成。电话、数据等信号首先送入终端机。在终端机中，用频率分割方式或时间分割方式形成多路复用信号，再把这个复用信号送到信道机调制成微波，经过波导管馈线，由抛物面天线向空间辐射电波。在中继站中，用中继机把在传播中损耗了的信号加以放大，再向下一个中继站转发。在收信侧，利用信道机解调成多路信号，再用终端机进一步对每一路信号进行解调。最后分别取出电话、数据信号交给交换机、记录器或相连的计算机系统。

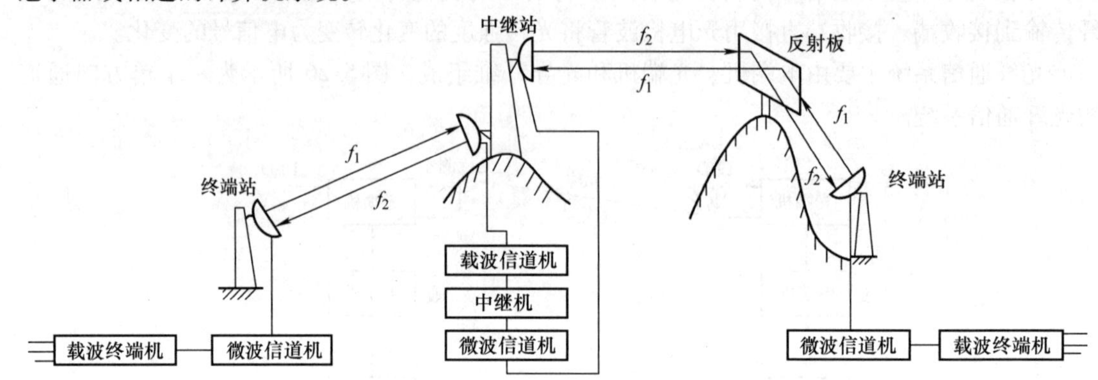

图5-27 微波中继通信系统的构成示意图

目前我国采用2GHz频段作为电力系统通信的主干线，8GHz频段用于分支线，11GHz频段用于近距离的局部系统。

卫星通信也属于微波中继通信，只是中继站设在地球的同步卫星上。与一般微波通信相比，卫星通信不受地形和距离的限制；通信容量大，不受大气层骚动的影响；通信可靠性高，卫星通信使用的频率上行（地球→卫星）为5925～6425MHz，下行为3700～4200MHz。

第四节 调度中心的计算机系统

一、调度中心SCADA/EMS的前置机系统

前置机系统担负着与厂站RTU和各分局的数据通信及通信规约解释等任务，是SCADA系统/EMS的桥梁和基础。

国内已有多家院、所或公司生产SCADA系统/EMS，虽然具体细节不相同，但它们的基本配置和功能是相似的。作为教材，只能选择一种有代表性的产品予以介绍。Open－3000是目前国内最具代表性并已在几十个省、地调度中心成功运行的一种典型系统。图5-28所示为系统前置机系统结构示意图。

1. 前置机

前置机为双机配置，一台为主机，另一台为备用机。由于是网络配置，网络上所有主机只要授权都可以充任前置主机，因而可任取两台工作站兼做前置机。

值班前置主机担负以下任务：

①与系统服务器及SCADA工作站通信；②与各RTU通信及通信规约处理；③控制切换装置的切换动作；④设置各终端服务器的参数。

前置备用机可能担负以下任务中的部分或全部：

① 监听前置主机的工作情况，一旦前置主机发生故障，立即自动升格为主机，担负起主机的全部工作；②监听次要通道的信息，确定该通道的运行情况。

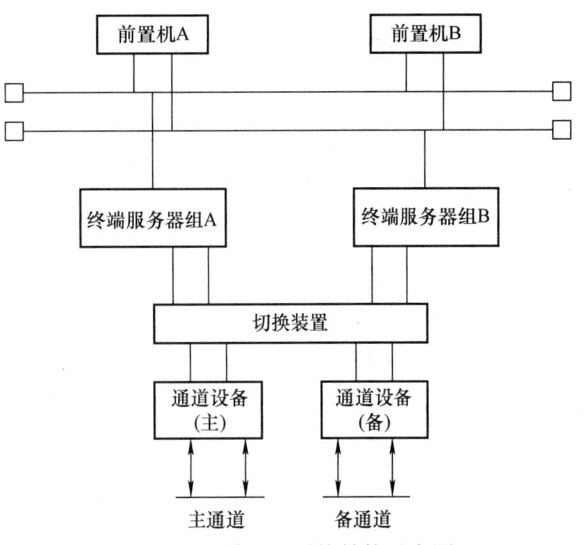

图 5-28　前置机系统结构示意图

2. 终端服务器

每台终端服务器有 16 个串行通信口，可与 16 路厂站 RTU 通信，如有 64 个厂站 RTU 就需配置 4 台终端服务器。另外，终端服务器也应双备份，因此需配置 8 台终端服务器。运行中一组与前置主机协同工作，另一组则与前置备用机通信。终端服务器的参数及其切换由前置主机控制。

3. 切换装置

每套切换装置由 16 路独立切换板组成，电路很简洁，除了导线就是自保持继电器，即使电源失去也能保证信道的连通。同时，前置主机还不停地查询它们的状态，因此可靠性很高。

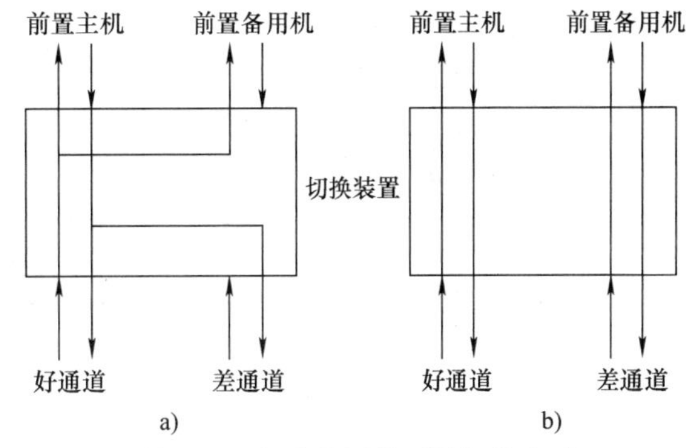

图 5-29　切换装置的两种切换方式
a）模式一　b）模式二

切换装置可以完成对上行双通道信号及下行信号的选择切换，依据前置主机的切换命令动作。切换装置有两种工作模式（见图 5-29）。

模式一：选择一路较好的上行信号发送给主、备两台前置机，同时将值班主机的下行命令送入主、备两条通道。差通道的上行信号以及前置备用机的下行命令均被封锁。

模式二：切换装置将值班主机与好通道接通，而将前置备用机与差通道接通。

4. 通道设备

通道设备包括调制解调器（MODEM）、光电隔离板（光隔）和长线驱动器，其作用是与各种不同的通道信号适配。一般情况下，若通道信号为模拟调制信号，应选用调制解调器；若通道信号为 RS－232 数字信号，应选用光电隔离板；若通道信号是 RS－232 数字信号，但信号电缆较长时，应选用长线驱动器，同时在其远端加装对应的长线驱动设备。

由于终端服务器只接收异步信号，因此有些型号的调制解调器和光电隔离板上加装了同步/异步转换装置。这样，系统就可以接收以同步方式传输的 RTU 数据。

二、调度中心 SCADA 系统/EMS 结构

（一）系统结构

SCADA 系统/EMS 结构配置如图 5-30 所示。系统采用三网机制。主网为 100M 平衡负

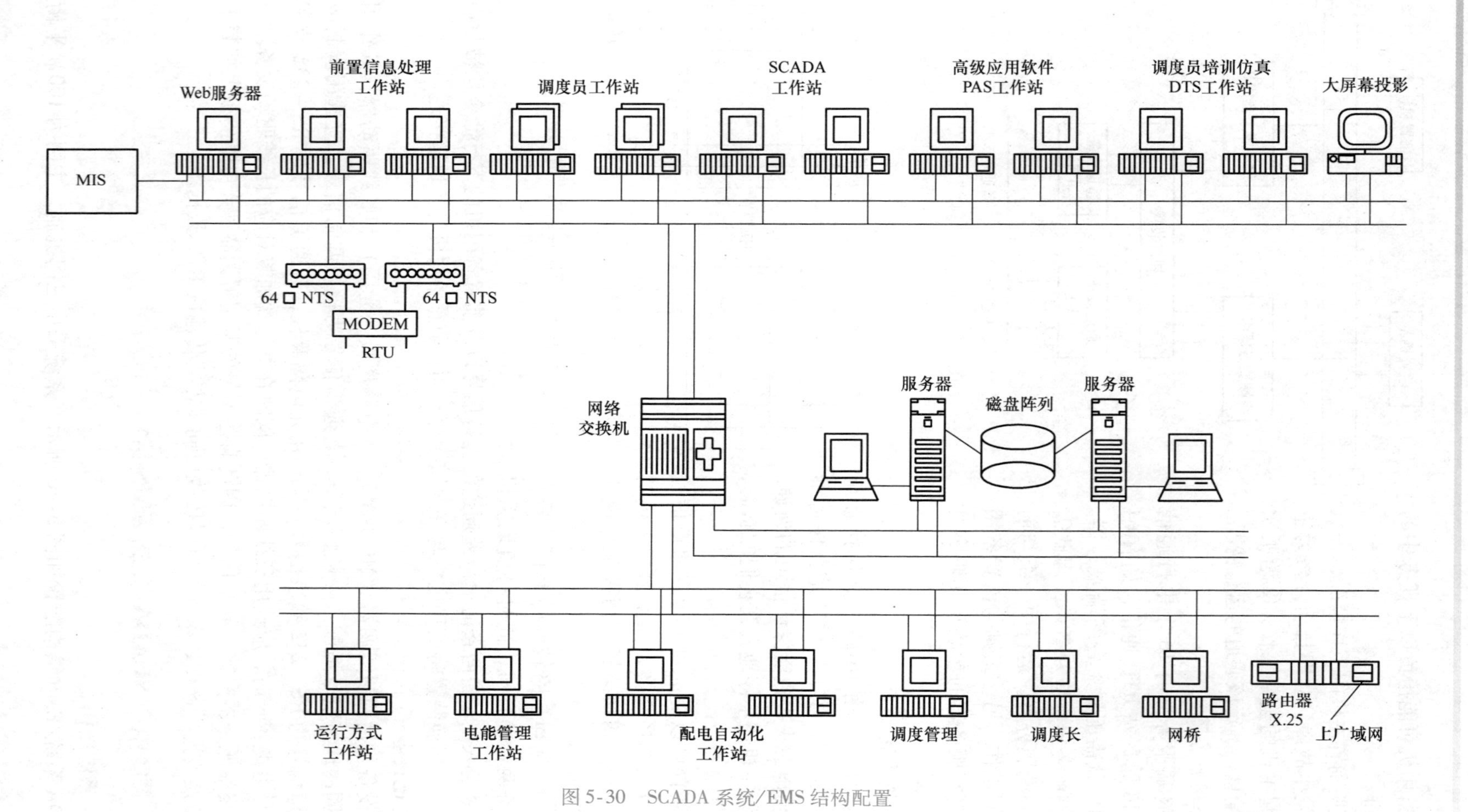

图 5-30 SCADA 系统/EMS 结构配置

荷双网，由智能化100M堆栈式交换机来连接系统服务器和主网计算机节点。双主网均可提供多口的100M交换能力，并可进行扩展。两台系统服务器选用RISC（精简指令集计算机）64位机，并配有磁盘阵列，以实现服务器的热备用以及信息的热备份。各工作站也优先选用64位机，都能从硬件上支持100M双网或多网运行，并支持标准商用数据库，又能集成其他符合国际标准的实时数据库。工作站系列产品使用寿命长，易于扩充升级。主网各节点，依其重要性和应用的需要，可选用双节点备用、多节点备用或共享方式运行。

主网双网配置可实现负荷热平衡及热备用双重使命。在双网均正常情况下，双网自动保持负荷平衡。当其中一网故障，另外一网就完全接管全部的通信负荷，在单网方式下亦可保证系统的100%可靠性。系统通过MIS服务器或网桥与电力公司管理信息系统MIS相连接，通过插入第三网来隔离连接MIS，还可以通过网络交换机与配电调度自动化系统相连。

（二）主网各节点功能简介

1. 系统服务器（Server）

系统服务器运行Sybase商用数据库管理系统，负责保存所有历史数据、登录各类信息：各种电网管理信息、地理信息系统（GIS）所需的多种信息、各类设备信息和用户信息等。其强大的数据库管理功能可方便用户查询和统计各种数据。

2. SCADA工作站

SCADA工作站为双机热备用，主要运行SCADA软件及AGC/EDC软件，完成基本的SCADA功能和AGC/EDC控制与显示功能。SCADA工作站通过两组终端服务器接收各厂站RTU信息。两组终端服务器直接挂在网上，实现双机、双通道的自动/手动切换，承担前置系统信息处理以及网络信息流优化功能。

3. PAS工作站

PAS是各种电力系统高级应用软件的简称。PAS工作站用于各项PAS计算如潮流计算、短路计算等，以实现各项PAS功能，并保存PAS的计算结果，如果某些结果需历史保存，则同时保存到商用数据库中的历史数据库中。

4. 调度员工作站

调度员工作站承担对电网实时监控和操作的功能，实时显示各种图形和数据，并进行人机交互。其实，在主网的每个工作站上都可以显示SCADA数据、PAS数据、DTS数据、DMS数据及GIS数据，但其他工作站没有对电网进行操作控制的权限。

5. 配电自动化工作站

配电自动化工作站完成配电自动化管理功能，其GIS功能极强。

6. DTS工作站

DTS是调度员仿真培训的简称。最好用两台机，一台为教员机，另一台为学员机，可通过图形界面进行直观操作，也有用一台机进行仿真培训的。

7. 调度管理工作站

调度管理工作站负责与调度生产有关的计划和运行设备的管理。

8. 电量管理工作站

电量管理工作站实现电量的自动查询、记录、奖罚电量的计算等功能。

9. 网络

网络是分布式计算机系统的关键部件，2000系统采用高速双网结构，保证信息能高速可靠传输。集中器（hub）可灵活配置，既可以采用高速以太网交换机，也可以采用堆栈式高速 hub 等。网络还配有路由器实现 X.25 通信协议，能方便地与广域网互连或与其他计算机网络进行通信，也可与上级或下级调度交换信息。

第五节 自动发电控制

电网调度中的电网控制功能是多种多样的，包括电压控制、负荷控制以及自动发电控制(AGC)。这里仅介绍 AGC 功能以及与之密切相关的发电计划、负荷预测内容。

一、AGC 的基本功能

因为电力系统负荷预测模型的不精确和算法上考虑的不周全，发电机组的出力和系统调度 EMS 中的负荷预测得到的负荷总是存在一定的差距。AGC 就是通过监视电厂出力和系统负荷之间的差异，来控制调频机组的出力，以满足不断变化的用户电力需要，达到电能的发供平衡，并且使整个系统处于经济的运行状态。在联合电力系统中，AGC 以区域系统为单位。AGC 能实现机组出力的自动调节，是电力调度 EMS 中最重要的控制功能。在正常的系统运行状态下，AGC 的基本功能有：

1）使发电自动跟踪电力系统负荷变化。

2）响应负荷和发电的随机变化，维持电力系统频率为额定值（50Hz）。

3）在各区域间分配系统发电功率，维持区域间净交换功率为计划值。

4）对周期性的负荷变化按发电计划调整发电功率。

5）监视和调整备用容量，满足电力系统安全要求。

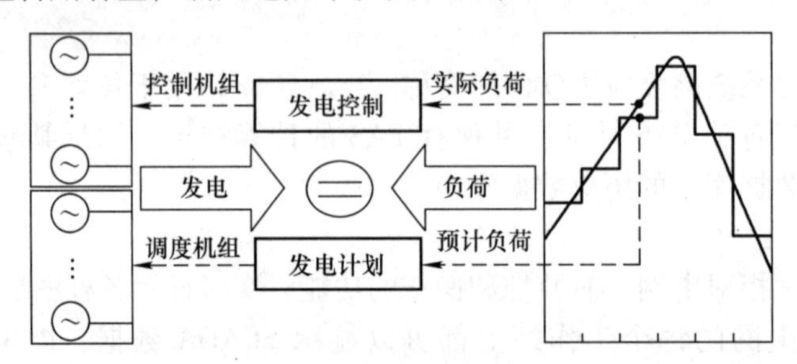

图 5-31　AGC 与发电计划跟踪系统负荷示意图

第 1 项目标一般与系统一次调节有关，汽轮机速度调节器按正比例响应当地频率偏差，并在几秒钟内使频率的变化降至零；第 2、3 项目标则由区域控制中心的二次调节实现；第 4 项目标也称为三次调节；第 5 项目标应包含在 2～5 项中实现。AGC 与发电计划跟踪系统负荷如图 5-31 所示。

二、AGC 的一般过程

从 AGC 的功能来看，它主要完成系统区域间交换功率的限制和系统频率的维持功能。可以通过电力系统调度中心的通信系统获取各发电机的发出功率、各联络线传输功率以及系统频率的信息，并向各个发电厂甚至是发电机发布相应的控制信号。当系统中出现频率或交换功率的偏差时，就可以通过测量和计算确定区域控制偏差，获得进行系统所需要增减的功率总值，再将这需要增减的功率总值分配给区域或子系统中各调节电厂和调节机组。在进行机组功率分配时，采用等耗量微增率准则来分配各个机组承担的功率增减，就是经济调度计算。

图 5-32 画出了 AGC 的结构框图，图中画出了和 AGC 有关的三个控制回路。区域调节控制完成上面提出的第 2、3 项任务。区域跟踪控制用来实现第 4 项任务；调速器的一次响应回路虽不是 AGC 的直接部分，但为了说明其对调频的影响，也表示在图中。实际上，当系统中用户的负荷增加时，初始的负荷增量是由释放汽轮发电机组的动能来提供的，即整个系统频率开始下降；于是系统中所有调速器响应，并使频率在几秒内实现大幅提高，即一次调频。

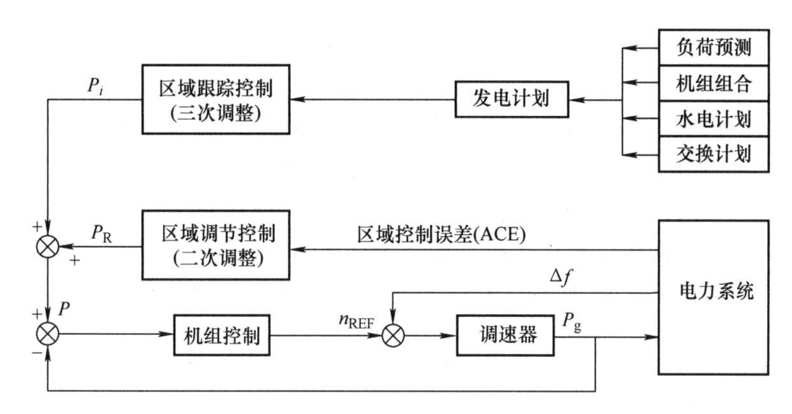

图 5-32　自动发电控制（AGC）的结构框图

二次调频由 AGC 实现。其中的区域调节控制确定机组的调节分量 P_R，它的目的是使区域控制误差（ACE）调到零，这是 AGC 的核心，即可调机组之间分配 ACE。区域跟踪控制的目的是按计划提供机组发电基点（base point）功率 P_i，将 P_R 加到基点功率 P_i 上，它们共同形成的期望发电量 P 作用于调频机组的控制系统。控制调速器的 n_{REF}，形成机组出力的闭环控制。由此可见，AGC 系统基本上是一个出力跟踪控制系统。

发电基点功率与负荷预测、机组经济组合、水电计划及交换功率计划有关，担负主要调峰任务，即三次调整。

三、AGC 与其他应用软件的关系

AGC 是 EMS 的有机组成部分，需要在其他应用软件的支持下工作，例如发电计划、负荷预测、机组组合、水电计划、交换计划、状态估计、安全约束调度和最优潮流等应用软件。此外，AGC 的实现与系统调度员和发电厂调度员有着密切的关系。

如图 5-33 所示，系统负荷预测、机组组合、水电计划和交换计划均与发电计划协调，并经过发电计划与 AGC 相联系。这种联系一种是按负荷曲线以周期的形式实现，一种是计划外的负荷变动的消化。

AGC 所需的负荷预测不仅是短期的（数日至数周），还需要超短期的（数分钟至数小时），尤其是在升负荷阶段。超短期负荷预测与发电计划相结合，安排升负荷阶段慢速机组每十分钟的计划值，达到尽可能密切的调峰跟踪，这有助于实现 AGC。

状态估计可以每 10min 向 AGC 提供各机组和各联络线交接点的网损微增率，使 AGC 做到最恰当的网损修正。如果状态估计发现有线路潮流过负荷，则启动实时安全约束调度软

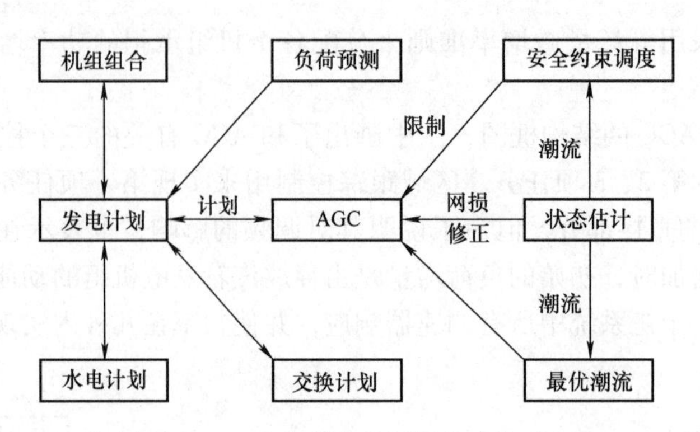

图 5-33 AGC 在其他应用软件支持下工作

件，提出解除过负荷的措施，以改变电厂发电功率限值的方式送给 AGC，从下一个周期开始 AGC 将自动进行解除支路过负荷的调整。最优潮流可以代替安全约束调度的功能，还可以及时提供网损修正后的经济负荷分配方案给 AGC，但现在安全实现这几项功能的最优潮流还少见，应该说最优潮流的在线应用理论上不存在问题，但实际应用问题还很多。

AGC 理论上是完全自动化的，但实际上没有系统调度员和发电厂调度员的人工干预是很难实现的。

四、发电计划

发电计划是 EMS 中发电级的核心应用软件，它向 AGC 提供基点功率值，对电力系统经济调度起着关键作用。

发电计划也称火电系统经济调度（EDC），即在已知系统负荷、机组组合、水电计划、交换计划、备用监视计划、机组经济特性、网络损失特性和运行限制等条件下，按照等耗微增率准则，编制火电机组发电计划，使整个系统的发电费用最低。发电计划有两种应用方式，一是编制次日（或周）24h（或 168h）的发电计划，二是编制指定时刻的发电计划（作为模块使用）。

水电计划又称为水电调度计划或水火电协调计划，是一个经济效益显著而计算复杂的问题。水电厂在运行的过程中，必须做到充分的利用来水，防止弃水，充分利用自然水发电。负荷峰谷的调节，使电力系统的运行费用微增率在周期内波动尽量小。水电计划是一个具有复杂约束的大型非线性规划问题，解决水电计划的方法主要有：动态规划法、网络流规划法（简称网流法）、水火电协调方程式解法。

交换计划：随着我国电力工业的迅速发展，从小的电力系统发展到大的联合电力系统。将来临近的大电力系统进一步联合成跨地区的国家级电网。电力系统的联合给安全运行和经济运行带来了很大的效益。电网的扩大和联合成为电力系统发展的趋势。

按照产权划分的运行区域，必须进行必要的协调来实现电能交换和统一调度。交换计划可以通过以下三种不同的方式进行协调。

1）自协调方式：各个区域独立进行调度，管理自己的电厂和负荷，根据本区域的发电费用向其他区域通报本区域买电或卖电的价格，双方协商确定交换功率计划。

2）电力交易市场模式：不同产权的运行区域，按照各自的发电计划，向交易市场通报买卖的电量和价格，市场按照取得最大交换利益原则制定各区域间的交换计划，并通知各区域。

3）协商调度模式：双方设立联合调度中心，各区域平等协商，确定长、短期的电力和电量合同，制定调度协议。各区域系统调度本区域发电厂，满足联合调度中心的要求。

从联合系统的发展角度看，这三种调度模式逐步提高，可以达到统一调度的水平。将整个电网作为一个整体来编制经济调度计划，各区域按照统一调度中心的计划安排本区域的发电功率。

检修计划：电力系统机组检修计划或停机安排是电力系统长期运行计划中一项十分重要的内容。由于机组停机和检修将直接影响电网的总发电功率，所以它对系统运行的可靠性和经济性都有很大的影响。

检修计划属于长期运行计划范畴，即预先安排检修时间、任务、人力、资源等，使电力系统预防性检修的效果为最优。机组检修的目的，从技术方面考虑，是为了使发电设备及各种组成部件的工作特性保持在允许的极限范围之内，增加设备的可靠性。从社会经济效益来看，检修的目的是满足用户对供电可靠性的要求，使电能的生产成本最小，推迟新建电厂的投资。用数学语言描述，检修计划实际上是一个多目标、多约束的优化问题。

（一）电力系统负荷预测的分类

电力系统的负荷预测可以分为系统的负荷预测和母线的负荷预测两类。在这两类中，母线负荷预测可以通过系统负荷预测取得某一时刻系统负荷值，并将它分配到每一条母线上。在系统负荷与每一条母线负荷之间往往再设 1 ~2 层负荷区，对某一时刻来说具有一套多层的分配系数，对不同的时刻配有不同的分配系数，这样才能适应上下层之间负荷曲线的不一致。母线分配系数是由状态估计在线维护的。

按照系统负荷预测的周期来分，电力系统的负荷预测可分为超短期负荷预测、短期负荷预测、中期负荷预测和长期负荷预测。

（1）超短期负荷预测　通常包括用于质量控制需要 5 ~10s 的负荷值，用于安全监视需 1 ~5min 的负荷值，用于预防控制和紧急状态处理需要 10 ~60min 的负荷值。超短期负荷预测的使用对象是调度员。

超短期负荷预测是指未来 1h 内的负荷预测。正常情况下一般不考虑气象等条件的影响，事实上气象变化对负荷的影响，主要表现在温度改变引起负荷变化，由于温度变化是缓慢的，所以它对负荷的影响一般不会突变。当以负荷历史记录作为负荷预测的资料时，温度的影响实际上就已包含在负荷的历史记录中了。但是，天气的突变和其他一些对负荷造成一定影响的突发性事件，在预测的前提下必须加以考虑。

（2）短期负荷预测　主要应用在电力系统的火电分配、水火电协调、机组紧急组合和交换功率计划，需要 1 日 ~1 周的负荷值，使用对象是编制调度计划的工程师。

短期负荷预测通常是指 24h 的日负荷预测和 168h 的周负荷预测。对于日负荷来说，工作日和节假日的日负荷曲线是明显不同的；其次，天气因素特别是温度，对日负荷的影响是较大的。同时，对于日负荷和周负荷的变化，受到特别事件（天气）影响明显，同时还存在大量的随机负荷分量。

（3）中期负荷预测　主要用于水库调度、机组检修、交换计划和燃料计划，需要1 月 ~1 年的负荷值，使用对象是编制中长期运行计划的工程师。

中期负荷预测是指未来一年（12 个月）之内的用电负荷预测，主要预测指标有月平均最大负荷、月最大负荷和月用电量。中期负荷预测比短期负荷预测考虑的因素要多一些，特别是一些未来的因素和气候条件，都要考虑到。另外，中期负荷预测和地区经济增长，发、供电设备和用电量需求增长也有关系。这些因素具有不确定性，有时还存在一些突变现象。

（4）长期负荷预测　用于电源的发展规划和网络规划等，需要数年甚至数十年的负荷值，使用对象是系统规划工程师。

长期负荷预测是指未来的负荷预测，一个电网用电负荷的年际变化明显受到该地区社会经济、人口、气候等多方面因素的影响。就长期的用电负荷预测而言，一定具有增长变化的特性。将社会经济、人工等影响用电负荷的各种因素单独做出经济学计量预测模型，并把握它们对用电负荷的因果关联，用解析的方法给出它们对用电负荷的影响，从而预测年际负荷。

（二）负荷预测的要求及影响负荷预测的因素

衡量电力系统负荷预测软件和方法的主要指标是负荷预测的精度。提高负荷预测的精度，就能为电力系统的调度提供精确的负荷数据，同时也就提高了电力系统的安全性和运行的经济性。在衡量电力系统负荷预测软件的质量时，往往将预测软件的精度作为它的衡量标准。

电力系统中负荷的类型是多种多样的，而且随着科学技术的发展，电力负荷中用电设备类型的也越来越复杂。不同类型的负荷有着不同的变化规律。不同地区有着不同性质的负荷类型，比例差别也比较大。比如空调设备在南方的普及，使得系统的负荷尤其是夏季的负荷受气温变化的影响越来越大；商业负荷主要是硬性晚间负荷，而且随季节变化；工业负荷受气象的影响较小，但大企业成分下降，使晚间低谷负荷增长缓慢；农业的负荷变化和降水的情况关系密切。同时，负荷的大小还受到某些未知的不确定因素影响，对每一个电网来说，随机波动的负荷大小是不同的。而且在进行某个区域的负荷预测时，如果对该区域的负荷区域划分不当，也可能造成负荷预测的精度降低。

电力系统负荷预测的精度首先决定于对具体电力系统负荷变化规律的掌握，其次是模型和算法的选择。

另外，不同的负荷预测方法都存在一定的弊端，不可能将各个影响精度的因素都考虑清楚，因此负荷预测软件针对某一个具体的电力系统时，要确定合适的模型，然后选择最佳的算法。一套成熟的软件中，应该包含各种周期的预测功能，并有多种计算方法供用户选择，并且能自动确认模型和选择算法。

（三）负荷预测的模型和算法

1. 负荷预测模型

在一个大型的电力系统中，对负荷预测的区域划分是十分重要的。对一个大型的总体负荷进行负荷预测，往往不能取得很好的预测精度。但是，将一个很大的负荷区域进行划分，划分的区域越多，预测的精度就越高。

针对电力系统影响负荷的因素，将电力系统的总负荷预测模型按照以下的四个分量描述为

$$L(t)=B(t)+W(t)+S(t)+V(t) \tag{5-2}$$

式中　$L(t)$——t时刻的系统总负荷；

　　　$B(t)$——t时刻的基本正常负荷分量；

$W(t)$——t 时刻的天气敏感负荷分量；

$S(t)$——t 时刻的特别事件负荷分量；

$V(t)$——t 时刻的随机负荷分量。

可以在进行不同预测周期的负荷预测时，对上述的几个负荷影响分量进行确定。在超短期负荷预测中，负荷预测的模型必须能反映出负荷在短期内随时间变化的规律，在这期间，可以认为式（5-2）中的 $B(t)$ 是一个常数，而其他变量就要进行修正。在短期负荷预测中，要预测一天或者一个周内的负荷变化情况，因此就必须考虑到天气（气候）和重大事件的影响，即对 $S(t)$ 应该考虑得多一些。中期负荷预测中，对一年中不同的月份进行预测，就必须考虑到因为季节和气候的变化对居民消费负荷和工业生产负荷的影响，对式（5-2）中的天气敏感负荷分量就要进行详细的建模。

2. 负荷预测算法

负荷预测模型确定了之后，就应该确定采取什么样的负荷预测算法。几十年来，各种可能的算法均在负荷预测的课题上进行了试验，目前比较实用的算法主要有：线性外推法、线性回归法、时间序列法、卡尔曼滤波法、人工神经网络法、灰色系统和专家系统方法等。各种方法都有一定的使用场合，可以说没有一个算法适用于各种负荷预测模型而且精度比其他的算法高。

在实际中，一般根据不同周期的预测目的，选择合适的预测模型。一旦模型选择好后，就要选择合适的算法进行模型辨识和参数估计。表 5-1 说明了在负荷预测中常用的几种算法和模型。

表 5-1　不同负荷预测周期的常用方法

预测类型	预测周期	用途	模型	算法
超短期	数分钟至数小时	AGC、安全监视	线性	1、2、3、4
短期	数日至数周	机组、水电、交换计划	线性 × 周期	1、2、4
中期	数月至数年	水库、检修、燃料计划	线性 × 周期	1、2、4
长期	数年	发电、网络规划	线性 × 周期	1、2、5

注：表中算法：1—线性外推法；2—时间序列法；3—卡尔曼滤波法；4—人工神经网络法；5—灰色理论。

第六节　EMS 的网络分析功能

一、网络接线分析（网络拓扑）

（一）网络拓扑的定义及基本功能

网络拓扑分析的基本功能是根据开关的开合状态（遥信信息）和电网一次接线图来确定网络的拓扑关系，即节点 - 支路的连通关系，为其他应用做好准备。

在网络拓扑分析之前需要进行网络建模。网络建模是将电力网络的物理特性用数学模型来描述，以便用计算机进行分析。电网的数学模型包括发电机组、变压器、导线、电容器、负荷、断路器等。网络建模用于建立和修改网络数据库，为其他应用如状态估计、潮流计算等定义电网的网络结构。

网络模型分为物理模型和计算模型。物理模型（也称节点模型）是对网络的原始描述。计算模型（也称母线模型）是与网络方程联系在一起，随开关状态变化，用于网络分析计算的模型。

网络拓扑根据开关状态和电网元件关系，将网络物理模型转化为计算用模型。运用堆栈原理，搜索网络图的树支，来判断支路的连通状态，划分电网中的各拓扑岛。

当电网解列时，网络拓扑分析可以给出各子系统的拓扑结构。此外，利用网络拓扑结果可以标识电网元件的带电状态，进行网络跟踪着色，用直观形象的方式表示网络元件的运行状态和网络接线的连通性。EMS 中的网络拓扑分析可以用于实时模式或研究模式，由开关变位事件驱动或召唤启动。

网络拓扑分析是其他高级应用软件的基础。网络拓扑分析软件应可靠、方便、快速。这里可靠是指能处理任何形式的接线。

(二) 网络拓扑的基本术语

图 5-34 是一个简单的网络物理模型。图 5-34 所示的网络中有 3 个厂站：ST_A、ST_B、ST_C。各厂站之间由 4 条线路相连：LN_{AB1}、LN_{AB2}、LN_{AC}和 LN_{BC}。厂站 ST_A 有 9 个开关 CB_{A1} ~ CB_{A9}（3/2 开关接线），2 台机组 UN_{A1} 和 UN_{A2}，1 个负荷 LD_A 和 8 个节点 ND_{A1} ~ ND_{A8}。厂站 ST_B 有 4 个开关 CB_{B1} ~ CB_{B4}（环形接线），1 个负荷 LD_B 和 4 个节点 ND_{B1} ~ ND_{B4}。厂站 ST_C 有 1 台变压器 XF_C，在变压器左侧，有 5 个开关 CB_{C1} ~ CB_{C5}（双母线接线），1 个负荷 LD_C 和 6 个节点 ND_{C1} ~ ND_{C6}；在变压器右侧，有一个开关 CB_{C6}，1 台机组 UN_C 和 2 个节点 ND_{C7}和 ND_{C8}。

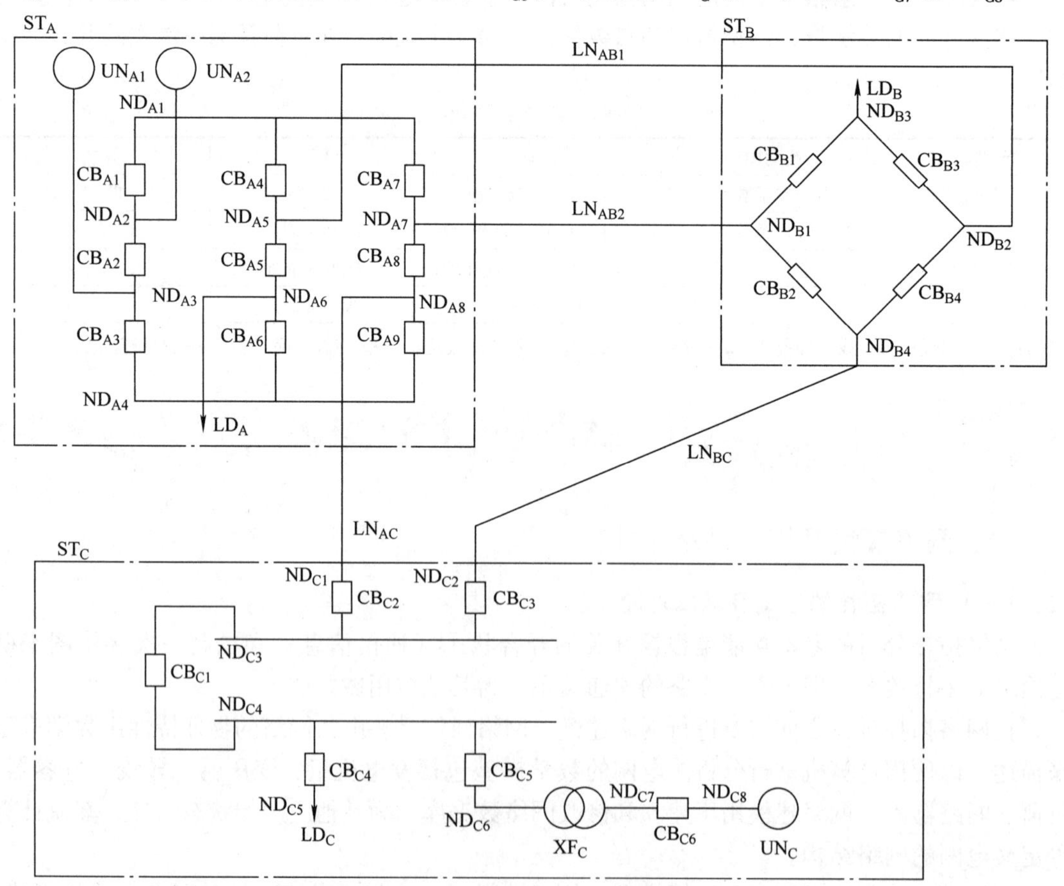

图 5-34 网络物理模型（节点模型）

当该网络中的所有开关都闭合时，拓扑分析的结果是图 5-35 所示的 4 母线网络计算模型。图中母线 1 包含 $ND_{A1} \sim ND_{A8}$八个节点。

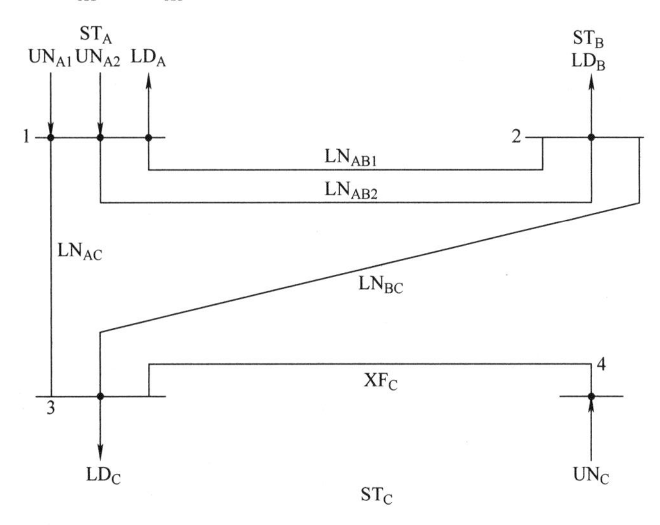

图 5-35　网络计算模型（母线模型）

下面结合所示图例说明网络拓扑的有关术语：

（1）网络元件（component）　开关、机组、负荷、电容器、电抗器、变压器和线路等均称为网络元件。其中变压器、线路和开关等称为双端元件；机组、负荷、电容器或电抗器等称为单端元件。

（2）节点（node）　网络元件的连接点称为节点，元件通过相互公共的节点连接成电网。

（3）逻辑支路（logic branch）　逻辑支路即开关元件。开关只有开合两种状态。连接两节点的逻辑支路（开关）不是呈零阻抗（开关闭合）就是呈无穷大阻抗（开关断开），因此开关在结线分析得到的计算模型中已经消失了。

（4）保留元件（retained components）　在计算模型中，所有非逻辑支路被保留下来，其中包括零阻抗支路，这些保留下来的元件称为保留元件。

（5）零阻抗支路（zero impedance branch）　阻抗为零的特殊支路，在计算模型中用于隔离母线。例如在厂站 ST_C 的节点 ND_{C3} 和 ND_{C4} 之间增加一个节点 ND_{C9}，在节点 ND_{C3} 和 ND_{C9} 之间加一个零阻抗支路（见图 5-36）。拓扑分析后，ND_{C3} 和 ND_{C4} 不再属于同一母线，而分别属于母线 3 和 5，开关 CB_{C1} 消失了，但零阻抗支路仍保留在计算模型中，这时能计算母联开关 CB_{C1} 中的潮流。

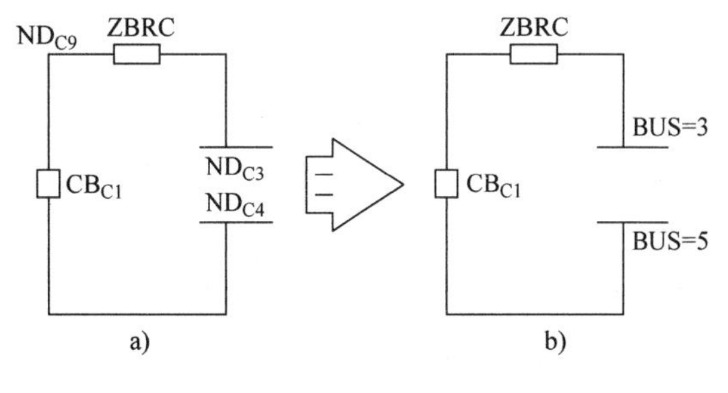

图 5-36　零阻抗支路
a）节点模型　b）母线模型

（6）母线　是被闭合逻辑支路联系在一起的节点集合，即保留支路的连接点。

（7）活岛和死岛　由闭合支路连接起来的母线集合，并包含发电机、电压调节母线和负荷，即包括电源的拓扑岛，称为活岛。活岛中元件都处于带电状态。反之，不包括电源的拓扑岛称为死岛。死岛中的元件不带电。

（8）主母线　当开关即逻辑支路全部闭合时，建立的编号母线称为主母线。无论网络接线怎样变化，这些母线编号都不会消失。当母线分裂时，为分裂出的母线分配新的编号，但注明为非主母线；当母线合并时，则消去非主母线。引入主母线的目的是在一系列开关操作后，开关状态恢复到原来状态时，各厂站的主母线编号能相对固定，即母线模型也恢复到原来模型。

二、电力系统状态估计

电力系统状态估计是电力系统高级应用软件的一个模块（程序）。许多安全和经济方面的功能都要用可靠数据集作为输入数据集，而可靠数据集就是状态估计程序的输出结果。所以，状态估计是一切高级应用软件的基础，真正的能量管理系统必须有状态估计功能。

（一）状态估计的必要性

SCADA 系统收集了全网的实时数据，汇成实时数据库——SCADA 数据库。SCADA 数据库存在以下明显缺点：

（1）数据不齐全　为了使收集的数据齐全必须在电力系统的所有厂站都设置 RTU，并采集电力系统中所有节点和支路的运行参数。这将使 RTU 的数量以及远动通道和变送器的数量大大增加，而这些设备的投资是相当昂贵的。目前的实际情况是，仅在一部分重要的厂站中设置了 RTU。这样，就有一些节点和支路的运行参数不能被测量到而造成数据收集不全。

（2）数据不精确　数据采集和传输的每个环节如 TA、TV、A/D 转换等都会产生误差。这些误差有时使相关的数据变得相互矛盾，且其差值之大甚至使人不方便取舍。

（3）受干扰时会出现不良数据　干扰总是存在的，尽管已经采取了滤波和抗干扰编码等措施，减少了出错的次数，但个别错误数据的出现仍不能避免。这里所说的错误数据不是误差，而是完全不合理的数据。

（4）数据不和谐　数据不和谐是指数据相互之间不符合建立数学模型所依据的基尔霍夫定律。原因有二：一是前述各项误差所致；二是各项数据并非同一时刻采样得到。这种数据的不和谐影响了各种高级应用软件的计算分析。

由于 SCADA 实时数据有这些缺点，因而必须找到一种方法能够把不齐全的数据填平和补齐，不精确的数据“去粗取精”，同时找出错误的数据并“去伪存真”，使整个数据系统和谐严密，提高质量和可靠性，这种方法就是状态估计。

（二）状态估计的功能

状态估计是一种计算机程序，有时也按硬件的说法称其为状态估计器。状态估计能实现以下功能：

1）根据网络方程和最佳估计准则（一般为最小二乘准则），利用实时网络拓扑的结果，对生数据（即 SCADA 实时断面数据）进行计算，以得到最接近于系统真实状态的最佳估计值，给出电网和谐、完整、准确的运行断面数据，包括各节点（母线）的电压及其相位、各支路（线路和变压器）的功率潮流。

2）对生数据进行不良数据（或叫坏数据）的检测与辨识，删除或改正不良数据，提高数据的可靠性。

3）推算出齐全且精确的电力系统运行参数，例如根据周围相邻变电站的遥测量推算出某个未装远方终端的变电站的各种运行参数。或者根据现有类型的遥测量推算出另外类型的难以测量的运行参数，例如根据有功功率测量值推算各节点电压的相位。

4）根据遥测量估计电网的实际结构，纠正偶尔会出现的开关状态遥信错误，保证数据库中电网结构数据的正确性。状态估计的这种功能被称为网络接线辨识或开关状态辨识。

5）对某些可疑或未知的设备参数，也可以采用状态估计的方法估计出它们的值。例如有负荷调压变压器分接头位置信号没有传输到调度中心时，就可以作为参数把它估计出来。根据掌握的运行数据，也可以估计某些未知网络（黑箱）的参数。状态估计的这种用法，称为参数辨识。

6）可应用状态估计算法，以现有数据预测未来的趋势和可能出现的状态，例如电力系统负荷预测和水库来水预测等。

7）可以通过状态估计，确定合理的测点数量和合理的测点分布。将新的测量点设置在关键点，全面优化测量配置，使达到某一测量指标而付出成本最小。

综上所述，电力系统状态估计程序输入的是低精度、不完整、不和谐偶尔还有不良数据的生数据，而输出的则是精度高、完整、和谐和可靠的数据。由这样的数据组成的数据库，称为可靠数据库。电网调度自动化系统的许多高级应用软件，都以可靠数据库的数据为基础，因此状态估计有时被誉为应用软件的“心脏”，可见这一功能的重要程度。图 5-37 是状态估计在电网调度自动化系统中所起作用的示意图。

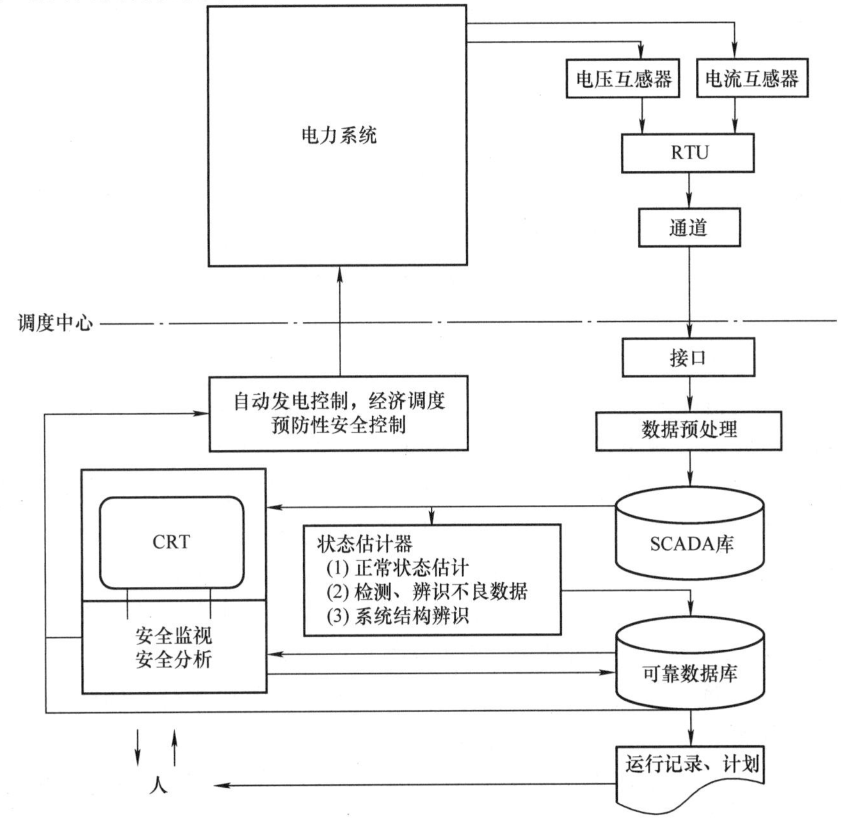

图 5-37 状态估计在电网调度自动化系统中的作用

（三）状态估计的基本原理

1. 测量的冗余度

状态估计算法必须建立在实时测量系统有较大冗余度的基础上。

对那些不随时间而变化的量，为消除测量数据的误差，常用的方法是多次重复测量。测量的次数越多，它们的平均值就越接近真实值。

但在电力系统中不能采用上述方法，因为电力系统运行参数属于时变参数。消除或减少时变参数测量误差必须利用一次采样得到的一组有多余的测量值。这里的关键是“多余”，多余得越多，估计得越准，但是会造成在测量点及通道上的投资越多，所以要适可而止。一般要求是

$$测量系统的冗余度=系统独立测量数/系统状态变量数=(1.5\sim3.0)$$

电力系统的状态变量是指表征电力系统特征所需最小数目的变量，一般取各节点电压幅值及其相位为状态变量。若有 N 个节点，则有 $2N$ 个状态变量。由于可以设某一节点电压相位为零，所以对一个电力系统来说，其未知的状态变量数为 $2N-1$。图5-38为电力系统状态估计示意图。

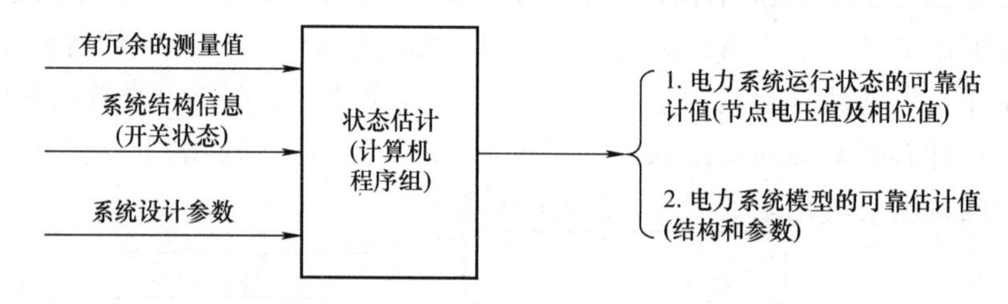

图5-38 电力系统状态估计示意图

2. 状态估计的步骤

状态估计可分为以下四个步骤：

（1）假定数学模型 是在假定没有结构误差、参数误差和不良数据的条件下，确定计算所用的数学方法。可选用的数学方法有加权最小二乘法、快速分解法、正交化法和混合法等。目前在电力系统中用的较多的是加权最小二乘法。最小二乘法是将目标函数 J 定义为实际测量值与按设定的数学模型计算出来的对应值之差的二次方和。当目标函数 J 有最小值时，求得的状态变量值即为最佳估计值。如果再考虑到各测量设备精度的不同，可令目标函数中对应测量精度较高的测量值乘以较高的权值，使其对估计的结果发挥较大的影响；相反，对应测量精度较低的测量值，则乘以较低的权值，使其对估计的结果影响小一些。这就是加权最小二乘法。状态变量一般取各母线电压幅值和相位，测量值选取母线注入功率、支路功率和母线电压值。测量不足之处可使用预报和计划型的伪测量，同时将其权重设置得较小以降低对状态估计结果的影响。另外，无源母线上的零注入测量和零阻抗支路上的零电压测量，也可以是伪测量。这样的测量量完全可靠，可取较大的权重。

（2）状态估计计算 根据所选定的数学方法，计算出使残差最小的状态变量估计值。所谓残差，就是各测量值与计算的相应估计值之差。

（3）检测 检查是否有不良测量值混入或有结构错误信息。如果没有，此次状态估计即告完成。如果有，转入下一步。

（4）识别　识别也叫辨识（identification），是确定具体的不良数据或网络结构错误信息的过程。在除去或修正已识别出来的不良测量值和结构错误后，重新进行第二次状态估计计算，这样反复迭代估计，直至没有不良数据或结构错误为止。图5-39为状态估计的四个步骤及相互关系。

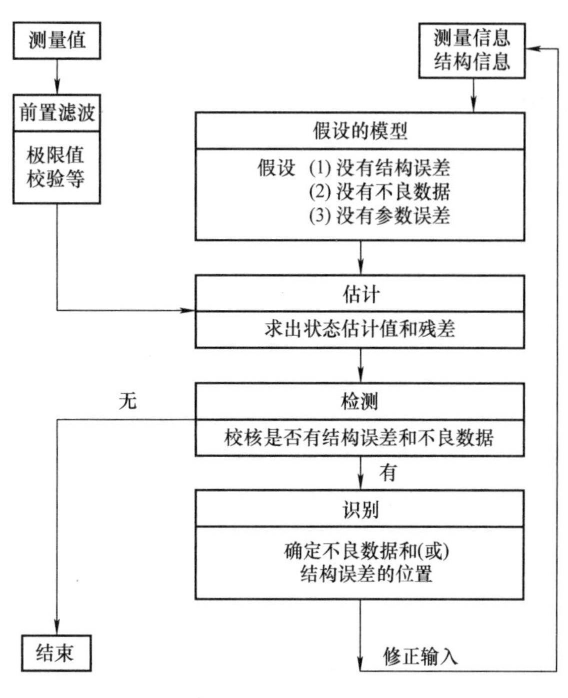

图5-39　状态估计的步骤

图5-39中看出测量值在输入前还要经过前置滤波和极限值校验。这是因为有一些很大的测量误差，只要采用一些简单的方法和很少的加工就可容易地排除。例如，对输入的节点功率可进行极限值检验和功率平衡检验，这样就可提高状态估计的速度和精度。

3. *不良数据的检测方法*

不良数据的检测与识别是很重要的，否则状态估计将无法投入在线实际应用。当有不良数据出现时，必然会使目标函数 J 大大偏离正常值，这种现象可以用来发现不良数据。为此可把状态估计值代入目标函数中，求出目标函数的值，如果大于某一门槛值，即可认为存在不良数据。

4. *不良数据的辨识方法*

发现存在不良数据后要寻找不良数据。对于单个不良数据的情况，一个最简单的方法就是逐个试探。例如把第一个测量值去掉，重新估计，若正好这个测量值是不良数据，去掉后再检查 J 值时就会变为合格；若是正常数据，去掉后的 J 值肯定还是不合格，这时就把第一个测量值补回，再去掉第二个测量值……如此逐个搜索，一定会找到不良数据，但比较耗时。至于存在多个相关不良数据的辨识就要复杂多了，目前还没有特别有效的坏数据辨识办法。

若遥信出错如何识别呢？可先把遥信出错分为A、B两类：

A类错误：开关在合闸位置，而遥信误为断开。

B类错误：开关在断开位置，而遥信误为合闸。

这时只要将开关量和相应线路的测量量对比，就可以找到可疑点。因为线路被断开时，其测量值必为零；若线路并没断开，一般情况下测量值总不会为零。

可见，若进行网络结构检测，每条支路至少有一个潮流量测量，才能较快地发现可疑点。发现可疑点后，仍然要采用逐个试探法：将第一个可疑开关位置“取反”，重新进行估计，若错误已被纠正，目标函数 J 就会正常；否则，就试探下一个可疑开关……直到找到为止。当然，上述介绍的仅是最简单的基本原理，在实际运用中则复杂得多。许多学者提出了不同的方法，读者需要查阅有关专著。现用一个较为简单的算例进一步说明状态估计的原理。这里采用的是最小二乘法估计。

【例 5-1】　已知某系统各支路有功功率 P_i 的测量值如图 5-40 所示，忽略线路功率损耗。求各支路有功功率的最佳估计值 $\hat{P}_i$。

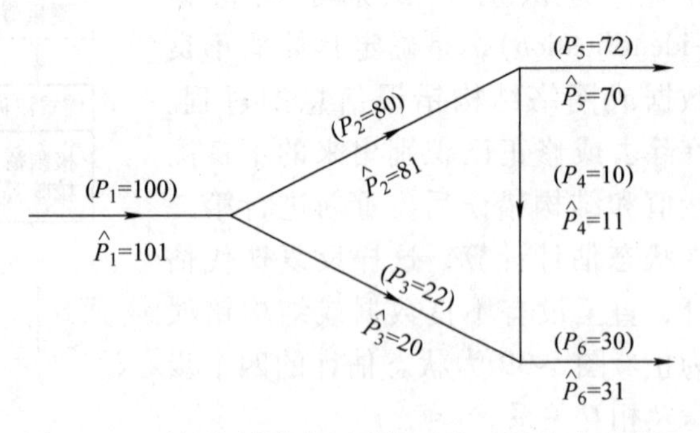

图 5-40　无结构错误和坏数据时的正常估计示意图

解：估计后的各 $\hat{P}_i$ 值应是和谐的，即应满足下列方程：

$$\hat{P}_1=\hat{P}_2+\hat{P}_3$$
$$\hat{P}_2=\hat{P}_4+\hat{P}_5$$
$$\hat{P}_6=\hat{P}_3+\hat{P}_4$$

这组方程也就是网络的数学模型。

(1) 认为无结构错误和坏数据时的正常估计

目标函数 J 的表达式为

$$J=(\hat{P}_1-100)^2+(\hat{P}_2-80)^2+(\hat{P}_3-22)^2+(\hat{P}_4-10)^2+(\hat{P}_5-72)^2+(\hat{P}_6-30)^2$$

$$J=(\hat{P}_2+\hat{P}_3-100)^2+(\hat{P}_2-80)^2+(\hat{P}_3-22)^2+(\hat{P}_4-10)^2+(\hat{P}_2-\hat{P}_4-72)^2+(\hat{P}_3+\hat{P}_4-30)^2$$

J 是包括 $\hat{P}_2$、$\hat{P}_3$、$\hat{P}_4$ 的函数。为求 J 的最小值，可令 $\dfrac{\partial J}{\partial \hat{P}_2}=0$，得

$$2(\hat{P}_2+\hat{P}_3-100)+2(\hat{P}_2-80)+2(\hat{P}_2-\hat{P}_4-72)=0$$
$$3\hat{P}_2+\hat{P}_3-\hat{P}_4=252$$

令 $\dfrac{\partial J}{\partial \hat{P}_3}=0$，得

$$2(\hat{P}_2+\hat{P}_3-100)+2(\hat{P}_3-22)+2(\hat{P}_3+\hat{P}_4-30)=0$$
$$\hat{P}_2+3\hat{P}_3+\hat{P}_4=152$$

令 $\dfrac{\partial J}{\partial \hat{P}_4}=0$，得

$$2(\hat{P}_4-10)+2(\hat{P}_2-\hat{P}_4-72)+2(\hat{P}_3+\hat{P}_4-30)=0$$
$$\hat{P}_2+\hat{P}_3+\hat{P}_4=112$$

联立求解

$$\begin{cases}3\hat{P}_2+\hat{P}_3-\hat{P}_4=252\\ \hat{P}_2+3\hat{P}_3+\hat{P}_4=152\\ \hat{P}_2+\hat{P}_3+\hat{P}_4=112\end{cases}$$

解得　　$\hat{P}_2=81$，$\hat{P}_3=20$，$\hat{P}_4=11$，$\hat{P}_1=101$，$\hat{P}_5=70$，$\hat{P}_6=31$。

残差二次方和（即目标函数）为

$$J=(101-100)^2+(81-80)^2+(20-22)^2+(11-10)^2+(70-72)^2+(31-30)^2$$
$$=1^2+1^2+2^2+1^2+2^2+1^2=12$$

测量冗余度 $=\dfrac{6}{3}=2.0$（如果没有误差，只测 P_2、P_3、P_4 就够了）。

估计结果仍标注在图 5-40 中。

(2) 减少支路功率测点、增加节点电压测点并重新估计

如图 5-41 所示，S_2 支路阻抗为 $(7+j15)\Omega$，P_3 支路的阻抗为 $(6+j10)\Omega$，另外，增加

了 $Q_2=40$，$U_1=120$ 和 $U_2=110$ 三个测点，但减少了 P_4 和 P_6 两个测点。数学模型变为

$$\hat{P}_1=\hat{P}_2+\hat{P}_3$$
$$\hat{P}_2=\hat{P}_4+\hat{P}_5$$
$$\hat{P}_6=\hat{P}_3+\hat{P}_4$$

$$\hat{U}_2=U_1-\frac{\hat{P}_2R_2+\hat{Q}_2X_2}{U_1}\quad（U_1 \text{ 为参考电压，不再估计）}$$

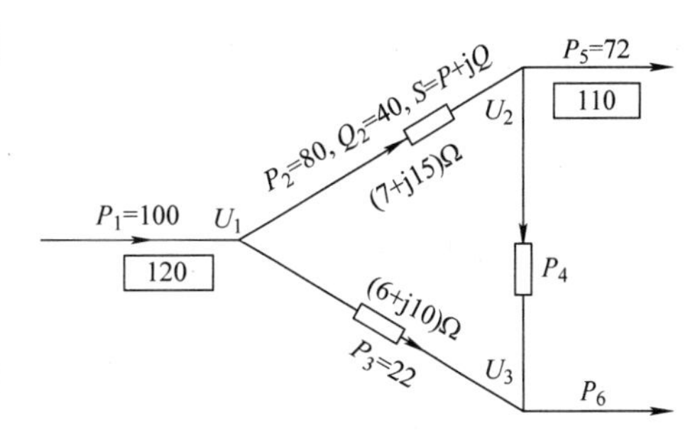

图 5-41　增加节点电压测量后的系统示意图

目标函数为

$$J=(\hat{P}_2+\hat{P}_3-100)^2+(\hat{P}_2-80)^2+(\hat{Q}_2-40)^2+(\hat{P}_3-22)^2+(\hat{P}_5-72)^2+\left(U_1-\frac{7\hat{P}_2+15\hat{Q}_2}{U_1}-110\right)^2$$

令 $\frac{\partial J}{\partial \hat{P}_2}=0$，得

$$2(\hat{P}_2+\hat{P}_3-100)+2(\hat{P}_2-80)+2\left(120-\frac{7\hat{P}_2+15\hat{Q}_2}{120}-110\right)\left(\frac{-7}{120}\right)=0$$
$$2.003\hat{P}_2+\hat{P}_3+0.007\hat{Q}_2=180.6$$

令 $\frac{\partial J}{\partial \hat{P}_3}=0$，得

$$2(\hat{P}_2+\hat{P}_3-100)+2(\hat{P}_3-22)=0$$
$$\hat{P}_2+2\hat{P}_3=122$$

令 $\frac{\partial J}{\partial \hat{P}_5}=0$，得

$$2(\hat{P}_5-72)=0$$
$$\hat{P}_5=72$$

令 $\frac{\partial J}{\partial \hat{Q}_2}=0$，得

$$2(\hat{Q}_2-40)+2\left(120-\frac{7\hat{P}_2}{120}-\frac{15\hat{Q}_2}{120}-110\right)\left(-\frac{15}{120}\right)=0$$
$$0.007\hat{P}_2+1.016\hat{Q}_2=41.25$$

$\hat{P}_5=72$ 已求得，其余为 3 个未知数和 3 个方程，联立求解

$$\begin{cases}2.0003\hat{P}_2+\hat{P}_3+0.007\hat{Q}_2=180.6\\ \hat{P}_2+2\hat{P}_3=122\\ 0.007\hat{P}_2+1.016\hat{Q}_2=41.25\end{cases}$$

解得 $\hat{P}_2=79.4$，$\hat{P}_3=21.3$，$\hat{P}_1=100.7$，$\hat{P}_5=72$，$\hat{P}_4=7.4$，$\hat{P}_6=28.7$，$\hat{Q}_2=40.05$，$\hat{U}_2=120-\frac{7\times79.4+15\times40.05}{120}=110.36$。

状态估计的结果图如图 5-42 所示。

（3）出现偶尔不良数据时

设 $P_5=72$ 在传输中因干扰出现偶然性错误（变成 400），如图 5-43 所示。

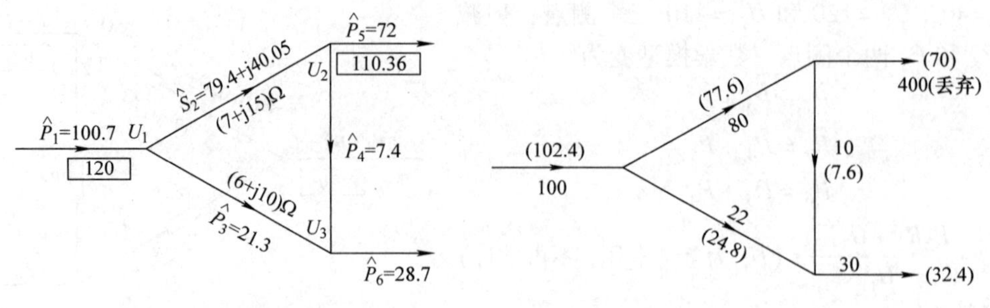

图 5-42　增加节点电压两侧后的估计结果图　　　图 5-43　出现偶然不良数据时的示意图

1）首先可用合理性检查将其丢弃（该数据空缺），在冗余度 $=\dfrac{5}{3}=1.67$ 的情况下，仍然可以进行状态估计：

$$
\begin{aligned}
J &= (\hat{P}_1-100)^2+(\hat{P}_2-80)^2+(\hat{P}_3-22)^2+(\hat{P}_4-10)^2+(\hat{P}_6-30)^2 \\
&= (\hat{P}_2+\hat{P}_3-100)^2+(\hat{P}_2-80)^2+(\hat{P}_3-22)^2+(\hat{P}_4-10)^2+(\hat{P}_3+\hat{P}_4-30)^2
\end{aligned}
$$

令 $\dfrac{\partial J}{\partial \hat{P}_2}=0$，得 $2\hat{P}_2+\hat{P}_3=180$。

令 $\dfrac{\partial J}{\partial \hat{P}_3}=0$，得 $\hat{P}_2+3\hat{P}_3=152$。

令 $\dfrac{\partial J}{\partial \hat{P}_4}=0$，得 $\hat{P}_3+2\hat{P}_4=40$。

解得 $\hat{P}_2=77.6$，$\hat{P}_3=24.8$，$\hat{P}_4=7.6$，$\hat{P}_5=\hat{P}_2-\hat{P}_4=77.6-7.6=70$。

估计结果功率分布标注在图 5-43 中（括号内）。

残差平方和为

$$
J=2.4^2+2.4^2+2.8^2+2.4^2+2.4^2=30.88
$$

虽然残差看起来稍大，但不全数据被补齐了。由于数据缺失一项，冗余度有所降低，估计的精度亦有所降低。

2）若不能用合理性检查排除，先采用检测方法：

$$
J=(\hat{P}_2+\hat{P}_3-100)^2+(\hat{P}_2-80)^2+(\hat{P}_3-22)^2+(\hat{P}_4-10)^2+(\hat{P}_2-\hat{P}_4-400)^2+(\hat{P}_3+\hat{P}_4-30)^2
$$

令 $\dfrac{\partial J}{\partial \hat{P}_2}=0$，得 $3\hat{P}_2+\hat{P}_3-\hat{P}_4=580$。

令 $\dfrac{\partial J}{\partial \hat{P}_3}=0$，得 $\hat{P}_2+3\hat{P}_3+\hat{P}_4=152$。

令 $\dfrac{\partial J}{\partial \hat{P}_4}=0$，得 $\hat{P}_2+\hat{P}_3+\hat{P}_4=440$。

解得 $\hat{P}_2=327$，$\hat{P}_3=-144$，$\hat{P}_4=257$。

残差为

$$
\begin{aligned}
J &= (183-100)^2+(327-80)^2+(-144-22)^2+(257-10)^2+(40-400)^2+(113-30)^2 \\
&= 83^2+247^2+166^2+247^2+360^2+83^2=292952
\end{aligned}
$$

所得结果很大，可见混入了坏数据。结果如图 5-44 所示。

3）最后，用逐个排除法进行识别。

首先丢弃 $P_1=100$。

$$J=(\hat{P}_2-80)^2+(\hat{P}_3-22)^2+(\hat{P}_4-10)^2+(\hat{P}_2-\hat{P}_4-400)^2+(\hat{P}_3+\hat{P}_4-30)^2$$

令$\dfrac{\partial J}{\partial \hat{P}_2}=0$，得 $2\hat{P}_2-\hat{P}_4=480$。

令$\dfrac{\partial J}{\partial \hat{P}_3}=0$，得 $2\hat{P}_3+\hat{P}_4=52$。

令$\dfrac{\partial J}{\partial \hat{P}_4}=0$，得 $\hat{P}_2+\hat{P}_3+\hat{P}_4=440$。

解得 $\hat{P}_2=327$，$\hat{P}_3=-61$，$\hat{P}_4=174$。

残差为

$$\begin{aligned}J&=(266-100)^2+(327-80)^2+(-61-22)^2+(174-10)^2+(153-72)^2+(113-30)^2\\&=166^2+247^2+83^2+164^2+81^2+83^2=135800\end{aligned}$$

所得结果仍然太大。丢弃 P_1 的结果如图 5-45 所示。此时应将 $P_1=100$ 补回，再丢弃 $P_2=80$，重新进行估计，逐次循环，这里不再一一计算。总之，只要没把真正的坏数据丢弃掉，残差 J 就不会下降到合理的门槛值以下。

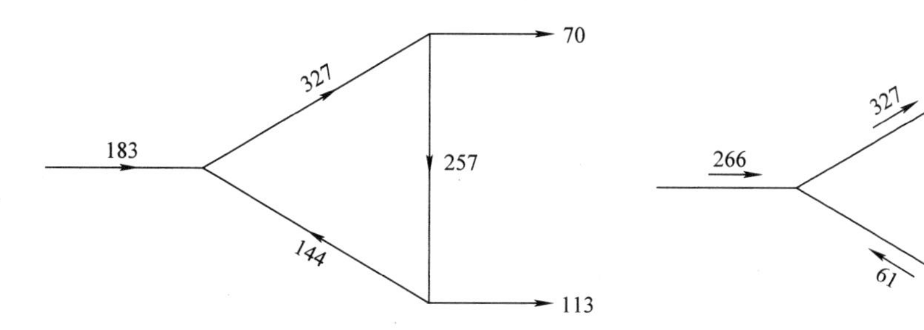

图 5-44　出现偶然错误数据时未丢弃不合理数据的估计结果示意图

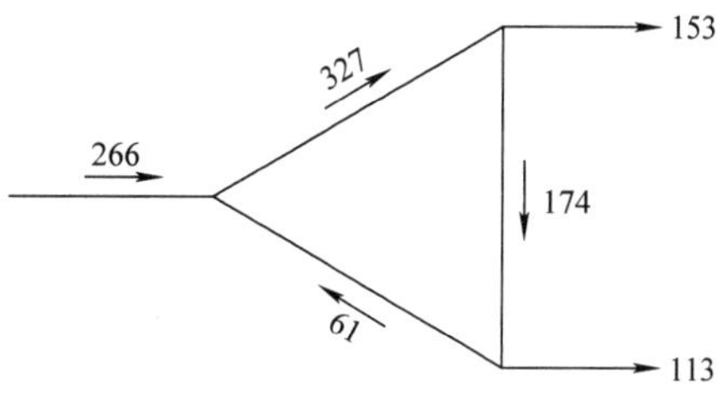

图 5-45　丢弃 P_1 时的结果示意图

只有做第 5 次试探，将 $P_5=400$ 丢弃掉时［见（1）］，残差才突然下降到 30.88 的较低值，说明坏数据就是 $P_5=400$，而估计出来的 $\hat{P}_5=70$ 是比较可靠的。

4）出现结构信息错误时。若 SCADA 数据如图 5-46 所示，本来 P_2 支路已断开，相应线路遥测数据 P_2 应为 0，但因误差变成 2。而遥信数据有误，调度端仍认为 P_2 支路是连通的，前述方程仍被认为正确，即

$$\hat{P}_1=\hat{P}_2+\hat{P}_3$$
$$\hat{P}_2=\hat{P}_4+\hat{P}_5$$
$$\hat{P}_6=\hat{P}_3+\hat{P}_4$$

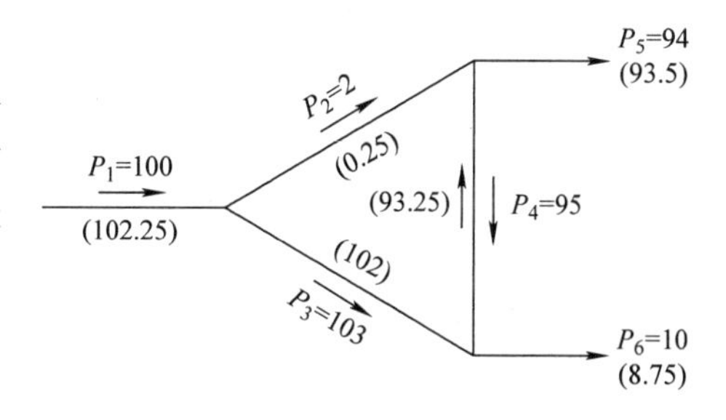

图 5-46　出现结构信息错误时的示意图

此时进行估计：

$$J=(\hat{P}_2+\hat{P}_3-100)^2+(\hat{P}_2-2)^2+(\hat{P}_3-103)^2+[\hat{P}_4-(-95)]^2+(\hat{P}_2-\hat{P}_4-94)^2+(\hat{P}_3+\hat{P}_4-10)^2$$

令$\dfrac{\partial J}{\partial \hat{P}_2}=0$，得 $3\hat{P}_2+\hat{P}_3-\hat{P}_4=196$

令$\frac{\partial J}{\partial \hat{P}_3}=0$，得 $\hat{P}_2+3\hat{P}_3+\hat{P}_4=213$

令$\frac{\partial J}{\partial \hat{P}_4}=0$，得 $\hat{P}_2+\hat{P}_3+\hat{P}_4=91$

解得 $\hat{P}_2=0.25$，$\hat{P}_3=102$，$\hat{P}_4=-93.25$。

$$J=(0.25)^2+(1.75)^2+(1)^2+(1.75)^2+(0.5)^2+(1.75)^2=10.5$$

可见通过估计，数据趋近真实，支路 $P_2\approx 0$，可以发现该支路可能已断开。估计结果标注在图5-46中（括号内）。

例5-1中只有3个节点，用手工计算尚可。实际的电力系统有几十至几百个节点。手工计算已不可能，现在都是采用计算机编程进行矩阵运算。

例5-1的计算中各功率测量的准确度看作是相同的，但实际上各种测量点的准确度可能是不同的（TV、TA的误差、变送器的准确度以及A/D转换精度等不同），应当让准确度较高的测量值对计算结果有较大的影响，而让准确度较低的测量值影响较小，这才比较合理，这正是加权最小二乘法的出发点。

三、安全分析与安全控制

电力系统在运行中始终把安全作为最重要的目标，就是要避免发生事故，保证电力系统能以质量合格的电能充分地对用户连续供电。在电力系统中，干扰和事故是不可避免的，不存在一个绝对安全的电力系统。重要的是要尽量减少发生事故的概率，在出现事故以后，依靠电力系统本身的能力、继电保护和自动装置的作用和运行人员的正确控制操作，使事故得到及时处理，尽量减少事故的范围及其带来的损失和影响。

电力系统安全控制的主要任务，包括对各种设备运行状态的连续监视，对能够导致事故发生的参数越限等异常情况及时报警并相应进行调整控制，发生事故时进行快速检测和有效隔离，以及事故时的紧急状态控制和事故后恢复控制等，可以分为以下几个层次：

（1）安全监视　安全监视是对电力系统的实时运行参数（频率、电压和功率潮流等）以及断路器、隔离开关等的状态进行监视。当出现参数越限和开关变位时立即进行报警，由运行人员进行适当的调整和操作。安全监视是SCADA系统的主要功能。

（2）安全分析　安全分析是在安全监视的基础上，对电力系统的运行状态做出安全评价，即对各种可能发生的假想事故进行快速的计算分析，如发现在可能发生的事故中会出现不安全的状态，则由运行人员根据显示出的分析结果进行必要的调整控制，以改善运行水平。

安全分析包括静态安全分析和动态安全分析。静态安全分析只考虑假想事故后稳定运行状态的安全性，不考虑当前的运行状态向事故后稳态运行状态的动态转移。动态安全分析则是对事故动态过程的分析，着眼于系统在假想事故中有无失去稳定的危险。

（3）安全控制　安全控制是为保证电力系统安全运行所进行的调节、校正和控制。

（一）电力系统的运行状态

电力系统的安全控制与电力系统的运行状态是相关的。电力系统的运行状态可以用一组包含电力系统状态变量（如各节点的电压幅值和相位）、运行参数（如各节点的注入有功功率）和结构参数（网络连接和元件参数）的微分方程组描述。方程组要满足有功功率和无

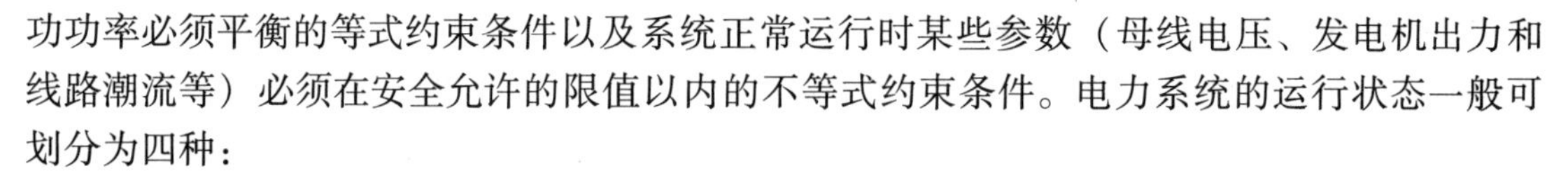

功功率必须平衡的等式约束条件以及系统正常运行时某些参数（母线电压、发电机出力和线路潮流等）必须在安全允许的限值以内的不等式约束条件。电力系统的运行状态一般可划分为四种：

1. 正常运行状态

正常运行状态时，系统满足所有的约束条件，即有功功率和无功功率都保持平衡，给所有负荷正常供电，电压、频率均在正常的范围内，各种电力设备都在规定的限额内运行，同时还有足够的备用裕度，因而可以承受各种预计的扰动（如一条输电线或一台发电机断开等），而不产生任何有害的后果（如设备过负荷等）。

2. 警戒状态

电力系统受到严重的扰动或者一系列小扰动（如负荷持续升高等）逐步积累，使电力系统总的备用裕度减少、安全水平降低后，就可能进入警戒状态。在警戒状态下，各种约束条件也能满足，但随时都有可能由于一个偶然故障或渐进性的负荷增加，使某些不等式约束条件被破坏，而校正越限时会导致丢失负荷。因此，处于警戒状态的电力系统是不安全的，应及时采取预防性控制措施，使系统恢复到正常状态。

3. 紧急状态

如果系统发生了一个严重的故障，例如短路和大容量机组被切除，使运行极限被破坏，系统就进入了紧急状态。这时，系统频率、电压和某些线路潮流都可能严重越限，如果不及时采取有效的控制，系统可能失去稳定，导致大量发电机组跳闸或甩掉大量负荷，使等式约束条件也遭到破坏。

4. 恢复状态

在紧急状态时，如果采取了电网解列、切除部分负荷或电源等措施，就能够使频率电压等运行参数恢复稳定，回到正常限值之内，并重新满足不等式约束条件，从而进入了恢复状态。这时整个系统可能已分成了若干个独立的部分，在失去了许多负荷的条件下，等式约束条件也得到了满足。但大量失去的负荷急待恢复供电，系统也急待重新并列和完全恢复到正常状态。

（二）静态安全分析

一个正常运行的电网常常存在许多的危险因素。要使调度运行人员预先清楚地了解到这些危险并非易事，目前可以应用的有效工具就是在线静态安全分析程序。通过静态安全分析可以发现当前是否处于警戒状态。

1. 预想故障分析

预想故障分析是对一组可能发生的假想故障进行在线的计算分析，校核这些故障后电力系统稳定运行方式的安全性，判断出各种故障对电力系统安全运行的危害程度。

预想故障分析可分为三部分：故障定义、故障筛选和故障分析。

（1）故障定义　通过故障定义可以建立预想故障的集合。一个运行中的电力系统，其中任意一个主要元件损坏或任意一个开关跳闸，都是一次故障。预想故障集合主要包括以下各种开断故障：

① 单一线路开断；②两条以上线路同时开断；③变电站回路开断；④发电机回路开断；⑤负荷出线开断；⑥上述各种情况的组合。

（2）故障筛选　预想故障数量可能比较多，应当把这些故障按其对电网的危害程度进行筛选和排队，然后再由计算机按此队列逐个进行快速仿真潮流计算。首先需要选定一个系统性能指标（如全网各支路运行值与其额定值之比的加权二次方和），作为衡量故障严重程度的尺度。当在某种预想故障条件下系统性能指标超过了预先设定的门槛值时，该故障应保留，否则可舍弃。计算出来的系统指标数值可作为排队依据，这样处理后就得到了一张以最严重的故障开头的为数不多的预想故障顺序表。

(3) 故障分析（快速潮流计算）　故障分析是对预想故障集合里的故障进行快速仿真潮流计算，以确定故障后的系统潮流分布及其危害程度。仿真计算时依据的网络模型，除了假定的开断元件外，其他部分则与当前运行系统完全相同。各节点的注入功率采用经过状态估计处理的当前值（也可用由负荷预计程序提供的15~30min后预测值）。每次计算的结果用预先确定的安全约束条件进行校核，如果某一故障使约束条件无法满足，则向运行人员发出报警（即宣布进入警戒状态）并显示出分析结果，也可以提供一些可行的校正措施，例如重新分配各发电机组出力、对负荷进行适当控制等，供调度人员选择实施，消除安全隐患。

2. *快速潮流计算方法*

仿真计算所采用的算法有直流潮流法、$P-Q$分解法和等值网络法等。下面简要说明这些方法。

(1) 直流潮流法　直流潮流法的特点是将电力系统的交流潮流（有功功率和无功功率）用等值的直流电流代替，用直流电路的解法来分析电力系统的有功潮流，不考虑无功分布对有功的影响。这样加快了计算速度，但准确度较差。实时安全分析时采用的是0.5h或1h后的预测负荷进行计算，所以算法也没有必要很准确。

(2) $P-Q$分解法　$P-Q$分解法占用计算机的内存少，计算速度快，精度比较高，所以不仅在离线的计算中占主导地位，而且也适应实时分析的需要。与直流法相比，$P-Q$分解法不仅可以解出在预想故障下各联络线的潮流分布，用来估计是否过负荷，而且还能求出各节点的电压幅值，用来估计是否过电压。

(3) 等值网络法　现代的大型电力系统规模庞大，往往由成百个节点和线路组成。在实时分析中需要储存大量的网络参数和实时数据，进行大量的计算。这样不仅使调度计算机容量巨大，而且每次分析的时间也较长，对预防性控制的实时性不利。

安全分析的重点是系统中较为薄弱的负荷中心。而远离负荷中心的局部网络在安全分析中所起的作用较小，因此在安全分析中可以把系统分为两部分：待研究系统和外部系统。待研究系统就是指感兴趣的区域，也就是要求详细计算和模拟的电网部分。而外部系统则指不需要详细计算的部分。安全分析时要保留待研究系统的网络结构，而将外部系统化简为少量的节点和支路。实践经验表明，外部系统的节点数和线路数远多于待研究系统，所以等值网络法可以大大降低安全分析中导纳方阵的阶数和状态变量的维度，从而使计算过程大为简化。

（三）安全稳定分析

稳定性事故是涉及电力系统全局的重大事故。正常运行中的电力系统是否会因为一个突然发生的事故而失去稳定，这个问题是十分重要的。校核假想事故后电力系统是否能保持稳定运行的离线稳定计算，一般采用数值积分法，逐时段地求解描述电力系统运行状态的微分方程组，得到动态过程中各状态变量随时间变化的规律，并用此来判别电力系统的稳定性。

这种方法的计算工作量很大，无法满足实施预防性控制的实时性要求。因此，要寻找一种快速的稳定性判别方法。到目前为止，还没有很成熟的算法，下面简单介绍一下已取得一定研究成果的模式识别法、李雅普诺夫法以及我国学者创新研发的扩展等面积法。

1. 模式识别法

模式识别法是建立在对电力系统各种运行方式的假想事故离线模拟计算的基础上的，需要事先对各种不同运行方式和故障种类进行稳定计算。然后选取少数几个表征电力系统运行的状态变量（一般是节点电压和相位），构成稳定判别式。稳定分析时，将在线实测的运行参数代入稳定判别式，根据判别式的结果来判断系统是否稳定。

以图 5-47 所示的简单电力系统为例，图中 θ_1 和 θ_2 是两个表征电力系统的状态变量，针对不同的运行方式和假想事故，分别在 $\theta_1-\theta_2$ 平面上标出了许多稳定情况（用○表示）和不稳定情况（用△表示）。如果○和△的分布各自集中在某一区域，在它们之间有一条明确的分界线，该分界线的方程就是稳定判别式，可根据实时计算的 θ_1 和 θ_2 在 $\theta_1-\theta_2$ 平面中所处的区域，快速地判别系统是否稳定。在图 5-47 中分界线如果为直线，则判别式非常简单，直线的左侧是稳定的，右侧是不稳定的。如果分界线是为曲线，则要稍稍复杂一点。实际上，表征电力系统的特征量是多维的，稳定域和不稳定域之间的分界面（不再是分界线）是一超平面。

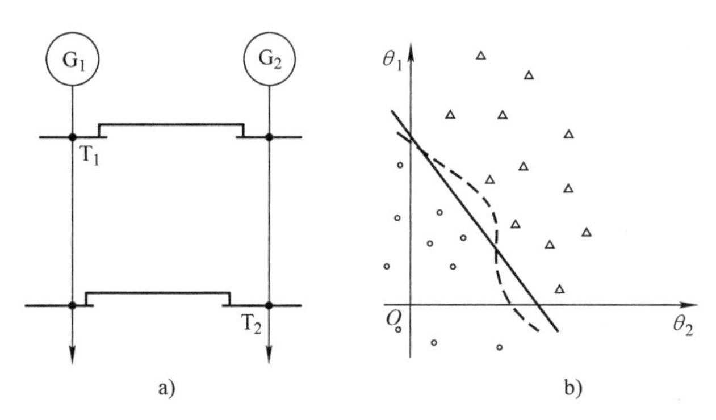

图 5-47 简单电力系统及其特征量平面图

a）原理图 b）$\theta_1-\theta_2$ 平面坐标图

上述模式识别法是一个快速判别电力系统安全性的方法，只要将特征量代入判别式就可以得出结果，所以这个判别式本身必须可靠。误差率很大的判别式没有实用价值。判别式的建立，不是靠理论推导，而是通过大量样本的计算归纳整理出来的。如何使归纳整理出来的判别式尽量逼近客观存在的分界面，不是一件容易的事。

2. 李雅普诺夫法

李雅普诺夫法是在状态空间中找出一个包含稳定平衡点的区域，使凡是属于这一区域的任何扰动及系统以后的运动最终都趋于稳定平衡点。这一区域称为关于稳定平衡点的渐近稳定域，简称稳定域。为了求得稳定域，需要构造李雅普诺夫函数，或称 V 函数。通过 V 函数和系统状态方程，就可以决定稳定域。在进行电力系统动态过程计算时，不必计算出整个动态过程随时间变化的曲线，而只要计算出系统最后一次操作时的状态变量（即故障切除后的状态变量），并相应计算出该时刻的 V 函数值。将该函数值与最邻近的不稳定平衡点的 V 函数值进行比较，如果前者小于后者，系统就是稳定的；反之，系统是不稳定的。这个方法避免了常规稳定计算时大量的数值积分计算，计算速度比较快，但如何构建严格李雅普诺夫函数是一直未解决的难题。

3. *扩展等面积法*（extended equal - area criterion，EEAC）

EEAC 是我国学者首创的一种暂态稳定快速定量计算方法，已成功开发出世界上至今唯一的暂态定量分析商品软件，并已应用于国内外电力系统的各项工程实践中。

该方法分为静态 EEAC、动态 EEAC 和集成 EEAC 三个部分（步骤），构成一个有机集成体。利用 EEAC 理论，发现了许多与常规控制理念不相符的负控制效应现象。例如，切除失稳的部分机组、动态制动、单相开断、自动重合闸、快关汽门、切负荷、快速励磁等经典控制手段，在一定条件下，却会使系统更加趋于不稳定。

静态 EEAC 采用在线预算、实时匹配的控制策略。整个系统分为在线预决策子系统和实时匹配控制子系统两大部分。前者根据电网当前的运行工况，定期刷新后者的决策表，后者根据该表实施控制。实时匹配控制子系统安装在电力系统中有关的发电厂和变电站，监测系统的运行状态，判断本厂站出线、主变压器、母线的故障状态。它在系统发生故障时，根据判断出的故障类型，迅速从存放在装置内的决策表中查找控制措施，并通过执行装置进行切机、快关、切负荷、解列等稳定控制。在线预决策子系统根据电力系统当前运行工况，搜索最优稳定控制策略。这类方案的精髓是一个快速、强壮的在线定量分析方法和相应的灵敏度分析方法。对这些方法的速度要求，比对离线分析方案的要求高得多，但比对实时计算的要求低得多，完全在 EEAC 的技术能力之内。

（四）正常运行状态（包括警戒状态）的安全控制

为了保证电力系统正常运行的安全性，首先在编制运行方式时就要进行安全校核；其次，在实际运行中，要对电力系统进行不间断的严密监视，对电力系统的运行参数如频率、电压和线路潮流等不断地进行调整，始终保持尽可能的最佳状态；同时，还要对可能发生的假想 $N-1$ 事故进行后果模拟分析；当确认当前属于警戒状态时，可对运行中的电力系统进行预防性的安全校正。

编制运行方式是各级调度中心的一项重要工作内容。运行方式编制得是否合理直接影响系统运行的经济性和安全性。运行方式的编制是根据预测的负荷曲线做出的。对运行方式进行安全校核，就是用计算机根据负荷、气象、检修等运行条件的变化，并假定一系列事故条件，对未来某时刻的运行方式进行安全校核计算。其内容有：过负荷校核、电压异常校核、短路容量校核、备用容量校核、稳定裕度校核、频率异常校核、继电保护整定值校核等。如果校核结果不能满足安全条件，则要修改计划中的该运行方式，重新进行校核计算，直到满足各项约束条件，找到最佳运行方式为止。安全校核的选择时刻，一般应包括晚间高峰负荷时刻、上午高峰负荷时刻和夜间最小负荷时刻等典型时刻。通过安全校核计算，还要给出系统运行的若干安全界限，如系统最小旋转备用出力，最小冷备用出力（在短时间内能够发挥作用的发电出力）、母线电压极限、输电线路两端电压相位的安全界限以及通过线路或变压器等元件的功率潮流安全界限等。在确定这些安全界限时，都要留有一定的裕度。

正常运行时，对电力系统进行监控由调度自动化系统的 SCADA 系统完成。SCADA 系统监控不断变化的电力系统运行状态，如发电机出力、母线电压、线路潮流、系统频率和系统间交换功率等，当参数越限时发出警报，使调度人员能迅速判明情况，及时采取必要的调控措施来消除越限现象。此外，自动发电控制（AGC）和自动电压控制（AVC），也是正常运行时安全监控的重要方面。

对可能发生的假想事故进行的分析由电网调度自动化系统中的安全分析模块完成。电网调度自动化系统可以定时地（如每5min）或按调度人员随时要求启动该模块，也可以在电网结构有变化（即运行方式改变）或某些参数越限时自动启动安全分析程序，并将分析结果显示出来。根据安全分析的结果，若某种假想事故后果严重，即说明系统已进入警戒状态，可以预先采取某些防范措施，对当前的运行状态进行某些调整，使发生假想事故时也不会产生严重后果。这就是进行预防性安全控制。

预防性安全控制是针对可能发生的假想事故会导致不安全状态所采取的调整控制措施。这种事故是否发生是不确定的。如果预防性控制需要较大地改变现有运行方式，对系统运行的经济性很不利（如改变机组的起停方式等），则需由调度人员根据具体情况做出决断，也可以不采取任何行动，但应当加强监视，做好各种应对预案。

综上所述可见，有了SCADA系统/EMS的各种监控和分析功能，电力系统运行的安全性大大提高了。

（五）紧急状态时的安全控制

紧急状态时的安全控制的目的是迅速抑制事故及电力系统异常状态的发展和扩大，尽量缩小故障延续时间及其对电力系统其他非故障部分的影响。在紧急状态中的电力系统可能出现各种险情，例如频率大幅度下降、电压大幅度下降、线路和变压器严重地过负荷；系统发生振荡和失去稳定等，如果不能迅速采取有效措施消除这些险情，系统将会崩溃瓦解，出现大面积停电的严重后果，造成巨大的经济损失。紧急状态的安全控制可分为三大阶段。第一阶段的控制目标是事故发生后快速并有选择地切除故障，这主要由继电保护装置和自动装置完成，目前最快可在一个周波内切除故障。第二阶段的控制目标是防止事故扩大和保持系统稳定，这需要采取各种提高系统稳定性的措施。第三阶段是在上述努力均无效的情况下，将电力系统在适当地点解列。

（六）恢复状态时的安全控制

重大事故后的电力系统恢复过程是一个有序的协调过程。恢复状态的安全控制首先要使各独立运行部分的频率和电压都正常，消除各元件的过负荷状态，然后再将各解列部分重新并列，并逐个恢复停电用户的供电。

目前上述操作的绝大部分还是由人工进行的。人工操作费时费事，严重影响了恢复供电的速度。

自动恢复装置是将一系列操作次序事先编好程序存入计算机，当事故发生后，能够自动找到相应的操作程序完成恢复操作。国外在一些变电站和水力发电厂都有自动恢复装置。

单个变电站或发电厂的自动恢复，属于分散的恢复控制。在分散控制的基础上，可以协调组成全系统的综合恢复控制。电力系统综合恢复控制的过程，是根据电力系统的在线信息，判断出紧急控制后系统的运行状态和结构，然后在正确判断的基础上做出决策。对单独运行的系统，利用已做出的紧急控制，使频率、电压保持正常，条件具备时发出并网指令。对停电系统，选择合适的并网点进行恢复。如果不能并网，应作为单独运行系统启动内部电源。对未停电的系统，应在增加发电机出力的同时，按负荷等级逐步恢复供电。

思 考 题

1. 电力系统调度的主要任务是什么?
2. SCADA 系统/EMS 可划分为哪几个子系统？其特点分别是什么?
3. RTU 的主要任务是什么?
4. 调度自动化系统中信息传输有哪几种通信方式？各有什么优、缺点?
5. 电网调度中心计算机系统进行设计的时候应当注意哪些方面?
6. AGC 的基本功能是什么?
7. 简述电力系统状态估计的步骤。

第六章　电力系统供配电自动化

第一节　配电管理系统概述

一、能量管理系统与配电管理系统

能量管理系统（EMS）是以计算机为基础的现代电力系统的综合自动化系统，主要针对发电和输电系统（见图6-1），用于大区级电网和省级电网的调度中心。根据能量管理系统技术发展的配电管理系统（DMS）主要针对配电和用电系统，用于10kV以下的电网。实际上我国还有城市网、地区网和县级网，电压等级在35～220kV（也有500kV），这一级电网称为次输电网，针对电源和负荷管理情况亦可以采用EMS或DMS。

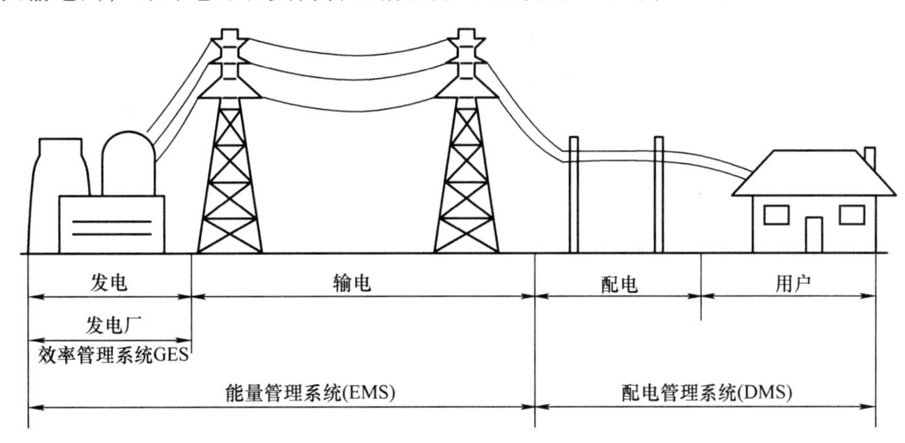

图6-1　能量管理系统与配电管理系统

在电力系统中，EMS所面对的对象是电力系统的主干网络，针对的是高压系统，而供电和配电业务是处在电力系统的末端，它管理的是电力系统的细枝末节，针对的是低压网络。主干网络相对要集中，而供电和配电网络相对分散。配电系统和输电系统之间存在一定的差异：

1）配电网络多为辐射形或少环网，而输电系统为多环网。

2）配电设备（如分段器、重合开关和电容器等）沿线分散配置，而输电设备多集中在变电站。

3）配电系统远程终端数量大，每个远程终端采集量少，但总的采集量大，而输电系统相反。

4）配电系统中许多野外设备需要人工进行操作，而输电设备多为远程操作。

5）配电系统的非预想接线变化要多于输电系统，配电系统设备扩展频繁，检修工作量大。

在进行配电网络自动化工程中，我们可以把 EMS 的思想技术应用到配电网络的自动化工程中。配电网络的自动化工程开发时间较晚，至今尚在开发和完善的过程中。

将具有就地控制功能的馈线自动化和变电站自动化列入配电自动化（DA）。把配网控制中心的各种监视、控制和管理功能，包括配电网数据采集和监控（SCADA）、地理信息系统（GIS）、各种高级应用软件（PAS）和需方管理等，连同配电自动化（DA）一起，称为配电管理系统。

二、配电 SCADA 的特点

配电 SCADA 系统是 DMS 基本功能的组成，同时它又是 DMS 的基本应用平台。配电 SCADA 系统在 DMS 中的地位和作用与输电 SCADA 系统在输电网 EMS 中的地位和作用是相同的。

由于配电网本身的特点以及配电网管理模式和输电网管理模式的不同，配电 SCADA 系统并不是输电 SCADA 系统的照搬。相对而言，配电 SCADA 系统比输电 SCADA 系统要复杂得多，主要体现在以下几个方面：

1）配电 SCADA 系统的基本监控对象为变电站 10kV 出线开关及以下配电网的环网开关、分段开关、开关站、公用配电变压器和电力用户，这些监控对象除了集中在变电站的设备，还包括大量的分布在馈电线沿线的设备，例如柱上变压器、开关和刀闸等。监控对象的数据量通常要比输电系统多一个数量级，而且由于数据分散、点多面广，采集信息也要困难得多。因此，配电 SCADA 系统对数据库和通信系统的要求要比输电 SCADA 系统的要求更高，配电 SCADA 系统的组织模式也有自己的特点。

2）配电网的操作频度和故障频度远比输电网要多，配电 SCADA 系统还要有故障隔离和自动恢复供电的能力，因此配电 SCADA 系统比输电 SCADA 系统对数据实时性的要求更高。此外，配电 SCADA 系统除了采集配电网静态运行数据外，还必须采集配电网故障发生时的瞬时动态数据，如故障发生时的短路电流和短路电压。

3）配电 SCADA 系统需要采集瞬时动态数据并实时上传，因而配电 SCADA 系统对远动通信规约具有特殊的要求。

4）配电网为三相不平衡网络，而输电网为三相平衡网络，为考虑这个因素，配电 SCADA 系统采集的信息数量和计算的复杂性要大大增加，SCADA 图形显示上也必须反映配电网三相不平衡这一特点。

5）配电网直接面向用户，由于用户的增容、拆迁、改动等原因，使得配电 SCADA 系统的创建、维护和扩展的工作量非常巨大，因此配电 SCADA 系统对可维护性的要求也更高。

6）DMS 集成了管理信息系统（MIS）的许多功能，对系统互连性的要求更高，配电 SCADA 系统必须具有更好的开放性。此外，配电 SCADA 系统必须和配电图资地理信息系统（AM/FM/GIS）紧密集成，这是输电 SCADA 系统不需要考虑的问题。

三、配电 SCADA 系统的基本组织模式

配电网的 SCADA 系统是通过监测装置来收集配电网的实时数据，进行数据处理以及对配电网进行监视和控制等功能。监测装置除了变电站内的 RTU 和监测配电变压器运行状态的 TTU（配电变压器监测终端）之外，还包括沿馈线分布的 FTU（馈线终端装置），用以实现馈线自动化的远动功能。

EMS 一般采用一个厂站 RTU 占用一个通道的组织方式，而配电网的 SCADA 系统由于存在大量分散的数据采集点，一对一的组织方式就需要有大量的通信通道，在主站端也需要有与之规模相应的通信端口，这种组织方式实际上是不可能实现的，因此常将分散的户外分段开关控制集结在若干点（称作区域子站）后再上传至控制中心。若分散的点太多，还可以做多次集结，子站也可以有二级甚至多级子站，形成分层的组织模式，如图 6-2 所示。

四、配电管理系统的通信方案

与输电网自动化不同，配电自动化系统要和数量很多的远方终端通信，因此多种通信方式在配电网中的混合使用就难于避免。配电自动化系统采用的通信方式有配电线载波通信、电话线、调幅（AM）调频（FM）广播、甚高频通信、特高频通信、微波通信、卫星通信、光纤通信等。这里只讨论配电自动化系统的一种典型的通信方式——光纤通信。

（1）主站与子站之间，使用单模光纤　实施配电自动化的电力企业（供电局），大多在调度中心与变电站之间已经建立了单模光纤通信网络，配网自动化系统的主站与子站之间的通信可以借用这个通道，从而节省再次铺设通信线路的投资。而且，主站与子站之间的通信距离相对较远，中间又没有中继装置，而单模光纤的传输距离在 6km 以上，完全能够满足要求。

（2）子站与 FTU 之间，使用多模光纤　主干通信网络采用光纤作为通信媒介，可靠性高，出现故障的可能性低。使用自愈双环网，可以保证通信网络故障时不至于导致整个网络通信的崩溃。因为子站与 FTU 之间形成的通信网络，各个通信节点的距离较短，很少超过 3km，多模光纤已经能够满足要求，不需要使用单模光纤。因此，子站与 FTU 之间可使用多模光纤，构成自愈双环网。

1）单环光纤通信。图 6-3 所示为单环光纤通信。光收发器既有光收发功能，又有转发

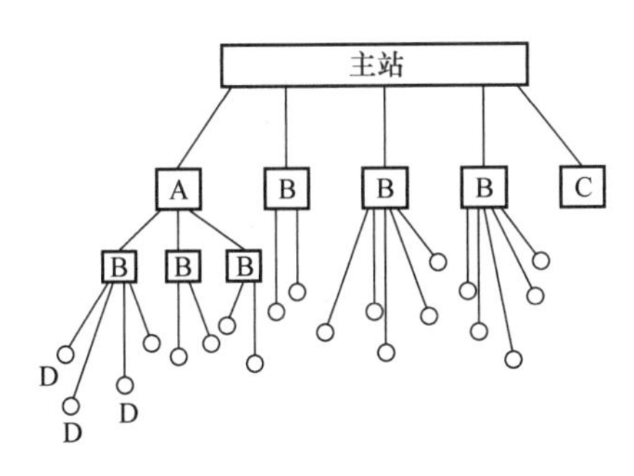

图 6-2　配电 SCADA 系统的体系结构

A—二次集结区域子站　B——次集结区域子站

C—开闭所 RTU　D—柱上开关 FTU

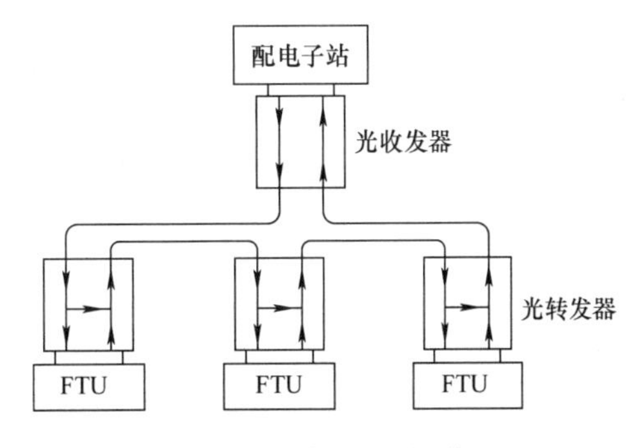

图 6-3　单环光纤通信

功能。在环网中每个 FTU 配一个这样的光收发器，并用一根单芯的光纤与相邻的 FTU 或主站相连。在单环通信结构中，一旦光纤或光收发器发生故障，整个环就失去了通信。

2）自愈式双环光纤通信。自愈式双环光纤通信可大大提高通信的可靠性，图 6-4 是自愈式双环光纤通信的工作原理图，图中 CP 是自愈式光收发器。

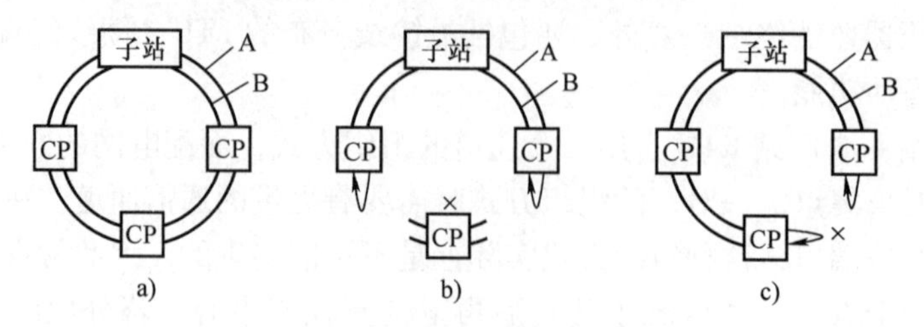

图 6-4　自愈式双环光纤通信原理图

自愈式环网由两个环网组成，即 A 环和 B 环，它们数据流的方向刚好相反。若其中一个是主环，如 A 环，B 环就是备用的。一旦其中一个光转发器故障，如图 6-4b 所示，相邻的光转发器能测出数据流断开而自动形成两个环工作，即一个为 A 到 B 的环，另一个为 B 到 A 的环，仅将故障设备退出并通知子站。如果光纤发生故障，如图 6-4c 所示，则故障两侧的光收发器自动构成回路而形成双环工作，不影响系统的通信，并将故障点通知子站。

3）TTU 与电量集抄系统的数据的转发。如果由 FTU 负责附近 TTU 及电量集抄系统数据的转发，可以利用有线（屏蔽双绞线）方式采用现场总线（如 RS—485，CAN 总线、Lon－Works 总线等）通信。由于 TTU 与电量集抄系统的数据实时性要求不高，通信媒介选用屏蔽双绞线已经能够满足要求。FTU 负责附近 TTU 及集抄系统的转发，仅作为数据传输的通道，不进行数据解包工作。

图 6-5 是一个配电自动化系统通信方案的网络结构图。

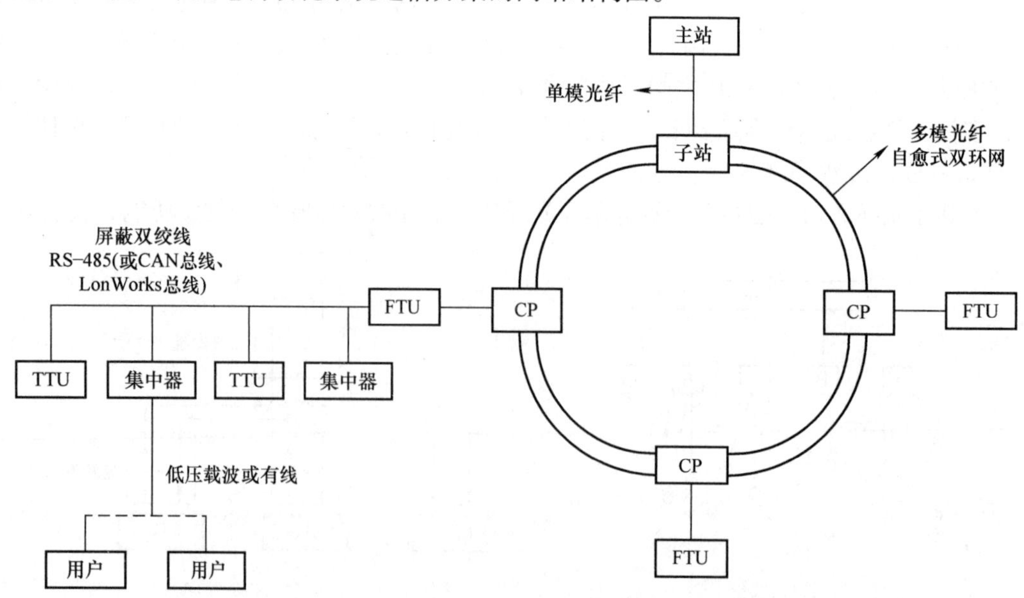

图 6-5　配电自动化系统通信方案的网络结构图

五、有源配电网（ADN）的特点

未来电网的发展使越来越多的分布式能源接入配电网，因此配电网的运行方式也由传统的单电源辐射型配电网转变为有源配电网（active distribution network，ADN）。

传统的配电系统只能将电力由上级输电网送到配电终端用户，在未来的智能电网中，配电系统将会实现系统与用户之间的电力以及通信的双向交互，因此集成高级配电自动化功能的 DMS 能够推动实现信息能量的综合控制。

从 ADN 的需求出发，DMS 的要求分为以下几方面：

1）具有能够进行灵活通信控制的设备，为接入系统的配电设备以及终端用户提供技术支撑。

2）能够实现可控设备的自动化功能。

3）满足分布式能源的接入需求。

4）通过电力电子技术提高系统的综合控制水平。

5）具备配电系统快速建模以及仿真系统。

DMS 在有源配电网中一般采用集成模式进行应用如图 6-6 所示，其中的馈线自动化与配电 SCADA 系统在前面已经介绍，下面主要介绍其余系统：

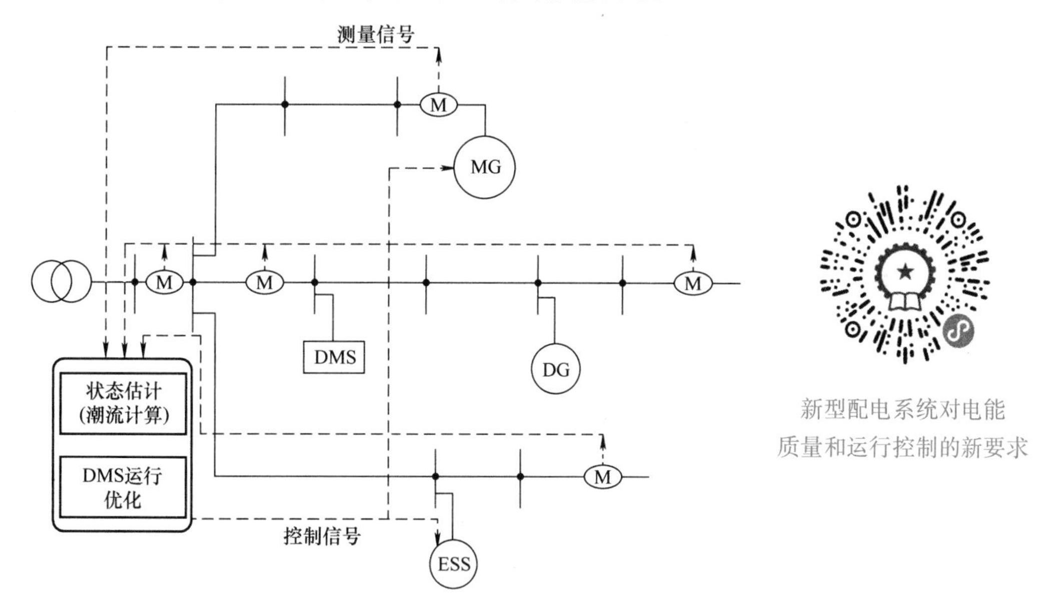

图 6-6　有源配电网（ADN）典型拓扑及运行管理模式

（1）电能质量管理系统　在 ADN 中，系统通过双向的通信设备以及检测设备对电网中的无功控制装置以及分布式能源进行管理，能有效进行电压、无功以及谐波的控制，提高配电网整体运行性能。

有源智能配电网能够通过检测系统采集的数据进行状态分析、评估，并预测整个系统的运行状态，从而提高配电网的整体运行效率，并减小停电风险。未来的实时模拟器能够集成 DMS 检测系统中所有信息源，为有源智能配电网提供有力的支撑。

（2）配电实时状态估计与预测系统　实时状态估计能够分析配电网的系统并预测其中

的风险值。配电系统可以根据电网的实时状态进行优化调度，提高配电网的运行可靠性。

（3）分布式能源集成　ADN能高度集成利用多种分布式能源，并通过实时系统以及双向通信系统来监控分布式能源的运行状态。区别于传统配电网，分布式能源在ADN中除了作为普通能量源，还能够有效支撑电网运行中的电压无功控制以及负荷管理等功能，融入整个电力市场中。

可以说，ADN通过先进的自动化技术、信息通信技术以及电力电子技术提高了整个配电网的经济运行的可靠性。基于有源配电系统的运行特性，其物理拓扑结构如图6-6所示。

通过对有源智能配电网的整体功能模块分析可知，其旨在通过先进的自动化对电网运行工况、负荷需求、微电网运行状态以及分布式能源运行状态进行采集，通过SCADA系统传输至DMS中心，作为系统优化的原始数据。同时，对配电系统下一阶段需要的风电、光伏以及负荷处理进行预测，用采集到的信息进行系统的状态估计，继而利用DMS中内嵌的优化程序进行计算，得到下一调度周期的配电网网架结构、分布式发电的处理调整状况、储能设备运行状况、负荷控制策略、变压器分接头位置以及无功控制装置等状况。

第二节　馈线自动化

馈线自动化（feeder automation，FA）是配网自动化的一项重要功能。馈线自动化是指配电线路的自动化。由于变电站自动化是相对独立的一项内容，实际上在配网自动化以前馈线自动化就已经发展并完善，因此在一定意义上可以说配网自动化指的就是馈线自动化。不管是国内还是国外，在实施配网自动化时，也确实都是从馈线自动化开始的。

馈线自动化在正常状态下，实时监视馈线分段开关与联络开关的状态和馈线电流、电压情况，实现线路开关的远方或就地合闸和分闸操作。在故障时获得故障录波，并能自动判别和隔离馈线故障区段，迅速对非故障区段恢复供电。

一、馈线终端

配电网自动化系统远方终端有：①馈线远方终端，（包括FTU和DTU）；②配电变压器远方终端（transformer terminal unit，TTU）；③变电站内的远方终端（RTU）。

FTU分为三类：户外柱上FTU、环网柜FTU和开关站FTU。DTU（数据传输单元），实际上就是开关站FTU。三类FTU应用场合不同，分别安装在柱上、环网柜内和开关站。但它们的基本功能是一样的，都包括遥信、遥测和遥控以及故障电流检测等功能。

FTU/TTU在DMS中的地位和作用和常规RTU在输电网EMS中的地位和作用是等同的。但是配电网远方终端并不等同于传统意义上的RTU。一方面，配电自动化远方终端除了完成RTU的四遥功能外，更重要的是它还需完成故障电流检测、低频减负荷和备用电源自投等功能，有时甚至还需要提供过电流保护等原来属于继电保护的功能，因而从某种意义上讲，配电远方终端比RTU的智能化程度更高，实时性要求也更高，实现的难度也就更大。另一方面，传统的RTU往往集中安装在变电站控制室内，或分层分布地安装在变电站各开关柜上，但总的来说基本上都安装在环境相对较好的室内。而配电自动化远方终端不同，虽然它也有少量设备安装在室内（开关站FTU），但更多的设备安装在电线杆上、马路边的环网柜内等环境非常恶劣的户外。因而对配电自动化远方终端设备的抗振、抗雷击、低功耗、耐高低温等性能要求比传统 RTU 要高得多。

二、馈线自动化的实现方式

馈线自动化方案可分为就地控制和远方控制两种类型。前一种依靠馈线上安装的重合器和分段器自身的功能来消除瞬时性故障和隔离永久性故障，不需要和控制中心通信即可完成故障隔离和恢复供电；而后一种是由 FTU 采集到故障前后的各种信息并传输至控制中心，由分析软件分析后确定故障区域和最佳供电恢复方案，最后以遥控方式隔离故障区域，恢复正常区域供电。

就地控制方式的优点是，故障隔离和自动恢复送电由重合器自身完成，不需要主站控制，因此在故障处理时对通信系统没有要求，所以投资省、见效快。其缺点是，这种实现方式只适用于配电网络相对比较简单的系统，而且要求配电网运行方式相对固定。另外，这种实现方式对开关性能要求较高，而且多次重合对设备及系统冲击大。早期的配网自动化只是单纯地为了隔离故障并恢复非故障区供电，还没有提出配电系统自动化或配电管理自动化，就地控制方式是一种普遍的馈线自动化的实现方式。

远方控制方式由于引入了配电自动化主站系统，由计算机系统完成故障定位，因此故障定位迅速，可快速实现非故障区段的自动恢复送电，而且开关动作次数少，对配电系统的冲击也小。其缺点是，需要高质量的通信通道及计算机主站，投资较大，工程涉及面广、复杂；尤其是对通信系统要求较高，在线路故障时，要求相应的信息能及时传输到上级站，上级站发送的控制信息也能迅速传输到 FTU。

随着电子技术的发展，电子、通信设备的可靠性不断提高，计算机和通信设备的造价也会越来越低，预计将来会广泛地采用配电自动化主站系统配合遥控负荷开关、分段器，实现故障区段的定位、隔离及恢复供电，能够克服就地控制方式带来的缺点。

三、重合器

自动重合器是一种能够检测故障电流，在给定时间内断开故障电流并能进行给定次数重合的一种有“自具”能力的控制开关。所谓自具（self contained），即本身具有故障电流检测和操作顺序控制与执行的能力，无须附加继电保护装置和另外的操作电源，也不需要与外界通信。现有的重合器通常可进行三次或四次重合。如果重合成功，重合器则自动中止后续动作，并经一段延时后恢复到预先的整定状态，为下一次故障做好准备。如果故障是永久性的，则重合器经过预先整定的重合次数后，就不再进行重合，即闭锁于开断状态，从而将故障线段与供电电源隔离开来。

重合器在开断性能上与普通断路器相似，但比普通断路器有多次重合闸的功能。在保护控制特性方面，则比断路器的智能化高得多，能自身完成故障检测、判断电流性质、执行开合功能；并能记忆动作次数、恢复初始状态、完成合闸闭锁等。

不同类型的重合器，其闭锁操作次数、分闸快慢动作特性及重合间隔时间等不相同，其典型的四次分段、三次重合的操作顺序为：分$\xrightarrow{t_1}$合分$\xrightarrow{t_2}$合分$\xrightarrow{t_2}$合分，其中 t_1、t_2 可调，随产品不同而不同。重合次数及重合闸间隔时间可以根据运行中的需要调整。

四、分段器

分段器是提高配电网自动化程度和可靠性的又一种重要设备。分段器必须与电源侧前级主保护开关（断路器或重合器）配合，在无压的情况下自动分闸。当发生永久性故障时，分段器在预定次数的分合操作后闭锁于分闸状态，从而达到隔离故障线路区段的目的。若分段器未完成预定次数的分合操作，故障就被其他设备切除了，分段器将保持在合闸状态，并经一段延时后恢复到预先整定状态，为下一次故障做好准备。分段器可开断负荷电流、关合短路电流，但不能开断短路电流，因此不能单独作为主保护开关使用。

电压－时间型分段器有两个重要参数需要整定：时限 X 和时限 Y。时限 X 是指从分段器电源侧加压开始，到该分段器合闸的时间，也称为合闸时间。时限 Y 称为故障检测时间，它的作用是：当分段器关合后，如果在 Y 时间内一直可检测到电压，则 Y 时间之后发生失电压分闸，分段器不闭锁，当重新来电时还会合闸（经 X 时限）；如果在 Y 时间内检测不到电压，则分段器将发生分闸闭锁，即断开后来电也不再闭合。X 时限 $>Y$ 时限 $>t_1$（t_1 为从分段器源端断路器或重合器检测到故障起到跳闸的时间）。

电压－时间型分段器有两种功能。第一种是在正常运行时闭合的分段开关；第二种是正常运行时断开的分段开关。当电压－时间型分段器作为环状网的联络开关并开环运行时，作为联络开关的分段器应当设置在第二种功能，而其余的分段器则应当设置在第一种功能。

五、就地控制馈线自动化

（一）辐射状网的故障隔离

图 6-7 为一个典型的辐射状网在采用重合器与电压－时间型分段器配合时，隔离故障区段、恢复正常线路供电的过程示意图。图 6-8 为各开关的动作时序。

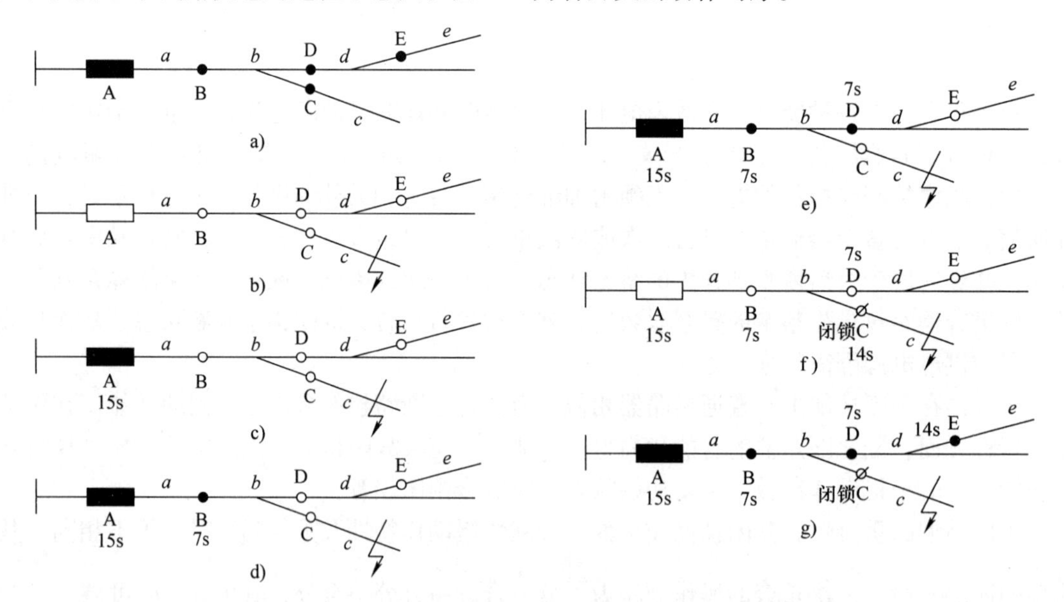

图 6-7　典型的辐射状网故障处理过程

▬—重合器合闸状态　▭—重合器断开状态　●—分段器合闸状态　○—分段器断开状态　ø—分段器闭锁状态

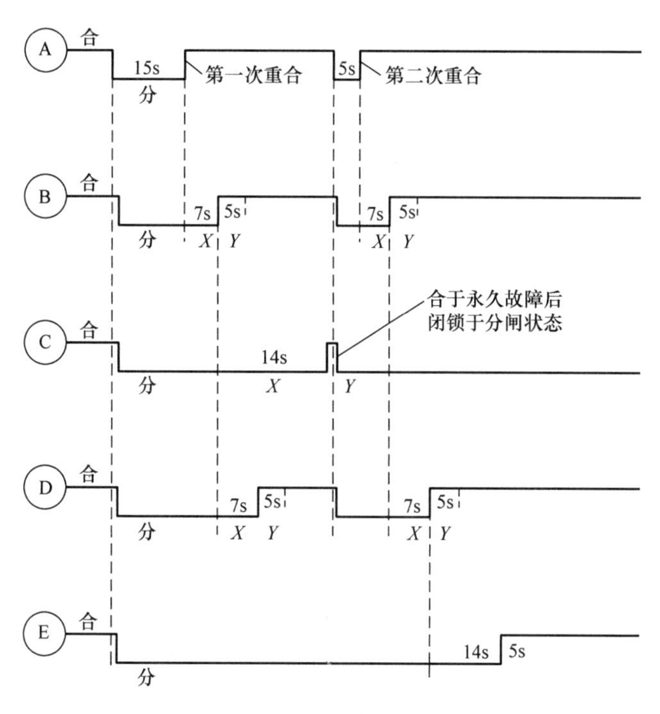

图 6-8　图 6-7 中各开关的动作时序图

X—合闸时间　*Y*—故障检测时间

图 6-7 中，A 为重合器，整定为一慢一快，第一次重合时间为 15s，第二次重合时间为 5s。B 和 D 为电压－时间型分段器，它们的时限 *X* 均整定为 7s；C 和 E 也是电压－时间型分段器，其时限 *X* 整定为 14s；所有分段器的时限 *Y* 均整定为 5s。由于都是常闭开关，分段器都设置在第一种功能。

该辐射网正常运行时，重合器合闸，各分段器闭合（见图 6-7a）。当 *c* 区段发生永久性故障后，重合器 A 跳闸，导致线路失电压，造成分段器 B、C、D 和 E 均分闸（见图 6-7b）。事故跳闸 15s 后，重合器 A 第一次重合（见图 6-7c）。经过 7s 的时限后，分段器 B 自动合闸，将电供至 *b* 区段（见图 6-7d）。又经过 7s 的时限后，分段器 D 自动合闸，将电供至 *d* 区段（见图 6-7e）。分段器 B 合闸后，经过 14s 的时限后，分段器 C 自动合闸，由于 *c* 段存在永久性故障，再次导致重合器 A 跳闸，从而线路失电压，造成分段器 B、C、D 和 E 均分闸，由于分段器 C 合闸后未达到时限（5s）就又失电压，所以该分段器闭锁（见图 6-7f）。重合器 A 再次跳闸后，又经过 5s 进行第二次重合，分段器 B、D 和 E 依次自动合闸，而分段器 C 因闭锁保持分闸状态，从而隔离了故障区段，恢复了正常区段的供电（见图 6-7g）。

（二）环状网开环运行时的故障隔离

图 6-9 为一典型的开环运行的环状网在采用重合器与电压－时间型分段器配合时，隔离故障区段的过程示意图。图 6-10 为各开关的动作时序图。

图 6-9 中 A 为重合器，整定为一慢一快，即第一次重合时间为 15s，第二次重合时间为 5s。B、C 和 D 为电压－时间型分段器并且设置在第一种功能，它们的时限 *X* 均整定为 7s，时限 *Y* 整定为 5s。E 为联络开关处的电压－时间型分段器，设置在第二种功能，其时限 *X* 整定为 45s，时限 *Y* 整定为 5s。

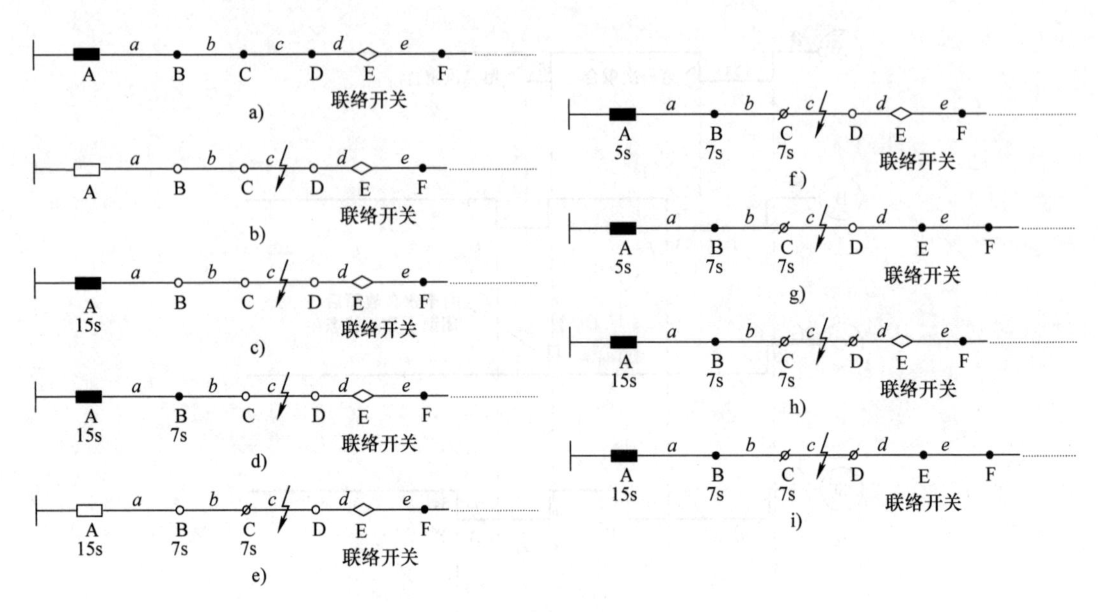

图 6-9 环状网开环运行时故障区段隔离的过程

■—重合器合闸状态 □—重合器断开状态 •—分段器合闸状态 ○—分段器断开状态 ⌀—分段器闭锁状态 ◇—联络开关

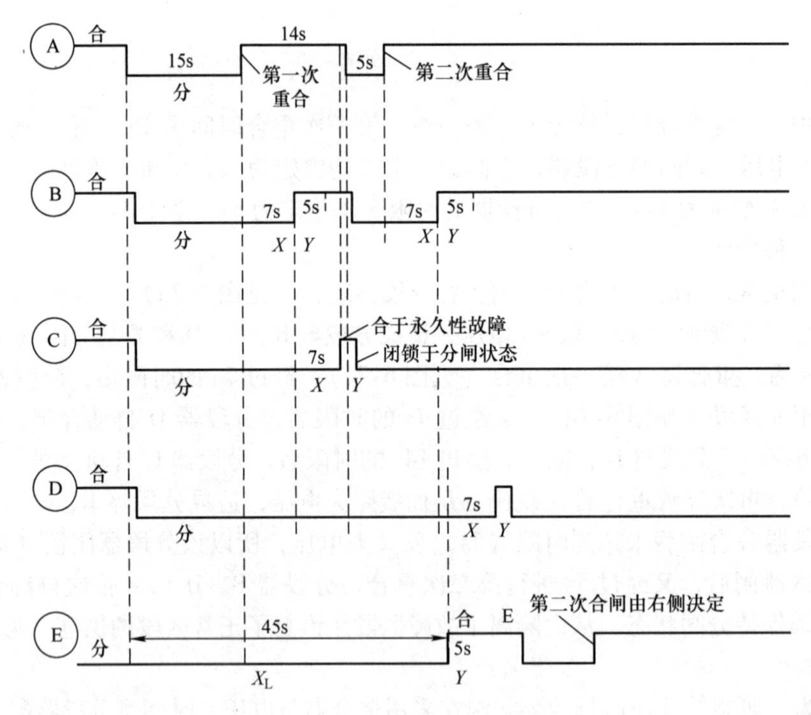

图 6-10 图 6-9 中各开关的动作时序图

该环状网正常运行时，重合器 A 和分段器 B、C、D、F 闭合，作为联络开关的分段器 E 断开（见图 6-9a）。当 c 区段发生永久性故障后，重合器 A 跳闸，导致联络开关左侧线路失电压，造成分段器 B、C 和 D 均分闸，分段器 E 的时间计数器启动（见图 6-9b）。事故跳闸后 15s，重合器 A 第一次重合（见图 6-9c）。经过 7s 的时限后，分段器 B 自动合闸，将电供

至 b 区段（见图 6-9d）。又经过 7s 的时限后，分段器 C 自动合闸，由于 c 段存在永久性故障，再次导致重合器 A 跳闸，从而线路失电压，造成分段器 B 和 C 均分闸，由于分段器 C 合闸后未达到时限 5s 就又失电压，该分段器将被闭锁在分闸状态（见图 6-9e）。重合器 A 再次跳闸后，又经过 5s 进行第二次重合，随后分段器 B 自动合闸，而分段器 C 因闭锁保持分闸状态（见图 6-9f）。重合器 A 第一次跳闸后，经过 45s 的时限后，分段器 E 自动合闸，将电供至 d 区段（见图 6-9g）。又经过 7s 的时限后，分段器 D 自动合闸，此时由于 c 段存在永久性故障，导致联络开关右侧线路的重合器跳闸，从而右侧线路失电压，造成其上所有分段器均分闸，由于分段器 D 合闸后未达到时限（5s）就又失电压，该分段器将被闭锁在分闸状态（见图 6-9h）。联络开关右侧的重合器重合后，联络开关以及其右侧的分段器又依顺序合闸，而分段器 D 保持分闸状态，从而隔离了故障区段，恢复了正常区段的供电（见图 6-9i）。

可见，当隔离开环运行的环状网的故障区段时，要使联络开关另一侧的健全区域所有的开关都分一次闸，造成供电短时中断。东芝公司的电压－时间型分段器就这个问题做出了改进，具体做法是：在分段器上又设置了异常欠电压闭锁功能，即当分段器检测到其任何一侧出现低于额定电压 30% 的异常欠电压的时间超过 150ms 时，该分段器将闭锁。这样在图 6-9e 中，开关 D 也会被闭锁，从而在图 6-9g 中，只要合上联络开关 E 就可完成故障隔离，而不会发生联络开关右侧所有开关跳闸再顺序重合的过程。

六、远方控制的馈线自动化

前面已经介绍过，FTU 是一种具有数据采集和通信功能的柱上开关控制器。在故障时，FTU 将故障时的信息通过通道送到变电站，而与变电站自动化的遥控功能相配合，对故障进行一次性的定位和隔离。这样，既免去了由于开关试投所增加的冷负荷，又可大大缩短了自动恢复供电的时间（由大于 20min 缩短到约 2min）。此外，如有需要，还可以自动启动负荷管理系统，切除部分负荷，以解决可能还需应对的冷负荷问题。

典型的基于 FTU 的远方控制的馈线自动化系统的组成如图 6-11 所示。图示的系统中，各 FTU 分别采集相应柱上开关的运行情况，如负荷、电压、功率和开关当前位置、储能完

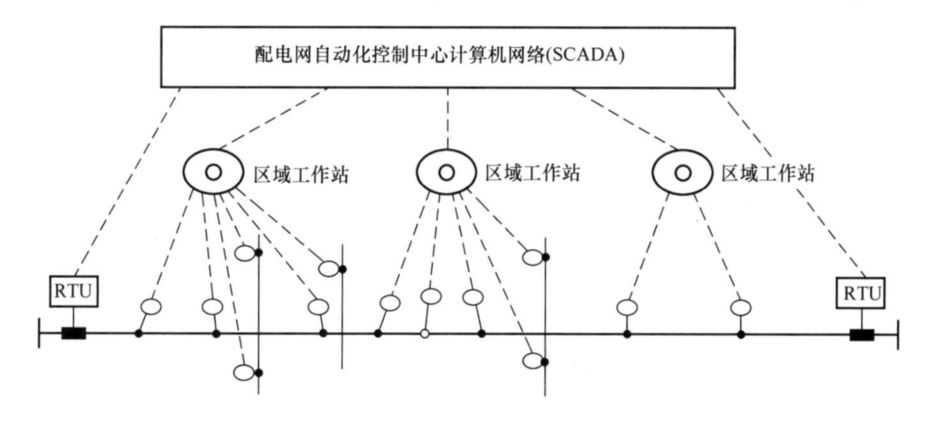

图 6-11　典型的基于 FTU 的远方控制的馈线自动化系统组成示意图

—馈线　—控制线　┈通信线

○—FTU　●—分段开关　○—联络开关　■—断路器

成情况等，并将上述信息由通信网络发向远方的配电网自动化控制中心。各 FTU 接收配网控制中心下达的命令进行相应的远方倒闸操作。在故障发生时，各 FTU 记录下故障前及故障时的重要信息，如最大故障电流和故障前的负荷电流、最大故障功率等，并将上述信息传至配网控制中心，经计算机系统分析后确定故障区段和最佳供电恢复方案，最终以遥控方式隔离故障区段，恢复正常区段供电。

第三节　负荷控制技术及需方用电管理

一、电力负荷控制的必要性及其经济效益

电力负荷控制系统是实现计划用电、节约用电和安全用电的技术手段，也是配电自动化的一个重要组成部分。

不加控制的电力负荷曲线是很不平坦的，上午和傍晚会出现负荷高峰；而在深夜负荷很小又形成低谷。一般最小日负荷仅为最大日负荷的 40% 左右。这样的负荷曲线对电力系统是很不利的。从经济方面来看，如果只是为了满足尖峰负荷的需要而大量增加发电、输电和供电设备，在非峰荷时间里就会造成很大的浪费，可能有占容量 1/5 的发变电设备每天仅仅工作一两个小时。而如果按基本负荷配备发变电设备容量，又会使 1/5 的负荷在尖峰时段得不到供电，也会造成很大的经济损失。上述矛盾是很尖锐的。另外为了跟踪负荷的高峰低谷，一些发电机组要频繁地起停，既增加了燃料的消耗，又降低了设备的使用寿命。同时，这种频繁的起停以及系统运行方式的相应改变，都必然会增加电力系统故障的机会，影响安全运行，从技术方面看对电力系统也是不利的。

如果通过负荷控制，削峰填谷，使日负荷曲线变得比较平坦，就能够使现有电力设备得到充分利用，从而推迟扩建资金的投入；并可减少发电机组的起停次数，延长设备的使用寿命，降低能源消耗；同时对稳定系统的运行方式，提高供电可靠性也大有益处。对用户来说，如果让峰用电，也可以减少电费支出。因此，建立一种市场机制下用户自愿参与的负荷控制系统，会形成双赢或多赢的局面。

二、电力负荷控制种类

目前，电力系统中运行的有分散负荷控制装置和远方集中负荷控制系统两种。分散的负荷控制装置功能有限，不灵活，但价格便宜，可用于一些简单的负荷控制。例如，用定时开关控制路灯和固定让峰装置设备，用电力定量器控制一些用电指标比较固定的负荷等。远方集中负荷控制系统的种类比较多，根据采用的通信传输方式和编码方法的不同，可分为音频电力负荷控制系统、无线电电力负荷控制系统、配电线载波电力负荷控制系统、工频负荷控制系统和混合负荷控制系统五类。在我国，负荷控制方式主要有无线电负荷控制和音频负荷控制，此外还有工频负荷控制、配电线载波负荷控制和电话线负荷控制等。在欧洲多地采用音频控制，在北美较多的采用无线电控制。

电力负荷控制系统由负荷控制中心和负荷控制终端组成。电力负荷控制中心是可对各负荷控制终端进行监视和控制的主控站，应当与配电调度控制中心集成在一起。电力负荷控制终端是装设在用户处，受电力负荷控制中心的监视和控制的设备，也称被控端。

负荷控制终端又可分为单向终端和双向终端两种。单向终端只能接收电力负荷控制中心的命令；双向终端能与电力负荷控制中心进行双向数据传输和实现就地控制功能。

三、负荷控制系统的基本层次

根据目前负荷管理的现状，负荷控制系统以市（地）为基础较合适，整个负荷控制系统的基本层次如图6-12所示。在规模不大的情况下，可不设县（区）负荷控制中心，而让市（区）负荷控制中心直接管理各大用户和中、小重要用户。

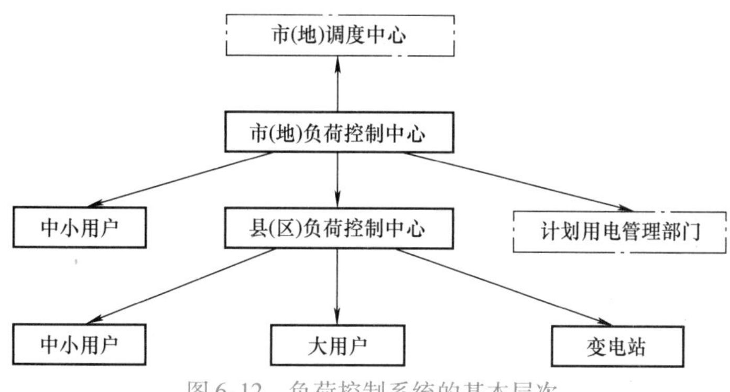

图6-12　负荷控制系统的基本层次

四、无线电负荷控制系统

在配电控制中心内装有计算机控制的发送器。当系统出现尖峰负荷时，按事先安排好的计划发出规定频带（目前为特高频段）的无线电信号，分别控制一大批可控负荷。在参加负荷控制的负荷处装有接收器，当收到配电控制中心发出的控制信号时将负荷开关跳开。这种控制方式适合于控制范围不大、负荷比较密集的配电系统。

国家无线电管理委员会已为电力负荷监控系统划分了可用频率，并规定调制方式为移频键控（数字调频）方式（2FSK－FM），传输速率为50～600bit/s。具体使用的频率要与当地无线电管理机构商定。

在无线电信息传输过程中，信号受到干扰的可能性很大。这会影响负荷控制的可靠性。为了提高信号传输过程中的抗干扰能力，常采取一些特殊的编码，图6-13是其中一种。这种编码方式用三个频率组成一个码位，每一位都由具有固定持续时间和顺序的三个不同频率组成。每个频率的持续时间为15ms，每一码位为45ms，码位间隔5ms。当音调顺序为ABC时，表示该码元为“1”（见图6-13a）；当音调顺序为ACB时，则表示该码元为“0”（见图6-13b）。每15位码元组成一组信息码，持续时间为750ms（见图6-13c）。译码器必须按每一码元的频率、顺序和每一频率的持续时间接收、鉴别和译码。要对每一码元进行计数，如果不是15位就认为有误而拒收。在一组码中，前面7位是被控对象的地址码，接下去2位是功能码（有告警、控制、开关状态显示、模拟量遥测四种功能），最后6位为数据码，即告警代号、开关号或模拟量的读数。

主控制站利用控制设备和无线电收发信装置发出指令，可同时控制128个被控站。主控制站也能从被控站接收各种信息，并自动打印和显示出来，同时存入磁盘中供分析检查使用。

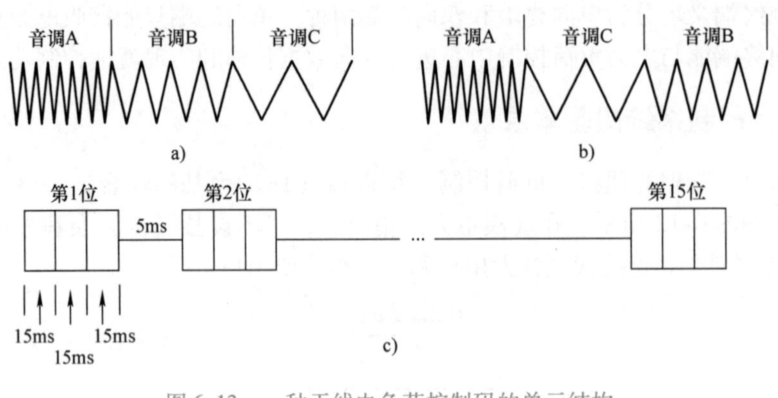

图 6-13　一种无线电负荷控制码的单元结构
a）码元为“1”　b）码元为“0”　c）一组信息码

五、音频负荷控制系统

音频负荷控制系统是指将 167 ~ 360Hz 的音频电压信号叠加到工频电力波形上直接传输到用户进行负荷控制的系统。这种方式利用配电线作为信息传输的媒介，是最经济的传输控制信号的方法，适合于范围很广的配电系统。

音频控制的工作方式与电力线载波类似，只是载波频率为音频范围。与电力线载波相比，它传播更有效，有较好的抗干扰能力。在选择音频控制频率时要避开电网的各次谐波频率，选定前要对电网进行测试，使选用的频率具有较好的传输特性，又不受电网谐波的影响。目前，世界上各国选用的音频频率各不相同，例如，德国为 183.3Hz 和 216.6Hz，法国为 175Hz，也有的采用 316.6Hz。另外，采用音频控制的相邻电网要选用不同的频率。

因为音频信号也是工频电源的谐波分量，它的电平太高会给用户的电器设备带来不良影响。多种试验研究表明：注入 10kV 级时，音频信号的电平可为电网电压的 1.3% ~ 2%；注入 110kV 级时则可为电网电压的 2% ~ 3%。音频信号的功率约为被控电网功率的 0.1% ~ 0.3%。

1. 音频负荷控制系统的基本原理

音频负荷控制系统的构成如图 6-14 所示，主要由中央控制机、当地站控机、音频信号发生器、耦合设备、注入互感器和音频信号接收器等部分组成。

中央控制机安装在负荷控制中心（一般在配电控制中心内），根据负荷控制的需要发出各种指令。这些指令脉冲序列通过调制器送到传输信道上，传输到设在配电变电站的站控机。从配电控制中心到配电变电站之间的信道可以共用配电网 SCADA 的已有信道。

站控机接到从中央控制机发送的控制信号之后，控制音频信号发生器调制成音频信号，然后通过耦合设备注入 10kV 配电网中。载有负荷控制命令的音频信号从配电变电站出来沿着中压（10kV）配电线在中压配电网中传输，然后通过配电变压器传到低压（220V/380V）配电网。设在低压配电网的音频信号接收器接到音频控制信号后进行检波，将控制命令还原出来，由接收器的译码鉴别电路判断是否是本机地址及执行何种操作，如果是，则执行相应操作，反之，则不予理睬。音频部分是指当地站控机到低压负荷开关部分，这是一个很庞大的网络，控制信号传输的距离很长，控制的负荷点很多。

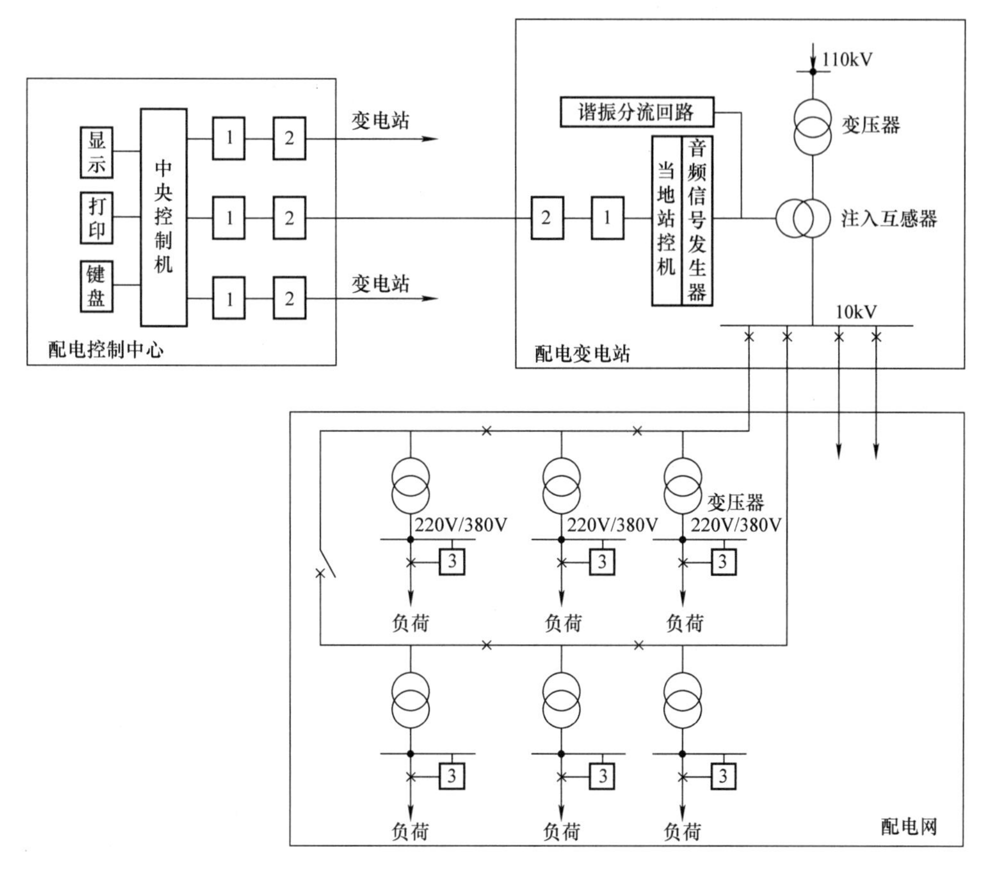

图 6-14 音频负荷控制系统示意图

1—信道匹配器 2—传输信道设备 3—音频信号接收器

2. 中央控制机及音频编码方式

中央控制机可以是一台独立工作的微型计算机，并配有显示、打印和人机联系等外部设备，也可以是配电网自动化系统的一个组成部分。负荷控制命令按照预先设定的控制规律自动定时发出，或由配电网调度人员发出。中央控制机可以对发出的命令进行返回校核，如果指令不正确，则重发一次，直到音频信号接收器正确收到指令为止。

各国音频负荷控制指令码的结构不尽相同。图 6-15 是某电力公司采用的脉冲间隔指令码结构图。从图中可见一条指令从起始到结束历时 101600ms（101.6s），共包含 50 个码位，每个码位占用 27 个工频周波，一条指令总共占用 5080 个工频周波。用这样长的时间发完一条指令是为了加强抗干扰能力，提高可靠性。如果配电线重合闸的动作时间大于信号脉冲周期时间，信号将被中断，接收器拒绝动作。这种情况出现时中央控制机将再发控制指令信号。接收器只有在收到完整正确的信号时，才会执行控制命令。

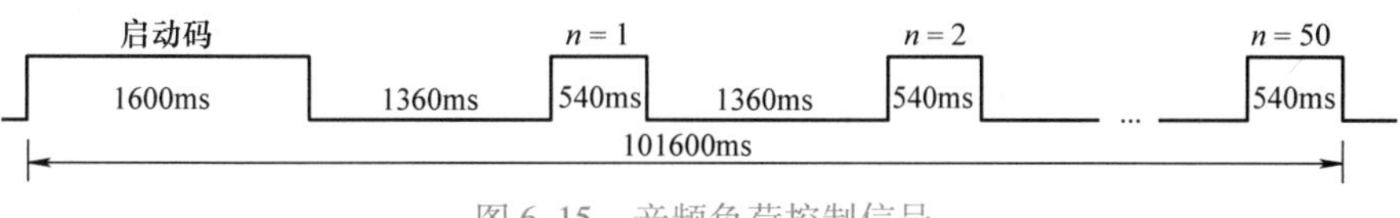

图 6-15 音频负荷控制信号

控制信号编码中的第一个是启动码，占用80个工频周波。启动码后面有50个码位，以若干位为一组，分别组成指令的地址码和操作码。例如，用前10个码位作为音频发射器的地址，用10取2的组合，可以在一个配电网中同时安装45台有不同地址码的音频发射器(也可以几台发射器共用一个地址码来扩大控制范围)，把其后的20个码位作为接收机的地址码，采用20取2的组合，可以有190个不同的地址码。实际应用时常将几个、几十个甚至几百个同一类别的被控负荷用同一类别的被控负荷用同一地址码表示，可更加扩大负荷控制的范围。例如，如果将100个接收器为一组，上述的190个地址码就能控制19000个负荷。其余的码位为操作码的编码，指明何种操作。

六、负荷管理与需方用电管理

负荷管理（LM）的直观目标，就是通过削峰填谷使负荷曲线尽可能变得平坦。这一目标的实现，有的由LM独立完成，有的则需与配电SCADA、AF/FM/GIS及应用软件PAS配合实现。

需方用电管理（DSM）则从更大的范围来考虑这一问题。它通过发布一系列经济政策以及应用一些先进的技术来影响用户的电力需求，以达到减少电能消耗推迟甚至少建新电厂的效果。这是一项充分调动用户参与的积极性，充分利用电能，进而改善环境的一项系统工程。

第四节 配电图资地理信息系统

一、概述

配电图资地理信息系统（AM/FM/GIS）是自动绘图（automated mapping，AM）、设备管理（facilities management，FM）和地理信息系统（geographic information system，GIS）的总称，是配电系统各种自动化功能的公共基础。

和输电系统不同，配电系统的管辖范围从变电站、馈电线路一直到千家万户的电能表。配电系统的设备分布广、数量大，所以设备管理任务十分繁重，且均与地理位置有关。而且配电系统的正常运行、计划检修、故障排除、恢复供电以及用户报装、电量计费、馈线增容、规划设计等，都要用到配电设备信息和相关的地理位置信息。因此，完整的配电网系统模型离不开设备和地理信息。配电图资地理信息系统已成为配电系统开展各种自动化（如电量计费、投诉电话热线、开具操作票等）的基础平台。

二、地理信息系统

地理信息系统（GIS）产生于20世纪60年代中期，当时主要是用于土地资源规划、自然资源开发、环境保护和城市建设规划等。在国内起步较晚，20世纪80年代初，一些科研单位与大学才开始这方面的研究。

地理信息系统是计算机软、硬件技术支持下采集、存储、管理、检索和综合分析各种地理空间信息，以多种形式输出数据与图形产品的计算机系统。

地理是地理信息系统的重要数据源，这里的地图是指数字地图。数字地图是一种以数字形式表示的地图，它将地图上的地理实体分布范围分别用点、线、面来描述。点代表地面上的水井、高程水准点那样的物体。地理实体的位置采用一对（X，Y）坐标来表示。线代表河流和河道等线状地物。这类物体的位置采用一组有序的（X，Y）坐标来表示。数字地图上的线，有起始点和终止点，是有方向性的，称为矢量数据。面代表地图上具有边界和面积的区域，如建筑群、湖泊等。面可采用一组首尾位置重合的有序线段来表示地理实体的边界位置，即面是由一组的有序线段包围的区域。

地图数字化是建立地理信息系统的重要环节。根据上述“点”“线”“面”的定义，地图上的各种地物的空间分布信息就可以用数字准确地表示出来。数字化的地理底图如同字模一样，可以一次制作，多次使用，从而降低成本。

三、自动绘图和设备管理系统

标有各种电力设备和线路的街道地理位置图，是配电网管理维修电力设备以及寻找和排除设备故障的有力工具。原来这些图资系统都是人工建立的，即在一定精度的地图上，由供电部门标上各种电力设备和线路的符号，并建立相应的电力设备和线路的技术档案。现在这些工作都可以由计算机完成，即自动绘图和设备管理（AM/FM）系统。

AM 包括制作、编辑、修改与管理图形；FM 包括各种设备及其属性的管理。AM 是通过扫描仪将地图图形输入计算机；FM 是将各种电力设备和线路符号反映在计算机的地理背景图上，并通过检索可得到各设备的坐标位置以及全部有关技术档案。AM/FM 系统不仅可以根据设备信息自动生成配电网络接线或从地理图上按设备、线路或区域直接调出有关的信息，而且还具有缩放、分层消隐、漫游、导航以及旋转等功能。

20 世纪 70 年代至 80 年代中期的 AM/FM 系统大都是独立系统。近些年来，随着 GIS 的快速发展以及 GIS 的优良特性，目前的大多数 AM/FM 系统均建立在 GIS 基础上，即利用 GIS 来开发功能更强的 AM/FM 系统，形成由多学科技术集成的基础平台，因此现在也称为 AM/FM/GIS 系统。

四、AM/FM/GIS 系统在配电网中的实际应用

AM/FM/GIS 系统以前主要是离线应用，是用户信息系统（customer information system，CIS）的一个重要组成部分。近年来，随着开放系统的兴起，新一代的 SCADA/EMS/DMS 开始广泛采用商用数据库。这些商用数据库（如 ORACLE，SYBASE）能支持表征地理信息的空间数据和多媒体信息，这样就为 SCADA/EMS/DMS 与 AM/FM/GIS 的系统集成提供了方便，使 AM/FM/GIS 得以在线应用，成为电力系统数据模型的一个重要组成部分。

（一）AM/FM/GIS 系统在离线方面的应用

AM/FM/GIS 系统作为用户信息系统的一个重要组成部分，提供各种离线应用。

1. 在设备管理系统中的应用

在以地理图为背景绘制的单线图上，能分层显示变电站、线路、变压器、断路器、隔离开关甚至电杆路灯和电力用户的地理位置。只要激活一下所检索的厂站或设备图标，就可以显示有关厂站或设备的相关信息。

设备信息包括生产厂家、出厂铭牌、技术数据、投运日期、检修次数等基本信息，还包括设备的运行工况信息和数据。根据这些厂家数据和运行工况，设备管理系统对设备进行经

常维护和定期检修，使设备处于良好状态，延长其使用寿命。

设备管理系统虽然是一个独立的应用系统，但可以通过网络通信，与其他应用共享设备信息和数据。

2. 在用电管理系统上的应用

业务报装、查表收费、负荷管理等是供电部门最为繁重的几项用电管理任务。使用AM/FM/GIS 系统，可方便基层人员核对现场设备运行状况，及时更新配电、用电的各项信息数据。

业务报装时，可在地理图上查询有关信息数据，有效地减少现场勘测工作量，加快新用户报装的速度。

查表收费包括电能表管理和电费计费。使用 AM/FM/GIS 系统，按街道的门牌编号建立的用户档案，查询起来非常直观方便。计费系统还可根据自动抄表或人工抄表的数据，自动核算电费，打印收款通知或直接进入银行账号，还可随时调出任一用户的安装容量及历年用电量数据，进行各类分类统计和分析。

用电管理系统的另一个功能是制定各种负荷控制方案，根据变压器、线路的实际负荷，以及用户的地理位置和负荷可控情况，实现对负荷的调峰、错峰和填谷。

3. 在规划设计上的应用

配电系统中合理分割变电站负荷、馈电线路负荷调整以及增设配电变电站、开关站、联络线和馈电线路，以及配电网改造、发展规划等规划设计任务都比较烦琐，一般都由供电部门自行完成。采用地理图上所提供的设备管理和用电管理信息和数据，并与小区负荷预报的数据相结合，共同构成配电网规划和设计计算的基础。

配网的设计计算任务较多，且与 AM/FM/GIS 系统的信息和数据密切相关，因此一般用于配网的规划设计系统，都具有与 AM/FM/GIS 系统和 AutoCAD 的接口，以便借助于 AutoCAD 丰富的软件工具，高效率地完成各种设计计算任务。

（二）AM/FM/GIS 系统在在线方面的应用

1. 反映配电网的运行状况

读取 SCADA 系统实时遥信量，通过网络拓扑着色，能直观地反映配电网实时运行状况。对于模拟量，通过动态图层进行数据的动态更新，确保数据的实时性。对于事故，可推出报警画面（含地理信息），用不同的颜色来显示故障停电的线路及停电区域，做事故记录。

2. 在线操作

可在地理接线图上直接对开关进行遥控，对设备进行各种挂牌、解牌操作。

（三）AM/FM/GIS 系统在投诉电话热线中的应用

投诉电话热线也是 DMS 的一个重要组成部分，其目的是为了快速、准确地利用用户打来的大量故障投诉电话，来判断发生故障的地点和故障影响范围，并根据抢修队目前所处的位置，及时地派出抢修人员，使停电时间最短。

这时，需要了解设备目前的运行状态和故障发生的地点以及抢修人员所处的位置（应是具体的地理位置，如街道名称、门牌号等），因此 AM/FM/GIS 系统提供的最新的地图信息、设备运行状态信息极为重要。

上述任务需要用 DMS 的故障定位与隔离和恢复供电两个功能来实现。调度员输入用户停电投诉电话的地点，故障定位与隔离程序根据投诉地点的多少和位置分析出故障停电范围，并排出可能的故障点顺序。然后，参照有地理图背景的单线图，用移动电话指挥现场人员准确找到故障点，并予以隔离。故障定位与隔离完成后，启动恢复供电程序，按程序所指出的最优顺序尽快安全地恢复供电。

第五节 远程自动抄表系统

一、概述

随着现代电子技术、通信技术以及计算机及其网络技术的飞速发展，电能计量手段和抄表方式也发生了根本的变化。电能远程自动抄表（automatic meter reading，AMR）系统是一种采用通信和计算机网络技术，将安装在用户处的电能表所记录的用电量等数据通过遥测、传输汇总到营业部门，代替人工抄表及后续相关工作的自动化系统。

电能远程自动抄表系统的实现提高了用电管理的现代化水平。采用远程自动抄表系统，不仅能节约大量人力资源，更重要的是可提高抄表的准确性，减少因估计或誊写而造成账单出错，使供用电管理部门能得到及时准确的数据信息。同时，电力用户不再需要与抄表者预约抄表时间，还能迅速查询账单，因此远程自动抄表系统也深受用户的欢迎。随着电价的改革，供电部门为迅速出账，需要从用户处尽快获取更多的数据信息，如电能需量，分时电量和负荷曲线等，使用远程自动抄表系统可以方便地完成上述功能。电能远程自动抄表系统已成为配电网自动化的一个重要组成部分。

二、远程自动抄表系统的构成

远程自动抄表系统主要包括四个部分：具有自动抄表功能的电能表、抄表集中器、抄表交换机和中央信息处理机。抄表集中器是将多台电能表连接成本地网络，并将它们的用电量数据集中处理的装置，其本身具有通信功能，且含有特殊软件。当多台抄表集中器需再联网时，所采用的设备就称为抄表交换机，它可与公共数据网接口。有时抄表集中器和抄表交换机可合二为一。中央信息处理机是利用公用数据网，将抄表集中器所集中的电表数据抄回并进行处理的计算机系统。

1. 电能表

电能表具有自动抄表功能，能用于远程自动抄表系统的电能表有脉冲电能表和智能电能表两大类。

（1）脉冲电能表　能够输出与转盘数成正比的脉冲串。根据其输出脉冲的实现方式的不同，又可分为电压型脉冲电能表和电流型脉冲电能表两种。电压型表的输出脉冲是电平信号，采用三线传输方式，传输距离较近；而电流型表的输出脉冲是电流信号，采用两线传输方式，传输距离较远。

（2）智能电能表　传输的不是脉冲信号，而是通过串行口，以编码方式进行远方通信，因而准确、可靠。按其输出接口通信方式划分，智能电能表可分为 RS－485 接口型和低压配电线载波接口型两类。RS－485 智能电能表是在原有电能表内增加了 RS－485 接口，使之能与采用 RS－485 型接口的抄表集中器交换数据；载波智能电能表则是在原有电能表内增加了载波接口，使之能通过220V低压配电线与抄表集中器交换数据。

（3）电能表的两种输出接口比较　输出脉冲方式可以用于感应式和电子式电能表，其技术简单，但在传输过程中，容易发生丢脉冲或多脉冲现象，而且由于不可以重新发送，当计算机因意外中断运行时，会造成一段时间内对电能表的输出脉冲没有计数，导致计量不准。此外，输出脉冲方式电能表的功能单一，一般只能输送电能信息，难以获得最大需量、电压、电流和功率因数等多项数据。

串行通信接口输出方式可以将采集的多项数据，以通信规约规定的形式进行远距离传输，一次传输无效，还可以再次传输，这样抄表系统即使暂时停机也不会对其造成影响，保证了数据的可靠上传。但是串行通信方式只能用于采用微处理器的智能电子式电能表和智能机械电子式电能表，而且由于通信规约的不规范，使各厂家的设备之间不便于互连。

2. 抄表集中器和抄表交换机

抄表集中器是将远程自动抄表系统中的电能表的数据进行一次集中的装置。对数据进行集中后，抄表集中器再通过电力载波等方式将数据继续上传。抄表集中器能处理脉冲电能表的输出脉冲信号，也能通过RS-485方式将数据继续上传。

抄表交换机是远程抄表系统的二次集中设备。它集结的是抄表集中器的数据，然后再通过公用电话网或其他方式传输到电能计费中心的计算机网络。抄表交换机可通过RS-485或电力载波方式与各抄表集中器通信，而且也具有RS-232、RS-485方式或红外线通道用于与外部交换数据。

3. 电能计费中心的计算机网络

电能计费中心的计算机网络是整个自动抄表系统的管理层设备，通常由单台计算机或计算机局域网再配合以相应的抄表软件组成。

三、远程自动抄表系统的典型方案

1. 总线式远程自动抄表系统

总线式远程自动抄表系统是由电能表、抄表集中器、抄表交换机和电能计费中心组成的四级网络系统，其系统框图如图6-16所示。图中系统中抄表集中器通过RS-485网络读取

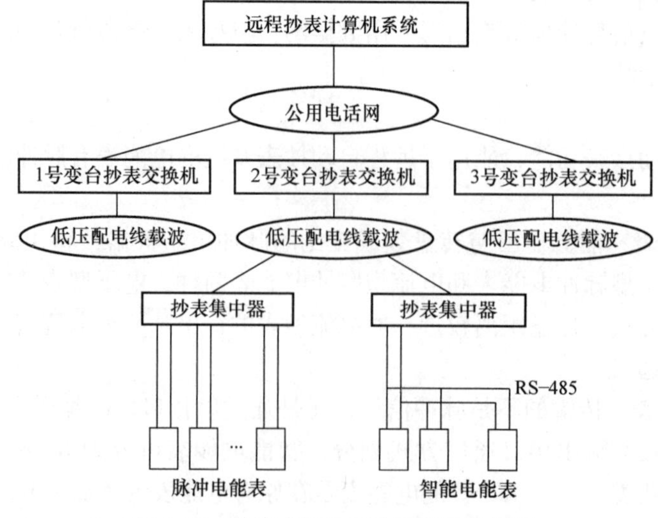

图6-16　总线式远程自动抄表系统框图

智能电表数据或直接接收脉冲电能表的输出脉冲。抄表集中器与抄表交换机之间采用低压配电线载波方式传输数据。抄表交换机与电能计费中心的计算机网络之间，通过公用电话网传输数据。

在总线式抄表系统中，抄表集中器还可以通过低压配电线载波方式读取电能表数据，抄表交换机与抄表集中器也可以采用 RS－485 网络传输数据。

远方抄取居民用户电能时，可将一个楼道内的电能表采用一台抄表集中器集中，再将多台抄表集中器通过抄表交换机连接到公用电话网络进行远程自动抄表。

2. 三级网络的远程自动抄表系统

图 6-17 所示是一个三级网络的远程自动抄表系统。该系统中的抄表交换机和抄表集中器合二为一，它通过 RS－485 网或者低压配电线载波方式读取智能电能表数据，直接采集脉冲电能表的脉冲，然后通过公用电话网将数据送至电能计费中心的计算机网络。

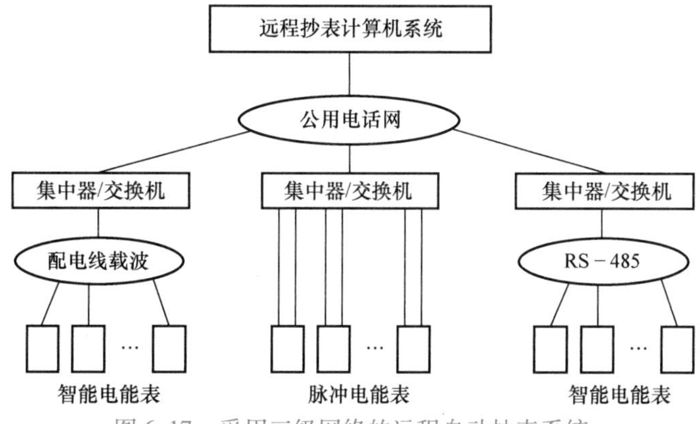

图 6-17　采用三级网络的远程自动抄表系统

3. 采用无线电台的远程自动抄表系统

图 6-18 所示是一个采用无线电台的远程自动抄表系统。

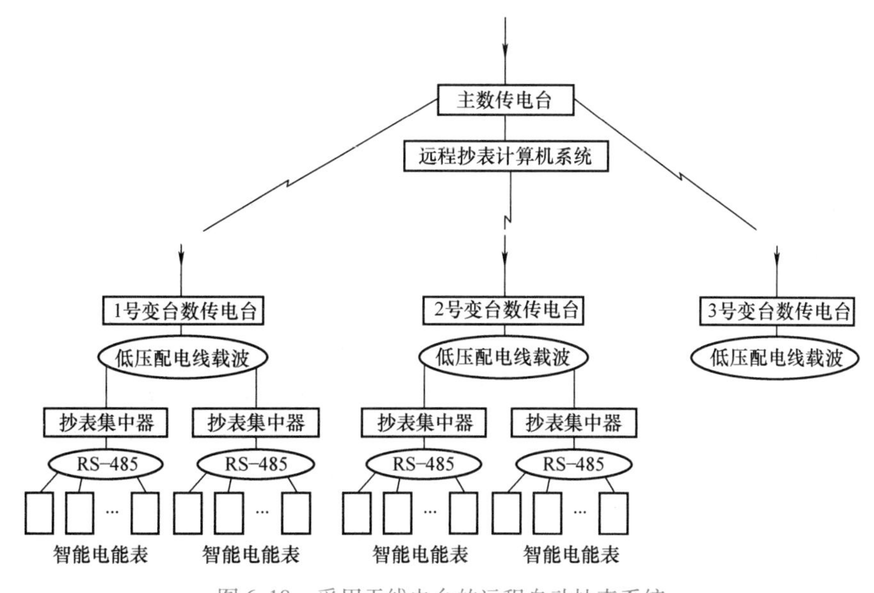

图 6-18　采用无线电台的远程自动抄表系统

4. 利用远程自动抄表防止窃电

利用远程自动抄表系统还可以及时发现窃电行为，以便及时地采取必要的措施。仅从电能表本身采取的技术手段已经难以防范越来越高明的窃电手段。根据低压配电网的结构，合理设置抄表集中器和抄表交换机，并在区域内的适当位置采用总电能表来核算各分支电能表数据的正确性，就可以较好地防范和侦查窃电行为，即针对居民用户电能表，在每条低压馈线分支前的适当位置（比如一座居民楼的进线处）安装一台抄表集中器，并在该处安装一台用于测量整条低压馈线总电能的低压馈线总电能表，该表也和抄表集中器相连。在居民小区的配电变压器处设置抄表交换机，并与安装在该处的配电区域总电能表相连。这样，当配变区域总电能表的数据明显大于该区域所有的居民用户电能表读数之和时，在排除了电能表故障的可能性后，就可认定该区域发生了窃电行为。

第六节　变电站综合自动化

变电站综合自动化是将变电站的二次设备（包括测量仪器、信号系统、继电保护、自动装置和远动装置等）经过功能的组合和优化设计，利用先进的计算机技术、现代电子技术、通信技术和信号处理技术，实现对全变电站的主要设备和输、配电线路的自动监视、测量、自动控制和保护，以及与调度通信等综合性的自动化功能。变电站综合自动化系统中，不仅利用多台微机和大规模集成电路组成的自动化系统，代替了常规的测量、监视仪表和常规控制屏，还用微机保护代替常规的继电保护屏，弥补了常规的继电保护装置不能自检也不能与外界通信的不足。变电站综合自动化系统可以采集到比较齐全的数据和信息，利用计算机的高速计算能力和逻辑判断能力，可方便地监视和控制变电站内各种设备的运行和操作。变电站综合自动化技术是自动化技术、计算机技术和通信技术等高科技在变电站领域的综合应用。

配电变电站是配电网的重要组成部分，因此配电变电站自动化程度的高低，直接反映了配电自动化的水平。配电变电站自动化和输电网中变电站自动化主要有两点不同：①配电变电站自动化不考虑电力系统的稳定问题，因此保护和故障录波的要求都比较简单；②量大面广的馈电线路开关体积较小，较易与二次自动化设备组合成一体，构成机电一体化的智能式开关。

当代的变电站自动化正从传统的单项自动化向综合自动化方向过渡，而且是电力系统自动化中系统集成最为成功、效益较为显著的一个例子。

一、变电站综合自动化系统的基本功能

变电站综合自动化系统是由各个子系统组成的。在研制过程中，一个值得重视的问题是如何把变电站各个单一功能的子系统（或单元自控装置）组合起来，实际上是如何使监控主机（上位机）与各子系统之间建立起数据通信或互操作。在综合自动化系统中，由于综合或协调工作的需要，网络技术、分布式技术、通信协议标准、数据共享等问题，必然成为研究综合自动化系统的关键问题。

变电站综合自动化系统的基本功能体现在下述5个子系统的功能中。

1. 监控子系统

监控子系统应取代常规的测量系统，取代指针式仪表；改变常规的操作机构和模拟盘，取代常规的告警、报警、中央信号、光字牌；取代常规的远动装置等。总之，其功能应包括：数据量采集（包括模拟量、开关量和电能量的采集）；事件顺序记录 SOE；故障记录、故障录波和故障测距；操作控制功能；安全监视功能；人机联系功能；打印功能；数据处理与记录功能；谐波分析与监视功能等。

2. 微机保护子系统

微机保护是综合自动化系统的关键环节。微机保护应包括全变电站主要设备和输电线路的全套保护，具体有：高压输电线路的主保护和后备保护；主变压器的主保护和后备保护；无功补偿电容器组的保护；母线保护；配电线路的保护；不完全接地系统的单相接地选线。

3. 电压、无功综合控制子系统

在配电网中，实现电压合格和无功基本就地平衡是非常重要的控制目标。在运行中，能实时控制电压/无功的基本手段是有负荷调压变压器的分接头调档和无功补偿电容器组的投切。

目前多采用一种九区域控制策略进行电压/无功自动控制，可用图 6-19 来说明这一方法的原理。

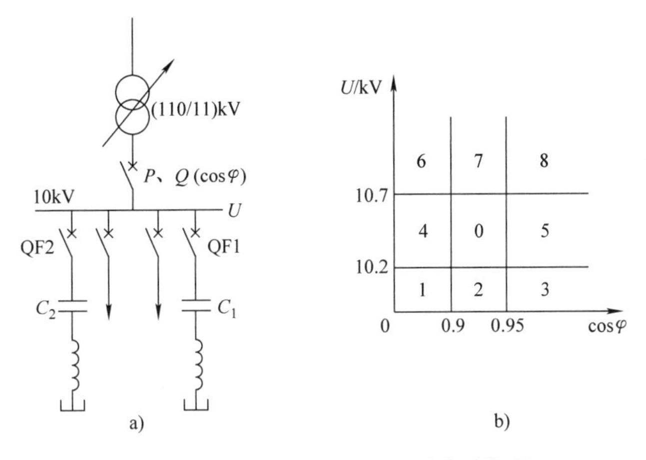

图 6-19　九区域法的电压/无功自动控制

a）接线图　b）九区域图

变电站综合自动化系统采集并实时监视 10kV 母线电压以及主变 10kV 侧 P、Q（并可计算 $\cos\varphi$）。当母线电压 $U<10.2\text{kV}$、$\cos\varphi<0.9$ 时，判定处于第 1 区中，首先合闸 QF1，投入一组电容 C_1；若监测到 $\cos\varphi>0.9$，但 $U<10.2\text{kV}$ 时，则判定处于 2 区，此时可控制主变分接头降低一挡（使降压电压比减小）；再监测如果 $10.2\text{kV}<U<10.7\text{kV}$，$0.9<\cos\varphi<0.95$，则判定已处于 0 区，0 区是符合控制目标的正常工作区域。

总之，一旦监测到工作点离开了 0 区，即自动控制电容的投切和变压器分接头档位，使其迅速回到 0 区。

这种由微机实现的电压/无功控制，可使变电站 10kV 母线电压合格率大大提高，同时也可使变电站电源进线上的损耗降低，取得很好的效益。

这种电压/无功控制是一种局部 AVC，而不是采集全网数据进行优化控制以实现总网损最低的全网 AVC。由于点多面广，实现全网优化的 AVC 难度是比较大的。

另一个需注意的问题是每天分接头档位调节和电容投切次数均需有一定限制，过于频繁的调节对设备寿命十分不利，甚至引发事故。已有软件对此给予了约束。

4. 低频减负荷及备用电源自投控制子系统

低频减负荷是一种“古老”的自动装置。当电力系统有功严重不足使系统频率急剧下降时，为保持系统稳定而采取的一种“丢车保帅”的手段。

但传统常规的低频减负荷有着很大的缺点，例如某一回路已被定为第一轮切负荷对象，可是此时该回路负荷很小，切除它也起不到多少作用，如果第一轮中各回路中这种情况多几个，则第一轮切负荷就无法挽救局势。

在变电站综合自动化系统中，可以避免这种情况。当监测到该回路负荷很小时，可以不切除它，而改切另一路负荷大的备选回路。这就改变了系统的呆板形象，而具有了一定的智能。

5. 通信子系统

通信功能包括站内现场级之间的通信和变电站自动化系统与上级调度的通信两部分。

（1）综合自动化系统的现场级通信　综合自动化系统的现场级通信，主要解决自动化系统内部各子系统与监控主机（上位机）及各子系统间的数据通信和信息交换问题。通信范围是变电站内部。对于集中组屏的综合自动化系统，就是在主控室内部；对于分散安装的自动化系统，其通信范围扩大至主控室与各子系统的安装地（开关室），通信距离加长了一些。

现场级的通信方式有并行通信、串行通信、局域网络和现场总线等多种方式。

（2）综合自动化系统与上级调度通信　综合自动化系统应兼有 RTU 的全部功能，能够将所采集的模拟量和开关状态信息，以及事件顺序记录等传至调度端，同时应能接收调度端下达的各种操作、控制、修改定值等命令，即完成新型 RTU 的全部四遥及其他功能。

通信子系统的通信规约应符合部颁标准。最常用的有 POLLING 和 CDT 两类规约。

二、变电站综合自动化的结构形式

变电站综合自动化系统的发展与集成电路、微型计算机、通信和网络等方面的技术发展密切相关。随着这些高科技技术的不断发展，综合自动化系统的体系结构也不断发生变化，其性能和功能以及可靠性等也不断提高。从国内外变电站综合自动化系统的发展过程来看，其结构形式有集中式、分布集中式、分散与集中相结合式和全分散式四种，下面详细介绍前三种。

1. 集中式的结构形式

集中式的综合自动化系统，是指集中采集变电站的模拟量、开关量和数字量等信息，集中进行计算与处理，再分别完成微机监控、微机保护和一些自动控制等功能。集中式结构不是指由一台计算机完成保护、监控等全部功能。集中式结构的微机保护、微机监控和与调度通信的功能可以由不同计算机完成的，只是每台计算机承担的任务多些。这种结构形式的存在与当时的微机技术和通信技术的实际情况是相关的。在国外，20 世纪 60 年代由于计算机和小型机价格昂贵，只能是高度集中的结构形式。我国变电站综合自动化研究初期也是以集中式结构为主导，如图 6-20 所示。

这种集中式的结构是根据变电站的规模，配置相应容量的集中式保护装置和监控主机及

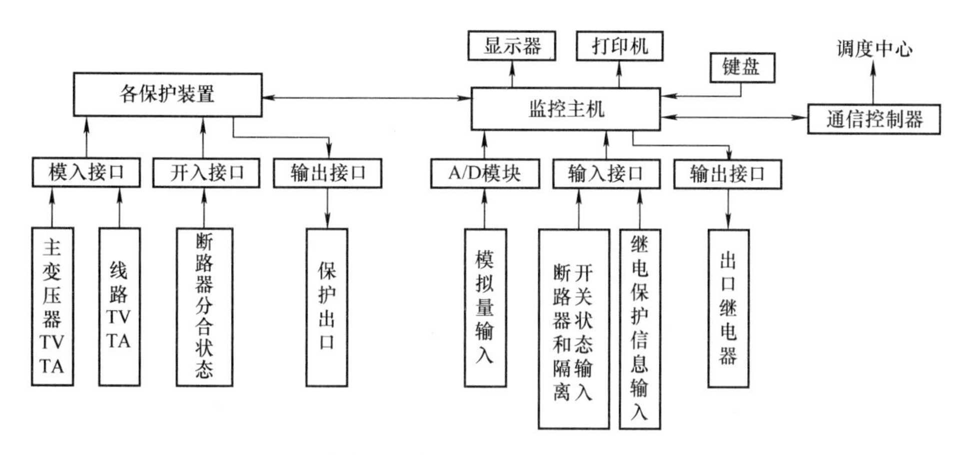

图6-20　集中式结构的变电站综合自动化系统框图

数据采集系统，将它们安装在变电站中央控制室内。

主变压器和各进出线及站内所有电气设备的运行状态，通过TA、TV经电缆传输到中央控制室的保护装置和监控主机（或远动装置）。继电保护动作信息往往是取保护装置的信号继电器的辅助触点，通过电缆送给监控主机（或远动装置）。

这种集中式结构系统造价低，且其结构紧凑、体积小，可大大减少占地面积。其缺点是软件复杂，修改工作量很大，系统调试麻烦；且每台计算机的功能较集中，如果一台计算机出故障，影响面大，就必须采用双机并联运行的结构才能提高可靠性。另外，该结构组态不灵活，对不同主接线或规模不同的变电站，软、硬件都必须另行设计，二次开发的工作量很大，因此影响了批量生产，不利于推广。

2. 分层（级）分布式系统集中组屏的结构形式

所谓分布式结构，是在结构上采用主从CPU协同工作方式，各功能模块（通常是各个从CPU）之间采用网络技术或串行方式实现数据通信，多CPU系统提高了处理并行多发事件的能力，解决了集中式结构中独立CPU计算处理的瓶颈问题，方便系统扩展和维护，且局部故障不影响其他模块（部件）的正常运行。

所谓分层式结构，是将变电站信息的采集和控制分为管理层、站控层和间隔层三级分层布置，如图6-21所示。

间隔层按一次设备组织，一般按断路器的间隔划分，具有测量、控制和继电保护部分。测量、控制部分负责该单元的测量、监视、断路器的操作控制和联锁、事件顺序记录等；保护部分负责该单元线路或变压器或电容器的保护、各种录波等。因此，间隔层本身是由各种不同的单元装置组成，这些独立的单元装置直接通过总线接到站控层。

站控层的主要功能就是作为数据集中处理和保护管理，担负着上传下达的重要任务。一种集中组屏结构的站控层设备是保护管理机和数采控制机。正常运行时，保护管理机监视各保护单元的工作情况，一旦发现某一保护单元本身工作不正常，立即报告监控主机，并报告调度中心。如果某一保护单元有保护动作信息，也通过保护管理机，将保护动作信息送往监控主机，再送往调度中心。调度中心或监控主机也可通过保护管理机下达修改保护定值等命令。数采控制机则将数采单元和开关单元所采集的数据和开关状态发送给监控主机和调度中心，并接收由调度中心或监控主机下达的命令。总之，这第二层管理机的作用是可明显减轻

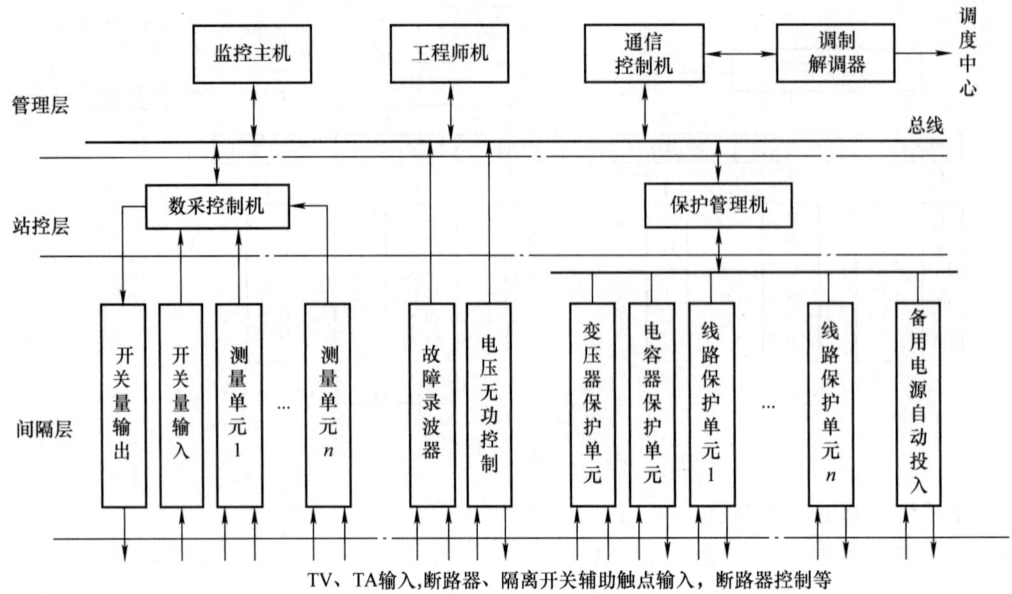

图 6-21　大型变电站分层式集中组屏综合自动化系统的结构框图

监控主机的负担，协助监控机承担对间隔层的管理。

变电站的监控主机，通过局部网络与保护管理机和数采控制机以及控制处理机通信。监控主机的作用是，在无人值班的变电站，主要负责与调度中心的通信，使变电站综合自动化系统具有 RTU 的功能，完成四遥的任务；在有人值班的变电站，除了仍然负责与调度中心的通信外，还负责人机联系，使综合自动化系统通过监控主机完成当地显示、制表打印、开关操作等功能。

分层分布式系统集中组屏结构的特点如下：

1）由于分层分布式结构配置，在功能上采用可以下放的尽量下放原则，凡事可以在本间隔层就地完成的功能，绝不依赖通信网。这样的系统结构与集中式系统比较，明显优点是：可靠性高，任一部分设备有故障时，只影响局部；可扩展性和灵活性高；站内二次电缆大大简化，节约投资也简化维护。分布式系统为多 CPU 工作方式，各装置都有一定的数据处理能力，从而大大减轻了主控制机的负担。

2）继电保护相对独立。继电保护装置的可靠性要求非常严格，因此在综合自动化系统中，继电保护单元宜相对独立，其功能不依赖于通信网络或其他设备。通过通信网络和保护管理机传输的只是保护动作的信息或记录数据。

3）具有和系统控制中心通信的能力。综合自动化系统本身已具有对模拟量、开关量、电能脉冲量进行数据采集和数据处理的功能，还收集继电保护动作信息、事件顺序记录等，因此不必另设独立的 RTU 装置，不必为调度中心单独采集信息。综合自动化系统采集的信息可以直接传输给调度中心，同时也可以接收调度中心下达的控制、操作命令和在线修改保护定值命令。

4）模块化结构，可靠性高。综合自动化系统中的各功能模块都由独立的电源供电，输入/输出回路也相互独立，因此任何一个模块故障，都只影响局部功能，不会影响全局。由于各功能模块都是面向对象设计的，所以软件结构较集中式的简单，便于调试和扩充。

5）室内工作环境好，管理维护方便。分级分布式系统采用集中组屏结构，屏全部安放在控制室内，工作环境较好，电磁干扰比放于开关柜附近弱，便于管理和维护。

分布集中式结构的主要缺点是安装时需要的控制电缆相对较多，增加了电缆投资。

3. 分散与集中相结合的结构

分布集中式的结构虽具备分级分布式、模块化结构的优点，但因为采用集中组屏结构，因此需要较多的电缆。随着单片机技术和通信技术的发展，可以考虑以每个电网元件为对象，集测量、保护、控制为一体，设计在同一机箱中。对于 6～35kV 的配电线路，这样一体化的保护、测量、控制单元就分散安装在各开关柜内，构成所谓智能化开关柜，然后通过光纤或电缆网络与监控主机通信，这就是分散式结构。考虑环境等因素，高压线路保护和变压器保护装置，仍可采用组屏安装在控制室内。这种将配电线路的保护和测控单元分散安装在开关柜内，而高压线路保护和主变压器保护装置等采用集中组屏的系统结构，就称为分散与集中相结合的结构，其框图如图 6-22 所示，这是当前综合自动化系统的主要结构形式，也是今后的发展方向。

图 6-22 所示的系统中，10～35kV 馈线保护采用的是分散式结构，就地安装（实现开关柜智能化），节约控制电缆，通过现场总线与保护管理机通信；而高压线路保护和变压器保护采用的是集中组屏结构，保护屏安装在控制室或保护室中，同样通过现场总线与保护管理机通信。这些重要的保护装置处于比较好的工作环境，对可靠性较为有利；其他自动装置中，备用电源自投控制装置和电压、无功综合控制装置采用集中组屏结构，安装于控制室或保护室。

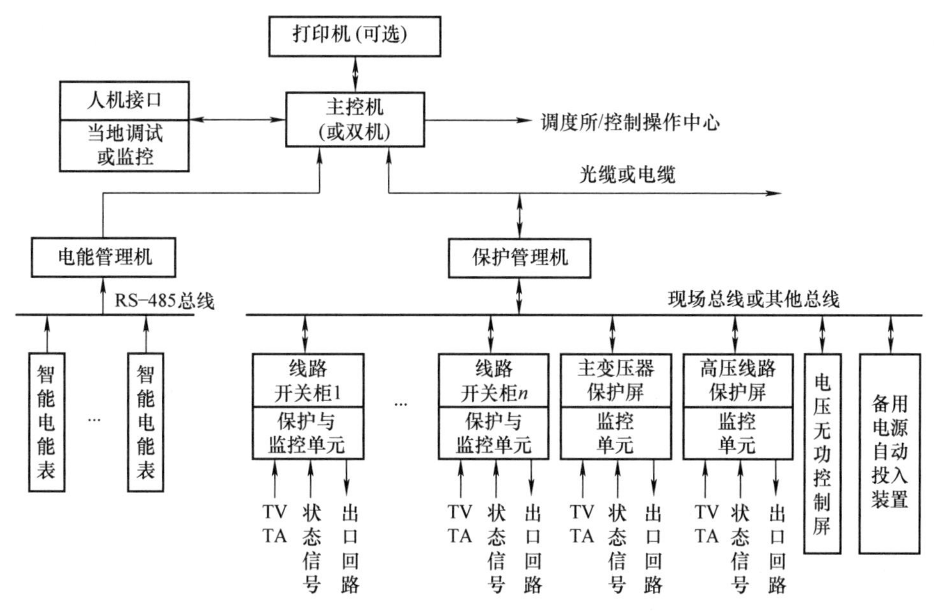

图 6-22　分散与集中相结合的变电站综合自动化系统的结构框图

分散与集中相结合的变电站综合自动化系统有以下优点：

1）简化了变电站二次部分的配置，大大缩小了控制室的面积。配电线路的保护和测控单元，分散安装在各开关柜内，减少了主控室保护屏的数量，再加上采用综合自动化系统后，原先常规的控制屏、中央信号屏和站内模拟屏可以取消，因此使主控室面积大大缩小，有利于实现无人值班。

2）减少了设备安装工程量。智能化开关柜的保护和测控单元在开关柜出厂前已由厂家安装和调试完毕，再加上敷设电缆的数量大大减少，因此现场施工、安装和调试的工期都随之缩短。

3）简化了变电站二次设备之间的互连线，节省了大量连接电缆。

4）分散与集中相结合的结构可靠性高，组态灵活，检修方便。分散式结构，由于分散安装，减小了 TA 的负担。各模块与监控主机间通过局域网络或现场总线连接，抗干扰能力强，可靠性高。

第七节　数字化变电站

在传统变电站中，采用强电电缆在一次设备和二次设备之间传输控制和模拟量信号。这种方式电缆利用率低（一根电缆只能传输一路控制信号或者一路交流信号），接线复杂，受电磁干扰影响严重。变电站综合自动化系统中采用通信的方式实现二次设备之间的信息交换，节省了大量的强电电缆，也大大简化了接线。如果通信媒介采用光纤，则更能够大大提高自动化系统的抗电磁干扰能力。然而由于传统的电磁式电流和电压互感器的二次交流模拟量必须通过强电电缆输出；传统断路器也需要电缆传输状态信号和接收控制命令，因而一次、二次设备之间仍然存在大量的强电电缆联系。近二十年来，随着技术的发展，出现了新型互感器、智能断路器等许多新设备。结合网络通信技术、微电子技术和计算机技术的新成果，变电站自动化系统逐步具备了信息采集、传输、处理和输出的完全数字化的可能性，于是出现了数字化变电站。

数字化变电站作为一个正在不断发展完善的新生事物，它的准确定义和具体内容尚未统一。一般来说，数字化变电站指的是变电站信息的采集、传输、处理的全过程实现数字化，它的主要技术特点包括：

1）采用新型电流和电压互感器代替常规电流互感器和电压互感器，将大电流、高电压直接转换为数字信号或者低电平信号。

2）利用高速以太网构成变电站数据采集及状态和控制信号的传输系统。

3）数据和信息实现基于 IEC 61850 标准的统一建模。

4）采用智能断路器等一次设备，实现一次设备控制和监视的数字化。

下面分别就数字化变电站的相关技术内容做一个简单介绍。

一、新型电流和电压互感器

传统的电磁式互感器基于法拉第电磁感应原理，广泛应用在电力系统的保护、测量、计量等方面。随着电力系统的发展，传统互感器的一些弊端日益突出。例如电磁式电压互感器存在铁磁谐振的问题，会造成谐振过电压；超高压、特高压系统中电磁式电流互感器的绝缘技术难度大、价格昂贵；一次电流从小负荷到短路电流，变化范围大，电磁式电流互感器在低端精度低，在高端容易饱和，等等。随着电子技术的发展，一些新原理和新方案的互感器逐渐达到或接近实用化，使得人们看到了彻底解决传统互感器弊端的希望。

以电流互感器为例，有基于 Rogowski 线圈的电子式电流互感器，基于法拉第磁致旋光效应的光学电流互感器，以及低功率电磁式电流互感器等，这些电流互感器统称非传统电流互感器。下面就目前已经实用化或者接近实用化的几种非传统电流互感器做简单介绍。

1. 基于 Rogowski 线圈的电子式电流互感器

Rogowski 线圈又称为罗柯夫斯基线圈、罗氏线圈，是由德国物理学家 Walter Rogowski 于 1912 年提出的。基于 Rogowski 线圈的电流互感器的原理结构如图 6-23 所示。它仍然应用法拉第电磁感应定律进行电磁信号传变，其传变公式如下：

$$u(t) = M\frac{\mathrm{d}i(t)}{\mathrm{d}t} \tag{6-1}$$

式中　$u(t)$——二次侧输出的电压瞬时信号随时间变化的函数；

$i(t)$——一次侧大电流瞬时值随时间变化的函数；

M——传变系数。

与传统电磁式电流互感器不同，Rogowski 线圈中没有铁心，因而不会出现饱和现象，这是它的突出优点。但是同样是因为没有铁心，所以它输出的二次电压非常小，一般在毫伏级，必须就地转换成数字量，才能够传输给二次设备；并且由式（6-1）得到的电压，需要进行一次积分转换才能还原成与一次电流成比例的值。因此，基于 Rogowski 线圈的电子式电流互感器需要有电子器件实现积分、模/数转换等环节。由于 Rogowski 线圈的带负荷能力非常弱，所以由这些电子器件组成的电子线路板必须就近放置在线圈的二次出口，非常靠近高压一次设备，因而抗电磁干扰能力的要求非常高；电子器件需要由二次系统供给低压直流电源（例如 5V 或者 12V 的直流电），由于电子线路板靠近高压一次设备，考虑到绝缘问题，不适合采用电缆的方式从二次系统供电，因此这种电流互感器的供电问题需要采用特殊的技术手段解决。

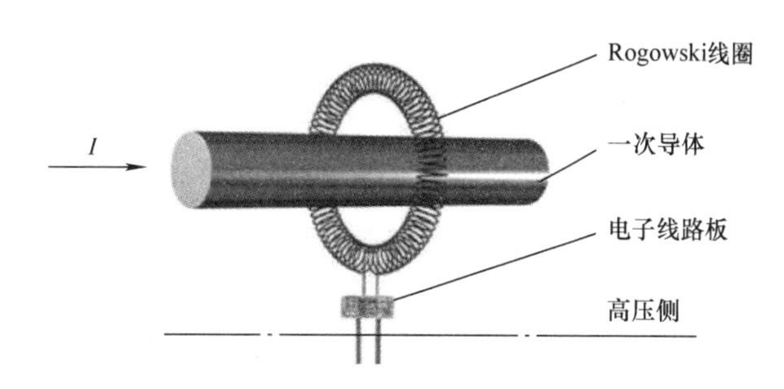

图 6-23　基于 Rogowski 线圈的电流互感器的原理结构图

此外，要保证电流互感器输出的稳定性，也就是要尽量维持式（6-1）中传变系数 M 的恒定，还需要考虑 Rogowski 线圈受温度影响的问题、在电磁力作用下线圈的变形问题；长期运行时电子器件的使用寿命等问题。

2. 基于法拉第磁致旋光效应的光学电流互感器

法拉第磁致旋光效应是指，一束线偏振光沿外加磁场方向或磁化强度方向通过介质时，偏振面发生旋转的现象，如图 6-24 所示。

在法拉第磁致旋光效应中，线偏振光的偏振面的旋转角度 θ，与沿光束方向的磁场强度 H 和光在介质中传播的长度 L 之积成正比，即

$$\theta = VHL \tag{6-2}$$

其中，V 是韦尔德（verdet）常数，表示在单位磁场强度下线偏振光通过单位长度的磁光介质后偏振方向旋转的角度。

基于此效应构成的光学电流互感器的示意图如图 6-25 所示。其中，围绕在一次导体周

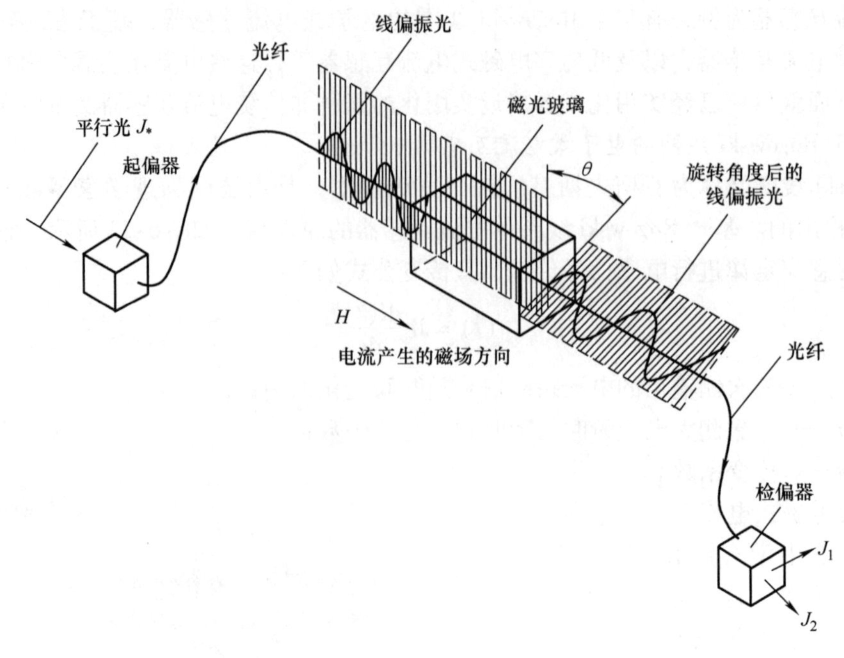

图 6-24　法拉第磁致旋光效应原理示意图

围的光学介质可以是磁光玻璃或者特种光纤。由于光学介质的材料和尺寸、结构固定之后，式（6-2）中的 V 和 L 就确定了，于是通过测量旋转角度 θ，就可以得到磁场强度 H，从而算出一次导体中的电流大小。

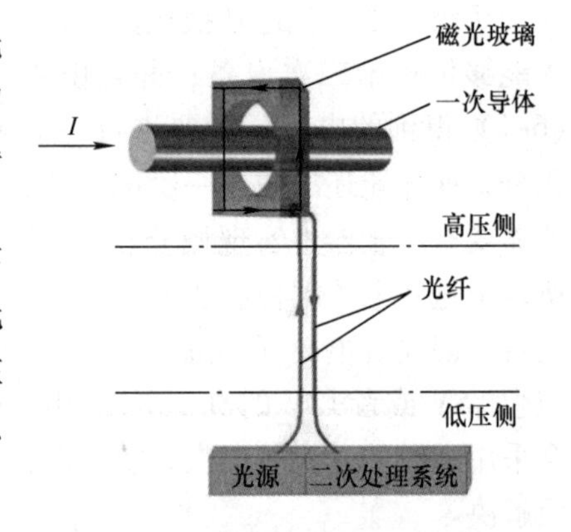

图 6-25　基于法拉第磁致旋光效应的光学电流互感器示意图

从图 6-25 中可以看出，这种光学电流互感器在高压侧不需要电源，因此称为无源光学电流互感器。无源光学电流互感器在原理上具有突出的优点，但是在工程应用上，需要解决光学介质材料和结构的一致性、光学特性的温度漂移等一系列问题。

3. 低功率电磁式电流互感器

低功率电磁式电流互感器与传统电流互感器一样，采用带有铁心的线圈实现电流的转换。传统电流互感器的二次回路中，由于负荷比较重，因而在大电流情况下容易出现饱和问题，为了提高带负荷能力，电流互感器的体积必须比较大。电流互感器二次回路的负荷包括串接在电流互感器二次侧的各种保护、测量等二次设备，以及从电流互感器二次出口到这些二次设备之间的电缆。

低功率电流互感器（low power CT，LPCT）实际上是一种具有低功率输出特性的电磁式电流互感器，由于它的输出一般是直接提供给电子电路，因而电缆负荷非常小；电子电路直接将模拟量转换成数字量，所以二次负荷比较小；其铁心一般采用微晶合金等高导磁性材料，在较小的铁心截面（铁心尺寸）下，就能够满足测量准确度的要求。在 IEC 标准中，它被列为电子式电流互感器的一种实现形式，代表着电磁式电流互感器的一个发展方向。

在中、低压系统中，相对于传统的电磁式电流互感器，基于 Rogowski 线圈的电子式互感器和基于法拉第磁致旋光效应的光学电流互感器的成本都比较高，因而采用 LPCT 是一种比较合适的方式，因而具有较好的应用前景。

除了上述介绍的几种电流互感器之外，还存在其他种类的非传统电流互感器。各种原理的非传统电流互感器及电压互感器，都具有直接数字量输出、体积小重量轻、动态范围宽、无铁磁谐振、无磁饱和等一系列优点。然而传统电磁式电流、电压互感器也具有许多显著的优势，例如可靠性高、使用寿命长、运行稳定、设计制造技术完善、运行经验丰富等。因此，非传统互感器要真正实现大规模的工业应用，需要解决许多工程实际问题，还有很长的路要走。

二、智能断路器

非常规互感器的出现以及计算机的发展，使得对于断路器设备内部的电、磁、温度、机械、机构动作状态监测已经成为可能，可通过收集分析检测数据，判断断路器设备运行的状况及趋势，安排检修和维护时间，实现设备的状态检修，代替传统的定期检查试验和预防性试验。智能化一次设备采用数字化的监视和控制手段，机械结构简单，体积小。既减少了设备停电检修的概率和时间，减少了运行成本，也减少了人为因素造成的设备损坏。

智能操作断路器是根据所检测到的电网中断路器开断前一瞬间的各种工作状态信息，自动选择和调整操动机构以及与灭弧室状态相适应的合理工作条件，以改变现有断路器的单一分闸特性。例如，在无负荷时以较低的分闸速度开断，而在系统故障时又以较高的分闸速度开断等。这样，就可获得开断时电气和机构性能上的最佳开断效果。

对于目前现场大量使用的常规断路器而言，可以通过在断路器附近就近安装智能二次装置，采集断路器的位置、机构状态等信息，就地转换为数字信号，通过通信网络传输给二次系统；并通过通信网络接收二次系统的控制命令，转换成合适的控制信号控制断路器，从而实现常规断路器的智能化升级。

三、国际电工委员会 IEC 61850 标准

1. 概述

随着变电站自动化技术的发展，一个需要解决的主要问题就是互操作问题。以前由于没有一个统一的网络和系统标准，不同厂家的设备和系统往往使用不同的网络、通信协议和信息描述方法，导致变电站自动化系统中不同厂家的设备之间无法进行互操作，必须使用种类繁多的协议转换器进行转换，才能集成为一个系统，这种情况在国内、外普遍存在。协议转换器的存在，使得系统集成周期长、费用高，系统可靠性降低，后期维护不方便。

为了适应变电站自动化技术的迅速发展，1995 年国际电工委员会第 57 技术委员会（IEC TC57）成立了 3 个工作组，负责制定 IEC 61850 标准，目的就是为了实现变电站内部不同厂商产品之间的互操作性。

IEC 61850 标准的草案于 1999 年提出，并于 2004 年正式颁布标准的第一版。标准的全称是《变电站通信网络和系统》。整个标准系列包括 10 个部分，其中第 7 和第 9 部分分别包含了几个子部分，而第 8 部分目前只有一个子部分，如下所示：

- IEC 61850 -1：介绍和概述
- IEC 61850 -2：术语

■ IEC 61850－3：总体要求

包括质量要求（可靠性、可维护性、系统可用性、轻便性、安全性），环境条件，辅助服务，其他标准和规范。

■ IEC 61850－4：系统和项目管理

包括工程要求（参数分类、工程工具、文件），系统使用周期（产品版本、工程交接、工程交接后的支持），质量保证（责任、测试设备、典型测试、系统测试、工厂验收、现场验收）。

■ IEC 61850－5：功能通信要求和装置模型

■ IEC 61850－6：与变电站有关的 IED 的通信配置描述语言

■ IEC 61850－7：变电站和馈线设备的基本通信结构

- IEC 61850－7－1：原理和模型
- IEC 61850－7－2：抽象通信服务接口（ACSI）
- IEC 61850－7－3：公用数据类
- IEC 61850－7－4：兼容逻辑节点类和数据类

■ IEC 61850－8：特定通信服务映射（SCSM）

- IEC 61850－8－1：对 MMS（ISO 9506－1 和 ISO 9506－2）及 ISO/IEC 8802－3 的映射

■ IEC 61850－9：特定通信服务映射（SCSM）

- IEC 61850－9－1：单向多路点对点串行通信链路上的采样值
- IEC 61850－9－2：映射到 ISO/IEC 8802－3 的采样值

■ IEC 61850－10：一致性测试

IEC 61850 是基于网络通信平台的变电站自动化系统唯一的国际标准，自颁布以来获得了广泛的关注和应用。在我国，由全国电力系统控制及其通信标准化技术委员会负责将此国际标准转换为国家标准，并于 2004 年发布和实施，标准的名称为《变电站通信网络和系统》，等同采用 IEC 61850 国际标准。国家电力调度通信中心组织国内、外多个厂商先后进行了 6 次互操作试验，国内许多单位陆续实施了多个数字化变电站的示范工程。在这些工作的基础上，提出了适合我国实际情况的《IEC 61850 标准工程应用技术规范》。

由于 IEC 61850 获得的巨大成功，解决了变电站内部的互操作问题，国际电工委员会正努力扩展 IEC 61850 的应用范围。在第二版标准中，增加了水电厂、分布式能源等相关内容，应用领域从变电站内部扩展到变电站之间、变电站和控制中心之间等的通信，并且将标准的名称变为《电力自动化通信网络和系统》，此标准于 2016 年发布并实施。

下面将依据 IEC 61850 第一版（DL/T 860）简要介绍标准的相关内容。

2. 面向对象的建模

IEC 61850 标准的主要目的是为了实现互操作。互操作是指同一厂家或者不同厂家的两个或多个智能电子设备（intelligent electric devices，IED）具有交换信息并使用这些信息进行正确协同操作的能力。

为了实现互操作，首先必须要规范变电站自动化系统所完成功能的通信要求和装置模型，辨别所有已知的功能和通信要求。IEC 61850 中将各种变电站自动化系统的功能分解为若干相互交换数据的部分组成，这些部分称为逻辑节点（logical node，LN）。在 IEC 61850

标准中规定，只有逻辑节点才能交换数据。因此，一个同其他功能交换数据的功能必须由一个或者多个逻辑节点组成，这些逻辑节点既可以在单独一个 IED 中实现，也可以存在于在不同的 IED 中。

在标准的第一版中，共定义了 12 类共 80 多个逻辑节点。标准中对各个逻辑节点的功能进行了描述，并且规定了逻辑节点之间可以交换的数据和所要求的性能。需要注意的是，标准中只是规定了逻辑节点与通信有关的内容，如数据、通信服务等，对于功能的具体实现，则是 IED 内部的事情。

一个 IED 要完成特定的变电站自动化功能，就必须包含多个逻辑节点。为了方便管理，可以将 IED 中完成同一个或者同一类功能的逻辑节点组成一个逻辑设备（logical device，LD）。作为物理装置（physical device，PHD）的 IED，可以包含一个或者多个逻辑设备。物理装置或者逻辑设备作为变电站通信系统中的服务器，提供数据和通信服务，同时也作为通信系统的客户端访问其他服务器的数据。

每一个逻辑节点都包含有许多的数据和通信服务等内容。而每一个数据，又有多个属性，并且对于每一种数据，还规定了它的功能约束（例如该数据是只读的，还是可读写的，等等）。图 6-26 以某馈线电流测量为例给出了其模型示意图。

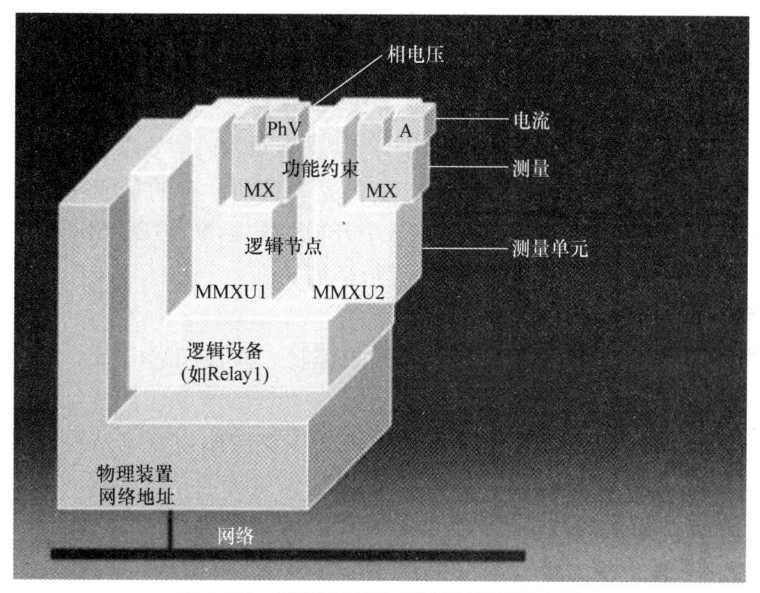

图 6-26 逻辑节点及其数据模型示意图

这个示意的模型包含在某个物理装置中，物理装置连接在网络上，具有独立的网络地址。物理装置包含一个保护逻辑设备（logical device），命名为 Relay1，当然这个物理装置还可以包含其他任意定义的逻辑设备，例如测量逻辑设备、控制逻辑设备等。Relay1 中包含两个测量逻辑节点，MMXU1 和 MMXU2，还要包含许多其他的逻辑节点。MMXU1 和 MMXU2 中分别包含了相电压数据 PhV 和相电流数据 A，这两个数据的功能约束（functional constraints）都是 MX，也就是测量值（模拟值），允许读操作、取代操作、做报告或记入日志，但不能写。

在网络上的其他功能或者设备可以作为客户，以名称 Relay1$MMXU2$MX$A 通过请求本设备的读数据值（get data values）服务，读取本装置测量到的相电流值。这里，符号

“$”是 IEC 61850 规定的各部分名称之间的分隔符，而读数据值是定义在数据模型之上的服务之一。根据变电站自动化通信的需要，IEC 61850 定义了多种服务接口模型及其相应的服务，称为抽象通信服务接口（abstract communication service interface，ACSI）。

逻辑节点中包含许多不同种类的数据，每种数据有许多属性。IEC 61850 中归纳收集了变电站自动化系统中所需要的各种数据，将它们分成了 30 个公用数据类。例如，对于一个复数测量值（CMV）数据类，包含有向量瞬时值 instCVal、测量值的质量 q、测量的时间标签 t 等许多属性。这些属性有些是强制的，也就是在数据中必须出现的（如质量 q、时间标签 t 等），有些是可选的（如瞬时值 instCVal 等），以及其他的选择类型。对数据的各个属性的访问，需要受到一定的限制（如是否可读、可写等），这就是功能约束。

一个数据除了包含许多属性之外，还可以包含其他数据。例如，上述的数据相电压 phsV 和相电流 A，都属于 WYE 类（三相系统中相对地相关测量值数据类），包含了 phsA、phsB、phsC 等属于 CMV 数据类的数据，作为三相电压/电流的测量值。

对于经常需要通信查询的数据和数据属性，为了节省通信资源，可以事先在逻辑设备中定义数据集（Data Set），则只要通信的双方都知道数据集中内容的含义及顺序，就可以直接用数据集交换信息，而不再是每次交换单个数据或者单个数据属性。

简短来说，为了实现互操作性，IEC 61850 将变电站自动化系统中的功能分解成了 80 多种逻辑节点，规定了逻辑节点的数据和抽象通信服务接口。针对逻辑节点中的不同数据归纳了 30 种公用数据类，对每一个数据类都定义了数据中的属性。

由于逻辑节点的功能的具体实现方式不同，以及不同的通信要求，逻辑节点中的数据以及数据中的属性，有的是必需的（强制的），有的是可选的，有的是相互之间有依赖的，这些都在标准中进行了规定。除此而外，作为一个开放性的标准，IEC 61850 也给出了逻辑节点和数据的自定义方法，允许用户根据需要进行扩展。

3. 通信体系结构

IEC 61850 按照变电站自动化系统所要完成的控制、监视和继电保护三大功能从逻辑上将系统分为三层，即变电站层、间隔层和过程层。

1）站控层设备包括监控主机、远动主机等。其主要功能为变电站提供运行、管理、工程配置的界面，并记录变电站内的相关信息。远动、调度等与站外传输的信息可转换为远动和集控设备所能接受的协议规范，实现监控中心远方控制。

2）间隔层设备主要包括保护装置、测控装置等一些二次设备。

3）过程层设备包括电子式电流、电压互感器和开关设备的智能单元。

IEC 61850 总结了变电站内信息传输所必需的通信服务，设计了独立于所采用网络和应用层协议的抽象通信服务接口（ACSI），例如 get data values 就是 ACSI 中定义的数据模型中的读数据值服务。

ACSI 的提出，是为了细致而全面地描述变电站自动化中所需要的通信服务，而不考虑通信技术的具体实现方式。然而，ACSI 必须依托现实的通信技术才能够实现。这种 ACSI 到现实通信技术的转换，称为特定通信服务映射（specific communication service mapping，SCSM）。随着通信技术的不断发展，ACSI 可能有不同的特定通信服务映射，但是在一定的时段内，特定通信服务映射应当固定。目前，IEC 61850 规定的 SCSM 有以下几种：

（1）单向多路点对点串行通信链路上的采样值 SCSM 这是由 IEC 61850－9－1 定义的，

用于间隔层和过程层之间传输采样值的特定通信服务映射。由于采用点对点通信方式，因此这种映射不利于采样值数据的网络共享，根据 IEC 的规划，这个 SCSM 在第二版中废除。

（2）映射到 ISO/IEC 8802－3 的采样值　这是由 IEC 61850－9－2 定义的传输采样值的特定通信服务映射。它通过将采样值等数据直接映射到以太网的链路层从而实现高效的数据传输。

（3）对 MMS 及 ISO/IEC 8802－3 的映射　这是由 IEC 61850－8－1 定义的将 ACSI 映射到 MMS，利用以太网进行实时和非实时数据交换的方法。这里的 MMS，是指制造报文规范（manufacturing message specification），是一种成熟的工业自动化系统的通信技术规范，因此 IEC 61850 就能够利用 MMS 成熟的技术完成变电站自动化系统中的通信服务。

特别是对于跳闸命令、断路器位置状态信息等实时性非常高的通信服务，IEC 61850－8－1 中定义了通用面向对象变电站事件（generic object oriented substation event，GOOSE）和通用变电站状态事件（generic substation status event，GSSE）（其中常用的是 GOOSE）。通过将实时性数据及数据属性定义为数据集，直接映射到以太网协议的链路层，实现高效的数据传输。

图 6-27 给出了 IEC 61850 通信协议栈的示意图。

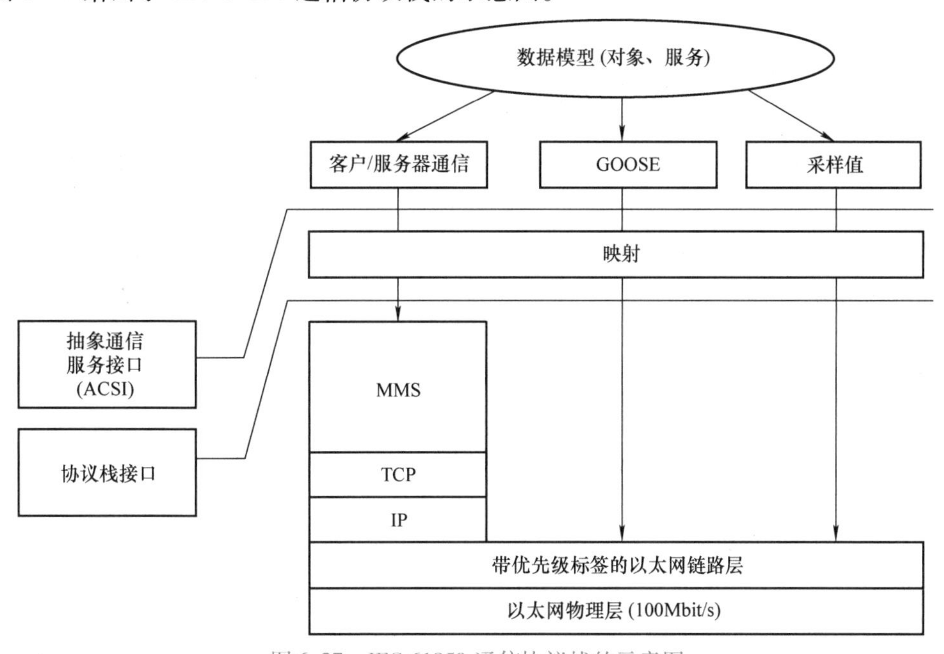

图 6-27　IEC 61850 通信协议栈的示意图

4. 变电站配置描述语言 SCL

变电站自动化系统中各个功能以及设备之间要实现互操作，首先就需要能够互相知道对方所包含的功能、数据等，也就是 IED 模型的内容。IEC 61850－6 中提出了变电站配置描述语言（substation configuration description language，SCDL），规定了描述与通信有关的 IED 的配置和参数、通信系统配置、开关场结构及它们之间关系的文件格式。

SCL 是以目前互联网世界中比较通用的可扩展标记语言——XML 为基础的。XML 是万维网联盟 W3C 制定的用于描述数据文档中数据的组织和安片结构的语言。XML 定义了如何利用简单、易懂的标签对数据进行标记的语法，而不同的应用领域和用户可以根据行业需求定义各类不同的标签，对 XML 进行扩展以满足各种不同的需要。

因此，在 IEC 61850－6 定义了用于描述变电站自动化系统的各种模型的一整套标签，命名为变电站配置描述语言。由于 XML 是纯文本语言，因此基于 SCL 的 IED 和变电站系统等配置文件可以方便地在各种不同的硬件和操作系统平台之间进行交换。

IEC 61850 是目前全世界唯一的变电站网络通信标准，获得了国际电气领域的广泛支持。以 IEC 61850 为技术支撑之一的数字化变电站技术正在蓬勃发展，IEC 61850 标准本身也在不断完善进步过程中。在实践过程中，IEC 61850 标准体系将会越来越体现出它的优越性，实现国际电工委员会提出的“一个世界，一种技术，一个标准”的目标。

四、智能变电站

随着 IEC 61850 标准体系的成功和数字化变电站的不断发展，大量在线和实时的电气量数据和设备状态信息能够在变电站自动化系统中实现网络共享，并且这些数据和信息都是按照统一标准描述的，因而具备了应用计算机人工智能技术对这些数据进行深入分析、挖掘和实现智能判断和推理的可能性。在此基础上，作为智能电网的一个重要组成部分，提出了智能变电站的概念。

按照国家电网公司企业标准《智能变电站技术导则》中的定义，智能变电站是指采用先进、可靠、集成、低碳、环保的智能设备，以全站信息数字化、通信平台网络化、信息共享标准化为基本要求，自动完成信息采集、测量、控制、保护、计量和监测等基本功能，并可根据需要支持电网实时自动控制、智能调节、在线分析决策、协同互动等高级功能的变电站。

虽然目前数字化变电站和智能变电站还不完善，还需要在实践过程中不断完善，但是随着技术的进步和相关实践的不断深入，智能变电站将会是变电站自动化系统必然的发展方向。

（一）智能变电站的体系结构

智能变电站的结构主要分为过程层、间隔层以及站控层。

过程层包含合并单元、智能终端、现场检测单元以及智能一次设备等，完成变电站的电能分配、转换、传输以及状态监测等功能，主要实现电气量的监测、状态监测以及操作驱动等。

间隔层包括测控、保护、计量、故障录波、网络记录分析一体化、备自投低频低压减负荷、状态监测智能电子设备、主 LED 等装置，实施一次设备的保护、操作闭锁和同期操作及其他控制，实现对数据的采集、统计运算以及控制命令的优先级设置，完成过程层中实时数据信息汇总以及站控层的网络通信。

站控层目前包括战域控制、远动通信、五防、对时、在线监测、辅助决策等子系统信息一体化平台，平台与各子系统之间通过 IEC 61850《变电站通信网络与系统》标准协议进行数据和控制指令通信，将来自各子系统的功能集成在一个信息一体化平台中。站控层主要通过网络汇集全站的实时数据信息并不断进行刷新，按既定的规约将有关信息传输到调度、控制以及在线监测中心；接收调度、控制和在线监测中心的命令并发送至间隔层以及过程层开始执行；具有在线可编程的全站操作闭锁功能；具有对于间隔层、过程层设备的在线维护、在线修改参数的功能；具有变电站故障自动分析的功能。智能变电站的结构如图 6-28 所示。

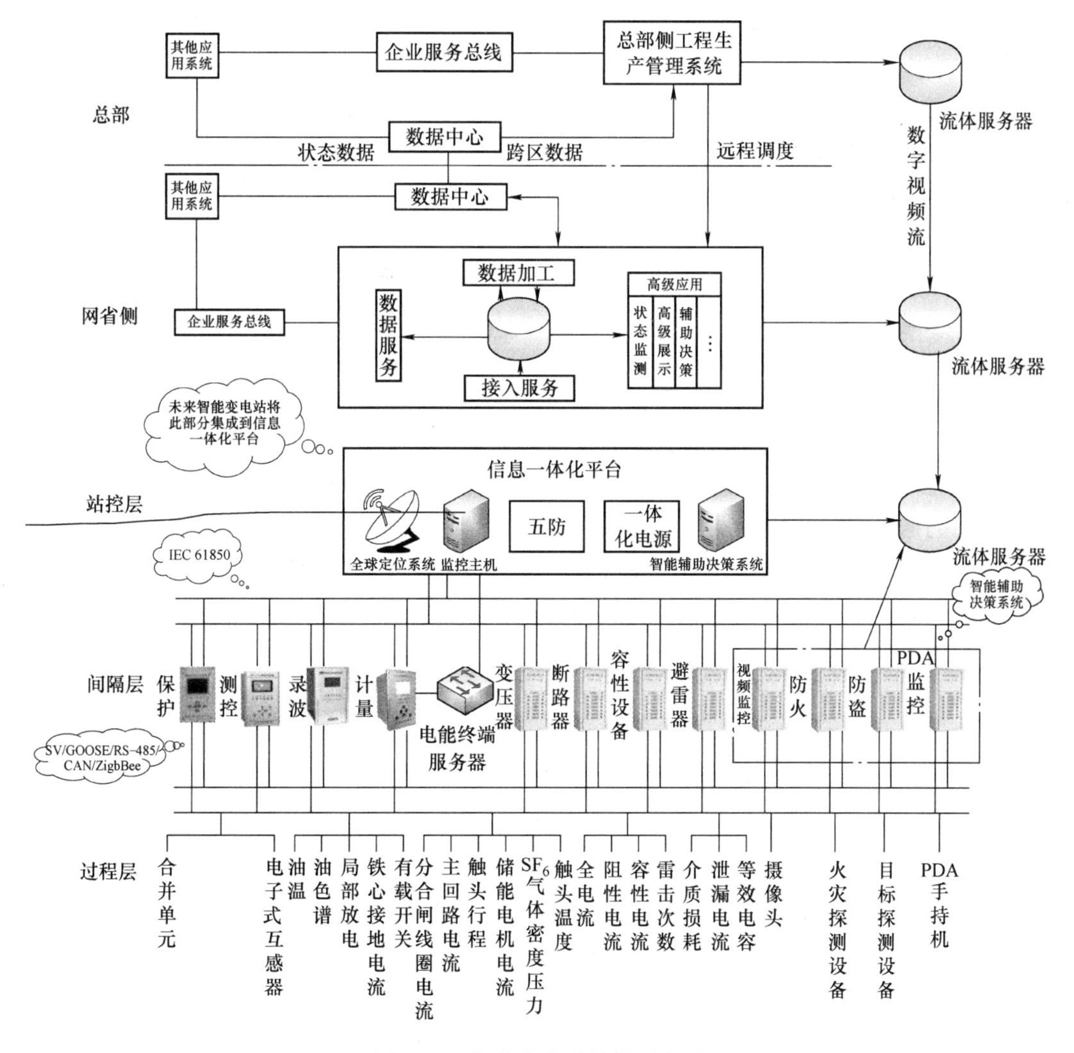

图 6-28　智能变电站结构示意图

（二）智能变电站的基本功能

智能变电站的主要特征为一次设备的智能化、信息交换的标准化、系统的高度集成化、保护控制的协调化、运行控制的自动化、分析决策的在线化等。

1. 基本功能

（1）测量单元　智能变电站测量单元采用高精度数据采集技术以及稳态、动态、暂态数据综合控制技术，实现了实时数据的同步采集，提供精确的电网数据，测量输出数据以及被测电气参数响应一致，并且具备电能质量的数据测量功能。

（2）控制单元　智能变电站的控制单元能够接收监控中心、调度中心以及后台控制中心发出的控制指令，经过校验之后，能够自动完成相关指令。控制单元具备全站防止电气误操作闭锁、同期电压选择、本间隔顺序控制、支持紧急操作模式以及投退保护压板等功能，满足智能变电站无人值守的要求。

（3）保护单元　智能变电站保护单元应当遵守继电保护的基本要求，通过网络通信等方式接收电流、电压等数据以及输出控制信号，信号输入、输出环节的故障不应导致保护误动作，应当发出警告信号，独立实现保护功能。当采用双重化的保护配置时，其信息输入、输出环节应当完全独立。

（4）计量单元　智能变电站计量单元具备分时段对需量电能量自动采集、处理、传输、存储等功能，能够准确完整地计算出电能量，满足电能量信息的唯一性以及可信度的要求。计量单元互感器的选择配置以及准确度应当满足相关规定。电能表具备可靠地数字量或者模拟量的输入接口，用于接收合并单元输出的信号。合并单元具备参数设置的硬件防护功能，其精确度需要满足计量的需求。

（5）状态监测单元　智能变电站的状态检测单元主要包括智能变压器监测单元、智能开关设备监测单元、智能容性设备检测单元以及智能避雷器监测单元，通过传感器对一侧设备的运行状态进行自动信息采集，通过 IEC 61850 协议将数据传输到信息一体化平台上，接收信息一体化平台的控制指令，具备远方设定采集信息周期、报警阈值等功能。

（6）通信单元　智能变电站通信单元包括过程层/间隔层之间的通信单元以及间隔层/站控层之间的通信单元，间隔层与站控层之间的通信单元遵守 IEC 61850 协议，采用完全自描述的方法实现站内信息以及模型的交换。进行网络数据优先分级以及优先传输，计算并控制网络流量，甄别网络数据的完整性，最终满足全站电力系统故障时的保护以及控制设备正常运行的需求。

（7）源端保护　变电站是调度系统数据采集的源端，需要提供变电站主接线图、网络拓扑参数数据以及数据模型等配置参数信息。维护时只需要利用相关工具进行统一配置，生成标准文件，并且自动导入变电站的系统数据库。

（8）防闭锁单元　防闭锁单元实现全站的防误操作闭锁功能，同时在受控设备的操作回路中串联本间隔的闭锁回路。对空气绝缘的敞开式开关设备，可以配置就地锁具。变电站的远方、就地操作中均能够通过电气闭锁触点实现闭锁功能。

2. 高级功能

（1）设备状态可视化　采集变电站一次设备（变压器、断路器、开关设备、避雷器等）的状态信息，重要二次设备（测控装置、保护装置、合并单元以及智能终端等）以及网络设备的状态信息，进行状态可视化的展示并且发送至上级系统，为实现电网优化运行以及设备运行管理提供基础数据；实时监视变电站重要设备运行状态，为实现变电站的寿命周期管理提供数据。

（2）智能警告及故障信息的综合分析决策　智能警告功能对于变电站内的各种事件进行分析决策，建立变电站故障信息的推理逻辑以及相关模型，实现对异常信息的过滤以及分类，对变电站的运行状态进行实时监测并对异常情况进行自动报警，为主站提供已经筛选分类好的故障警告信息，从而可以对其进行合理安排，剔除没有威胁或者优先等级较低的警告信息，同时给出故障处理的指导建议。要求在故障情况下对异常事件按顺序记录信号，并对其进行保护控制、相量测量、故障录波等数据的综合分析，最终以可视化界面综合展示。

（3）站域控制　通过对全站信息的集中判断处理，实现站内自动控制设备的协调工作，满足系统的运行要求。

（4）与外部系统交互信息　与网省侧监控中心、相邻变电站、大用户以及各类电源等外部系统进行信息交换的功能，是智能变电站互动化的体现。

3. 辅助设施功能

（1）视频监控　智能变电站内配置视频监控系统，可以传输相关视频信息，在设备的控制操作以及事故处理时与信息一体化平台协同联动，且具备设备就地以及远程视频巡检以及远程视频工作指导等功能。

（2）安防系统　配置灾害防范、安全防范子系统，将警告信号以及测量数据根据 IEC 61850 协议接入到信息一体化平台中，并且配备语音广播系统，实现变电站内流动人员与监控中心语音交流，非法入侵时能进行广播警告。

（3）照明系统　采用清洁能源以及高效光源，利用节能灯具等降低能耗，配备应急照明设施。室外照明系统则采用总线布置，局部采用照明控制器的形式进行控制连接，实现照明的自动控制。

（4）站用电源系统　全站直流、交流、逆变等电源一体化设计、配置和监控，实现全站交、直流电源远方监控以及分析控制，其运行工况和信息数据根据 IEC 61850 协议接入到智能变电站信息一体化平台中。

（5）智能巡检系统　一方面可以通过相关终端人工采集变电站主要设备的运行状态信息，根据 IEC 61850 协议与变电站信息一体化平台进行数据交互；另一方面可以通过变电站的智能巡检机器人，按照任务要求自动获取变电站主要设备的运行状态信息，同样根据 IEC 61850 协议与变电站信息一体化平台进行数据交互。

（三）智能变电站的评价

1. 技术评价

技术评价主要包括基础功能完整性以及先进性两个方面：基础功能完整性评价应当包含一次设备智能化、电子式互感器、IEC 61850 标准、变电站信息一体化平台、信息安全防护以及一体化电源系统等内容；先进性评价应当从高级功能以及辅助功能的应用两方面进行评价。

（1）高级功能应用　高级功能的应用如图 6-29 所示。

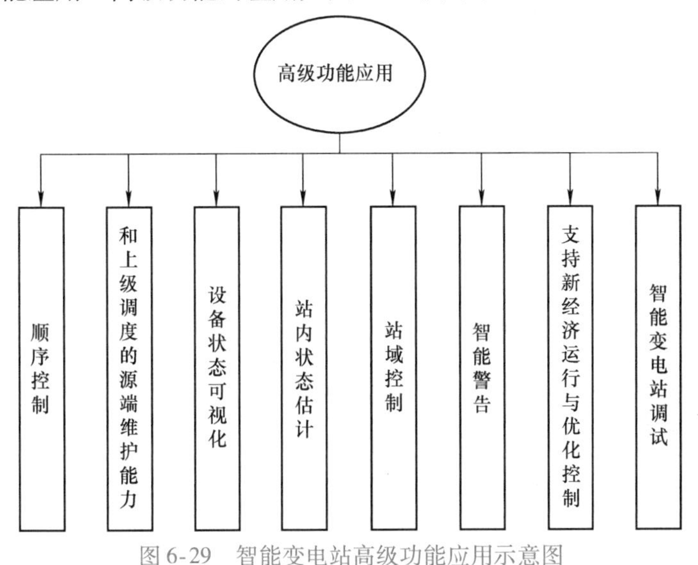

图 6-29　智能变电站高级功能应用示意图

（2）辅助功能应用　主要包括继电保护信息综合监视与分析、变电站辅助系统综合运用与监视、其他设备以及环境的智能化监控。

2. 经济评价

经济评价主要包括成本、社会效益以及全寿命周期投入产出比等分析，对于新建变电站还应当进行敏感性分析等，具体见表 6-1。

表 6-1　智能变电站经济评价

经济评价	新建工程	改造工程
成本分析	投资与运行成本分析	常规投资以及智能化投资成本分析
社会效益分析	节地、节材、节能以及增加设备可用系数、提高电网可靠性、提升电网安全防御水平等方面	节约占地面积、建筑面积、建筑工程量（控制电缆用量）、能耗（变电站用电量）以及增加设备可用系数（停电时间）等方面
全寿命周期投入产出比分析	全寿命周期投入产出比，是指在全寿命周期内，因降低建筑工程费、降低其他费用、等效延缓的一次设备投资及降低变电站运维成本而带来的效益与智能变电站较常规站设备购置费中的智能化投资增量的比值	改造站并不能真正减少已有的占地面积，因此在计算全寿命周期投入产出比时，计算两类投入产出比：一是不考虑节约占地费用以及建筑费用的实际投入产出比；另一类是考虑了这些费用的理论投入产出比
敏感性分析	设备价格、设计优化、设备寿命、运维成本降低等	

（四）智能变电站的发展方向

未来的智能变电站基于设备智能化的发展以及高级功能的实现，可以分为设备层和系统层。设备层包含一次设备以及智能组件，将一次设备、二次设备、在线监测以及故障录波等装置进行协调融合，具备电能输送、电能分配、继电保护、控制、测量、计量、状态监测、故障录波、通信功能，体现智能变电站智能化技术的发展方向。系统层面向全站，通过智能组件获取并综合处理变电站中关联智能设备的相关信息，具备基本数据处理以及高级应用等功能，包括网络通信系统、对时系统、系统高级应用、一体化信息平台等，突出信息共享、设备状态可视化、智能警告、分析决策等高级功能。智能变电站数据源标准统一，实现网络共享。智能设备之间进行深入交互，支持系统级的运行控制策略。未来智能变电站的结构如图 6-30 所示。

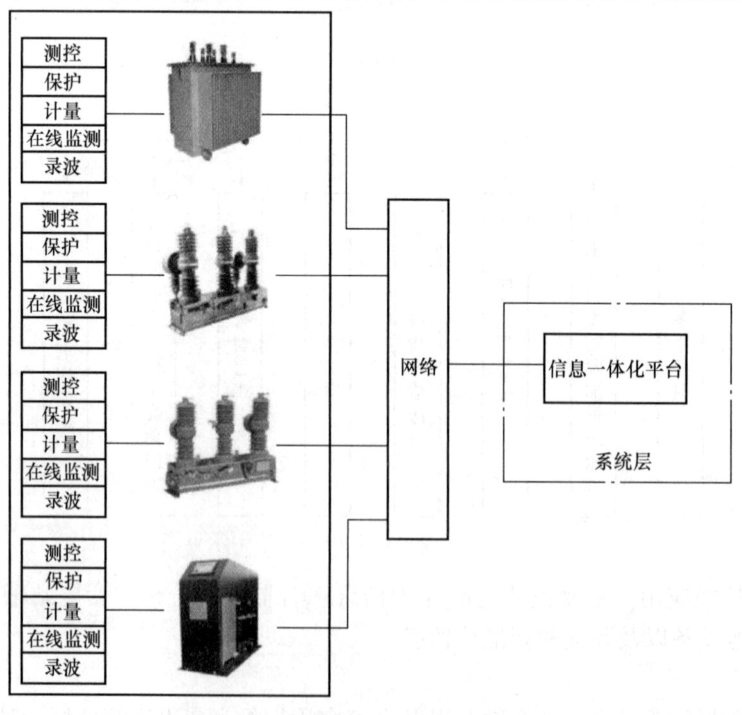

图 6-30　未来智能变电站结构示意图

第八节 配电网故障诊断与定位

一、概述

随着国内经济社会的快速发展，全社会对电能的需求稳步增长，国内电力基础设施建设取得了显著的成绩。与此同时，为了适应经济社会发展对电力行业提出的需求，国内电力行业自21世纪初开始大量推进智能电网建设，建设以特高压输电网络为骨干、各层次电网协调发展的信息化、自动化、数字化电网。在国内智能电网建设的过程中，电网在线监测、故障在线定位技术得到了发展，国内部分地区已经建成具有较高水平的配电网在线监测系统。

配电网的故障检测与定位是在配电网络中出现短路或断线等故障时，利用智能装置实现快速检测、确定故障点所在馈线、区段的功能。它需要同时满足可靠性以及准确性，是配电网故障隔离、排除、恢复供电的基础和前提。

故障检测以及定位是配电自动化中的核心技术环节，当配电网发生故障时，运行维护人员首先应当快速检测故障并确定其区段，以便抢修人员迅速到达故障点进行工作。因此，采用的故障检测定位技术直接影响用户侧的供电可靠性，进而影响社会生活各方面。配电网故障检测与定位的研究意义主要包括：

1）首先，配电网故障检测与定位是电力企业运行工作的要求。精确迅速的故障定位不仅能够降低巡线工作的强度，更可以及时隔离故障，降低故障运行中对电网设备的损坏，提高电网运行的安全水平。除此之外，有效降低停电时长，缩小停电区域，还可以提高电力企业的经济效益。

2）其次，快速检测及定位故障也是用电需求侧对于供电可靠性的要求。停电时间越长，国民经济损失越大。因此，快速的故障检测与定位可以抵消不良影响，为国家发展计划实施提供有力的支持。

3）最后，配电网故障检测与定位水平标志着电网运行自动化的综合能力。我国配电网自动化水平相对落后，使得确定故障点的工作效率较低，这也往往导致电网运行管理成本增大。

总的来说，配电网处在整个电力网络的最末端，直接与用电客户接触，因此依靠提高其故障检测与定位水平来提高其可靠供电能力和供电质量，能够提高电力企业的经济效益，同时也具有不可估量的社会效益。

二、配电网单相接地故障特征以及故障选线

采用中性点有效接地方式的配电网，故障特征明显，其故障自动定位技术主要解决网络结构复杂、线路分支多带来的问题；由于我国配电网主要采用中性点非有效接地方式的配电网，还需解决故障电流微弱的单相接地故障自动定位问题。对配电网按照中性点接地情况进行分类，可以分为中性点不接地系统、采用小电阻接地和通过消弧线圈（谐振）接地系统。目前，国内绝大多数配电网选用了谐振接地（非有效接地）方式运行，这种配电网结构被称为小电流接地系统。其中，配电网的单相接地占总故障的70%～80%，是电网中的主要故障。下面我们主要详细地介绍单相接地故障后的暂态故障特征和稳态故障特征，以便为故

障定位做好推理和判断依据。

（一）中性点不接地系统单相故障特性分析

国内目前的中压和低压配电网主要选用中性点不接地的运行方式，这种方式的网络具有结构简单、方便配网投运且不需要其他附加的设备的特点。当配电网中发生瞬时接地故障时，系统具有自动熄弧的能力，按照电力系统安全运行的规定，当该系统发生单相接地故障后，系统仍可运行1～2h。对中性点不接地配电网进行简化，得到简单网络模型图6-31所示。

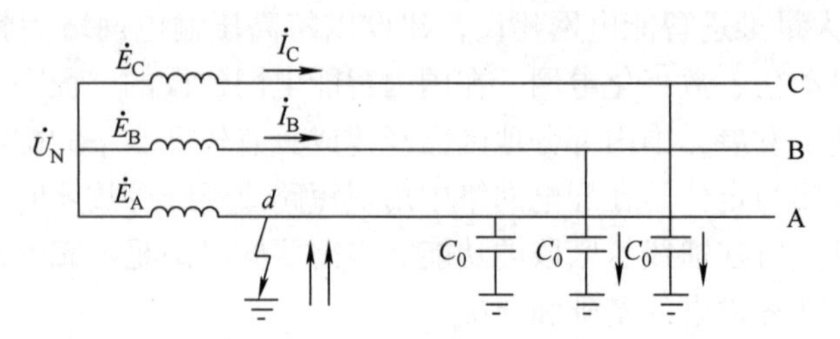

图6-31　中性点不接地系统单相接地示意图

在配电网处于正常运行状态时，假设三相对地电容都为C_0，在相电压作用下，各个回馈线各相中都会产生超前电压90°的电容电流。假设A相发生单相接地故障，此时，A相（故障相）对地电压将变为0，其他相对地电压将会上升到之前的$\sqrt{3}$倍。对应的，其余线路的非故障对地电容电流也将上升到原来的$\sqrt{3}$倍。系统中的电源电动势$\dot{E}_A$、$\dot{E}_B$、$\dot{E}_C$，线电压$\dot{U}_A$、$\dot{U}_B$、$\dot{U}_C$，以及对地电容电流$\dot{I}_A$、$\dot{I}_B$、$\dot{I}_C$，零序电压$\dot{U}_0$在发生A相接地故障时的相量关系图如图6-32所示。

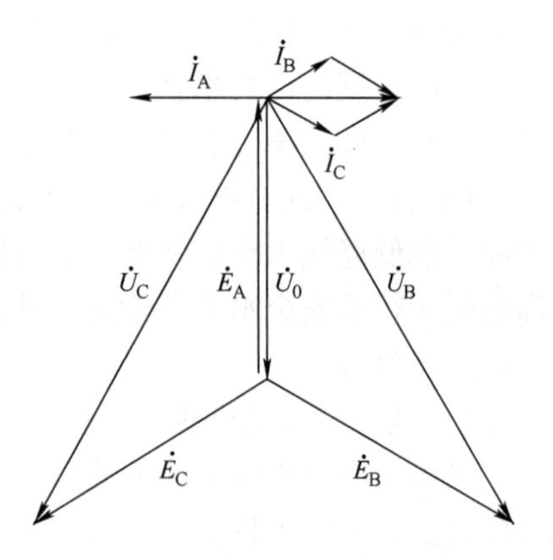

图6-32　A相接地相量图

考虑到此时配电网馈线电压仍然对称，三相负荷也对称，相对于故障发生前几乎没有变化。当A相发生接地故障后，不考虑负荷电流以及电容电流在馈线阻抗上造成的电压降落，则各相对地电压为

$$\begin{cases}\dot{U}_A=0\\ \dot{U}_B=\dot{E}_B-\dot{E}_A=\sqrt{3}\dot{E}_A e^{-j150°}\\ \dot{U}_C=\dot{E}_C-\dot{E}_A=\sqrt{3}\dot{E}_A e^{j150°}\end{cases}\tag{6-3}$$

由式（6-3）可以得出，故障发生后A相（故障相）电压为0，而B、C相（非故障相）电压则会上升到故障前的$\sqrt{3}$倍。因此，系统的零序电压表达式为

$$\dot{U}_0=\frac{1}{3}(\dot{U}_A+\dot{U}_B+\dot{U}_C)=\frac{1}{3}(0+\dot{U}_B+\dot{U}_C)=-\dot{E}_A\tag{6-4}$$

各相对地电容电流为

$$\begin{cases}\dot{I}_B=\dot{U}_B j\omega C_0=\sqrt{3}j\omega C_0\dot{E}_A e^{-j150°}\\ \dot{I}_C=\dot{U}_C j\omega C_0=\sqrt{3}j\omega C_0\dot{E}_A e^{j150°}\\ \dot{I}_A=-(\dot{I}_B+\dot{I}_C)=3j\omega C_0\dot{E}_A\end{cases}\tag{6-5}$$

用 U_ϕ 表示相电压的有效值，则 $\dot{I}_B$、$\dot{I}_C$ 的有效值分别为

$$I_B = I_C = \sqrt{3} U_\phi \omega C_0 \tag{6-6}$$

由式（6-6）可见，接地电流的大小是正常运行时电容电流的$\sqrt{3}$倍，故障线路始端的零序电流为0，即

$$3\dot{I}_0 = \dot{I}_A + \dot{I}_B + \dot{I}_C = I_A + (-\dot{I}_A) = 0 \tag{6-7}$$

当考虑到网络中有发电机以及多条出线时，发电机和线路均会产生对地电容，如图6-33所示，设定发电机G，线路1、2的集中电容分别为 C_{0G}、C_{01}、C_{02}，当线路2发生A相电流为0，B、C相只有本身存在的电容电流，故而在线路始端的零序电流为

$$3\dot{I}_0 = \dot{I}_{B1} + \dot{I}_{C1} \tag{6-8}$$

则其有效值为

$$3\dot{I}_0 = 3U_\phi \omega C_{01} \tag{6-9}$$

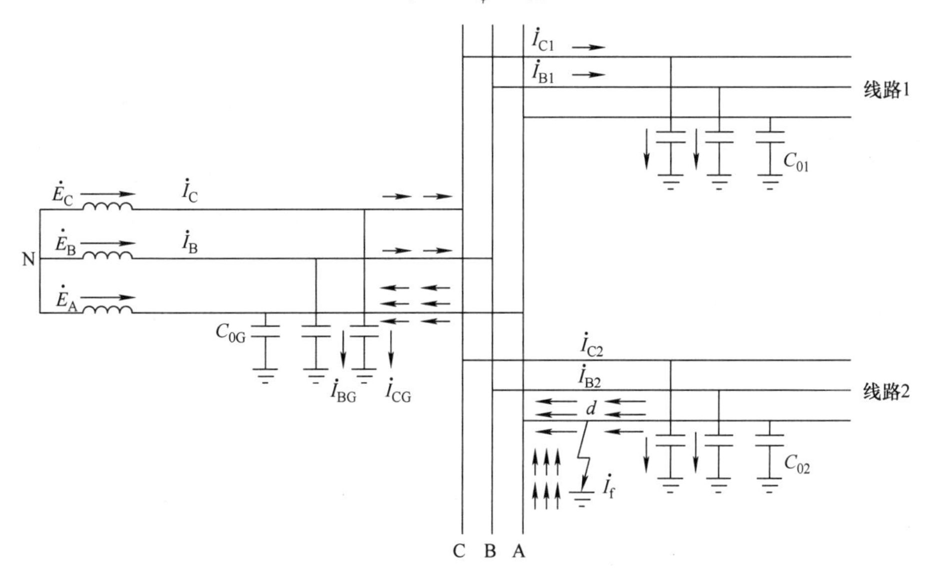

图6-33　单相接地电流分布图

由图6-33可以看出，对于健全线路1，零序电流就等于馈线本身的电容电流，其电容性无功功率的方向从母线流向线路。对于系统中的发电机，其本身存在对地电容电流 $\dot{I}_{BG}$、$\dot{I}_{CG}$。但其本身为产生其他线路对地电容电流的电源，因而会从A相中流回故障点处的全部电容电流，而B、C相流出线路对应的同名相所对应的电流，则各线路的电容电流从A相流入，从B、C相流出，故而在发电机三相上线路流入和流出的电流相互抵销，最后只保留下发电机自身的电容电流，为

$$3\dot{I}_{0G} = \dot{I}_{BG} + \dot{I}_{CG} \tag{6-10}$$

其在数值上满足等式 $3\dot{I}_{0G} = 3U_\phi \omega C_{0G}$，即发电机侧的零序电流等于其本身三相电容电流之和，其电容性无功功率由母线流向发电机端，这一性质与健全馈线中的性质相符。

对于故障线路2，流经B、C相的电容电流为 $\dot{I}_{B2}$、$\dot{I}_{C2}$，那么接地点的故障电流为

$$\dot{I}_f = (\dot{I}_{B1} + \dot{I}_{C1}) + (\dot{I}_{B2} + \dot{I}_{C2}) + (\dot{I}_{BG} + \dot{I}_{CG}) \tag{6-11}$$

有效值为

$$\dot{I}_{\mathrm{f}}=3U_{\phi}\omega(C_{01}+C_{02}+C_{03})=3U_{\phi}\omega C_{0\Sigma} \tag{6-12}$$

式中 $C_{0\Sigma}$——全系统对地电容之和。

此时A相反向电流为 $\dot{I}_{\mathrm{A2}}=-\dot{I}_{\mathrm{f}}$，那么线路2的出口处零序电流为

$$3\dot{I}_{02}=\dot{I}_{\mathrm{A2}}+\dot{I}_{\mathrm{B2}}+\dot{I}_{\mathrm{C2}}=-(\dot{I}_{\mathrm{B1}}+\dot{I}_{\mathrm{C1}}+\dot{I}_{\mathrm{BG}}+\dot{I}_{\mathrm{CG}}) \tag{6-13}$$

其有效值为

$$3\dot{I}_{02}=3U_{\phi}\omega(C_{0\Sigma}-C_{02}) \tag{6-14}$$

则可以得到故障线路的特点表现为故障线路中故障相元件对地电容电流，其电容性无功功率的方向由线路流向母线，这一特性与健全馈线上表现出来的故障特性相反。

（二）中性点经消弧线圈单相接地系统故障特性分析

当配电网馈线上发生单相金属性接地故障时，配电网所有线路上都会产生零序故障电流，其中故障线路的零序电流由故障点处流向母线处，而健全线路中的零序电流恰好与之相反，由母线流向线路。已有的利用各条线路之间的零序电流相关性分析的选线方法正是应用了配电网单相接地故障时，零序电流方向相反这一个故障特征。

如图6-34所示为某中性点通过消弧线圈与大地连接的配电系统，其中含有3条出线，当线路3的A相接地时，整个系统中随之产生的电容电流的分布状况。假设正常运行时能够保证各相电压平衡，三相对地电容一致，且将线路自身电导的影响忽略不计。线路接地时，网络中会随之出现暂态电容电流，一部分是由于A相（故障相）的电压骤降导致的由母线流至接地点的放电而产生的电流，其能够在短时间内迅速地衰减，振荡频率可达到数千赫兹；另一部分电流则由B、C相（正常相）的电压骤升所导致的充电电流，该电流需要通过电源而形成回路，整个流通回路的电感数值很大，需要较长时间才能衰减至零，振荡频率为数百赫兹。

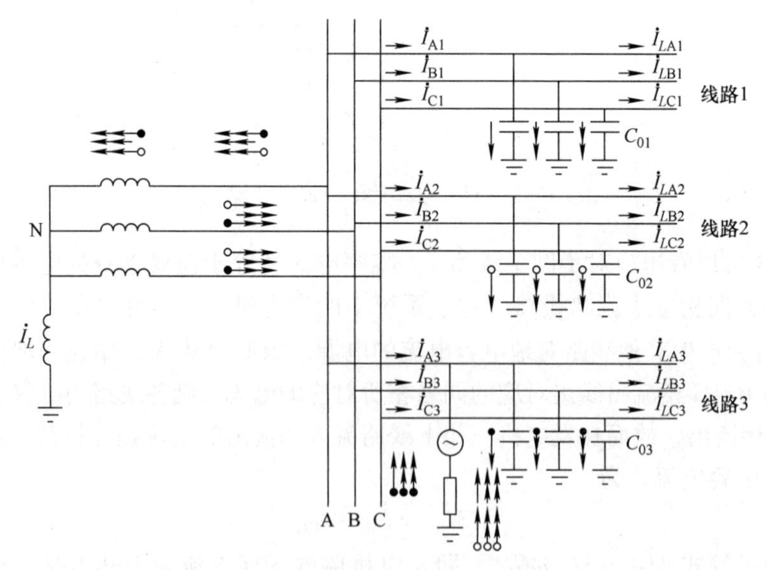

图6-34 中性点经消弧线圈单相接地系统故障电流分布图

考虑到中性点经消弧线圈接地配电网发生单相接地故障后系统的三相电流分布情况，经变换后的系统等值回路如图6-35所示。同一线路两非故障相流过的暂态故障电流（不包括基波分量，未特殊说明时均认为不含基波分量）相等，而故障相与非故障相之间流经的电

流存在一定的差别。这主要是系统中的发电机与变压器等设备中存在的电感对零序网络的影响。流过正常相的暂态电流从接地处流经系统电感和线路的对地电容而形成了通路，而故障相的暂态电流则通过接地点与故障相的对地电容构成通路。电感的影响会使电流的相位相对于其所在线路的故障相暂态电流发生一定角度的超前。因此，采用相关性分析的方法比较各条线路的暂态零序电流与暂态两相电流差可以达到选出故障线路的目的。

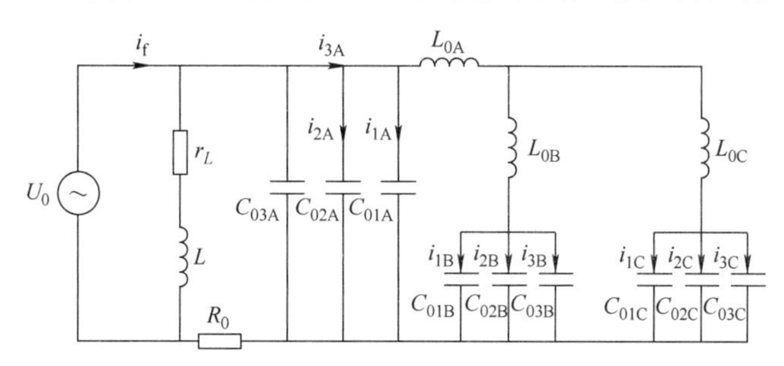

图 6-35　考虑三相电流的暂态故障等值回路

配电网中性点通过消弧线圈接地能够很好地抑制接地故障产生的零序电流的大小，因此其补偿效果非常明显，有利于配电网的安全运行，有效避免了故障电流过大对配电网的冲击。

对于配电网各线路而言，分析其零序电流特征，故障线路与健全线路零序电流在幅值和相位上均有一定差别，故障发生后故障线路与健全线路零序电流相位相反，故障线路的零序电流幅值较大。对于正常线路来说，它的零序电流为自身对地电容引起的电容电流，在相位上零序电流会比零序电压超前 90°，其电流的流动方向与中性点不接地系统方向一致。对于故障线路来说，线路零序电流中是由线路流向母线，因此馈线零序电流的方向为配电网单相接地故障选线提供了思路。

（三）中性点经小电阻单相接地系统接地故障分析

接地电阻接入中性点时相当于在系统的零序等效阻抗上并联了一个 R_N，因而该种接地方式能够实现抑制系统中可能会出现的谐振过电压。而在选取 R_N 的电阻大小时是以能否有效地抑制过电压和接地电流为出发点的。图 6-36 所示为一个小电阻接地系统的示意图。

图 6-36 中 R_g 表示故障点接地电阻，R_N 表示中性点接地电阻，E_A、E_B、E_C 分别为电压源的三相电势。假定系统中各条线路参数均匀分布，三相负荷也保持平衡。线路 1、线路 2、母线对地电容分别为 C_1、C_2、C_3。设 C_Σ 为网络各相对地总电容，那么

$$C_\Sigma = C_1 + C_2 + C_3 \tag{6-15}$$

系统总对地电容为 $3C_\Sigma$，将图 6-36 简化为等效图，如图 6-37 所示。

系统故障时的节点电压方程为

$$\left(\frac{1}{R_N} + \frac{1}{R_g} + 3j\omega C_\Sigma\right)\dot{U}_0 = -\left(\frac{1}{R} + j\omega C_\Sigma\right)\dot{E}_A - j\omega C_\Sigma \dot{E}_B - j\omega C_\Sigma \dot{E}_C \tag{6-16}$$

因为有 $\dot{E}_A + \dot{E}_B + \dot{E}_C = 0$，联立式（16-15）和式（6-16）可以得到

$$\dot{U}_0 = \frac{-\dot{E}_A}{1 + \dfrac{R_g}{R_N} + 3j\omega C_\Sigma} = \frac{-\dot{E}_A}{1 + \left(\dfrac{1}{R_N} + 3j\omega C_\Sigma\right)R_g} \tag{6-17}$$

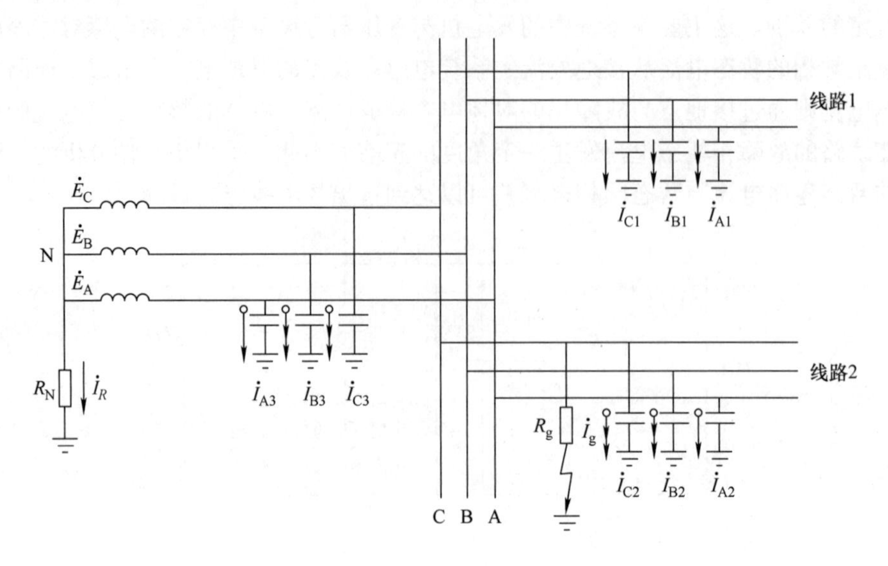

图 6-36　小电阻接地系统单相接地示意图

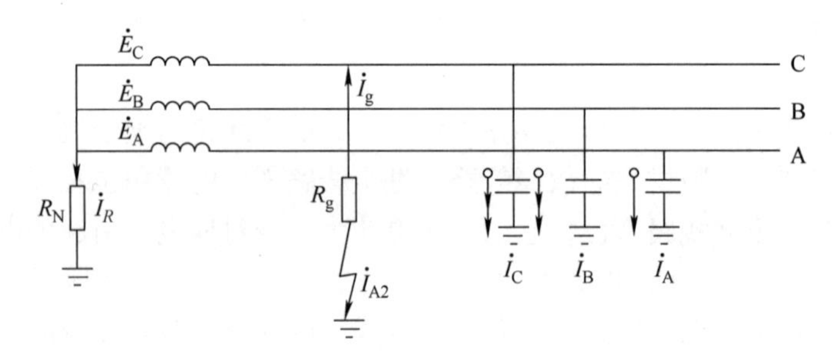

图 6-37　小电阻接地系统等效图

接地点的故障电流表达式为

$$\dot{I}_g = -\frac{\dot{U}_A}{R_g} = \frac{\dot{U}_0 + \dot{U}_A}{R_g} \tag{6-18}$$

得

$$\dot{I}_g = \frac{-\dot{E}_A\left(\dfrac{1}{R_N} + 3j\omega C_\Sigma\right)}{1 + \dfrac{R_g}{R_N} + 3j\omega C_\Sigma} = \dot{U}_0\left(\frac{1}{R_N} + 3j\omega C_\Sigma\right) \tag{6-19}$$

接地点的电压为

$$\dot{U}_A = \dot{I}_g R_g = \frac{-\dot{E}_A\left(\dfrac{R_g}{R_N} + j3\omega R_g C_\Sigma\right)}{1 + \dfrac{R_g}{R_N} + j3\omega R_g C_\Sigma} \tag{6-20}$$

当系统发生单相接地故障时，接地点的过渡电阻很小，近似的认为接近为 0。当过渡电阻越小时，系统中的零序电压和故障点的接地电流反而会越来越大。

$$\lim_{R\to 0}\dot{U}_0=\lim_{R\to 0}\frac{-\dot{E}_A}{1+\dfrac{R_g}{R_N}+j3\omega R_g C_\Sigma}=-\dot{E}_A \tag{6-21}$$

此时，故障点的故障电压在金属性接地故障时达到最大值 $-E_A$。此时系统接地点电流接近为

$$\lim_{R_g\to 0}\dot{I}_g=\lim_{R\to 0}\frac{-\dot{E}_A\left(\dfrac{1}{R_N}+j3\omega C_\Sigma\right)}{\left(1+\dfrac{R_g}{R_N}+j3\omega R_g C_\Sigma\right)}=-\dot{E}_A\left(\frac{1}{R_N}+j3\omega C_\Sigma\right) \tag{6-22}$$

本文分析的是高阻接地故障，此时 R 相对系统阻抗较大，那么故障点电流将会非常小。

中性点经小电阻接地，系统发生单相接地故障的特征如下：

1）系统发生单相接地故障时，系统接地点会产生一个与故障时相电压大小相同、方向相反的零序等效电动势，并随之出现零序电压。

2）正常相元件中的零序电流实质上为该相元件自身对地的电容电流，其方向为母线流向线路，其功率为电容性无功功率，其方向同样为母线流向线路。

3）故障相中流过的零序电流等于所有正常相元件的对地电容电流之和，其方向为线路流向母线，其无功功率的方向也是由线路流向母线。

4）线路上发生高阻接地故障时，由于过渡电阻较大，系统中产生的零序电压相对较小，接地点产生的故障电流也会较小，致使故障检测难度增大。

三、配电网故障定位的基本原理

长期以来，国内、外学者对于配电网故障检测与定位技术进行了大量理论以及实验研究。结合最新的研究成果，将配电网故障检测与自动定位技术分为三个部分：①故障选线，识别判断母线多条出线中的故障线路，以便采取措施防止故障扩大，重点在于小电流接地配电网发生单相接地故障时的选线；②区段定位，确定故障点所在故障区段，以便隔离故障并恢复非故障区段的供电；③故障测距，即直接定位出故障位置，避免人工巡查故障点。这三个方面的研究本质均为故障定位，但是各自对于故障定位的要求大不相同，目的也有所差异。

（一）故障选线

故障选线的研究重点是小电流接地配电网发生单相接地故障时故障线路的识别判断，此时故障电流微弱，经消弧线圈接地方式下更是如此。为了确定故障线路，传统的方法是通过检测母线上零序电压的数值来判断是否发生单相接地故障，若发生接地故障，则采用人工逐条线路拉闸的方式选线，此种方法会使正常线路瞬间停电，易产生操作过电压和谐振过电压，也增加了事故的危险性和设备的负担，严重限制了小电流接地方式，特别是经消弧线圈接地方式的应用与发展。

因此基于配电网系统单相接地的故障特征，现有的故障选线技术可以分为两大类：一是故障参数法，二是外加诊断信号。基于故障参数的方法又可分为故障暂态参数和稳态参数。基于故障参数的选线如零序电流、谐波进行选线。基于外加诊断信号的方法如注入信号法

等。20世纪90年代至今，学者们又推出了基于零序电流的功率法、接地残流、小波分析等原理的选线方法，并将神经网络、专家系统等各种智能技术融合到故障选线中。

但是配电网的网络复杂性，单相故障时过渡电阻又具有不确定性，使得已经开发出的选线装置都不能满足实际应用中多变的环境中的需要。几十年来，众多学者、专家针对小电流接地系统进行了广泛深入地研究和探索。针对不同种类的故障类型提出了众多的选线方法，并研制出相应的自动选线装置，并投入现场运行，具体的装置介绍在后文中体现。

（二）区段定位

区段定位算法的目的是使定位判断更准确、快速且具有更高的容错性，国内、外学者提出了多种不同原理的区段定位方法，按照其利用信息的不同大致分为两类：基于沿线装设的现场设备馈线终端单元FTU或者故障指示器（fault indicator，FI）采集的故障实时信息，实现故障区段定位功能；利用电力用户打来的故障投诉电话（trouble call，TC），同时根据相关信息，如用户电话号码、用户代码与终端配电变压器连接的资料、地理信息和设备信息等，最终实现故障区段定位。

其中基于装设现场设备的区段定位方法主要有矩阵法以及人工智能法（包括人工神经网络、数据挖掘、仿电磁学等算法），判断快速准确，具有一定的信息容错能力。然而，一方面矩阵法采用的故障定位信息仅为区段两端设备的过电流信息，容错能力较弱，另一方面采用人工智能的定位方法模型构建复杂、定位效率不高且模型不够完善；基于现场采集设备的故障信息的区段定位方法对通信通道以及现场设备都有较高的要求，对不满足条件的地区，可以采用故障投诉电话定位故障区段，主要分为专家系统、人工神经网络、模糊集理论、贝叶斯算法等。配电网的故障区段定位算法的原理、优点和缺点以及适用范围见表6-2。

表6-2　配电网故障区段定位算法

类别	原理	优点	缺点	适用范围
矩阵法	用矩阵的形式表示配电网中所有元件的正常运行状态，由测量数据的变化得到各元件状态变化，形成新的矩阵，利用矩阵操作判断确定故障所在馈线区段	原理简单，算法便捷高速	当FTU上传信息受干扰或丢失时，会出现误判、漏判；容错性差计算量大；对配电网灵活的运行方式适应性差	适用于具备FTU且分支较少、范围不太大的简单配电网非单相接地故障
故障指示器法	故障指示器沿线配置，变电站处注入在故障路径流通的信号电流，并使该路径上的故障成指示器状态改变（翻牌）成指示故障路径，故障点在故障路径与非故障分支连接处	结构和原理简单，价格便宜，容易安装；动作判据具有明显特征，准确率较高	不能够准确指示瞬时接地故障	适用于指示短路故障和低电阻接地故障
人工神经网络法	首先根据实际系统的参数通过故障模拟计算出训练样本和测试样本，从中提取提前模式样本特征，然后离线训练神经网络，在线运行时根据FTU上传信息识别故障区段	具有一定容错性且识别准确	需要大量的训练、测试样本支撑，改变运行方式的训练失效；模型复杂；定位效率低	适用于具备FTU的运行方式变化不大，对故障定位效率要求不高的配电网

（续）

类别	原理	优点	缺点	适用范围
过热弧搜寻法	通过分离支节点区域、点弧变换两个步骤获取弧的负荷。定义超过规定负荷值的区段为过热弧，由过热弧搜寻判定故障区域	原理简单、可详细提供故障程度；能快速、准确地定位故障区段	受FTU上传信息影响，计算量大，对配电网灵活的运行方式适应性差	适用于具备FTU的一般规模开环或闭环配电网非单相接地故障
遗传算法	基于遗传算法的配电网故障定位算法的基本思路是先建立合理的故障诊断数学模型，然后用遗传操作进行求解	容错性好；故障定位准确	配电网故障评价函数构造较为困难；算法内具体参数设定复杂；计算量大	适用于具备FTU，对故障定位准确性要求较高，结构参数较为理想的配电网非单相接地故障
仿电磁学算法	通过开关函数所确定的馈线区段故障状态信息与FTU上传的电流越限信息进行逼近，来确定馈线发生故障的真正区段，即将配电网故障区段定位问题转化为0－1离散约束条件的最优化问题求解	具有高容错性，能实现单一故障和多重故障的准确、快速定位	建模操作较为复杂，构造目标函数较难；要求初始种群数目较大，迭代次数多易收敛于局部最优	适用于具备FTU，结构简单的配电网多个区段的非单相接地故障
专家系统	将专家系统与地理信息系统或SCADA系统结合，根据获得的信息启动专家系统内部库及推理确定故障区域	易于建立，维护量小；系统运行平稳，可靠性较高；故障定位准确	主要依赖专家知识以及大量的信息数据；处理的信息类型有限	适用于SCADA系统以及GIS系统
模糊集理论	将配电网描述为树状结构，以便自动形成基于故障投诉电话的故障定位决策表，然后利用模糊集方法对决策表进行化简，导出故障定位规则的最小约简形式，从而快速、准确地实现故障定位	具有良好的容错性，信息不完备情况下故障定位仍能保证快速、准确	易受骚扰电话干扰影响而且依赖电话通信系统的可靠性	适用于故障投诉管理先进的配电网，经常作为配电网故障定位的辅助以及补充措施
粒子群算法	将N段馈线区段的状态求解就转化为N维粒子群优化求解，每次迭代中由评价函数评价各粒子位置优劣，并更新粒子的速度和位置。最终得出粒子群全局最优位置就是各馈线区段的实际状态	具有一定容错性且原理简单、计算收敛速度快	评价函数构造较难，需求种群过多，迭代次数较大，正确率不理想	适用于具备FTU，规模不大的单电源辐射型配电网单点或多点非单相接地故障
蚁群算法	把故障定位问题转化为旅行商（TSP）问题，利用蚁群算法进行局部及全局寻优，求得故障区段	具有一定的容错性以及反馈性	评价函数构造较难，需求种群过多，内部参数设置复杂，迭代次数较大	适用于具备FTU或RTU，结构简单的配电网非单相接地故障
Petri算法	依据故障前、后FTU上传信息与容错技术结合来形成自适应的故障拓扑结构，由此推断出锁定FTU节点，转换为通用Petri模型求解故障区段	表达数学问题较为直观，定义清晰	定位结果受FTU上传信息的影响；对大规模电网建模出现状态组合爆炸	适用于具备FTU，规模不大、结构简单的配电网非单相接地故障

（三）故障测距

配电网故障测距目的是迅速准确地定位至故障位置，避免人工巡查故障点，有利于故障点的快速恢复以及供电的可靠性，对于保证系统安全稳定的经济运行有重要意义。在中性点不直接接地的系统中，故障特征微弱，测距中基于故障稳态分量的方法往往会失效，因此研究主要集中于注入法、行波法、阻抗法、暂态量方法等，其中注入法以及行波法在实际运用中最为常见，其原理、优点和缺点以及适用范围见表6-3。

表6-3 配电网故障测距算法

类别	小类	原理	优点	缺点	适用范围
“s”信号注入法	交流	从电压互感器的中性点注入交流信号（一般为220Hz），其在故障回路流通，检测该信号流经路径并据此逆推找到故障点	无需增加输电设备投资，不影响设备正常运行；受工频及其他谐波干扰影响小	注入信号能量有限，受导线分布电容影响大；经高阻接地或故障距离较远时信号弱	只安装两相电流互感器的架空线路且接地过渡电阻较小
	直流	离线状态下向线路故障相注入直流信号，使用直流检测装置沿线路进行登杆检测直流信号，判断故障分支，逐步缩小故障区域并最终确定故障点	直流电流信号无衰减；克服了线路电容影响，测量长度不受限；结果不受接地电阻影响	需注入高压直流信号保持击穿状态；需人工沿故障路径多次检测；高压直流信号对电力设备有一定影响	单相接地故障；故障区间范围不太大
	脉冲	将故障线路停电，向故障线路注入幅度为5kV、10kV、15kV，脉宽为数毫秒的高压直流脉冲信号，该信号在故障回路中传播并用于测量确定故障区域、位置	能满足一般10kV架空线路接地故障查找；受分布电容影响较小；受环境影响小	需停电查找故障；需人工手持检测设备多次检测	接地电阻为20kΩ以下的单相接地故障；故障局域范围不太大
阻抗法	单端法	由线路一端测得电压、电流计算故障点到测量装置的阻抗或电抗，再根据线路参数估算两者之间的距离	原理简单、测量数据量较小；投资少，容易实现	受线路负荷电流、过渡电阻、系统阻抗影响较大；无法排除伪故障点	适用于结构简单的线路单相接地故障或相间故障
	双端法	双端测距方法是利用两端电流、一端电压或者两端电压和电流的测距方法	原理上无误差，可完全消除过渡电阻影响，不用考虑数据同步问题，实现准确测距	一般不考虑分布电容的影响；仍然存在伪故障点问题	适用于简单的两端系统单相接地故障、相间故障
行波法	A型	利用线路故障后在测量端检测到第一个正向行波波头的时刻 t_0 与其反射回故障点后再反射回测量端的时刻 t_1，根据两个时刻之差求故障距离	原理简单，精度高，只需在一端装设，不要求与对端通信	单相接地故障下，线路电阻使行波衰减，很难测反射波波头，易误判；实现较为复杂；受过渡电阻影响大	适用于结构简单、分支少、线路电阻较小的输电线路单相接地故障及相间故障
	B型或D型	利用线路内部故障产生的初始行波波头分别到达线路两端测量装置的时刻和波速计算故障点距两端的长度	行波波头易于检测，衰减小；不用考虑过渡电阻及母线反射影响	要有双端数据交换通道和两端时间同步设备，成本增大	适于自动化程度较高的输电线路，不适于配电网

（续）

类别	小类	原理	优点	缺点	适用范围
行波法	C型	在故障回路注入特定的脉冲信号，分别记录该信号在故障回路开始传播和反射回来的时刻，以此计算故障点距测量点的长度	不需要沿线装设采集装置；可对故障定位重复判断；成本不高	容易受线路分支以及过渡电阻影响	适用于结构简单、分支少、线路电阻较小的输电线路单相接地故障及相间故障
	E型或F型	线路测量装置分别检测记录由本端某级重合闸合闸动作（E型）或分闸动作（F型）时的行波波头和其相应的反射波出现的时刻，并以此计算故障点距测量点的长度	克服了线路电压过零点时发生接地故障导致行波信号微弱的缺陷，准确性较高	只能与线路重合闸配合使用	主要作为A、D型行波测距方法失效时的一种补充

由上述内容可知，对于目前的配电网故障检测与定位技术而言：故障选线技术较为成熟，但在实际运用中仍需要提高其可靠性以及灵敏性；故障区段定位算法研究较多，但是适用性以及容错性仍需要进一步提高，尤其是故障特征不明显时的区段定位；故障测距技术发展时间较短，在算法以及信号获取上需要更多的研究。

四、配电网故障检测与定位的整体步骤

配电网的故障检测及定位的每个步骤都在配电网管理系统的框架下进行。利用配电网管理系统能够显著提高配电网运行的工作质量。通常情况下，配电管理系统包括配电调度SCADA/DAS系统、分析应用软件、配电工作管理系统、地理信息系统、停电管理系统、用户服务中心、信息共享平台等。图6-38为配电网管理系统的主要功能划分。

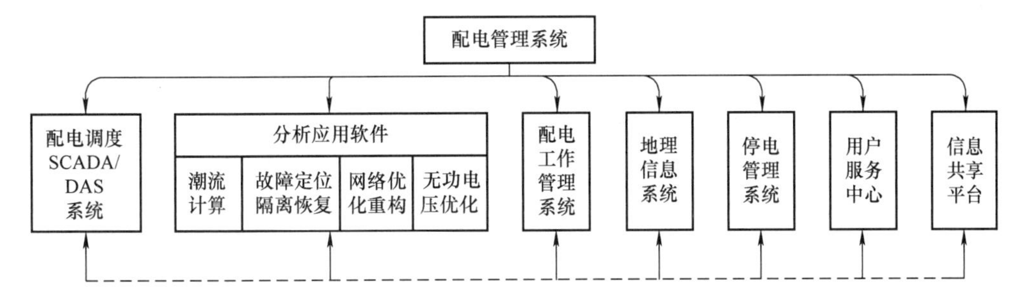

图6-38　配电网管理系统主要功能图

当配电网管理系统检测到电网发生故障或者处于非正常运行状态时，为了保证系统安全可靠的运行，必须尽快确定故障区域，且控制继电保护、自动化设备将其隔离。利用故障定位以及隔离恢复子系统就能够显著提高故障定位的效率，在配备智能化设备的配电网中，可以根据上传的开关状态信息以及故障信息智能识别故障类型、故障相以及故障点，控制故障区段两侧最近的分段器以及断路器，从而使故障隔离。在没有安装智能化设备的配电网中，系统可以辅助调度人员缩小故障区域，恢复非故障区域的继续供电，降低运行损失。该系统在设计的时候就充分考虑了配电网约束条件、馈线的裕度、开关累计操作次数、根据用户重要程度而设定的优先级、可恢复的负荷容量等影响恢复供电的主要因素。

配电网故障检测及定位首先要考虑在离线状态下建立配电网的系统模型，包括主馈线编号、分支及区段划分、自动化开关设备（断路器、重合器和分段器等）、测量设备（TA、TV、FTU、RTU和PMU等）。最终，配电网的系统模型以数据形式储存在配电网数据库中。配电网正常运行时，需要采集来自SCADA系统、GIS、故障报修系统的信息，包括电流、电压、开关状态、继电保护状态等，标志着配电网是否处于正常运行状态。根据直接获得的信息难以得到判断结果，需要对其进行处理，处理方法分为时域分析、频域分析、逻辑分析等。处理过的信息与储存在数据库中的配电网正常运行判据、故障判据进行对比，以此判断是否发生故障。发生故障后，根据故障类型、故障相以及故障区段判据得到最终的故障点，进行处理并恢复供电。配电网故障检测以及定位的步骤示意图如图6-39所示。下面进行分步介绍。

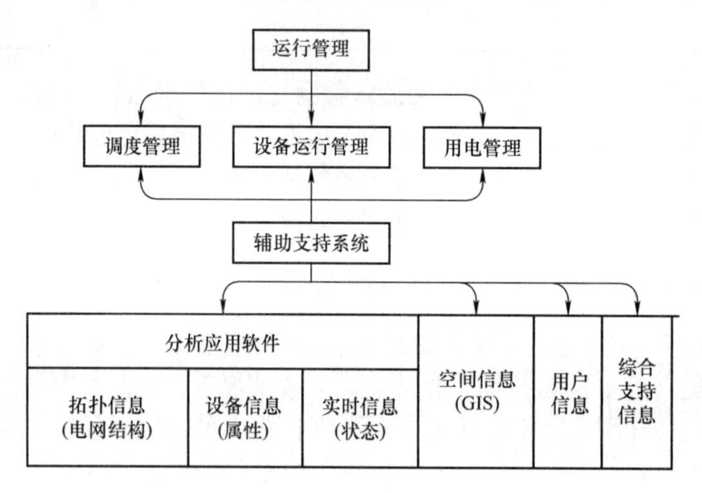

图6-39 故障检测及定位整体步骤示意图

（一）故障信息收集

配电网管理子系统之间传递的信息是电网运行管理处理的主要工作，其中的调度管理、设备运行管理、用电管理、配电网信息模型如图6-40所示。这些配网信息包括管理功能，是通过辅助支持系统进行采集、传输以及处理配电网信息的。配电网信息包括电网信息（包括拓扑信息、设备信息、实时信息）、空间信息、用户信息以及综合支持信息等。电网信息和空间信息是电网故障定位信息的主要来源。

如图6-41所示，配电网的故障定位以及隔离恢复应用系统分别与SCADA、DAS系统、95598客户服务系统、GIS、SAP系统相互传递信息。其中，实时遥信和遥测信息、电网事故信息、馈线故障定位信息依靠由SCADA和DAS系统传递；故障投诉信息以及处理反馈信息由95598客户服务系统传递；电网地理信息、电网拓扑信息由GIS传递；设备历史数据、设备缺陷信息、设备更新信息由SAP系统传递。

配电网采集到大量的信息数据，需要提取出真正有用的信息才能够使分析模块有效工作。配电网故障检测及定位需要的信息主要有实时遥信和遥测信息、保护信息、录波信息。实时遥信和遥测信息主要包括状态量、测量量和电气量，来源于SCADA系统的测控装置。状态量包括断路器状态、隔离开关状态、保护和自动装置信号以及FTU的报警信号等。保护信息主要包括保护装置的动作信息及保护报文，来源于故障信息处理系统子站的微机保护

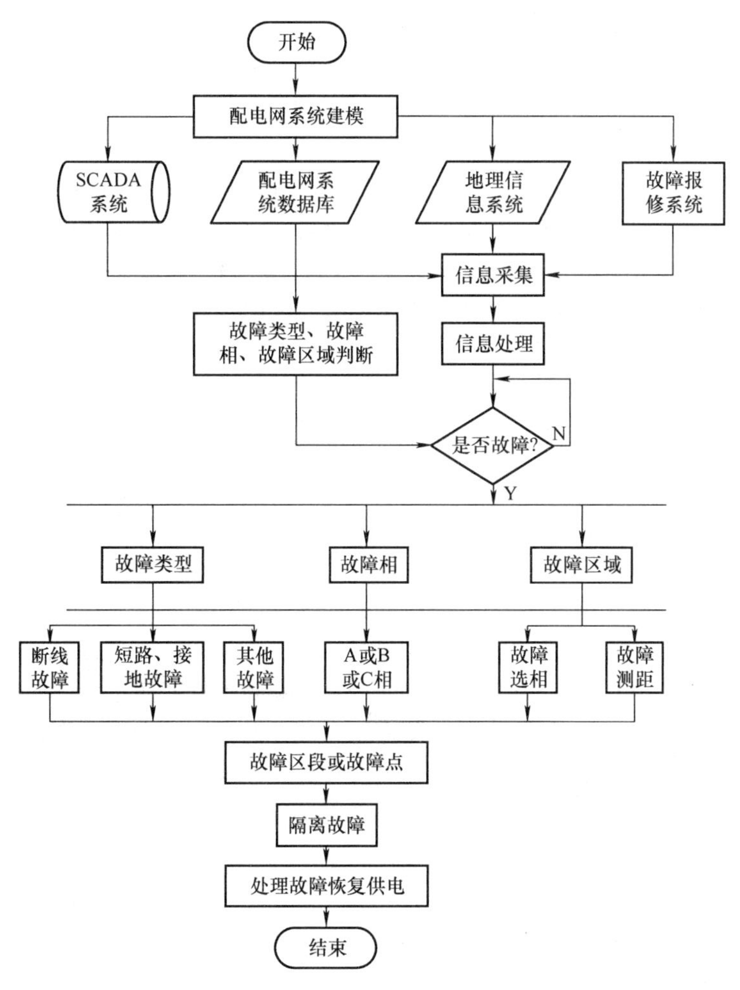

图6-40　配电网信息模型图

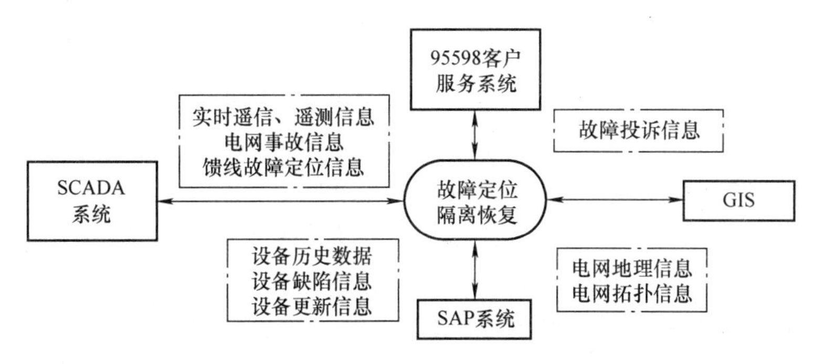

图6-41　配电网故障定位信息与各系统信息交换示意图

装置。录波信息主要包括故障状态下的暂态数据，来源于集中录波和分散录波装置。集中录波装置包括以太网通信设备、电话拨号设备和 RS－232/RS－485 设备等；分散录波由录波网、录波子站或故障信息处理系统子站构成。

电网采集信息的途径随着通信技术、信号处理技术的发展呈现出多元化的态势，从传统的工频时域信息发展到暂态高频行波、同步向量测量等信息。例如，目前阻抗法一般采用线路端口处的电压、电流信息，行波法采用线路的暂态行波信息，人工智能算法采用 FTU 以及 RTU 装置上传的开关状态信息以及电压、电流信息。

（二）配电网故障检测与定位的信息处理

为了保证电能质量，电力系统要求在极短的时间内完成故障信息处理。故障定位方法往往在处理信息技术的基础上得到。目前小波分析技术在故障信息处理等方面应用较多。

暂态分量中往往包含许多故障信息，可以用来识别故障、设备以及电力系统异常，具有高频率、瞬间移除等特点。小波变换能够展示其他信号分析方法无法展示的信息，满足了故障结果分析的要求。

（三）配电网故障定位的判断结果

经过处理之后，就可以根据配电网故障信息判断确定配电网发生的故障类型、故障相以及故障区段。

首先判断故障的类型，电力系统常见的故障有短路、断线等，简单的短路故障包括三相短路、两相短路以及接地短路（包括单相接地和两相接地）。按照设备类型可以将短路故障划分为输电线路故障、转换电能设备和开关设备故障。配电网线路是故障发生概率较高的对象，其故障类型主要包括：单相接地故障（LG）、两相接地故障（DLG）、三相接地故障（3LG）以及相间故障（LL）。

其次，知道故障类型以及故障相就可以确定具体的故障定位方法。交流高、中、低压配电网络包括三相，所对应的故障类型有：AG、BG、CG、AB、BC、CA、ABG、BCG、CAG以及 ABCG。

最后，根据故障类型、故障相可以选择精度最高的方法确定故障区段。故障检测与定位的主要任务就是准确找出实际的故障点。我国配电网网络结构复杂，且自动化程度相对不高。为了保证系统安全可靠的运行，降低故障对设备以及电力系统运行的损害，当确定故障所处的区段之后，就断开故障点所在区段首末端的开关，将其迅速隔离。

思 考 题

1. 配电 SCADA 的复杂性体现在哪几方面？
2. 基于重合器的馈线自动化与基于 FTU 的馈线自动化有什么不同？
3. 重合器与分段器配合为什么能够永久隔离故障点？
4. 为什么要对配电系统的负荷进行控制？采用的措施有哪些？
5. 变电站综合自动化有什么特点？
6. 变电站综合自动化分为哪几种结构形式？分别有什么特点？
7. 常规变电站与综合自动化变电站有什么区别？
8. 配电网故障检测与定位主要分为哪几部分？其基本原理是什么？

第七章　电力系统安全自动装置

第一节　概　述

随着社会经济的发展，科学技术的进步以及人民生活水平的提高，电力系统进入了大机组、高电压、大电网的时代，大规模互联电网已经成为全球范围内电力系统发展的必然趋势。一方面，跨区域互联的电网结构实现了资源优化，促进电能的高效利用；另一方面交、直流混合输电、特高压输电、灵活交流输电系统、直流背靠背联网和超临界大机组等新技术的应用使得动态行为更加复杂，且经常运行在稳定极限的边缘，安全稳定裕度逐渐减小，事故后的严重程度明显增加，甚至会导致局部故障传播至整个电力网络。

系统的安全稳定得不到保证，电网就不能正常运行，并将严重影响工、农业生产和正常的社会秩序。即使在一些发达的资本主义国家、电网结构非常紧密的情况下，由于系统稳定破坏造成的大面积停电事故近几年仍时常发生。通过近几年国际上较大停电事故的经验教训，如 2003 年的美加大停电事故，可以看到事故发生的原因多种多样，如电网结构不合理、继电保护装置误动作或者不动作、安全自动装置不完善、预防性安全控制手段缺失、系统信息通道不顺畅等。我国也发生过类似的大停电事故，通过对电力网络结构的研究分析看出，我国电力系统的稳定情况同样不容乐观，电网结构薄弱、发电设备以及网络建设不配套、部分电网的结构不合理，负荷地区的供电紧张。全国联网之后在严重的故障情况下缺乏足够的控制措施，严重的停电和局部电网瓦解事故仍然偶有发生，因此确保电力系统的安全稳定运行是电网建设的主要内容之一。

电力系统的安全稳定运行主要依靠三道防线：第一道防线构建了合理健全的电力系统网架结构，由一次系统设施、继电保护以及安全稳定预防性控制组成，依靠快速可靠的继电保护、有效的预防性控制措施，确保电网在发生常见的单一故障时保持电网的稳定运行以及电网的正常供电，主要包括发电机功率预防性控制、发电机励磁附加控制、并联和串联电容补偿控制、高压直流输电功率调制以及其他灵活交流输电控制；第二道防线依靠快速继电保护以及快速断路器可靠快速地从系统中切除故障元件，采用了稳定控制装置以及切机、切负荷等紧急控制措施，以确保电网在发生概率较低的故障时能够继续保持稳定运行，主要包括切除发电机、汽轮机快速控制汽门、发电机励磁紧急控制、动态电阻制动、串联或并联电容强行补偿、高压直流输电功率紧急控制和集中切负荷等；第三道防线装设了包括失步解列、频率以及电压紧急控制等各种安全自动装置，当电网遇到概率很低的多重严重事故而稳定遭到破坏时，依靠这些装置防止事故扩大、大面积停电，同时避免了线路和机组保护在系统振荡时误动作，防止机组线路联锁跳闸，主要包括系统解列、再同步、频率电压紧急控制等。

安全自动装置是防止电力系统稳定破坏、防止事故扩大、防止电网崩溃以及大范围停电、恢复电力系统正常运行的各种自动装置总称。安全自动装置快速减少功率过剩地区的发电机功率以及切除功率缺额地区的负荷，包括稳控装置、失步解列装置、低频减负荷装置、低压减负荷装置、过频切机装置、备用电源自投装置、自动重合闸、水电厂低频自启动装置等。电力系统的安全自动装置设计和开发的基本要求有：

（1）可靠性　可靠性是指装置该动作时动作（信赖性），不该动作时不动作（安全性），不拒动、不误动。要求装置能够长期连续工作，有很强的抗干扰能力。

（2）有效性　有效性是指保证装置的功能实现后，系统能够稳定运行。对于安全自动装置的控制有效性要求主要分为两方面：一方面是指系统在发生比较大的扰动之后，为了保证系统安全稳定运行而控制局部机组出力或者负荷时，给出的控制量应当满足稳定要求；另一方面体现在控制对象的选择上，当能够快速减少出力的选择对象是多个机组或者电厂时，应当选择有效性最高的对象加以控制。

（3）选择性　电力系统的安全自动装置采取分层控制，其保护对象界面虽不如继电保护明确，但也有一定的范围。远距离送电发电厂的安全自动装置的主要保护范围是电厂出线，最多可延伸到下一级出现故障后的稳定控制，网间的稳定控制由网间装置来完成，必要时，其控制措施的执行可以通过发电机的装置来实现。安全自动装置要求可以区别不同性质的故障及其严重程度和对系统稳定性的影响，并且能够采取不同的措施，有较高的选择性。

（4）适应性　适应性是指能够适应不同的电力网络的控制要求以及发展要求，前者指装置的控制功能，后者指装置的典型性和通用性。安全自动装置的控制系统包括启动装置以及控制措施，控制措施将电力系统的现有条件以及控制要求加以利用以及专门配置。安全自动装置控制系统基本上能够分为：用于提高电厂对系统安全稳定性的控制装置，用于局部电网的安全自动装置控制系统以及用于几个区域之间的安全自动装置控制系统，它们都应当满足适应性的要求。

（5）经济性　安全自动装置控制系统的经济性应从电力系统的规划设计阶段、正常运行阶段以及防止重大事故的发生三个方面产生的效益以及建设安全稳定控制系统的投资进行比较，得出最终经济指标，电力系统运行过程中获得的效益能够着重体现安全稳定控制系统的经济性。

为了实现上述的基本要求，需要研发各种安全自动装置，并且进行合理分配以便发挥其最大的作用。除此之外，安全自动装置还应满足灵敏性以及速动性等的要求，要有合适的抗干扰、绝缘耐压的措施。

电力系统安全自动装置包括电力系统稳定控制装置、输电线路自动重合闸装置、电力系统自动解列装置、按频率（电压）自动减负荷装置、备用电源自动投入装置等。

电力系统稳定控制装置（即区域稳控系统）是为了保证电力系统在遇到大的扰动时的稳定性而在电厂或者变电站内装设的控制设备，实现切机、切负荷、快速减出力、直流出力紧急提升或回降等功能，是保持电力系统安全稳定运行的重要设施。电网安全稳定控制系统是由两个及以上分布于不同厂站的稳定控制装置通过通信联系组成的系统。其按结构可以分为分散式和集中式，也可分为远方控制和近地控制。

输电线路自动重合闸装置分为单相重合闸、三相重合闸、自动重合闸。当母线或者架空线路因故断开后，被断开的断路器经预定短时延时自动合闸，使断开的电力元件重新带电，若故障未消除，则由保护装置动作将断路器再次断开。

电力系统自动解列装置可以分为振荡解列装置、频率解列装置、低电压解列装置，是针对电力系统失步振荡、频率崩溃或电压崩溃的情况，在预先安排的适当地点有计划的自动将电力系统解开，或将电厂与接待的适当负荷自动与主系统断开，以平息振荡的自动装置。失步解列装置是当电力系统失去同步，发生异步运行时，在预先安排的适当地点有计划地自动将电力系统解开，或者将电厂连带的适当负荷自动与主系统断开，以防止事故扩大的自动装置。

备用电源自动投入装置是为了满足电网经济运行及可靠供电而采用的一种装置，可以分为分段备自投、进线备自投、变压器备自投和远方备自投。装置根据备自投的方式工作，自动识别工作段电压消失，执行备用开关自动投入，以恢复工作段电压。并在自投中实现备用段保护后加速以及自投后自动移除多余负荷。它是为满足电网经济运行及可靠供电，而采用的一种装置。

除了上述装置之外，安全自动装置还包括过频切机装置以及水电厂低频自启动装置等。综上所述，电力系统安全自动装置的主要控制作用是：快速降低火电机组原动机出力，包括瞬间快控以及持续快控汽门；切除发电机；电气制动（多在水电厂），在发电机端或高压端母线短时投入具有相当容量的电阻器，以吸收发电机因故障获得的加速能量，使发电机组在故障切除后得以快速减速；集中切负荷；输电线路自动重合闸；发电机组强行励磁；备用电源自动投入；水电机组失步振荡出力增减出力装置；失步振荡解列等。

安全自动装置一般是由五个部件组成：测量部件、判别部件、控制量形成部件、控制量分配部件及执行部件。

（1）测量部件　主要是进行了三方面的测量，一是测量系统状态变量的变化，如功率、功角、频率、频率的变化率等；二是判断故障的类别是单相还是多相，正向还是反向等；三是检测系统的断路器状态以及远方传输来的信号。系统状态变量的测量在暂态过程中进行，输入电压、电流的变化范围很大，例如短路电流可能是正常值的 10～20 倍，甚至更大一些，因此要求测量元件能适应大范围情况，并且要反应速度快、精度高。有些比较简单的装置，需要测量的可能仅仅是一个或两个状态量，像低频减负荷装置主要测量系统频率和频率变化率，而某些稳定控制装置则要测多个状态并判断系统的故障状态。

（2）判别部件　根据测量部件得出的结果，采用某种稳定判据（如图像识别法、李亚普诺夫函数法或比较简单的判别式），在一系列假定条件下（如故障切除时间、重合闸时间、瞬时性故障等），预测、判断系统的事故发展趋势，如果预测系统可能出现不稳定的情况，则及时采取相应的稳定控制措施。工程实用的判据都是通过大量离线的稳定计算或暂态过程仿真，从中分析找出控制规律。由于要求装置在事故时迅速做出判断，则不可能进行过多的实时计算，因此一定要有离线计算作为基础，事先确定出系统各种情况下的稳定域，装置只要综合测量的结果，判断发生的状态是在稳定域内还是在稳定域外。

（3）控制量形成部件　当判别部件判断系统状态进入不稳定区域的时候，需要进一步根据系统事故前的运行方式与事故严重程度确定采用哪种稳定措施，用多大的控制量才能够保持系统的稳定性。控制量的形成一般需要用到多个判别式。例如，某一判别式需要投入电气制动，但另一判别式需要投入电气制动并切一台机组。

（4）控制量分配部件　控制量形成以后，装置应根据装设点的具体情况，将控制量分配给控制对象。例如，某水电厂有9台75MW机组，需要切机的控制量是150MW，则分配部件应检查9台机组的开、停，是否在调相运行等情况，扫查各台机组的出力情况，再根据某些机组的特殊地位（是否带地区负荷或厂用电等），选择既能满足150MW控制量的要求，又使切机台数最少的实施方案，从而决定切机对象。

（5）执行部件　此部件的作用是实施分配部件确定的分配方案，执行对控制对象的操作。

安全自动装置的硬件结构可以采用集成电路的布线逻辑，也可以选用微机的控制方案。一般来说，布线逻辑大多针对某些特定情况设计，当系统出现了考虑范围外的变化时，往往不能够适应，甚至无法继续使用。而微机的控制方案适应性就很强，因为装置的硬件基本都是相同的，在系统发生较大变化后，硬件完全可以继续使用只需适当修改软件就可满足系统新的要求。

第二节　自动重合闸装置

一、自动重合闸的作用及对其要求

（一）自动重合闸的作用

在电力系统中，发生故障概率最多的元件就是输电线路，尤其是架空线路。电网运行经验表明，在输电线路的故障中，约有90%是瞬时性的，例如由雷电引起的表面闪络、线路对树枝放电、大风引起的碰线、鸟类或者树枝等掉落在导线上或者绝缘子表面污染等原因引起的故障。当线路被继电保护迅速断开之后，电弧自行熄灭，外界物体被电弧烧掉消失，绝缘强度恢复。此时若将输电线路的断路器合上，就可以恢复正常供电，减少停电时间。除此之外，也存在永久性故障，例如由于线路倒杆、断线、绝缘子损坏或者击穿等引起的故障，线路断开时故障依然存在。此时，即使合上电源，线路依然要被继电保护断开，因此就不能够恢复正常的供电。

因为输电线路故障的以上特性，在线路断开进行一次合闸就能大大提高供电的可靠性。重新合上断路器的操作可以由电网工作人员手动进行，但是停电时间过长，用户电动机可能已经停转，效果不理想。因此，在电力系统中往往采用自动重合闸（autoreclosure，ARC）装置来代替手动合闸。自动重合闸装置是将因故障跳开后的断路器按需要自动投入的一种自动装置。根据运行资料统计，重合闸的成功率一般为60%～90%。

衡量自动重合闸运行一般有两个指标：重合闸成功率和正确动作率。其意义为

$$\text{重合闸成功率} = \frac{\text{ARC 动作成功的次数}}{\text{ARC 总动作次数}}$$

$$\text{正确动作率} = \frac{\text{ARC 正确动作次数}}{\text{ARC 总动作次数}}$$

在电力系统输电线路上采用ARC的作用可归纳如下：

1）大大提高供电的可靠性，减少线路停电的次数，发生瞬时性故障时可以迅速恢复供电，特别是对单侧电源的单回线路尤为显著。

2）在双侧电源的高压输电线路上采用 ARC，还可以提高电力系统并列运行的稳定性，从而提高传输容量。

3）在电网的设计与建设过程中，有些情况下由于考虑 ARC 的作用，可以暂缓架设双回线路，以节省投资。

4）能够纠正因为断路器本身机构不良以及继电保护误动作引起的跳闸，同时 ARC 与继电保护配合，可以提高故障的切除速度。

但采用重合闸的是永久性故障，它也将带来一些不利的影响，如：

1）使电力系统又一次受到故障的冲击，在超高压系统中还会降低并列系统的稳定性。

2）使断路器的工作条件变得更加恶劣，因为它要在很短的时间内，连续切断两次短路电流。这种情况对油断路器必须加以注意，因为在第一次跳闸时，由于电弧的作用，已使油的绝缘强度降低，在重合后第二次跳闸时，是在绝缘已经降低的不利条件下进行的，因此，油断路器在采用了重合闸以后，其遮断容量也要有不同程度的降低（一般降低到 80% 左右）。因此，在短路容量比较大的电力系统中，上述不利条件往往限制了重合闸的使用。

对于重合闸的经济效益，应该用无重合闸时，因停电而造成的国民经济损失来衡量。由于重合闸装置本身的投资很低，工作可靠，因此在电力系统中获得了广泛应用。在相关规程中规定，在 3kV 及以上的架空线路及电缆与架空混合线路具有断路器时，均应装设 ARC；在旁路断路器和兼作旁路的母联断路器或分段断路器，宜装设 ARC；在低压侧不带电源的降压变压器以及母线也可装设 ARC。

（二）对自动重合闸的要求

电力系统对于输电线路上的 ARC 装置提出了以下要求：

1）手动跳闸以及遥控装置跳闸时不应重合。由值班人员手动操作或通过遥控装置将断路器断开时，ARC 不应动作。

2）断路器处于不正常状态时不应重合。ARC 应当有闭锁措施，当断路器状态不正常，如操作机构中使用的气压、液压降低时，或者某些保护动作不允许自动合闸时，应该将 ARC 装置闭锁。

3）手动合闸于故障线路时不应重合。手动投入断路器时，线路上存在故障，而随即被继电保护将其断开，这种情况属于永久性故障，可能由于检修质量不合格，隐患未消除或者保护的接地线忘记拆除等原因造成，因此再次重合也不会成功。

4）ARC 装置动作应迅速。为了尽量减少停电对用户造成的损失，要求 ARC 动作的时间越短越好。但 ARC 装置的动作时间必须考虑保护装置的复归、故障点去游离后绝缘强度的恢复、断路器操作机构的复归及其准备好再次合闸的时间。

5）ARC 装置应按照控制开关位置与断路器位置不对应的原理动作。当断路器的控制开关在合闸位置，而断路器实际在断开位置不对应的情况下，重合闸应当启动，这样保证无论是任何原因使断路器跳闸都能够进行一次重合。当利用保护装置来启动重合闸时，如果出现保护装置动作较快，而重合闸来不及启动时，必须采取相应措施（自保持回路、记忆回路等），保证重合闸的可靠动作。

6）ARC 装置的动作次数应当符合预先设定。在任何情况下（包括元件本身的损坏以及继电器触点粘住或拒动），均不应当使断路器的重合次数超过规定，如一次式重合闸应当只动作一次，当重合于永久性故障而再次跳闸之后，不应该再动作；二次式重合闸应该能够动作两次，当第二次重合于永久性故障而跳闸以后，不应该再动作。

7）ARC 装置动作后，应该能自动复归，准备好下一次动作。这对于雷击现象较多的线路非常必要，但对于 10kV 及以下电压的线路，为了简化重合闸的实现，也可以采用手动复归的方式。

8）双侧电源线路上的 ARC 装置应考虑同步问题。

9）ARC 装置应当能与继电保护配合，加速保护的动作。ARC 装置应有可能在重合闸以前或重合闸以后加速继电保护的动作，以便加速故障的切除。

（三）自动重合闸的分类

使用重合闸的目的有：一是保证并列运行系统的稳定性；二是尽快恢复瞬时故障元件的供电，从而恢复整个电力系统的正常运行。

根据作用于断路器的方式，线路 ARC 可以分为三相重合闸、单相重合闸以及综合重合闸。三相重合闸是指当线路上发生任何形式的故障时，继电保护装置均将线路三相断路器同时跳开，然后启动自动重合闸，再同时重新合三相断路器的方式；当重合闸到永久性故障时，断开三相并不再重合。一般在线路两侧分别为电源与用电户，相互联系较强的线路采用三相重合闸。单相重合闸指的是当电路上发生单相故障时，实行单相自动重合（断路器可以分相操作）；当重合闸到永久性故障时，一般是断开三相并不再进行重合；当线路上发生相间故障时，则断开三相，不进行自动重合。根据运行经验 110kV 以上的大接地电流系统的高压架空线路上，短路故障中 70% 以上是单相接地短路，特别是 220kV 以上的架空线路，这种情况下，如果只把发生故障的一相断开，然后再进行单相重合闸，而未发生故障的两相在重合闸周期内仍然继续，就能大大提高供电的可靠性和系统并列运行的稳定性。因此，在 220kV 以上的大接地电流系统中，广泛采用了单相重合闸。综合重合闸指的是当线路上发生单相故障时，实行单相自动重合（断路器可能分相操作）；当重合闸到永久性故障时，一般是断开三相并不再进行重合；当线路上发生相间故障时，实行三相自动重合，当重合到永久故障时，断开三相并不再进行自动重合。一般在允许使用三相重合闸的线路，但使用单相重合闸对系统或恢复供电有较好效果时，可采用综合重合闸方式。

除此之外，根据重合闸控制的断路器接通或者断开的电力元件不同，可以将重合闸分为线路重合闸、变压器重合闸和母线重合闸等。目前在 10kV 及以上的架空线路和电缆与架空线的混合线路上，广泛采用重合闸装置，只有个别的由于系统条件的限制不能使用重合闸的除外。

根据重合闸控制断路器连续合闸次数的不同，可以将重合闸分为多次重合闸和一次重合闸。多次重合闸一般使用在配电网中与分段器配合，自动隔离故障区段，是配电自动化的重要组成部分。一次重合闸主要用于输电线路，提高系统的稳定性。

（四）ARC 装置的实现

在输电线路中的数字式 ARC 中，当断路器可以分相操作时（220kV 以上），将三相重合闸、单相重合闸、综合重合闸、重合闸停用集成为一个装置，通过切换开关或者控制字获得不同的重合闸方式以及重合闸功能。当断路器不可以分相操作时（110kV 及以下），则只有三相重合闸以及重合闸停用两种方式。下面以 220kV 为例，阐述输电线路 ARC 构成的基本原理。

1. 重合闸的方式选择

重合闸的方式选择借助 CH_1、CH_2 不同状态组合获得不同的重合闸方式。CH_1 用来控制三重方式（压板接通时置 1），CH_2 用来控制综重方式（压板接通时置 1），组成的重合闸方式见表 7-1。通过 CH_1、CH_2 的组合，可以实现三相重合闸、单相重合闸、综合重合闸、重合闸停用的方式。

表 7-1　CH_1、CH_2 组成的重合闸方式

	单重	三重	综重	停用
CH_1	0	1	0	1
CH_2	0	0	1	1

2. 重合闸充电

线路发生故障时，ARC 动作一次，表示断路器进行了一次跳闸 - 合闸的操作。为了保证断路器切断能力的完全恢复，断路器进行第二次跳闸之前必须有足够的时间，否则切断能力会下降。为此，ARC 动作后需要一定间隔时间才能够投入，这段时间称为复归时间，一般取 10 ~ 15s。线路上发生永久性故障时，ARC 动作后经过一定时间才能够再次动作，可以避免 ARC 动作过多。一般情况下，重合闸的充电时间取 15 ~ 25s。在非数字式重合闸中，利用电容器放电可以获得一次重合闸脉冲，因此该电容器充电到能使 ARC 动作的电压值的时间应为 15 ~ 25s。在数字式重合闸中模拟电容器充电的是一个计数器，计数器计数相当于电容器充电，计数器清零就相当于电容器放电。

重合闸要进行充电，往往还要满足以下几个条件：重合闸投入运行处为正常工作状态；在重合闸未启动时，三相断路器处于合闸状态，断路器跳闸装置继电器未动作；在重合闸未启动时，断路器正常状态下的气压或者油压正常。这说明断路器可以进行跳合闸，允许充电；没有闭锁重合闸输入信号；在重合闸未启动时，没有 TV 断线失电压信号。

3. 重合闸启动方式

重合闸启动有两种方式：控制开关与断路器位置不对应启动以及保护启动。

（1）控制开关与断路器位置不对应启动方式

重合闸的位置不对应启动就是断路器控制开关（S）处合闸状态和断路器处跳闸状态两者不对应启动重合闸。用位置不对应启动重合闸的方式，线路发生故障保护将断路器跳开之后，出现了控制开关与断路器位置不对应，启动重合闸；如果出现工作人员误碰断路器操作机构、断路器操作机构失灵、断路器控制回路存在问题等，这一系列因素会使断路器在线路无故障时发生“偷跳”现象，则位置不对应引起重合闸启动。因此，位置不对应启动重合闸可以纠正这种问题。

这种启动重合闸的方式简单可靠，是所有自动重合闸启动的基本方式，对提高供电可靠性和系统的稳定性有重要意义。为判断断路器是否为跳闸状态，需要用到断路器的辅助触点以及跳闸位置继电器。当出现断路器辅助触点接触不良或者跳闸位置继电器异常等，则位置不对应启动重合闸失效。为了克服这一缺点，在断路器跳闸位置继电器每相动作中增加线路相应相无电流条件的检查，以进一步提高启动重合闸的可靠性。

（2）保护启动方式

目前大多数线路是自动重合闸，在保护动作发出跳闸命令之后，重合闸才能发出合闸命令，因此自动重合闸支持保护跳闸命令的启动方式。

保护启动重合闸，就是利用线路保护跳闸出口触点（A相、B相、C相、三跳）来启动重合闸。因为是采用跳闸出口触点来启动重合闸，因此只要固定跳闸命令，无须固定选相结果，从而简化了重合闸回路。保护启动重合闸能够纠正继电保护误动作引起的误跳闸，但不能够纠正断路器偷跳现象。

单相故障时，单相跳闸固定命令同时检查单相无电流，此时启动单相重合闸；多相故障时，三相跳闸命令固定同时检查三相无电流，此时启动三相重合闸。

4. 重合闸计时

单相故障单相跳闸时，重合闸以单相重合方式计时，重合闸动作时间为 t_D，即重合闸启动后经 t_D 后发出合闸脉冲。

多相故障三相跳闸时，重合闸以三相重合闸方式计时，重合闸动作时间为 t_{ARC}，即重合闸启动后经 t_{ARC}后发出合闸脉冲。在装设重合闸的线路上，假定线路第一次发生的是单相故障，故障跳闸之后线路转入非全相运行，经单相重合闸动作时间 t_D 给断路器发出合闸脉冲。如果在发出重合闸脉冲前健全相有发生故障，继电保护动作实行三相跳闸，则有可能出现第二次发生故障的相断路器刚一跳闸，没有适当间隔时间就收到单相重合闸发出的重合脉冲，立即合闸。这样除了使重合闸不成功外，严重的会导致高压断路器出现跳开后经 0s 重合又跳开的特殊动作循环，甚至断路器在接到合闸命令的同时又接到跳闸命令，这一过程会给断路器带来严重的危害。

为了保证断路器安全，在装设综合重合闸的线路上，重合闸的计时必须保证是由最后一次故障跳闸算起，即非全相运行期间健全相发生故障而跳闸，重合闸必须重新计时。

5. 重合闸闭锁

重合闸闭锁就是将重合闸充电计数器瞬间清零。重合闸闭锁主要分为以下几种情况：

1）由保护定值控制字段设定闭锁重合闸的故障发生时：如相间距离Ⅱ段、Ⅲ段；接地距离Ⅱ段、Ⅲ段；零序电流保护Ⅱ段、Ⅲ段；选相无效、非全相运行期间健全相发生故障引起三相跳闸等。如果用户选择闭锁重合闸时，则这些故障出现时实行三相跳闸不重合。

2）不经保护定值控制字控制闭锁重合闸的故障发生时：如手动合闸故障线或自动重合闸故障线，此时的故障可以认为是永久性故障；线路保护动作，单相跳闸或三相跳闸失败转为不启动重合闸的三相跳闸，因为此时断路器本身可能发生了故障。

3）手动跳闸或者是通过遥控装置将断路器跳闸时：闭锁重合闸；断路器失灵保护动作跳闸，闭锁重合闸；母线保护动作跳闸不使用母线重合闸时，闭锁重合闸。

4）使用单相重合闸方式，而保护动作三相跳闸。

5）重合闸停用，断路器跳闸。

6）重合闸发出合闸脉冲的同时，闭锁重合闸。

7）线路配置双重化保护时，如果两套保护同时投入运行，重合闸也实现双重化。为了避免两套装置的重合闸出现不允许的两次重合情况，每套装置的重合闸检测到另一套重合闸已经将断路器合上之后就闭锁本装置的重合闸。如果不采用这一闭锁措施，则不允许两套装置的重合闸同时投入运行，只能一套装置投入运行。

检测到 TV 二次回路断线失电压，因检无压、检同步失去了正确性，在这种情况下应当闭锁重合闸。

二、三相自动重合闸

（一）单侧电源线路的三相一次自动重合闸

单侧电源线路是指单侧电源辐射状单回路、平行线路以及环状线路，其特点是只有一个电源供电，不存在非同步重合问题，重合闸装置装于线路的送电侧。在我国的电力系统中，单侧电源线路采用一般的三相一次重合闸，这种重合闸不具备直接应用于双侧电源线路上的功能。所谓的三相一次重合闸是指无论线路上发生的是相间短路还是接地短路，继电保护装置均将三相断路器跳开，重合闸启动，经过预定时间（可以整定，一般为0.5～1.5s）发出重合脉冲，将三相断路器同时合上。如果是瞬时性故障，因故障已经消失，重合成功，线路继续正常运行；如果是永久性故障，继电保护再次动作跳开三相并且 ARC 不再重合。其工作流程图如图 7-1 所示。

三相同时跳开，重合不需要区分故障类别以及选择故障相，只需要在重合时断路器满足允许重合的条件下，经预定的延时发出一次重合脉冲。重合闸的时间除了应大于故障点熄弧时间，还应大于断路器以及操作机构恢复到准备合闸状态（复归准备好再次动作）所需的时间。

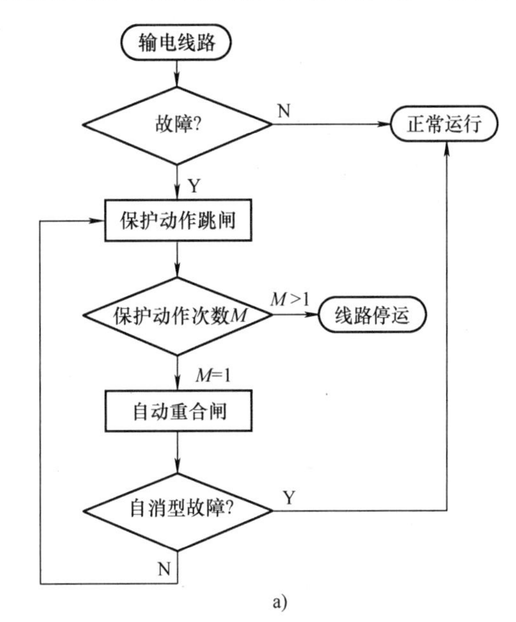

a)

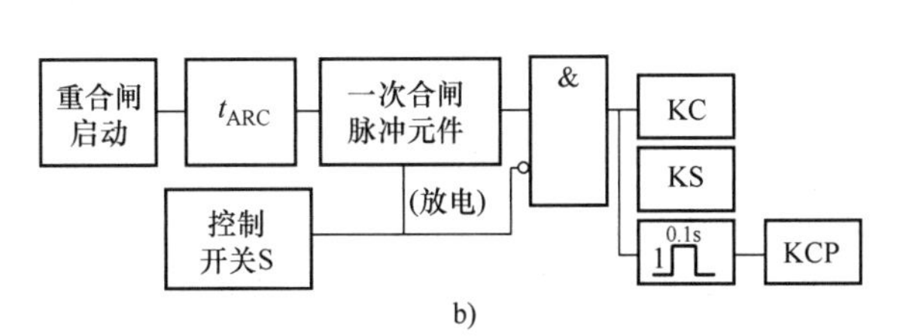

b)

图 7-1　单侧电源线路三相一次重合闸工作流程图及原理图

a）流程图　b）原理图

三相一次 ARC 由 ARC 启动回路、延时元件、一次合闸脉冲元件、控制开关闭锁回路以及实现重合闸以后加速保护动作的后记忆元件等组成。ARC 启动回路用以在断路器位置以及控制开关位置不对应时或者保护动作使断路器跳闸之后启动 ARC。延时元件在确定断路器断开后，故障点有充足时间进行去游离、断路器的绝缘强度恢复及消弧室重新充油以便下次动作，其延时 t_{ARC} 一般取 1s。一次合闸脉冲元件用以保证 ARC 只重合一次。在图 7-1 中 S 为手动操作的控制开关，在手动合闸及手动跳闸时接通，让一次合闸脉冲元件放电，同时闭锁重合闸的动作；KC 为合闸继电器；KS 为信号继电器；KCP 为重合闸后加速继电器，它与记忆 1s 的后记忆元件共同实现重合闸后继电保护的加速功能。

其工作情况的分析如下：

（1）正常工作状态　正常工作状态下，ARC 启动回路并不动作，合闸继电器 KC 与信号继电器 KS 均不动作。

（2）断路器因为保护动作或其他原因误动作而跳闸　重合闸的启动回路由控制开关位置与断路器位置不对应或者是保护启动。只要断路器跳开就会启动，经过预定时间 t_{ARC}后，触发一次合闸脉冲元件发出合闸脉冲（约 0.1s），KC 动作进行合闸。如果是瞬时性故障，重合闸成功。断路器合闸之后，启动回路以及延时元件立即返回，使一次合闸脉冲元件开始充电，充满之后整个回路自动复归并准备好再次动作。如果是永久性故障，重合闸之后继电保护再次动作，断路器再次跳开。启动回路以及延时元件再次动作，但是一次合闸脉冲并未完成充电，因电压不满不能够发出合闸脉冲，从而保证重合闸仅动作一次。

（3）手动操作控制开关跳闸　控制开关在预跳闸位置时，S 触电接通。其接通了放电回路，使一次合闸脉冲元件放电，同时通过与门实现了手动闭锁，从而保证了手动跳闸之后不会合闸。在手动跳闸之后，一次合闸脉冲元件处于放电状态，因电压不满不会发出合闸脉冲。

（4）手动操作控制开关合闸　控制开关手动合闸之后，一次合闸脉冲元件开始充电，15～25s 之后电压充满。如果此时线路上还存在故障，则断路器投入随即继电保护动作再次跳闸。一次合闸脉冲元件处于放电状态，因电压不满不会发出合闸脉冲。

（5）后记忆元件动作情况　后记忆元件将一次合闸脉冲元件发出的短脉冲进行加宽，使其变为 1s 的输出信号。在这段时间内，KCP 动作配合继电保护在重合闸之后实现保护加速。

（二）双侧电源线路的三相一次自动重合闸

双侧电源线路是指两个及两个以上电源之间的联络线。在双侧电源线路上实现重合闸还需考虑断路器跳闸之后，电力系统可以分割为两个独立的部分，它们有可能进入非同步的运行状态，因此除了满足前述的基本要求之外，还应当考虑故障点的断电时间的配合和同步两个问题。

（1）时间的配合　双侧电源线路上发生故障时，两侧的继电保护装置可能以不同的时限断开两侧断路器。例如一侧为Ⅰ段动作，而另一侧为Ⅱ段动作，为了保证故障电弧的熄灭、足够的去游离时间及绝缘强度的恢复，以使重合闸可能成功，线路两侧安装的重合闸必须在两侧断路器都跳闸之后再进行重合。最糟糕的情况下，每侧都应当以本侧先跳闸而对侧后跳闸作为考虑时间整定值的依据。如图 7-2 所示，设本侧Ⅰ段保护的动作时间为 t_{pr1}、断路器动作时间为 t_{QF1}，对侧Ⅱ段保护的动作时间为 t_{pr2}、断路器动作时间为 t_{QF2}，在本侧跳闸之后，对侧还需经过 $t_{\mathrm{pr2}}+t_{\mathrm{QF2}}-t_{\mathrm{pr1}}-t_{\mathrm{QF2}}$ 才能够跳闸。如果考虑故障点灭弧时间以及周围介质去游离时间 t_{u}，则先跳闸一侧重合闸装置 ARC 动作时限整定为

$$t_{\mathrm{ARC}}=t_{\mathrm{pr2}}+t_{\mathrm{QF2}}-t_{\mathrm{pr1}}-t_{\mathrm{QF2}}+t_{\mathrm{u}} \tag{7-1}$$

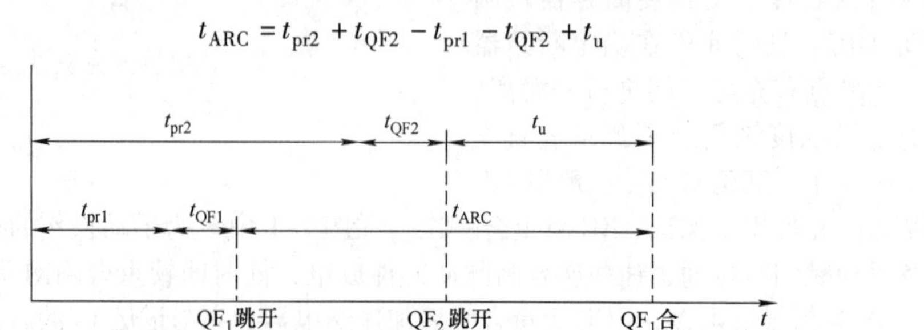

图 7-2　双侧电源线路自动重合闸动作时间配合示意图

线路采用阶段式保护作为主保护时，t_{pr1}应当作为本侧Ⅰ段保护的动作时间，而t_{pr2}一般作为对侧Ⅱ段（或Ⅲ段）保护的动作时间。

（2）同步问题　线路上发生跳闸故障时，经常会出现两侧电源电动势相位差增大从而失去同步的现象。此时后合闸的一侧应当考虑两侧的电源是否同步，以及是否允许非同步合闸的问题。采用三相自动重合闸时，一般都会采用检查线路无电压和检查同步的ARC装置。

因此，双侧电源线路上的重合闸应当根据电网的接线方式以及运行状况，在单侧电源重合闸的基础上采取一些附加措施以适应新的要求。我国电网中双侧电源线路上采用的三相一次重合闸分述如下。

1. 三相快速自动重合闸

快速自动重合闸指线路上发生故障时，继电保护瞬时断开两侧断路器后，在0.5~0.6s内使之再次重合，在这段时间内，两侧电源电动势相位差不大，不会危及系统失步。即使两侧电源电动势相位差较大，冲击电流对电力系统内电力元件的冲击也在可以承受的范围内，线路重合后迅速进入同步状态。在现代高压输电线路中，采用三相快速重合闸是提高系统并列运行稳定性和供电可靠性的有效措施。

采用三相快速自动重合闸方式应当具备下列条件：

1）线路两侧都装有可以进行快速重合的断路器，如快速气体断路器等。

2）线路两侧都装有全线速动的保护，如纵联保护等。

3）断路器合闸时，线路两侧电动势的相位差为实际运行中可能的最大值时，通过设备的冲击电流周期分量$I_{ch \cdot max}$应在允许范围内。

4）快速重合于永久性故障时，电力系统有保持暂态稳定的措施。

2. 解列和自同步的重合闸方式

（1）解列重合闸　如图7-3所示，由系统向小电源侧输送功率。当电路上k点发生故障之后，系统侧的保护动作跳开线路上本侧的断路器，小电源侧的保护动作使解列点跳闸，使小电源与系统解列。解列点应尽量选择使发电厂容量与其所带重要负荷供电平衡的点。解列之后，小电源的容量基本上与所带负荷实现平衡，保证了地区重要负荷的连续供电。两侧断路器跳闸之后，系统侧的重合闸检查线路无电压、确认对侧跳闸之后，进行重合。重合成功，则恢复对非重要负荷的供电并恢复系统正常运行；重合失败，则系统侧保护动作再次跳闸，只保证重要负荷的供电。

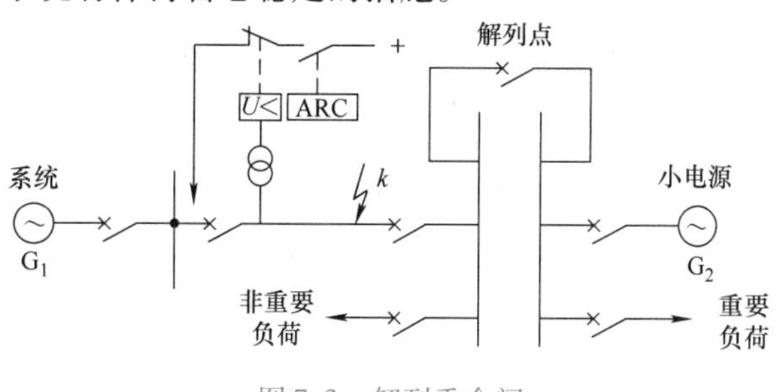

图7-3　解列重合闸

（2）自同步重合闸　适用于包含水电厂的情况，如图7-4所示，线路k点发生故障时，系统侧的保护动作跳开本侧断路器，水电厂侧的保护动作跳开发电机断路器以及灭磁开关，但不跳开故障线路的断路器。系统侧的重合闸检查线路无电压后重合，如果重合成功，则水轮发电机以自同步方式与系统并列。如果重合不成功，系统侧保护再次跳闸，水电厂被迫停机。

采用自同步重合闸需考虑对水电厂地区负荷供电的影响。因为在自同步重合闸过程中，不采取其余措施会导致全部停电。水电厂有两台以上机组时，为了保证负荷地区的供电，应

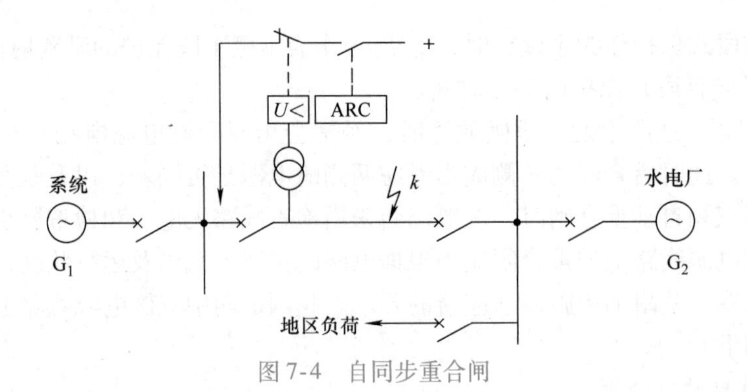

图 7-4　自同步重合闸

考虑使一部分机组与系统解列，继续向地区负荷供电，另一部分机组实行自同步重合闸。

3. 非同步重合闸方式

当快速重合闸的重合时间过慢，或者系统的功角摆开较快，到两侧断路器合闸时系统失去同步，此时不考虑同步问题进行合闸，依靠系统自动拉入同步。此时系统中电力元件受到冲击电流的影响，当冲击电流不超过规定值且合闸之后振荡过程对重要负荷影响较小时，可以采用非同步重合闸方式。其中，进行非同步重合闸时，流过发电机、同步调相机等的最大冲击电流见表 7-2。

表 7-2　最大冲击电流与额定电流允许倍数

机组类型		允许倍数
汽轮发电机		$0.65/x''_d$
水轮发电机	有阻尼回路	$0.6/x''_d$
	无阻尼回路	$0.6/x_a$
同步调相机		$0.84/x''_d$
电力变压器		$1/x_T$

4. 检定无压以及检定同期自动重合闸方式

检定同期的重合闸方式是高压电网中应用最广泛的一种三相自动重合闸方式，检定同期可以采用间接的方式，如图 7-5 所示。在没有其他旁路的双回线路上，可以检定另一回线路上是否有电流，因为当另一回线路上有电流时，两侧电源仍然保持联系，一般是同步的，因此能够重合。

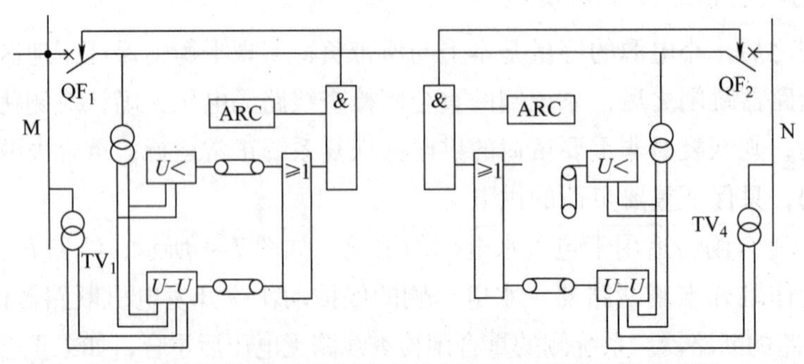

图 7-5　采用检定无压以及检定同期重合闸的配置原理图

检定同期同样可以采用直接的方式，检定同步重合闸的方式不会产生危及设备安全的冲击电流，也不会引起系统振荡，合闸之后能够很快拉入同步。在现代数字式保护中，重合闸部分设计在保护装置中，或设计成单独插件与保护部分置于同一个机箱内。三相重合闸统一设计成检定无压、检定同步重合，可以满足不同的需求。考虑到线路保护按照线路配置，重合闸按照断路器配置，对于一个半断路器接线以及多角形接线，重合闸部分设在断路器保护装置中。

在图7-5中M、N为双侧电源线路，图中TV_1、TV_4用来测量MN母线两端的电压，$U<$表示低电压元件，用来检测系统是否无电压；$U-U$表示检同步元件，用来判断线路侧电压与母线侧电压是否同步。

检定无压以及检定同步三相重合闸，就是当线路两端断路器跳闸之后，先检定一侧线路无电压后重合，另一侧检定同步再进行重合，其工作流程如图7-6所示。下面结合具体例子分析其工作情况：

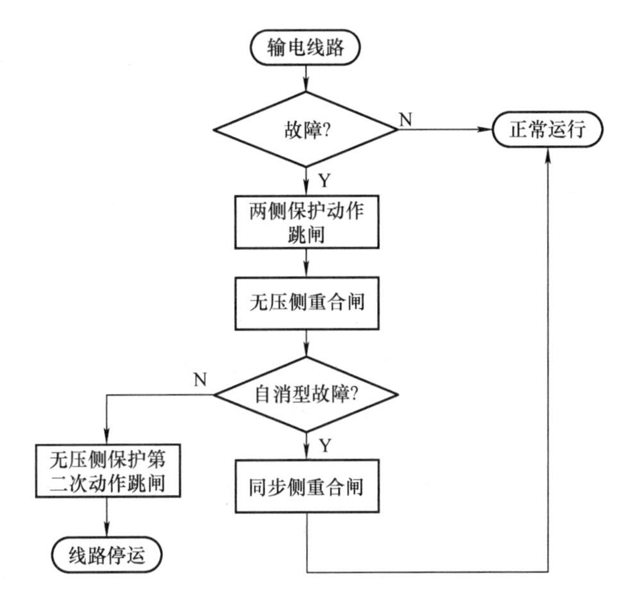

图7-6　检定无压以及检定同步三相一次重合闸的工作流程图

（1）线路上发生瞬时性故障　假设图7-4中的k点发生瞬时性故障，线路两侧继电器动作，具有同步检定以及无电压检定的重合闸接线示意图如图7-5所示，在线路两侧装设了重合闸装置。在线路两侧继电器保护动作QF_1、QF_2跳闸，故障点断电，电弧熄灭。因M侧低电压元件检测到线路无电压，将QF_1断路器合上。QF_1合上之后，N侧检测到线路有电压，N侧检定同步元件开始工作，当满足条件时，将QF_2合上，恢复到线路正常供电。

如果N侧在检定同步的过程中线路上又发生故障，则M侧继电保护动作将QF_1跳闸，N侧的QF_2不会合闸。

（2）线路上发生永久性故障　两侧断路器QF_1、QF_2跳闸之后，M侧检定线路无电压先重合，因为是永久性故障，无电压侧的后加速保护迅速动作使QF_1再次跳闸，而N侧断路器QF_2不能够合闸。由此可见，M侧断路器QF_1连续两次切断短路电流，而N侧断路器QF_2只切断一次短路电流。

由上述工作情况可以看到，断路器QF_1比N侧（检定同步侧）断路器QF_2的工作条件更为恶劣，为了使得两端断路器工作条件类似，在检定同步侧应当同样设定检定无压元件并实现两侧检定无压元件的轮流投入。但是，对于发电厂的输出线路，电厂侧通常设为检定同步侧（或者重合闸停用），检定无压的元件不能够投入，这样可以避免重合于永久故障时发电机在短时间内承受两次短路电流冲击，以保证发电机安全运行。

（3）由误动作导致保护装置跳闸　误跳发生在 N 侧时，借助检定同步元件工作，QF_2 进行合闸，恢复系统正常运行；误跳发生在 M 侧时，如果该侧没有检定同步的元件，则 QF_1 无法进行合闸，所以在该侧必须设检定同步的元件，使得 QF_1 能够自动合闸。

由上述工作情况可知，在检定无压以及检定同步的三相自动重合闸中，线路两侧的检定同步元件一直工作，而检定线路无电压元件只能在一侧投入。因为如果两侧同时投入检定线路无电压元件，则线路两侧断路器跳闸之后，两侧均检测到线路无电压，导致两侧断路器同时合闸，这会造成合闸不同步的情况发生，可能造成冲击电流，干扰系统运行稳定性。

（三）自动重合闸与继电保护的配合

在电力系统中，自动重合闸与继电保护的关系十分密切，两者配合动作可以加速切除故障，提高供电的可靠性。目前采用的配合方式主要包括重合闸前加速保护以及重合闸后加速保护。

1. 重合闸前加速保护

自动重合闸前加速保护（简称前加速）是当线路发生故障时，首先由靠近电源侧的线路保护进行无选择性的动作，然后由启动装置进行纠正。如图 7-7 所示的网络接线中，每条线路上都装设有过电流保护，按照阶梯原则来整定其动作时间。因此，电源侧的保护 3 处动作时限过长，为了加速故障切除，在保护 3 处采用了故障前加速的保护方式，即在任何线路上发生的第一次故障都由保护 3 处瞬时动作无选择性切除，之后发生的故障则满足选择性切除。举例说明，在线路之外的 k_1 点发生故障，则保护 3 处的动作无选择性，如果发生的是瞬时性故障，则进行重合闸之后系统恢复正常供电；如果是永久性故障，则按照动作时限有选择地进行动作。例如在 k_1 点发生了永久性故障，则首先由保护 1 处动作跳开断路器。

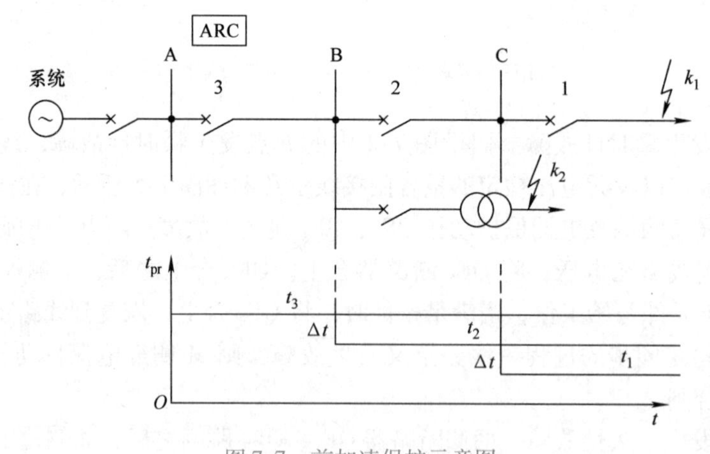

图 7-7　前加速保护示意图

采用前加速保护能够快速切除瞬时故障，从而避免事故进一步恶化，提高了重合闸的成功率，同时减少设备投资，简单经济。但是采用前加速的系统断路器动作次数过多，工作条件恶劣；当重合于永久性故障时，切除时间延长；而且如果重合闸装置或者保护 3 处断路器拒绝合闸将会造成停电范围扩大，甚至引发全线停电。

综上所述，前加速保护装置往往装设在35kV及以下的发电厂或者变电站引出的直配线路上，为了控制无选择性的动作范围，一般情况下规定变压器低压侧短路时，保护3处不加速动作，即其整定电流躲开相邻变压器低压侧的短路电流。

2. 重合闸后加速保护

重合闸后加速保护（简称后加速）是指当输电线路上发生故障时，保护首先按照选择性动作，然后自动重合闸动作使跳闸的断路器闭合。如果重合于永久性故障，则加速保护动作，使故障瞬时切除，此动作与线路整定时限无关。采用后加速保护的系统其接线如图7-8所示。当线路上发生故障时，过电流继电器的触点KA闭合，启动时间继电器KTM，经过整定时限之后，时间继电器KTM_2的触点闭合，出口继电器KM跳闸。重合闸启动后，常开触点KCP将闭合1s，如果是重合在永久性故障上，则KA再次动作并通过时间继电器KTM_1立即启动KM动作于跳闸，实现了故障的瞬时切除。与前加速保护相比，重合闸后加速保护不受负荷特点以及网络结构的影响，能够在第一次故障时就进行有选择地切除，不会扩大停电范围；重合于永久故障时也能够快速、有选择的切除。但是选择重合闸后加速保护的线路都需要装设一套自动重合闸，成本较高且结构复杂，第一次故障动作保护的时限性也会影响其动作效果。重合闸后加速保护一般装设于35kV及以上的网络以及重要负荷所在的线路上。在高压网络中，一般不允许保护无选择性动作而后用重合闸来纠正，因此重合闸后加速保护在高压网络中得到了广泛应用。

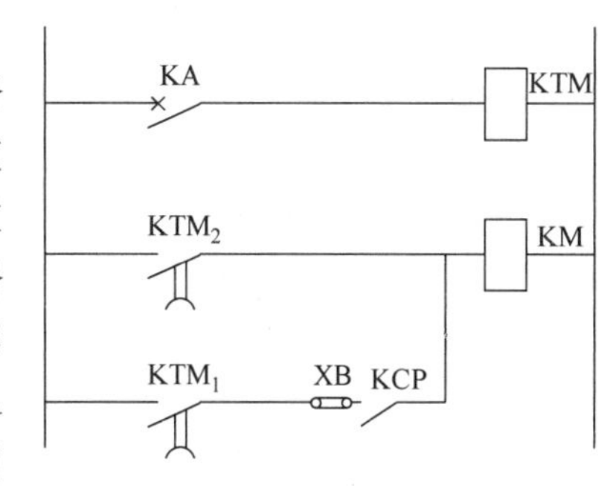

图7-8　重合闸后加速保护示意图

三、单相自动重合闸

单相重合闸是指线路上发生了单相接地故障时，保护动作断开故障相断路器，然后进行单相重合。

电力系统架空线路的故障多为瞬时性故障，根据运行经验110kV以上的大接地电流系统的高压架空线路上，短路故障中的70%以上为单相接地短路，特别是220kV以上的架空线路上，由于线间距离较大，单相接地故障高达90%。在这种情况下，如果只把发生故障的一相断开，然后进行单相重合，而未发生故障的两相在重合闸周期内继续运行，就能够很大程度上提高供电的可靠性以及系统并列运行的稳定性。因此，在220kV以上的大接地电流系统中，广泛采用单相重合闸。

与三相重合闸相比，单相重合闸具有以下特点：

1）使用单相重合闸时会出现非全相运行，除纵联保护需要考虑一些特殊问题外，对零序电流保护的整定和配合产生了很大影响，也使中、短线路的零序电流保护不能充分发挥作用。

2）使用三相重合闸时，各种保护的出口回路可以直接动作于断路器。使用单相重合闸时，除了本身有选相能力的保护外，所有纵联保护、相间距离保护、零序电流保护等，都必须经单相重合闸的选相元件控制，才能动作于断路器。

3）当线路发生单相接地并进行三相重合闸时，会比单相重合闸产生较大的操作过电压。这是由于三相跳闸、电流过零时断电，在非故障相上会保留相当于相电压峰值的残余电荷电压，而重合闸的断电时间较短，上述非故障相的电压变化不大，因而在重合时会产生较大的操作过电压。而当使用单相重合闸时，重合时的故障相电压一般只有17%左右（由线路本身电容分压产生），因而没有操作过电压问题。从较长时间在110kV及220kV电网采用三相重合闸的运行情况来看，一般中、短线路操作过电压方面的问题并不突出。

4）采用三相重合闸时，在最不利的情况下，有可能重合于三相短路故障，有的线路经稳定计算认为必须避免这种情况时，可以考虑在三相重合闸中增设简单的相间故障判别元件，使它在单相故障时避免实现重合，在相间故障降时不重合。

电网采用单相自动重合闸时，除了要求系统中装设按相操作的断路器之外，还应当考虑以下由单相重合闸引起的特殊问题：①保护中需装设故障判别元件以及故障选相元件，选相功能是综合重合闸或者单相重合闸装置应当具有的功能。数字式线路保护中大多也具有选相功能，双重选相更为可靠；②在单相接地跳开单相、进行单相重合的过程中会出现只有两相运行的非全相状态，应该对误动作的保护进行闭锁；③非全相运行状态下，应当考虑电网中潜供电流的影响；④单相重合失败，则应根据系统运行需要，考虑线路转入长期非全相运行的影响（一般由零序电流保护后备段动作跳开其余两相）。下面对这几个问题进行分析说明。

1. 选相元件

选相元件应当首先保证选择性，即选相元件与继电保护配合只跳开故障发生的那一相，而非故障相的选相元件不动作；其次，当线路末端发生单相接地故障时，对应的选相元件应灵敏动作。

根据电网的运行状况，常用的选相元件分为以下几种：

（1）电流选相元件　在传统的综合重合闸装置中，在每相上装设过电流继电器，根据故障相短路电流增大的原理动作，线路上发生接地短路时，故障相电流增大，使该相上过电流继电器动作，构成电流选相元件。其动作电流按照大于最大负荷电流和单相接地短路时非故障相电流继电器不误动的原则来进行整定，适合装设于较短线路的电源端，不适合线路末端电流较小的中长线路。因为相电流选相元件受系统的运行方式影响较大，一般只作为消除阻抗选相元件出口短路死区的辅助选相元件，而不能作为独立选相元件。微机型综合重合闸装置采用三相电流来监视实现。

（2）低电压选相元件　将三个低电压继电器接于三个相电压上，根据故障相电压降低的原理动作，接地故障时以相电压选相，相间故障时则用相间电压选相。其动作按照小于正常运行以及非全相运行时可能出现的最低电压来整定。低电压选相元件适合装设于短路容量特别小的一侧，尤其是在弱电源侧及其他选相方法有困难时。在极短的线路上应用低电压选相需要考虑其灵敏性。

因为低电压选相元件在长期运行中易发生触电抖动，可靠性较差，不能够单独作为选相元件使用，只能作为辅助选相元件。微机型装置采用三相电压来监视实现。

（3）阻抗选相元件　阻抗选相元件采用零序电流补偿的接线，根据故障相测量阻抗降低的原理动作。其将三个低阻抗继电器接入的电压电流分别为 $\dot{U}_A$、$\dot{I}_A+K3\dot{I}_0$，$\dot{U}_B$、$\dot{I}_B+K3\dot{I}_0$，$\dot{U}_C$、$\dot{I}_C+K3\dot{I}_0$。其中，$\dot{U}_A$、$\dot{U}_B$、$\dot{U}_C$ 为保护安装处母线的相电压；$\dot{I}_A$、$\dot{I}_B$、$\dot{I}_C$ 为被保护线路由母线流向线路的相电流；$3\dot{I}_0$ 为相应零序电流；$K=\dfrac{Z-Z_1}{3Z_1}$为零序电流补偿系数。采

用$\frac{\dot{U}_{a(b,c)}}{\dot{I}_{a(b,c)}+K3\dot{I}_0}$接线方式的三个阻抗继电器，以保证单相接地时故障相继电器的测量阻抗与短路点到保护安装地点之间的正序阻抗成正比。而阻抗继电器的特性，一般是类似带记忆作用的方向阻抗继电器或者四边形特性的阻抗继电器。阻抗选相元件相较于电流选相元件和电压选相元件，更具有灵敏性以及选择性，在复杂电网中得到了广泛应用。

（4）相电流差突变量选相元件　相电流差突变量选相元件是根据两相电流之差构成的三个选相元件，其动作情况满足一定的逻辑关系。设保护安装处通过母线流向线路的电流为$\dot{I}_A$、$\dot{I}_B$、$\dot{I}_C$，相电流之差为$\dot{I}_{AB}=\dot{I}_A-\dot{I}_B$、$\dot{I}_{BC}=\dot{I}_B-\dot{I}_C$、$\dot{I}_{CA}=\dot{I}_C-\dot{I}_A$，相电流差突变量是故障后的$\dot{I}_{AB}$、$\dot{I}_{BC}$、$\dot{I}_{CA}$的相量差，以符号$\Delta\dot{I}_{AB}$、$\Delta\dot{I}_{BC}$、$\Delta\dot{I}_{CA}$表示。实际上$\Delta\dot{I}_{AB}$、$\Delta\dot{I}_{BC}$、$\Delta\dot{I}_{CA}$就是故障分量电流。

在正常运行以及短路之后的稳态情况下，每相电流无变化，三个选相元件不动作。短路发生的瞬间，故障相的电流突变，则与故障相有关的相电流差突变量选相元件动作。

不同故障情况下选相元件动作见表7-3，可以发现在单相接地故障时，只有对应非故障相的电流差突变量的继电器不动作，当三个选相元件都动作时，说明发生多相故障，动作后跳开三相断路器。

表7-3　各类型故障时，相电流差突变量继电器的动作情况

故障类型	故障相别	选相元件		
		ΔI_{AB}	ΔI_{BC}	ΔI_{CA}
单相接地	A	+	−	+
	B	+	+	−
	C	−	+	+
两相短路或者两相短路接地	AB	+	+	+
	BC	+	+	+
	AC	+	+	+
三相短路	ABC	+	+	+

相电流差突变量选相元件选相速度快、选相灵敏度高、选相允许故障点过渡电阻大、单相接地时能够正确选相、电力系统振荡时选相元件不误动、频率偏离额定频率较大时选相元件不误动；两相经过较大的过渡电阻接地时，能够在最不利条件下不漏选相。但是在单侧电源线路上发生故障时，负荷侧的相电流差突变量选相元件不能够正确选出故障相，如果发生单相接地，则负荷侧的故障分量电流为零序电流，当然该侧的电流差突变量$\Delta\dot{I}_{AB}=0$、$\Delta\dot{I}_{BC}=0$、$\Delta\dot{I}_{CA}=0$，无法选出故障相；此外，对于转换性接地故障（如一相接地在保护正向，另一相在保护反向上）和平行双回线路的跨线接地故障，不能正确选出故障相。

在微机综合重合闸装置中，常采用相电流差突变量选相元件与阻抗选相两种方式互补作用。阻抗选相元件一般不会误动，但是在单相经大电阻接地的情况下可能拒动；相电流差突变量选相元件灵敏度高，不会在过渡电阻较大时拒动，但它仅在故障刚发生时能够可靠动作，在单相重合闸过程中可能会因为联锁切机、切负荷等操作误动。因此，在电力系统中，经常在刚启动时采用相电流差突变量原理选相，选出故障相之后退出工作，继而采用阻抗元件选相来辨别相间故障。

（5）序电流选相元件　序电流选相基于比较零序电流与A相负序电流之间的相位关系，

再配合阻抗元件动作行为选择故障相别以及故障类型。采用零序电流进行比相，因此只需对接地故障进行选相（故障没有零序电流则为多相故障）。在分析过程中假定系统各元件序阻抗角相等，因此保护到安装处各序电流的相位分别与故障支路的各序电流相同，所以各序电流直接采用保护安装处的电流，而不采用故障支路各序电流。

假设线路上发生 A 相接地短路故障，以 $\dot{I}_{A2}$ 为基准，则 $\dot{I}_0$ 与 $\dot{I}_{A2}$ 同相位；发生 B 相接地短路故障时，$\dot{I}_0$ 超前 $\dot{I}_{A2}$ 相位 120°；发生 C 相接地短路故障时，$\dot{I}_0$ 滞后 $\dot{I}_{A2}$ 相位 120°。图 7-9 为不同相发生接地短路故障对应的 $\dot{I}_0$ 与 $\dot{I}_{A2}$ 相位关系。

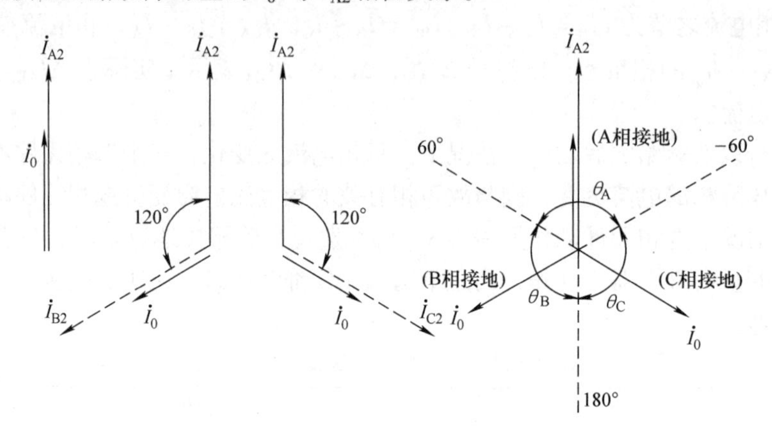

图 7-9　不同相发生接地短路故障时的相位关系

以 $\dot{I}_{A2}$ 为基准，将 A 相、B 相、C 相接地时的 $\dot{I}_0$ 移入图 7-9 中，可以看到三个 $\dot{I}_0$ 相量将平面平均分为三个区域，这三个区域对应的选相动作如下：

当 $-60° < \arg\dfrac{\dot{I}_0}{\dot{I}_{A2}} < 60°$ 时，选择 A 相；

当 $60° < \arg\dfrac{\dot{I}_0}{\dot{I}_{A2}} < 180°$ 时，选择 B 相；

当 $180° < \arg\dfrac{\dot{I}_0}{\dot{I}_{A2}} < 300°$ 时，选择 C 相。

序电流选相元件选相明确、选相灵敏度高、允许接地故障时过渡电阻较大、选相不受系统振荡以及非全相的影响。但序电流选相必须要有零序电流以及负序电流，因此当发生多相故障时，则无法选出故障相；在单侧电源线路上发生接地故障时，负荷侧可能负序电流过小影响了选相的正确性；对于转换性接地故障（如一相接地在保护正向，另一相接地在保护反向）和平行双回线路的跨线接地故障，序电流选相不能够正确选相。此外，序电流选相元件要选择零序以及负序电流，选相时间相对较长。只要接地故障存在，负序以及零序电流就不会消失，选相结果不会消失，因此序电流选相具有稳态性质。

除了以上介绍的几种选相元件之外，电力系统运行中还使用了电流、电压序分量选相、补偿电压突变量选相以及电流、电压复合突变量选相等选相元件。

2. 非全相运行对电力系统的影响

使用单相重合闸后，系统处于非全相运行状态，产生负序以及零序的电压和电流，对电力系统以及继电保护造成不利影响。

（1）对发电机的影响　负序电流在发电机转子绕组中产生了二倍工频频率的交流电流，引起了转子附加发热，而转子中的偶次谐波在定子绕组中感应出奇次谐波的电动势，叠加上基波电动势，可能使发电机产生过电压。因此，在靠近发电厂的高压线路上采用单相自动重合闸时应当加以注意。

（2）对通信的影响　在非全相运行状态下，零序电流可能会造成附近通信设备的过电压。

（3）对继电保护的影响　在单相重合闸过程中产生的负序以及零序分量会使继电保护的性能变差，因此需要对保护采取必要的措施。

1）对零序电流的保护。线路处于非全相运行时，线路的零序电流能够达到正常负荷电流的40%，整定值躲不开该值的零序电流保护，会退出工作，当线路转入全相运行之后，应当适当延时才能够投入工作。在非全相运行期间，本线路的零序三段保护还应当缩短一个时间差，以防止线路重合闸不正常时造成相邻线路的零序电流保护动作。

2）对距离的保护。在非全相运行期间，当两侧的电动势夹角达到一定的程度时，健全相的阻抗元件有发生误动作的可能性。非全相运行期间发生振荡，健全相发生接地故障或相间故障时，由健全相上的Ⅱ段接地距离或Ⅱ段相间距离加速动作，实行三相跳闸。可见，非全相运行期间或非全相运行系统发生振荡，健全相上的距离保护不开放且接在健全相上的接地、相间工频变化量阻抗继电器不受非全相运行的影响，但是当健全相发生短路故障时，保护可靠开放，加速切除健全相上的短路故障。

3）方向高频保护。对于零序功能方向元件，无论使用母线电压互感器还是线路电压互感器，非全相运行时均有可能误动作。所以有零序功能方向闭锁的高频保护，在非全相运行时应该退出工作。在非全相运行时，由负序功率方向闭锁的高频保护，使用母线电压互感器可能造成误动。使用线路电压互感器时，因为在非全相运行情况下不会误动，可以不必退出工作，但是在非全相运行时如果再发生故障，就存在拒动的可能性。

4）分相电流纵差动保护。无论是光纤分相电流纵差动保护，还是微波分相电流纵差动保护，在原理上不受非全相运行以及系统振荡的影响。因此，非全相运行期间分相电流纵差动保护是投入工作的。

3. 潜供电流的影响

在单相重合闸方式的超高压输电线路上，单相接地时只切除线路的故障相，线路进入非全相运行状态。如果是瞬时性故障，则要求故障点尽快消弧，这样有利于重合闸成功。在非全相运行期间，健全相通过电容耦合在故障点形成电流；健全相的负荷电流通过相互之间互感耦合，同样在故障点形成电流。这两部分之和称为潜供电流。为了使得单相重合闸成功，要求潜供电流较小，并且熄弧时间恢复电压也较低。图7-10为潜供电流形成示意图。

在图7-10中，当故障相线路自两侧切除之后，因为非故障相A、B相与断开相C之间存在电容和互感，短路电流虽然已经被切断，但是在故障点的弧光通道中，依然有以下电流存在：

1）非故障相A通过A、C相间电容C_{AC}供给的电流。

2）非故障相B通过B、C相间电容C_{BC}供给的电流。

3）非故障相A、B流过的负荷电流$\dot{I}_{L \cdot A}$、$\dot{I}_{L \cdot B}$在C相中的感应电动势$\dot{E}_M$，此电动势通过故障点和对地电容C_0产生的电流。

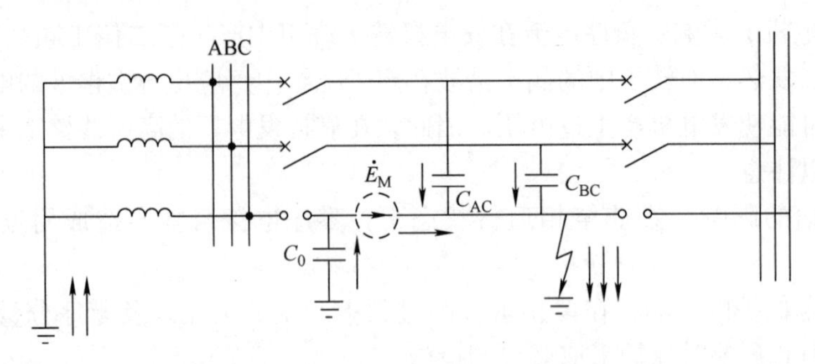

图 7-10　潜供电流形成图

这些电流的总和就是潜供电流。一般情况下，线路电压越高、线路越长，则潜供电流越大。潜供电流的持续时间不仅与其大小有关，也与故障电流的大小、故障切除的时间、弧光的长度以及故障点的风速等因素有关系。潜供电流的存在将维持故障点的电弧，使其不易熄灭，而自动重合闸的时间还需要考虑潜供电流的影响，在国内、外许多电力系统中都由实测来确定，时间要长于三相重合闸的时间。

四、综合重合闸

在设计线路的重合闸装置时，将三相重合闸与单相重合闸一起考虑，发生单相接地短路故障时，使用单相重合闸；而发生多相故障时则采用三相重合闸。具有这两种重合闸装置的功能则为综合重合闸。综合重合闸广泛应用于 220kV 及以上电压等级的大接地电流系统当中。

（一）综合重合闸的运行方式

综合重合闸具有单相、三相、综合以及停用重合闸等四种工作方式。单相重合闸方式是当线路发生单相故障时切除故障相，实现单相重合闸。三相重合闸方式则是当线路发生各类型故障时均进行三相切除并实现一次三相重合闸。综合重合闸方式是当线路发生单相故障时切除故障相，实现一次单相重合闸；当线路发生各种相间故障时则切除三相，实现一次三相重合闸。停用重合闸方式是当线路上发生故障时，切除三相并不进行重合闸。综合重合闸的工作流程如图 7-11 所示。

因为三相重合闸的方式较为简单经济，所以应当在满足需求的情况下优先使用三相重合闸方式。在 220kV 及以上电压的单回线路上，两侧电源之间相互联系薄弱的线路，或者当电网发生单相接地故障时采用三相重合闸不能够保证系统的稳定线路，拟采用单相重合闸或综合重合闸的方式。系统采用单相重合闸具有较好效果但同时允许装设三相重合闸时，可以采用综合重合闸方式。微机保护的重合闸方式根据系统调度的命令执行，重合闸可以采用以上任何四种方式之一。

通常情况下，重合闸都有一个电容器构成的一次合闸脉冲元件。电容器有 15s 左右的充电时间，对于微机型的重合闸装置没有设置这样的充电电容器，但是可以使用软件计数器模拟这种一次合闸脉冲元件。在采用中断程序里中断一次则计数加一，用此来模拟充电延时。为了方便起见，程序流程图用充、放电来描述计数器的计数清零。如果在电压不满的情况下又发生了相间故障，综合重合闸装置做放电处理，则不再重合；如果此时线路发生单相故障，为了防止单跳后长期非全相运行，综合重合闸装置也做放电处理且发出三跳指令。重合

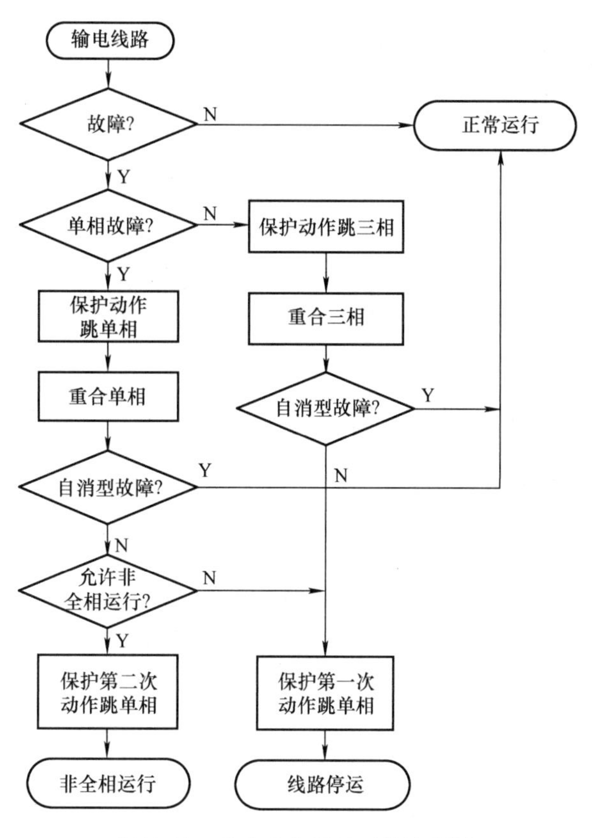

图 7-11　综合重合闸的工作流程图

闸在重合一次之后迅速放电，如果重合至永久性故障线路，保护再次跳闸时，因为来不及充满电而不能再次进行重合。

（二）综合重合闸构成的原则以及要求

综合重合闸的构成除了要满足一般的三相一次重合闸的原则以及要求外，还应满足以下要求。

1. *启动方式*

综合重合闸一般采用保护启动以及断路器位置不对应启动两种启动方式。在综合启动时，无论是单跳、三跳保护启动还是断路器位置不对应的方式启动，都要对单跳、三跳或者是断路器位置不对应确认之后才启动重合。一般情况下，经过计数器循环累计计数 20 次才能被确认。

2. *三相重合闸同期方式*

在三相重合闸循环计数确认中，设定同期检定，在不满足同期条件时放电，清零计数器，重合闸不被启动。同期方式可以通过控制字进行选择，分为以下几种方式。

（1）非同期重合　不检查同期，也不检查电压。

（2）检定同期　要求线路侧需有电压且母线与线路电压之差小于同期电压的整定值。

（3）检定无压　线路电压低于整定值或者线路有电压且与母线电压同期，后者为了检定无压侧断路器偷跳时能够重合。

3. 具有分相跳闸回路

单相故障时，通过该回路保护动作信号经过选相元件切除故障相断路器；如果是相间故障，则分相跳闸回路可以作为三相跳闸回路的后备。

4. 具有分相后加速回路

在非全相运行过程中部分保护被闭锁，所以保护性能变差。为了能够尽快切除永久性故障，应当设置分相后加速回路。

实现分相后加速最重要的是判断线路是否恢复全相运行状态。采用分相固定方式，只对故障相采用整定值躲开空负荷线路电容电流的相电流元件，区别无故障以及是否恢复全相运行的方法是有效的。另外，分相后加速应当有适当的延时，以此躲过非全相转入全相运行的暂态过程，并且保证非全相运行中误动的保护来得及返回，也有利于多开三相重合闸时，断路器三相不同时合闸产生的暂态电流的影响。

5. 具有故障判别以及三相跳闸回路

在综合重合闸中，除了选相元件还应当增设故障类型判别元件，用以辨别接地与相间故障等。当发生转换性故障时、非全相运行中健全相又发生故障、单相接地时选相元件或分相跳闸元件拒动、不适用重合闸、手动合闸于故障线路以及操作断路器的液（气）压下降到不允许重合闸的压力等情况下，接通三相跳闸回路。在分相跳闸以外增设三相跳闸回路，发生多相故障时可以使得两者互为备用，用以提高可靠性。

6. 有适应不同性能保护的接入回路

在保护装置中，除了具有选相能力的保护外，其余保护也应当经过综合重合闸才能使断路器跳闸。不同性能的保护可以从N、M、P、Q、R五个端子引入。

1）N端子：接本线路非全相运行时不会误动的保护。

2）M端子：接本线路非全相运行时会误动，但相邻线路非全相运行不误动的保护。

3）P端子：接相邻线路非全相运行误动的保护。

4）Q端子：接三相跳闸并允许进行一次重合闸的保护。

5）R端子：接动作后直接进行三相跳闸并不重合的保护。

除了上述性能之外，综合重合闸的装设还应考虑适应断路器性能的要求以及具有相关回路能输出保护和安全自动装置信号等。

第三节　备用电源自动投入装置

随着国民经济的发展以及科学技术的提高，用户对于供电可靠性的要求日益提高，而在电力系统中，变电站对电力系统的供电稳定性具有重要的作用，备用电源自动投入装置（简称AAT）是保持变电站供电连续性的一种重要措施。备用电源自动投入装置是当线路或用电设备发生故障时，能够自动迅速、准确地把备用电源投入用电设备中或把设备切换到备用电源上，不至于让用户断电的一种装置。备用电源自动投入装置结构简单，并且成本低廉，在电力系统中具有广泛的应用前景。

备用电源自动投入装置一般在下列情况下装设：

1）装设有备用电源的发电厂所用电源以及变电所所用电源。

2）由双电源供电且其中一个电源经常断开作为备用的变电站。

3）降压变电站内所有备用变压器或互为备用的母线段。

4）有备用机组的某些重要辅机。

备用电源自动投入装置形式多样，根据其电源备用方式可以分为明备用方式和暗备用方式。其中，明备用方式是指装设有专门的备用变压器以及备用线。明备用电源一般只有一个，根据实际情况以及备用电源容量可以同时作为两段或者几段的工作母线备用。在图 7-12a中系统正常运行时，QF_3、QF_4、QF_5 处于断开状态，变压器 T_0 作为 T_1 和 T_2 的备用。

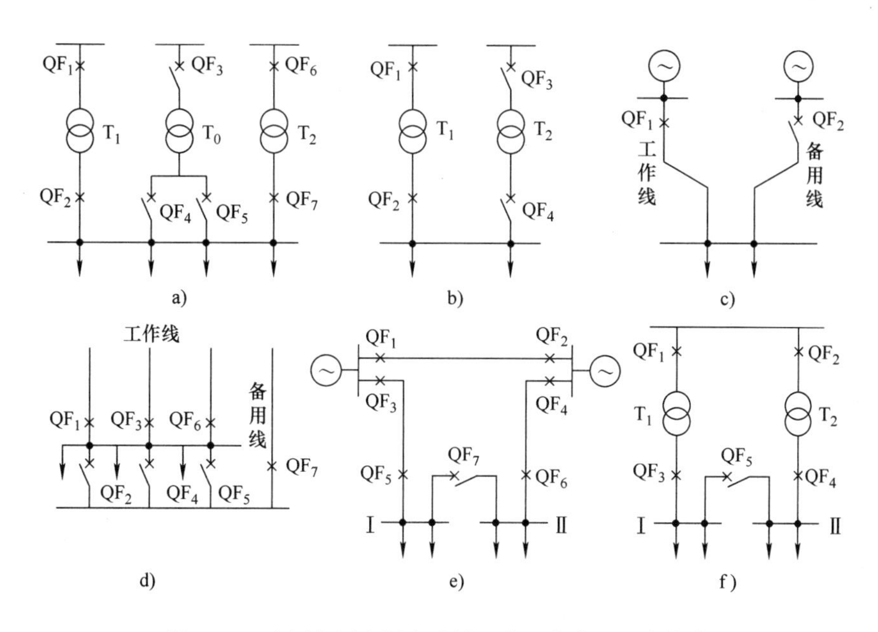

图 7-12　应用备用电源自动投入装置的典型一次接线图

在图 7-12b 中系统正常运行时，QF_3、QF_4 处于断开状态，变压器 T_2 作为 T_1 的备用。图 7-12c、d 所示为备用线路自动投入的典型一次接线。在图 7-12c 中备用线作为工作线的备用，在图 7-12d 中备用线作为三条线的备用。

暗备用电源是指不装设有专门的备用变压器以及备用线，利用分段母线之间的分段断路器获得备用。在图 7-12e、f 中系统正常运行时，QF_3 处于断开状态，Ⅰ段、Ⅱ段母线通过各自的供电设备以及线路进行供电，当任一母线因为故障跳闸而导致失电时，QF_3 自动合闸实现供电设备互为备用。在暗备用中，每个工作电源的容量应当考虑分段母线的总负荷，否则在 AAT 动作时候就应当减去相应的负荷。

一、备用电源自动投入的作用以及基本要求

（一）备用电源自动投入的作用

根据上述工作情况可知，采用 AAT 的优点如下：

1）提高了供电可靠性，节省建设投资。

2）简化了继电保护。采用 AAT 后，环形网络可开环运行，并列变压器可以解列运行。既能保证供电可靠性，又能简化继电保护运行。

3）限制了短路电流，提高了母线残压。若受端变电站采用环网开环运行或者是变压器

解列运行，则会使出线短路电流受到一定的限制，供电母线上的残余电压相应提高。某些情况下，短路电流受限，无须再装出线电抗器，节省投资又方便运行维护。

4）装置简单，经济可靠。

（二）备用电源自动投入装置应当满足的要求

AAT 用在不同的场合，其接线方式可能有所不同，但是其所需满足的基本要求是相同的。在 AAT 动作投入的备用电源以及备用设备上，应当装设相应的继电保护装置，动作于 AAT 自动重合闸的断路器。

AAT 应当满足下列基本要求：

1）应保证在工作电源和设备断开后，才投入备用电源或备用设备。这一要求的目的是防止将备用电源或备用设备投入到故障元件上，造成 AAT 投入失败，甚至扩大故障，加重损坏设备。

满足这一要求的实现方法：备用电源和设备的断路器合闸部分应由供电元件受电侧断路器的常闭辅助触点启动。

2）工作母线和设备上的电压无论以何种原因消失时，AAT 均应启动。工作母线失电压的原因有：工作变压器故障，母线故障，母线上出线故障而没有被该出线的断路器断开，断路器因控制回路、操动机构、保护回路的问题或被运行人员误操作断开，电力系统内部故障等。以上各种原因造成工作母线失电压时，AAT 都应该动作。

满足这一要求的实现方法：AAT 应有独立的低电压启动部分。

3）AAT 应保证只动作一次。当工作母线发生永久性故障或引出线上发生永久性故障，且没有被出线断路器切除时，由于工作母线电压降低，AAT 动作，第一次将备用电源或备用设备投入，因为故障仍然存在，备用电源或备用设备上的继电保护会迅速将备用电源或备用设备断开，如果此时再投入备用电源或备用设备，不但不会成功，还会使备用电源或备用设备、系统再次遭受故障冲击，造成事故扩大、设备损坏等严重的后果。

满足这一要求的实现方法：控制备用电源或设备断路器的合闸脉冲，使之只动作一次。

4）若电力系统内部故障使工作电源和备用电源同时消失，AAT 不应动作，以免造成系统故障消失并恢复供电时，所有工作母线段上的负荷全部由备用电源或备用设备供电，引起备用电源和备用设备过负荷，降低供电可靠性。在这种情况下，电力系统内部故障消失且系统恢复后，负荷应该仍由原各自的工作电源供电。所以，备用母线电压消失时 AAT 不应动作。

满足这一要求的实现方法：AAT 设有备用母线电压监视继电器。

5）发电厂用的 AAT 除满足上述要求，还应当符合：①当一个备用电源作为几个工作电源备用时，若备用电源已代替一个工作电源后，另一个工作电源又断开，AAT 应动作。②有两个备用电源的情况下，当两个备用电源为两个彼此独立的备用系统时，应各装设独立的自动投入装置；当任一备用电源都能作为全厂各工作电源的备用时，自动投入装置应使任一备用电源都能对全厂各工作电源实行自动投入。③AAT 在条件可能时，可采用带有检定同步的快速切换方式，也可采用带有母线残压闭锁的慢速切换方式和长延时切换方式。

6）应校验备用电源和备用设备自动投入时过负荷的情况，以及电动机自起动的情况，如果过负荷超过允许限度，或不能保证自起动时，应有自动投入装置动作于自动减负荷。

7）当备用电源自动投入装置动作时，如果备用电源或一设备投于永久故障，应使其保护加速动作。

8）AAT 的动作时间以使负荷的停电时间尽可能短为原则。所谓 AAT 动作时间，即指从工作母线受电侧断路器断开到备用电源投入之间的时间，也就是用户供电中断的时间。停电时间短对用户有利。但当工作母线上装有高压大容量电动机时，工作母线停电后因电动机反送电，使工作母线残压较高，若 AAT 动作时间太短，会产生较大的冲击电流和冲击力矩，损坏电气设备。所以，考虑这些情况，动作时间不能太短。运行实践证明，在有高压大电动机的情况下，AAT 的动作时间以 1 ~ 1.5s 为宜，低电压场合可减小到 0.5s。

二、备用电源自投的动作逻辑

备投装置的每一个动作逻辑的控制条件可分为两大类：一类为允许条件，另一类为闭锁条件。当允许条件满足，而闭锁条件不满足时，备投动作出口。为防止备投重复动作，借鉴保护装置中重合闸逻辑的做法，在每一个备投动作逻辑中设置了一个充电计数器，其充电条件是：

1）不是所有允许条件都满足。

2）时间超过 10s。

以上条件同时满足后为充满状态。

对该计数器放电的条件如下，任一个条件满足立即对该计数器放电：

1）任一个闭锁条件满足。

2）备投动作出口。

图 7-13 所示为一个备自投动作逻辑的结构图，可以看出，备自投装置的每一个动作逻辑由三部分组成：允许条件、闭锁条件、充放电逻辑。充放电部分对备投装置的每一个动作逻辑来说都是相同的，其构成条件完全遵守上述关于充电及放电条件的规定，无须在使用时再行配置。因此，用户只需确定允许条件、闭锁条件，并对相关的定值进行整定，则相应的备投功能配置结束。

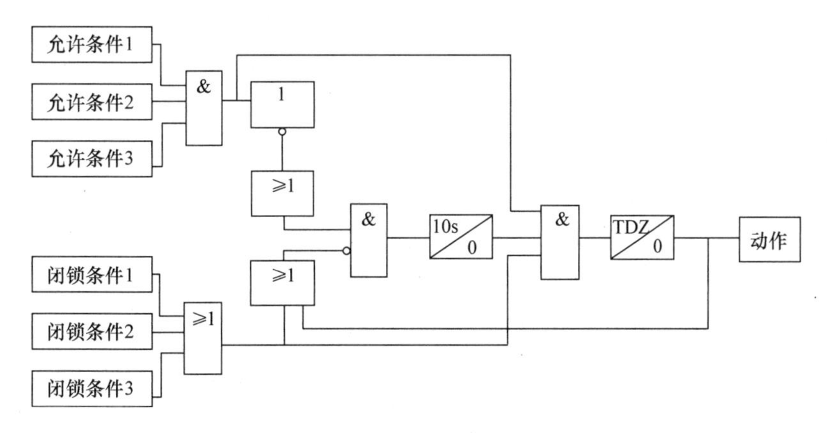

图 7-13　备自投逻辑结构图

在确定允许条件、闭锁条件时，对其构成元素中的模拟量输入部分，每一路可分别设置为过值或欠值动作，对开关量输入，每一路可以分别设置为高电平或低电平有效。理论上讲，允许条件和闭锁条件是可以按逻辑非的关系相互转换的，这一点从图 7-13 中不难看出。

但由于备投逻辑中，充电及放电回路的设置，使得闭锁条件的确定必须遵守如下的原则。当备投装置执行预定逻辑的过程中，前一个动作逻辑执行的结果不应造成对后续动作逻辑放电。假定备自投装置中包括甲、乙两个动作逻辑，当甲逻辑执行后，其执行结果满足乙逻辑动作条件。当正常运行时，应保证甲逻辑的闭锁条件不动作，即不对本逻辑的计数器放电。同样，在甲逻辑动作前后，均不应有构成乙逻辑放电的条件。

备用电源自投主要用于中、低压配电系统中，根据运行情况，典型备用电源自投的方式一般有六种，包括：桥开关或母联备投、进线备自投、线开关备投、变压器备投、均衡负荷母联备投、主变压器备投。

（一）桥开关或母联备投

桥开关或母联备投的主接线形式如图 7-14 所示，可以看出，1 号主变压器、2 号主变压器同时运行，QF_3 断开，一次系统中的这两个变压器互为备用电源，运行方式为暗备用，备投逻辑如下：

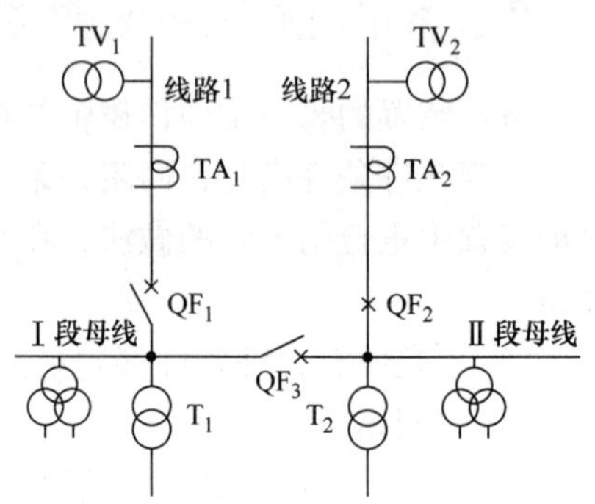

图 7-14 桥开关或母联备投接线图

Ⅰ段母线失压，跳开 QF_1，在Ⅱ段母线有电压的情况下，合 QF_3；Ⅱ段母线失压，跳开 QF_2，在Ⅰ段母线有电压的情况下，合 QF_3；QF_1 或 QF_2 偷跳时，合 QF_3 保证正常供电。为防止 TV 断线时备自投误动，取线路电流作为母线失电压的闭锁判据。变压器保护动作，闭锁本备投。

以上过程可分解为下列动作逻辑：

动作逻辑 1：QF_1 在跳闸位置作为闭锁条件；Ⅰ段母线失电压，线路 1 中的电流小于电流定值 I_{dz1} 作为允许条件；以 t_1 延时跳开 QF_1。

动作逻辑 2：QF_2 在跳闸位置作为闭锁条件；Ⅱ段母线失电压，线路中的电流小于电流定值 I_{dz2} 作为允许条件；以 t_2 延时跳开 QF_2。

动作逻辑 3：QF_3 在合闸位置作为闭锁条件；QF_1 在跳闸位置，Ⅰ段母线失电压，Ⅱ段母线有电压作为允许条件；以 t_3 延时合 QF_3，或 QF_3 在合闸位置作为闭锁条件；QF_2 在跳闸位置，Ⅱ段母线失电压，Ⅰ段母线有电压作为允许条件，以 t_3 延时合 QF_3。

（二）进线备自投

进线备自投的系统接线形式如图 7-15（QF_3 合闸）所示。Ⅰ段母线、Ⅱ段母线互为备用。工作线路失电压，相应断路器处于合位，在备用线路有电压、桥开关合位的情况下跳开工作线路。当工作电源断路器偷跳时，合备用电源。为防止 TV 断线时备自投误动，取线路电流作为母线失电压的闭锁判据。以上过程可分解为下列动作逻辑：

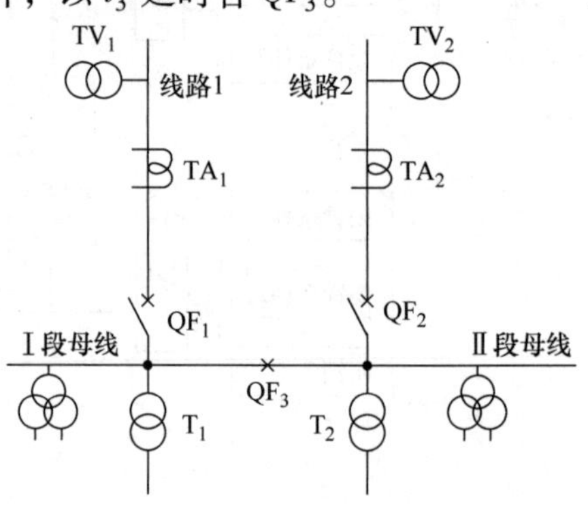

图 7-15 进线备自投接线图

动作逻辑 1：QF_1 在跳闸位置作为闭锁条件；Ⅰ段母线失电压，线路 1 中的电流小于电流定值 I_{dz1} 作为允许条件；以 t_1 延时跳开 QF_1。

动作逻辑 2：QF_2 在跳闸位置作为闭锁条件；Ⅱ段母线失电压，线路中的电流小于电流定值 I_{dz2} 作为允许条件；以 t_2 延时跳开 QF_2。

动作逻辑 3：Ⅱ段母线电压小于电压定值 U_{dz2}；QF_3 在跳闸位置作为闭锁条件；QF_1 在跳闸位置，Ⅰ段母线失电压作为允许条件；以 t_3 延时合 QF_3。或Ⅰ段母线电压小于电压定值 U_{dz2}，QF_3 在跳闸位置作为闭锁条件；QF_2 在跳闸位置，Ⅱ段母线失电压作为允许条件；以 t_3 延时合 QF_3。

（三）线开关备投

线开关备投的接线形式如图 7-16 所示，其备投逻辑如下：母线失电压，QF_1 处于合位，在线路 2 有电压情况下跳开 QF_1，合 QF_2；母线失电压，QF_2 处于合位，在线路 1 有电压的情况下跳开 QF_2，合 QF_1；当工作电源断路器偷跳，合备用电源。为防止 TV 断线时备自投误动，取线路电流作为母线失电压的闭锁判据。以上过程可分解为下列动作逻辑：

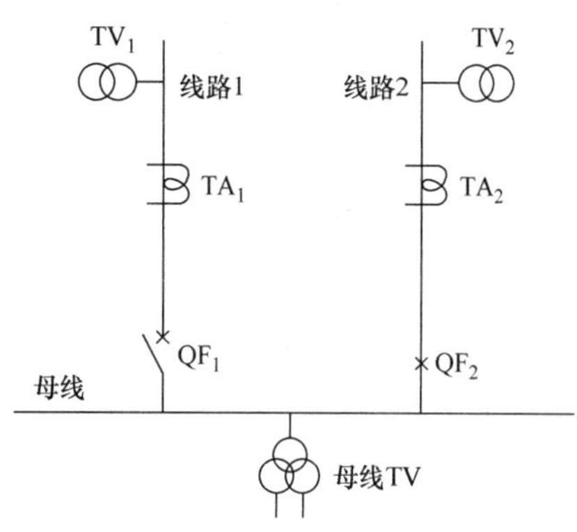

图 7-16　线开关备投接线图

动作逻辑 1：QF_1 在跳闸位置作为闭锁条件；母线失电压，线路 1 中的电流小于 I_{dz1} 作为允许条件；以 t_1 延时跳开 QF_1。

动作逻辑 2：QF_2 在跳闸位置作为闭锁条件；母线失电压，线路 2 中的电流小于 I_{dz2} 作允许条件；以 t_2 延时跳开 QF_2。

动作逻辑 3：线路 2 的电压小于 U_{dz2} 作为闭锁条件；母线失电压，QF_1 在跳闸位置作为允许条件；以 t_2 延时合 QF_2。或线路 1 的电压小于 U_{dz2} 作为闭锁条件；母线失电压，QF_2 在跳闸位置作为允许条件；以 t_3 延时合 QF_1。

（四）变压器备投

变压器备投系统接线形式如图 7-17 所示。其备用投入方式主要分为热备用和冷备用。

热备用：母线失压，相应主变压器低压侧断路器处于合位，在备用变压器高压侧有电压情况下跳开主变压器低压侧断路器，合备用变压器低压侧断路器；当主变压器偷跳，合备用变压器低压侧断路器。为防止 TV 断线时备自投误动，取主变压器低压侧电流作为母线失电压的闭锁判据。

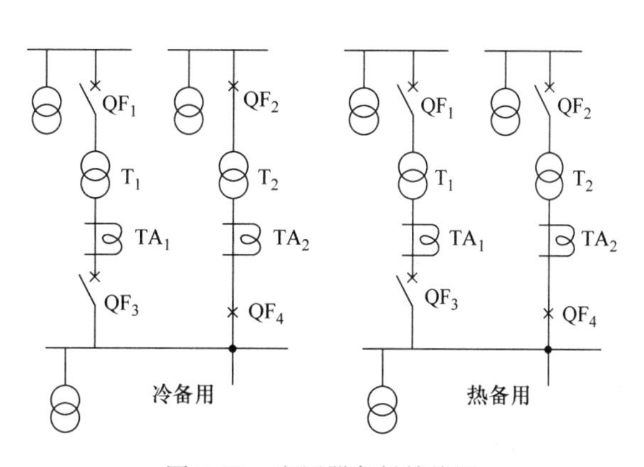

图 7-17　变压器备投接线图

冷备用：逻辑与热备用相同，通过外部增加继电器扩展接点，同时开跳 QF_3、QF_1 及电容器组，合 QF_4、QF_2 等。

以热备用为例，其动作逻辑如下：

动作逻辑 1：QF_1 在跳闸位置，QF_3 在跳闸位置作为闭锁条件；主变压器 T_1 低压侧电流小于 I_{dz2}，母线失电压，作为允许条件；以 t_2 延时跳开 QF_3。

动作逻辑 2：QF_2 在跳闸位置，QF_4 在跳闸位置作为闭锁条件；主变压器 T_2 低压侧电流小于 I_{dz2}，母线失电压，作为允许条件；以 t_2 延时跳开 QF_4。

动作逻辑 3：主变压器 T_1 高压侧电压小于电压定值 U_{dz2} 作为闭锁条件；QF_4 在跳闸位置，母线失电压作为允许条件；以 t_3 延时合 QF_3。

动作逻辑 4：主变压器 T_2 高压侧电压小于电压定值 U_{dz2} 作为闭锁条件；QF_3 在跳闸位置，母线失电压作为允许条件；以 t_4 延时合 QF_2。

动作逻辑 5：主变压器 T_1 高压侧电压小于电压定值 U_{dz2} 作为闭锁条件；QF_2 在跳闸位置，母线失电压作为允许条件；以 t_3 延时合 QF_3。

动作逻辑 6：主变压器 T_2 高压侧电压小于电压定值 U_{dz2} 作为闭锁条件；QF_1 在跳闸位置，母线失电压作为允许条件；以 t_4 延时合 QF_4。

（五）均衡负荷母联备投

均衡负荷母联备投的接线形式如图 7-18 所示。

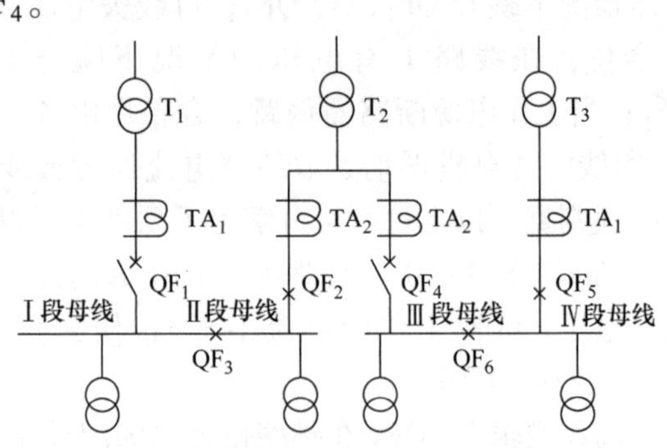

图 7-18 均衡负荷母联备投接线图

其运行方案主要包括三种：Ⅰ段母线备用，Ⅱ段母线运行；Ⅱ段母线失电压，Ⅰ段母线有电压，跳开 QF_2，合 QF_3；Ⅱ段母线备用，Ⅰ段母线运行。

在第 1 种方案中，Ⅰ段母线失电压，Ⅱ段母线有电压，跳开 QF_1，确认 QF_1 跳开后合 QF_3；确认 QF_1 跳开及 QF_3 合上后，跳开 QF_4，合 QF_6，均衡 2 号、3 号主变压器的负荷。这样处理，Ⅲ段母线会短暂失电压，但可防止 T_2 和 T_3 的非同期合闸。

为防止 TV 断线时备自投误动，取线路电流作为母线失电压的闭锁判据。以上过程可分解为下列动作逻辑：

动作逻辑 1：QF_2 在跳闸位置作为闭锁条件；Ⅱ段母线失电压，Ⅱ段进线电流小于电流定值 I_{dz2} 作为允许条件；以 t_2 延时跳开 QF_2。

动作逻辑 2：Ⅰ段母线电压小于 U_{dz2} 作为闭锁条件；Ⅱ段母线失电压，QF_2 在跳闸位置作为允许条件；以 t_3 延时合 QF_3。

动作逻辑 3：QF_1 在跳闸位置作为闭锁条件；Ⅰ段母线失电压，Ⅰ段进线电流小于电流定值 I_{dz1} 作为允许条件；以 t_1 延时跳开 QF_1。

动作逻辑 4：Ⅱ段母线电压小于 U_{dz2} 作为闭锁条件；Ⅰ段母线失电压，QF_1 在跳闸位置作为允许条件；以 t_3 延时合 QF_3。

动作逻辑 5：QF_4 在跳闸位置、Ⅳ段母线电压小于 U_{dz3} 作为闭锁条件；QF_1 在跳闸位置，QF_3 在合闸位置作为允许条件；以 t_4 延时跳开 QF_4，QF_4 拒跳则紧急联切负荷，出口不动作。

动作逻辑 6：QF_6 在合闸位置、Ⅳ段母线电压小于 U_{dz3} 作为闭锁条件；QF_4 在跳闸位置作为允许条件；以 t_3 延时合 QF_6。

备用自投装置采用单个逻辑动作方式，因而本动作逻辑由另一台配套的装置实现。

（六）主变压器备投

主变压器备投的接线方式如图 7-19 所示。其备用方式主要分为热备用和冷备用两种。

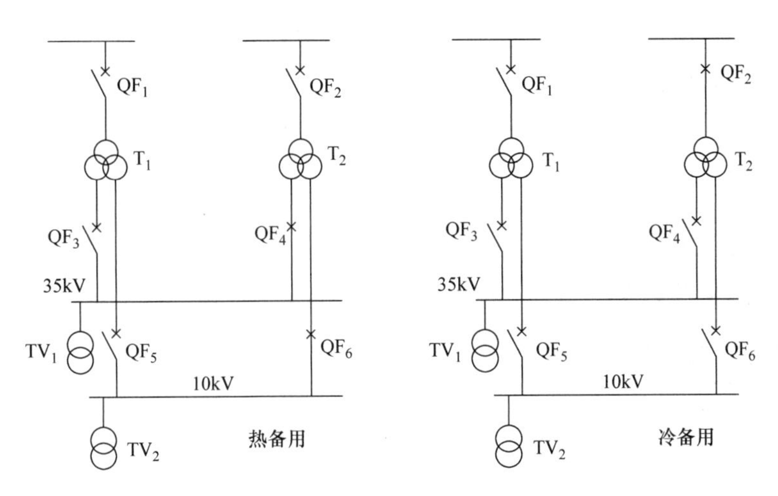

图 7-19　主变压器备投接线图

热备用：母线失电压，相应主变压器低压侧断路器处于合位，在备用变压器高压侧有电压情况下跳开主变压器低压侧断路器，合备用变压器低压侧断路器；当主变压器偷跳，合备用变压器低压侧断路器。为防止母线 TV 失电压时备自投误动，取主变压器低压侧电流作为母线 TV 失电压的闭锁判据。

冷备用：逻辑同热备用相同，通过外部增加继电器扩展触点，同时跳开 QF_3、QF_1 及电容器组，合 QF_1、QF_2 等。以上热备用过程可分解为下列动作逻辑：

动作逻辑 1：QF_1 在跳闸位置，QF_3 在跳闸位置作为闭锁条件；主变压器 T_1 低压侧电流小于 I_{dz1}，母线失电压，主变压器 T_2 高压侧电压大于电压定值 U_{dz2} 作为允许条件；以 t_1 延时跳开 QF_3。

动作逻辑 2：QF_2 在跳闸位置，QF_1 在跳闸位置作为闭锁条件；主变压器 T_1 低压侧电流小于 I_{dz2}，母线失电压，主变压器 T_1 高压侧电压大于电压定值 U_{dz2} 作为允许条件，以 t_2 延时跳开 QF_4。

动作逻辑 3：QF_3 在合闸位置作为闭锁条件；QF_4 在跳闸位置，母线失电压，主变压器 T_1 高压侧电压大于电压定值 U_{dz2} 作为允许条件；以 t_3 延时合 QF_3。

动作逻辑 4：QF_4 在合闸位置作为闭锁条件；QF_3 在跳闸位置，母线失电压，主变压器 T_2 高压侧电压大于电压定值 U_{dz2} 作为允许条件；以 t_4 延时合 QF_4。

动作逻辑 5：QF_3 在合闸位置作为闭锁条件；QF_2 在跳闸位置，母线失电压，主变压器 T_1 高压侧电压大于电压定值 U_{dz2} 作为允许条件；以 t_3 延时合 QF_3。

动作逻辑 6：QF_4 在合闸位置作为闭锁条件；QF_1 在跳闸位置，母线失电压，主变压器 T_1 高压侧电压大于电压定值 U_{dz2} 作为允许条件；以 t_4 延时合 QF_4。

三、备用电源自动投入的方式

不同的一次接线的 AAT 在动作逻辑上都是相同的，以图 7-12f 为例，说明 AAT 的动作实现，包括以下几种动作方式：

方式 1：T_1、T_2 分列运行，QF_3 跳开之后 QF_5 自动合上，Ⅰ段母线由 T_2 供电。

方式 2：T_1、T_2 分列运行，QF_4 跳开之后 QF_5 自动合上，Ⅱ段母线由 T_1 供电。

方式3：QF_5 合上，QF_4 断开，Ⅰ段、Ⅱ段母线由 T_1 供电；当 QF_3 跳开之后，QF_4 自动合上，Ⅰ段、Ⅱ段母线由 T_2 供电。

方式4：QF_5 合上，QF_3 断开，Ⅰ段、Ⅱ段母线由 T_2 供电；当 QF_4 跳开之后，QF_3 自动合上，Ⅰ段、Ⅱ段母线由 T_1 供电。

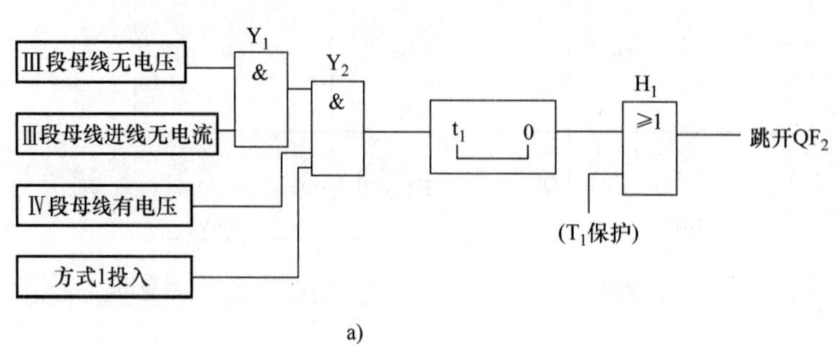

a)

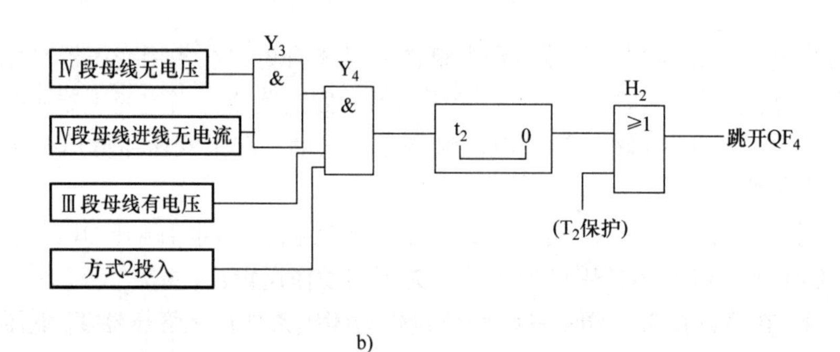

b)

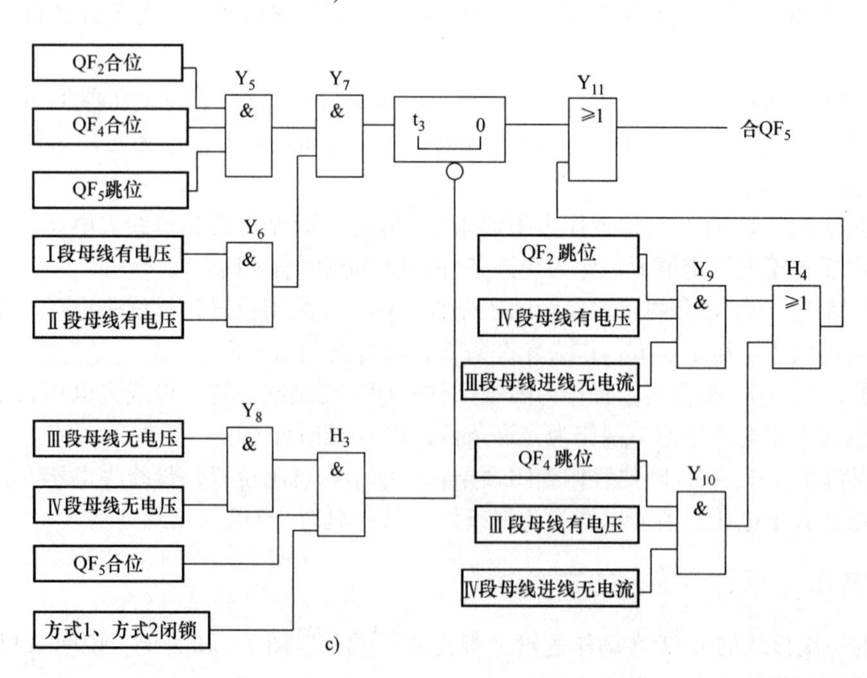

c)

图7-20 暗备用时AAT的动作逻辑框图

a) QF_2 跳闸 b) QF_4 跳闸 c) QF_2、QF_4 合闸

（一）采用暗备用时的动作逻辑

图7-20中给出了动作方式1、2的AAT逻辑框图。QF_2、QF_4、QF_5跳位以及合闸位信息由跳闸位置继电器以及合闸位置继电器的触点提供；Ⅰ段、Ⅱ段母线上电压有无数据由测量TV_3、TV_4的二次电压来判断，为了判断三相有电压以及三相无电压，测量的是三相电压而非单相电压，实际上测量$\dot{U}_{ab}$、$\dot{U}_{bc}$即可。为了防止TV断线而误判工作母线失电压导致AAT的误动，引入Ⅰ段、Ⅱ段母线的进线闭锁，同时兼作进线断路器跳闸的辅助判据。AAT的工作原理说明如下。

1. AAT的充、放电

由图7-20c可见，以方式1为例，当系统正常运行时，即QF_2处合位、QF_4处合位、QF_5处跳位，Ⅰ段、Ⅱ段母线均三相有电压，所以与门Y_5、Y_6、Y_7动作，时间元件t_3启动并经过10～15s充电完成。t_3的放电信号有：QF_5处合位（AAT动作成功之后，备用方式1不再存在，t_3无须充电）；Ⅰ段、Ⅱ段母线上均三相无电压（T_1、T_2不投入工作，t_3禁止充电）；方式1和方式2闭锁投入（不采用方式1、方式2的备用方式）。满足以上任一条件则可以对t_3瞬时放电，闭锁AAT。

当AAT动作使QF_5合闸时，t_3瞬时放电；如果QF_5合闸于故障上，则加速保护启动使其立即跳闸，此时Ⅰ段母线三相无电压（方式1），Y_6不动作，t_3不进行充电，保证了AAT只能动作一次。

2. AAT的启动

当系统以方式1运行（QF_1、QF_2的控制开关在投入状态）时，图7-20a为低电压启动的AAT，系统内故障导致工作母线失电压（备用母线有电压），通过Y_2启动时间元件t_1，跳开QF_2。

当时间元件t_3充电完成之后，只要确认QF_2已经跳开，在Ⅱ段母线有电压的情况下，Y_9、H_4动作，QF_5合闸。这说明工作母线受电侧断路器的控制开关（处于合闸位）与断路器位置（处于跳闸位）不对应启动AAT。

由图7-20c可见，AAT的合闸动作主要包括低电压启动和不对应启动两部分组成，保证了母线因为任何原因失电压均能导致AAT的启动；同时，只有QF_2确认跳闸才能进行QF_5的合闸，保证了AAT只在工作电源断开后才启动；工作母线与备用母线都失电压则AAT不动作。

方式2的启动过程与方式1类似，图7-20b为方式2运行中低电压启动的AAT部分。

3. AAT的动作过程

以方式1为例说明AAT完整的动作过程。

工作变压器T_1上发生故障时，T_1保护动作经H_1使QF_2跳闸；工作Ⅰ段母线上发生短路故障时，T_1后备保护动作信号经H_1使QF_2跳闸；工作Ⅰ段母线的出线上发生短路故障而没有被该出线断路器断开时，同样由T_1后备保护动作经H_1使QF_2跳闸；电力系统内故障使得Ⅰ段母线失电压时，在Ⅰ段母线上进线无流、Ⅱ段母线上有电压的情况下经过时间t_1使QF_2跳闸；QF_1误跳闸时，Ⅰ段母线上失电压、Ⅱ段母线上进线无电流情况下经时间t_1使QF_2跳闸，或QF_1跳闸时联跳QF_2跳闸。

在确定QF_2跳闸后，工作母线无电流、备用母线有电压的情况下，Y_{11}动作，QF_5合闸。

后加速保护在备自投动作或手动合闸 QF_3 时投入，后加速保护经过 3s 后自动退出。在 3s 的后加速记忆时间内，在备自投合闸到故障上时，后加速保护立即动作，启动跳开 QF_3。

（二）采用明备用时的动作逻辑

当系统采用明备用时的动作逻辑框图如图 7-21 所示。

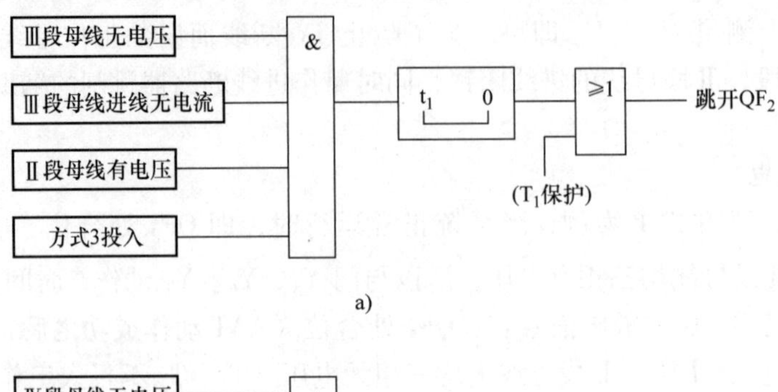

a)

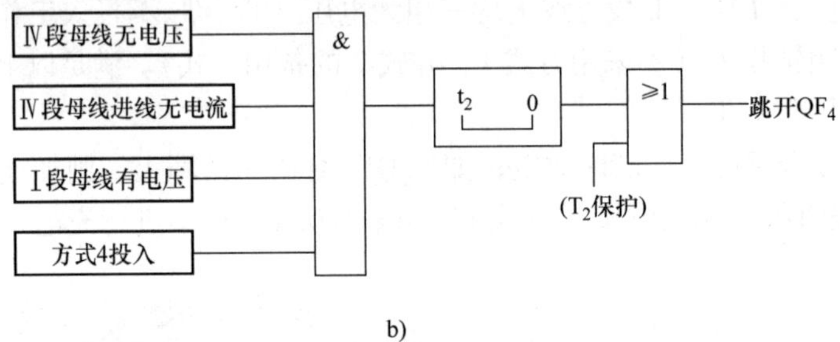

b)

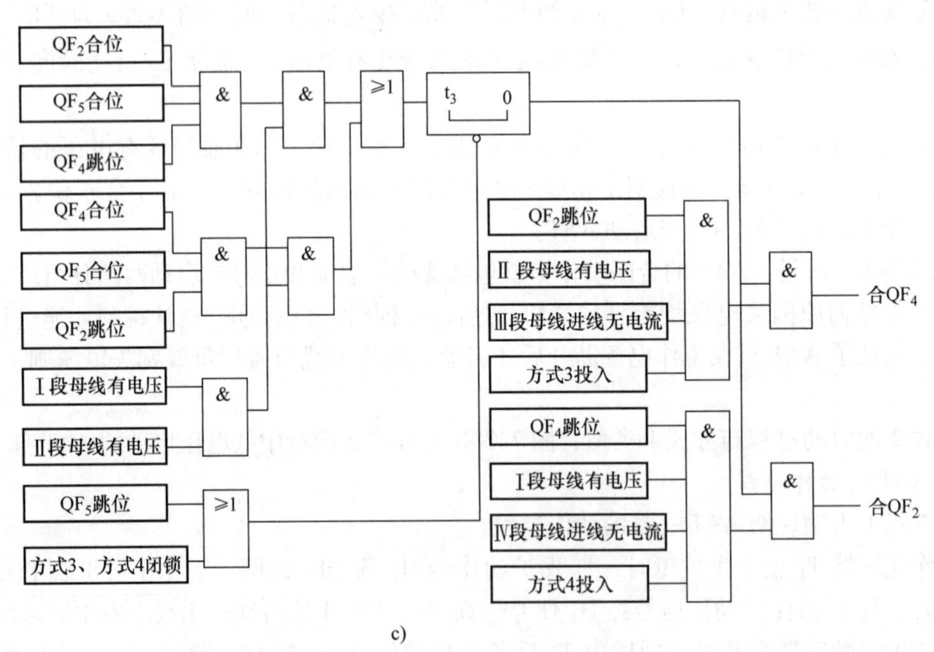

c)

图 7-21 明备用时 AAT 的动作逻辑框图

a) QF_2 跳闸 b) QF_4 跳闸 c) QF_2、QF_4 合闸

方式 3 与方式 4 都是基于母联断路器 QF_3 处于合闸状态，在Ⅰ段、Ⅱ段母线均有电压的情况下，QF_2、QF_5 均处于合位而 QF_4 处于跳位（方式 3），或者 QF_4、QF_5 均处于合位而

QF_2 处于跳位（方式 4），时间元件 t_3 充电，经过 10～15s 充电完成，为 AAT 动作准备了条件。QF_2 与 QF_4 同时处于合位或者同时跳闸时，t_3 不可能充电，因为这种方式下无法实现方式 3、方式 4 的 AAT；同理当 QF_5 处于跳闸位时同样不能启动 AAT；当Ⅰ段、Ⅱ段母线均无电压的情况下，t_3 也不能充电，因为当电源失去电压时，AAT 不能启动；当 QF_5 处于跳位或者方式 3、方式 4 闭锁时，AAT 不能启动。

明备用模式下的 AAT 动作同样具有工作母线受电侧断路器控制开关与断路器位置不对应的启动方式和工作母线低电压启动方式。因此，当出现任何原因使工作母线失去电压时，在确认工作母线受电侧断路器跳开、备用母线有电压、工作方式 3、工作方式 4 投入的情况下，AAT 动作，负荷由备用电源供电。

四、AAT 参数整定

整定的参数有低电压元件动作值、过电压元件动作值、AAT 充电时间、AAT 动作时间、低电流元件动作值、合闸加速保护。

（一）低电压元件动作值

低电压元件用来检测工作母线是否失去电压的情况，当工作母线失电压时，低电压元件应当可靠动作。为此，低电压元件的动作电压应当低于工作母线出路短路故障切除后电动机自起动时的最低母线电压；工作母线（包括上一级母线）上的电抗器或者变压器后发生短路故障时，低电压元件不应当动作。

参考上述的情况，低电压元件动作值一般取额定电压的 25%。

（二）过电压元件动作值

过电压元件用来检测备用母线（暗备用时为工作母线）是否有电压的情况。如果以方式 1、方式 2 运行时，工作母线出线故障被该出线断路器断开之后，母线上电动机自启动时备用母线出线最低运行电压 U_{min}，过电压元件应当处于动作状态。故过电压元件的动作电压 U_{op} 为

$$U_{op}=\frac{U_{min}}{K_{rel}K_r n_{TV}} \tag{7-2}$$

式中　K_{rel}——可靠系数，取 1.2；

K_r——返回系数，取 0.9；

n_{TV}——电压互感器电压比。

一般 U_{op} 不应低于额定电压的 70%。

（三）AAT 充电时间

当 AAT 以方式 1 或者方式 2 运行时，当备用电源动作于故障上时，则由设在 QF_5 上的加速保护将 QF_5 跳闸。如果故障是瞬时性的，则可以立即复原原有的备用方式，为保证断路器切断能力的恢复，AAT 的充电时间不应当小于断路器第二个合闸 - 跳闸间的时间间隔，一般取 10～15s。可见 AAT 的充电时间是必需的。

（四）AAT 动作时间

AAT 的动作时间是指由于电力系统内的故障使工作母线失去跳开工作母线受电侧断路器的延时时间。

因为网络内短路故障时低电压元件可能动作，显然此时 AAT 不应当动作，所以设置延

时是保证 AAT 动作选择的重要措施。AAT 的动作时间 t_{op} 为

$$t_{op} = t_{max} + \Delta t \tag{7-3}$$

式中 t_{max}——网络内发生使低电压元件动作的短路故障时，切除该短路故障的保护最大动作时间；

Δt——时间级差，取0.4s。

应当指出，当存在两级 AAT 时，低电压侧的 AAT 动作时间应当比高压侧 AAT 的动作时间大一个时间级差，以避免高压侧工作母线失电压、AAT 动作时低压侧 AAT 不必要误动。

（五）低电流元件动作值

设置低电流元件用来防止 TV 二次断线时误起动 AAT，同时兼做断路器跳闸的辅助判据。低电流元件动作值可以取 TA 二次额定电流值的8%（如 TA 额定电流为5A 时，低电流动作值为0.4A）。

（六）合闸加速保护

合闸加速保护电流元件的动作值应保证该母线上短路故障时有不低于1.5 的灵敏度；当加速保护有复合电压启动时，负序电压可以取7V、正序电压可以取50～60V（在上述短路点故障灵敏度不低于2.0）；加速时间取3s。

对于分段断路器上设置的过电流保护，一般分为两段式。第一段为电流速断保护，动作电流与该母线出线上的最大电流速断动作值配合，动作时间与速断动作时间配合；第二段的动作电流、动作时限不仅要与供电变压器的过电流保护配合，而且要与该母线出线上的第二段电流保护相配合。

五、智能化变电站下备用电源自动投入功能的实现

随着计算机技术的发展，配备于数字化变电站的备用电源自动投入装置也向数字化的方向发展。智能化变电站区别于常规站的就是二次装置与一次设备间只有光信号联系而无电信号联系，采样、跳闸及信号传输用光缆代替了传统硬接线。

（一）智能化变电站下备自投装置相关量的获得

1. 智能化变电站下备自投装置电气量的获得

备自投所需的两个母线电压来自于母线合并单元，两路进线抽取电压及两路进线开关电流来自于进线合并单元，分段电流来自于分段合并单元。上述合并单元往备自投装置发送 IEC 61850－9－2 协议的 SV 报文，实现方式有两种：点对点采样和组网采样。

2. 智能化变电站下备自投装置逻辑量的获得

备自投所需的两路进线开关 TWJ、KKJ 的位置来自于进线智能终端，分段开关 TWI、KKI 的位置来自于分段智能终端，外部闭锁重合闸信号主要来自于相应的保护装置，如主变后备保护或母差保护等。上述智能终端及保护装置往备自投装置发送 GOOSE 报文，实现方式有两种：点对点采集和组网采集。

3. 智能化变电站下备自投装置的动作出口回路

备自投动作后若要跳合线路开关出口需要线路智能终端，若要跳合分段开关出口需要分段智能终端，若要联跳母线上开关出口需要联跳开关智能终端。上述备自投往智能终端发送 GOOSE 出口报文，实现方式有两种：点对点跳合闸和组网跳合闸。

（二）智能化变电站下装置组网与点对点方式比较

无论是合并单元往备自投装置发送 IEC 61850－9－2 协议的 SV 报文，还是智能终端及保护装置往备自投装置发送 GOOSE 报文，亦或是备自投装置往智能终端发送 GOOSE 出口报文，实现方式都有两种：点对点和组网，因此本节讨论两种方式的优、缺点。

组网即合并单元将 SV 采样送到交换机，智能终端将 GOOSE 信号送到交换机，备自投动作后将 GOOSE 跳合闸命令送到交换机，所有的数据交换都在交换机上进行，备自投从交换机上获取 SV 采样及 GOOSE 信号，也称为网采网跳网合，图 7-22 为组网配置示意图。

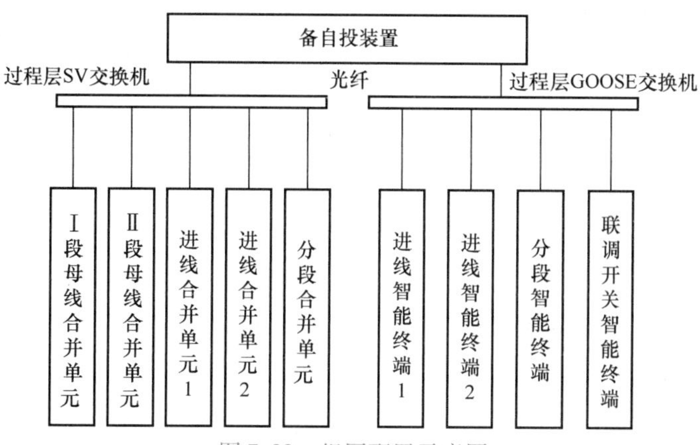

图 7-22　组网配置示意图

点对点即合并单元 SV 采样值直接送到备自投装置，智能终端 GOOSE 信号直接送到备自投装置，备自投动作后跳合闸 GOOSE 命令直接送到智能终端，而没有中间环节，也称为直采直跳直合。点对点配置如图 7-23 所示。

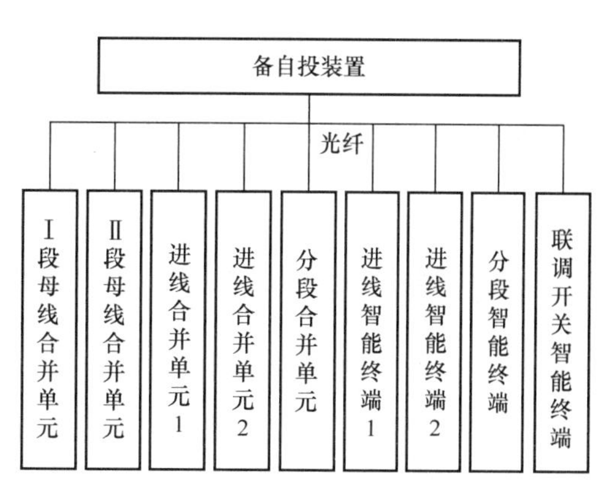

图 7-23　点对点配置示意图

1. 智能化变电站自动化系统接口模型

变电站自动化系统一般需要完成三种功能：控制、监视以及继电保护。电力保护变电站的建模随着 IEC 61850 的颁布有了统一的标准，IEC 61850 标准将变电站自动化系统在逻辑上分了三层：变电站层、间隔层以及过程层。三个层次之间的接口关系如图 7-24 所示。

1）过程层在逻辑接口中主要与一次设备有关，对开关量和模拟量的采样以及发送相关的控制指令，通过接口与间隔层实现信息的交互。

2）对于中间的间隔层，通过间隔层的数据对本间隔一次设备产生作用，这里的一次设备主要指的是保护控制设备，包括线路保护设备或间隔单元控制设备。间隔层负责与过程层通信，也能完成内部的通信。

3）变电站层是最高的一层，不仅需要与过程层相互配合，即通过间隔层或者是全站的信息对更多的间隔层或者是全站的一次设备发生作用，还有与接口相关的功能，远方控制中心和人机界面与过程层的通信。

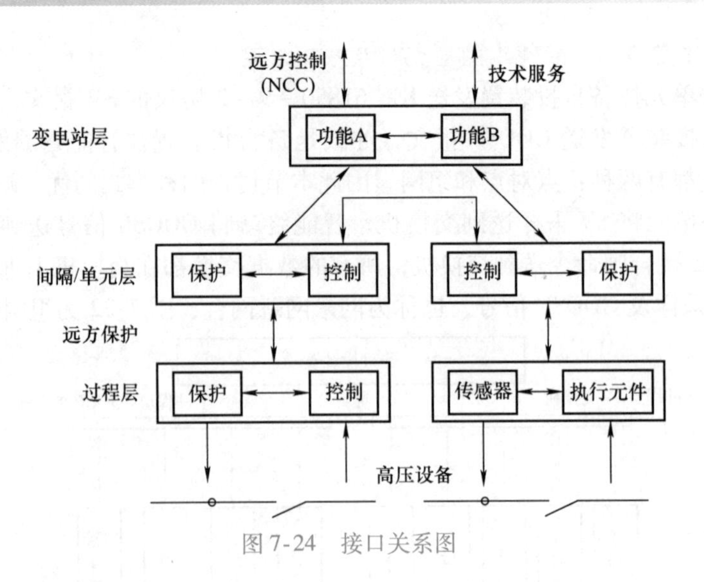

图 7-24　接口关系图

2. 采样值传输

电压、电流互感器均配备数据采集器，光信号和模拟信号被采集器接收并转换为数字信号，信号汇总之后通过光纤接入合并器。一般情况下，IEC 60044－7/8 的作用就是负责采集器到合并器之间的通信。合并器将采集到的数据进行同步处理，转换为数字信号，数字信号通过光纤分别发送到间隔层的不同部分，包括保护、测量、计量等设备中。合并层向间隔层发送的数据有两种标准，一种标准是 IEC 61850－9－1，另外一种标准是 IEC 61850－9－2。其中，IEC 61850－9－2 为网络化的采集技术，接线简单，数据可以随时共享。而基于 IEC 61850－9－1 规约的点对点采样技术接线较为复杂，扩展性较差，使用较少。

数字化变电站现在广泛应用的就是网络传输模式，主要原因是网络管理功能交换机技术的迅速发展，同时交换机的成本也越来越低。在规约 IEC 61850－9－2 中规范了采样值传输方式，合并器利用光纤技术将数字采样信号传输到过程层网络，间隔层的保护、测控以及计量等设备不再同合并器直接相连，通过过程层这个大网可以得到各种所需要的信号，实现了信号的共享。这种传输方式，有效地减小了点对点传输模式下的缺陷。

图 7-25 和图 7-26 为不同技术方案的网络传输示意图，两种不同的方案有各自的优、缺点，图 7-25 的方案模式很简单，工程实施的难度较低，技术上的要求也不高，但是相对来说灵活性很差；而图 7-26 的方案模式则更加的灵活方便，因现在的数字化变电站都是以网络传输为主的，因此图 7-26 的方案模式也必将是未来的发展前景。

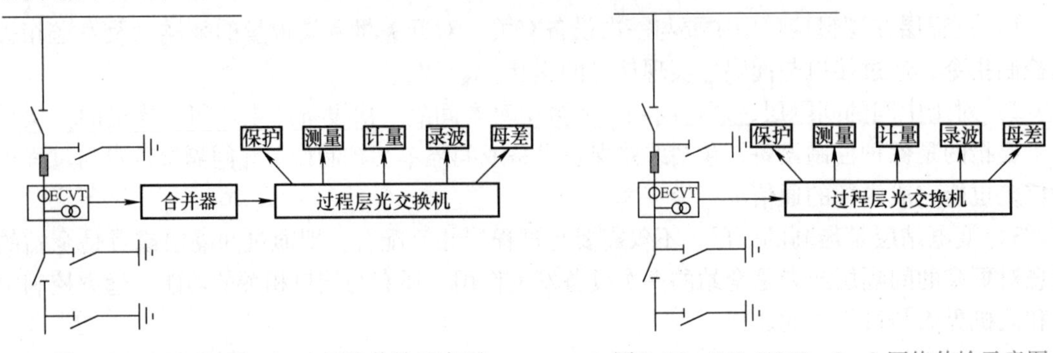

图 7-25　IEC 61850－9－1 网络传输示意图　　图 7-26　IEC 61850－9－2 网络传输示意图

（三）智能化变电站下备自投的实现方案

变电站一般根据开关的保护功能来划分间隔，因此相关的备自投功能信息来自于三个间隔，其中有两条进线以及相关的分段。老式的备自投装置使用的是二次电缆，把电流、电压、开关量连上装置，相关的信号包括跳闸信号也通过电缆送至操作箱。数字化发展是一种趋势，渐渐地，通过二次电缆的传输方式已经被网络化取代，变电站的三个层次之间通过网络进行相互通信连接，实现信息的共享，基于这种网络化的备自投装置称为分布式备自投。

分布式备自投一般有两种实现方式，一种是基于过程层采样值（SMV）传输的分布式备自投，另一种基于间隔层 GOOSE 报文的分布式备自投。第一种方式采样值来自于各个部分，是分布式的，但是其实现的功能很集中；第二种方式不一样，采样值来自于各个部分，同样功能也会分布到各个装置中去。相比之下，第一种方式需要很多的冗余逻辑节点，导致结构相对复杂，而第二种方式实现起来非常的灵活。数字化变电站的备用方式为两条进线互投，具体的实现方式介绍如下：

1）采样的实现：通过电子式互感器得到相关的电压信号，光纤将这些数字信号传到电压并列器中，再经过电压扩展器输出到电流合并器中，电流合并器位于两端母线的间隔中，这样就将采样值合并到了一起。这些电压、电流信号经过统一的处理被合并器 1、2 传输到过程层网络的交换机上，不同的保护控制策略都可以从交换机上面获取相关的电压、电流量信息，同时采用交换机的虚拟网络技术来控制网络的流量。

2）备自投逻辑功能的实现：110kV 进线备自投的实现过程由母联充电保护装置和进线保护测控装置共同完成。进线保护测控装置实现进线备自投的分散执行功能，即判断本间隔中是否有电流、电压，在基于 GOOSE 相关规约的基础上将得到的信息发送给母联充电保护装置作为动作逻辑，之后母联充电保护装置进行统一的处理。GOOSE 实时信息传输到线路的断路器智能接口单元，智能接口单元给备自投装置发送命令，执行相关动作。

第四节　自动解列装置

电力系统安全自动装置大致可以分为两类：第一类是为了维持电力系统稳定不被破坏以及提高供电可靠性的自动装置，例如自动重合闸、备用电源以及备用设备自动投入、同步发电机以及自动励磁调节和继电器强励、电气制动、发电厂快速减出力等。第二类是当电力系统失去稳定之后或者是当电力系统频率或电压过度降低时防止事故扩大的自动装置，例如实现对电厂快速减出力、水轮发电机自起动和调相改发电、抽水蓄能机组由抽水改发电、按频率降低自动减载、按电压降低自动减载、无功功率紧急补偿、电力系统自动解列等。此外，电力系统自动调频、电力系统电压控制可以保证电能质量，同步发电机自动并列可以保证发电机并网的正确性以及安全性。

为了在系统发生故障时，减轻互联系统之间的相互影响，保证发电厂用电以及其他用户的供电安全，在系统的适当地点应当设置自动解列装置。当前，解列控制主要包括失步解列控制、低频解列控制和低压解列控制。为了保证电网的完整性，通常不允许系统在振荡过程中执行低频和低压解列，需要观测到系统真正发生了失步振荡才执行解列，所以目前应用最为广泛的是失步解列控制。

一、电力系统失步原因分析

（一）电力系统失步特点

在正常运行方式下，并列运行的发电机是同步工作的，所有发电机的电动势都有相同的频率。当并列运行的稳定性被破坏时，或与发电厂相连的线路与电力系统非同步运行时，一台发电机对电力系统或互联的一个电网对另一个电网就会产生异步运行。发电机向外输送的有功功率将呈周期性变化，因此该台发电机的转速增加，而受端系统则由于功率缺额导致频率下降，两者电动势相量产生一定的频差，输电线上各点电压按频差周期性变化，在振荡中心处当功角 $\delta=180°$ 时电压为零。各元件内的电流按频差周期性变化，而其有功功率以双倍频差呈周期性变化。

（二）电力系统失步原因

系统内所有并列运行的发电机是同步工作的，此时发电机组的机械转矩和电磁转矩之间达到平衡状态。当输电线路中的传输功率过大并超过静稳极限，或者当系统因无功功率严重不足而引起系统电压降低，或者当发生短路时由于故障切除太慢以及采用非同期重合闸时，并列运行的系统中都有可能发生失步现象，此时系统的稳定性遭到破坏时，系统之间的平衡被破坏，失步的两群机组的转子之间一直有相对运动，导致发电机组的机械转矩和电磁转矩直接出现差值，从而使系统的功率、电流和电压都不断地振荡。以简单的等值两机系统分析功角同传输功率之间的关系。等值两机系统模型如图 7-27 所示。

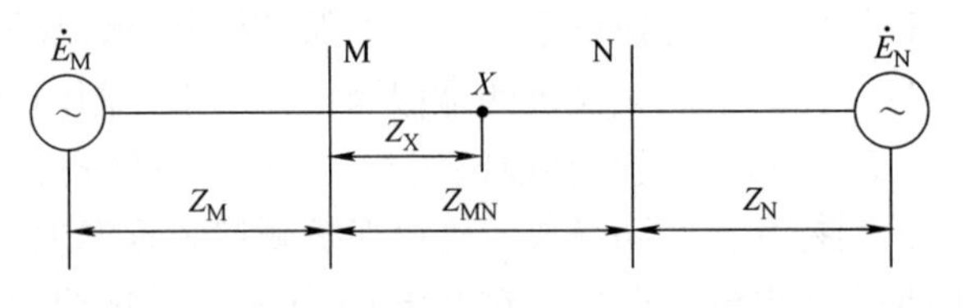

图 7-27　等值两机系统模型图

假设电动势 $\dot{E}_M$ 和 $\dot{E}_N$ 之间的角度为 δ，其中 $\dot{E}_M$ 为送端电动势，$\dot{E}_N$ 为受端电动势，该系统的等值电抗为

$$X_\Sigma = X_M + X_{MN} + X_N \tag{7-4}$$

线路上传输的功率为

$$P=\frac{\dot{E}_M\dot{E}_N}{X_\Sigma}\sin\delta \tag{7-5}$$

如图 7-28 所示，系统正常运行时，其两端的等值电动势 E_M 和 E_N、线路的阻抗 X_Σ 固定不变，此时有功功率 P 同功角 δ 是正弦关系。

由式（7-5）可知，当不考虑机组自动调节及 PSS 等功能，功角 δ 为 0°～90°时，机组的电磁功率随功角的增大而增大，在 $\delta=90°$时机组的电磁功率发出最大，当功角 >90°时，电磁功率随功角 δ 的增大而减小。若不计原动机调速器的作用时，假设此时原动机的机械功率维持不变，忽略电阻损耗和机组的摩擦、风阻等损耗，可以认为机组发出的电磁功率 $P_T=P_0$，正常情况下，机组运行在稳定的平衡点 δ_0，当线路发生故障时，根据发电机励磁回路中

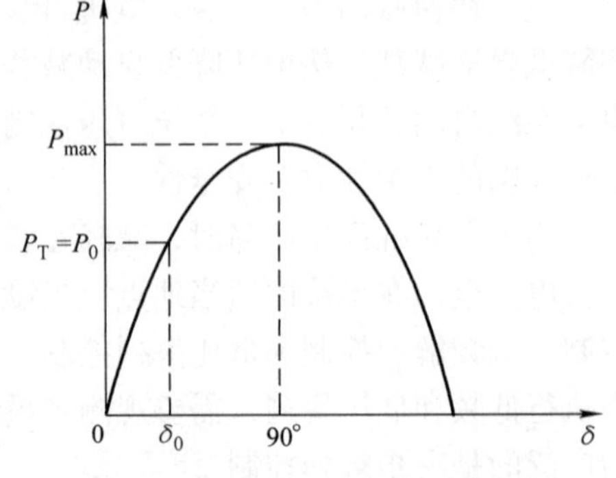

图 7-28　功率－功角关系图

的磁链守恒原理，在故障瞬间等值电动势是不变的。本来在故障发生以后，等值电动势是要衰减的，但是考虑到一方面其衰减很慢，另一方面励磁调节器特别是其中的强行励磁装置的作用，因此可以近似的认为等值电动势是不变的。但在故障期间，发送端和接收端电源之间的等值电抗将会发生变化，这时其等值网络需要在原来的正序网络的故障点处接一个附加电抗，利用这个正序增广网络即可计算出线路发生故障时线路上的电流及线路上传输的功率。附加电抗的大小可以根据故障的类型由故障点的等值负序和零序电抗计算而得。线路可画为图 7-29 中的等效电路。

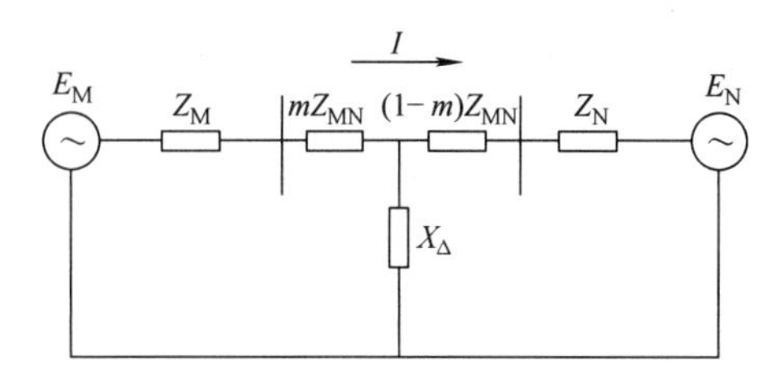

图 7-29　故障等效电路图

这时系统的等值电抗可由图 7-29 的星形网络化为三角形网络，得

$$X'_{\Sigma}=X_M+X_{MN}+X_N+\frac{X_M(X_{MN}+X_N)}{x_{\Delta}} \tag{7-6}$$

因此，故障情况下的发电机输出功率为

$$P=\frac{E_M E_N}{X'_{\Sigma}}\sin\delta \tag{7-7}$$

图 7-30 所示为故障前后的功率与功角的曲线图。

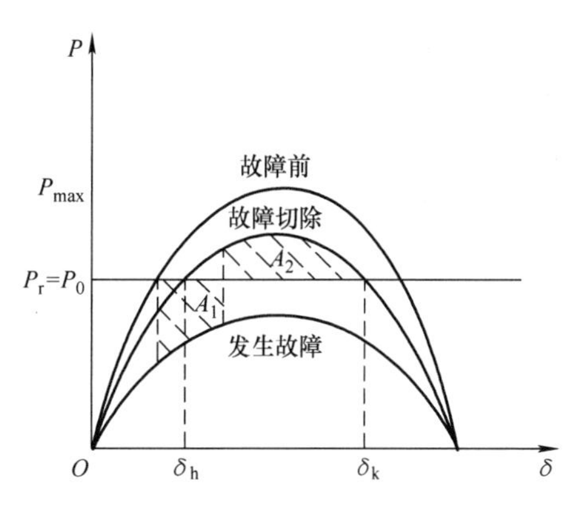

图 7-30　故障前后的 $P-\delta$ 曲线图

因为故障切除时间比较短，假定忽略故障后调速器的作用，即认为等值发电机的机械功率始终保持不变。因此在故障后，由于机械功率大于输出功率，因而会导致发电机转子加速，使两侧功角逐渐拉大；故障切除后，随着功角的逐渐拉大，电磁功率逐渐增大，使转子的速度受到制动，速度逐渐减小。若在 $\delta=\delta_h$ 时，满足加速面积小于减速面积，即机械功率小于电磁功率，则转子会减小到同步转速以下，从而使功角逐渐变小，系统会在平衡点往复振荡，并由于系统存在阻尼的原因，导致振荡逐渐衰减，最终运行于新的稳定运行点；相反，若在 $\delta=\delta_h$ 时，满足加速面积大于减速面积，则在 δ_h 之前，转子的速度仍然大于同步转速，使运行点越过 δ_h，而当运行点越过 δ_h 点时，又会由于转子上的机械功率大于传输的电磁功率而导致转子的加速，从而导致系统失步。

二、失步解列装置的作用

为了防止系统失步，首先应当注意防止暂态稳定被破坏。除了采用提高系统暂态稳定性的措施，还可以根据系统的具体情况采用如下的措施：

1）对于功率过剩的地区采用发电机快速减出力、切除部分发电机或者是投入动态电阻制动等。

2）对于功率缺额地区采用切除部分负荷等。

3）紧急励磁控制，串联以及并联电容装置的强行补偿，切除并联电抗器或者高压直流输电紧急调制等。

4）在预定地点将某些局部电网解列以保持主网的稳定。

当电力系统稳定性被破坏而发生失步振荡时，应当根据系统的具体情况采用消除失步振荡的控制措施。

1）对于局部系统，若通过验证可能短时失步运行并且再同步不会导致负荷、设备以及系统稳定的破坏，则可以采用再同步控制，使失步的系统恢复运行。

2）对于送端孤立的大型发电厂，在失步时应当优先采用切机再同步的措施。

3）为了消除失步振荡，可以采用失步解列装置，在预先安排的适当系统断面，将系统解列为各自保持同步的供需平衡区域。

三、系统失步解列判别原理

目前国内高压电网解列装置使用的失步判据主要基于三原理：分析电压/电流相位的变化规律、分析测量阻抗的变化规律、分析 $u\cos\phi$ 的变化规律。在具体的应用中，根据测点位置和所应用物理量的不同，可以设计具体的判据，下面介绍6种不同的判据。

（一）母线电压相位差变化失步判据

设在等值两机系统模型图7-27中，发生失步振荡时两侧的等值电动势幅值相等，令 $\dot{E}_{\mathrm{M}}=E_{\phi}\angle 0°$，有 $\dot{E}_{\mathrm{N}}=E_{\phi}\mathrm{e}^{-\mathrm{j}\delta}$，而 δ 在 $0\sim 2\pi$ 范围内变化，则振荡电流 $\dot{I}_{\mathrm{sw}}$ 为

$$\dot{I}_{\mathrm{sw}}=\frac{\dot{E}_{\mathrm{M}}-\dot{E}_{\mathrm{N}}}{Z_{\mathrm{M}}+Z_{\mathrm{N}}+Z_{\mathrm{MN}}}=\frac{E_{\phi}}{Z_1}(1-\mathrm{e}^{-\mathrm{j}\delta}) \tag{7-8}$$

其中 $Z_1=Z_{\mathrm{M}}+Z_{\mathrm{N}}+Z_{\mathrm{M}}$，母线M上的电压可以根据式（7-8）求得为

$$\begin{aligned}\dot{U}_{\mathrm{M}}&=\dot{E}_{\mathrm{M}}-\dot{I}_{\mathrm{sw}}Z_{\mathrm{M}}\\&=E_{\phi}-\frac{E_{\phi}-E_{\phi}\mathrm{e}^{-\mathrm{j}\delta}}{Z_1}Z_{\mathrm{M}}\\&=E_{\phi}[1-\rho_{\mathrm{M}}(1-\mathrm{e}^{-\mathrm{j}\delta})]\end{aligned} \tag{7-9}$$

式中 ρ_{M}——母线M电器位置的系数，取 $\rho_{\mathrm{M}}=\dfrac{Z_{\mathrm{M}}}{Z_1}$。

因此，母线N的电压为

$$\begin{aligned}\dot{U}_{\mathrm{N}}&=\dot{U}_{\mathrm{M}}-\dot{I}_{\mathrm{sw}}Z_{\mathrm{MN}}\\&=\dot{E}_{\mathrm{M}}-\dot{I}_{\mathrm{sw}}(Z_{\mathrm{MN}}+Z_{\mathrm{M}})\\&=E_{\phi}[1-\rho_{\mathrm{N}}(1-\mathrm{e}^{-\mathrm{j}\delta})]\end{aligned} \tag{7-10}$$

式中 ρ_{N}——母线M电器位置的系数，取 $\rho_{\mathrm{N}}=\dfrac{Z_{\mathrm{M}}+Z_{\mathrm{MN}}}{Z_1}$。

由式（7-9）、式（7-10）可以得到

$$\begin{aligned}\frac{\dot{U}_{\mathrm{M}}}{\dot{U}_{\mathrm{N}}}&=\frac{1-\rho_{\mathrm{M}}(1-\mathrm{e}^{-\mathrm{j}\delta})}{1-\rho_{\mathrm{N}}(1-\mathrm{e}^{-\mathrm{j}\delta})}\\&=\frac{(1-\rho_{\mathrm{M}}+\rho_{\mathrm{M}}\cos\delta)-\mathrm{j}\rho_{\mathrm{M}}\sin\delta}{(1-\rho_{\mathrm{N}}+\rho_{\mathrm{N}}\cos\delta)-\mathrm{j}\rho_{\mathrm{N}}\sin\delta}\end{aligned} \tag{7-11}$$

假设 $\dot{U}_{\mathrm{M}}$ 超前 $\dot{U}_{\mathrm{N}}$ 的相位为 δ_{MN}，则由式（7-11）可以得到

$$\delta_{MN}=\arg\left\{\frac{(\rho_M-\rho_N)\sin\delta}{(1-\rho_M+\rho_M\cos\delta)(1-\rho_N+\rho_N\cos\delta)+\rho_M\rho_N\sin^2\delta}\right\} \tag{7-12}$$

可以得到，发生失步振荡时 δ_{MN}随 δ 而变化，δ 在 $0\sim2\pi$ 范围内变化时，振荡线路两侧母线电压间相位差 δ_{MN}同样在 $0\sim2\pi$ 范围内变化。因此，检测 δ_{MN}越限就可以检测出失步振荡。

该方法是通过有功功率的方向去判断系统是否失步。通过在系统异步运行中无功功率对正负一侧的偏向去判断失步中心的位置，该判据没有方向性，缺少限制动作条件判断。当系统受扰发生振荡的过程中，同调机群间的联络线同样会受到负荷潮流、同调机群间功角间隙波动等影响而发生有功过零的现象，这容易使该判据误判、装置动作跳闸口；且当系统失步较快，在电磁暂态过渡的过程中进入异步运行状态时，该判据易于误判振荡周期次数。由于非失步断面联络线也会发生有功功率过零的现象，基于视在阻抗轨迹和视在阻抗角变化规律设计制造的失步解列装置会误判将同调机群间的非失步断面联络线断开，这是非常有害的。

（二）监视点电压、电流变化判据

假设图 7-27 中 X 作为失步解列装置的监视点，其与母线 M 之间的线路正序阻抗为 Z_X，因为 $|1-e^{-j\delta}|=2\sin\frac{\delta}{2}$，可以得到

$$|\dot{I}_{sw}|=\frac{2E_\phi}{Z_1}\sin\frac{\delta}{2} \tag{7-13}$$

显然，当系统发生失步振荡时，监视点 X 的电流 $|\dot{I}_{sw}|$随着 δ 的变化而明显变化。因此，可以从母线 M 处直接测得监视点的电流。

母线 M 处测得 X 点的电压为

$$\dot{U}_X=\dot{U}_M-\dot{I}_{sw}Z_X \tag{7-14}$$

由于母线电压以及振荡电流可以在母线处直接测量，所以在母线处就可以测量到 $\dot{U}_X$ 值。将 $\dot{U}_M=\dot{E}_M-\dot{I}_{sw}Z_M$ 代入，结合式（7-8）可以得到

$$|\dot{U}_X|=E_\phi\sqrt{1-4\rho_X(1-\rho_X)\sin^2\frac{\delta}{2}} \tag{7-15}$$

式中　ρ_X——监视点电器位置系数，$\rho_X=\frac{Z_X+Z_M}{Z_1}$。

当 δ 在 $0\sim2\pi$ 范围内变化时，监视点 $|\dot{U}_X|$的变化明显。ρ_X 越接近 0.5（即越接近振荡中心），$|\dot{U}_X|$随 δ 变化越明显。

（三）视在阻抗轨迹失步判据

在等值两机系统模型图 7-27 中，监视点 X 的测量阻抗为

$$Z_{M(X)}=\frac{\dot{U}_X}{\dot{I}_{sw}}=\frac{\dot{U}_M-\dot{I}_{sw}Z_X}{\dot{I}_{sw}} \tag{7-16}$$

所以在线路的 M 侧检测 $\dot{U}_M$、$\dot{I}_{sw}$就可以检测到 $Z_{M(X)}$。

失步振荡时上述电压相量关系如图 7-31 所示，其中 $\dot{I}_{sw}$滞后 $\dot{E}_M-\dot{E}_N$ 的角度为 ϕ_{sw}，如果将此图中的量除以 $\dot{I}_{sw}$，则相量关系相对不变，构成如图 7-32 所示的阻抗图。其中所标数值即为监视点处的测量阻抗（但 MO、NO 为两条母线处的测量阻抗），容易看出 P、M、N、Q 与 X 点的相对位置不变，可以将其视为定点，当 δ 在 $0\sim2\pi$ 范围内变化时，求出 O 点的运动轨迹就能够求出监视点 X 的测量阻抗变化轨迹。

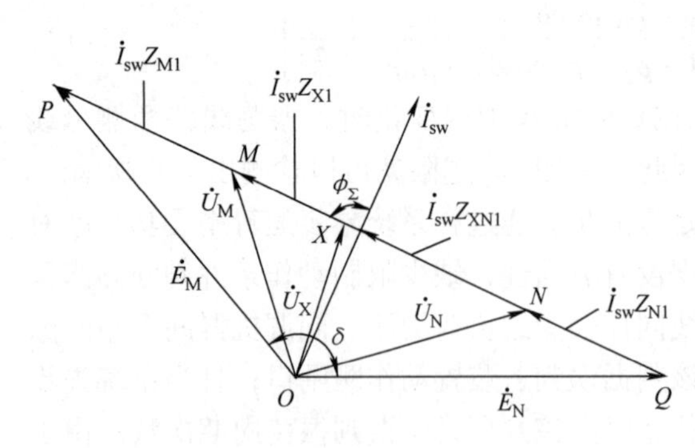

图 7-31　失步振荡时电压相量关系图

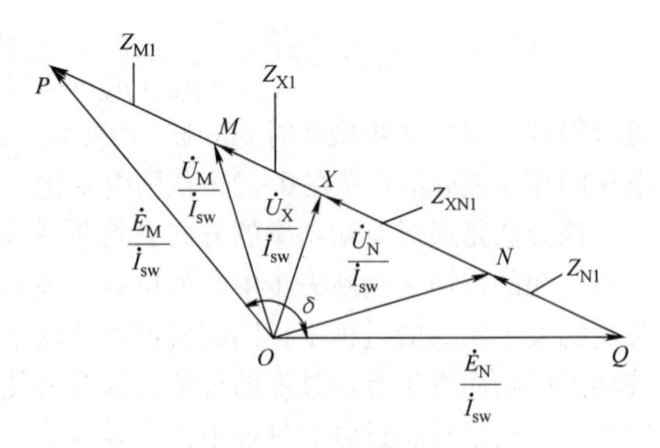

图 7-32　对应阻抗图

由

$$\left|\frac{OP}{OQ}\right| = \left|\frac{\dot{E}_M}{\dot{E}_N}\right| = k_e \tag{7-17}$$

因此，当 δ 在 $0 \sim 2\pi$ 范围内变化时，如果比值 k_e 保持不变，则阻抗轨迹可以视为求动点 O 到顶点 P、Q 之间的距离比的常数轨迹。

假设系统正常运行时位于图 7-33 中 O_1 点，$\dot{E}_M$ 超前 $\dot{E}_N$ 的相位为 δ_0，监视点 X 的测量阻抗为 XO_1，失步振荡时 δ 增大，O_1 沿着弧线 $m'n'$ 的箭头方向移动，对应 X 点的测量阻抗发生变化；当 $\delta = \pi$ 时，X 点的测量阻抗为 XO_2；当 $\delta = \delta_3$ 时，X 点的测量阻抗为 XO_3；O 点随着圆弧变化一周，则 X 点的测量阻抗也发生周期性变化。同理 k_e 为其他值时，变化规律类似。

当系统正常运行在 O_1 点时，$\dot{E}_M$ 超前于 $\dot{E}_N$，M 侧为送电侧，发生失步振荡时，M 侧功率过剩、N 侧功率不足，阻抗轨迹变化方向如图 7-33 所示。当系统正常运行在 O_3 点时，则 $\dot{E}_M$ 滞后于 $\dot{E}_N$，N 侧为送电侧，发生失步振荡时，N 侧功率过剩、M 侧功率不足，阻抗轨迹变化方向与图 7-33 中相反。因此，判断出测量阻抗轨迹变化方向就能够判断出发生失步振荡时的系统两侧功率是否过剩或者不足。

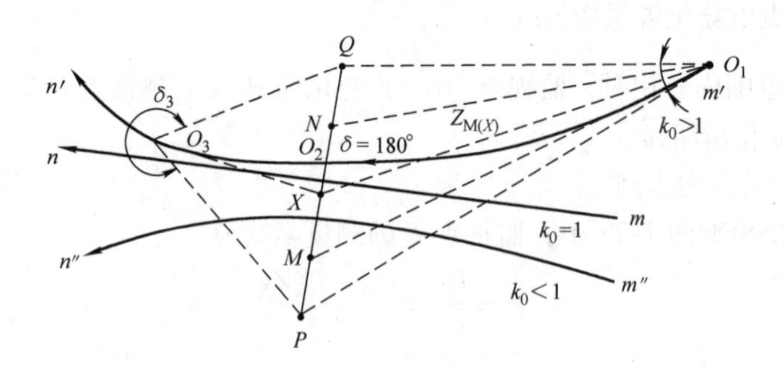

图 7-33　系统失步振荡时测量阻抗的变化

（四）功率变化失步判据

由式（7-15）可以得到监视点 X 的电压标幺值为

$$|\dot{U}_X|_* = \sqrt{1 - 4\rho_X(1 - \rho_X)\sin^2\frac{\delta}{2}} \tag{7-18}$$

其中基准电压为 E_ϕ，由式（7-13）可得监视点 X 的电流标幺值为

$$|\dot{I}_{sw}|_* = \frac{|\dot{I}_{sw}|}{\left(\frac{2E_\phi}{Z_1}\right)} = \sin\frac{\delta}{2} \tag{7-19}$$

其中基准电流为$\frac{2E_\phi}{Z_1}$。此外，当 Z_1 的阻抗角为 85°时，监视点 X 的电压和电流的相位差为

$$\cos\rho_X = \cos\left\{85° - \arg\left(\frac{\cot\frac{\delta}{2}}{1-2\rho_X}\right)\right\} \tag{7-20}$$

所以，监视点 X 的三相功率标幺值为

$$P_* = \sqrt{1-4\rho_X(1-\rho_X)\sin^2\frac{\delta}{2}}\cos\left\{85° - \arg\left(\frac{\cot\frac{\delta}{2}}{1-2\rho_X}\right)\right\}\sin\frac{\delta}{2} \tag{7-21}$$

由式（7-20）可知，当 δ 在 $0\sim2\pi$ 范围内变化时，监视点 X 的功率随着 δ 的变化而明显改变，检测到有功功率的大小以及变化方向，就能够判断出系统是否发生失步振荡。

（五）阻抗补偿计算失步判据

该判据通过补偿计算互联的两个系统之间阻抗，算出两侧系统内电动相位差来判断失步。该方法原理简单，但补偿范围要包括失步中心，否则会发生误判。该判据实现简单，但输电系统接线发生变化时，会产生误差，且在线路中间带有大量负荷的情况下，实现变得十分复杂。

（六）$u\cos\phi$ 判据

系统发生失步振荡时的电压最低点成为振荡中心。系统发生失步振荡时，如果两侧电动势幅值相等、系统各元件阻抗角相同，振荡中心恒定位于系统阻抗中点处，设 $\rho_X=0.5$，则监测点 X 就是系统的振荡中心，其电压表达式为

$$U_X = E_\phi\cos\frac{\delta}{2} \tag{7-22}$$

当 δ 在 $0\sim2\pi$ 范围内变化时，U_X 幅值也随之明显变化。且 $0<\delta<\pi$ 时，$U_X>0$；$\pi<\delta<2\pi$ 时，$U_X<0$。对 U_X 的赋值以及极性进行检测就能够判断系统是否发生失步振荡。

因此，结合系统运行的实际情况，设 $\delta=\alpha+\Delta\omega t$，系统两端电压幅值为 1，结合图 7-34，测量 U_X 是 $\dot{U}$ 取在 $\dot{I}$ 上的投影，因此可以得出

$$U_X = u\cos\phi = \cos\frac{\delta}{2} = \cos\left(\frac{\alpha+\Delta\omega t}{2}\right) \tag{7-23}$$

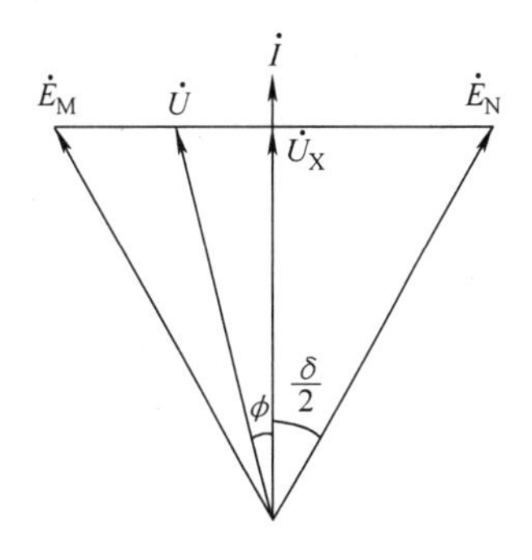

图 7-34 等值相量图

当系统失步运行时，$\Delta\omega\neq0$，振荡中心周围电压呈现出周期性变化，振荡周期为 2π。若 $\Delta\omega>0$，则系统加速失步，振荡中心电压 U_X 变化的曲线如图 7-35a 所示；若 $\Delta\omega<0$，则振荡中心电压 U_X 变化的曲线如图 7-35b 所示。

由上面的分析可知，振荡中心电压与功角之间存在确定的函数关系。作为状态量的功角是连续变化的，因此在失步振荡时振荡中心的电压也是连续变化的，且过零；在短路故障及故障切除时振荡中心电压是不连续变化且有突变的；在同步振荡时，振荡中心电压是连续变化的，但不过零。因此，可以通过振荡中心的电压变化来区分失步振荡、短路故障和同步振

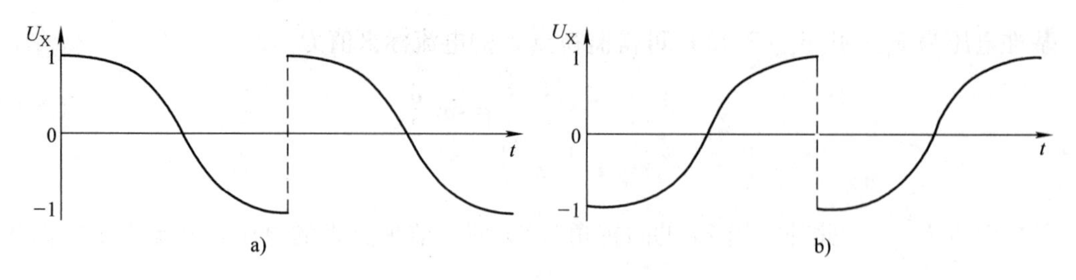

图 7-35 振荡中心电压变化曲线

荡。在振荡中心电压 $u\cos\phi$ 的变化平面上，可以将其变化范围划分为 7 个区域，如图 7-36 所示。

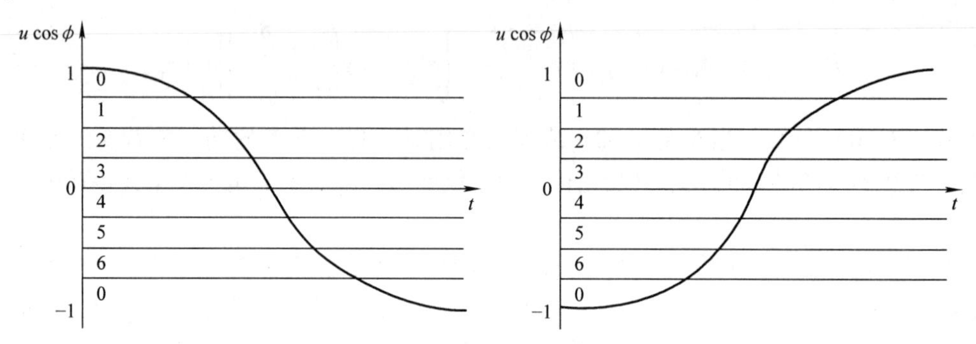

图 7-36 变化区域划分

根据前面的分析可得出振荡中心电压 $u\cos\phi$ 在失步振荡时的变化规律为：

1）加速失步时，$u\cos\phi$ 的变化规律为 0 – 1 – 2 – 3 – 4 – 5 – 6 – 0。

2）减速失步时，$u\cos\phi$ 的变化规律为 0 – 6 – 5 – 4 – 3 – 2 – 1 – 0。

上述分析是假定线路阻抗角为 90°，但实际系统中线路阻抗角不是 90°，因而需要进行角度补偿。如图 7-34 所示，线路阻抗角为 90°时，$u\cos\phi$ 就是振荡中心电压。但实际线路阻抗角小于 90°，$u\cos\phi$ 大于振荡中心电压，如图 7-37 所示。假定实际线路阻抗角为 82°，则将电流相位滞后 8°，这样用 $\cos\phi$ 代替振荡中心电压更为准确、合理。

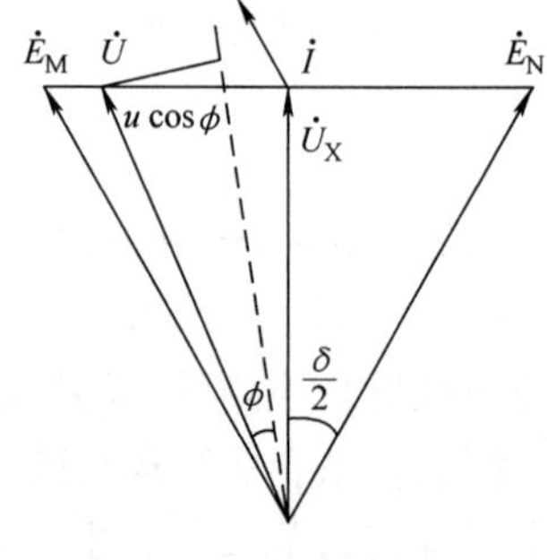

图 7-37 角度补偿

四、失步解列装置的构成

以上五种系统的失步振荡解列判别原理都是基于 δ 的不断变化，不同的是有的直接检测有关电气量的相位变化，有的间接测量 δ 变化引起的有关点测量阻抗、功率以及振荡中心电压的变化等。在构成失步解列控制装置时，应当满足以下的要求：

1）正确区分短路故障以及失步故障，对转换性故障也应当准确识别。

2）在确定系统稳定性被破坏，系统的 δ 还未摆开至 180°之前判断出失步振荡。

3）判断出失步振荡之后，应当能判别出装置安装侧是功率过剩或者是功率短缺侧，以便根据需要发出不同的指令。

失步解列控制装置由起动部分和失步振荡判别部分组成，起动部分一般采用电流元件或者正序电流元件，其整定电流应当躲过正常运行时安装处的最大负荷电流。失步振荡判别部分可以采用上述的判据方法，但是无论采用何种方法，被检测量都会被分区循环判别。本节以阻抗轨迹失步判据为例进行说明。

（一）动作方程以及动作特性

在数字式的阻抗继电器中，大部分采用比相原理构成。设比相的两个电压为 $\dot{U}_W$（又称工作电压）、$\dot{U}_P$（又称极化电压），分别表示为

$$\dot{U}_W = \dot{U}_{\phi\phi} - \dot{I}_{\phi\phi} Z_{set1} \tag{7-24}$$

$$\dot{U}_P = \dot{U}_{\phi\phi} + \dot{I}_{\phi\phi} Z_{set2} \tag{7-25}$$

动作方程为

$$\left| \arg \frac{\dot{U}_W}{\dot{U}_P} \right| \geqslant \theta_{set} \tag{7-26}$$

或者为

$$\left| \arg \frac{\dot{U}_{\phi\phi} - \dot{I}_{\phi\phi} Z_{set1}}{\dot{U}_{\phi\phi} + \dot{I}_{\phi\phi} Z_{set2}} \right| \geqslant \theta_{set} \tag{7-27}$$

式中　$\dot{U}_{\phi\phi}$——装置安装处的相间电压，其中 $\phi\phi$ = AB、BC、CA；

$\dot{I}_{\phi\phi}$——装置安装处的电流流向线路的电流，其中 $\phi\phi$ = AB、BC、CA；

θ_{set}——设定的动作角度；

Z_{set1}、Z_{set2}——设定的阻抗值，其阻抗角等于线路阻抗角。

装置安装处的测量阻抗 $Z_m = \dfrac{\dot{U}_{\phi\phi}}{\dot{I}_{\phi\phi}}$，于是动作方程也可以改写为

$$\left| \arg \frac{Z_m - Z_{set1}}{Z_m + Z_{set2}} \right| \geqslant \theta_{set} \tag{7-28}$$

Z_m 的动作特性如图 7-38 所示。图中 $OA = Z_{set1}$、$OB = -Z_{set2}$，当 $\frac{\pi}{2} < \theta_{set} < \pi$ 时，其动作特性呈橄榄形，轴线为端点 A、B 的连线，如图 7-38a 所示。θ_{set}越小，则其动作特性区域越宽，当 $\theta_{set} = \frac{\pi}{2}$时，其动作特性为圆形；当 $\theta_{set} < \frac{\pi}{2}$时，其动作特性为苹果形，如图 7-38b 所示，图形内为 Z_m 的动作区。

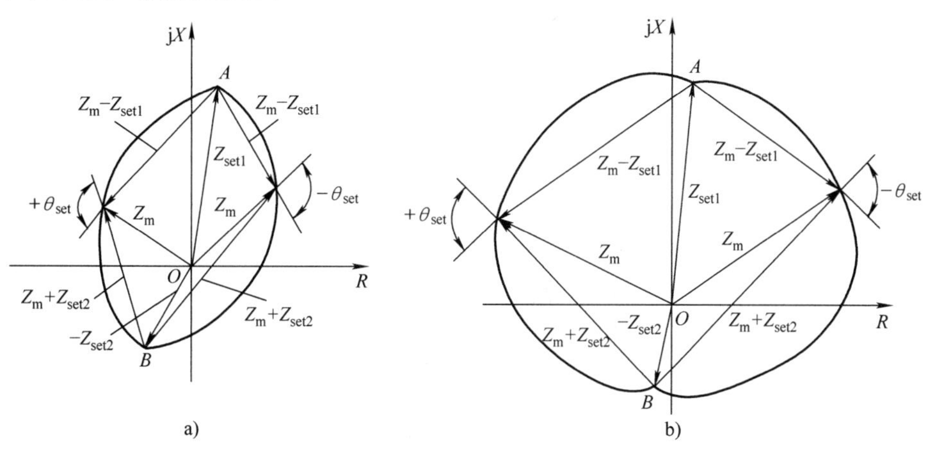

图 7-38　动作特性图

（二）判别失步振荡的阻抗动作特性

失步振荡的判别逻辑如图 7-39 所示，失步阻抗元件用来检测系统是否发生了失步振荡，并且同时判别装置的安装侧是功率过剩侧（加速失步）还是功率短缺侧（减速失步）；区域阻抗元件用来配合失步阻抗元件，只有振荡中心在本线路上时才能出口解列，保证失步阻抗元件动作的选择性；通过计数控制可以设定经过多个振荡周期解列，当只设定一次时，只要判断失步振荡且振荡中心在本线路上就可以解列。

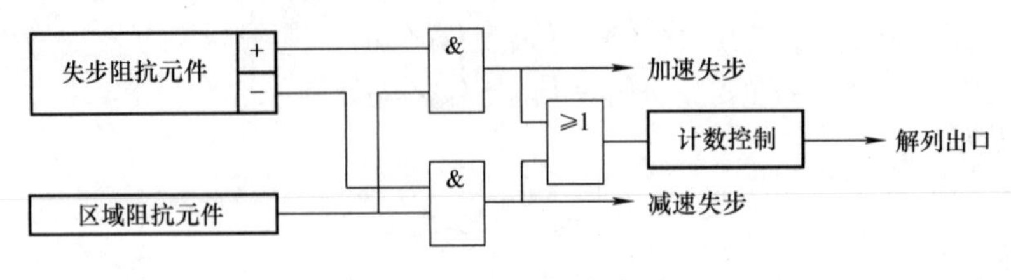

图 7-39　失步振荡判别逻辑

1. 失步阻抗元件

图 7-40 所示为失步阻抗元件的动作特性，Z_1、Z_2、Z_3、Z_4、Z_5、Z_6 的 θ_{set}分别为 72°、90°、108°、126°、144°、162°。当振荡线路为等值双机系统且 M 点装设失步解列控制装置时，则阻抗复平面的原点为 M，取 $MQ=Z_{MN}+Z_N$、$PM=Z_M$，则阻抗动作特性上的 θ_{set}就是失步振荡过程中对应的 δ。

$Z_1\sim Z_6$ 的阻抗特性分别构成了区域 1、2、3、4、5、6 以及 1′、2′、3′、4′、5′、6′。当系统发生失步振荡时，测量阻抗轨迹线如弧线 $m'n'$所示，逐步进入区域 1、2、3、4、5、6，再循序由区域 6′、5′、4′、3′、2′、1′退出；或者方向相反。因为动作特性每$\frac{\pi}{20}$构成一个区域，所以当振荡周期 $T_\Delta=0.5\text{s}$ 时，测量阻抗在上述每个区域内最短的时间为 25ms。

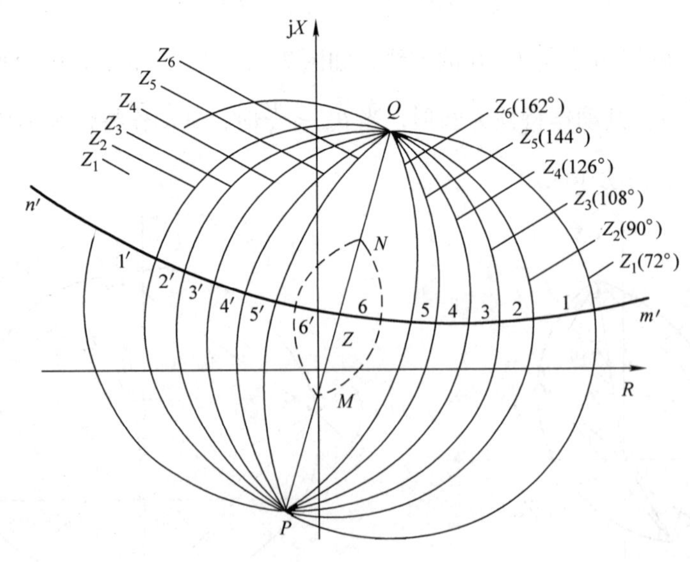

图 7-40　失步阻抗元件动作特性

当振荡周期为1s时，测量阻抗在每个区域动作时间为50ms。当区域依次动作时，应用判别逻辑判断当阻抗进入区域5（M侧功率过剩）或者5′（N侧功率过剩）时系统发生的失步振荡。当系统发生短路故障时，测量阻抗在很短时间内同时穿越了6个区域，不可能使其依次动作；系统发生同步摇摆时，$\delta \leqslant \frac{2\pi}{3}$，测量阻抗不能够穿过所有动作区域，装置同样不动作。

2. 区域阻抗元件

区域阻抗元件用来保证失步阻抗元件动作选择性，只有振荡中心在本线路上时失步阻抗元件才能够动作出口，因此，区域阻抗元件应当与失步阻抗元件密切配合。

（三）整定阻抗

失步阻抗元件与区域阻抗元件的整定阻抗角相同，一般都等于线路阻抗角。

1. 失步阻抗元件的整定阻抗

失步阻抗元件的正向整定阻抗Z_{set1}一般取装置安装点线路方向的等值阻抗，Z_{set1}、Z_{set2}应当尽量与等值双机系统的阻抗相符，当失步解列装置安装于线路MN侧的M侧时，Z_{set1}、Z_{set2}可以取为

$$Z_{set1} = Z_{MN1} + Z_{N1} \tag{7-29}$$

$$Z_{set2} = -Z_{M1} \tag{7-30}$$

2. 区域阻抗元件的整定阻抗

区域阻抗元件的Z_{set1}、Z_{set2}应当根据实际情况确定，当振荡中心落入该区域阻抗特性曲线之内时，装置才能够允许出口跳闸。为此，此区域阻抗特性应当包含失步解列线路的阻抗，Z_{set1}、Z_{set2}应当满足

$$Z_{MN1} - (Z_{M1} + Z_{N1}) \leqslant Z_{set1} < Z_{MN1} + Z_{N1} \tag{7-31}$$

$$Z_{set2} \leqslant Z_{M1} \tag{7-32}$$

在满足上式的条件下，尽量使区域阻抗特性的中心在振荡中心附近。当系统参数变化使振荡中心移动到相邻线路上时，本线路失步解列装置不会动作，此时相邻线路的失步解列控制装置会进行失步解列。两区域阻抗的特性应当尽力配合，保证失步解列控制装置动作的选择性。

第五节 故障录波装置

为了分析电力系统事故和继电保护、安全自动装置在事故过程中的动作状况，以及迅速判定故障点的位置，在主要发电厂、220kV及以上变电站和110kV重要变电站应装设专门的故障录波装置。单机容量为220MW及以上的发电机或者发电机变压器宜装设专门用于故障录波的装置。220kV及以上电压等级的变压器可以装设专门的故障录波装置。

一、故障录波装置的作用

故障录波装置的作用如下：

1）为正确分析电力系统事故、研究防范对策提供历史资料。根据事故过程的记录信息，可以对电流以及电压的暂态过程进行分析，分析过电压发生的原因以及可能出现的铁磁

谐振现象，分析事故性质，从而得出事故原因，研究相应对策。

2）评价继电保护以及安全自动装置的行为，特别是高速继电保护的行为。根据记录的信息，可正确反映故障类型、相别、故障电流和电压的大小、断路器跳合闸情况，以及转换性故障电气量变化情况，从而使评价继电保护以及安全自动装置的行为正确又迅速。

3）确定线路故障点的位置，便于寻找故障点并做出相应的处理。

4）分析研究振荡规律，为继电保护以及安全自动装置参数整定提供依据。系统发生振荡时，从振荡发生、失步、再同步的全过程以及振荡周期、电流和电压特征的电气量信息全部记录下来，因此有关系统振荡的参数可以方便获取。

5）借助装置，可以实测系统在异常情况下的有关参数，以便提高运行水平。

二、故障录波装置的基本技术要求

故障录波装置应当满足下列基本要求。

（一）记录量

故障录波装置的记录量有模拟量和开关量两类。记录下的模拟量应当包括：输电线路的三相电流以及零序电流（包括旁路断路器带线路时），高频保护的高频信号，母线的三相电压以及零序电压，主变压器的三相电流以及励磁电流，发电机零序电压，发电机的有功功率以及无功功率，发电机励磁电压以及电流，发电机负序电压以及电流，发电机三相电压，发电机频率等。记录的开关量包括：输电线路的A相跳闸、B相跳闸、C相跳闸、三相跳闸信号，线路两套保护的A相动作、B相动作、C相动作、三相动作、重合闸动作信号，线路纵联保护接收以及输出信号，母联断路器跳闸信号，母线差动保护动作、充电保护动作、失灵保护动作以及各种保护和安全自动装置的动作信号等。

故障录波装置分为变电站故障录波装置和发电机－变压器故障录波装置。以220kV变电站故障录波装置为例，应当考虑8条线路、2台主变压器、2条母线记录量；发电机－变压器故障录波装置应当考虑发电机、主变压器、励磁变压器、高压厂用变压器、启动/备用变压器的记录量。

（二）数据记录时间以及采样速率

为了便于分析，应当将系统大扰动前、扰动过程中以及扰动平息之后的过程数据完整记录下来，同时为了减少数据存储容量，模拟量采集的方式如图7-41所示，分为四个时段。

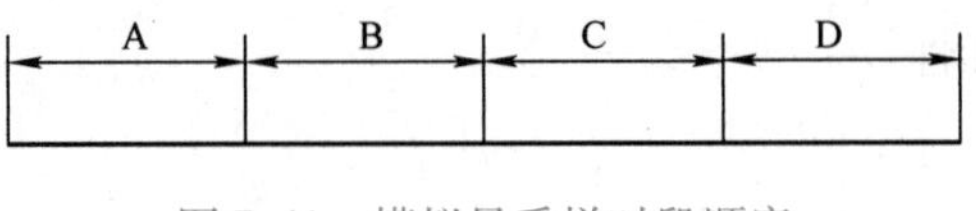

图7-41　模拟量采样时段顺序

1）A时段用以记录系统受到大扰动开始前的状态数据，输出原始的记录数据以及对应波形，记录时间不小于0.04s。

2）B时段用以记录系统受到大扰动后初期的状态数据，可以直接输出原始记录的波形，观察到5次谐波，同时可以输出每一工频周期的工频有效值以及直流分量值，记录时间不小于0.1s。

3）C时段用以记录系统受到大扰动后中期的状态数据，可以输出原始记录的波形以及连续工频的有效值，记录时间不小于2s。

4）D时段用以记录系统受到大扰动后长期的过程数据，每0.1s记录一个工频有效值，记录时间一般取为600s，当出现了振荡、长期的欠电压、低频等情况时可以进行持续记录，

也可以加长 C 时段而减少此时段。

（三）记录起动方式

装置起动之后，就是将接入的记录量按照前述的方式全部记录。主要分为人工起动、开关量起动、模拟量起动三种方式。

人工起动包括就地手动起动以及远方起动，远方起动即遥控起动；开关量起动分为变位起动、开起动、闭起动以及不起动。开关量起动方式确定之后，条件满足故障录波装置就起动；模拟量起动有模拟量越限、突变起动。变电站故障录波装置包括电流和电压越限起动、突变起动、负序量越限起动、零序量越限起动。在发电机－变压器故障录波装置中，除了上述的起动，还有直流量越限起动、突变起动以及机组专项起动。

故障录波装置一旦起动，就会按照采样时段顺序来记录输入量，如果在记录过程中有新的起动量动作，则重新记录。当所有起动量复归或者末次记录时间达到上限时，故障录波装置终止记录。

（四）存储容量以及记录数据输出方式

故障录波装置的存储容量应当足够大，当系统发生大的扰动时，应当能无遗漏地记录每次系统大扰动之后的全部过程数据。因此，记录数据应当自动存储于记录主机模块以及监控管理模块的硬盘中，存储容量只受到硬盘容量的限制。

故障录波装置应当能接收监控计算机、分析中心主机以及就地人机接口的设备指令，快速安全可靠地输出记录数据；数据可以通过以太网、MODEM 通信输出；除此之外，可以使用 USB 移动存储设备。传输的数据格式符合 IEC 870－5－103 标准规约，实现故障回放功能。

（五）GPS 对时功能

故障录波装置记录的数据应当带有时标，由内部时钟提供，为了适应全网故障录波装置同步化的需求，全网的故障录波装置应具有统一的时标，因此故障录波装置应当能接收外部同步的时钟信号，全网的故障录波装置的时钟误差不超过 1ms。

三、故障录波装置的构成

为了满足故障录波装置的技术要求，在构成故障录波装置时应当注意以下问题：

1）数据的记录与存储不应当依赖于网络以及后台操作，避免短时间内发生多次因起动时系统资源严重不足造成的数据丢失或者系统死机。

2）当采用串行通信或者一般的现场总线通信的时候，因为速度限制，实时性要求难以满足。

3）在结构上不宜将模拟量转换部分与记录主机完全分离，造成弱电信号引出总线之外，这样不仅使装置的抗干扰能力变差，而且容易造成记录波形失真和死机。

4）应当采用高性能硬件，以此满足高采样速率下的实时性要求。

故障录波装置由模拟量转换模块、开关量隔离模块、记录主机模块、监控管理模块构成，故障录波与分析装置采用了多 CPU 并行处理的结构。故障录波装置结构如图 7-42 所示。

模拟量变换将交、直流强电信号转换为适合 DSP 采集的弱电信号；开关量隔离模块完成输入开关量的隔离变换；记录主机模块为多 CPU 并行处理的分布式主从结构，数据采集

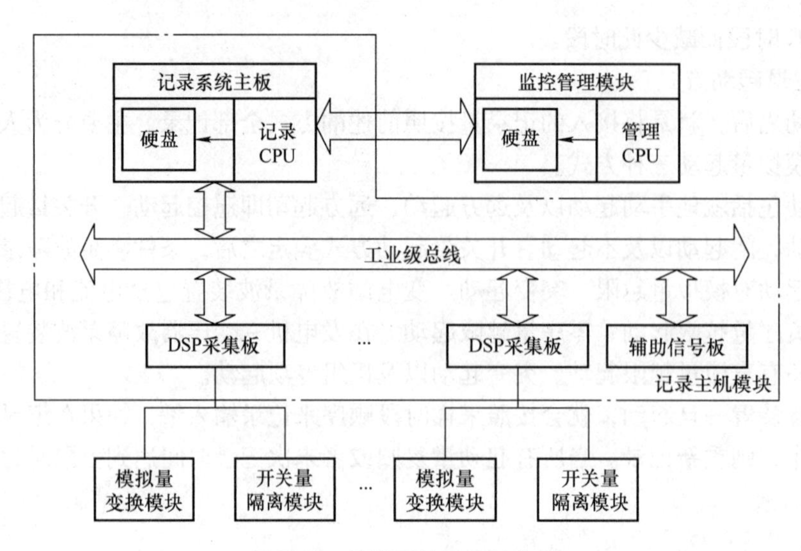

图7-42 故障录波装置结构图

采用高速数据处理的DSP，高分辨率的16位A/D变换。多CPU之间采用双口RAM、工业级总线交换记录数据，使得大容量数据流交换不会出现问题，从而数据不会丢失。记录主机模块带有大容量硬盘，直接进行数据记录和存储，不依赖网络与监控管理模块，以此提高数据记录的可靠性；监控管理模块通过内部总线与记录主机模块交换数据，完成监控、通信、管理、波形分析以及记录数据的备份储存。因此故障录波装置无须配置后台机，避免了后台机或者网络不稳定带来的问题。

（一）记录主机模块

记录主机模块以其高性能的嵌入式微处理系统（32位）、工业级总线为核心，由记录系统主板、DSP采集板、辅助信号板组成。

1. 记录系统主板

以高性能的嵌入式微处理系统（32位）为核心，该模块上集成了几乎全部的计算机标准设备。

正常运行时，将DSP采集板传输来的采样数据存于指定的RAM区域中，循环刷新；同时穿插进行硬件自检，并向监控管理系统传输实时采样数据。故障录波装置一旦起动，按照故障录波时段的要求进行数据记录，同时起动相关的信号继电器及控制面板信号灯。记录数据文件就地存放在记录主机模块自带的硬盘中，并自动上传到监控管理模块实现记录数据的存储备份。

2. DSP采集板

DSP采集板主要由高性能的DSP芯片、高速转换的16位A/D转换器构成。接收采样频率发生器通过总线统一发出同步采样脉冲信号，同步控制所有采样保持器，实现各路模拟量、开关量的同步采集；再经过16位高速转换的A/D转换器转换为并行数据进行输出，由DSP读入处理，结果移入双口RAM中，供CPU进行读取；DSP经过计算进行判断是否起动故障录波装置，供主要CPU进行处理。

3. 辅助信号板

辅助信号板将装置运行、记录、自检等状态量输出，包括记录动作信号接点输出以及各

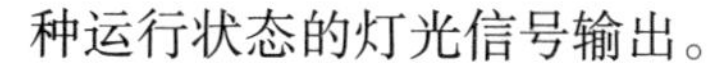

种运行状态的灯光信号输出。

（二）监控管理模块

监控管理模块与记录主机模块紧密相关且互相联系，在软件、硬件上互相独立，监控管理模块既可以迅速进行数据记录、存储，又可以进行监控、通信、管理以及波形分析，还能够完成记录数据的备份存储。监控管理模块配备有大屏真彩液晶显示，具有 Windows 的图形化界面。其主要功能为：

1. 实时监视 SCADA/DAS 功能

（1）实时数据监视　正常运行时实时监测各项运行参数，显示实时数据的有效值。

（2）密码管理　系统设置了授权密码管理，密码设置可以创建、修改和删除。

（3）修改定值　模拟量起动的投退和定值整定；开关量起动的投退和方式整定。

（4）修改时钟　记录主机模块以及监控管理进行人工对时。

（5）手动起动　用于检查系统的整体运行状态。

（6）通信远传　记录文件可以集中通过监控管理模块和调制解调器经过电话线和专网远传。

对于发电机－变压器故障录波装置，还应当具有画面编辑功能，用于制作和修改主接线的画面，并设有常用电气设备的图库。

2. 故障录波数据的波形分析和管理

该功能主要用来查看故障数据文件，将二进制数据转化为可视化的波形图线，以实现对故障波形的分析。

1）波形编辑。功能包括：电压和电流波形的滚动、放大、缩小、比较；同屏显示任何时段的模拟量、开关波形量，并且能够显示、隐藏相关波形；电压和电流的幅值、峰值、有效值分析。

2）表明记录时间、故障发生时刻。

3）标注故障的性质，判断是模拟量还是某开关量的启动。

4）序电压以及序电流的分析显示。

5）谐波分析。

6）有功功率以及无功功率的分析。

7）故障测距。

8）有效值的分析计算。

9）记录文件管理。

10）输出打印故障报告、分析报告，包括记录文件的路径名、起动时间、起动方式、系统频率、模拟量波形、开关量动作情况等。

对于发电机－变压器故障录波装置，还应当具有功角 δ 的分析。

四、智能故障录波装置

电力系统故障录波装置是研究现代电网的基础，也是评价继电保护动作行为以及分析设备故障性质和原因的重要判据。而其功能的实现离不开故障录波装置的发展，性能优良的故障录波装置对于保证电力系统安全运行及提高电能质量起到了重要的作用。电力系统故障录波装置已成为电力系统记录动态过程必不可少的精密设备，其主要任务是记录系统大扰动如短路故障、系统振荡、频率崩溃、电压崩溃等发生大扰动后引起的系统电压、电流及其导出量，如系统有功功率、无功功率及系统频率变化的全过程尤为重要。故障录波装置能够全面地反映一次系统故障时相关参数的变化过程、断路器等一次设备的变化状态、继电保护与自动装置的动作情况等，从而为分析系统事故提供科学的依据。

传统的变电站只有变压器等个别设备需要安装故障录波装置，但是在智能化变电站中需要测量更多的电气信号，因此需要装设更多的故障录波装置。智能变电站中故障录波装置安装在间隔层，采用数字化集成录波器，能够与一次设备直接通信。750kV、330kV 故障录波装置按电压等级以及网架结构进行双重化配置，故障录波装置以点对点的方式接收 SMV 报文，以网络方式接收 GOOSE 报文。

电能质量监测应当具备完整的录波功能：电能质量超标录波（包括电压偏差、频率、谐波等）、电网暂态扰动录波、开关量变化录波、手动试验录波、所采集的数据信息必须具有相关时刻标志，使电能质量数据与录波数据紧密关联。

故障录波应当与监控、保护设备统一组网，但是故障录波报文一般信息量较大，所以可以将故障录波系统单独组网接入保护以及故障信息管理子站，以保证站控层和间隔层网络传输的可靠性与安全性。

（1）故障录波的技术要求　当系统发生大扰动时，应当能无遗漏地记录每次系统大扰动发生后的全过程数据，并且按要求输出历次扰动后的系统参数以及保护装置和安全自动装置的动作情况，所记录的数据要求真实可靠。记录频率和间隔以每次大扰动开始时为准，应满足不同时段的要求，各安装点记录应当保持同步，以满足集中处理系统全部信息的要求。

（2）故障录波的接入量　一是模拟量，模拟量采集交流电压、电流量。电流量应当包含变压器各侧相电流、各侧母联或分段开关相电流、变压器中性点零序电流、各侧进出线路相电流以及零序电流。如果为小电阻接地系统，应当接入接地电阻上流过的零序电流量；二是开关量，开关量应当包含变压器、断路器等一次设备的继电保护和综合自动化动作信号，如变压器非电量保护、断路器差动保护、备自投、重合闸等信号，还包含各种继电保护和自动装置出口继电器的无源触点以及接入各开关设备的辅助信号触点；最后是开出信号。故障录波器的装置故障、录波启动以及电源消失的开出信号应接入智能变电站自动化系统或者变电站信息一体化平台。

智能变电站的电气量采集、跳闸命令、告警信号及二次回路实现了数字化和网络化。智能故障录波装置是适应电力系统智能化发展需求的新型故障录波装置，与常规变电站故障录波器相比，其采集信号、通信规约、试验方法等均发生了较大变化。同时智能变电站新增了网络报文记录分析装置，在定位上与故障录波装置存在功能重叠，有必要研究两者的异同，更好地发挥各自的作用。

（一）智能故障录波装置结构

智能故障录波装置一般由电源、CPU 系统、数据采集插件、背板总线和对时与告警模块五部分组成。其工作原理如图 7-43 所示，报文首先通过各采集插件端口输入到录波器，在采集插件上实现现场可编程门阵列（FPGA）时标记录，CPU 对数据进行流量统计、解码、报文分析，如果侦测到报文存在异常，则进行告警，如果是正常报文则开始提取与录波功能相关的数据。如果数据符合起动录波判据则会起动录波，并记录相关波形和开关量信息。

智能故障录波装置的起动方式应保证在系统发生任何类型故障时都能可靠的起动。起动方式一般包括电流、电压突变，电流、电压及零序的越限，频率越限与频率变化率，振荡判断，开关量起动，正序、负序和零序电压起动判据和智能站特有起动判据。智能站特有起动判据主要包括采样值报文品质改变、丢包或错序、单点跳变、双路采样不一致、发送频率抖动、GOOSE 丢包或错序等。录波装置根据起动判据进行实时计算，一旦判据满足，就进入录波状态。

智能故障录波装置一般要求接入的合并单元数量不少于 24 台，经挑选的采样值通道数不少于 128 路，GOOSE 控制块不少于 64 个，经挑选的 GOOSE 信号不少于 512 路，可实现就地和远方查询故障录波信息和实时监测信息，当报文或网络异常时给出预警信号。智能故障录波装置的参数设置、装置的工作均可脱离 SCD（全站描述文件），配置 SCD 只为高级分析应用服务。

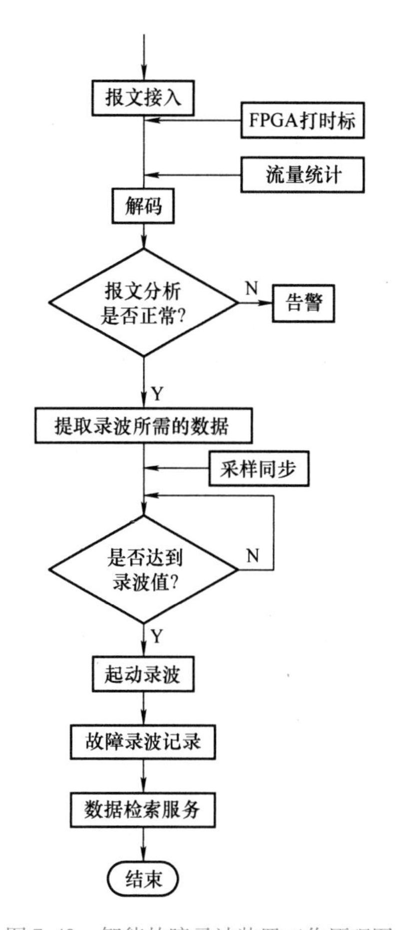

图 7-43　智能故障录波装置工作原理图

（二）智能故障录波装置作用

智能故障录波装置与常规站录波装置间除起动判据增加智能站特有判据外，主要在采集方式、通信规约、调试与测试方法等方面存在差异。

1. 采集方式

传统故障录波装置需配置传感器机箱，对接入故障录波装置的模拟量信号进行隔离采样处理，数量、种类因变电站而异，由于传输模拟信号，需要敷设大量信号电缆，有些甚至使用双排端子，检修维护困难。其采样率可以设置，一般为 10kHz，额定输入情况下，误差小于 5‰。由于传感器机箱占据屏柜大量空间，需要多台屏柜时进而占据大量中控室空间。

智能故障录波装置无需传感器，只需配置需要的通信模块，由于传输数字信号，每条光纤可传输多个信号，因此仅需要敷设少量光纤，相对于电缆的复杂接线，光纤维护量小。智能故障录波装置采样率和采样精度均不可控，以接收的合并单元采样值报文参数为准，一般采样率不小于 4kHz，误差要求小于 0.5%。智能故障录波装置不需要传感器机箱，相同条件下可以容纳更多，集成度高。

2. 通信规约

传统故障录波装置在通信规约方面存在以下局限：一般采用通信规约有国网 103、浙江 103、华北 103 等多种版本，还有各种私有格式的通信规约。以信息点表作为通信实现的基准，不同变电站、不同系统集成商、不同主站和子站通信定义不同，实现方式也不同，互换性、互操作性、可维护性差。变电站需求变化，功能提升，导致点表修改，录波器、保信子站、调度的程序都需要进行相应升级。

智能故障录波装置不存在上述问题，统一采用 IEC 61850 通信规约，应用层协议映射到 MMS。采用 IEC 61850 标准建模，具备自描述特性，只需客户端程序支持完备的 IEC 61850 功能，无须指定通信点表，方便实现互联、互通、互操作，可维护性好。

3. 调试与测试方法

传统故障录波装置调试工具主要包括示波器、万用表、模拟继电保护测试仪和通信测试软件。测试涉及的装置包括传感器、保护装置、保信子站和/或调度主站。智能故障录波装置由于接收光纤信号使其调试工具发生了较大变化，主要包括报文分析仪、数字继电保护测试仪、IEC 61850 客户端等。测试涉及装置也与传统故障录波装置发生了较大变化，主要包括合并单元、保护装置、交换机、保信子站或调度主站。

随着智能变电站的发展，要求进一步开发智能组件的综合分析系统，实现状态评价、寿命预估、故障诊断的高级应用功能，智能化水平明显提升。在新一代智能变电站的相关技术要求中，将这部分功能合并到对智能故障录波器的要求中，发展成为集故障录波、网络分析、状态监测、智能评估、行波测距于一体的新型动态记录分析装置。

第六节　小电流接地选线装置

我国的中压配电网中性点一般采用非有效接地方式进行；电容电流比较小的网络，采用中性点不接地的方式；3~10kV 电缆线路构成的系统，当单相接地故障电流大于 10A 时，应当采用消弧线圈接地（谐振接地）的方式。在使用以上连接方式的系统中，当某一相发生接地故障时，不能构成短路回路，接地故障电流比负荷电流小得多，因此这种系统被称为小电流接地系统。小电流接地系统发生单相接地故障时，不影响对负荷的供电，旧的规程规定允许带故障运行 1~2h。但是如果不及时选出故障线路，电网接地的长期运行会导致接地电弧以及在非故障相产生的过电压烧坏电气设备或者造成绝缘薄弱点击穿，引起短路，导致跳闸停电等。非有效接地电网应当装设反映单相接地的保护装置，其功能是选择出接地故障线路并发出指示信号，一般称为小电流接地选线装置（简称小电流选线），适用于 3~66kV 中性点不接地或中性点经电阻、消弧线圈接地系统的单相接地选线，用于电力系统的变电站、发电厂、水电站及化工、采油、冶金、煤炭、铁路等大型厂矿企业的供电系统。小电流选线及时准确判定接地回路是快速排除单相接地故障的基础，也是小电流选线的核心功能。

小电流系统的运行状态区别于正常运行状态的信息主要有两点：故障线路流过的零序电流是全系统的电容电流减去自身的电容电流，其方向是从线路流向母线；而非故障线路流过的零序电流仅仅是该线路的电容电流，其方向是从母线流向线路，两者方向相反。从小电流系统单相接地与正常运行时的状态信息判断故障线路具有以下难点：

（1）电流信号小　小电流系统单相接地时产生的零序电流是系统电容电流，其大小决定于系统规模以及线路类型，数值过小，而且在有消弧线圈的系统中其数值更小。在对于有消弧线圈的小电流系统使用五次谐波电流检测时，采集的谐波电流比零序电流还要小 20~50 倍。

（2）干扰大、信噪比小　小电流系统中的干扰主要包括两方面：一是位于发电厂及变电站的小电流系统单相接地保护装置的装设处电磁干扰大；二是负荷电流不平衡导致零序电流及谐波电流较大。特别是在对地电容电流不大的小系统中，接地回路的零序电流和谐波电流可能小于非接地回路的对应电流。

（3）易受随机因素影响　我国配电网一般采用小电流系统，配电网运行方式变化频繁，导致其电容电流和谐波电流也频繁改变。除此之外，母线电压水平、负荷电流大小、故障点接地电阻大小也会造成零序故障电容电流和零序谐波电流的改变。

（4）电容电流波形不稳定　小电流系统单相接地故障，常常是间歇性的不稳定弧光接地，因此电容电流波形不稳定，对应谐波的电流大小随之改变。

一、当前主要故障选线法

从20世纪50年代开始，我国便开始研究小电流接地系统的选线方法，经过几十年的研究，已经出现了很多的选线理论，并且不断有新方法被研究出来。根据实现故障选线时所采用的电气量的不同，将选线法分为主动式与被动式两种。主动式选线法需要利用到一次设备，产生比较明显的扰动电流，或者通过特定设备，向系统注入特定的扰动电流；被动式选线法则以故障产生的电流、电压信号为判据来选出故障线路，可以分成利用故障信号稳态分量和暂态分量两类。下面对常见的选线技术的原理及局限性做简单分析。

（一）以故障信号稳态分量为判据的被动式选线法

1. 零序电流幅值比较保护

该方法也称幅值法或比幅法，是利用某相接地故障时，流经故障线路的零序电流最大这一特征来进行故障选线的。在中性点不接地的系统中，故障线路首段的零序电流在大小上为所有非故障线路的对地电容电流之和，所以若测得某条线路首端的零序电流比其余任何线路的都大，则判定该条线路为故障线路；若不存在这样的线路，则判定为母线故障。

但这种方法不能排除TA不平衡的影响，也受线路长短、系统运行方式及过渡电阻大小的影响，且系统中可能存在某条线路的电容电流大于其他线路电容电流之和的情况。

2. 群体比幅比相方法

这种方法其实是幅值法和零序电流方向法的结合，因为故障线路与非故障线路的零序电流极性是相反的。从所测线路中选出几条（一般是三条）零序电流较大的线路，然后再进行大小和相位的比较，通过选择几条线路作为比较对象，一定程度上减小了误判的概率；和幅值法一样，该选线方法依旧会受到不平衡电流和过渡电阻大小的影响，且对于谐振接地系统，误判可能性很大。

3. 五次谐波保护

对于谐振接地系统，因为有消弧线圈的存在，使得利用零序电流基波分量进行选线的原理不再适用，因此便有学者研究出利用高次谐波进行选线的原理。由于消弧线圈、变压器等设备的非线性特性，使得故障电流中会有谐波存在，其中，五次谐波的含量占较高比例。高次谐波电流容性分量的大小与容抗有关，而容抗的大小和频率呈负相关，即对于五次谐波电流，容抗则只有基波时的五分之一，因此五次谐波电流的容性分量比基波的要大。而感性分量方向则刚好相反，频率增加，感抗随之增加，所以五次谐波电流感性分量比基波时要小得多。对于基波，电感电流与电容电流相互抵消，而对于五次谐波，感性分量小到基本不予考虑。故障电路五次谐波零序电流幅值最大，相位上滞后五次谐波零序电压 90°，非故障线路情况刚好相反，可以作为选线的判据。谐波法理论上突破了中性点接地方式的限制，也不受消弧线圈的影响，适用范围比前述的两种方法更广。

但负荷中的五次谐波源、TA 不平衡电流和过渡电阻大小，均会影响选线精度。

4. 零序电流有功分量保护

在谐振接地系统中，由于消弧线圈阻抗和故障点过渡电阻的存在，故障线路始端的零序电流含有有功分量，相位滞后零序电压 180°，容性分量相位滞后零序电压 90°，非故障线路的零序电流只含有容性电流，相位超前零序电压 90°。由于有功电流只存在于故障线路，且不能被消弧线圈的电感电流补偿，则若以零序电压的方向为参考方向，把有功分量提取出来，就可以用作故障选线。

但是这种选线方式下，有功分量占比过小，并不实用。

5. 零序功率方向保护

利用故障线路与非故障线路零序功率方向不同的特点构成了保护。原理是根据当系统中某相接地时，由于故障线路与非故障线路的零序电流极性相反，因此若将零序电流与零序电压相乘，得到的零序功率作为信号，即可用零序功率的极性作为判据，进而选出故障线路。

该方法也可能会受到接地点过渡电阻以及消弧线圈的影响。

（二）以故障信号暂态分量为判据的被动式选线法

假设单相接地的瞬间，故障线路的故障相电压刚好达到峰值，这时故障相电压骤降和非故障相电压的突然升高，会在单相接地发生后的一段较短的时期内产生暂态电流。发生故障的瞬间，流过消弧线圈的电流不能突变，而消弧线圈的电感大于线路的等值电感，因此，计算发生故障后的零序电容电流时，消弧线圈的影响可以忽略不计，无论中性点是不接地还是经消弧线圈接地，单相接地故障发生后，系统中零序电容电流的分布基本相同。在接地点过渡电阻不大的情况下，故障发生后的暂态过程中，暂态电流比稳态电流大得多，并且在故障发生后的第一个半波时，达到最大值。以故障线路暂态零序电流的幅值与方向均和非故障线路存在明显差异作为判据，实现故障选线，能提高选线准确率。

该方法在单相接地故障出现在故障相电压为零的时刻或者过渡电阻较大时，其准确性会受到影响。

（三）主动选线法

1. 注入信号寻迹保护

该法利用电压互感器向系统反向注入一个特定频率（非工频）的电流信号，该电流只流过故障线路，通过专用的信号电流探测器来查找这一电流信号，发现该电流的线路即为发生单相接地故障的线路。

信号注入法的可靠性相比其他稳态方法有较大的提高，但是该保护需要安装信号注入设备，注入信号的强度容易受到 TV 容量的限制；在接地电阻较大时，非故障线路的分布电容会对注入信号分流，给选线以及定点带来干扰；如果接地点存在间歇性电弧，则注入的信号会在线路中不连续而带来检测困难。

2. 残留增量法

在系统发生单相接地故障时，采集一次各线路的零序电流，使消弧线圈进行相应调节，之后再对电容进行第二次调档，使各线路的零序电流发生改变，其中变化量最大者即为接地线路，而其他线路的零序电流基本不变。这种方式只能用在调容式的补偿装置中。

残流增量法是在调容式消弧线圈的基础上，利用可以接地后调档的特点，进行接地选线的方法。图7-44为其动作原理。

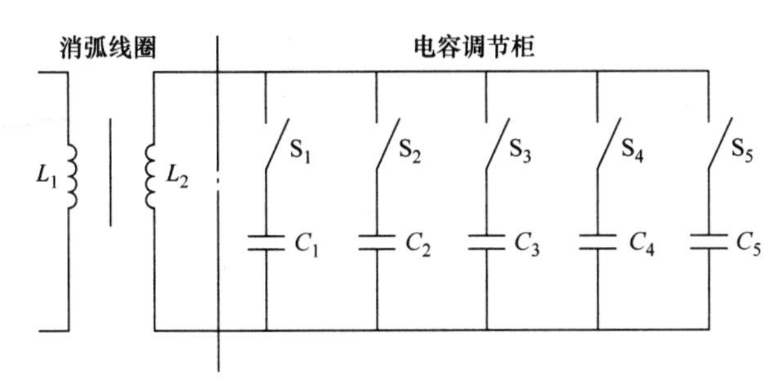

图7-44 调容式消弧线圈的工作原理图

主动干预型消弧装置及其工作原理

除了上述的传统选线保护方法之外，随着人工智能技术的发展，比较成熟的神经网络和模糊控制开始应用于接地选线装置中。神经网络是以电气量与故障间的映射来判断故障线路的，模糊控制是通过一些常见的选线判据对输入信号进行处理，得到选线结果，然后根据相关理论得到隶属函数，再对选线结果做融合处理得到最终的选线结果。

二、智能变电站中小电流接地选线装置的应用

随着社会经济文明的快速发展，用户对供电质量的要求成倍增加，小电流接地方式越来越受到电力部门的推崇。同时，伴随国家智能电网战略地稳步推进，智能化变电站已成为目前电力系统的发展方向，传统变电站内基于电缆连线的传统小电流选线装置已无法满足电力系统发展的要求。因此，研究智能变电站条件下小电流系统接地故障快速选线装置，对提高智能电网运行的可靠性、供电部门以及电力用户的经济效益，具有重要的理论价值与工程意义。智能变电站中智能小电流接地选线的主要实现方式可分为两种：一种是通过配电自动化监控后台利用站控层MMS网络获取数据来实现；另一种是利用消弧智能控制器通过过程层GOOSE网络获取数据来实现。

（一）监控后台实现智能选线方式

通过配电自动化监控后台来实现智能接地选线的方式主要方案是当后台接到故障接地告警后，后台程序先判断故障类型，然后通过站控层MMS网络发送投切中电阻命令，获取配电网中各支路其他厂家设备发送的零序电流有效值信号，最后由后台利用所收取的信号判断接地故障线路。该方案实现方式的主要特点是：第一，可以不配置过程层网络但必须配置站控层MMS网络，如图7-45所示，充分体现了智能变电站网络化和信息共享的特点；第二，零序电流是以MMS报文形式发送至站控层网络；第三，通过站控层网络的MMS方式实现智能选线，实时性差；第四，需要消弧控制器配合控制。

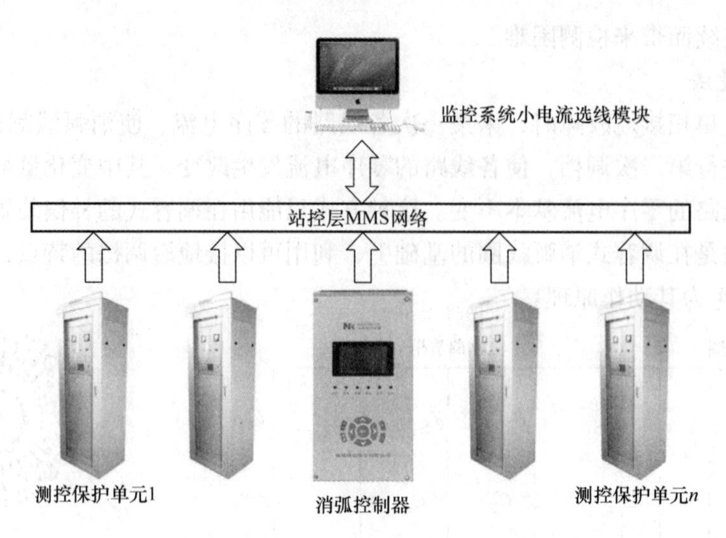

图 7-45　站控层 MMS 网络智能选线图

（二）智能控制器实现智能选线方式

在 IEC 61850 标准中，GOOSE 报文不仅可以传输开关量，还可以传输模拟量。智能消弧控制器利用这一特点通过智能变电站过程层 GOOSE 网络获取零序电流有效值信号。具体实现方案是当消弧智能控制器接到故障接地告警后消弧智能控制器先判断故障类型，然后发送投切中电阻命令，消弧智能控制器利用过程层 GOOSE 网络获取零序电流有效值信号，10/35kV线路零序电流互感器输出模拟信号接入就地智能单元中，就地智能单元接入过程层 GOOSE 交换机，如图 7-46 所示。该方案实现方式的主要特点是：第一，节约了大量零序电流信号控制电缆；第二，零序电流就地数字化，后经光缆传输零序电流有效值信号至智能控制器，抗干扰能力大大增强；第三，利用过程层中已有的 GOOSE 交换机，无需新增设备；

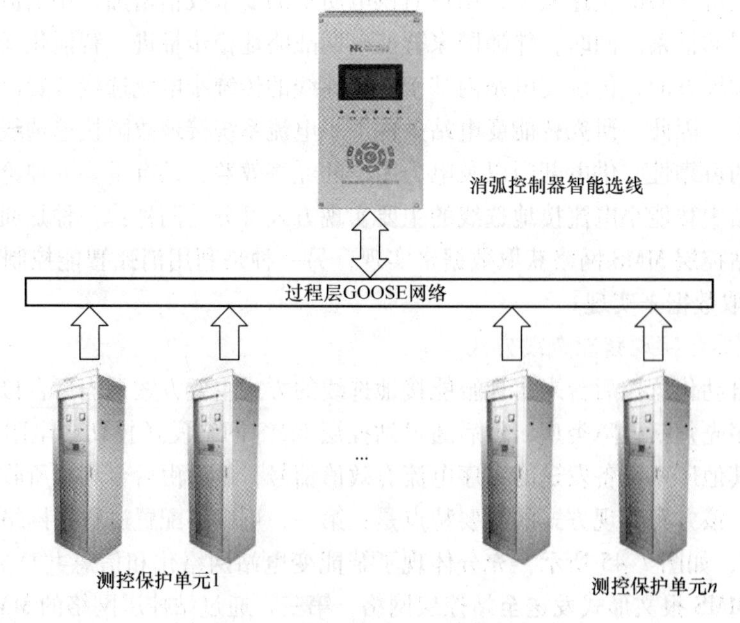

图 7-46　过程层 GOOSE 网络智能选线

第四，线路测控装置必须具有零序电流的 GOOSE 信号传输功能。

下面以基于站控层 GOOSE 网络的小电流接地选线装置为例对此进行说明。

1. 整体结构

在基于 IEC 61850 通信协议的智能变电站中，间隔保护测控装置均为微机装置，很容易完成小电流接地选线功能的模拟量采集功能。如图 7-47 所示，可采用“分散采集 + 集中处理”的实现模式，即各个馈线间隔将采集到的本间隔的零序电压/电流数据以 GOOSE 方式传输到选线装置，选线装置根据这些故障信息进行选线判别，并将选线结果传输给故障间隔。

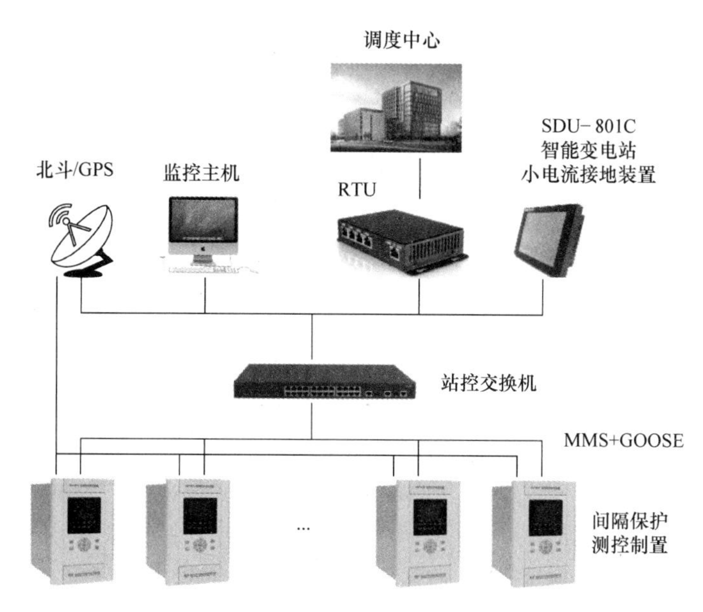

图 7-47　智能选线装置总体结构

2. 功能划分

智能变电站小电流接地选线装置由 3～66kV 侧按照间隔配置的间隔保护测控装置（含低压馈线、电容器和电抗器等保护测控装置），站控层网络交换机和小电流接地选线装置组成。各部分完成的功能如下：

（1）分散采集　间隔保护测控装置作为小电流接地选线系统的采集单元，采集母线上所有元件的电压和电流，计算自产 3U0、3I0，五次谐波的 3U0、3I0 及暂态情况下的电压和电流采样值。

（2）通信设备（站控层交换机）　间隔保护测控装置利用站控层网络通道，将采集到的电压和电流通过 GOOSE 发送给独立的小电流接地选线装置。

（3）集中处理单元（小电流接地选线装置）　小电流接地选线装置接收各个间隔的电压和电流模拟量，用多判据综合的方法完成小电流接地选线功能。

思　考　题

1. 什么叫自动重合闸？其作用是什么？对自动重合闸装置有哪些基本要求？

2. 什么是瞬时性故障？什么是永久性故障？重合闸动作于永久性故障时有哪些危害？

3. 什么是三相自动重合闸、单相自动重合闸以及综合重合闸？它们的特点是什么？
4. 在检同期以及检无压的重合闸装置中为什么要两侧同时装设检同期以及检无压元件？
5. 什么叫备用电源自动投入装置？其有什么作用？
6. 备用电源自动投入装置应当满足的基本要求是什么？
7. 失步解列装置应当满足的基本要求是什么？
8. 故障录波装置包含哪几部分？其作用分别是什么？
9. 小电流接地选线装置中采用的主要选线方法有哪些？

参考文献

[1] 周双喜，李丹．同步发电机数字式励磁调节器［M］．北京：中国电力出版社，1998.
[2] 蔡邠．电力系统频率［M］．北京：中国电力出版社，1998.
[3] 于尔铿，刘广一，周京阳，等．能量管理系统（EMS）［M］．北京：科学出版社，1998.
[4] 郭培源．电力系统自动控制新技术［M］．北京：科学出版社，2001.
[5] 黄益庄．变电站综合自动化技术［M］．北京：中国电力出版社，2000.
[6] 范锡普．发电厂电气部分［M］．北京：水利电力出版社，1987.
[7] 陈珩．电力系统稳态分析［M］．3 版．北京：中国电力出版社，2007.
[8] 方富淇．配电网自动化［M］．北京：中国电力出版社，2000.
[9] 李先彬．电力系统自动化［M］．北京：水利电力出版社，1995.
[10] 杨冠城．电力系统自动装置原理［M］．北京：水利电力出版社，1986.
[11] 王明俊，于尔铿，刘广一．配电系统自动化及其发展［M］．北京：中国电力出版社，1998.
[12] 涂光瑜．汽轮发电机及电气设备［M］．北京：中国电力出版社，1998.
[13] 罗毅，丁毓山，李占柱．配电网自动化实用技术［M］．北京：中国电力出版社，1999.
[14] 张力平．电网调度员培训模拟（DTS）［M］．北京：中国电力出版社，1999.
[15] 四川省电力工业局，四川省电力教育协会．电网调度管理［M］．北京：中国电力出版社，1999.
[16] 方思立，朱方．电力系统稳定器的原理及其应用［M］．北京：中国电力出版社，1996.
[17] 樊俊，陈忠，涂光瑜．同步发电机半导体励磁原理及应用［M］．2 版．北京：水利电力出版社，1991.
[18] 杨奇逊．变电站综合自动化技术发展趋势［J］．电力系统自动化，1995（10）：7－9.
[19] 陶晓农．分散式变电站监控系统中的通道技术方案［J］．电力系统自动化，1998，22（4）：51－54.
[20] 袁季修．现场总线在变电站自动化系统中的应用［J］．中国电力，1998（10）：22－25.
[21] HUCK G E，MAHMOUD A A，COMERFORD R B，et al. Load forecast bibliography phase Ⅰ［J］. IEEE Transactions on Power Apparatus and Systems，1980，PAS－99（1）：53－58.
[22] MAHMOUD A A，ORTMEYER T H，REARDON R E. Load forecasting bibliography phase Ⅱ［J］. IEEE Transactions on Power Apparatus and Systems，1981，PAS－100（7）：3217－3220.
[23] 赵希人，王晓陵，郑焱，等．电力系统负荷的分解建模及预报方法［J］．自动化学报，1991，17（6）：713－720.
[24] KOUBIA S A，PAPADOPOULOS G D. Modern fieldbus communication architectures for real－time industrial application［J］. Computers in Industry，1995，26（3）：243－252.
[25] 王华忠．监控与数据采集（SCADA）系统及其应用［M］．北京：电子工业出版社，2010.
[26] 陈堂，赵祖康，陈星莺，等．配电系统及其自动化技术［M］．北京：中国电力出版社，2003.
[27] 丁书文，黄训诚，胡启宙．变电站综合自动化原理及应用［M］．北京：中国电力出版社，2003.
[28] 王士政．电网调度自动化与配网自动化技术［M］．北京：中国水利水电出版社，2003.
[29] 高翔．数字化变电站应用技术［M］．北京：中国电力出版社，2008.
[30] 任雁铭，秦立军，杨奇逊．IEC 61850 通信协议体系介绍和分析［J］．电力系统自动化，2000（8）：62－64.
[31] 李永亮，李刚．IEC 61850 第 2 版简介及其在智能电网中的应用展望［J］．电网技术，2010，34（4）：11－16.